Amir M. Miri

# Ausgleichsvorgänge in Elektroenergiesystemen

Springer

*Berlin*
*Heidelberg*
*New York*
*Barcelona*
*Hongkong*
*London*
*Mailand*
*Paris*
*Singapur*
*Tokio*

Amir M. Miri

# Ausgleichsvorgänge in Elektroenergiesystemen

## Mathematische Einführung, elektromagnetische und elektromechanische Vorgänge

Mit 322 Abbildungen

Springer

Professor Dr.-Ing. Amir M. Miri
Universität Karlsruhe (TH)
Institut für Elektroenergiesysteme
und Hochspannungstechnik
Kaiserstraße 12
76128 Karlsruhe

Die Deutsche Bibliothek - CIP-Einheitsaufnahme
**Miri, Amir M.:**
Ausgleichsvorgänge in Elektroenergiesystemen: mathematische Einführung, elektromagnetische und elektrochemische Vorgänge / Amir M. Miri
Berlin; Heidelberg ; NewYork; Barcelona; Hongkong; London; Mailand; Paris; Singapur; Tokio: Springer, 2000
ISBN 3-540-67735-6

ISBN 3-540-67735-6 Springer-Verlag Berlin Heidelberg New York



Springer-Verlag Berlin Heidelberg New York
ein Unternehmen der BertelsmannSpringer Science + Business Media GmbH



Einband-Entwurf: MEDIO Innovative Medien Service GmbH, Berlin
Satz: Reproduktionsfertige Vorlage des Herausgebers
Gedruckt auf säurefreiem Papier SPIN: 10773875 62/3020 - 5 4 3 2 1 0

# Vorwort

Dieses Buch ist aus den Vorlesungen *Elektroenergiesysteme und elektrische Anlagen* und *Ausgleichsvorgänge in Elektroenergiesystemen* entstanden, die ich an der Fakultät für Elektrotechnik und Informationstechnik der Universität Fridericiana zu Karlsruhe während der letzten 17 Jahre gehalten habe. Maßgeblichen Einfluß hatte auch meine langjährige Forschungs- und Entwicklungsarbeit auf diesem Gebiet, die immer wieder aktuelle Fragestellungen der Praxis aufwarf und somit das Spektrum der zu behandelnden Themengebiete erweiterte. Zum Beispiel gewannen in der letzten Zeit Stabilitätsuntersuchungen in Energienetzen zunehmend an Bedeutung, da ihre Relevanz stark im Zuge der Liberalisierung der europäischen Energiemärkte stieg.

Die praktische Bedeutung der Ausgleichsvorgänge in Elektroenergiesystemen, z.B. für die Isolationskoordination von Betriebsmitteln und Stabilitätsuntersuchungen in Netzen, steht außer Frage und somit auch die Notwendigkeit, diese Vorgänge beschreiben und vorausberechnen zu können, um Maßnahmen bei der Planung und beim Betrieb von Netzen sowie zum Schutz und bei der Konstruktion von Betriebsmitteln treffen zu können. Dieses Buch beschäftigt sich nun mit der Beantwortung dieser Fragestellungen und gibt dem Leser die Möglichkeit, sich seinem Wissensstand gemäß eigenständig in diese Thematik zu vertiefen.

Die Erfahrung hat mich gelehrt, daß für eine korrekte Modellbildung zur Berechnung von Ausgleichsvorgängen und die spätere Analyse der erzielten Ergebnisse die Kenntnis der mathematischen und physikalischen Zusammenhänge eine unverzichtbare Grundlage bildet. Die Mathematik ist das wichtigste *Werkzeug* eines Ingenieurs und bildet die Basis aller rechnergestützten Simulationsprogramme, die mittlerweile nicht mehr aus der Praxis wegzudenken sind.

Die Berechnung von Ausgleichsvorgängen in einem elektrischen System ist im allgemeinen eine Routineangelegenheit, die erst dann problematisch wird, wenn es sich um Systeme mit verteilten Parametern handelt. Verteilte Parameter treten beispielsweise bei der Wellenausbreitung in Ein- und Mehrleitersystemen, bei der Ausbreitung transienter Strahlungsfelder oder bei der Behandlung von tausend und mehr gekoppelten Differentialgleichungen auf, wie sie z.B. bei Stabilitätsuntersuchungen in Netzen von Elektroenergiesystemen vorkommen.

Die begriffliche Vielfalt bereitet dabei oftmals auch bei einfachen Problemstellungen erhebliche Schwierigkeiten. Dieses Buch stellt gängige und nicht so bekannte Methoden zur Berechnung elektromagnetischer und elektromechanischer Ausgleichsvorgänge vor, wie z.B. ein- und zweidimensionale Laplace-Transformation, Duhamelsches Integral und Heavysidescher Verschiebungssatz. Es ermöglicht somit dem Leser, aufgrund der präzisen Darstellung, eine geeignete Lösungsmethode für sein Problem auszuwählen. Der Leser soll zur analytischen Vorgehensweise bei der Modellbildung und der anschließenden Berechnung angeleitet und unterstützt werden. Das Buch bietet zu diesem Zweck viele praxisnahe Beispiele mit ausführlichen Lösungswegen.

Viele Personen haben zur Realisierung dieses Buches beigetragen. An erster Stelle möchte ich mich bei meinen Mitarbeitern Frau Dipl.-Ing. Gabi Golibrzuch und den Herren Dipl.-Ing. Volker Landenberger, Dipl.-Ing. Michael Merkle, Dr.-Ing. Andreas Kühner sowie Dr.-Ing. Norbert Riegel bedanken. Sie haben durch ihre tatkräftige Mitarbeit, durch Vorschläge und lebhafte Diskussionen zur Vollständigkeit des Buchmanuskriptes beigetragen.

Die schriftliche Ausgestaltung sowie die redaktionelle Bearbeitung des Buches bis zur Druckreife wurde maßgeblich durch Frau Dipl.-Ing. Gabi Golibrzuch vorgenommen. Für die Gestaltung der Bilder danke ich Herrn Kubilay Koral und für die Bearbeitung der technischen Diagramme Frau Janya Leelamanothum. Frau Färber gilt mein Dank für das Korrekturlesen des Manuskripts.

Den Herren Prof. Dr.-Ing. Andreas Küchler, Dr.-Ing. Christof Sihler und Dipl.-Ing. Michael Merkle danke ich für ihre kritische Durchsicht des Manuskriptes. Dem Springer-Verlag danke ich für die ansprechende Ausgestaltung des Buches, die gute und flexible Zusammenarbeit und für das mir entgegengebrachte Vertrauen.

Mein besonderer Dank gilt selbstverständlich meiner Frau, die mich in all den Jahren meiner Forschungs- und Lehrtätigkeit stets durch ihr Verständnis und ihre Geduld unterstützt hat.

Karlsruhe, im Juni 2000 *Prof. Dr.-Ing. Amir M. Miri*

# Symbole und Abkürzungen

## Allgemeines

**Vektorielle Größen** werden fett dargestellt, z.B. $\mathbf{y}(t)$. Dies gilt auch für Matrizen, z.B. $\mathbf{A}(t)$.

**Scheitelwerte** werden mit einem aufgesetztem Dach gekennzeichnet, z.B. $\hat{I}$ und $\hat{U}$.

**Effektivwerte** und **konstante Größen** sind durch Großbuchstaben dargestellt, z.B. $I, U_0$ und $E$.

Unterstrichene Symbole stehen für **komplexe Größen**, z.B. $\underline{z}$, $\underline{u}$, $\underline{i}$ Gilt dies in Passagen des Buches nicht, ist es ausdrücklich angemerkt. Hier ist vor allem der dritte Teil des Buches zu nennen.

Die verwendeten Einheiten entsprechen dem internationalen Einheitensystem (**SI-Einheiten**).

## Symbole

### Teil I

| | |
|---|---|
| a, b, c | Koeffizient, Konstante |
| e | Eulersche Zahl |
| f( ), g( ) | Funktion |
| g(t) | Impulsantwort (Laplace) |
| h | Schrittweite |
| h(t) | Sprungantwort (Laplace) |
| i | Strom (zeitabhängig), Index |
| j | komplexe Einheit |
| k | Index, Näherungswert der Iteration (Runge-Kutta-Verfahren) |
| m | Anzahl |
| n | Anzahl, Index |
| p | Konstante (DGL) |
| p(t), s(t) | Störfunktion |
| q | Ladungsdichte, Konstante (DGL) |
| s | Laplaceoperator |
| t | Variable der Zeit |
| u | Spannung (zeitabhängig) |
| w | Funktion |
| x, y, z | Variable |
| z | komplexe Zahl |
| A, B | Konstante |
| C | Kapazität, Konstante |
| K | Konstante |
| L | Induktivität |
| F(s) | Laplace-Transformierte, Bildfunktion |
| G(s) | Übertragungsfunktion (Laplace) |
| I | Strom |
| P | Koeffizient |
| P(s) | Zählerpolynom (Laplace) |
| Q(s) | Nenner-, charakteristisches Polynom |
| R | Widerstand, Restglied |
| T | Periodendauer, Trapezfläche |

| | |
|---|---|
| U | Spannung |
| X(s), Y(s) | Laplace-Transformierte |
| $\alpha$, $\beta$, $\gamma$ | Koeffizient, Konstante |
| $\delta$ | Dämpfung, Konstante |
| $\delta(t)$ | Diracimpuls |
| $\epsilon$ | infinitesimal kleiner Wert |
| $\eta$ | Variable (DGL) |
| $\lambda$ | Koeffizient (DGL), Lösung (DGL), Eigenwert |
| $\xi$ | Variable (DGL) |
| $\sigma(t)$ | Einheitssprung |
| $\tau$ | Zeitkonstante |
| $\phi(y)$ | Funktion |
| $\varphi\{\ \}$ | Operator |
| $\omega$ | Winkelgeschwindigkeit |
| $\mathcal{F}\{\ \}$ | Fourier-Transformation |
| $\mathcal{F}^{-1}\{\ \}$ | inverse Fourier-Transformation |
| $\mathcal{L}\{\ \}$ | Laplace-Transformation |
| $\mathcal{L}^{-1}\{\ \}$ | inverse Laplace-Transformation |
| **Teil II** | |
| a | Flußquotient |
| $b_i, b_u$ | Brechungsfaktoren |
| c | bezogene Kapazität |
| e | Eulersche Zahl |
| d | Abstand, Flußquotient |
| f | Frequenz |
| f( ) | Funktion |
| g | bezogener Leitwert |
| i | Strom (zeitabhängig) |
| j | komplexe Einheit |
| l | bezogene Induktivität |
| n | Anzahl |
| p | Laplaceoperator |
| r | bezogener Widerstand, Radius |
| $r_i, r_u$ | Reflexionsfaktoren |
| s | Laplaceoperator, Strecke |
| t | Variable der Zeit |
| u | Spannung (zeitabhängig) |
| ü | Übersetzungsverhältnis |
| v | Geschwindigkeit |
| x | Ortskoordinate |
| A | Fläche, Koeffizient |
| $A_i$ | Amplitude |
| B | Blindleitwert, Suszeptanz, magnetische Induktion, Koeffizient |
| C | Kapazität |
| C' | Kapazitätsbelag |
| D | elektrische Verschiebungsdichte |
| E | elektrische Feldstärke |
| F( ) | Funktion |
| G | Wirkleitwert, Konduktanz |
| G' | Ableitbelag |
| H | magnetische Feldstärke |
| K | Konstante, Knotenpunkt |
| L | Induktivität |
| L' | Induktivitätsbelag |
| I | Strom |
| J | Stromdichte |
| M | Gegen-, Kopplungsinduktivität |
| P | Wirkleistung |
| Q | Blindleistung, Ladung, Güte |
| R | Wirkwiderstand, Resistanz |
| R' | Widerstandsbelag |
| S | Scheinleistung, Steilheit |
| T | Zeitkonstante |
| U | Spannung |
| V | Volumen |
| $V_0$ | Endverteilung |
| W | Energie |

| Symbol | Bedeutung |
|---|---|
| X | Blindwiderstand, Reaktanz |
| Y | Scheinleitwert, Admittanz |
| Z | Scheinwiderstand, Impedanz |
| $\alpha$ | Dämpfungsbelag, -konstante |
| $\beta$ | Phasenbelag, -konstante |
| $\gamma$ | Fortpflanzungskonstante, Überschwingfaktor, Anfandsverteilung |
| $\delta$ | Dämpfung, Eindringtiefe |
| $\epsilon$ | Dielektrizitätskonstante, Permittivität |
| $\eta$ | Raumladungsdichte, Wirkungsgrad |
| $\vartheta$ | Temperatur |
| $\kappa$ | elektrische Leitfähigkeit, |
| $\lambda$ | Wellenlänge |
| $\mu$ | Induktionskonstante, Permeabilität |
| $\nu$ | Frequenz, Eigenfrequenz |
| $\tau$ | Zeitkonstante, Laufzeit |
| $\phi$ | elektrischer Fluß |
| $\varphi$ | Phasenwinkel |
| $\omega$ | Kreisfrequenz, Winkelgeschwindigkeit |
| $\mathcal{L}\{\ \}$ | Laplace-Transformation |
| $\mathcal{L}^{-1}\{\ \}$ | inverse Laplace-Transformation |

**Teil III**

| Symbol | Bedeutung |
|---|---|
| e | Eulersche Zahl |
| f | Frequenz |
| f( ) | Funktion |
| i | Strom (zeitabhängig) |
| i, j, k | Index |
| j | komplexe Einheit |
| n | Drehzahl, Anzahl |
| $p_f$ | Anzahl der Pole |
| r | Abstand, Radius, bezogener Widerstand |
| s | Laplaceoperator |
| t | Variable der Zeit |
| u | Spannung (zeitabhängig) |
| x | bezogener Blindwiderstand |
| x, y | Ortskoordinaten |
| A | Fläche |
| B | Blindleitwert, Suszeptanz |
| F | Kraft |
| G | Wirkleitwert, Konduktanz |
| G(s) | Übertragungsfunktion (Laplace) |
| I | Strom |
| J | Trägheitsmoment |
| L | Induktivität |
| M | Drehmoment |
| P | Wirkleistung |
| Q | Blindleistung |
| R | Wirkwiderstand, Resistanz |
| S | Scheinleistung |
| T | Zeitkonstante |
| U | Spannung |
| X | Blindwiderstand, Reaktanz |
| Y | Scheinleitwert, Admittanz |
| Z | Scheinwiderstand, Impedanz |
| $\delta$ | Polradwinkel |
| $\theta$ | Winkel |
| $\sigma(t)$ | Einheitssprung |
| $\varphi$ | Phasenwinkel |
| $\psi$ | elektrischer Fluß |
| $\omega$ | Kreisfrequenz, Winkelgeschwindigkeit |

# Inhaltsverzeichnis

# 1. Einleitung

Elektrische Energieübertragungsnetze haben die Aufgabe, elektrische Energie so verlustarm wie möglich von den Erzeugern zu den Verbrauchern zu übertragen. Ein Elektroenergiesystem besteht aus Betriebsmitteln wie Synchronmaschinen (zur Erzeugung elektrischer Energie), Freileitungen und Kabeln (zum Transport), Transformatoren (zur Kopplung unterschiedlicher Spannungsebenen) und Schaltanlagen (zur Steuerung der Netztopologie).

Als eingeschwungenen Zustand (stationären Zustand) in Wechselstromnetzen bezeichnet man den Fall, daß alle sinusförmigen Ströme und Spannungen konstante Amplitude und Frequenz besitzen. Eine quantitative Bestimmung dieses stationären Zustands ist durch eine Leistungsflußberechnung möglich. Die Beschreibung der Vorgänge während des Übergangs von einem stationären Zustand in einen anderen erfordert jedoch besondere Berechnungsverfahren. Einen solchen Übergang von einem stationären Zustand in einen anderen bezeichnet man als Ausgleichsvorgang oder transienten Vorgang.

Die wichtigsten Auslöser für Ausgleichsvorgänge sind Schalthandlungen, Überschläge oder Durchschläge als Folge schadhaft gewordener Isolationen sowie Blitzeinschläge. Jeder Schaltvorgang in einem elektrischen Netz ist mit einer Umverteilung der Energie aus den vorhandenen Energiespeichern verbunden. Speicher für magnetische Energie sind Induktivitäten, und Speicher für elektrische Energie sind Kapazitäten. Aus physikalischen Gründen kann die Änderung der Energie dieser Energiespeicher nicht sprunghaft stattfinden; dies geschieht mit einer endlich kleinen Zeitkonstanten in Form eines Ausgleichsvorgangs. Auch Systemfehlfunktionen, die auf unterschiedliche Weise auftreten können, haben eine Reihe von Konsequenzen für das System und verursachen Ausgleichsvorgänge. Zum Beispiel verändert eine plötzliche Stromkreisunterbrechung einer Phase die Topologie der Induktivitäten und Kapazitäten im System, so daß ein Resonanzkreis entstehen kann, dessen Anregung zu hohen Spannungen bzw. Strömen führt.

Der zeitliche Ablauf dieser Ausgleichsvorgänge wird durch die Systemparameter (Netzkonfiguration), den Zeitpunkt des Störungseintritts und den zeitlichen Verlauf der Anregungsfunktion bestimmt. Je nach Art der beteiligten Energiespeicher kann man eine Unterteilung in **elektromagnetische Ausgleichsvorgänge** und **elektromechanische Ausgleichsvorgänge** vornehmen. Elektromagnetische Ausgleichsvorgänge entstehen durch die Umverteilung der Energie zwischen den magnetischen Speichern *Induktivitäten* und den elektrischen Speichern *Kapazitäten* und sind durch kleine Zeitkonstanten charakterisiert. Bei den elektromechanischen Ausgleichsvorgängen findet eine Umsetzung der mechanischen Energie in elektrische Energie statt. Hierbei spielen mechanische Energiespeicher, also die rotierenden Massen der Maschinen, eine Rolle. Die Zeitkonstanten bei elektromechanischen Vorgängen sind daher größer. Elektromagnetische und elektromechanische Ausgleichsvorgänge lassen sich im Frequenzbereich sehr anschaulich unterteilen.

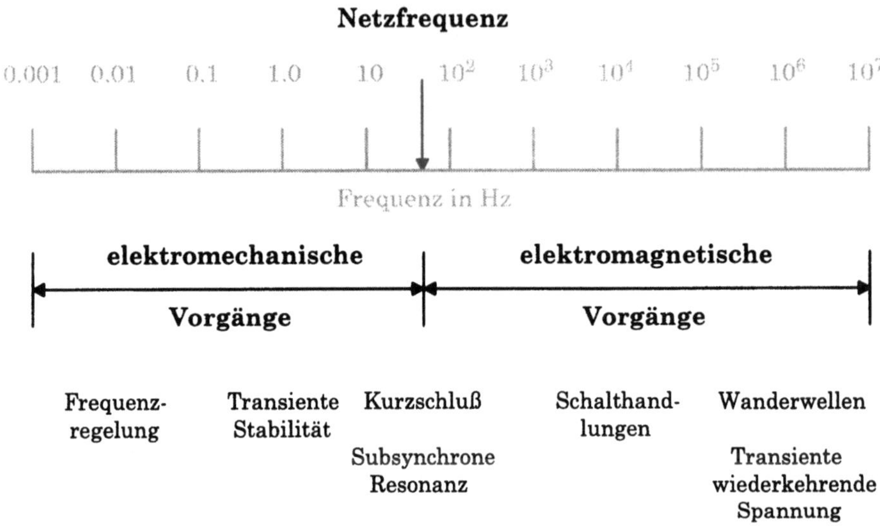


**Abbildung 1.1.** Klassifikation von Ausgleichsvorgängen

Die Berechnung *elektromagnetischer Ausgleichsvorgänge* ist notwendig, da man daraus die überhöhten elektrischen Beanspruchungen von Betriebsmitteln, insbesondere Schaltern, erkennen und durch eine eventuell höhere Dimensionierung Abhilfe schaffen kann (Isolationskoordination). In Elektroenergiesystemen kommen auch *elektromechanische Ausgleichsvorgänge* vor, deren Ursachen und Auswirkungen in diesem Buch behandelt werden. Die Kenntnis dieser Ausgleichsvorgänge ist notwendig, um Aussagen über die Stabilität des Systems treffen zu können.

Da sich dieses Buch vorwiegend an Ingenieure im Beruf und Studierende technischer Wissenschaften richtet, wird auf die folgenden drei Aspekte zur Untersuchung von Ausgleichsvorgängen besonderer Wert gelegt:

- Analyse der physikalischen Zusammenhänge, die zu elektromagnetischen bzw. elektromechanischen Ausgleichsvorgängen führen,

- Aufstellen von Modellen, die die einzelnen Betriebsmittel in ihre Komponenten zerlegen und die physikalisch meßbaren Vorgänge hinreichend genau beschreiben,
- Mathematische Darstellung dieser Vorgänge, Aufzeigen von Methoden zu ihrer Berechnung und Ableitung von Lösungen.

Im Hinblick auf diese Ziele wurde das Buch in drei Abschnitte unterteilt: Teil I - mathematische Einführung, Teil II - Elektromagnetische Ausgleichsvorgänge, Teil III - Elektromechanische Ausgleichsvorgänge.

**Teil I** des Buchs befaßt sich sowohl mit gewöhnlichen wie auch partiellen Differentialgleichungen und deren Lösungen auf analytischem bzw. numerischem Weg. Diese mathematische Einführung ist erforderlich, da die mathematische Beschreibung der Ausgleichsvorgänge in Elektroenergiesystemen zu gewöhnlichen Differentialgleichungssystemen führt, wenn es sich um die Kategorie von Betriebsmitteln handelt, deren Parameter konzentriert sind, wie Generatoren, Transformatoren, Spulen, Kondensatoren. Bei Betriebsmitteln, deren Parameter verteilter Natur sind, wie Übertragungsleitungen und Kabel, führt die mathematische Beschreibung der Ausgleichsvorgänge zu partiellen Differentialgleichungssystemen. In diesem Teil werden die geeigneten analytischen bzw. numerischen Methoden behandelt, die bei der Analyse der elektromagnetischen und elektromechanischen Ausgleichsvorgänge Anwendung finden.
Eine ideale Berechnungsmethode für alle Ausgleichsvorgänge muß in der Lage sein, sowohl konzentrierte als auch verteilte Parameter gleich gut darzustellen und die Veränderung ihrer Werte mit der Frequenz getreu zu berücksichtigen. Außerdem sollte sie fähig sein, die Wirkung von Nichtlinearitäten darzustellen. Diese treten beispielsweise in Überspannungsableitern und Lichtbögen oder infolge magnetischer Sättigung und Korona-Entladungen auf. In der Praxis ist eine derartige Methode nicht leicht zu realisieren, und die derzeit gängigen Methoden stellen in mancher Hinsicht einen Kompromiß dar. Welcher Kompromiß im Einzelfall geschlossen wird, hängt von den spezifischen Erfordernissen des Nutzers ab.

Daher wird in **Teil II** dieses Buchs mit einfachen und nicht ausgedehnten Netzen begonnen, die die Vorgänge durch gewöhnliche Differentialgleichungen beschreiben. Es werden sowohl die analytischen als auch die numerischen Lösungsmethoden Anwendung finden, die in Teil I behandelt wurden. Die Fortsetzung in Teil II führt zur Behandlung der Ausgleichsvorgänge in Leitungen und Konfigurationen von Leitungen und Betriebsmitteln mit konzentrierten Parametern. Den Abschluß des Teils II bildet ein praxisnahes Beispiel, das alle Kategorien von Betriebsmitteln beinhaltet. Die Berechnung wird auf numerischem Weg mit Hilfe eines für diesen Zweck ausgesuchten Programmpakets demonstriert.

In **Teil III** des Buchs wird ausführlich das elektrische und elektromechanische Verhalten der Synchronmaschine untersucht und ein entsprechendes Modell für das transiente Verhalten der Maschine hergeleitet. Es wird die Stabilität der Synchronmaschinen und am Beispiel zweier Schwungradgeneratoren ihr transientes Verhalten betrachtet. Ein weiterer Teil befaßt sich mit Instabilitäten in Elektroenergiesystemen und analysiert und bewertet verschiedene Methoden der Untersuchung statischer und transienter Stabilität.

# Teil I

## Mathematische Grundlagen

Zur Berechnung von Ausgleichsvorgängen in einem zu untersuchenden System ist es erforderlich, ein Modell zu erstellen. Die Modellbildung eines technischen Systems führt in der Regel in der mathematischen Beschreibung auf Differentialgleichungen. Die Lösung dieser Differentialgleichungen ist somit ein wesentlicher Bestandteil der Problemstellung.

Im folgenden Teil I *Mathematische Grundlagen* sind die zwei grundlegenden Verfahrensweisen zur Lösung von Differentialgleichungen beschrieben. Man unterscheidet **analytische** und **numerische** Berechnungsverfahren, wobei letztere immer Anwendung finden, wenn in den zu lösenden Differentialgleichungen nichtlineare Terme auftreten oder die Herleitung einer analytischen Lösung zu kompliziert wäre.

Für Ausgleichsvorgänge in Elektroenergiesystemen haben Anfangswertprobleme gewöhnlicher Differentialgleichungen einen besonderen Stellenwert, da man Ausgleichsvorgänge zumeist ab einem bestimmten Zeitpunkt $t = 0$ betrachtet. Es wird daher auf die Lösung von Anfangswertproblemen gewöhnlicher Differentialgleichungen besonderes Gewicht gelegt, insbesondere bei den numerischen Berechnungsverfahren.

Des weiteren sind in den beiden folgenden Kapiteln elementare Begriffe und Verfahren zu diesem Themenkomplex zusammengefaßt worden. Um die Materie nicht zu "trocken" und vor allem nachvollziehbar zu gestalten, ist die Theorie mit entsprechenden elektrotechnischen Beispielen angereichert.

# 2. Analytische Berechnungsverfahren zur Lösung von Differentialgleichungen

## 2.1 Grundlagen zur Differentialrechnung

Der Differentialbegriff in der Mathematik ermöglicht die mathematische Formulierung physikalischer Zusammenhänge, bei denen eine Beziehung zwischen den zu betrachtenden Größen und ihren Änderungen besteht. Eine Gleichung, in der neben der gesuchten Funktion $y = f(t)$ auch deren Ableitungen (z.B. $y'(t), y''(t), \ldots$) auftreten, wird **Differentialgleichung** genannt.

Hängt die gesuchte Funktion $y$ nur von einer Veränderlichen ab (z.B. $y = f(t)$, $y = f(x)$), so wird die Differentialgleichung als **gewöhnliche** Differentialgleichung bezeichnet. Ist die gesuchte Funktion von mehr als einer Veränderlichen (z.B. $y = f(x,t)$) abhängig, können in der Differentialgleichung auch partielle Ableitungen auftreten (z.B. $\frac{\partial y}{\partial x}, \frac{\partial y}{\partial t}$). Sie wird dann als **partielle** Differentialgleichung bezeichnet.

Die **Ordnung** einer Differentialgleichung wird durch die Ordnung der höchsten in ihr auftretenden Ableitung bestimmt.

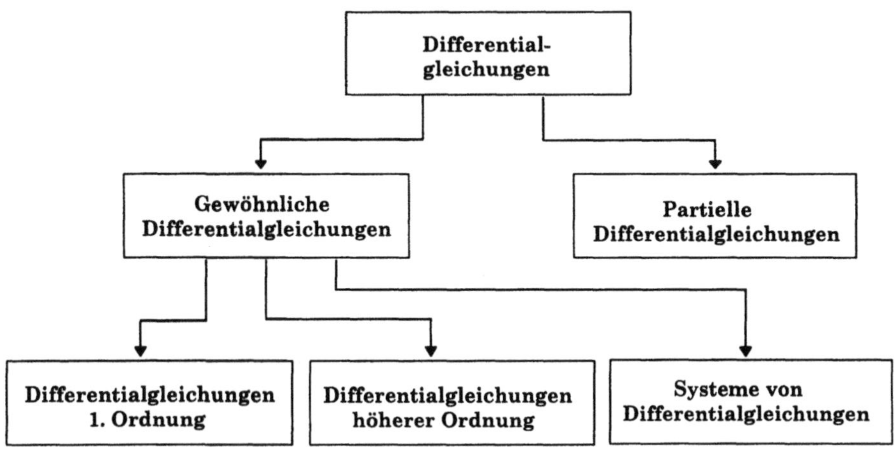


**Abbildung 2.1.** Einteilung von Differentialgleichungen

Eine gewöhnliche Differentialgleichung hat folgende Form:

$$F(t, y, \frac{dy}{dt}, \frac{d^2y}{dt^2}, \dots, \frac{d^ny}{dt^n}) = 0 \quad (2.1)$$

Diese Form der Differentialgleichung wird als **implizite** Form bezeichnet. Ist eine Auflösung der Gleichung nach der höchsten Ableitung möglich, verwendet man in der Regel die gebräuchlichere **explizite** Form:

$$\frac{d^ny}{dt^n} = f(t, y, \frac{dy}{dt}, \frac{d^2y}{dt^2}, \dots, \frac{d^{n-1}y}{dt^{n-1}}) \quad (2.2)$$

Bei komplizierteren physikalischen Zusammenhängen ergibt sich oftmals ein **System von Differentialgleichungen**. Es besteht aus $n$ expliziten Differentialgleichungen für ebenso viele $n$ gesuchte Funktionen. Ein System von Differentialgleichungen ergibt sich auch bei der Umformung einer Differentialgleichung $n$-ter Ordnung (siehe Kapitel 2.2.2 und 2.3).

Bei einem Anfangswertproblem kommen zu der Differentialgleichung noch Anfangswerte hinzu. Dabei werden an diesen Stellen genauso viele Bedingungen an die Funktion und ihre Ableitungen gestellt, wie es dem Grad der Gleichung entspricht. Das bedeutet, bei einer Differentialgleichung 1. Ordnung reicht die Bedingung $y(t_0) = y_0$ aus. Ist es eine Differentialgleichung 2. Ordnung, kommt noch die Bedingung $y'(t_0) = y'_0$ hinzu. Dasselbe gilt auch für Randwertprobleme und die dazugehörigen Randwerte.

**Beispiel zum Anfangswert- bzw. Randwertproblem**
Gegeben sei eine lineare zeitinvariante Differentialgleichung 2. Ordnung (in Kapitel 2.2 wird darauf noch genau eingegangen):

$$y''(t) + y(t) = 0 \quad (2.3)$$

Die allgemeine Lösung lautet:

$$y(t) = a\cos(\omega t) + b\sin(\omega t) \quad (2.4)$$

Hierbei sind $a$ und $b$ frei wählbare Zahlenwerte.

Anfangswertproblem
Durch Vorgabe eines *Anfangspunktes* $(t_0, y_0)$ mit der dazugehörigen *Anfangssteigung* $y'_0$ zum Zeitpunkt $t = t_0$ ergibt sich aus der Gleichung (2.4) die spezielle Lösungsfunktion:

$$y(t) = y_0\cos(\omega(t - t_0)) + y'_0\sin(\omega(t - t_0)) \quad (2.5)$$

Man spricht hier von einem Anfangswertproblem, da man die Werte $y_0$ und $y'_0$ für den *Anfang* des Integrationsintervalls vorgibt.

Nimmt man nun zum Zeitpunkt $t_0 = 0$ die Werte $y_0 = -1$ und $y'_0 = 0,5$ an, ergibt sich für die Gleichung (2.5) der Ausdruck:

$$y(t) = -\cos(\omega t) + 0,5\sin(\omega t) \tag{2.6}$$

Randwertproblem

Werden dagegen für die Differentialgleichung (2.3) zwei Werte der Funktion $y(t)$ für verschiedene Werte von $t$: $y_0 = y(t_0), y_1 = y(t_1)$ vorgegeben, so spricht man von einem Randwertproblem.

Nimmt man nun für das Beispiel die Randwerte $y_0 = 0$ für $t_0 = 0$ und $y_1 = 2$ für $t_1 = \frac{\pi}{2\omega}$ an, ergeben sich für die beiden Randwerte folgende Gleichungen:

$$y_0 = 0 = a\cos(0) + b\sin(0) = a \tag{2.7}$$

$$y_1 = 2 = 0 + b\sin(\frac{\pi}{2}) = b \tag{2.8}$$

und somit lautet die Lösung der Gleichung:

$$y(t) = 2\sin(\omega t) \tag{2.9}$$

## 2.2 Lineare Differentialgleichungen

### 2.2.1 Lineare Differentialgleichungen 1. Ordnung

Lineare Differentialgleichungen haben eine besondere Relevanz bei der mathematischen Lösung technischer Problemstellungen. Oftmals werden andere Formen von Differentialgleichungen stückweise durch lineare Differentialgleichungen angenähert. Die allgemeine lineare Differentialgleichung 1. Ordnung in der expliziten Form lautet:

$$y'(t) + p(t) \cdot y(t) = s(t) \tag{2.10}$$

$p(t)$ und $s(t)$ sind vorgegebene (zeitabhängige) Funktionen. $s(t)$ heißt **Störfunktion**. Ist $s(t) = 0$, so heißt die Differentialgleichung **homogen**, andernfalls **inhomogen**.

Die Differentialgleichung (2.10) läßt sich in vier Formen angeben, wenn man verschiedene Annahmen für $s(t)$ und $p(t)$ trifft. Ist die betrachtete Funktion $p(t)$ konstant, spricht man von einer **zeitinvarianten** Differentialgleichung.

**Tabelle 2.1.** Lineare Differentialgleichung 1. Ordnung

| | zeitvariant ($p(t) \neq const$) | zeitinvariant ($p(t) = \lambda = const$) |
|---|---|---|
| homogen | $y'(t) + p(t) \cdot y(t) = 0$ | $y'(t) + \lambda \cdot y(t) = 0$ |
| ($s(t) = 0$) | mit dem Anfangswert $y(t_0) = y_0$ ergibt sich die Lösung: | |
| | $y = y_0 \cdot e^{-\int_{t_0}^{t} p(\tau)d\tau}$ | $y = y_0 \cdot e^{-\lambda(t-t_0)}$ |
| inhomogen | $y'(t) + p(t) \cdot y(t) = s(t)$ | $y'(t) + \lambda \cdot y(t) = s(t)$ |
| ($s(t) \neq 0$) | Die Lösungen werden mit dem Überlagerungssatz ermittelt! | |

**Der Überlagerungssatz (Das Superpositionsprinzip):**
Die Lösung einer linearen inhomogenen Differentialgleichung ist die Summe aus der Lösung $y_{hom}(t)$ der homogenen Differentialgleichung und einer partikulären Lösung $y_{part}(t)$ der inhomogenen Differentialgleichung, die durch $p(t)$ und $s(t)$ festgelegt ist. Die allgemeine Form der Lösung lautet:

$$y_{inh}(t) = y_{hom}(t) + y_{part}(t) \tag{2.11}$$

Zur Bestimmung der homogenen Lösung der Differentialgleichung $y_{hom}(t)$ setzt man bei der zu bestimmenden Differentialgleichung $s(t) = 0$ und bestimmt die zugehörige Lösung. Die partikuläre Lösung $y_{part}(t)$ kann mit dem Verfahren der *Variation der Konstanten* nach Lagrange /BRON/ bestimmt werden. In der Praxis wird aber meist anstelle dieses etwas mühsamen Verfahrens ein Ansatz für die gesuchte Lösungsfunktion $y_{part}(t)$ gewählt (siehe Tabelle 2.2). Mit diesem Ansatz geht man dann in die Differentialgleichung und bestimmt eine Lösung.

**Tabelle 2.2.** Ansätze für die Bestimmung der partikulären Lösung

| Störfunktion $s(t)$ | Ansatz für $y_{part}(t)$ |
|---|---|
| $a_0 + a_1 t + \ldots + a_n t^n$ | $c_0 + c_1 t + \ldots + c_n t^n$ |
| $a \cdot e^{\lambda t}$ | $c \cdot e^{\lambda t}$ |
| $a \cdot \sin(\omega t)$ oder $a \cdot \cos(\omega t)$ | $c_1 \cdot \sin(\omega t) + c_2 \cdot \cos(\omega t)$ |
| $(a_0 + a_1 t + \ldots + a_n t^n) \cdot e^{\lambda t}$ | $(c_0 + c_1 t + \ldots + c_n t^n) \cdot e^{\lambda t}$ |
| $(a \cdot \cos(\omega t) + b \cdot \sin(\omega t)) \cdot e^{\lambda t}$ | $(c_1 \cdot \cos(\omega t) + c_2 \cdot \sin(\omega t)) \cdot e^{\lambda t}$ |

Anmerkung:
In den Kapiteln 2 und 3 werden einige elektrische Schaltkreise exemplarisch durchgerechnet, um den Leser mit der Anwendung der mathematischen Verfahren vertraut zu machen. Die Tabelle 2.3 zeigt die Differentialgleichungen der grundlegenden Bauelemente, die in diesen Schaltkreisen vorkommen. Sie enthält die differentiellen Beziehungen zwischen Strom $i$ und Spannung $u$ in Abhängigkeit von Widerstand $R$, Induktivität $L$ und Kapazität $C$. Bei Strömen und Spannungen in der Elektrotechnik bedeutet $i = i(t)$ und $u = u(t)$. Bei anderen Größen ist der Zusatz $(t)$ notwendig, um die Zeitabhängigkeit zum Ausdruck zu bringen.

**Tabelle 2.3.** Differentialgleichungen elektrotechnischer Bauelemente

| Bauelement | 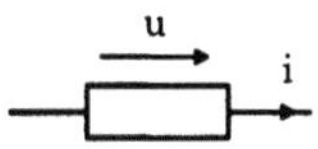 Widerstand $R$ | 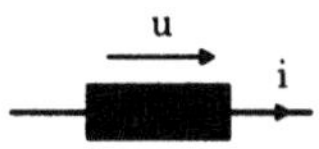 Induktivität $L$ | 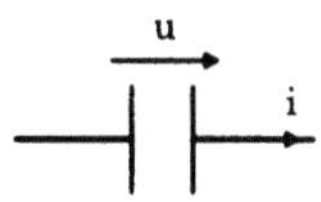 Kapazität $C$ |
|---|---|---|---|
| Spannung $u$ | $R \cdot i$ | $L \cdot \frac{di}{dt}$ | $\frac{1}{C}\int i dt + u(0)$ |
| Strom $i$ | $\frac{1}{R} \cdot u$ | $\frac{1}{L}\int u dt + i(0)$ | $C \cdot \frac{du}{dt}$ |

**Beispiel zur Anwendung des Überlagerungssatzes**
Um das Prinzip des Überlagerungssatzes zu verdeutlichen, wird von dem in Abbildung (2.2) gegebenen RC-Glied ausgegangen. Es ist an eine Wechselspannungsquelle mit $u_q = \widehat{U}_q \cdot \sin(\omega t)$ angeschlossen. Der Kondensator $C$ ist vor Beginn der Betrachtungen über einen Vorwiderstand auf die Anfangsspannung $U_0$ aufgeladen worden.

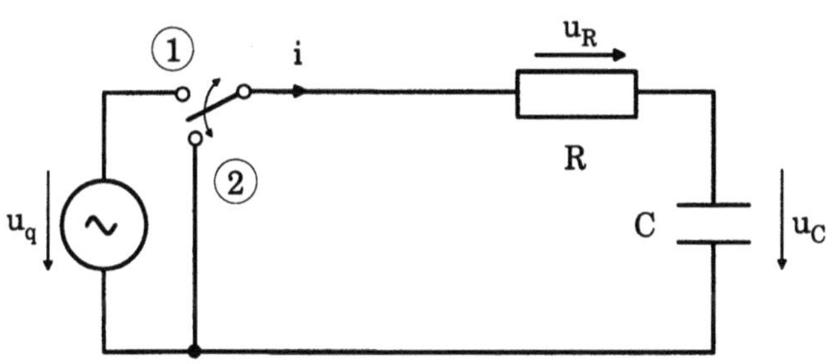


**Abbildung 2.2.** RC-Glied an Wechselspannung

Der Schalter ist in **Position 1**, das RC-Glied liegt somit an der Quelle an, und es gilt $i_R = i_C = i$:

$$u_R + u_C = R \cdot i + u_C = u_q \tag{2.12}$$

$i$ läßt sich durch $i = C \cdot \frac{du_C}{dt}$ ersetzen

$$RC \cdot \frac{du_C}{dt} + u_C = u_q$$

$$\frac{du_C}{dt} + \frac{1}{RC} \cdot u_C = \frac{1}{RC} \cdot u_q \tag{2.13}$$

Die erhaltene Gleichung (2.13) ist eine zeitinvariante, lineare, inhomogene Differentialgleichung 1. Ordnung.

Für den Ausschaltvorgang ist der Schalter in **Position 2** ($u_q = 0$). Das RC-Glied ist somit kurzgeschlossen, und man erhält eine lineare, homogene Differentialgleichung.

$$\frac{du_C}{dt} + \frac{1}{RC} \cdot u_C = 0 \tag{2.14}$$

Mit dem Anfangswert $u_C(0) = U_0$ lautet die Lösung der Gleichung:

$$u_C = U_0 \cdot e^{-\frac{1}{RC} \cdot t} \tag{2.15}$$

Die Störfunktion $s(t)$ ist in diesem Beispiel durch $u_q = \widehat{U}_q \cdot \sin(\omega t)$ gegeben. Für den Einschaltvorgang (Position 1, siehe Gleichung (2.13)) ergibt sich dann unter Verwendung der Störfunktion folgende zeitinvariante, lineare, inhomogene Differentialgleichung 1. Ordnung:

$$\frac{du_C}{dt} + \frac{1}{RC} \cdot u_C = \frac{\widehat{U}_q}{RC} \cdot \sin(\omega t) \tag{2.16}$$

Deren Lösung wird unter Verwendung des Überlagerungssatzes (2.11) aus der Summe $y_{hom}(t) + y_{part}(t)$ gebildet. Die Lösung der homogenen Differentialgleichung ist durch die Gleichung (2.15) bereits gegeben. Eine partikuläre Lösung der inhomogenen Differentialgleichung läßt sich über einen geeigneten Ansatz für $\sin(\omega t)$ bestimmen. (Siehe dazu Zeile 3 in der Tabelle 2.2) Auf die genaue rechnerische Herleitung wird an dieser Stelle verzichtet.

$$u_C = \underbrace{U_0 \cdot e^{-\frac{1}{RC} \cdot t}}_{\text{homogene Lösung}} + \underbrace{\frac{\alpha U_q}{1+\alpha^2} \cdot e^{-\frac{1}{RC} \cdot t} + \frac{U_q}{1+\alpha^2} \cdot (\sin(\omega t) - \alpha \cos(\omega t))}_{\text{partikuläre Lösung}} \tag{2.17}$$

Hierbei gilt $\alpha = \omega RC$ und $u_C(0) = U_0$. Die Gleichung (2.17) läßt sich dann wie folgt umformen:

$$u_C = [U_0 + \frac{\alpha \widehat{U}_q}{1+\alpha^2}] \cdot e^{-\frac{1}{RC} \cdot t} + \frac{\widehat{U}_q}{1+\alpha^2} \cdot (\sin(\omega t) - \alpha \cos(\omega t)) \qquad (2.18)$$

Zur Probe kann man in diese Gleichung $t = 0$ einsetzen und erhält:

$$u_C(0) = [U_0 + \frac{\alpha \widehat{U}_q}{1+\alpha^2}] \cdot 1 + \frac{\widehat{U}_q}{1+\alpha^2} \cdot (0 - \alpha)$$

$$u_C(0) = U_0 + \frac{\alpha \widehat{U}_q}{1+\alpha^2} - \frac{\alpha \widehat{U}_q}{1+\alpha^2} = U_0$$

also genau den vorgegebenen Anfangswert zum Zeitpunkt $t = 0$. Betrachtet man nun $u_C$ für $t \to \infty$, muß sich die stationäre Lösung des Systems ergeben. Es ist natürlich auch möglich, diese stationäre Lösung direkt durch die Wechselstrom-Theorie und eine komplexe Rechnung zu bestimmen, ohne die Differentialgleichung lösen zu müssen.

In Abbildung 2.3 ist exemplarisch der Verlauf der Spannung $u_C$ am Kondensator bei Anlegen einer Wechselspannung an einem RC-Glied dargestellt. Da der Kondensator vor Beginn auf die Anfangsspannung $U_0$ aufgeladen worden ist, klingt die Spannung $u_C$ von diesem Wert aus schwingend mit der Zeitkonstante $\tau = RC$ ab und geht in einen stationären Verlauf über.

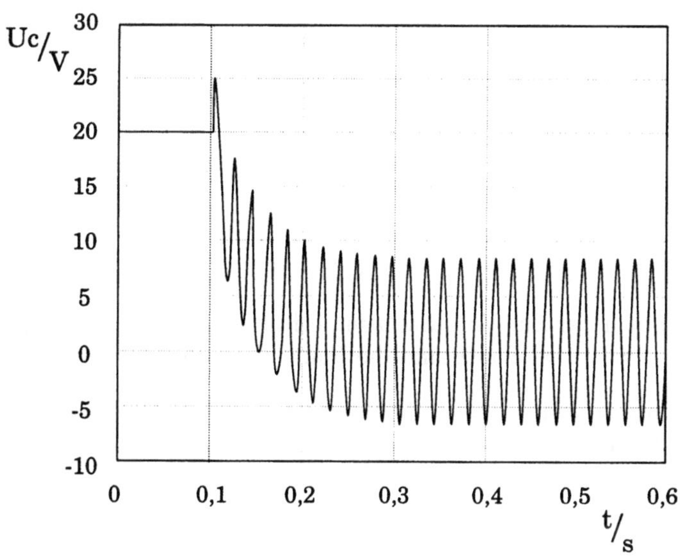


**Abbildung 2.3.** Einschaltvorgang am RC-Glied

### 2.2.2 Lineare Differentialgleichungen höherer Ordnung mit konstanten Koeffizienten

Zur allgemeinen Betrachtung gewöhnlicher linearer Differentialgleichungen höherer Ordnung mit konstanten Koeffizienten wird von deren allgemeiner Form ausgegangen:

$$p_n y^{(n)}(t) + p_{n-1} y^{(n-1)}(t) + \ldots + p_1 y'(t) + p_0 y(t) = s(t) \tag{2.19}$$

In der Regel werden Differentialgleichungen höherer Ordnung als Systeme von Differentialgleichungen 1. Ordnung behandelt. Dabei wird die Differentialgleichung höherer Ordnung in mehrere gekoppelte Differentialgleichungen 1. Ordnung umgewandelt. Darauf wird später noch eingegangen werden (Kapitel 2.3). Zunächst sollen jedoch die Eigenschaften der Lösungsfunktionen beschrieben werden.

**a) Homogene Differentialgleichung n-ter Ordnung** ($s(t) = 0$)
Eine gewöhnliche Differentialgleichung n-ter Ordnung besitzt genau $n$ linear unabhängige Lösungen $y_1(t), y_2(t), y_3(t), \ldots, y_n(t)$, die die Differentialgleichung erfüllen. Die allgemeine Lösung ist eine Linearkombination dieser $n$ Funktionen mit den Konstanten $c_1$ bis $c_n$:

$$y(t) = c_1 y_1(t) + c_2 y_2(t) + \ldots + c_n y_n(t) \tag{2.20}$$

Die in der allgemeinen Lösung auftretenden $n$ Konstanten $c_1, c_2, \ldots, c_n$ lassen sich durch Einsetzen der Anfangswerte in die Gleichung (2.19) berechnen:

$$y(t_0) = y_0 \qquad y'(t_0) = y_0' \qquad \ldots \qquad y^{(n-1)}(t_0) = y_0^{(n-1)}$$

So entsteht ein System von $n$ linearen Gleichungen zur Festlegung der $c_i$.

> ***Definition:***
> Die Funktionen $y_1(t), \ldots, y_n(t)$ sind **linear unabhängig** voneinander, wenn die lineare Gleichung
>
> $$\alpha_1 y_1(t) + \alpha_2 y_2(t) + \ldots + \alpha_n y_n(t) = 0 \tag{2.21}$$
>
> für alle $t$ nur unter der Voraussetzung erfüllt werden kann, daß gilt: $\alpha_i = 0$ für $i = 1 \ldots n$. Sonst sind die Funktionen **linear abhängig**.

Eine Lösungsmenge von $n$ linear unabhängigen Funktionen bildet ein **Fundamentalsystem** der Differentialgleichung n-ter Ordnung.
Gilt die lineare Unabhängigkeit der Lösungen $y_i(t)$, ist die eindeutige Bestimmung der Koeffizienten $c_i$ mit einem der üblichen Lösungsverfahren möglich.

**b) Inhomogene Differentialgleichung n-ter Ordnung** ($s(t) \neq 0$)
Die allgemeine Lösung einer linearen, inhomogenen Differentialgleichung n - ter Ordnung ist nach dem Überlagerungssatz die Summe aus der allgemeinen

Lösung der zugehörigen homogenen Differentialgleichung $y_{hom}(t)$ und einer speziellen Lösung $y_{part}(t)$ der inhomogenen Differentialgleichung.

$$y_{inh}(t) = y_{hom}(t) + y_{part}(t) = \underbrace{c_1 y_1(t) + \ldots + c_n y_n(t)}_{y_{hom}(t)} + y_{part}(t) \tag{2.22}$$

Für die Bestimmung von $y_{part}(t)$ wird hier genauso verfahren, wie im vorherigen Unterkapitel beschrieben. (Ansatz gemäß Tabelle 2.2)

### 2.2.3 Lineare Differentialgleichung 2. Ordnung mit konstanten Koeffizienten

Wie schon erwähnt, werden Differentialgleichungen höherer Ordnung am besten als Systeme gekoppelter Differentialgleichungen 1. Ordnung behandelt. Eine Ausnahme kann bei der Differentialgleichung 2. Ordnung gemacht werden, da sich bei der direkten Lösungsmethode noch übersichtliche und einfache Formulierungen ergeben /PAP2/.

Im folgenden wird die allgemeine Form einer linearen Differentialgleichung 2. Ordnung untersucht:

$$y''(t) + py'(t) + qy(t) = s(t) \tag{2.23}$$

Hierbei sind $p$ und $q$ als konstant (zeitinvariant) angenommen. Entsprechend der Tabelle (2.2) wird für die Gleichung (2.23) folgender Ansatz zur Bestimmung eines Fundamentalsystems gewählt:

$$y(t) = e^{\lambda t} \qquad y'(t) = \lambda e^{\lambda t} \qquad y''(t) = \lambda^2 e^{\lambda t}$$

Unter Verwendung des Ansatzes ergeben sich für die homogene Differentialgleichung ($s(t) = 0$) die folgenden Gleichungen:

$$\begin{aligned} \lambda^2 e^{\lambda t} + p\lambda e^{\lambda t} + q e^{\lambda t} &= 0 \\ (\lambda^2 + p\lambda + q)e^{\lambda t} &= 0 \\ \lambda^2 + p\lambda + q &= 0 \end{aligned} \tag{2.24}$$

Die Gleichung (2.24) wird als **charakteristisches Polynom** der Differentialgleichung (2.23) bezeichnet.

Für die allgemeine Lösung dieser Gleichung gilt:

$$\lambda_{1,2} = -\frac{p}{2} \pm \sqrt{\left(\frac{p}{2}\right)^2 - q} \tag{2.25}$$

Die Diskriminante $D = (\frac{p}{2})^2 - q$ entscheidet dabei über die Art der Lösungen. Es sind hier drei Fälle zu unterscheiden.

**Fall 1:** $(\frac{p}{2})^2 - q > 0$
Das charakteristische Polynom besitzt für diesen Fall **zwei verschiedene reelle Lösungen** $\lambda_1$ und $\lambda_2$ d.h. $\lambda_1 \neq \lambda_2$. Damit erhält man die beiden Lösungsfunktionen:

$$y_1 = e^{\lambda_1 t} \quad \text{und} \quad y_2 = e^{\lambda_2 t} \tag{2.26}$$

Diese beiden Lösungsfunktionen sind linear unabhängig und bilden somit ein Fundamentalsystem. Die allgemeine Lösung der homogenen Differentialgleichung (2.23) lautet dann für diesen Fall:

$$y(t) = C_1 e^{\lambda_1 t} + C_2 e^{\lambda_2 t} \tag{2.27}$$

**Fall 2:** $(\frac{p}{2})^2 - q = 0$
Für diesen Fall besitzt das charakteristische Polynom nun **zwei gleiche reelle Lösungen** $\lambda_1 = \lambda_2 = -\frac{p}{2}$. Somit ergibt sich für die Lösungsfunktionen:

$$y_1 = y_2 = e^{-\frac{p}{2}t} \tag{2.28}$$

Wie man sieht, erhält man durch die beiden Lösungen nur eine Lösungsfunktion. Zur Bildung der allgemeinen Lösung der homogenen Differentialgleichung durch Linearkombination benötigt man jedoch eine weitere Lösung der homogenen Differentialgleichung. Unter Anwendung der *Variation der Konstanten* läßt sich diese bestimmen. Dazu verwendet man den folgenden Ansatz, in dem $C(t)$ als allgemeine Funktion in Abhängigkeit von einer beliebigen Variablen angesetzt wird:

$$\begin{aligned} C(t) \cdot e^{-\frac{p}{2}t} &= y \\ (C'(t) - \frac{p}{2}C(t)) \cdot e^{-\frac{p}{2}t} &= y' \\ (C''(t) - pC'(t) + \frac{p^2}{4}C(t)) \cdot e^{-\frac{p}{2}t} &= y'' \end{aligned}$$

Durch Einsetzen in die Differentialgleichung ergibt sich dann:

$$\begin{aligned} [C''(t) - pC'(t) + \frac{p^2}{4}C(t)] \cdot e^{-\frac{p}{2}t} + p \cdot [C'(t) - \frac{p}{2}C(t)] \cdot e^{-\frac{p}{2}t} & \\ +q \cdot C(t) \cdot e^{-\frac{p}{2}t} &= 0 \\ C''(t) - p \cdot C'(t) + \frac{p^2}{4} \cdot C(t) + p \cdot C'(t) - \frac{p^2}{2}C(t) + q \cdot C(t) &= 0 \\ C''(t) - \frac{p^2}{4}C(t) + q \cdot C(t) &= 0 \\ C''(t) - (\underbrace{\left(\frac{p}{2}\right)^2 - q}_{0}) \cdot C(t) &= 0 \\ C''(t) &= 0 \quad (2.29) \end{aligned}$$

Die so erhaltene Differentialgleichung 2. Ordnung ist leicht durch zweimalige unbestimmte Integration zu lösen. Für die gesuchte Funktion $C(t)$ läßt sich damit schreiben:

$$C(t) = C_1 t + C_2 \tag{2.30}$$

Setzt man dieses Ergebnis in den Ansatz ein, erhält man die allgemeine Lösung der homogenen Differentialgleichung $y''(t) + py'(t) + qy(t) = 0$ für den Fall $D = (\frac{p}{2})^2 - q = 0$.

$$y(t) = C(t) \cdot e^{-\frac{p^2}{2}t} = (C_1 t + C_2) \cdot e^{-\frac{p^2}{2}t} \tag{2.31}$$

Diese Lösung ist eine Linearkombination aus den beiden Lösungsfunktionen:

$$y_1 = e^{-\frac{p}{2}t} \quad \text{und} \quad y_2 = t \cdot e^{-\frac{p}{2}t} \tag{2.32}$$

Beide Funktionen sind eine Lösung der homogenen Differentialgleichung und sind linear unabhängig. Sie bilden somit das gesuchte Fundamentalsystem.

<u>**Fall 3:**</u> $(\frac{p}{2})^2 - q < 0$
Für diesen Fall gibt es keine reellen Lösungen, sondern **zwei konjugiert komplexe Lösungen** $\lambda_1$ und $\lambda_2$. Mit $\alpha = -\frac{p}{2}$ und $\omega^2 = q - (\frac{p}{2})^2 > 0$ läßt sich das charakteristische Polynom in folgender Form schreiben:

$$\lambda_{1,2} = -\frac{p}{2} \pm \sqrt{\left(\frac{p}{2}\right)^2 - q} = \alpha \pm \sqrt{-\omega^2} = \alpha \pm j\omega \tag{2.33}$$

Damit erhält man zwei komplexe, linear unabhängige Lösungen, die ein komplexes Fundamentalsystem bilden.

$$y_1 = e^{(\alpha + j\omega)t} \quad \text{und} \quad y_2 = e^{(\alpha - j\omega)t} \tag{2.34}$$

Die allgemeine Lösung der homogenen Differentialgleichung lautet dann:

$$y(t) = C_1 \cdot e^{(\alpha + j\omega)t} + C_2 \cdot e^{(\alpha - j\omega)t} \tag{2.35}$$

Sie ist ebenfalls komplex. Das komplexe Fundamentalsystem ist unter Verwendung der Eulerschen Formeln $e^{\pm jz} = \cos z \pm j \cdot \sin z$ in ein reelles zu überführen. Die allgemeine Lösung hat dann folgende Form:

$$\begin{aligned} y(t) &= C_1 \cdot e^{\alpha t} \cdot e^{j\omega t} + C_2 \cdot e^{\alpha t} \cdot e^{-j\omega t} \\ &= e^{\alpha t}[C_1 \cdot e^{j\omega t} + C_2 \cdot e^{-j\omega t}] \\ &= e^{\alpha t}[C_1 \cdot \cos(\omega t) + j \cdot C_1 \cdot \sin(\omega t) + C_2 \cdot \cos(\omega t) - j \cdot C_2 \cdot \sin(\omega t)] \\ &= e^{\alpha t}[\underbrace{(C_1 + C_2)}_{A_1} \cdot \cos(\omega t) + j \cdot \underbrace{(C_1 - C_2)}_{A_2} \cdot \sin(\omega t)] \\ &= e^{\alpha t}[A_1 \cdot \cos(\omega t) + j \cdot A_2 \cdot \sin(\omega t)] \end{aligned} \tag{2.36}$$

Bei einer komplexwertigen Lösung dieser Form $y(t) = u(t) + j \cdot v(t)$ sind der Realteil $u(t)$ und der Imaginärteil $v(t)$ selbst Lösungen der homogenen Differentialgleichung. Die beiden Lösungsfunktionen sind dann gegeben durch:

$$y_1 = e^{\alpha t} \cdot \cos(\omega t) \quad \text{und} \quad y_2 = e^{\alpha t} \cdot \sin(\omega t) \tag{2.37}$$

Mit Hilfe dieser beiden Lösungsfunktionen läßt sich ein reelles Fundamentalsystem bilden. Damit ist die allgemeine Lösung der homogenen Differentialgleichung auch reell darstellbar.

$$y(t) = e^{\alpha t}[K_1 \cdot \cos(\omega t) + K_2 \cdot \sin(\omega t)] \tag{2.38}$$

**Beispiel: RLC-Glied an Wechselspannung**
Zur Berechnung einer linearen Differentialgleichung 2. Ordnung wird exemplarisch das in Abbildung 2.4 dargestellte RLC-Glied verwendet. Es ist an eine Wechselspannungsquelle angeschlossen.

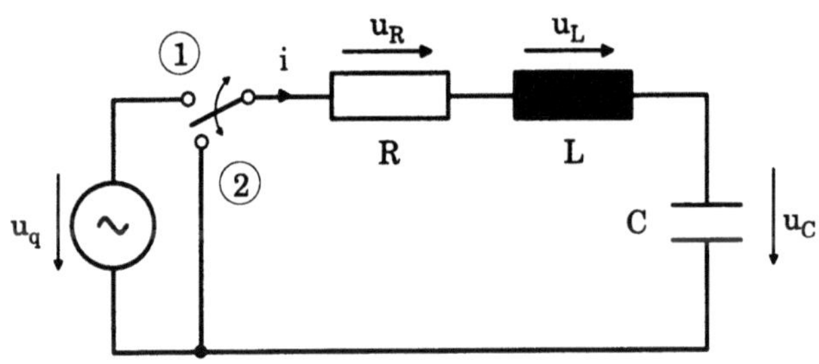


**Abbildung 2.4.** RLC-Glied an Wechselspannung

Es läßt sich folgende Gleichung aufstellen:

$$R \cdot i + L \cdot \frac{di}{dt} + u_C = u_q$$

mit $i = C \cdot \frac{du_C}{dt}$ wird daraus:

$$RC \cdot \frac{du_C}{dt} + LC \cdot \frac{d^2u_C}{dt^2} + u_C = u_q$$

Formt man die Gleichung um und setzt zur Vereinfachung der Schreibweise $2\delta = \frac{R}{L}$ und $\omega_0^2 = \frac{1}{LC}$, erhält man eine lineare Differentialgleichung 2.Ordnung mit konstanten Koeffizienten.

$$\frac{d^2u_C}{dt^2} + 2\delta\frac{du_C}{dt} + \omega_0^2 u_C = \omega_0^2 u_q \tag{2.39}$$

Die Lösung des charakteristischen Polynoms der dazugehörigen homogenen Differentialgleichung $[u_q(t = 0) = 0]$ ist:

$$\lambda_{1,2} = -\delta \pm \sqrt{\delta^2 - \omega_0^2} \tag{2.40}$$

Für den Zeitpunkt $t = 0$ gilt: $u_C(0) = u_{C0}$ und $i(0) = 0$.
Anhand der Diskriminanten $D = \delta^2 - \omega_0^2$ sind auch hier die drei vorgestellten Fälle zur Lösung zu unterscheiden.

Fall 1: $\delta^2 - \omega_0^2 > 0$ aperiodischer Fall

$$u_C = \frac{u_{C0}}{2} \cdot [(1 + \frac{\delta}{\omega}) \cdot e^{(\omega-\delta)t} + (1 - \frac{\delta}{\omega}) \cdot e^{(-\omega-\delta)t}]$$

Fall 2: $\delta^2 - \omega_0^2 = 0$ aperiodischer Grenzfall

$$u_C = u_{C0} \cdot (1 + \delta t) \cdot e^{-\delta t}$$

Fall 3: $\delta^2 - \omega_0^2 < 0$ gedämpfte Schwingung

$$u_C = u_{C0} \cdot e^{-\delta t} \cdot (\cos \omega t + \frac{\delta}{\omega} \sin \omega t)$$

## 2.3 Systeme von Differentialgleichungen 1. Ordnung

Treten in einem physikalischen Modell mehrere zusammenwirkende, unbekannte Funktionen und ihre Ableitungen auf, so ergibt sich bei der mathematischen Formulierung eine entsprechende Anzahl gekoppelter Differentialgleichungen. Man spricht dann von einem **System von Differentialgleichungen**. Ein solches System von Differentialgleichungen tritt auf, falls das zeitliche Verhalten mehrerer gekoppelter Veränderlicher (Zustandsgrößen) bestimmt werden soll oder wenn eine Differentialgleichung n-ter Ordnung in ein System niederer Ordnung, z.B. in ein System von Differentialgleichungen 1. Ordnung, umgewandelt wird.

Bei Systemen von Differentialgleichungen gelten im Prinzip dieselben Begrifflichkeiten, wie in den vorhergehenden Kapiteln erläutert. Anzumerken bleibt hier lediglich, daß bei einem homogenen System alle Störfunktionen $s_i(t) = 0$ sein müssen und daß die Ordnung eines Systems die Summe der Ordnungen der einzelnen Differentialgleichungen ist.

### 2.3.1 Systeme von linearen Differentialgleichungen 1. Ordnung

Bei den in der Praxis auftretenden Systemen handelt es sich im allgemeinen um Systeme linearer Differentialgleichungen 1. Ordnung, oder man kann zumindest ein erstelltes mathematisches Modell in eine solche Form bringen. Ausnahmen bilden Systeme, die stromabhängige Induktivitäten oder andere Nichtlinearitäten beschreiben (behandelt z.B. im Kapitel 3.6).

Ein System linearer Differentialgleichungen 1. Ordnung mit $n$ Unbekannten $y_1 \dots y_n$ kann in der expliziten Schreibweise dargestellt werden:

$$
\begin{aligned}
\frac{dy_1(t)}{dt} &= a_{11}(t)y_1(t) + a_{12}(t)y_2(t) + \dots + a_{1n}(t)y_n(t) + s_1(t) \\
\frac{dy_2(t)}{dt} &= a_{21}(t)y_1(t) + a_{22}(t)y_2(t) + \dots + a_{2n}(t)y_n(t) + s_2(t) \\
&\vdots \\
\frac{dy_n(t)}{dt} &= a_{n1}(t)y_1(t) + a_{n2}(t)y_2(t) + \dots + a_{nn}(t)y_n(t) + s_n(t)
\end{aligned}
$$

Zumeist wählt man aber die vorteilhaftere Matrixschreibweise:

$$
\frac{d}{dt}\mathbf{y}(t) = \mathbf{A}(t)\mathbf{y}(t) + \mathbf{s}(t) \tag{2.41}
$$

Die Vektoren und die Matrix sind wie folgt definiert:

$$
\mathbf{y}(t) = \begin{bmatrix} y_1(t) \\ y_2(t) \\ \vdots \\ y_n(t) \end{bmatrix} \quad , \quad \tfrac{d}{dt}\mathbf{y}(t) = \begin{bmatrix} \frac{dy_1(t)}{dt} \\ \frac{dy_2(t)}{dt} \\ \vdots \\ \frac{dy_n(t)}{dt} \end{bmatrix} = \tfrac{d}{dt} \begin{bmatrix} y_1(t) \\ y_2(t) \\ \vdots \\ y_n(t) \end{bmatrix}
$$

$$
\mathbf{s}(t) = \begin{bmatrix} s_1(t) \\ s_2(t) \\ \vdots \\ s_n(t) \end{bmatrix} \quad , \quad \mathbf{A}(t) = \begin{bmatrix} a_{11}(t) & a_{12}(t) & \dots & a_{1n}(t) \\ a_{21}(t) & a_{22}(t) & \dots & a_{2n}(t) \\ \vdots & \vdots & \vdots & \vdots \\ a_{n1}(t) & a_{n2}(t) & \dots & a_{nn}(t) \end{bmatrix}
$$

Für lineare Systeme von Differentialgleichungen werden dieselben Lösungsmethoden eingesetzt wie bei Differentialgleichungen höherer Ordnung.

Die allgemeine Lösung von Gleichung (2.41) ist definiert durch:

$$
\mathbf{y}(t) = \mathbf{c_1} e^{\lambda_1 t} + \mathbf{c_2} e^{\lambda_2 t} + \dots + \mathbf{c_n} e^{\lambda_n t} + \mathbf{y_p} \tag{2.42}
$$

Die Vektoren $\mathbf{c_1} \dots \mathbf{c_n}$ sind durch die Elemente der Matrix $\mathbf{A}(t)$ und durch die $n$ Anfangswerte $\mathbf{y}(t_0)$ festgelegt.

Für die Stabilität des Systems sind die Werte $\lambda_1 \dots \lambda_n$, die in der Lösung vorkommen, entscheidend. Sie sind durch die Elemente der Matrix $\mathbf{A}(t)$ bestimmt und heißen **Eigenwerte der Matrix $\mathbf{A}(t)$** . Hat die Matrix eine Dimension $n > 3$, so wird für die Berechnung der Eigenwerte meist auf eine numerische Methode zurückgegriffen. Das folgende Beispiel dient zur Verdeutlichung der prinzipiellen Verfahrensweise bei der Umformung einer Differentialgleichung höherer Ordnung in ein System von Differentialgleichungen niederer Ordnung.

**Beispiel zur Umformung einer Differentialgleichung**

In diesem Beispiel wird zuerst eine Differentialgleichung 5. Ordnung hergeleitet, die das physikalische Verhalten eines technischen Modells mit fünf Energiespeichern (siehe dazu Kapitel 5.1) mathematisch beschreibt. Anschließend wird die Überführung dieser Differentialgleichung 5. Ordnung in ein System von fünf miteinander gekoppelten Differentialgleichungen 1. Ordnung gezeigt. Gegeben seien dazu die in Abbildung 2.5 dargestellten LC-Glieder an einer idealen Gleichspannungsquelle ($u_q = U$). Da die Quelle als ideal angenommen wurde, bezeichnet der Widerstand $R$ den gesamten Widerstand im Kreis.

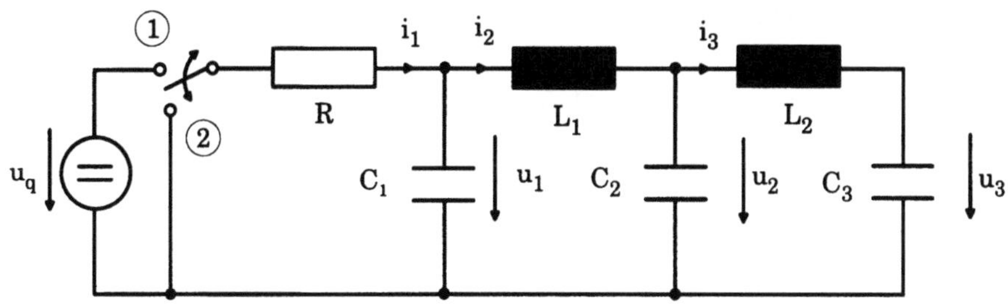


**Abbildung 2.5.** LC-Glieder an Gleichspannung

Beim Einschaltvorgang **(Position 1)** gelten folgende Gleichungen:

$$U = R \cdot i_1 + u_1 \tag{2.43}$$

$$i_1 = i_2 + C_1 \cdot \frac{du_1}{dt} \tag{2.44}$$

$$u_1 = L_1 \cdot \frac{di_2}{dt} + u_2 \tag{2.45}$$

$$i_2 = i_3 + C_2 \cdot \frac{du_2}{dt} \tag{2.46}$$

$$u_2 = L_2 \cdot \frac{di_3}{dt} + u_3 \tag{2.47}$$

$$i_3 = C_3 \cdot \frac{du_3}{dt} \tag{2.48}$$

Ausgehend von den miteinander gekoppelten Gleichungen (2.43) bis (2.48) wird durch mehrmaliges Umformen und Ineinandereinsetzen eine Differentialgleichung mit einer unbekannten Funktion (hier $u_3$) hergeleitet.

Gleichung (2.47) wird nach der Zeit abgeleitet und in (2.46) eingesetzt.

$$\frac{du_2}{dt} = L_2 \cdot \frac{d^2 i_3}{dt^2} + \frac{du_3}{dt}$$

$$i_2 = i_3 + C_2 L_2 \cdot \frac{d^2 i_3}{dt^2} + C_2 \cdot \frac{du_3}{dt}$$

Mit Gleichung (2.48) läßt sich das Ergebnis umformen zu:

$$\begin{aligned} i_2 &= i_3 + C_2 L_2 \cdot \frac{d^2 i_3}{dt^2} + \frac{C_2}{C_3} \cdot i_3 \\ &= \left(1 + \frac{C_2}{C_3}\right) \cdot i_3 + C_2 L_2 \cdot \frac{d^2 i_3}{dt^2} \end{aligned} \tag{2.49}$$

Diese Gleichung (2.49) wird nach der Zeit abgeleitet und dann in Gleichung (2.45) eingesetzt.

$$\frac{di_2}{dt} = \left(1 + \frac{C_2}{C_3}\right) \cdot \frac{di_3}{dt} + C_2 L_2 \cdot \frac{d^3 i_3}{dt^3}$$

$$u_1 = L_1 \cdot \left(1 + \frac{C_2}{C_3}\right) \cdot \frac{di_3}{dt} + L_1 C_2 L_2 \cdot \frac{d^3 i_3}{dt^3} + u_2$$

Mit Gleichung (2.45) erhält man:

$$u_1 = \left(L_1 + L_2 + \frac{L_1 C_2}{C_3}\right) \cdot \frac{i_3}{dt} + L_1 C_2 L_2 \cdot \frac{d^3 i_3}{dt^3} + u_3 \tag{2.50}$$

Man leitet diese Gleichung (2.50) nach der Zeit ab und verwendet anschließend Gleichung (2.48).

$$\frac{du_1}{dt} = \left(L_1 + L_2 + \frac{L_1 C_2}{C_3}\right) \cdot \frac{d^2 i_3}{dt^2} + L_1 C_2 L_2 \cdot \frac{d^4 i_3}{dt^4} + \frac{du_3}{dt}$$

$$\frac{du_1}{dt} = \left(L_1 + L_2 + \frac{L_1 C_2}{C_3}\right) \cdot \frac{d^2 i_3}{dt^2} + L_1 C_2 L_2 \cdot \frac{d^4 i_3}{dt^4} + \frac{1}{C_3} \cdot i_3$$

Dieses Ergebnis wird in Gleichung (2.44) eingesetzt. Verwendet man noch das Ergebnis aus Gleichung (2.49), führt dies auf:

$$\begin{aligned} i_1 = &\left(1 + \frac{C_2}{C_3}\right) \cdot i_3 + C_2 L_2 \cdot \frac{d^2 i_3}{dt^2} \\ &+ C_1 \cdot \left(L_1 + L_2 + \frac{L_1 C_2}{C_3}\right) \cdot \frac{d^2 i_3}{dt^2} \\ &+ C_1 L_1 C_2 L_2 \cdot \frac{d^4 i_3}{dt^4} + \frac{C_1}{C_3} \cdot i_3 \end{aligned} \tag{2.51}$$

Diese Gleichung (2.51) wird in Gleichung (2.43) eingesetzt.

$$
\begin{aligned}
U = R \cdot \left(1 + \frac{C_2}{C_3} + \frac{C_1}{C_3}\right) \cdot i_3 \\
+ RC_1 \cdot \left(L_1 + L_2 + \frac{L_1 C_2}{C_3} + \frac{L_2 C_2}{C_1}\right) \cdot \frac{d^2 i_3}{dt^2} \\
+ RC_1 L_1 C_2 L_2 \cdot \frac{d^4 i_3}{dt^4} + u_1
\end{aligned}
$$

Unter Verwendung der Gleichung (2.50) erhält man:

$$
\begin{aligned}
U = R \cdot \left(1 + \frac{C_2}{C_3} + \frac{C_1}{C_3}\right) \cdot i_3 + \left(L_1 + L_2 + \frac{L_1 C_2}{C_3}\right) \cdot \frac{i_3}{dt} \\
+ RC_1 \cdot \left(L_1 + L_2 + \frac{L_1 C_2}{C_3} + \frac{L_2 C_2}{C_1}\right) \cdot \frac{d^2 i_3}{dt^2} \\
+ L_1 C_2 L_2 \cdot \frac{d^3 i_3}{dt^3} + RC_1 L_1 C_2 L_2 \cdot \frac{d^4 i_3}{dt^4} + u_3
\end{aligned}
$$

Es wird nun noch die Gleichung (2.48) berücksichtigt.

$$
\begin{aligned}
U = R\, C_3 \cdot \left(1 + \frac{C_2}{C_3} + \frac{C_1}{C_3}\right) \cdot \frac{du_3}{dt} + C_3 \cdot \left(L_1 + L_2 + \frac{L_1 C_2}{C_3}\right) \cdot \frac{d^2 u_3}{dt^2} \\
+ RC_1 C_3 \cdot \left(L_1 + L_2 + \frac{L_1 C_2}{C_3} + \frac{L_2 C_2}{C_1}\right) \cdot \frac{d^3 u_3}{dt^3} \\
+ L_1 C_2 L_2 C_3 \cdot \frac{d^4 u_3}{dt^4} + RC_1 L_1 C_2 L_2 C_3 \cdot \frac{d^5 u_3}{dt^5} + u_3
\end{aligned}
$$

Die so erhaltene Gleichung stellt man nach dem Grad der Ableitungen sortiert um und teilt sie durch den Vorfaktor der höchsten Potenz. So erhält man schließlich eine allgemeine Form der linearen Differentialgleichung höherer Ordnung.

$$
\begin{aligned}
& \frac{d^5 u_3}{dt^5} + \frac{1}{RC_1} \cdot \frac{d^4 u_3}{dt^4} \\
& + \left(\frac{C_1 C_3 (L_1 + L_2) + C_1 L_1 C_2 + C_2 L_2 C_3}{C_1 L_1 C_2 L_2 C_3}\right) \cdot \frac{d^3 u_3}{dt^3} \\
& + \frac{C_3 (L_1 + L_2) + L_1 C_2}{RC_1 L_1 C_2 L_2 C_3} \cdot \frac{d^2 u_3}{dt^2} + \frac{C_1 + C_2 + C_3}{C_1 L_1 C_2 L_2 C_3} \cdot \frac{du_3}{dt} \\
& + \frac{1}{RC_1 L_1 C_2 L_2 C_3} \cdot u_3 = \frac{U}{RC_1 L_1 C_2 L_2 C_3}
\end{aligned}
\tag{2.52}
$$

Die sich so ergebende Differentialgleichung (2.52) hat die Ordnung 5; dies entspricht der Anzahl der Energiespeicher (Induktivitäten und Kapazitäten). Wie vorher beschrieben, kann man die allgemeine Lösung dieser Differentialgleichung unter Anwendung des Überlagerungssatzes bestimmen. Die homogene Lösung läßt sich dann mittels **Schalterposition 2** bestimmen.

Eine andere Möglichkeit zur Lösung der Differentialgleichung (2.52) bietet sich durch die Anwendung einer Matrix. Dazu werden die Hilfsvariablen $z_1$ bis $z_4$ eingeführt. Die Differentialgleichung 5. Ordnung läßt sich damit durch entsprechende Umformungen in ein System von fünf Differentialgleichungen 1. Ordnung überführen.

$$z_1 = \frac{du_3}{dt} \quad z_2 = \frac{d^2u_3}{dt^2} \quad z_3 = \frac{d^3u_3}{dt^3} \quad z_4 = \frac{d^4u_3}{dt^4} \tag{2.53}$$

$$\frac{dz_4}{dt} = -\frac{P_0}{P_5}u_3 - \frac{P_1}{P_5}z_1 - \frac{P_2}{P_5}z_2 - \frac{P_3}{P_5}z_3 - \frac{P_4}{P_5}z_4 + \frac{U}{P_5} \tag{2.54}$$

Dabei sind $P_1$ bis $P_5$ definiert durch:

$$\begin{aligned}
P_0 &= 1\\
P_1 &= RC_3\left(1 + \frac{C_2}{C_3} + \frac{C1}{C_3}\right)\\
P_2 &= C_3\left(L_1 + L_2 + \frac{L_1C_2}{C_3}\right)\\
P_3 &= RC_1C_3\left(L_1 + L_2 + \frac{L_1C_2}{C_3} + \frac{L_2C_2}{C_1}\right)\\
P_4 &= L_1C_2L_2C_3\\
P_5 &= RC_1L_1C_2L_2C_3
\end{aligned}$$

Gibt man das System von Differentialgleichungen 1. Ordnung in Matrixschreibweise an, erhält man Gleichung (2.55).

$$\frac{d}{dt}\begin{bmatrix} u_3\\ z_1\\ z_2\\ z_3\\ z_4 \end{bmatrix} = \begin{bmatrix} 0 & 1 & 0 & 0 & 0\\ 0 & 0 & 1 & 0 & 0\\ 0 & 0 & 0 & 1 & 0\\ 0 & 0 & 0 & 0 & 1\\ -\frac{P_0}{P_5} & -\frac{P_1}{P_5} & -\frac{P_2}{P_5} & -\frac{P_3}{P_5} & -\frac{P_4}{P_5} \end{bmatrix}\begin{bmatrix} u_3\\ z_1\\ z_2\\ z_3\\ z_4 \end{bmatrix} + \begin{bmatrix} 0\\ 0\\ 0\\ 0\\ \frac{U}{P_5} \end{bmatrix} \tag{2.55}$$

Die Lösung der Differentialgleichung 5. Ordnung (2.52) wird in diesem Fall über die Bestimmung der Eigenwerte der Matrix ermittelt. Trotz der auf den ersten Blick in Matrixform einfacher erscheinenden Problemstellung muß bei der konkreten Berechnung der Eigenwerte bei einer Dimension $n > 3$ fast immer auf numerische Methoden zurückgegriffen werden.

## 2.4 Laplace-Transformation

### 2.4.1 Zweck einer Transformation

In der Elektrotechnik gibt es eine Reihe von mathematischen Verfahren, deren Zweck die Vereinfachung komplizierter mathematischer Gleichungen ist. Bei analytischen Berechnungsverfahren handelt es sich in der Regel im weitesten Sinne um *Transformationen.* Die einfachste dürfte wohl der Logarithmus sein. Aus der Regelungstechnik ist meist noch das Verfahren zur Herleitung der Frequenzkennlinien (Bode-Diagramme) bekannt /FOER/, bei dem man den dekadischen Logarithmus zu Hilfe nimmt. Durch die Anwendung des Logarithmus werden hier Prozesse wie Multiplikation und Division durch einfache Operationen wie Addition und Subtraktion ersetzt.

Diese mathematischen Vereinfachungen kennzeichnen jede zweckmäßige Transformation, ebenso wie die Verfahrensweise selbst. Man hat eine zu lösende Problemstellung im sogenannten **Originalbereich** gegeben und geht zur Lösung den Umweg über eine Transformation, um somit eine einfachere Problemformulierung im sogenannten Bildbereich zu erhalten. Im **Bildbereich** löst man das Problem und transformiert die erhaltenen Lösung zurück in den Originalbereich. Für jede Art von Transformation ist diese Verfahrensweise charakteristisch.

Eine weitere aus der Elektrotechnik gut bekannte Transformation ist die Darstellung einer zeitveränderlichen sinusförmigen Funktion mittels Zeigern im Frequenzbereich. Sie wird bei stationären Fällen angewendet, wie z.B. der Speisung eines Netzes mit einer periodischen sinusförmigen Quelle. Die realen Problemstellungen in der Elektrotechnik sind jedoch wesentlich komplizierter als die angesprochenen Fälle. Selbst nach Durchführung von Vereinfachungen erhält man meist immer noch eine Anzahl von miteinander gekoppelten Kreisen. Dies bleibt auch nach der mathematischen Modellbildung zum Zwecke der Analyse so, denn es ergibt sich für jeden verbliebenen Kreis eine Differentialgleichung, die wiederum mit den anderen gekoppelt ist. Zur Lösung solcher Differentialgleichungen bietet sich die Laplace-Transformation an.

### 2.4.2 Verfahrensweise bei der Laplace-Transformation

Die Laplace-Transformation wird meist zur Lösung gewöhnlicher, linearer Differentialgleichungen mit konstanten Koeffizienten herangezogen, da sich hier die Lösung im Zeitbereich (Originalbereich) sehr schwierig gestaltet. Durch die Transformation tritt eine Vereinfachung des Lösungsvorganges ein; Differentialgleichungen n-ter Ordnung werden durch Polynome n-ter Ordnung ersetzt. Hinzu kommt, daß bei der Untersuchung dynamischer Systeme meist Zeitfunktionen auftreten, die erst von einem bestimmten Zeitpunkt an von Interesse sind. Dies deckt sich mit dem Definitionsbereich der Laplace-Transformation ($t = 0 \to +\infty$) im Gegensatz zum Definitionsbereich der Fourier-Transformation ($t = -\infty \to +\infty$).

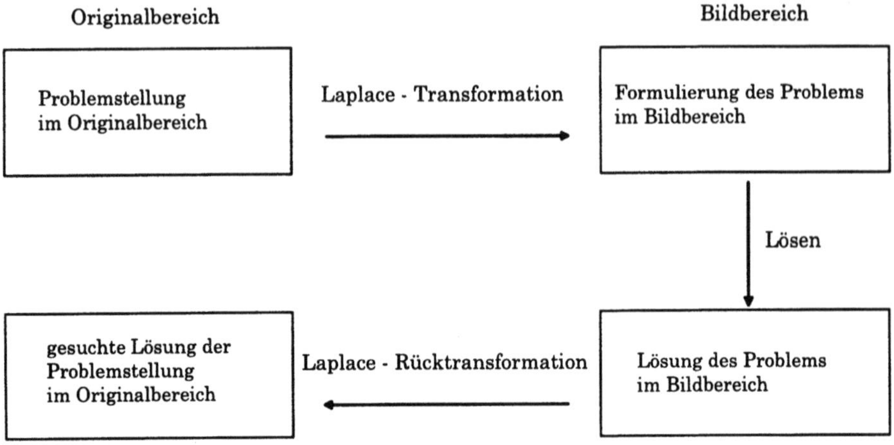


**Abbildung 2.6.** Verfahrensweise bei der Laplace-Transformation

Prinzipiell kann die Laplace-Transformation aber auch zur Lösung anderer Formen von Differentialgleichungen eingesetzt werden. So wird in einem späteren Kapitel die **zweidimensionale Laplace-Transformation** (Ort und Zeit) vorgestellt.

Die Abbildung 2.6 zeigt die prinzipielle Verfahrensweise bei der Laplace-Transformation. Ausgehend von einer gegebenen Differentialgleichung wird diese zunächst mit Hilfe der Transformation in eine algebraische Gleichung überführt. Man befindet sich dann im sogenannten Bildbereich. Die Gleichung wird dort gelöst, und man erhält die Bildfunktion der gesuchten Lösung. Durch Rücktransformation (auch inverse Laplace-Transformation genannt) gelangt man schließlich zu der gesuchten Lösung der Differentialgleichung im Originalbereich.

***Definition:***

Das uneigentliche Integral

$$F(s) = \int_0^\infty f(t) \cdot e^{-st} dt \tag{2.56}$$

heißt Laplace-Integral. Die Abbildung der Zeitfunktion $f(t)$ auf die komplexe Funktion $F(s)$ wird als **Laplace-Transformation** bezeichnet.

Die Funktion $f(t)$ ist definiert für:

$$f(t) = \begin{cases} f(t) & \text{für } t \geq 0 \\ 0 & \text{für } t < 0 \end{cases}$$

$F(s)$ heißt Bildfunktion oder Laplace-Transformierte der Funktion $f(t)$. Die Menge der Funktionen $F(s)$ nennt man Bildbereich. Die Originalfunktionen werden immer mit kleinen Buchstaben bezeichnet, die Bildfunktionen mit den zugehörigen großen Buchstaben. Beim Übergang von der Originalfunktion zur Bildfunktion und umgekehrt sind folgende Bezeichnungen üblich:

$$f(t) \circ\!\!-\!\!\bullet\ F(s) \quad \text{oder} \quad F(s) = \mathcal{L}\{f(t)\}$$

$$F(s) \circ\!\!-\!\!\bullet\ f(t) \quad \text{oder} \quad f(t) = \mathcal{L}^{-1}\{F(s)\}$$

### 2.4.3 Eigenschaften der Laplace-Transformation

An dieser Stelle sind kurz die wichtigsten Eigenschaften der Laplace-Transformation zusammengestellt, ebenso eine Auswahl der am häufigsten benutzten Korrespondenzen (Tabelle 2.4). Auf die mathematische Herleitung und eine ausführliche Beschreibung der Laplace-Transformation wird hier verzichtet und auf entsprechende Fachliteratur verwiesen /FOEL/ /LOE/ /PAP2/.

Satz über Linearkombinationen (Heaviside):

$$\begin{aligned} \mathcal{L}\{a \cdot f(t) + b \cdot g(t)\} &= a \cdot \mathcal{L}\{f(t)\} + b \cdot \mathcal{L}\{g(t)\} \\ &= a \cdot F(s) + b \cdot G(s) \end{aligned} \tag{2.57}$$

Der Satz über die Linearkombination erlaubt die gliedweise Transformation der einzelnen Funktionen der Linearkombination, wobei die konstanten Faktoren erhalten bleiben. Er gilt auch sinngemäß bei der Rücktransformation einer Linearkombination.

Erster und Zweiter Verschiebungssatz:

$$\begin{aligned} \mathcal{L}\{f(t-a)\} &= e^{-as}\mathcal{L}\{f(t)\} \\ &= e^{-as}F(s) \end{aligned} \tag{2.58}$$

$$\begin{aligned} \mathcal{L}\{f(t+a)\} &= e^{as}\left[\mathcal{L}\{f(t)\} - \int_0^a f(t)e^{-st}dt\right] \\ &= e^{as}\left[F(s) - \int_0^a f(t)e^{-st}dt\right] \end{aligned} \tag{2.59}$$

Die Verschiebung um den Betrag $a$ nach *rechts* oder nach *links* bedeutet lediglich eine *Variablensubstitution* in der Originalfunktion $f(t)$. Die Funktion selbst bleibt erhalten, sie ändert nur ihre Lage gegenüber der $t$-Achse.

Dämpfungssatz:

$$\mathcal{L}\{e^{-\alpha t}f(t)\} = F(s+\alpha) \tag{2.60}$$

Die exponentielle Dämpfung einer Originalfunktion $f(t)$ durch die Multiplikation mit $e^{-\alpha t}$ bedeutet im Bildbereich eine *Variablensubstitution* in der

Bildfunktion $F(s+\alpha)$. Eine reale Dämpfung liegt bei der Originalfunktion nur vor, wenn $\alpha$ positiv reell ist.

Grenzwertsätze:

$$\lim_{t\to 0} f(t) = \lim_{s\to\infty} sF(s) \tag{2.61}$$

$$\lim_{t\to\infty} f(t) = \lim_{s\to 0} sF(s) \tag{2.62}$$

Die Grenzwertsätze ermöglichen es, aus der Bildfunktion $F(s)$ auf das Verhalten der Originalfunktion $f(t)$ für kleine oder große $t$ zu schließen, ohne eine Rücktransformation in den Originalbereich durchführen zu müssen.

Differentiationssatz:

$$\begin{aligned}\mathcal{L}\{f^{(n)}(t)\} = {} & s^{(n)}F(s) - s^{(n-1)}f(0) - s^{(n-2)}f'(0) \\ & - s^{(n-3)}f''(0) - \ldots - sf^{(n-2)}(0) - f^{(n-1)}(0)\end{aligned} \tag{2.63}$$

Hierin bezeichnet die Variable $n$ beim *Vorfaktor* $s$ die Potenz und bei den Funktionen $f(0)$ die Ordnung der Ableitung.

Integrationssatz:

$$\mathcal{L}\left\{\int_0^t f(\tau)d\tau\right\} = \frac{1}{s}\mathcal{L}\{f(t)\} = \frac{1}{s}F(s) \tag{2.64}$$

Der Differentiationssatz und der Integrationssatz sind für die praktische Anwendung besonders wichtig. Mit Hilfe der Laplace-Transformation ist es möglich, eine Differentiation oder Integration im Zeitbereich durch eine Multiplikation im Bildbereich zu ersetzen.

Faltungssatz:

$$f(t) = f_1(t) * f_2(t) = \int_0^t f_1(\tau)f_2(t-\tau)d\tau \tag{2.65}$$

$$F(s) = F_1(s)\cdot F_2(s) = \mathcal{L}\{f_1(t)\}\cdot\mathcal{L}\{f_2(t)\} = \mathcal{L}\{f(t)\} \tag{2.66}$$

Das Integral in Gleichung (2.65) wird als **Faltungsintegral** oder auch als *Duhamelsches Integral* bezeichnet. Wendet man die Laplace-Transformation auf die Faltung der Funktionen $f_1(t) * f_2(t)$ an, so ergibt sich im Bildbereich eine einfache Multiplikation der beiden Bildfunktionen $F_1(s)\cdot F_2(s)$.

Anmerkung:
In der Tabelle 2.4 wird die Bezeichnung $\sigma(t)$ für die Funktion des Einheitssprungs verwendet. Es sind aber auch andere Bezeichnungen in der Literatur wie **1** und `u(t)` üblich. In der englischsprachigen Literatur findet man oftmals u = `unit` für *Einheit.* $\delta(t)$ ist der Dirac-Impuls (siehe dazu auch Kapitel 2.5.3). /FOEL/ /FOER/ /LOE/ /KIE/ /GRE/

**Tabelle 2.4.** Korrespondenzen der Laplace-Transformation (Auszug)

| $f(t)$ | $\delta(t)$ | $\delta(t-t_0)$ | 1 bzw. $\sigma(t)$ | $t$ | $t^n$ |
|---|---|---|---|---|---|
| $\mathcal{L}\{f(t)\}$ | 1 | $e^{-t_0 s}$ | $\frac{1}{s}$ | $\frac{1}{s^2}$ | $\frac{n!}{s^{(n+1)}}$ |
| $f(t)$ | $\sin(\omega t)$ | $\cos(\omega t)$ | $e^{\alpha t}$ | $te^{\alpha t}$ | |
| $\mathcal{L}\{f(t)\}$ | $\frac{\omega}{s^2+\omega^2}$ | $\frac{s}{s^2+\omega^2}$ | $\frac{1}{s-\alpha}$ | $\frac{1}{(s-\alpha)^2}$ | |

### 2.4.4 Anwendung der Laplace-Transformation an einem Beispiel

Um das Prinzip der Anwendung der Laplace-Transformation auf lineare Differentialgleichungen zu erläutern, wird ein einfaches elektrotechnisches Beispiel herangezogen /PAP2/. In Abbildung 2.7 ist dazu ein LC-Glied gegeben.

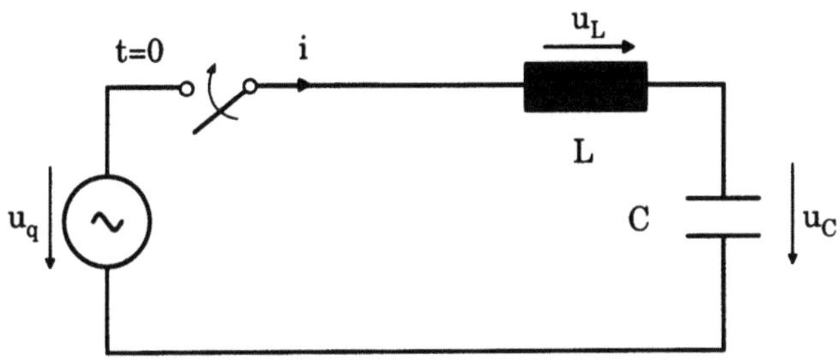


**Abbildung 2.7.**
LC-Glied

Die Größen $u_q$, $u_C$ und $u_L$ sind zeitabhängig aufgrund der sich ändernden Ladung des Kondensators $q(t)$ und des im LC-Glied fließenden Stroms $i$. Mit Hilfe der Maschenregel läßt sich für die gegebene Schaltung folgende Gleichung aufstellen:

$$u_L + u_C - u_q = 0 \tag{2.67}$$

Für die Ladung des Kondensators gilt:

$$q(t) = \int_{-\infty}^{t} i(\tau)d\tau \tag{2.68}$$

Zum Einschaltzeitpunkt $t = 0$ wird eine konstante Spannung $u_q = u_0$ angelegt. Das LC-Glied sei im Einschaltzeitpunkt energielos, daher gilt für die Kondensatorladung $q(0) = 0$ und für den Strom $i(0) = 0$. Gleichung (2.68) vereinfacht sich dann zu:

$$q(t) = \int_{-\infty}^{t} i(\tau)d\tau = \underbrace{\int_{-\infty}^{0} i(\tau)d\tau}_{q(0)=0} + \int_{0}^{t} i(\tau)d\tau = \int_{0}^{t} i(\tau)d\tau \tag{2.69}$$

Für die Spannungen $u_L$ und $u_C$ gelten die folgenden Zusammenhänge:

$$u_L = L \cdot \frac{di}{dt} \tag{2.70}$$

$$u_C = \frac{q(t)}{C} = \frac{1}{C} \cdot \int_0^t i(\tau)d\tau \tag{2.71}$$

Setzt man die Gleichungen (2.70) und (2.71) in Gleichung (2.67) ein mit $u_q = U_0$ als Scheitelwert der Spannung, so ergibt sich für $t \geq 0$:

$$L \cdot \frac{di}{dt} + \frac{1}{C} \cdot \int_0^t i(\tau)d\tau = U_0 \tag{2.72}$$

Dividiert man durch $L$ und definiert $\omega_0^2 = \frac{1}{LC}$, ergibt sich eine Differentialgleichung der Form:

$$\frac{di}{dt} + \omega_0^2 \cdot \int_0^t i(\tau)d\tau = \frac{U_0}{L} \tag{2.73}$$

Diese Gleichung enthält sowohl die Ableitung $\frac{di}{dt}$ als auch das Integral $\int_0^t i(\tau)d\tau$ der gesuchten Funktion $i$. Eine Differentialgleichung dieser Form wird als **Integro-Differentialgleichung** bezeichnet.

Zur Lösung der Gleichung (2.73) mit Hilfe der Laplace-Transformation geht man in drei Schritten vor. Der Schalter wird zum Zeitpunkt $t = 0$ geschlossen, somit gilt für den Anfangswert: $i(0) = 0$.

**(1) Transformation vom Originalbereich in den Bildbereich**
Unter Anwendung des Differentiationssatzes (2.60) und des Integrationssatzes (2.63) ergibt sich folgende algebraische Gleichung:

$$(s \cdot \mathfrak{L}\{i\} - 0) + \omega_0^2 \cdot \frac{1}{s} \cdot \mathfrak{L}\{i\} = \mathfrak{L}\left\{\frac{U_0}{L}\right\} = \frac{U_0}{L} \cdot \mathfrak{L}\{1\} = \frac{U_0}{L} \cdot \frac{1}{s}$$

$$(s \cdot I(s) - 0) + \omega_0^2 \cdot \frac{1}{s} \cdot I(s) = \frac{U_0}{L} \cdot \frac{1}{s} \tag{2.74}$$

**(2) Lösung im Bildbereich**
Die Gleichung (2.74) wird nach der gesuchten Bildfunktion $I(s)$ aufgelöst.

$$(s^2 + \omega_0^2) \cdot I(s) = \frac{U_0}{L}$$

$$I(s) = \frac{U_0}{L} \cdot \frac{1}{s^2 + \omega_0^2} \tag{2.75}$$

**(3) Rücktransformation vom Bildbereich in den Originalbereich**
Die Rücktransformation erfolgt zumeist mit Hilfe einer Transformationstabelle (z.B. Tabelle 2.4).

$$\begin{aligned} i &= \mathcal{L}^{-1}\{I(s)\} = \mathcal{L}^{-1}\left\{\frac{U_0}{L}\cdot\frac{1}{s^2+\omega_0^2}\right\} = \frac{U_0}{L}\cdot\mathcal{L}^{-1}\left\{\frac{1}{s^2+\omega_0^2}\right\} \\ &= \frac{U_0}{L\omega_0}\cdot\sin(\omega_0 t) = U_0\sqrt{\frac{C}{L}}\cdot\sin(\omega_0 t) = I_0\cdot\sin(\omega_0 t) \end{aligned} \tag{2.76}$$

Damit ergibt sich als Lösung eine sinusförmige Schwingung, worin $I_0$ den Scheitelwert des Stromes bezeichnet.

## 2.5 Klassifizierung eines Systems

Zur Verwendung des Begriffs System:

Bisher ist der Begriff *System* im mathematischen Sinn aufgetreten. In der Modellbildung der Elektrotechnik wird der Begriff *System* zwar nicht wesentlich anders verwendet, es kommen jedoch noch einige Eigenschaften hinzu, die zur Abrundung des Themenkomplexes an dieser Stelle ergänzt werden /WO/.

Ein **System** besteht ganz allgemein aus einer oder mehreren unabhängigen Variablen $x_i$ am Eingang des Systems, aus einer oder mehreren abhängigen Variablen $y_k$ am Ausgang des Systems und einer Vorschrift zur Zuordnung der Variablen, die die Eigenschaften des Systems beinhaltet.
Die allgemeine Definition eines zeitabhängigen Systems lautet:

$$\mathbf{y}(t) = \mathbf{C}(t)\cdot\mathbf{x}(t)$$

$\mathbf{C}(t)$ kann dabei sowohl eine Funktion als auch eine ganze Matrix sein; $\mathbf{C}(t)$ kann zeitabhängig oder auch zeitunabhängig sein. $\mathbf{x}(t)$ ist der Vektor, der die unabhängigen, und $\mathbf{y}(t)$ der Vektor, der die abhängigen Variablen enthält.

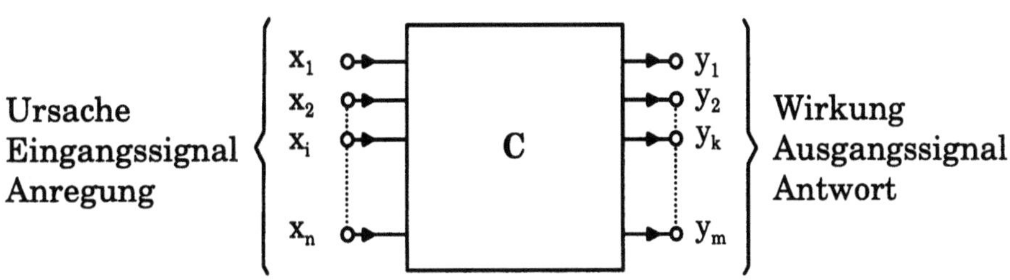


**Abbildung 2.8.** Allgemeine Darstellung eines Systems

### 2.5.1 Eigenschaften

Ein System heißt **linear**, wenn das Prinzip der Superposition gilt.

$$\mathbf{C}(t) \cdot (\mathbf{x_1}(t) + \mathbf{x_2}(t) + \ldots) = \mathbf{C}(t) \cdot \mathbf{x_1}(t) + \mathbf{C}(t) \cdot \mathbf{x_2}(t) + \ldots$$

Die Antwort auf eine Summe beliebiger Anregungen entspricht also der Summe der Antworten auf die einzelnen Anregungen.

Ein System $\mathbf{y}(t) = \mathbf{C}(t) \cdot \mathbf{x}(t)$ ist **zeitinvariant**, wenn

$$\mathbf{C}(t) \cdot \mathbf{x}(t - \tau) = \mathbf{y}(t - \tau)$$

für beliebige $\tau$ erfüllt ist. Das bedeutet, daß ein System unabhängig vom Zeitpunkt der Anregung immer in derselben Weise antwortet.

Ein System heißt **kausal**, wenn die Antwort nur von den gegenwärtigen und vergangenen, nicht jedoch von den zukünftigen Werten der Anregung abhängt. Das heißt, daß die Antworten zweier Anregungen sich bis zu einem beliebigen Zeitpunkt nicht voneinander unterscheiden, sofern bis zu diesem Zeitpunkt auch die Anregungen gleich sind.

Systeme werden in der Elektrotechnik für verschiedenartige **Signale** entworfen. Exemplarisch seien hier die zwei häufigsten Arten erwähnt. Ein Signal heißt **zeitkontinuierlich**, wenn es für jeden Zeitpunkt definiert ist und beliebige Amplitudenwerte annehmen kann. Ein Signal heißt **zeitdiskret**, wenn es nur für diskrete, meist äquidistante Zeitpunkte definiert ist und ebenfalls beliebige Amplitudenwerte annehmen kann. Zeitdiskrete Signale entstehen zum Beispiel durch die meßtechnische Abtastung kontinuierlicher Signale. Man spricht daher bei zeitdiskreten Signalen auch von abgetasteten Signalen. Abbildung 2.9 zeigt je ein Beispiel für ein zeitkontinuierliches und ein zeitdiskretes Signal.

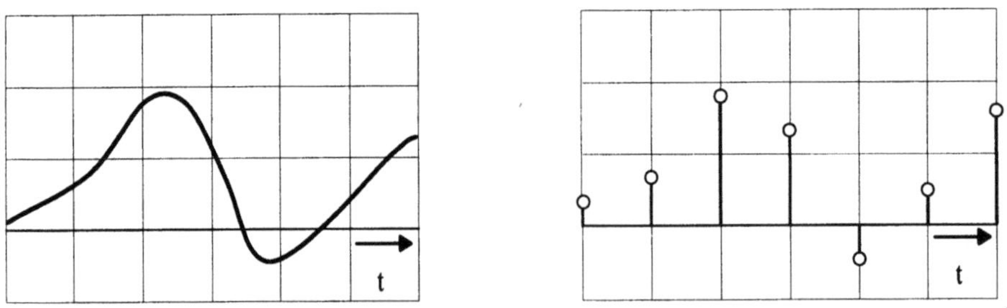


**Abbildung 2.9.** links: Darstellung eines zeitkontinuierlichen Signals, rechts: Darstellung eines zeitdiskreten Signals

### 2.5.2 Übertragungsglied und Übertragungsfunktion

Wie bereits in Kapitel 2.4.1 *Zweck einer Transformation* angesprochen, ist die Laplace-Transformation als Hilfsmittel zur Lösung gekoppelter Differentialgleichungen ein elementarer Bestandteil der Elektrotechnik. Hervorzuheben ist hierbei die Regelungstechnik. Zur Darstellung eines dynamischen Systems wird dort ein Strukturbild verwendet, das aus Blöcken aufgebaut und durch Wirkungslinien miteinander verbunden ist /FOER/. Ein Block ordnet seiner Eingangsgröße $x$ bzw. seinen Eingangsgrößen $x_1 \ldots x_i$ eindeutig eine Ausgangsgröße $y$ bzw. mehrere Ausgangsgrößen $y_1 \ldots y_i$ zu. $\varphi$ ist dabei die Gesamtheit der Operationen, die diese eindeutige Zuordnung ermöglichen.

$$y = \varphi\{x\} \quad \text{bzw.} \quad y = \varphi\{x_1 \ldots x_i\}$$

Die Zuordnungsvorschrift $\varphi$ bezeichnet man ganz allgemein als **Operator** oder als **Übertragungsglied**. Es gibt noch eine Reihe weiterer Bezeichnungen, die jedoch eher verwirren. Dieses Buch beschränkt sich bewußt auf diese beiden Ausdrücke. Die Blockdarstellung eines allgemeinen Übertragungsgliedes ist der Abbildung 2.10/links zu entnehmen.

Betrachtet man lineare zeitinvariante Systeme (LZI), so rechnet man vorzugsweise im Bildbereich. Die Laplace-Transformation bietet durch den Faltungssatz die Möglichkeit, die Zuordnung zwischen Eingangs- und Ausgangsfunktion mittels einer einfachen Multiplikation auszudrücken.

$$Y(s) = G(s) \cdot X(s)$$

Die Zuordnungsvorschrift $G(s)$ wird als **Übertragungsfunktion** bezeichnet und beschreibt das Übertragungsglied im Bildbereich. Die Blockdarstellung einer Übertragungsfunktion $G(s)$ ist in der Abbildung 2.10/rechts dargestellt.

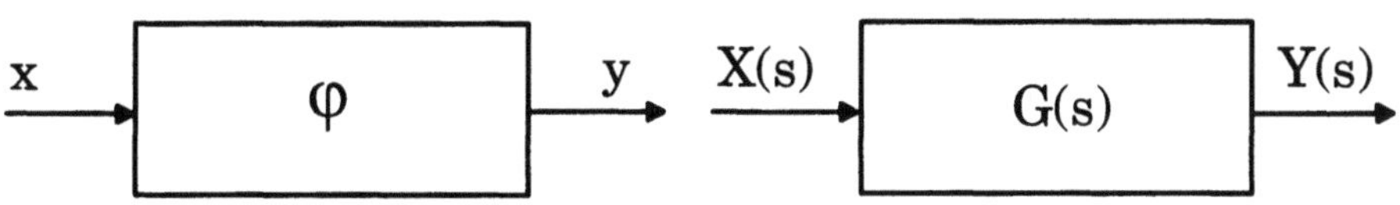


**Abbildung 2.10.** Links: Blockdarstellung eines Übertragungsgliedes $\varphi$, Rechts: Blockdarstellung einer Übertragungsfunktion $G(s)$

Ein Übertragungsglied läßt sich darüber hinaus auch durch die Reaktion auf eine Testfunktion charakterisieren, die man als Eingangsgröße aufschaltet. Die gebräuchlichsten technischen Testfunktionen werden im folgenden Kapitel beschrieben.

### 2.5.3 Einheitssprung und Dirac-Impuls

In der Analyse elektrischer Schaltungen sind vor allem zwei Anregungsfunktionen für ein beliebiges System von Bedeutung: Der Einheitssprung $\sigma(t)$

und der Dirac-Impuls $\delta(t)$. Beide Funktionen sind in Abbildung 2.11 dargestellt /FOER/ /LOE/.

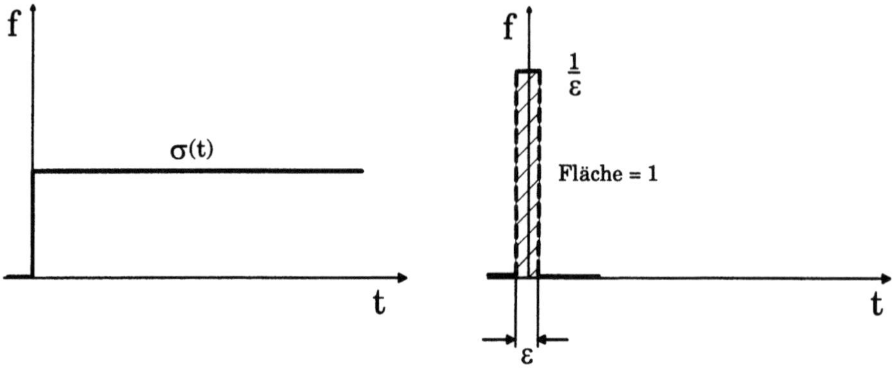


**Abbildung 2.11.** Links: Darstellung eines Einheitssprungs $\sigma(t)$, Rechts: Darstellung eines Dirac-Impulses $\delta(t)$

Der **Einheitssprung** ist definiert durch:

$$\sigma(t) = \begin{cases} 1 \text{ für } t \geq 0 \\ 0 \text{ für } t < 0 \end{cases}$$

In der Technik kann man durch $\sigma(t)$ das Einschalten einer Batterie oder das Einsetzen einer konstanten Kraft beschreiben. Bedeutung hat die Anregungsfunktion $\sigma(t)$ vor allem dadurch, daß eine beliebige Funktion $x(t)$ durch Multiplikation mit ihr die Eigenschaft erhält, für alle Werte $t < 0$ zu null zu werden.

$$y(t) = \sigma(t) \cdot x(t) = \begin{cases} x(t) & \text{für } t \geq 0 \\ 0 & \text{für } t < 0 \end{cases}$$

Der **Dirac-Impuls** ist definiert durch:

$$\delta(t) = \begin{cases} 0 & \text{für } t \neq 0 \\ \infty & \text{für } t = 0 \end{cases}$$

In Abbildung 2.11/rechts ist der Dirac-Impuls veranschaulicht. $\varepsilon$ ist darin die Dauer des Impulses; für $\varepsilon \to 0$ geht $\frac{1}{\varepsilon} \to \infty$. Die Impulsfläche ist gleich 1. Man erkennt, daß $\delta(t)$ keine Funktion im eigentlichen Sinn ist, da der Funktionswert an der Stelle $t = 0$ unendlich ist. Trotzdem ist es in den Ingenieurwissenschaften üblich, mit dem Dirac-Impuls so zu rechnen, als wäre er eine Funktion. Das Ergebnis muß daher immer kritisch begleitet und auf Gültigkeit überprüft werden.

Der Dirac-Impuls läßt sich aus dem Einheitssprung herleiten, indem man $\sigma(t)$ an der Stelle $t = 0$ differenziert.

$$\delta(t) = \frac{d}{dt}\sigma(t)$$

Im Sinne der klassischen Differentialrechnung kann $\sigma(t)$ an dieser Stelle überhaupt nicht differenziert werden, da der Einheitssprung dort eine Sprungstelle aufweist. Es ist aber anzunehmen, daß ein reales technisches System an dieser Stelle keinen Sprung aufweist, sondern mit einem kontinuierlichen, allerdings sehr steilen Übergang reagiert. Wichtig ist hierbei weniger die Form des Übergangs (sehr hoher, schmaler Impuls) als die Tatsache, daß die Impulsfläche gleich 1 ist. Praktisch bedeutet $\delta(t)$ eine kurze starke Erregung zum Zeitpunkt $t = 0$, wie dies durch einen Hammerschlag auf ein mechanisches System oder einen Blitzschlag in ein elektrisches System der Fall wäre.

Beide Anregungsfunktionen finden in Beispielen dieses Buches ihre Anwendung. Die Entscheidung, mit welcher Funktion man ein beliebiges System anregt, hängt von dem System selbst und der Problemstellung ab.

Zum Beispiel wird zur Bestimmung der Übertragungsfunktion eines Vierpols der Dirac-Impuls herangezogen. Die Antwort eines mit einem **Dirac-Impuls** $\delta(t)$ angeregten Systems ergibt im komplexen Bereich nach Anwendung der Laplace-Transformation direkt die Übertragungsfunktion $G(s)$. Rücktransformiert in den Zeitbereich wird sie als **Impulsantwort** $g(t)$ des Systems bezeichnet. Die Antwort auf einen **Einheitssprung** $\sigma(t)$ wird als **Sprungantwort** $h(t)$ bezeichnet.

Das Verhalten eines Zweipols hingegen wird vorzugsweise mit Hilfe des Einheitssprungs charakterisiert. Wird er zum Beispiel mit einer Spannung in Form eines Einheitssprungs angeregt, so antwortet der Zweipol mit einem Strom und umgekehrt. Ein Beispiel dazu wird im Kapitel 2.7 *Duhamelsches Integral* gerechnet.

### 2.5.4 Stabilität eines Systems

Um Aussagen über die Stabilität eines Systems machen zu können, betrachtet man das Verhalten von Lösungen dieses Systems in der Nähe von stationären Lösungen (auch Gleichgewichtslagen genannt). Ein physikalisches System, das sich ganz allgemein durch eine lineare Differentialgleichung n-ter Ordnung beschreiben läßt, heißt **stabil**, wenn alle Lösungen der Differentialgleichung bei wachsendem $t$ einen vorgegebenen Grenzwert nicht überschreiten. Anschaulich gesprochen, sind die Lösungen hinreichend nah an der Gleichgewichtslage und bleiben dort auch für fortschreitende Zeit in der Nähe. Das System heißt **asymptotisch stabil**, wenn alle Lösungen für $t \to \infty$ gegen den Gleichgewichtszustand konvergieren. Alle anderen Systeme heißen **instabil**.

Da sich das Fundamentalsystem einer zeitinvarianten Differentialgleichung mit $n$ Lösungsfunktionen $y_i = e^{\lambda_i t}$, $i = 1, 2, \ldots n$, $\lambda_i$ beschreiben läßt, wobei $\lambda_i$ die Eigenwerte des Systems sind, muß für die asymptotische Stabilität folgendes gelten:

$$y_i(t) = e^{\lambda_i t} \to 0 \qquad \text{für } t \to \infty \qquad i = 1, 2, \ldots n \tag{2.77}$$

Gilt $\lambda_i \epsilon \mathbb{R}$ und $\lambda_i < 0$, konvergiert $y_i(t)$ exponentiell gegen den stabilen Betriebspunkt des Systems. Gilt $\lambda_i \epsilon \mathbb{C}$ und $Re(\lambda_i) < 0$, führt $y_i(t)$ eine gedämpfte Schwingung aus, die gegen die Gleichgewichtslage konvergiert.

Bei der Analyse eines Systems im Bildbereich ist es hilfreich, über ein Stabilitätskriterium im diesem Bereich zu verfügen. Hat man zum Beispiel eine Eingangsgröße $x(t)$ und ihre Antwort $y(t)$ gegeben, läßt sich daraus bekanntlich nach der Transformation im komplexen Bereich die Übertragungsfunktion $G(s) = \frac{Y(s)}{X(s)}$ bestimmen. Allgemein läßt sich schreiben: $G(s) = \frac{P(s)}{Q(s)}$, wobei $P(s)$ für das Zählerpolynom und $Q(s)$ für das Nennerpolynom steht. Das Nennerpolynom $Q(s)$ wird auch als **charakteristisches Polynom** bezeichnet. Die Analyse eines Systems erfolgt im allgemeinen über die Pol- und Nullstellen. Die Polstellen ergeben sich aus den Nullstellen des charakteristischen Polynoms /WO/ /FOER/.

Im Bildbereich ist ein physikalisches System asymptotisch stabil (d.h. die Lösungskurve bleibt beschränkt), wenn alle Nullstellen des charakteristischen Polynoms (Polstellen der Übertragungsfunktion) einen negativen Realteil besitzen. Andernfalls ist das System instabil.

## 2.6 Fourier-Transformation

Die Eigenschaften linearer zeitinvarianter Systeme (LZI-Systeme) lassen sich sowohl im Frequenzbereich als auch im Zeitbereich beschreiben. Zur Bestimmung der Frequenzcharakteristik eines solchen Systems zieht man Messungen heran. Diese werden in zwei prinzipielle Verfahrensweisen unterschieden (Abbildung 2.12).

- Die Messung im Frequenzbereich.
- Die Messung im Zeitbereich.

Bei sinusförmiger Anregung eines linearen zeitinvarianten Systems durch eine bestimmte Frequenz wird die Antwort im stationären Zustand ebenfalls sinusförmig mit der gleichen Frequenz sein. Diese Tatsache läßt sich für die Übertragungsfunktion $F(j\omega)$ folgendermaßen formulieren:

$$F(j\omega) = \frac{\widehat{U}_a}{\widehat{U}_e} \cdot e^{j\varphi} \qquad \varphi = \varphi_a - \varphi_e \tag{2.78}$$

Das heißt, die Übertragungsfunktion $F(j\omega)$ ist definiert durch das Amplitudenverhältnis und die Phasendifferenz zwischen Ausgangs- und Eingangssignal in Abhängigkeit von der Frequenz. Durch Änderung der Frequenz läßt sich die Übertragungsfunktion $F(j\omega)$ für den kompletten Frequenzbereich bestimmen. Bei der Messung im Zeitbereich wird die Übertragungsfunktion $F(j\omega)$ aus der Antwort des Systems bei Anregung durch einen nichtperiodischen Impuls und durch anschließende Fourier-Transformation bestimmt (Abbildung 2.12).

**Fourier-Transformation**

Lineare zeitinvariante Systeme lassen sich durch ihr Verhalten gegenüber einem Dirac-Impuls vollständig charakterisieren. Ist die Impulsantwort eines solchen Systems bekannt, so läßt sich das Übertragungsverhalten bei einem beliebigen Eingangssignal aus dem Verhalten beim Impuls $\delta(t)$ ableiten.

$x(t)$ und $y(t)$ seien die Ein- und Ausgangssignale eines zeitkontinuierlichen Systems, so läßt sich schreiben:

$$x(t) = \int_{-\infty}^{+\infty} x(\tau) \cdot \delta(t-\tau) d\tau \tag{2.79}$$

Hierin ist $\delta(t)$ der Dirac-Impuls.

Ist $h_\tau(t)$ die Antwort auf den Impuls $\delta(t-\tau)$, so gilt aufgrund des Superpositionsprinzips (Linearitätseigenschaft von LZI-Systemen):

$$y(t) = \int_{-\infty}^{+\infty} x(\tau) \cdot h(t-\tau) d\tau \tag{2.80}$$

Die Gleichung (2.80) berechnet somit die Antwort des LZI-Systems auf $x(t)$. Sie wird als **Faltungsintegral** bezeichnet. Für zeitdiskrete Impulse, die man zum Beispiel durch Abtastung eines kontinuierlichen Signals erhält, geht das Faltungsintegral des Ausgangssignals in eine Faltungssumme über:

$$y[n] = \sum_{k=-\infty}^{k=+\infty} x[k] \cdot h[n-k] = x[n] * h[n] \tag{2.81}$$

$$x[n] = \sum_{k=-\infty}^{k=+\infty} x[k] \cdot \delta[n-k] \tag{2.82}$$

$x[n]$ ist die Eingangsfolge und $h_k[n]$ die Antwort des Systems auf den Dirac-Impuls $\delta[n-k]$. Durch Verwendung einer geeigneten Transformation der Zeitfunktion können die oben ausgeführten Zusammenhänge zwischen Ein- und Ausgangssignalen eines linearen zeitinvarianten Systems übersichtlicher beschrieben werden.

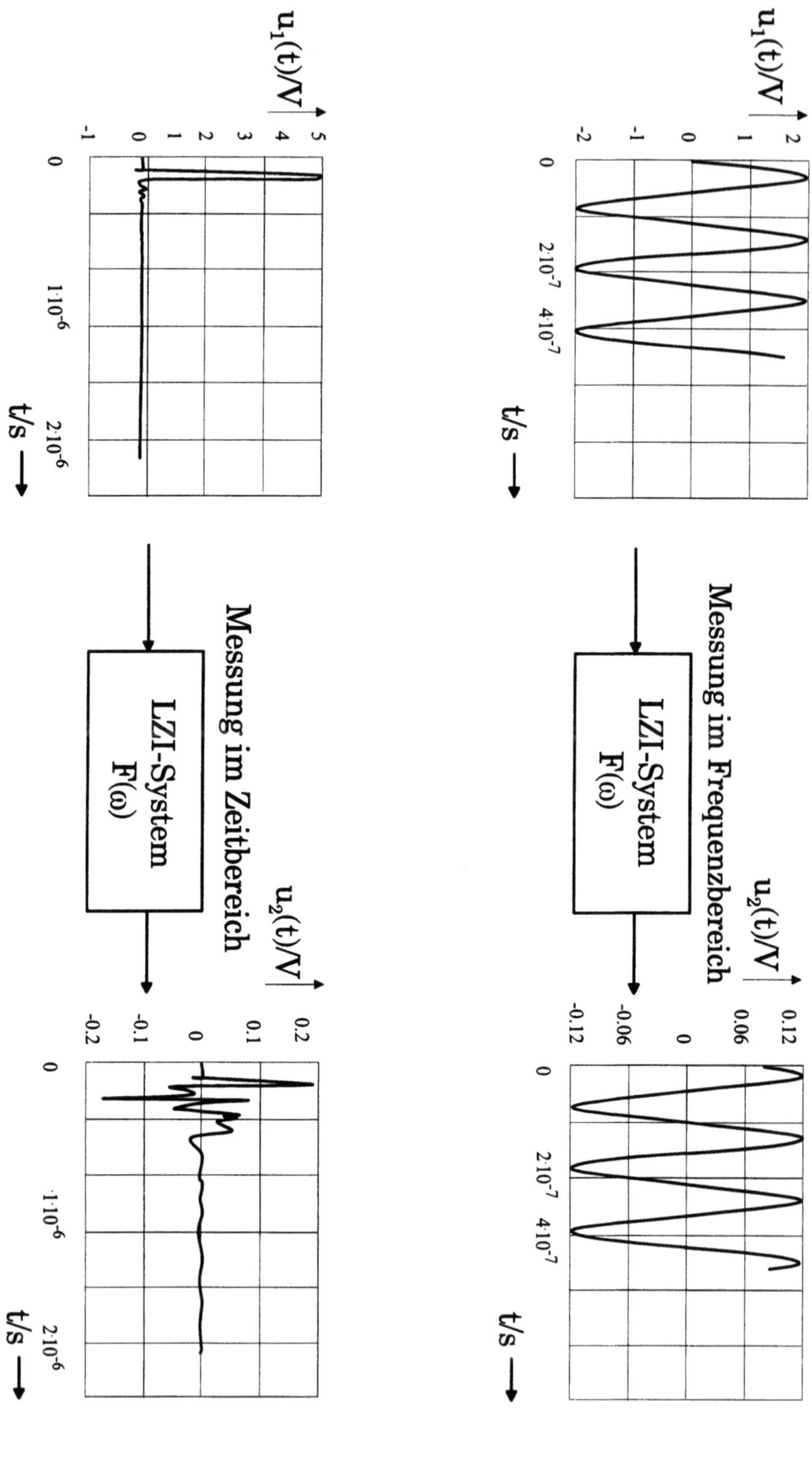


**Abbildung 2.12.** Bestimmung der Übertragungscharakteristik im Zeit- und Frequenzbereich

Dabei wird die komplexe Frequenzfunktion $X(j\omega)$ der Zeitfunktion $x(t)$ zugeordnet.

$$X(j\omega) = \mathcal{F}\{x(t)\} = X(\omega) = \frac{1}{2\pi} \cdot \int_{-\infty}^{+\infty} x(t) \cdot e^{-j\omega t} dt \tag{2.83}$$

Es ist allgemein üblich, $X(\omega)$ statt $X(j\omega)$ zu schreiben. Diese Vereinfachung wird im folgenden auch verwendet. Die Gleichung (2.83) wird als **Fourier-Transformation** $\mathcal{F}\{x(t)\}$ der Zeitfunktion $x(t)$ bezeichnet. Ordnet man nun umgekehrt die Zeitfunktion der Frequenzfunktion zu, ergibt sich:

$$x(t) = \mathcal{F}^{-1}\{X(\omega)\} = \int_{-\infty}^{+\infty} X(\omega) \cdot e^{j\omega t} d\omega \tag{2.84}$$

Gleichung (2.84) wird **Fourier-Rücktransformation** oder auch inverse Fourier-Transformation der Frequenzfunktion $X(\omega)$ genannt. Die Fourier-Transformation ist nur definiert, wenn für die Zeitfunktion $x(t)$ folgende Bedingungen erfüllt sind /OPW/:

- $x(t)$ muß absolut integrierbar sein, d.h. $\int_{-\infty}^{+\infty} |x(t)| dt < \infty$ .
- $x(t)$ muß eine endliche Anzahl von Maxima und Minima innerhalb jedes endlichen Intervalls haben.
- $x(t)$ muß eine endliche Anzahl von Unstetigkeitsstellen innerhalb eines beliebigen endlichen Intervalls haben.

Die wichtigste Eigenschaft der Fourier-Transformation in Verbindung mit LZI-Systemen ist die vereinfachte Darstellung des Faltungsintegrals. Aus den Gleichungen (2.80) und (2.83) erhält man für die Berechnung der Fourier-Transformierten des Antwortsignals $y(t)$ folgende Gleichung:

$$Y(\omega) = \int_{-\infty}^{+\infty} \int_{-\infty}^{+\infty} [x(\tau) \cdot h(t-\tau) d\tau] \, e^{-j\omega t} dt \tag{2.85}$$

Ändert man die Integrationsreihenfolge und beachtet dabei, daß $x(\tau)$ nicht von $t$ abhängt, erhält man:

$$\begin{aligned} Y(\omega) &= \int_{-\infty}^{+\infty} x(\tau) \left[ \int_{-\infty}^{+\infty} h(t-\tau) e^{-j\omega t} dt \right] d\tau \\ &= H(\omega) \int_{-\infty}^{+\infty} x(\tau) e^{-j\omega t} d\tau \end{aligned} \tag{2.86}$$

$$Y(\omega) = H(\omega) \cdot X(\omega) \tag{2.87}$$

Das heißt, die Faltung zweier Zeitfunktionen läßt sich als Multiplikation ihrer Frequenzfunktionen darstellen.

Ähnlich dem kontinuierlichen Fall kann auch eine zeitdiskrete Folge $x[n]$ einer komplexen Frequenzfunktion $X(\omega)$ zugeordnet werden und umgekehrt.

$$X(\omega) = \sum_{n=-\infty}^{n=+\infty} x[n]e^{-j\omega n} \tag{2.88}$$

$$x[n] = \frac{1}{2\pi} \int_{\langle 2\pi \rangle} X(\omega)e^{j\omega n} d\omega \tag{2.89}$$

Die Gleichung (2.88) wird als **zeitdiskrete Fourier-Transformation** und Gleichung (2.89) als **zeitdiskrete Fourier-Rücktransformation** bezeichnet. Die Existenz der Fourier-Transformation ist dann definiert, wenn die Folge $x(n)$ absolut integrierbar ist, d.h. $\sum_{n=-\infty}^{n=+\infty} |x[n]| < \infty$.

Der Hauptunterschied zwischen zeitdiskreter Fourier-Transformation und zeitkontiniuierlicher Fourier-Transformation besteht darin, daß bei der zeitdiskreten der Term $x[n]e^{-j\omega n}$ mit der Periode $2\pi$ periodisch ist. Daraus folgt, daß die sich ergebende Frequenzfunktion ebenfalls periodisch ist. Bei der Rücktransformation wird dann nur in einem endlichen Intervall der Länge $2\pi$ integriert /OPW/.

**Diskrete Fourier-Transformation (DFT)**
Die Probleme, die bei der Ausführung der zeitdiskreten Fourier-Transformation mit einem Digitalrechner auftreten, beschränken die Verarbeitung endlicher Werte von $x[n]$ wegen des Speicherplatzes. Darüber hinaus muß auch die Frequenzvariable diskretisiert werden, da ein Digitalrechner nur diskrete Zahlenwerte verarbeiten kann. Die Diskrete Fourier-Transformation löst diese beiden Probleme. Zum einen läßt sie nur eine endliche Anzahl von Abtastwerten zu. Zum anderen nutzt sie die Tatsache aus, daß das Spektrum eines zeitdiskreten Signals periodisch ist. Es wird nur eine Periode des Spektrums betrachtet. Die DFT zur Berechnung der diskreten Punkte der Frequenzfunktion wird wie folgt definiert:

$$X(k\Delta\omega) = a_k = \frac{1}{N} \sum_{n=0}^{n=N-1} x[nT]e^{-jk\frac{2\pi}{N}n} \qquad k = 0, \ldots, N-1 \tag{2.90}$$

Die Gleichung (2.90) berechnet $N$ Abtastwerte der kontinuierlichen Frequenzfunktion von der nicht periodischen Folge $x[n]$. Die Rücktransformation ergibt die ursprüngliche zeitdiskrete Folge:

$$x[nT] = \sum_{n=0}^{n=N-1} X(k\Delta\omega)e^{jk\frac{2\pi}{N}n} \tag{2.91}$$

Zwischen der Abtastperiode $T$ im Zeitbereich und der Schrittweite $\Delta\omega$ im Frequenzbereich besteht folgender Zusammenhang:

$$\Delta\omega = \frac{2\pi}{NT} \tag{2.92}$$

**Schnelle Fourier-Transformation (FFT)**
Zur diskreten Berechnung einer $N$-Punkte DFT (Gleichung (2.90)) muß man für einen Punkt im Frequenzbereich $N$ Multiplikationen und $N-1$ Additionen durchführen. Insgesamt ergeben sich $N^2$ Multiplikationen und $N(N-1)$ Additionen. Durch geschickte Wahl von $N$ und unter Ausnutzung der Symmetrie- und Periodizitätseigenschaften der zu berechnenden Werte läßt sich aber der Rechenaufwand erheblich reduzieren. Die dazu entwickelten Algorithmen lassen sich unter dem Begriff Schnelle Fourier-Transformation **(Fast Fourier Transformation)** zusammenfassen.

Man kann den Ausdruck der DFT durch den sogenannten **Drehfaktor** $W_N^{kn}$ ersetzen. Bei den verschiedenen FFT-Verfahren wird eine Anzahl typischer Eigenschaften des Drehfaktors ausgenutzt:

$$W_N^{kn} = W_N^{k(n+N)} = W_N^{(k+N)n}$$
$$W_N^{2kn} = W_{\frac{N}{2}}^{kn}$$
$$W_N^{k(N-n)} = (W_N^{kn})^* \qquad \text{(* konjugiert komplex)}$$

Man benötigt für die FFT $N = 2^M$ Punkte, d.h. eine Anzahl von Abtastpunkten, die eine ganzzahlige Potenz von 2 sind. Hierdurch läßt sich die Anzahl der Operationen auf eine Größenordnung von $N \cdot M$ reduzieren /SCHWAE/. Ein Vergleich der Anzahl der Operationen bei direkter Berechnung der Gleichung (2.90) durch eine 2048-Punkte-DFT mit $N^2 = 4194304$ mit der Anzahl der Operationen bei der Anwendung der FFT mit $N \cdot M = 22528$ Operationen ergibt eine Reduzierung des Rechenaufwands um den Faktor 186.

## 2.7 Duhamelsches Integral

Zur Ermittlung der Systemantwort eines linearen zeitinvarianten Systems bei beliebiger Anregung wird das Prinzip der Superposition angewendet. Man approximiert dabei die Anregungsfunktion $x(t)$ stückweise mit Hilfe des Einheitssprungs $\sigma(t)$. Aus $x(t)$ wird die Anregungsfunktion $x_n(t)$. Nach Anwendung des Operators $\varphi$ ergibt sich die Antwort $y_n(t)$ und wird nach einer Grenzwertbetrachtung zur gesuchten Systemantwort $y(t)$. Diese Verfahrensweise ist durch das sogenannte **Duhamelsche Integral** definiert.

In der Abbildung 2.13/links ist eine beliebige Anregungsfunktion $x(t)$ gegeben. Sie wird durch die Treppenfunktion $x_n(t)$ approximiert, in der Abbildung 2.13/rechts. Die Treppenfunktion kann man sich aus verschobenen

Sprungfunktionen aufgeschichtet denken. Mit steigender Treppenzahl verbessert sich dabei die Näherung.

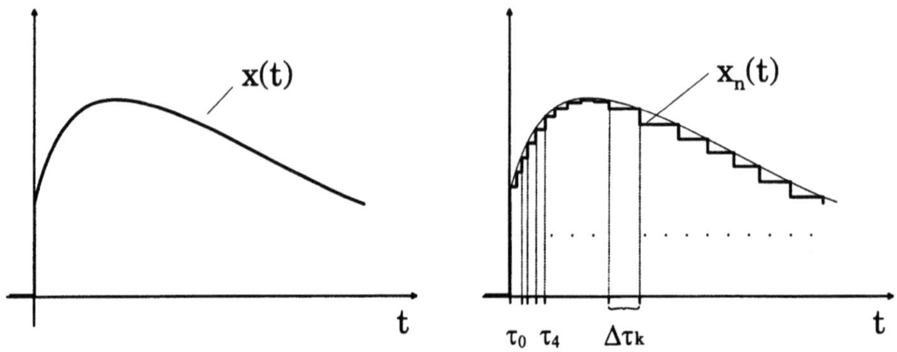


**Abbildung 2.13.** Links: Darstellung der Anregungsfunktion $x(t)$, Rechts: Approximation der Anregungsfunktion $x(t)$ durch die Treppenfunktion $x_n(t)$

Für die weiteren Betrachtungen wählt man einen beliebigen Zeitpunkt $t$ aus, bis zu dem die Anregungsfunktion genähert werden soll. Unter Zuhilfenahme der Treppenfunktion kann man schreiben:

$$\begin{aligned} x_n(t) = x_0\sigma(t) &+ [x(\tau_1) - x_0]\sigma(t-\tau_1) + \ldots \\ &+ [x(\tau_n) - x(\tau_{n-1})]\sigma(t-\tau_n) \end{aligned}$$

$$x_n(t) = x_0\sigma(t) + \sum_{k=1}^{n}[x(\tau_k) - x(\tau_{k-1})]\cdot\sigma(t-\tau_k)$$

mit $x_0 = x(\tau_0)$.

Läßt man den Abstand $\Delta\tau_k$ gegen Null streben mit $n \to \infty$, so nähert sich die Treppenfunktion der Originalfunktion an: $x_n(t) \to x(t)$.

Die durch die Treppenfunktion $x_n(t)$ genäherte Anregungsfunktion wird nun auf das Übertragungsglied eines beliebigen linearen zeitinvarianten Systems geschaltet. Auf einen Einheitssprung $\sigma(t)$ antwortet es mit der Sprungantwort $h(t)$, und wegen Zeitinvarianz antwortet es auf einen verschobenen Einheitssprung $\sigma(t-\tau_k)$ mit einer verschobenen Sprungantwort $h(t-\tau_k)$. Da es sich um ein lineares System handelt, läßt sich die Antwort $y_n(t)$ auf die Anregung $x_n(t)$ wie folgt schreiben:

$$y_n(t) = x_0h(t) + \sum_{k=1}^{n}[x(\tau_k) - x(\tau_{k-1})]\cdot h(t-\tau_k)$$

$$y_n(t) = x_0h(t) + \sum_{k=1}^{n}\frac{x(\tau_k) - x(\tau_{k-1})}{\Delta\tau_k}\cdot h(t-\tau_k)\Delta\tau_k$$

Diese Gleichung bietet sich für eine Grenzwertbetrachtung an. Läßt man $\Delta\tau_k \to 0$ gehen, so strebt der Differenzenqoutient gegen den Differentialquotienten $x'(\tau_k)$. Aus der Summe wird bei diesem Übergang das entsprechende Integral.

$$y(t) = x_0 h(t) + \int_0^t x'(\tau)h(t-\tau)d\tau$$

Mit partieller Integration ergibt sich:

$$[x(\tau)h(t-\tau)]_{\tau=0}^{\tau=t} + \int_0^t x(\tau)h'(t-\tau)d\tau$$
$$= x(t)h_0 - x_0 h(t) + \int_0^t x(\tau)h'(t-\tau)d\tau$$

$$y(t) = h_0 x(t) + \int_0^t x(\tau)h'(t-\tau)d\tau$$

Das Integral in dieser Gleichung wird als **Duhamelsches Integral** bezeichnet. Es ist auch unter dem Begriff *Faltungsintegral* aus dem Faltungssatz bekannt (Kapitel 2.4.3 *Eigenschaften der Laplace-Transformation*). Bei der Lösung muß man beachten, daß $\tau$ eine veränderliche Größe ist und $t$ als konstanter Zeitpunkt betrachtet wird.

Für die Schreibweise des Duhamelschen Integrals gibt es mehrere gleichwertige Formen /CAR/ /GRE/.

$$y(t) = h_0 x(t) + \int_0^t x(\tau)h'(t-\tau)d\tau \tag{2.93}$$

$$y(t) = x_0 h(t) + \int_0^t h(\tau)x'(t-\tau)d\tau \tag{2.94}$$

$$y(t) = h_0 x(t) + \int_0^t h'(\tau)x(t-\tau)d\tau \tag{2.95}$$

$$y(t) = x_0 h(t) + \int_0^t x'(\tau)h(t-\tau)d\tau \tag{2.96}$$

$$y(t) = \frac{d}{dt}\left\{\int_0^t x(\tau)h(t-\tau)d\tau\right\} \tag{2.97}$$

$$y(t) = \frac{d}{dt}\left\{\int_0^t h(\tau)x(t-\tau)d\tau\right\} \tag{2.98}$$

Welche dieser sechs Schreibweisen man auswählt, hängt nur von dem zu lösenden Problem ab.

**Beispiel zur Anwendung des Duhamelschen Integrals**
In Abbildung 2.14 ist ein RL-Glied gegeben. Es wird mit einer abfallenden Exponentialfunktion beaufschlagt. Dieses Beispiel soll die Anwendung des Duhamelschen Integrals und die damit verbundene Vorgehensweise verdeutlichen.

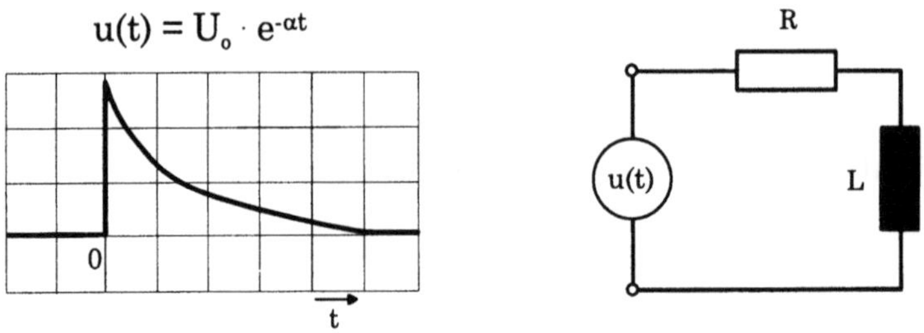


**Abbildung 2.14.** RL-Glied beaufschlagt mit abfallender Exponentialfunktion

Die Spannung (Anregungsfunktion) ist definiert durch:

$$u = U_0 \cdot e^{-\alpha t} \qquad \text{für } t \geq 0$$

Das Verhalten des RL-Gliedes läßt sich durch die folgende Differentialgleichung beschreiben:

$$R \cdot i + L \cdot \frac{di}{dt} = U_0 \cdot e^{-\alpha t} \tag{2.99}$$

Zunächst wird der Stromverlauf (Antwortfunktion) nur **mit Hilfe der Laplace-Transformation** ermittelt. In den Bildbereich transformiert ergibt sich dann für Gleichung (2.99):

$$R \cdot I(s) + Ls \cdot I(s) - L \cdot i(0) = \frac{U_0}{s + \alpha} \tag{2.100}$$

Zum Zeitpunkt $t = 0$ sei das RL-Glied stromlos. Gleichung (2.100) nach $I(s)$ aufgelöst und unter Verwendung von $i(0) = 0$ ergibt:

$$I(s) = \frac{U_0}{(R + Ls)(s + \alpha)} \tag{2.101}$$

Mit $\frac{R}{L} = \lambda$ läßt sich schreiben:

$$I(s) = \frac{U_0}{L(s + \lambda)(s + \alpha)} \tag{2.102}$$

Die Gleichung läßt sich dann mittels Partialbruchzerlegung in die folgende Form bringen:

$$I(s) = \frac{U_0}{L(\alpha - \lambda)} \cdot \left( \frac{1}{s+\lambda} - \frac{1}{s+\alpha} \right) \tag{2.103}$$

Die Laplace-Rücktransformation mittels Tabelle ergibt einen Ausdruck im Originalbereich (Zeitbereich):

$$i = \frac{U_0}{L(\alpha - \lambda)} \cdot \left( e^{-\lambda t} - e^{-\alpha t} \right) \tag{2.104}$$

Im folgenden wird der Stromverlauf (Antwortfunktion) **mit Hilfe des Duhamelschen Integrals** bestimmt. Dazu wird zunächst im Bildbereich die Antwort $h(t)$ des Stromkreises auf den Einheitssprung $\sigma(t)$ ermittelt.

$$H(s) = \frac{1}{s} \cdot \frac{1}{Z(s)} = \frac{1}{s \cdot (R + sL)} \tag{2.105}$$

$$h(t) = \frac{1}{R} \cdot (1 - e^{-\lambda t}) \tag{2.106}$$

Für die Ableitung $h'(t)$ ergibt sich:

$$h'(t) = \frac{\lambda}{R} \cdot e^{-\lambda t} \tag{2.107}$$

Zur Bestimmung des Stromverlaufs $i$ bietet sich daher die Gleichung (2.93) des Duhamelschen Integrals an.

$$y(t) = i = h_0 u(t) + \int_0^t u(\tau) h'(t - \tau) d\tau$$

Es gilt $h_0 = 0$. Damit vereinfacht sich die Gleichung zu:

$$\begin{aligned} i &= \int_0^t U_0 \cdot e^{-\alpha\tau} \cdot \frac{\lambda}{R} \cdot e^{-\lambda(t-\tau)} d\tau = \frac{U_0}{L} \cdot e^{-\alpha\tau} \int_0^t e^{-(\alpha-\lambda)\tau} d\tau \\ &= \frac{U_0}{L(\alpha - \lambda)} \cdot e^{-\alpha\tau} \left| -e^{-(\alpha-\lambda)\tau} \right|_0^t = \frac{U_0}{L(\alpha - \lambda)} \cdot \left( e^{-\lambda t} - e^{-\alpha t} \right) \end{aligned} \tag{2.108}$$

Die Lösungen (2.104) und (2.108) stimmen überein.

Der Vorteil des Duhamelschen Integrals liegt klar auf der Hand, sobald man sich kompliziertere Schaltungen vorstellt. Während man bei der klassischen Methode unter Zuhilfenahme der Laplace-Transformation nicht auf die Partialbruchzerlegung und eine Korrespondenz-Tabelle zur Lösung der Problemstellung verzichten kann, benötigt man bei dem Duhamel-Integral lediglich die Sprungantwort des Systems mit ihrer einfachen Korrespondenz und den durch das Integral gegebenen Zusammenhang.

Anhand dieses Beispiels sieht man auch die Bedeutung des im Duhamelschen Integral formulierten Zusammenhangs. Es ist völlig gleichgültig, mit welcher Anregungsfunktion das RL-Glied beaufschlagt wird. Handelt es sich bei der Anregungsfunktion um einen Strom, so antwortet das System mit einer Spannung. Die Sprungantwort ist hierbei durch den einfachen Zusammenhang $H(s) = \frac{1}{s} \cdot Z(s)$ definiert. Regt man das System mit einer Spannung an, wie in dem berechneten Beispiel, so antwortet es mit einem Strom.

## 2.8 Lineare partielle Differentialgleichungen

Partielle Differentialgleichungen sind Differentialgleichungen mit mehr als einer Veränderlichen. Die allgemeine Form einer **partiellen Differentialgleichung** mit zwei unabhängigen Veränderlichen ($x$ und $y$) lautet:

$$F(x, y, w, w_x, w_y, w_{xx}, w_{xy}, w_{yy}, \ldots) = 0 \tag{2.109}$$

Die Indices der gesuchten Funktion $w = w(x, y)$ bezeichnen die partiellen Ableitungen der Funktion und werden zur Abkürzung benutzt.

$$w_x = \frac{\partial w}{\partial x} \quad \text{oder} \quad w_{xy} = \frac{\partial^2 w}{\partial x \partial y} \tag{2.110}$$

Die Ordnung der höchsten in der Gleichung vorkommenden Ableitung gibt die **Ordnung** der partiellen Differentialgleichung an. Eine partielle Differentialgleichung heißt **linear** , wenn die gesuchte Funktion $w$ und ihre partiellen Ableitungen linear sind, also in der ersten Potenz auftreten. Wie schon in Kapitel 2.2.2 werden die weiteren Betrachtungen zu diesem Thema auf lineare Differentialgleichungen beschränkt.

### 2.8.1 Spezielle Lösungen einfacher, linearer, partieller Differentialgleichungen

Es sind hier zwei Beispiele ausgewählt worden, um eine Vorstellung dafür zu bekommen, wie Lösungen partieller Differentialgleichungen geometrisch darstellbar sind.

**1. Beispiel**
Betrachtet wird eine homogene lineare partielle Differentialgleichung 1. Ordnung. Für die partielle Differentialgleichung einer Funktion $w(x, y)$ soll gelten:

$$w_x = 0 \tag{2.111}$$

Da $w(x, y)$ nicht von $x$ abhängig ist, sondern lediglich eine $y$-Abhängigkeit aufweist, gilt für die allgemeine Lösung:

$$w = \phi(y) \tag{2.112}$$

$\phi(y)$ ist dabei eine beliebige Funktion von $y$. Geometrisch stellt die zu dieser Lösung gehörende Fläche in einem $x, y, w$-Koordinatensystem einen *allgemeinen Zylinder* mit einer Leitkurve in der $y, w$-Ebene dar. Abbildung 2.15 veranschaulicht die Lösung /COD/.

Anmerkung:

Eine Zylinderfläche entsteht durch Parallelverschiebung einer Geraden (der Erzeugenden) längs einer Kurve (Leitkurve). Ein Zylinder ist der dazugehörige Körper, der von einer Zylinderfläche mit geschlossener Leitkurve und zwei parallelen Ebenen, den Grundflächen des Zylinders, begrenzt wird /BRON/.

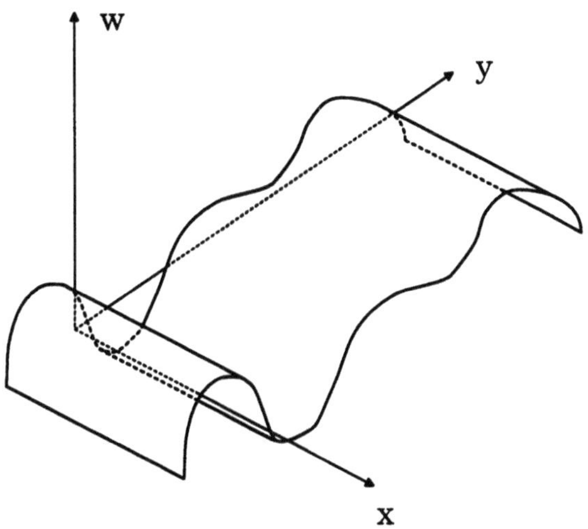


**Abbildung 2.15.** Zylinderfläche als Lösung von $w_x = 0$

Ein Vergleich der partiellen Differentialgleichung mit einer entsprechenden gewöhnlichen Differentialgleichung und ihren Lösungen:

$$w_x = 0 \quad \text{mit} \quad y' = 0 \qquad \text{und} \qquad w = \phi(y) \quad \text{mit} \quad y = C$$

zeigt bereits in diesem einfachen Fall die größere Lösungsvielfalt einer partiellen Differentialgleichung. An die Stelle beliebiger Integrationskonstanten treten jetzt beliebige Funktionen /COD/.

**2. Beispiel**

Hier wird nun eine homogene lineare partielle Differentialgleichung 2. Ordnung betrachtet. Für die partielle Differentialgleichung der Funktion $w(x, y)$ soll gelten:

$$w_{xy} = 0 \tag{2.113}$$

Die allgemeine Lösung ergibt sich aus der Summe zweier beliebiger Funktionen von $x$ und $y$.

$$w = \phi_1(x) + \phi_2(y) \tag{2.114}$$

$\phi_1(x)$ und $\phi_2(y)$ beschreiben Flächen. Geometrisch betrachtet handelt es sich um *Schiebflächen* in einem $x, y, w$-Koordinatensystem. Dies bedeutet anschaulich gesprochen: Parallel zur $y$-Achse denkt man sich eine in der Form $\phi_2(y)$ geschnittene Schablone. Sie wird dann in $x$-Richtung wie durch einen Sandkasten gezogen, wobei jeder Punkt der Schablone eine durch $\phi_1(x)$ festgelegt Bahn beschreibt. Abbildung 2.16 zeigt die Lösungsfläche von $w_{xy} = 0$ /COD/.

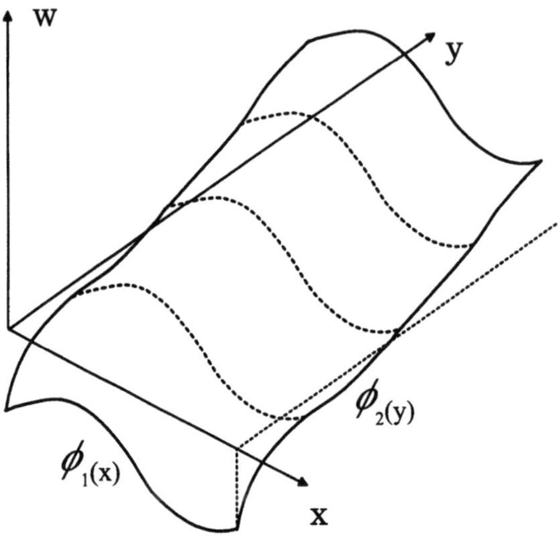


**Abbildung 2.16.** Lösungsfläche der partiellen Differentialgleichung $w_{xy} = 0$

### 2.8.2 Lösungsverfahren für homogene lineare, partielle Differentialgleichungen 1.Ordnung

Im folgenden werden zwei Lösungsverfahren für homogene lineare, partielle Differentialgleichungen 1.Ordnung vorgestellt, für konstante und für abhängige Koeffizienten. Eine analytische Lösung ist noch möglich, da man homogene Differentialgleichungen angenommen hat. Es sei deshalb schon an dieser Stelle darauf hingewiesen, daß man in der Regel partielle Differentialgleichungen höherer Ordnung oder Potenz numerisch löst.

**1. Konstante Koeffizienten**

Gegeben ist eine homogene lineare, partielle Differentialgleichung 1.Ordnung mit konstanten Koeffizienten in der allgemeinen Form:

$$A \cdot w_x + B \cdot w_y = 0 \qquad (2.115)$$

Ein Ansatz zur Lösung erfolgt mit einer **linearen Koordinaten-Transformation.**

$$\xi = \alpha x + \beta y \tag{2.116}$$

$$\eta = \gamma x + \delta y \tag{2.117}$$

Dadurch wird die Differentialgleichung (2.115) in eine Gleichung umgeformt, deren Ableitungen nur eine Veränderliche besitzen und die daher wie eine gewöhnliche Differentialgleichung gelöst werden kann. Die Konstanten $\alpha, \beta, \gamma, \delta$ seien zunächst offen gewählt. Mit der verallgemeinerten Kettenregel schreibt man für:

$$w_x = \frac{\partial w}{\partial x} = \frac{\partial w}{\partial \xi}\frac{\partial \xi}{\partial x} + \frac{\partial w}{\partial \eta}\frac{\partial \eta}{\partial x} = \alpha \cdot w_\xi + \gamma \cdot w_\eta$$

$$w_y = \frac{\partial w}{\partial y} = \frac{\partial w}{\partial \xi}\frac{\partial \xi}{\partial y} + \frac{\partial w}{\partial \eta}\frac{\partial \eta}{\partial y} = \beta \cdot w_\xi + \delta \cdot w_\eta$$

Die Differentialgleichung (2.115) geht dann über in die folgende Form:

$$(A \cdot \alpha + B \cdot \beta) \cdot w_\xi + (A \cdot \gamma + B \cdot \delta) \cdot w_\eta = 0 \tag{2.118}$$

Wählt man nun die Konstanten so, daß $(A \cdot \gamma + B \cdot \delta) = 0$ wird (z.B. $\gamma = B$ und $\delta = -A$), so reduziert sich die Differentialgleichung auf $w_\xi = 0$. Die Lösung der homogenen partiellen Differentialgleichung (2.115) lautet dann:

$$w = \phi(\eta) = \phi(\gamma x + \delta y) \tag{2.119}$$

Setzt man nun noch die oben gewählten Konstanten $\gamma = B$ und $\delta = -A$ ein, erhält man die allgemeine Lösung:

$$w = \phi(Bx - Ay) \tag{2.120}$$

$\phi$ ist wiederum eine beliebig differenzierbare Funktion. Geometrisch kann man sich an die Lösung des ersten Beispiels im vorherigen Kapitel 2.8.1 anlehnen, jedoch auf ein $w, \xi, \eta$ Koordinatensystem bezogen.

**2. Abhängige Koeffizienten**

Gegeben ist eine homogene lineare, partielle Differentialgleichung 1.Ordnung mit abhängigen Koeffizienten in der allgemeinen Form:

$$a(x,y) \cdot w_x + b(x,y) \cdot w_y = 0 \tag{2.121}$$

Es soll nun eine allgemeines Lösungsverfahren hergeleitet werden. Die gesuchten Lösungen $w = w(x,y)$ sind Flächen im dreidimensionalen Raum. Unter ihnen ist auch die einparametrige Ebenenschar $w = const.$ Die Horizontalebene $w = C_1$ schneidet jede andere Lösungsfläche $w = w(x,y)$ in den Höhenlinien, deren Projektionen in die $x, y$-Ebene der Gleichung $w(x,y) = C_1$ genügen (Abbildung 2.17). Sie wird als Niveaulinie der Integralfläche $w = w(x,y)$ bezeichnet /KNE/. Die partielle Differentialgleichung dieser ebenen Kurvenschar lautet:

$$\frac{\partial y}{\partial x} = y' = -\frac{w_x}{w_y} \tag{2.122}$$

Gleichung (2.121) wird umgeformt.

$$\frac{\partial y}{\partial x} = -\frac{w_x}{w_y} = \frac{b(x,y)}{a(x,y)} \tag{2.123}$$

Man erkennt, daß die Lösungsflächen $w = w(x,y)$ der partiellen Differentialgleichung (2.121) die gleiche Kurvenschar als Niveaulinie besitzen wie die Horizontalebenen. Die allgemeine Lösung der partiellen Differentialgleichung wird mit $v(x,y) = C_2$ angenommen. Räumlich gesehen, stellt sie eine einparametrige Zylinderflächenschar mit zur $w$-Achse parallelen Erzeugenden dar. Es läßt sich nun eine zweiparametrige Raumkurvenschar darstellen mit:

$$C_1 = w \tag{2.124}$$

$$C_2 = v(x,y) \tag{2.125}$$

Man bezeichnet sie als **Charakteristiken** oder als charakteristische Kurven der homogenen linearen, partiellen Differentialgleichung (2.121). Sie können aus dem System der *charakteristischen Differentialgleichungen* ermittelt werden:

$$\frac{\partial x}{a} = \frac{\partial y}{b} = \frac{\partial z}{c}$$

In diesem Fall gilt: $\partial z = 0$.

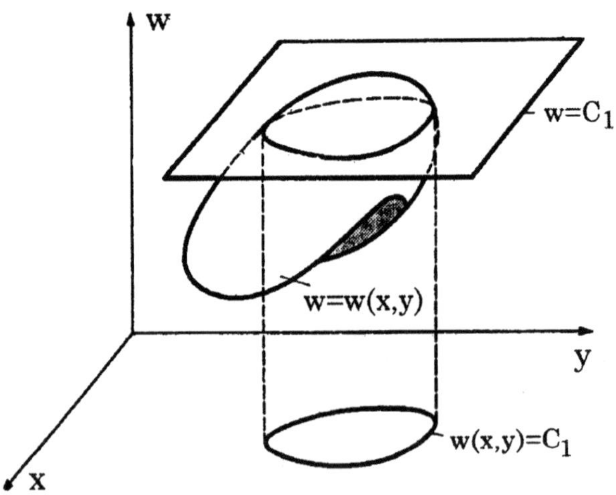


**Abbildung 2.17.**
Darstellung der Niveaulinie der Integralfläche $w = w(x,y)$ /KNE/

Die charakteristischen Differentialgleichungen lauten demnach:

$$\frac{\partial x}{a} = \frac{\partial y}{b} \tag{2.126}$$

Jede Integralfläche läßt sich aus einer Schar charakteristischer Kurven aufbauen. Ordnet man die Scharparameter $C_1$ und $C_2$ einander über eine beliebige Funktion $\phi$ zu

$$C_1 = \phi(C_2) \tag{2.127}$$

dann entspricht diese Zuordnung einer bestimmten Lösungsfläche der partiellen Differentialgleichung (2.121). Über die beliebige Funktion $\phi$ läßt sich nun auch eine Lösung der partiellen Differentialgleichung angeben.

$$w = \phi(v(x,y)) \tag{2.128}$$

Dabei ist zu beachten, daß $v(x,y)$ ebenfalls die partielle Differentialgleichung lösen muß. Die Gleichung (2.128) stellt das *allgemeine Integral* der Differentialgleichung dar. Dieses Integrationsverfahren zur Bestimmung einer Lösung einer homogenen linearen, partiellen Differentialgleichung (2.121) wird als **Charakteristikmethode** bezeichnet /KNE/.

**Beispiel zur Veranschaulichung**

Ein kurzes Beispiel soll die Charakteristikmethode und die Scharparameter veranschaulichen. Es sei die folgende homogene lineare, partielle Differentialgleichung gegeben:

$$y \cdot \frac{\partial w}{\partial x} - x \cdot \frac{\partial w}{\partial y} = 0$$

Das System der charakteristischen Differentialgleichungen lautet dann mit $\partial z = 0$:

$$\frac{\partial x}{y} = \frac{\partial y}{-x} = 0$$

Durch Integration erhält man daraus die Charakteristiken:

$$C_1 = w$$

$$C_2 = x^2 + y^2$$

Die Charakteristiken sind Schnittkurven der Kreiszylinder $C_2 = x^2 + y^2$ mit den Ebenen $C_1 = w$, also Kreise, deren Mittelpunkte auf der $w$-Achse liegen und deren Ebenen senkrecht auf ihr stehen.

$$w = \phi(x^2 + y^2)$$

ist das allgemeine Integral und stellt die Gesamtheit der Rotationsflächen dar. Die $w$-Achse ist dabei die Drehachse. Wählt man nun unterschiedliche Zuordnungsfunktionen für die Scharparameter, ergeben sich einige spezielle Lösungen der partiellen Differentialgleichung:

$C_1 = C_2$ $\quad$ $w = x^2 + y^2$
ergibt ein Rotationsparaboloid

$C_1 = \sqrt{C_2}$ $\quad$ $w^2 = x^2 + y^2$
ergibt eine Kreiskegelfläche

$C_1 = \sqrt{C_2 - 1}$ $\quad$ $x^2 + y^2 - w^2 = 1$
ergibt ein einschaliges Rotationshyperboloid

$C_1 = \frac{a}{b}\sqrt{a^2 - C_2}$ $\quad$ $\frac{x^2 + y^2}{a^2} + \frac{w^2}{b^2} = 1$
ergibt ein Rotationsellipsoid

Man sieht, daß man aus dem allgemeinen Integral der partiellen Differentialgleichung durch spezielle Wahl der beliebigen Funktion $\phi$ eine partikuläre Lösung erhält. Dies entspricht der Festlegung der Integrationskonstanten bei gewöhnlichen Differentialgleichungen 1. Ordnung. Dabei fordert man, daß die Lösungskurve durch einen vorgegeben Anfangspunkt geht. Dies wird bei gewöhnlichen Differentialgleichungen als Anfangswertproblem bezeichnet. Entsprechend verlangt ein Anfangswertproblem bei partiellen Differentialgleichungen, daß die Integralfläche $w = w(x, y)$ eine vorgegebene Raumkurve enthält.

### 2.8.3 Die Wellengleichung

Die Wellengleichung hat in der Elektrotechnik eine große Bedeutung. Sie ist nicht nur ein mathematisches Hilfsmittel zur Modellbildung, sondern darüber hinaus bietet sie die Möglichkeit, sich Vorgänge in Elektroenergiesystemen geometrisch im Raum vorzustellen. An dieser Stelle wird sie kurz als bekanntestes Beispiel für eine partielle Differentialgleichung eingeführt.

Die **Wellengleichung** ist eine lineare partielle Differentialgleichung 2. Ordnung. Ihre allgemeine Form sieht wie folgt aus:

$$\frac{\partial^2 w}{\partial t^2} = c^2 \left( \frac{\partial^2 w}{\partial x^2} + \frac{\partial^2 w}{\partial y^2} + \frac{\partial^2 w}{\partial z^2} \right) + f(x, y, z, t) \tag{2.129}$$

Der Koeffizient $c$ ist eine Konstante, die reell und von Null verschieden ist. Die Wellengleichung ist abhängig von den zueinander rechtwinklig angeordneten Koordinaten $x, y, z$ und der Zeit $t$. Die Lösungsfunktion $w(x, y, z, t)$ wird als zweimal stetig differenzierbar angenommen.

Für die weiteren Betrachtungen und zur geometrischen Veranschaulichung der Gleichungen im Raum ist eine homogene Wellengleichung für eine Dimension, also mit zwei unabhängigen Veränderlichen, ausreichend. Sie hat folgende Form:

$$c^2 w_{xx} - w_{tt} = 0 \tag{2.130}$$

Die Konstante $c$ bezeichnet die Fortpflanzungsgeschwindigkeit.

Zur Umformung der Differentialgleichung wird auch hier die **lineare Koordinaten-Transformation** mit $\xi = \alpha x + \beta t$ und $\eta = \gamma x + \delta t$ angewendet. Für die partiellen Ableitungen ergeben sich damit:

$$w_x = \frac{\partial w}{\partial x} = \frac{\partial w}{\partial \xi}\frac{\partial \xi}{\partial x} + \frac{\partial w}{\partial \eta}\frac{\partial \eta}{\partial x} = \alpha \cdot w_\xi + \gamma \cdot w_\eta$$

$$w_t = \frac{\partial w}{\partial t} = \frac{\partial w}{\partial \xi}\frac{\partial \xi}{\partial t} + \frac{\partial w}{\partial \eta}\frac{\partial \eta}{\partial t} = \beta \cdot w_\xi + \delta \cdot w_\eta$$

$$\begin{aligned} w_{xx} &= \frac{\partial^2 w}{\partial x^2} = \frac{\partial}{\partial x}\left(\frac{\partial w}{\partial \xi}\frac{\partial \xi}{\partial x} + \frac{\partial w}{\partial \eta}\frac{\partial \eta}{\partial x}\right) \\ &= \alpha \cdot (\alpha w_{\xi\xi} + \gamma w_{\xi\eta}) + \gamma \cdot (\alpha w_{\xi\eta} + \gamma w_{\eta\eta}) \\ &= \alpha^2 \cdot w_{\xi\xi} + 2\alpha\gamma \cdot w_{\xi\eta} + \gamma^2 \cdot w_{\eta\eta} \end{aligned}$$

$$\begin{aligned} w_{tt} &= \frac{\partial^2 w}{\partial t^2} = \frac{\partial}{\partial t}\left(\frac{\partial w}{\partial \xi}\frac{\partial \xi}{\partial t} + \frac{\partial w}{\partial \eta}\frac{\partial \eta}{\partial t}\right) \\ &= \beta \cdot (\beta w_{\xi\xi} + \delta w_{\xi\eta}) + \delta \cdot (\beta w_{\xi\eta} + \delta w_{\eta\eta}) \\ &= \beta^2 \cdot w_{\xi\xi} + 2\beta\delta \cdot w_{\xi\eta} + \delta^2 \cdot w_{\eta\eta} \end{aligned}$$

Die Differentialgleichung (2.130) geht damit über in:

$$\begin{aligned} c^2(\alpha^2 \cdot w_{\xi\xi} + 2\alpha\gamma \cdot w_{\xi\eta} + \gamma^2 \cdot w_{\eta\eta}) \\ - (\beta^2 \cdot w_{\xi\xi} + 2\beta\delta \cdot w_{\xi\eta} + \delta^2 \cdot w_{\eta\eta}) = 0 \end{aligned}$$

$$w_{\xi\xi} \cdot (c^2\alpha^2 - \beta^2) + 2w_{\xi\eta} \cdot (c^2\alpha\gamma - \beta\delta) + w_{\eta\eta} \cdot (c^2\gamma^2 - \delta^2) = 0$$

Die Konstanten werden so gewählt, daß die $w_{\xi\xi}$ und $w_{\eta\eta}$ zugeordneten Klammern verschwinden.

$$\begin{aligned} (c^2\alpha^2 - \beta^2) &= 0 \qquad \text{für} \qquad \beta = c\alpha \\ (c^2\gamma^2 - \delta^2) &= 0 \qquad \text{für} \qquad \delta = -c\gamma \end{aligned}$$

In den Verknüpfungsgleichungen für $\alpha$ und $\beta$ bzw. für $\gamma$ und $\delta$ ist einmal das negative Vorzeichen zu wählen, da der Koeffizient von $w_{\xi\eta}$ nicht gleich null werden soll. Somit läßt sich durch die lineare Transformation die Differentialgleichung (2.130) auf folgende Form bringen:

$$w_{\xi\eta} = 0 \tag{2.131}$$

Die Lösung dieser Differentialgleichung wird wie im vorherigen Beispiel ermittelt.

$$w = \phi_1(\xi) + \phi_2(\eta) \tag{2.132}$$

$$\text{mit}: \ \xi = \alpha \cdot (x + ct) \tag{2.133}$$

$$\eta = \gamma \cdot (x - ct) \tag{2.134}$$

Unter Verwendung der Gleichungen (2.133) und (2.134) ergibt sich die allgemeine Lösung der homogenen Wellengleichung (2.130) zu:

$$w = \phi_1(x + ct) + \phi_2(x - ct) \tag{2.135}$$

Dabei wird auch hier angenommen, daß die Lösungsfunktionen $\phi_1$ und $\phi_2$ zwei beliebige, zweimal stetig differenzierbare Funktionen sind. Ihre Argumente $x \pm ct$ sind Linearausdrücke. Eine geometrische Veranschaulichung für $\phi_1$ ist der Abbildung 2.18 zu entnehmen. $\phi_1$ ist eine Welle, die in $-x$-Richtung mit der Geschwindigkeit $c$ läuft, wenn $x + ct = const$ gilt. $\phi_2$ ist ebenfalls eine Welle, die sich unter der Bedingung $x - ct = const$ in die positive $x$-Richtung ebenfalls mit der Geschwindigkeit $c$ ausbreitet.

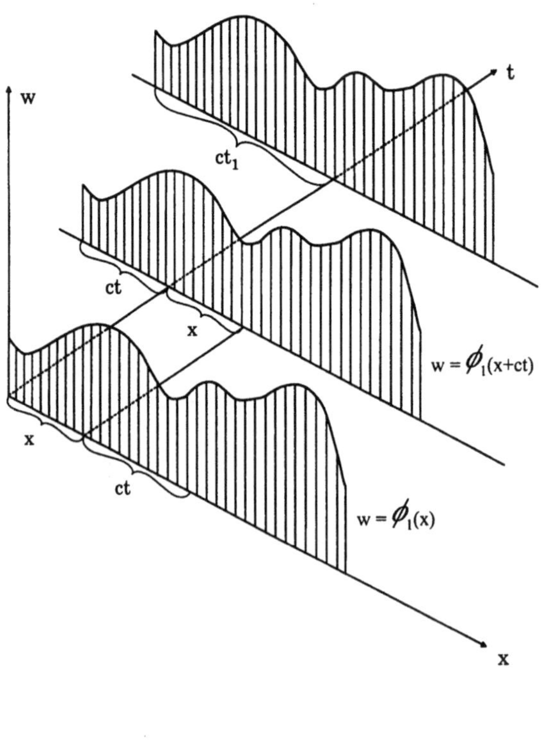


**Abbildung 2.18.** Wandernde Wellenzüge als Lösung der Wellengleichung

Die Lösung $w$ der Wellengleichung ist demnach eine Überlagerung zweier Wellenzüge, die räumlich gegeneinander laufen. Bei geeigneter Wahl von $\phi_1$ und $\phi_2$ können dabei auch *stehende Wellen* auftreten.

Setzt man in der Wellengleichung (2.130) $c^2 = -1$, also $c = j$, erhält man die zweidimensionale **Potentialgleichung**:

$$w_{xx} + w_{yy} = \Delta w = 0 \tag{2.136}$$

und ihre allgemeine Lösung:

$$w = \phi_1(x + jy) + \phi_2(x - jy) \tag{2.137}$$

Die Potentialgleichung ist ebenfalls von erheblicher Bedeutung und hat in der Mathematik einen selbständigen Zweig zur Folge gehabt, die *Potentialtheorie.* An dieser Stelle begnügt man sich jedoch mit der Präsentation der zentralen Formeln. Der interessierte Leser sei auf entsprechende Literatur verwiesen /COD/ /KNE/.

# 3. Numerische Berechnungsverfahren zur Lösung von Differentialgleichungen

Im vorigen Kapitel 2 ist eine Vielzahl analytischer Verfahren zur Lösung gewöhnlicher und partieller Differentialgleichungen vorgestellt worden. Diese Verfahren stoßen jedoch oftmals an ihre Grenzen, wenn in gewöhnlichen Differentialgleichungen nichtlineare Terme auftreten (z.B. durch stromabhängige Induktivitäten), partielle Differentialgleichungen nicht durch Anfangs- bzw. Randbedingungen soweit vereinfacht werden können, daß sie analytisch lösbar sind, oder mathematische Systeme einfach zu groß sind, um sie analytisch berechnen zu können. Daher geht man dazu über, Näherungslösungen für diese Differentialgleichungen durch numerische Verfahren zu bestimmen.

Anstelle des vorliegenden Problems (Originalproblem) löst man ein numerisches Ersatzproblem. Unter einem **numerischen Problem** versteht man die eindeutige Beschreibung eines funktionalen Zusammenhangs zwischen Eingabedaten (unabhängige Variablen des Originalproblems) und Ausgabedaten (gewünschte Lösungen) /BJDA/. Ein Ersatzproblem ist demnach so zu formulieren, daß dessen Lösung numerisch berechenbar ist und die exakte Lösung des Originalproblems hinreichend genau annähert. Bei der Interpretation der Ergebnisse ist zu beachten, daß selbst eine exakte Lösung des Ersatzproblems immer nur eine Näherungslösung für das Originalproblem sein kann. **Numerische Verfahren liefern eine Wertetabelle und keinen analytischen Ausdruck!** Dazu schreibt *Zander* in dem Beitrag *Rechnen auf digitalen Rechenautomaten*:

> ”Es sollte an dieser Stelle jedoch betont werden, daß den analytischen Methoden soweit wie möglich der Vorzug zu geben ist und daß die Numerik erst dann einsetzen sollte, wenn man auf dem analytischen Wege nicht mehr weiterkommt. Gründe für diese Einschränkung sind unter anderem darin zu sehen, daß numerische Untersuchungen jeweils einen festen Parametersatz haben und mit zusätzlichen und teilweise schlecht abschätzbaren Fehlereinflüssen aus dem numerischen Verfahren samt denen aus der endlichen Stellenzahl der Rechnung behaftet sind, und daß sich deshalb manchmal nicht einmal beurteilen läßt, ob das Verfahren überhaupt auf die exakte Lösung des Problems konvergiert.”
>
> *Zitat Zander* /HUET/

Es kann aber nicht unerwähnt bleiben, daß heutige Problemstellungen, vor allem bei ausgedehnten Systemen (large scale systems), oftmals keinen anderen Lösungsweg als die numerische Berechnung durch ein Simulationsprogramm zulassen. Umso wichtiger ist es, Fehlereinflüsse richtig abschätzen und die Einsetzbarkeit der unterschiedlichen Programme beurteilen zu können. Der numerische Bestimmungsweg kann sehr rechenintensiv und damit zeitaufwendig werden. Es ist daher wichtig, einen Kompromiß zwischen dem einzusetzenden Rechenaufwand und der gewünschten Genauigkeit zu finden. Fehler, z.B. durch die Näherung selbst verursacht oder durch Rundung, spielen bei der numerischen Berechnung eine große Rolle und müssen daher berücksichtigt werden. In Kapitel 3.2 wird darauf noch eingegangen.

## 3.1 Diskretisierung

Um ein numerisches Verfahren anwenden zu können, müssen diskrete Funktionen vorliegen. Dazu zerlegt man ein Originalproblem (kontinuierliche Funktion) in Teilprobleme bzw. Ersatzprobleme (diskrete Funktionen), die es hinreichend genau annähern. Zum Beispiel nähert man Integrale durch endliche Summen und Differentialquotienten durch Differenzenquotienten an. Dieses Vorgehen wird als **Diskretisierung** oder **Approximation** des Originalproblems bezeichnet /STOE1/. Löst man das Ersatzproblem, ergeben sich diskrete Lösungen, die Näherungswerte der Lösungsfunktion des Originalproblems darstellen.

Dieses Prinzip läßt sich bei der numerischen Lösung eines Anfangswertproblems (3.1) in einem Intervall $[t_0, t_n]$ mit dem Anfangswert $y(t_0) = y_0$ gut zeigen.

$$\frac{dy(t)}{dt} = f(y(t), t) \tag{3.1}$$

Dabei bestimmt man die Näherungswerte der Lösungsfunktion an den einzelnen Stellen $t_0, t_1, t_2, \ldots, t_n$. Graphisch dargestellt erhält man statt einer Lösungskurve $y(t)$ im Intervall $[t_0, t_n]$ (siehe Abbildung 3.1) Werte an den Stützstellen der Näherungslösung $\tilde{y}(t)$ (siehe Abbildung 3.2).

Unter der Annahme, daß die Punkte $t_0, t_1, t_2, \ldots t_n$ äquidistant liegen, gilt:

$$\begin{aligned} & t_{i+1} = t_i + h \qquad \text{mit} \quad i = 0, 1, 2, \ldots n \\ \text{und} \quad & t_{i+1} = t_0 + (i+1) \cdot h \end{aligned} \tag{3.2}$$

$h$ ist hierbei die Schrittweite und beeinflußt die Höhe des Rechenaufwands sowie die erzielbare Genauigkeit der Näherungswerte.

Bei diesem Lösungsverfahren wird von einem vorgegebenen Startwert bzw. Anfangswert $y(t_0) = y_0$ ausgegangen, dann werden Schritt für Schritt die Näherungswerte $\tilde{y}(t_i)$ mit $(i = 1, 2, \ldots n)$ an den Stützstellen $t_i$ für die gesuchte

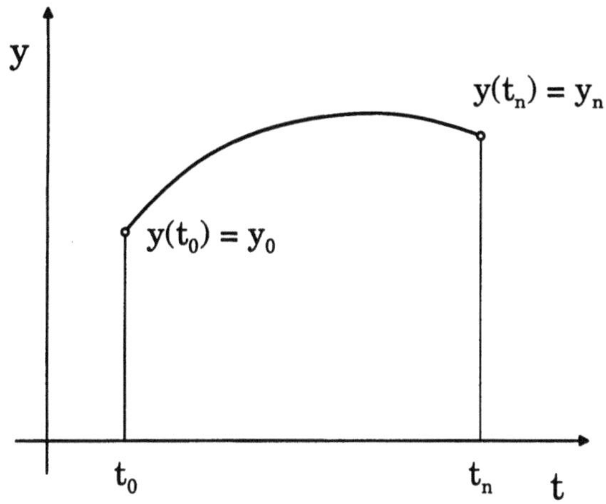


**Abbildung 3.1.** Lösungskurve der Differentialgleichung (3.1) im Intervall $[t_0, t_n]$

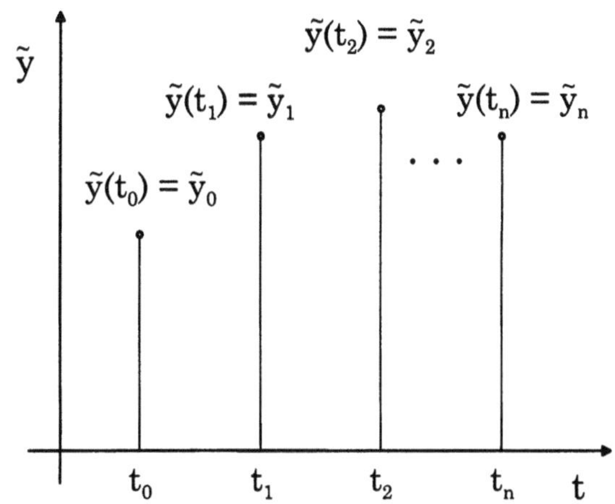


**Abbildung 3.2.** Lösungspunkte der Differentialgleichung (3.1) nach der Diskretisierung

Lösung berechnet. $y(t_i)$ ist der exakte Wert der Lösungsfunktion an der Stelle $t_i$ und $\tilde{y}(t_i)$ der Näherungswert an der Stelle $t_i$. Alle numerischen Lösungsverfahren für Anfangswertprobleme arbeiten nach diesem Grundprinzip. Die Genauigkeit der Näherung $\tilde{y}$ wird durch $h$ und durch das benutzte numerische Verfahren bestimmt, das auch den Rechenaufwand festlegt.

### 3.1.1 Diskretisierung einer Differentialgleichung

Die Diskretisierung einer Differentialgleichung führt auf eine Differenzengleichung. Ausgangspunkt ist dabei eine beliebige Differentialgleichung, die im Intervall $[a, b]$ diskretisiert werden soll. Dazu teilt man das Intervall $[a, b]$ in $m$ gleiche Abschnitte ein. Man setzt:

$$h = \frac{(b-a)}{m} \quad \text{und} \quad t_i = a + ih$$

$h$ ist die Schrittweite. $y_i$ bezeichnet den gesuchten Näherungswert zu $y(t_i)$. Mit diesen Vorgaben ersetzt man alle in der Differentialgleichung und den Anfangs- bzw. Randwertbedingungen vorkommenden Ableitungen durch Differenzenquotienten.

Zum Beispiel:

$$y_i' \approx \frac{y_{i+1} - y_{i-1}}{2h} \qquad y_i'' \approx \frac{y_{i+1} - 2y_i + y_{i-1}}{h^2}$$

Die Differentialgleichung geht dann in eine **Differenzengleichung** über, die allgemein ein nichtlineares Gleichungssystem in der folgenden Form liefert:

$$y_{i+1} - 2y_i + y_{i-1} = h^2 \cdot f_i \quad \text{für } i = 1, 2, \ldots, m-1$$

$$\text{mit} \quad y_0 = \alpha \quad \text{und} \quad y_m = \beta$$

$$\text{und} \quad f_i = f\left(t_i, y_i, \frac{y_{i+1} - y_{i-1}}{2h}\right)$$

Die Darstellung in Matrixform ermöglicht eine bessere Übersicht:

$$\mathbf{A} \cdot \mathbf{y} = h^2 \mathbf{f}(\mathbf{y}) - \mathbf{r}$$

wobei die Vektoren und die Matrix folgendermaßen bestimmt werden:

$$\mathbf{A} = \begin{bmatrix} -2 & 1 & 0 & \ldots & 0 & 0 \\ 1 & -2 & 1 & \ldots & 0 & 0 \\ 0 & 1 & -2 & \ldots & 0 & 0 \\ \vdots & \vdots & \vdots & \vdots & \vdots & \vdots \\ 0 & 0 & 0 & \ldots & 1 & -2 \end{bmatrix}$$

$$\mathbf{y} = \begin{bmatrix} y_1 \\ y_2 \\ y_3 \\ \vdots \\ y_{m-1} \end{bmatrix} \qquad \mathbf{f}(\mathbf{y}) = \begin{bmatrix} f_1 \\ f_2 \\ f_3 \\ \vdots \\ f_{m-1} \end{bmatrix} \qquad \mathbf{r} = \begin{bmatrix} \alpha \\ 0 \\ 0 \\ \vdots \\ \beta \end{bmatrix}$$

**A** ist eine Bandmatrix (in diesem Beispiel sogar eine Dreibandmatrix). Für eine lineare Differentialgleichung ergibt sich ein lineares Gleichungssystem, das mit einem akzeptablen Arbeitsaufwand gelöst werden kann /BJDA/. Für den Fehler der Diskretisierung, auch im nichtlinearen Fall, gilt allgemein:

$$r(t, h) = y(t) + c_1(t)h^2 + c_2(t)h^4 + c_3(t)h^6 + \ldots$$

Die $c_i(t)$ sind durch Anfangs- bzw. Randbedingungen bestimmt.

## 3.2 Grundbegriffe der Fehleranalyse

Eine der wichtigsten Aufgaben bei numerischen Berechnungen ist es, die Genauigkeit einer Näherung zu beurteilen. Es gibt die verschiedensten Arten von Fehlern und noch mehr Möglichkeiten, bei denen sie auftreten können. Dieses Gebiet umfassend behandeln zu wollen wäre vermessen. Stattdessen soll der Anwender numerischer Berechnungsverfahren hier lediglich für diese Problematik sensibilisiert werden. Auch Fehler, die nicht im direkten Zusammenhang mit der Anwendung eines numerischen Berechnungsverfahren stehen (z.B. Fehler bei der Modellbildung), können einen großen Einfluß auf die Lösung haben. Aus diesem Grund sind sie hier mit angesprochen. Die wichtigsten Fehler der Berechnungsphase werden in Kapitel 3.2.2 benannt und, wenn nötig, definiert.

### 3.2.1 Fehlerquellen

Die Beseitigung von Fehlerquellen ist ein schwieriges Gebiet. Einige Fehlerquellen sind kaum zu beeinflussen, andere hingegen können durch Umformungen einer Formel oder Änderungen am Berechnungsverfahren reduziert oder sogar eliminiert werden. Selbst wenn nicht die Möglichkeit besteht, eine Fehlerquelle zu beeinflussen, sollte man sie nicht hinnehmen, sondern versuchen, sie z.B. durch Korrekturfaktoren zu neutralisieren.

**A. Fehler beim Übergang von der technischen Problemstellung zur mathematischen Modellbildung**
Für die meisten mathematischen Anwendungen müssen beim Übergang von der technischen Problemstellung zur mathematischen Modellbildung Idea-

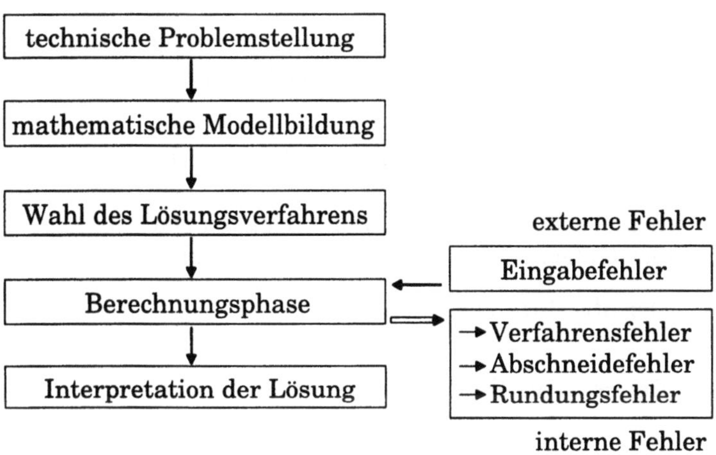


**Abbildung 3.3.** Phasen der numerischen Modellbildung und Berechnung, bei denen Fehler auftreten können.

lisierungen vorgenommen werden. Man nimmt zum Beispiel Gewichtslosigkeit, homogene Materie, konstante Vorgänge oder lineare Eigenschaften an. Die Auswirkungen sind bei Fehlerquellen dieser Art sehr schwierig einzuschätzen. Dazu besteht nur die Möglichkeit, wenn man ein Modell mit der Realität, sprich Messungen, vergleichen kann.

**B. Fehler bei der Wahl des Lösungsverfahrens**
Diese Art von Fehlern beruht auf dem sogenannten menschlichen Faktor. Die Entscheidung für ein ungeeignetes oder zu ungenaues Verfahren zur Lösung eines gegebenen Problems ist meist der Unerfahrenheit des Benutzers zuzuschreiben. Die Wahl des Lösungsverfahrens beeinflußt maßgeblich die Fehler der Berechnungsphase.

**C. Fehler in der Berechnungsphase**
Fehler der Berechnungsphase kann man in zwei Bereiche unterteilen: Externe und interne Fehler. Ein externer Fehler ist zum Beispiel der *Eingabefehler*. Er ist durch erhöhte Aufmerksamkeit leicht zu beheben, sofern es sich um einen *Tippfehler* handelt. Handelt es sich bei den Eingabedaten um Daten, die durch Messungen ermittelt wurden, gestaltet sich die Vermeidung schon wesentlich schwieriger. Interne Fehler der Berechnungsphase sind zum Beispiel *Verfahrensfehler*, *Abschneidefehler* oder *Rundungsfehler*. Diese Fehler sind meist verfahrenstypisch und somit schlecht zu eliminieren.

**D. Fehler bei der Interpretation der Lösung**
Auch diese Art von Fehlern beruht auf dem menschlichen Faktor. Die Unerfahrenheit oder eine Fehlinterpretation des Benutzers kann das Ergebnis einer bis dato korrekten Näherung zunichte machen.

Wie oben bereits angesprochen, erkennt man an dieser Kette von Fehlerquellen die teilweise durchaus begrenzten Möglichkeiten, Fehler zu vermeiden. Selbst wenn man es schafft, alle menschlichen Fehlerquellen zu eliminieren, verbleiben noch die Fehler während der Berechnungsphase, deren Einfluß nicht vernachlässigt und in weiten Teilen auch nicht eliminiert werden kann.

### 3.2.2 Die wichtigsten Fehler der Berechnungsphase

Man unterscheidet zwischen absoluten und relativen Fehlern. Ist $\tilde{y}$ der Näherungswert einer Größe, deren exakter Wert $y$ ist, definiert man:

Der **absolute** Fehler von $\tilde{y}$ ist $\tilde{y} - y$.

Der **relative** Fehler von $\tilde{y}$ ist $\dfrac{\tilde{y} - y}{y}$, falls $y \neq 0$.

**Rundungsfehler** entstehen bei der Ab- bzw. Aufrundung, wenn Eingabe- oder Ausgabewerte die zulässigen Ziffern der Maschinenzahl übersteigen. **Abschneidefehler** entstehen aus demselben Grund, nur daß hier bei der die zulässige Anzahl übersteigenden Ziffer nicht gerundet, sondern einfach abgeschnitten wird. Beide Fehler lassen sich nicht vermeiden, sie sind rechnerbedingt.

**Verfahrensfehler** geben Auskunft darüber, wie genau die Näherungswerte eines Verfahrens die exakten Werte annähern. Man nennt sie deshalb auch *Diskretisierungsfehler*. Die Ordnung eines Näherungsverfahrens kennzeichnet die zu erwartende Genauigkeit, die auch als *Güte des Verfahrens* bezeichnet wird. Je höher die Ordnung, desto besser die Näherung. Zur Analyse der Güte einer Näherung unterscheidet man zusätzlich zwischen globalen und lokalen Verfahrensfehlern.

Bezeichnet $\Delta(t, y)$ die exakte Lösung eines Differenzenquotienten und $\phi(t, y)$ die dazugehörige Näherungslösung des Differenzenquotienten, so läßt sich der **lokale** Verfahrensfehler $\tau(t, y)$ definieren durch:

$$\tau(t, y) = \Delta(t, y) - \phi(t, y)$$

Der **globale** Verfahrensfehler $\varepsilon(t)$ ist definiert durch:

$$\varepsilon(t) = \eta(t) - y(t)$$

Darin bezeichnet $y(t)$ die exakte Lösung der Differentialgleichung und $\eta(t)$ die dazugehörige Näherungslösung.

Ein numerisches Verfahren heißt **konvergent**, wenn gilt:

$$\lim_{h \to 0} \varepsilon(t) = 0$$

$h$ ist wiederum die Schrittweite.

Zum Schluß dieses Kapitels sei noch darauf hingewiesen, daß sich Fehler auch innerhalb einer Rechnung fortpflanzen können und so zu erheblichen Verfälschungen des Ergebnisses führen können.

## 3.3 Einschub: Bestimmtes und unbestimmtes Integral

Die mathematische Modellbildung führt oftmals zur Berechnung von Integralen, die meist nicht in expliziter Form dargestellt werden können.

Ist eine explizite Darstellung der Form

$$A = \int_a^b f(t)dt$$

möglich, spricht man von einem **bestimmten Integral**. $f(t)$ ist eine beliebige Funktion, die im Intervall $t = a$ bis $t = b$ integriert wird, wobei $a$ und $b$ feste Werte sind. $A$ repräsentiert dabei den Flächeninhalt zwischen der Funktion $f(t)$ und der $t$-Achse in diesem Intervall. Bestimmte Integrale werden durch numerische Integration gelöst (Kapitel 3.4).

Ist nur die implizite Darstellung möglich

$$A(x) = \int_a^x f(t)dt$$

so spricht man von einem **unbestimmten Integral**. Die Funktion $f(t)$ wird im Intervall $t = a$ bis $t = x$ integriert, wobei $a$ wiederum ein fester Wert ist, $x$ jedoch eine variable Grenze darstellt. $A$ ist der Flächeninhalt zwischen der Funktion $f(t)$ und der $t$-Achse in Abhängigkeit von $x$ in diesem Intervall. Für einfache Integranden $f(t)$ kann man das unbestimmte Integral in geschlossener Form durch Funktionen von $t$ ausrücken.

$$\int f(t)dt = F(t) \qquad \text{und} \qquad F'(t) = f(t)$$

$$\int_a^b f(t)dt = F(b) - F(a)$$

Unbestimmte Integrale sind *Stammfunktionen*. Bei der numerischen Berechnung werden sie als Anfangswertprobleme oder Randwertprobleme gewöhnlicher Differentialgleichungen behandelt (Kapitel 3.6). /SCHWZN/ /STOE1/

## 3.4 Numerische Integration

Wie bereits erwähnt, ist die zahlenmäßige Bestimmung eines bestimmten Integrals $\int_a^b f(t)dt$ durch numerische Integration möglich. Dabei läßt sich der Wert des Integrals in dem Intervall $[a, b]$ näherungsweise berechnen, wenn einzelne Funktionswerte des Integranden bekannt sind. Dieses Verfahren wird in der Literatur als **Numerische Integration** oder auch als **Numerische Quadratur** bezeichnet. Die geometrische Deutung dieser Aufgabenstellung ist ein Flächenproblem. /SCHWZN/ /STOE1/ /SEL/ /BRON/ /PAP1/

### 3.4.1 Die Trapezregel

Die einfachste Form der zahlenmäßigen Bestimmung des oben erwähnten bestimmten Integrals ist die sogenannte Trapezregel. Von der Funktion $f(t)$ seien die zwei Stützstellen $t_0$, $t_1$ und die dazugehörigen Stützwerte $y(t_0)$, $y(t_1)$ bekannt (siehe Abbildung 3.4). Das Integral

$$\int_{t_0}^{t_1} f(t)dt$$

soll über das Stützintervall $[t_0, t_1]$ durch die Stützwerte $y(t_0)$, $y(t_1)$ genähert werden. Das Integral entspricht der Fläche zwischen $f(t)$ und der $t$-Achse von $t_0$ bis $t_1$. Eine Näherung hierfür ist die Trapezfläche, die als obere Begrenzung anstelle der Kurve $f(t)$ die Sekante des Kurvenstücks zwischen den Punkten $y(t_0)$ und $y(t_1)$ hat. In der Abbildung 3.4 ist die Fläche grau unterlegt kenntlich gemacht. Will man eine komplette Kurve nähern, so wird das Integrationsintervall $[t_0, t_n]$ in $n$ Teilintervalle gleicher Länge $h$ unterteilt. Die Schrittweite $h$ ist definiert durch:

$$h = \frac{t_1 - t_0}{n} \tag{3.3}$$

Der Flächeninhalt dieses Trapezes ergibt sich dann zu:

$$T = \frac{h}{2} \cdot (y(t_0) + y(t_1))$$

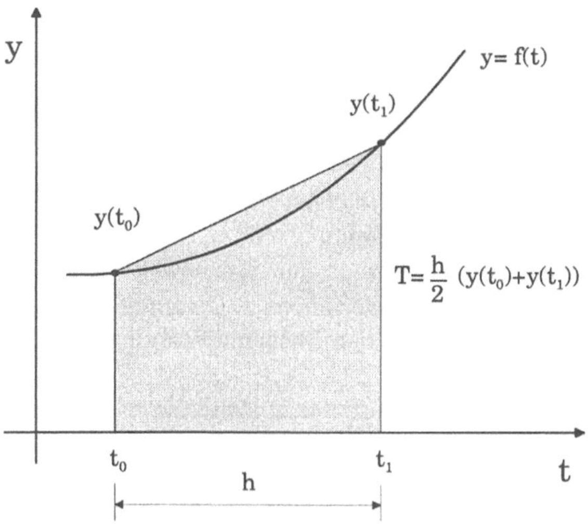


**Abbildung 3.4.** Darstellung zur Verdeutlichung der Trapezregel

Mit dessen Hilfe ergibt sich eine Näherungsformel für das gesuchte Integral. Sie wird als **Trapezregel** bezeichnet.

$$\int_{t_0}^{t_1} f(t)dt \approx T = \frac{h}{2} \cdot (y(t_0) + y(t_1)) \tag{3.4}$$

Diese einfache Methode liefert keine genauen Resultate, da das Ersetzen eines Kurvenstücks durch seine Sekante eine recht drastische Vereinfachung darstellt. Außerdem müssen die Teilintervalle möglichst klein gewählt werden. Es ist also erforderlich, den dabei entstehenden Diskretisierungsfehler abzuschätzen. Seine Abschätzung erfolgt durch die Approximation der Funktion $f(t)$ durch ein lineares Interpolationspolynom (z.B. Newton) /SEL/.

Durch Integration des Fehlergliedes der Interpolationsformel erhält man den gesuchten Ausdruck für den Integrationsfehler. Für die angewendete Trapezregel ergibt sich folgender Fehler:

$$R = -\frac{h^3}{12} \cdot f''(\xi) \tag{3.5}$$

Damit ist es möglich, eine **verifizierte Trapezregel** anzugeben.

$$\int_{t_0}^{t_1} f(t)dt = \frac{h}{2} \cdot (y(t_0) + y(t_1)) - \frac{h^3}{12} \cdot f''(\xi) \tag{3.6}$$

mit $t_0 < \xi < t_1$

Da die Stelle $\xi$ meist ebenso unbekannt ist wie die zweite Ableitung $f''(t)$ der Funktion $f(t)$, ist die Aussage der Gleichung (3.5) eher qualitativ zu sehen. Bei Anwendung der Trapezregel geht der Integrationsfehler mit der dritten Potenz der Schrittweite $h$ gegen null. Das Fehlerglied ist zudem nur gültig bei Integration über ein bestimmtes Teilintervall. Es ist somit ein lokaler Fehler. Um den Wert des Integrals über das komplette Intervall $[t_0, t_n]$ zu erhalten, wendet man die Trapezregel auf alle $n$ Teilintervalle an. Für jedes dieser Teilintervalle ergibt sich dann ein lokaler Fehler; diese lokalen Fehler werden für das gesamte Intervall aufsummiert. Nach anschließender Mittelwertbildung ergibt sich der globale Fehler für dieses Intervall.

Da der Integrationsfehler mit der dritten Potenz der Schrittweite $h$ gegen null geht, ist die Trapezregel ein numerisches Verfahren 2. Ordnung. Verkleinert man die Schrittweite, erhöht sich zwar der Rechenaufwand, doch die Genauigkeit nimmt zu.

### 3.4.2 Die Simpsonsche Regel

Die Simpsonsche Regel ist eine andere Methode zur numerischen Berechnung eines bestimmten Integrals. Im Gegensatz zur Trapezregel, bei der die Näherung durch eine Gerade erfolgt, wird hier eine Parabel zur Näherung verwendet. Das zu betrachtende Intervall wird in eine gerade Anzahl von Teilintervallen $2n$ gleicher Länge $h$ zerlegt. Dies führt zu $2n + 1$ Stützstellen und ebenso vielen Stützwerten. Die Schrittweite $h$ ist also definiert durch:

$$h = \frac{t_2 - t_0}{2n} \tag{3.7}$$

Das bereits bekannte Integral $\int_{t_0}^{t_1} f(t)dt$ wird nun über das Stützintervall $[t_0, t_2]$ durch die Stützwerte $y(t_0), y(t_1), y(t_2)$ genähert. Ebenso wie bei der Näherung mittels Trapezregel wird auch hier zur Berechnung die Fläche herangezogen. Diese Fläche ist in diesem Fall nicht durch eine Gerade, sondern durch eine Parabel begrenzt (siehe Abbildung 3.5) /PAP1/. Die weitere Verfahrensweise entspricht dem Vorgehen bei der Trapezregel.

Der Flächeninhalt unterhalb der beiden Abschnitte kann berechnet werden mit:

$$T = \frac{h}{3} \cdot (y(t_0) + 4y(t_1) + y(t_2))$$

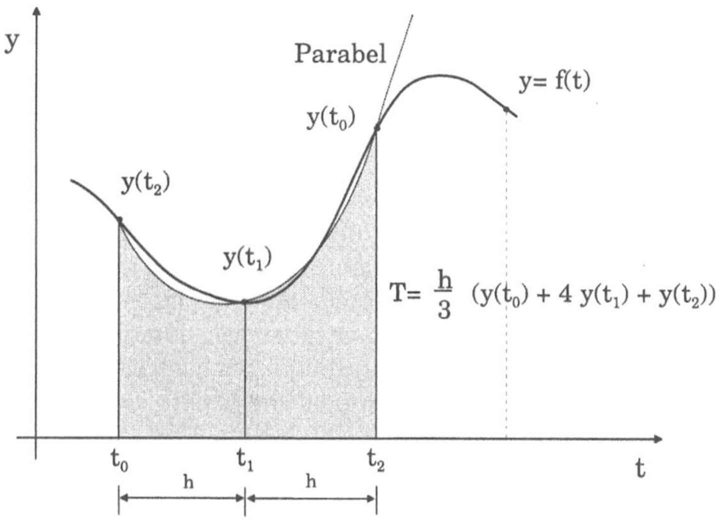


**Abbildung 3.5.** Darstellung zur Verdeutlichung der Simpsonschen Regel

Zur Näherung des zu bestimmenden Integrals wird jedoch nur der erste Teil des Intervalls von $t_0$ bis $t_1$ benötigt. (Man beachte immer die Grenzen des Intervalls!) Es ergibt sich dann eine Näherungsformel für das zu bestimmende Integral, die sogenannte **Simpsonsche Regel**.

$$\int_{t_0}^{t_1} f(t)dt \approx \frac{h}{6} \cdot (y(t_0) + 4y(t_1) + y(t_2)) \tag{3.8}$$

Auch hier läßt sich ein Fehlerglied bestimmen.

$$R = -\frac{h^5}{90} \cdot f^{(4)}(\xi) \tag{3.9}$$

Damit ist es möglich, die **verifizierte Simpsonsche Regel** anzugeben.

$$\int_{t_0}^{t_1} f(t)dt = \frac{h}{6} \cdot (y(t_0) + 4y(t_1) + y(t_2)) - \frac{h^5}{90} \cdot f^{(4)}(\xi) \tag{3.10}$$

mit $t_0 < \xi < t_2$

Genau wie bei der Trapezregel wird bei der Simpsonschen Regel der Wert des Integrals über das komplette Intervall $[t_0, t_n]$ durch mehrmaliges Anwenden der Regel auf die nunmehr $2n$ Teilintervalle bestimmt. Problematisch hierbei ist, daß eine Zerlegung in eine gerade Anzahl von Abschnitten erforderlich ist. Das bedeutet, man benötigt eine ungerade Anzahl von Stützstellen (Minimum 3).

Der Integrationsfehler geht mit der fünften Potenz der Schrittweite $h$ gegen null; damit ist die Simpsonsche Regel ein numerisches Verfahren 4. Ordnung. Die Näherung durch die parabelförmige Approximation der Simpsonschen Regel ist also wesentlich genauer als die Näherung mittels der geradlinigen Approximation der Trapezregel.

### 3.4.3 Die Newton-Cotes-Formeln

Die Newton-Cotes-Formeln lassen sich durch die Integration der Interpolationspolynome von Lagrange für eine bestimmte Anzahl von äquidistanten Stützstellen der Funktion $f(t)$ herleiten. Die Randpunkte des Integrationsintervalls fallen dabei mit den Stützstellen des zu integrierenden Interpolationspolynoms zusammen /SEL/ /BRON/. Die Integration des linearen Interpolationspolynoms durch zwei Stützpunkte führt auf die bereits vorgestellte Trapezregel.

Die allgemeine Form der Newton-Cotes-Formeln lautet:

$$\int_a^b f(t)dt = \frac{n \cdot h}{P_n} \cdot \sum_{i=0}^{n} f(a+ih) \cdot p_{in} + R_n[f] \tag{3.11}$$

$$\text{mit} \quad P_n = \sum_{i=0}^{n} p_{in}$$

$$\text{und} \quad h = \frac{(b-a)}{n} \qquad a = t_0 \qquad b = t_n$$

Wie man sieht, handelt es sich um Mittelwertsformeln mit einem Restglied $R_n[f]$. Diese Berechnungsvorschrift läßt sich beliebig oft anwenden und führt zu Tabelle 3.1. Die dort unter $n = 1$ vorgestellte Formel wird in der Literatur meist als *Trapezregel* und die unter $n = 2$ als *Simpsonsche Regel* bezeichnet.

**Tabelle 3.1.** Tabelle der Newton-Cotes-Formeln (Auszug)

| $n$ | $P_n$ | $p_{0n}$ | $p_{1n}$ | $p_{2n}$ | $p_{3n}$ | $p_{4n}$ | $R_n[f]$ |
|---|---|---|---|---|---|---|---|
| 1 | 2 | 1 | 1 | | | | $-\frac{h^3}{12}f''(\xi)$ |
| 2 | 6 | 1 | 4 | 1 | | | $-\frac{h^5}{90}f^{(4)}(\xi)$ |
| 3 | 8 | 1 | 3 | 3 | 1 | | $-\frac{3h^5}{80}f^{(4)}(\xi)$ |
| 4 | 90 | 7 | 32 | 12 | 32 | 7 | $-\frac{8h^7}{945}f^{(6)}(\xi)$ |

## 3.5 Berechnung eines unbestimmten Integrals

Wie bereits erwähnt, führt die mathematische Modellbildung oftmals zur Berechnung von Integralen. Die numerische Integration zur Berechnung bestimmter Integrale ist in Kapitel 3.4 vorgestellt worden. Unbestimmte Integrale sind Stammfunktionen und werden daher bei der numerischen Berechnung als Anfangswertprobleme oder Randwertprobleme gewöhnlicher Differentialgleichungen behandelt.

Die gewöhnliche Differentialgleichung ist dabei im einfachsten Fall 1. Ordnung:

$$y' = f(t, y) \tag{3.12}$$

Das bedeutet, daß eine differenzierbare Funktion $y = y(t)$ einer reellen Veränderlichen $t$ gesucht ist, deren Ableitung $y'(t)$ einer Gleichung der Form $y'(t) = f(t, y(t))$ oder in verkürzter Schreibweise Gleichung (3.12) genügen soll. Diese Gleichung besitzt im allgemeinen unendlich viele verschiedene Funktionen als Lösungen. Durch zusätzliche Forderungen kann man bestimmte Lösungen aus der Vielzahl an Möglichkeiten aussondern.

Bei einem **Anfangswertproblem** sucht man die Lösung $y$ der gewöhnlichen Differentialgleichung (3.12), die für ein gegebenes $t_0, y_0$ einer Anfangsbedingung in folgender Form genügt:

$$y(t_0) = y_0 \tag{3.13}$$

Für ein **Randwertproblem** ist eine Lösung $y$ der gewöhnlichen Differentialgleichung (3.12) gesucht, die einer Randbedingung der Form:

$$p(y(a), y(b)) = 0 \quad ; \quad a \neq b \tag{3.14}$$

genügen soll.

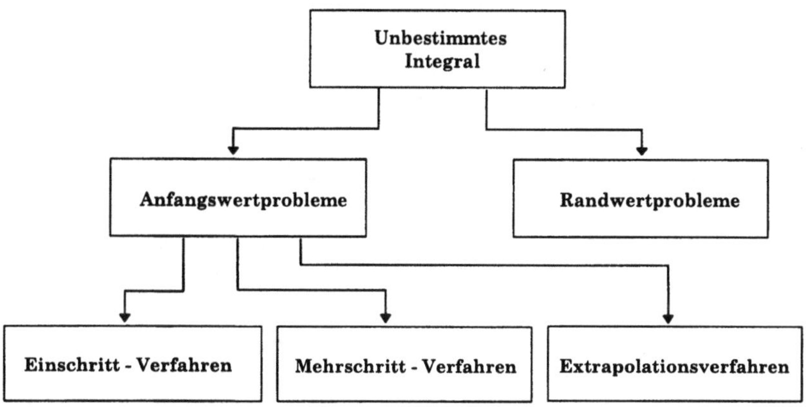


**Abbildung 3.6.** Berechnungsverfahren für ein unbestimmtes Integral

Beide Forderungen lassen sich auch auf Systeme von gewöhnlichen Differentialgleichungen erweitern. Eine Erweiterung für gewöhnliche Differentialgleichungen höherer Ordnung /STOE2/ ist ebenfalls möglich.

Abbildung 3.6 zeigt die weitere Einteilung der Berechnungsverfahren zur Lösung unbestimmter Integrale. In diesem Buch wird vornehmlich auf die Lösung von Anfangswertproblemen gewöhnlicher Differentialgleichungen eingegangen, da Ausgleichsvorgänge in Elektroenergiesystemen zumeist ab einem Zeitpunkt $t = 0$ betrachtet werden und somit ein Anfangswertproblem darstellen. Um dennoch einen vollständigen Überblick zu geben, wird in Kapitel 3.7 kurz auf Verfahren zur Lösung von Randwertproblemen gewöhnlicher Differentialgleichungen eingegangen.

### 3.5.1 Einteilung von Lösungsverfahren

Numerische Lösungsverfahren von Differentialgleichungen können im Hinblick auf ihre Verfahrensweise bei der Näherung eingeteilt werden. Dabei unterscheidet man zum einen zwischen expliziten und impliziten Verfahren und zum anderen zwischen Einschritt-, Mehrschritt- und Extrapolationsverfahren. Die Kombination dieser Begriffe charakterisiert ein Verfahren eindeutig und gibt einen Hinweis auf den zu erwartenden Rechenaufwand und die Genauigkeit.

Die Unterscheidung in explizit und implizit bezieht sich auf die Art der Funktionsauswertung. Bei den **expliziten Verfahren** wird der gesuchte $(i+1)$-te Wert direkt aus den $i$ vorhergehenden Werten bestimmt. Das heißt, der gesuchte Wert $\tilde{y}(t_{i+1})$ tritt nicht in der auszuwertenden Funktion auf. Bei den **impliziten Verfahren** tritt der gesuchte Wert $\tilde{y}(t_{i+1})$ auch in der auszuwertenden Funktion auf. Diese Unterscheidung sollte auch noch aus Kapitel 2.1 *Grundlagen zur Differentialgleichung* bekannt sein.

Setzt man für die numerische Lösung von Differentialgleichungen vergleichbare Genauigkeit (nicht Rechenaufwand!) voraus, so bedeutet dies für die praktische Umsetzung: Bei expliziten Verfahren wählt man meist eine kleine Schrittweite und bestimmt die Näherungswerte *direkt* aus einer Gleichung. Bei impliziten Verfahren kann man eine größere Schrittweite wählen und bestimmt die Näherungswerte über ein System von Gleichungen /STOE2/. Die Möglichkeit, eine größere Schrittweite zu wählen, ist auch einsichtig, wenn man weiß, daß implizite Werte bei den meisten Verfahren wie Korrekturfaktoren eingesetzt werden.

Die Aussage allein, daß ein Verfahren explizit bzw. implizit ist, läßt keinen direkten Rückschluß auf die Genauigkeit oder den Rechenaufwand zu. Direkte Rückschlüsse erlaubt nur die Verfahrensweise selbst, sprich ob ein Einschritt-, Mehrschritt- oder Extrapolationsverfahren vorliegt. Vergleicht man jedoch ein explizites Verfahren mit einem impliziten, so gilt die Aussage: Die Genauigkeit des expliziten Verfahren ist geringer als die des impliziten Verfahrens, dafür hat es den Vorteil, weniger rechenintensiv zu sein.

**Einschritt-Verfahren** (one-step methods) benötigen zur Berechnung eines Näherungswertes $\tilde{y}(t_{i+1})$ nur den vorangegangenen Wert $\tilde{y}(t_i)$ an der Stelle $t_i$. Ein allgemeiner Ausdruck für ein Einschritt-Verfahren ist:

$$\tilde{y}(t_{i+1}) = \tilde{y}(t_i) + h \cdot f(t_i, \tilde{y}(t_i))$$

Die Schrittweite $h$ ist der Abstand zwischen diesen beiden Werten und bleibt während des Näherungsverfahrens konstant (äquidistante Stützstellen!). An die Stelle der Differentialgleichung tritt durch die Näherung eine Differenzengleichung.

Der Rechenaufwand ist bei dieser Verfahrensweise gering, ebenso wie die Genauigkeit. Explizite Einschritt-Verfahren sind weniger genau als implizite, dafür auch weniger rechenintensiv. In Kapitel 3.6 wird dies durch das Polygonzugverfahren nach Euler belegt.

**Mehrschritt-Verfahren** (multi-step methods) hingegen benötigen zur Berechnung eines Näherungswertes $\tilde{y}(t_{i+1})$ mehrere vorangegangene Werte $\tilde{y}(t_i)$, $\tilde{y}(t_{i-1})$, $\tilde{y}(t_{i-2})$, $\ldots$, $\tilde{y}(t_{i-n})$ an verschiedenen Stellen innerhalb des Intervalls $[t_{i-n}, t_{i+1}]$. Man stützt sich bei der Berechnung auf eine Intervallfolge und bestimmt für jedes Intervall den entsprechenden Näherungswert. An die Stelle der Differentialgleichung tritt dann durch die Näherung eine Differenzengleichung $n$-ter Ordnung, die durch eine feste Schrittweite $h$ gekennzeichnet ist. Variationen der Schrittweite sind über eine aufwendige Schrittweitensteuerung möglich. Ein allgemeiner Ausdruck für Mehrschritt-Verfahren läßt sich leider nicht so einfach angeben wie für Einschritt-Verfahren, deshalb sei an dieser Stelle auf entsprechende Fachliteratur verwiesen /BRON/ /CON/ /STOE2/ /SCHWZN/.

Bei Mehrschritt-Verfahren ist der Rechenaufwand wesentlich größer als bei Einschritt-Verfahren, dafür verbessert sich die Genauigkeit. Im Hinblick auf die Unterscheidung in explizit und implizit gilt dasselbe wie für Einschritt-Verfahren. Einige Mehrschritt-Verfahren weisen die Besonderheit auf, daß sie zwei Formeln gleicher Fehlerordnung miteinander koppeln. Man bezeichnet sie als **Prädiktor-Korrektor-Verfahren**. Dabei berechnet man mit der *expliziten Prädiktor-Formel* einen Näherungswert, der in die *implizite Korrektor-Formel* eingesetzt wird und somit einen verbesserten Näherungswert liefert. Mehrschritt-Verfahren enthalten übrigens immer eine sogenannte Korrektor-Formel (implizit oder explizit), lediglich die Prädiktor-Formel kann noch zur Verbesserung der Genauigkeit hinzukommen. In Kapitel 3.6.5 wird ein solches Verfahren vorgestellt, das Prädiktor-Korrektor-Verfahren nach Milne.

**Extrapolationsverfahren** benötigen zur Berechnung eines Näherungswertes $\tilde{y}(t_{i+1})$ mehrere Werte an verschiedenen Stellen. Diese können innerhalb und außerhalb des Intervalls $[t_{i-n}, t_{i+1}]$ liegen. Eines der wichtigsten Kennzeichen ist, daß die Schrittweite nicht mehr während des Näherungsverfahrens konstant bleiben muß. Extrapolationsverfahren sind sehr kompliziert und aufwendig, haben aber eine gute Genauigkeit. Ein allgemeiner Ausdruck für diese Verfahren läßt sich auch hier nur schwer angeben, deshalb sei an dieser Stelle ebenfalls auf die entsprechende Fachliteratur verwiesen /BRON/ /CON/ /STOE2/ /SCHWZN/. Es wird noch einmal kurz auf diese Verfahren Bezug genommen, wenn in Kapitel 3.6.6 ihre Praxistauglichkeit im Vergleich mit den anderen Verfahren bewertet wird.

## 3.6 Anfangswertprobleme gewöhnlicher Differentialgleichungen

Für die nachfolgenden Betrachtungen ist das folgende Anfangswertproblem 1. Ordnung gegeben:

$$y' = \frac{dy}{dt} = f(t, y) \tag{3.15}$$

Mit dem Anfangswert:

$$y(t_0) = y_0 \tag{3.16}$$

$t$ ist darin die *unabhängige* und $y$ die *abhängige* Variable.

### 3.6.1 Das Polygonzugverfahren nach Euler

Das einfachste Verfahren, um eine Anfangswertproblem wie durch Gleichung (3.15) gegeben zu lösen, ist das **Polygonzugverfahren nach Euler**, auch **Euler-Verfahren** genannt. Diese Methode ist graphisch leicht zu realisieren.

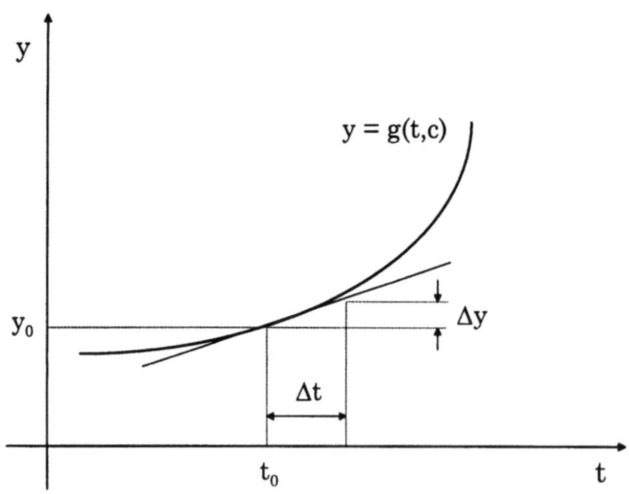


**Abbildung 3.7.** Verlauf der Lösungsfunktion einer Differentialgleichung 1. Ordnung

Die Lösung der Gleichung (3.15) hat folgende Form:

$$y = g(t, c) \tag{3.17}$$

Hierbei ist $c$ eine Konstante, die durch die Anfangsbedingungen bestimmt wird. Die graphische Darstellung der Gleichung (3.17) ist in der Abbildung 3.7 dargestellt.

Die Funktion $y = g(t, c)$ ist eine sogenannte flache Kurve, somit können kurze Kurvensegmente durch entsprechend kurze gerade Strecken ersetzt werden. Für einen Punkt $P(t_0, y_0)$ auf dieser Kurve (Abbildung 3.7) gilt dann:

$$\Delta y \approx \left.\frac{dy}{dt}\right|_{t=t_0} \cdot \Delta t \tag{3.18}$$

worin $\left.\frac{dy}{dt}\right|_{t=t_0}$ die Steigung der Kurve im Punkt $P(t_0, y_0)$ ist.

Setzt man die Werte $t_0$ und $y_0$ in die Gleichung (3.15) ein, ergibt sich ein Wert für die Steigung im Punkt $t = t_0$. Mit den Anfangswerten $t_0$ und $y_0$ kann man einen neuen Wert für $y$ nach dem Zeitintervall $\Delta t$ bestimmen. Setzt man $h = \Delta t$, folgt:

$$y_1 = y_0 + \Delta y \quad \text{oder} \quad y_1 = y_0 + \left.\frac{dy}{dt}\right|_{t=t_0} \cdot h \tag{3.19}$$

Auf die gleiche Weise läßt sich ein zweiter Wert $y_2$ berechnen, wobei $\left.\frac{dy}{dt}\right|_{t=t_1} = f(t_1, y_1)$ entspricht.

$$y_2 = y_1 + \left.\frac{dy}{dt}\right|_{t=t_1} \cdot h$$

Eine Weiterführung dieses Verfahrens liefert:

$$y_3 = y_2 + \left.\frac{dy}{dt}\right|_{t=t_2} \cdot h \quad \text{und} \quad y_4 = y_3 + \left.\frac{dy}{dt}\right|_{t=t_3} \cdot h$$

Dadurch ergibt sich eine Wertetabelle für $t$ und $y$. Sie ist die numerische Lösung der Gleichung (3.15).

In der Abbildung 3.8 ist die graphische Vorgehensweise dargestellt. Ausgehend von dem vorgegebenen Anfangspunkt $P(t_0, y_0)$, der auf der exakten Lösungskurve $y = g(t, c)$ liegt, ersetzt man die Lösungskurve im Intervall $t_0 \leq t \leq t_1$ näherungsweise durch die Kurventangente im Punkt $P(t_0, y_0)$. Die Tangentensteigung erhält man aus der Differentialgleichung (3.15), indem man für $t$ und $y$ die Koordinaten des Anfangspunktes $P(t_0, y_0)$ einsetzt. An der Stelle $t_1 = t_0 + h$ besitzt die Tangente den Ordinatenwert $y_1$ (Gleichung (3.19)). Bei einer geringen Schrittweite $h$ ist der Wert $y_1$ ein brauchbarer Näherungswert für den Funktionswert $y(t_1)$ der exakten Lösung an dieser Stelle. Die näherungsweise Berechnung der Lösungskurve $y = g(t, c)$ an der Stelle $t_2$ erfolgt analog. Der Punkt $P_1 = (t_1, y_1)$ ist dann der Ausgangspunkt für die weitere Berechnung. Dieser Punkt und alle weiteren liegen nicht mehr auf der exakten Lösungskurve. Zur kompletten Berechnung der Näherungskurve wird die beschriebene graphische Methode für jeden neuen Anfangspunkt durchgeführt. Somit ergibt sich eine Lösungskurve, die sich nur aus geradlinigen Stücken zusammensetzt. Man erhält eine Näherungskurve in Form eines Streckenzuges, auch Polygon genannt.

Aus der Abbildung 3.8 ist leicht die Bedeutung der Schrittweite $h$ ($h = \Delta t$) für die Genauigkeit des Verfahrens zu erkennen. Wählt man $h$ zu groß, weicht die Näherungslösung zu stark von der exakten Lösung ab. Wählt man $h$ zu klein, ist eine wesentliche Erhöhung des Rechenaufwands festzustellen. Die Herausforderung bei der Arbeit mit solchen durch die Schrittweite $h$ gekennzeichneten Verfahren besteht darin, einen brauchbaren und praktikablen Kompromiß zu finden.

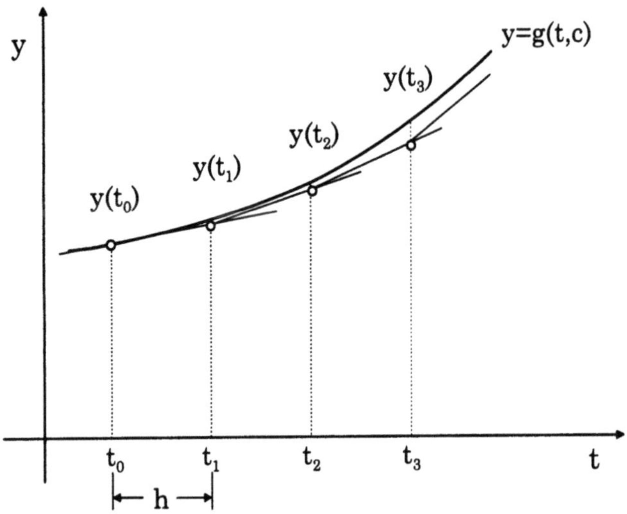


**Abbildung 3.8.** Verlauf der Näherungslösung einer Differentialgleichung 1. Ordnung, ermittelt mit Hilfe des Polygonzugverfahrens nach Euler

**Beispiel zur Anwendung des Euler-Verfahrens**

Anhand einer RL-Reihenschaltung werden in diesem Kapitel verschiedene numerische Verfahren zur Lösung von Differentialgleichungen erläutert. Beispiele und Tabellen lehnen sich an die Ausführungen von /STEL/ an. Die Gleichungen (3.20) bis (3.22) werden an dieser Stelle hergeleitet und in den folgenden Beispiel-Rechnungen als bekannt vorausgesetzt.

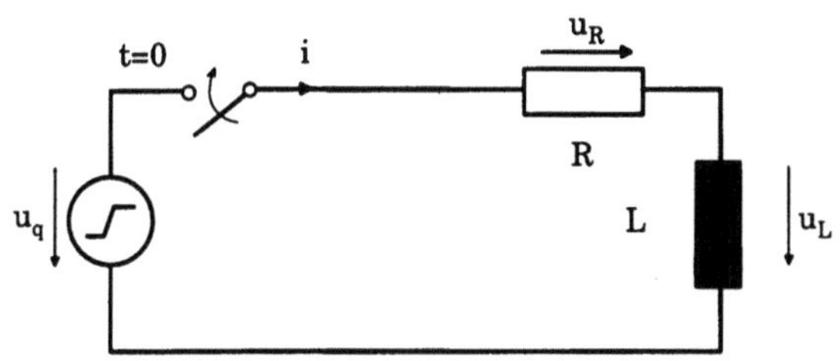


**Abbildung 3.9.** Quelle mit $u_q$ an RL-Reihenschaltung

Gesucht ist der Strom $i$. Die verwendete RL-Reihenschaltung ist in Abbildung 3.9 gegeben und durch die folgenden Daten charakterisiert:

$$\begin{array}{llll} u_q = 5t \text{ [V]} & \text{mit} & 0 \leq t \leq 0,2 \text{ s} & R = 1 + 3i^2 \text{ [}\Omega\text{]} \\ u_q = 1 \text{ [V]} & \text{mit} & t > 0,2 \text{ s} & L = 1 \text{ [H]} \end{array}$$

**Allgemeiner Lösungsansatz**

Die Reihenschaltung läßt sich durch eine Differentialgleichung beschreiben:

$$u_q = L \cdot \frac{di}{dt} + R \cdot i \tag{3.20}$$

Der Wert für $L$ und die Gleichung für $R$ werden in (3.20) eingesetzt.

$$u_q = \frac{di}{dt} + [1 + 3 \cdot i^2] \cdot i$$

$$\frac{di}{dt} = u_q - [1 + 3 \cdot i^2] \cdot i \tag{3.21}$$

Die Anfangsbedingungen lauten:

$$t = 0 \qquad u_q(0) = u_0 = 0 \qquad i(0) = i_0 = 0 \tag{3.22}$$

Die Schrittweite $h$ wird durch die unabhängige Variable $t$ angegeben. Es wird $h = \Delta t = 0,025$ s gewählt. Im folgenden wird zur besseren Übersicht $u_q(t_n) = u_n$ gesetzt.

**Anwendung des Euler-Verfahrens**

Die Gleichungen nach Euler lauten:

$$\Delta i_n \approx \left. \frac{di}{dt} \right|_n \cdot \Delta t \tag{3.23}$$

$$i_{n+1} = i_n + \Delta i_n \tag{3.24}$$

$$\text{mit} \quad \left. \frac{di}{dt} \right|_n = u_n - [1 + 3 \cdot i_n^2] \cdot i_n$$

Mit den Anfangswerten der Differentialgleichung erhält man:

$$\left.\frac{di}{dt}\right|_0 = 0 \tag{3.25}$$

Dieses Ergebnis wird in die Gleichungen (3.23) und (3.24) eingesetzt.

$$\Delta i_0 = \left.\frac{di}{dt}\right|_0 \cdot \Delta t = 0$$

$$i_1 = i_0 + \Delta i_0 = 0 \tag{3.26}$$

Setzt man nun die Werte für den Zeitpunkt $t_1 = 0,025$ s ein, ergeben sich die Gleichungen:

$$u_1 = 5 \cdot t_1 = 5 \cdot 0,025 = 0,125\ [V]$$

$$\left.\frac{di}{dt}\right|_1 = u_1 - [1 + 3 \cdot i_1^2] \cdot i_1 = 0,125 - [1 + 3 \cdot (0)^2] \cdot 0 = 0,125\ [V]$$

$$\Delta i_1 = \left.\frac{di}{dt}\right|_1 \cdot \Delta t = 0,125 \cdot 0,025 = 0,00313$$

$$i_2 = i_1 + \Delta i_1 = 0 + 0,00313 = 0,00313\ [A]$$

Nach diesem Prinzip wird auch bei der Ermittlung der Werte $i$ zu den anderen Zeitpunkten verfahren. Die Tabelle 3.2 zeigt die numerische Lösung der Differentialgleichung (3.20) nach dem beschriebenen Polygonzugverfahren nach Euler im Vergleich mit dem im folgenden beschriebenen verbesserten Polygonzugverfahren nach Euler für das Intervall $0 \leq t \leq 0,3$ s.

### 3.6.2 Das verbesserte Polygonzugverfahren nach Euler

Bei Anwendung des Polygonzugverfahrens nach Euler wird der berechnete Wert $\frac{dy(t)}{dt}$ am Anfang eines Intervalls als konstant für das ganze Intervall vorausgesetzt. Durch eine Anpassung der Werte kann eine deutliche Verbesserung erzielt werden.

$$t_1 = t_0 + h \tag{3.27}$$

$$y_1^{(0)} = y_0 + \left.\frac{dy}{dt}\right|_{t=t_0} \cdot h \tag{3.28}$$

Die Gleichungen für $t_1$ und $y_1^{(0)}$ werden nun in die Gleichung (3.15) eingesetzt, die noch aus dem Polygonzugverfahren nach Euler bekannt ist. Auf diese Weise berechnet man den Näherungswert von $\left.\frac{dy}{dt}\right|_{t_1}^{(0)}$ am Ende des Intervalls.

$$\left.\frac{dy}{dt}\right|_{t_1}^{(0)} = f(t_1, y_1^{(0)}) \tag{3.29}$$

Indem man den Mittelwert von $\left.\frac{dy}{dt}\right|_{t_0}$ und $\left.\frac{dy}{dt}\right|_{t_1}^{(0)}$ bildet, erhält man einen sehr viel besser angenäherten Wert für $y_1^{(1)}$, als es über die herkömmliche Methode möglich wäre.

$$y_1^{(1)} = y_0 + \frac{1}{2}\left(\left.\frac{dy}{dt}\right|_{t_0} + \left.\frac{dy}{dt}\right|_{t_1}^{(0)}\right) \cdot h \tag{3.30}$$

Durch Einsetzen von $t_1$ und $y_1^{(1)}$ in Gleichung (3.15) ergibt sich auf dieselbe Weise ein dritter Näherungswert $y_1^{(2)}$ und analog ein vierter $y_1^{(3)}$ und so weiter.

$$y_1^{(2)} = y_0 + \frac{1}{2}\left(\left.\frac{dy}{dt}\right|_{t_0} + \left.\frac{dy}{dt}\right|_{t_1}^{(1)}\right) \cdot h$$
$$y_1^{(3)} = y_0 + \frac{1}{2}\left(\left.\frac{dy}{dt}\right|_{t_0} + \left.\frac{dy}{dt}\right|_{t_1}^{(2)}\right) \cdot h$$

Dieser Prozeß kann nun wiederholt angewendet werden, bis zwei nacheinander folgende Überschlagsrechnungen den gleichen Wert für $y_1$ unter Berücksichtigung der gewünschten Toleranz ergeben. In den hier gerechneten Beispielen ist meist eine Übereinstimmung bis zur 4. oder 5. Nachkommastelle verlangt. Diese Toleranz wird auch als *Genauigkeit* oder *Güte* des Verfahrens bezeichnet. Nach derselben Verfahrensweise berechnet man die Werte $y_2$, $y_3$ usw., ebenfalls unter Berücksichtigung der vorgegebenen Toleranz.

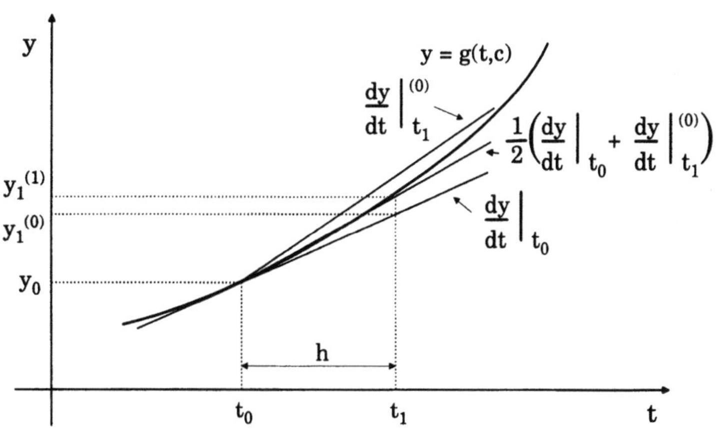


**Abbildung 3.10.** Verlauf der Näherungslösung einer Differentialgleichung 1. Ordnung, ermittelt mit Hilfe des verbesserten Polygonzugverfahrens nach Euler

Abbildung 3.10 zeigt die mit Hilfe des verbesserten Polygonzugverfahrens nach Euler erzielte Näherungslösung. Sie nähert sich der exakten Lösung wesentlich besser an als die mit dem einfachen Euler-Verfahren berechnete Näherungslösung in Abbildung 3.8 und hat somit eine höhere Genauigkeit. Zu erwähnen bleibt, daß sich die Rechenzeit durch die Modifizierung stark erhöht.

**Beispiel zur Anwendung des verbesserten Euler-Verfahrens**
In Abbildung 3.11 ist erneut die bereits verwendete RL-Reihenschaltung gegeben. Gesucht ist auch hier wieder der Kreisstrom $i$.

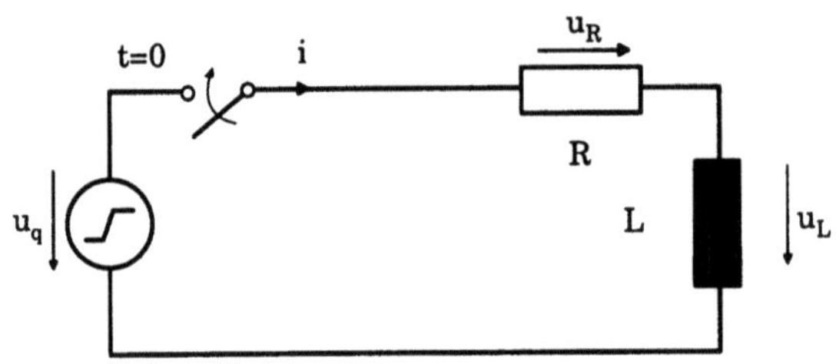


**Abbildung 3.11.** Quelle mit $u_q$ an RL-Reihenschaltung

Die Reihenschaltung ist durch die folgenden Daten charakterisiert:

$$u_q = 5t \text{ [V]} \quad \text{mit} \quad 0 \leq t \leq 0,2 \text{ s} \qquad R = 1 + 3i^2 \text{ [}\Omega\text{]}$$
$$u_q = 1 \text{ [V]} \quad \text{mit} \quad t > 0,2 \text{ s} \qquad L = 1 \text{ [H]}$$

$$\text{und} \quad \frac{di}{dt} = u_q - [1 + 3 \cdot i^2] \cdot i$$

Die Anwendung der beschriebenen Methode ergibt:

$$\Delta i_n^{(0)} = \left.\frac{di}{dt}\right|_n \cdot \Delta t \tag{3.31}$$

$$i_{n+1}^{(0)} = i_n + \Delta i_n^{(0)} \tag{3.32}$$

$$\Delta i_n^{(1)} = \frac{1}{2}\left(\left.\frac{di}{dt}\right|_n + \left.\frac{di}{dt}\right|_{n+1}^{(0)}\right) \cdot \Delta t \tag{3.33}$$

$$i_{n+1} = i_n + \Delta i_n^{(1)} \tag{3.34}$$

wobei gilt:

$$\left.\frac{di}{dt}\right|_{n+1}^{(0)} = u_{n+1} - \left[1 + 3 \cdot (i_{n+1}^{(0)})^2\right] \cdot i_{n+1}^{(0)} \tag{3.35}$$

Das Einsetzen der Anfangswerte $u_0 = 0$ und $i_0 = 0$ ergibt:

$$\left.\frac{di}{dt}\right|_0 = 0 \quad \Delta i_0^{(0)} = 0 \quad i_1^{(0)} = 0$$

Werden in die Gleichung (3.35) die Werte $i_1^{(0)} = 0$ und $u_1 = 0,125$ eingesetzt, erhält man:

$$\left.\frac{di}{dt}\right|_1^{(0)} = 0,125 - \left[1 + 3 \cdot (0)^2\right] \cdot 0 = 0,125$$

$$\Delta i_0^{(1)} = \frac{1}{2}(0,125 + 0) \cdot 0,025$$

Hiermit ergibt sich aus der Gleichung (3.34):

$$i_1 = i_0 + \Delta i_0^{(1)} = 0 + 0,00156 = 0,00156$$

Die mit dieser Methode erhaltene Lösung ist der Tabelle 3.2 zu entnehmen.

**Vergleich zwischen einfachem und verbessertem Euler-Verfahren**
Bei dem Polygonzugverfahren nach Euler handelt es sich um die einfachste Form der Annäherung an eine exakte Lösung. Es muß daher in besonders kleinen Zeitschritten gerechnet werden, um noch die gewünschte Genauigkeit zu erreichen. Dies macht die Methode für den herkömmlichen Gebrauch unpraktisch, da hiermit ein sehr hoher Rechenaufwand verbunden ist. Ein guter Kompromiß zwischen Genauigkeit (kleine Zeitschritte) und Rechenaufwand (große Zeitschritte) ist bei diesem Verfahren kaum zu finden. Das Polygonzugverfahren nach Euler ist ein Näherungsverfahren 1. Ordnung und hat nur noch historische Bedeutung.

Das verbesserte Polygonzugverfahren nach Euler ist ein Verfahren 2. Ordnung. Da es sich ebenfalls vergleichsweise *einfach* an die exakte Lösung annähert, hat es dieselbe begrenzte Genauigkeit wie das Polygonzugverfahren nach Euler und erfordert somit kleine Zeitschritte für die unabhängigen Variablen. Vorteilhaft gegenüber dem herkömmlichen Polygonzugverfahren ist hier lediglich die Verbesserung der Verfahrensweise. Sie beinhaltet durch die Toleranzvorgabe eine systematische Kontrolle der Näherung, die die Abschätzungen der einzelnen $y_i$ verbessert.

Betrachtet man die vergleichende Abbildung der beiden Verfahren (siehe Tabelle 3.2), so ist die Verbesserung deutlich zu erkennen. Um die Genauigkeit eines Verfahrens zu erhöhen, müssen also die Zeitschritte möglichst klein gewählt werden, allerdings führt dies auch zur Erhöhung des Rechenaufwands.

**Tabelle 3.2.** RL-Glied: Vergleich der Ergebnisse des Polygonzugverfahrens nach Euler (1.Ordnung) mit dem verbesserten Polygonzugverfahren nach Euler (2. Ordnung); tabellarisch und graphisch

Polygonzugverfahren nach Euler

| $n$ | $t_n$ | $u_n$ | $\mathbf{i_n}$ | $\frac{di}{dt}\Big\|_n$ |
|---|---|---|---|---|
| 0 | 0,000 | 0,000 | **0,00000** | 0,00000 |
| 1 | 0,025 | 0,125 | **0,00000** | 0,12500 |
| 2 | 0,050 | 0,250 | **0,00313** | 0,24687 |
| 3 | 0,075 | 0,375 | **0,00930** | 0,36570 |
| 4 | 0,100 | 0,500 | **0,01844** | 0,48154 |
| 5 | 0,125 | 0,625 | **0,03048** | 0,59444 |
| 6 | 0,150 | 0,750 | **0,04534** | 0,70438 |
| 7 | 0,175 | 0,875 | **0,06295** | 0,81130 |
| 8 | 0,200 | 1,000 | **0,08323** | 0,91504 |
| 9 | 0,225 | 1,000 | **0,10611** | 0,89031 |
| 10 | 0,250 | 1,000 | **0,12837** | 0,86528 |
| 11 | 0,275 | 1,000 | **0,15000** | 0,83988 |
| 12 | 0,300 | 1,000 | **0,17100** | |

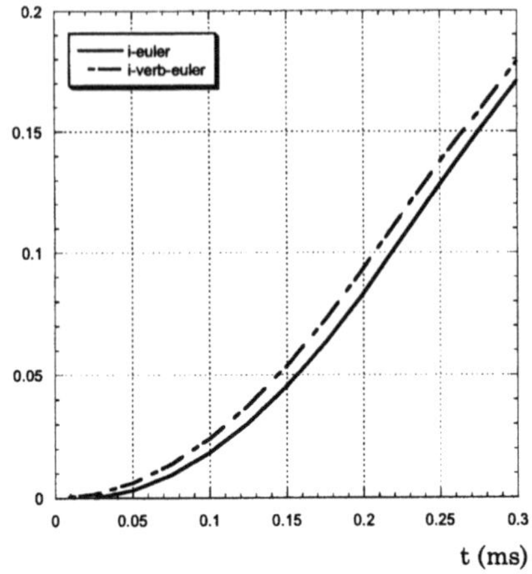


verbessertes Polygonzugverfahren nach Euler

| $n$ | $\mathbf{i_n}$ | $\frac{di(t)}{dt}\Big\|_n$ | $\Delta i_n^{(0)}$ | $i_{n+1}^{(0)}(t)$ | $\frac{di(t)}{dt}\Big\|_{n+1}^{(0)}$ | $\Delta i_n^{(1)}$ |
|---|---|---|---|---|---|---|
| 0 | **0,00000** | 0,00000 | 0,00000 | 0,00000 | 0,12500 | 0,00156 |
| 1 | **0,00156** | 0,12344 | 0,00309 | 0,00465 | 0,24535 | 0,00461 |
| 2 | **0,00617** | 0,24383 | 0,00610 | 0,01227 | 0,36272 | 0,00758 |
| 3 | **0,01375** | 0,36124 | 0,00903 | 0,02278 | 0,47718 | 0,01048 |
| 4 | **0,02423** | 0,47573 | 0,01189 | 0,03612 | 0,58874 | 0,01331 |
| 5 | **0,03754** | 0,58730 | 0,01468 | 0,05222 | 0,69735 | 0,01606 |
| 6 | **0,05360** | 0,69594 | 0,01740 | 0,07100 | 0,80293 | 0,01874 |
| 7 | **0,07234** | 0,80152 | 0,02004 | 0,09238 | 0,90525 | 0,02133 |
| 8 | **0,09367** | 0,90386 | 0,02260 | 0,11627 | 0,87901 | 0,02229 |
| 9 | **0,11596** | 0,87936 | 0,02198 | 0,13794 | 0,85419 | 0,02167 |
| 10 | **0,13763** | 0,85455 | 0,02136 | 0,15899 | 0,82895 | 0,02104 |
| 11 | **0,15867** | 0,82935 | 0,02073 | 0,17940 | 0,80328 | 0,02041 |
| 12 | **0,17908** | | | | | |

### 3.6.3 Das sukzessive Näherungsverfahren nach Picard

Bei der Lösung einer gewöhnlichen Differentialgleichung wird eine funktionale Beziehung zwischen einer abhängigen Variablen $y$ und einer unabhängigen Variablen $t$ gesucht, die die Differentialgleichung erfüllt. Analytische Lösungen sind oftmals schwer und für viele Probleme gar nicht zu bestimmen. Daher greift man auf numerische Methoden zurück.

Diese lassen sich durch ihre Verfahrensweise in zwei Gruppen unterteilen: Typ I erhält die Näherungswerte für $y$ durch direkte Substitution, Typ II durch eine Näherungsbeziehung zwischen aufeinanderfolgenden $y$ für ausgewählte Werte von $t$. Das sukzessive Näherungsverfahren nach Picard ist ein Näherungsverfahren des Typs I, die beiden Euler-Verfahren und das noch folgende Runge-Kutta-Verfahren sind Verfahren des Typs II.

Das Picard-Verfahren bestimmt die numerische Lösung einer gewöhnlichen Differentialgleichung durch die Näherung von $y$ als Funktion von $t$ in einem vorgegebenen Abschnitt.

$$y \approx g(t) \tag{3.36}$$

Diese Näherung ergibt durch direktes Einsetzen der Werte für $t$ die entsprechenden Werte für $y$. Ausgangspunkt ist die Differentialgleichung nach Gleichung (3.15):

$$\text{aus} \quad \frac{dy}{dt} = f(t,y) \qquad \text{wird} \quad \int_{y_0}^{y_1} dy = \int_{t_0}^{t_1} f(t,y)dt$$

$$dy = f(t,y)dt \qquad y_1 - y_0 = \int_{t_0}^{t_1} f(t,y)dt$$

Umgeformt ergibt dies:

$$y_1 = y_0 + \int_{t_0}^{t_1} f(t,y)dt \tag{3.37}$$

Die Hauptschwierigkeit bei diesem Verfahren besteht darin, daß die Annäherung von $y$ durch die Wiederholung einer expliziten Integration erfolgen muß. Bei der **sukzessiven Näherungsmethode** wird im Integral der Gleichung (3.37) für die erste Näherung die Funktion $y$ durch $y_0$ ersetzt.

$$y_1^{(1)} = y_0 + \int_{t_0}^{t_1} f(t,y_0)dt \tag{3.38}$$

Danach führt man die Integration durch. Der neue Wert von $y_1^{(1)}$ wird nun wiederum für $y_0$ in das Integral der Gleichung (3.37) eingesetzt. Anschließend führt man die zweite Näherung durch.

$$y_1^{(2)} = y_0 + \int_{t_0}^{t_1} f(t,y_1^{(1)})dt \tag{3.39}$$

Die weiteren Näherungen erfolgen nach der Formel:

$$y_1^{(i+1)} = y_0 + \int_{t_0}^{t_1} f(t, y_1^{(i)})dt \quad \text{mit } i = 1, 2, 3 \ldots \tag{3.40}$$

Dieser Vorgang wird so lange wiederholt, bis das vorgegebene Abbruchkriterium $|y_1^{i+1} - y_1^i| < \varepsilon$ erfüllt ist. $\varepsilon$ ist darin die gewünschte Genauigkeit (Toleranzvorgabe) für $y_1$. Alle weiteren Werte $y_n$ werden auf dieselbe Weise berechnet. Die Auswertung des Integrals kann dabei sehr kompliziert werden, sogar für den Fall, daß eine der Variablen als konstant angenommen wird. Dieses Problem und die Notwendigkeit der Durchführung vieler Iterationen zur Berücksichtigung der Genauigkeit beschränken die Anwendungsbereiche dieser Methode erheblich.

**Beispiel zur Anwendung des Picard-Verfahrens**

Gegeben ist die RL-Reihenschaltung in Abbildung 3.12. Gesucht ist wie in den vorherigen Beispielen der Kreisstrom $i$.

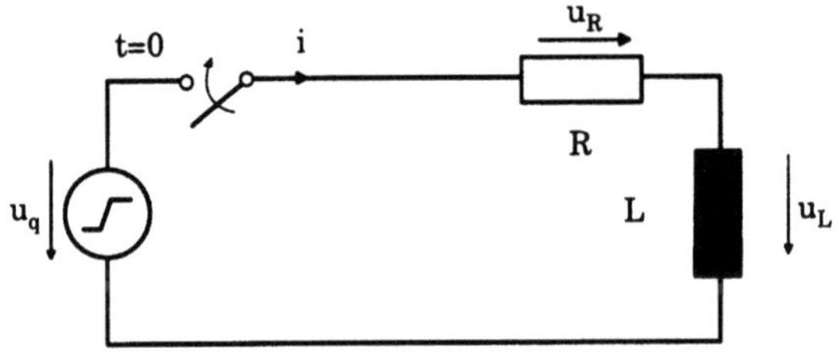


**Abbildung 3.12.** Quelle mit $u_q$ an RL-Reihenschaltung

Die Reihenschaltung ist wiederum durch die folgenden Daten charakterisiert:

$$\begin{array}{llll} u_q = 5t \text{ [V]} & \text{mit} & 0 \leq t \leq 0,2 \text{ s} & R = 1 + 3i^2 \ [\Omega] \\ u_q = 1 \text{ [V]} & \text{mit} & t > 0,2 \text{ s} & L = 1 \text{ [H]} \end{array}$$

$$\text{und} \quad \frac{di}{dt} = u_q - [1 + 3 \cdot i^2] \cdot i$$

Für dieses Beispiel ergibt sich die Gleichung (3.37) zu:

$$i = i_0 + \int_0^t (u_q - i - 3 \cdot i^3)dt \tag{3.41}$$

Setzt man $u_q = 5t$ und den Anfangswert $i_0 = 0$ in die Gleichung (3.41) ein, erhält man:

$$i^{(1)} = \int_0^t (5t)\, dt = \frac{5t^2}{2} \tag{3.42}$$

In Gleichung (3.41) ersetzt man nun $i$ durch die Gleichung (3.42).

$$i^{(2)} = \int_0^t \left(5t - \frac{5t^2}{2} - \frac{375t^6}{8}\right) dt = \frac{5t^2}{2} - \frac{5t^3}{6} - \frac{375t^7}{56} \tag{3.43}$$

Die mehrmalige Wiederholung der oben ausgeführten Rechenschritte, d.h der Gleichungen (3.43) in (3.41) usw., führt auf:

$$\begin{aligned} i^{(3)} &= \int_0^t \left(5t - \frac{5t^2}{2} + \frac{5t^3}{6} - \frac{375t^6}{8} + \frac{375t^7}{7} - \frac{125t^8}{8} + \cdots\right) dt \\ &= \frac{5t^2}{2} - \frac{5t^3}{6} + \frac{5t^4}{24} - \frac{375t^7}{56} + \cdots \end{aligned}$$

$$\begin{aligned} i^{(4)} &= \int_0^t \left(5t - \frac{5t^2}{2} + \frac{5t^3}{6} - \frac{5t^4}{24} - \frac{375t^6}{8} + \frac{375t^7}{7} - \cdots\right) dt \\ &= \frac{5t^2}{2} - \frac{5t^3}{6} + \frac{5t^4}{24} - \frac{t^5}{24} - \frac{375t^7}{56} + \cdots \end{aligned}$$

Beim Abbruch der Serie nach der vierten Potenz von $t$ erhält man für $i$:

$$i = \frac{5t^2}{2} - \frac{5t^3}{6} + \frac{5t^4}{24} \tag{3.44}$$

Wenn die Beziehung (3.44) als Näherung bis zu vier Dezimalstellen genau hinter dem Komma für $i$ gelten soll (Toleranzvorgabe), kann man für das erste vernachlässigte Glied, das den Abbruchfehler darstellt, folgende Aussage treffen:

$$\tfrac{t^5}{24} \leq 0,00005 \qquad t^5 \leq 0,0012 \qquad t \leq 0,2605$$

Die Näherungsfunktion (3.44) ist demnach für $t \leq 0,2605$ s gültig. Sie liegt damit innerhalb des Zeitintervalls $0 \leq t \leq 0,2$ s, für das die Funktion $u_q = 5t$ definiert ist, und ist somit die Lösung dieser Funktion.

Für das Zeitintervall $t > 0,2$ s der Funktion $u_q = 1$ ist es erforderlich, eine andere Näherungsformel zu bestimmen. Der benötigte Startwert der Gleichung (3.41), dort als $i_0$ bezeichnet, wird mit Hilfe der Gleichung (3.44) berechnet. Man setzt für $t = 0,2$ s ein und erhält:

$$\begin{aligned} i(0,2) &= \frac{5 \cdot 0,2^2}{2} - \frac{5 \cdot 0,2^3}{6} + \frac{5 \cdot 0,2^4}{24} \\ &= 0,1 - 0,006666 + 0,000333 = 0,09367 \end{aligned}$$

Die neue Näherungsfunktion wird nun mit Hilfe der abgewandelten Gleichung (3.41) hergeleitet:

$$i = 0,09367 + \int_{0,2}^t (1 - i - 3 \cdot i^3) dt \tag{3.45}$$

Anschließend beginnt die Iteration erneut.

$$
\begin{aligned}
i^{(1)} &= 0,09367 + \int_{0,2}^{t} \left[1 - 0,09367 - 3 \cdot (0,09367)^3\right] dt \\
&= 0,09367 + 0,90386 \cdot (t - 0,2)
\end{aligned}
$$

$$
\begin{aligned}
i^{(2)} &= 0,09367 + \int_{0,2}^{t} [1 - 0,09367 - 0,90386 \cdot (t - 0,2) \\
&\quad -3 \cdot (0,09367 + 0,90386 \cdot (t - 0,2)^3)]\, dt \\
&= 0,09367 + 0,90386 \cdot \int_{0,2}^{t} [1 - 1,07897 \cdot (t - 0,2) \\
&\quad -0,76198 \cdot (t - 0,2)^2 - 2,45089 \cdot (t - 0,2)^3]\, dt \\
&= 0,09367 + 0,90386 \cdot \left[(t - 0,2) - 1,07897 \cdot \frac{(t - 0,2)^2}{2}\right. \\
&\quad \left. -0,76198 \cdot \frac{(t - 0,2)^3}{3} - 2,45089 \cdot \frac{(t - 0,2)^4}{4}\right]
\end{aligned}
$$

$$
\begin{aligned}
i^{(3)} &= 0,09367 + 0,90386 \cdot (t - 0,2) - 0,48762 \cdot (t - 0,2)^2 \\
&\quad -0,05420 \cdot (t - 0,2)^3 - 0,30611 \cdot (t - 0,2)^4 \\
&\quad -0,86646 \cdot (t - 0,2)^5 \cdots
\end{aligned}
$$

Bei Abbruch der Serie nach der vierten Potenz von $(t - 0,2)$ erhält man:

$$
i = 0,09367 + 0,90386 \cdot (t - 0,2) - 0,48762 \cdot (t - 0,2)^2 \tag{3.46}
$$

$$
-0,05420 \cdot (t - 0,2)^3 - 0,30611 \cdot (t - 0,2)^4 \tag{3.47}
$$

Für eine Genauigkeit bis zur vierten Dezimalstelle hinter dem Komma (Toleranzvorgabe) gilt:

$$
0,86646 \cdot (t - 0,2)^5 \leq 0,00005(t - 0,2) \leq t \leq 0,14198
$$

Die Gleichung (3.46) ist somit gültig für das Zeitintervall:

$$
0,2 \leq t \leq 0,342
$$

In diesem Zeitintervall gilt die Funktion $u_q = 1$. Für die Berechnung der $i_n$ für das vorgegebene Zeitintervall $0 \leq t \leq 0,3$ s sind die beiden Näherungsformeln (3.44) und (3.46) demnach ausreichend. Das Picard-Verfahren ist ein Verfahren 4. Ordnung. Die Resultate für die Ströme $i_n$ nach dem Picard-Verfahren sind der Tabelle 3.3 zu entnehmen. Darin sind diese Ergebnisse den Ergebnissen des im folgenden beschriebenen Runge-Kutta-Verfahrens (ebenfalls 4. Ordnung) gegenübergestellt.

### 3.6.4 Das Runge-Kutta-Verfahren

Beim Runge-Kutta-Verfahren werden die Änderungen der Werte der abhängigen Variablen aus einer vorgegebenen Formelserie berechnet, die als Terme ausgedrückt werden. Diese Terme stehen für die ausgewerteten Ableitungen in zuvor bestimmten Punkten. Da jeder Wert $y_i$ durch diese Formeln eindeutig bestimmt ist, besteht bei dieser Methode keine Notwendigkeit, aufwendige schrittweise Näherungen durchzuführen, wie dies bei dem verbesserten Euler-Verfahren oder den sukzessiven Integrationen des Picard-Verfahrens der Fall ist. Die abgeleiteten Formeln entstehen durch Annäherung an eine abgebrochene Taylor-Entwicklung.

Die Näherung **2. Ordnung** des Runge-Kutta-Verfahrens kann wie folgt geschrieben werden:

$$y_1 = y_0 + a_1 k_1 + a_2 k_2 \tag{3.48}$$

wobei für $k_1$ und $k_2$ folgendes gilt:

$$k_1 = f(t_0, y_0) \cdot h \tag{3.49}$$

$$k_2 = f(t_0 + b_1 h,\ y_0 + b_2 k_1) \cdot h \tag{3.50}$$

Hierin müssen die Koeffizienten $a_1$, $a_2$, $b_1$ und $b_2$ bestimmt werden. Dazu wird die Funktion aus Gleichung (3.50) um den Punkt $(t_0, y_0)$ in eine Taylor-Reihe entwickelt.

$$k_2 = \left\{ f(t_0, y_0) + b_1 \left.\frac{\partial f}{\partial t}\right|_0 \cdot h + b_2 k_1 \left.\frac{\partial f}{\partial y}\right|_0 + \ldots \right\} \cdot h \tag{3.51}$$

Die Werte für $k_1$ aus Gleichung (3.49) und für $k_2$ aus Gleichung (3.51) (zwei Glieder der Reihe) werden in die Gleichung (3.48) eingesetzt:

$$\begin{aligned} y_1 &= y_0 + a_1 f(t_0, y_0) \cdot h + a_2 f(t_0, y_0) \cdot h \\ &\quad + a_2 b_1 \left.\frac{\partial f}{\partial t}\right|_0 \cdot h^2 + a_2 b_2 f(t_0, y_0) \left.\frac{\partial f}{\partial y}\right|_0 \cdot h^2 \\ y_1 &= y_0 + (a_1 + a_2) f(t_0, y_0) \cdot h \\ &\quad + a_2 b_1 \left.\frac{\partial f}{\partial t}\right|_0 \cdot h^2 + a_2 b_2 f(t_0, y_0) \left.\frac{\partial f}{\partial y}\right|_0 \cdot h^2 \end{aligned} \tag{3.52}$$

Die Taylor-Entwicklung der Funktion $y$ um $(t_0, y_0)$ lautet:

$$y_1 = y_0 + \left.\frac{\partial y}{\partial t}\right|_0 \cdot h + \left.\frac{\partial^2 y}{\partial t^2}\right|_0 \cdot \frac{h^2}{2} \tag{3.53}$$

$$\left.\frac{\partial y}{\partial t}\right|_0 = f(t_0, y_0)$$

$$\left.\frac{\partial^2 y}{\partial t^2}\right|_0 = \left.\frac{d}{dt} f(t,y)\right|_0 = \left.\frac{\partial f}{\partial t}\right|_0 + \left.\frac{\partial f}{\partial y}\frac{\partial y}{\partial t}\right|_0 = \left.\frac{\partial f}{\partial t}\right|_0 + \left.\frac{\partial f}{\partial y}\right|_0 \cdot f(t_0, y_0)$$

$$y_1 = y_0 + f(t_0, y_0) \cdot h + \left.\frac{\partial f}{\partial t}\right|_0 \cdot \frac{h^2}{2} + \left.\frac{\partial f}{\partial y}\right|_0 f(t_0, y_0) \cdot \frac{h^2}{2} + \ldots \tag{3.54}$$

Aus dem Vergleich der Gleichungen (3.54) und (3.52) folgt:

$$a_1 + a_2 = 1 \qquad a_2 b_1 = \tfrac{1}{2} \qquad a_2 b_2 = \tfrac{1}{2} \tag{3.55}$$

Wählt man für $a_1$ einen beliebigen Wert, z.B. $a_1 = \frac{1}{2}$, ergibt sich:

$$a_2 = \tfrac{1}{2} \qquad b_1 = 1 \qquad b_2 = 1 \tag{3.56}$$

Diese Werte werden in Gleichung (3.48) eingesetzt.

$$y_1 = y_0 + \frac{1}{2} k_1 + \frac{1}{2} k_2 \tag{3.57}$$

$$k_1 = f(t_0, y_0) \cdot h$$

$$k_2 = f(t_0 + h,\, y_0 + k_1) \cdot h$$

Aus Gleichung (3.57) ergibt sich damit für $\Delta y$:

$$\Delta y = y_1 - y_0 = \frac{1}{2}(k_1 + k_2) \tag{3.58}$$

Bei dem hier gezeigten Runge-Kutta-Verfahren zweiter Ordnung sind noch die Werte $k_1$ und $k_2$ zu berechnen. Der Fehler dieser Näherung ist ein Fehler dritter Ordnung ($h^3$), da die Taylor-Reihe schon nach dem zweiten Glied abgebrochen wird. Um den Fehler möglichst gering zu halten, wendet man daher meist das Runge-Kutta-Verfahren in **4. Ordnung** an. Die Näherungsformel sieht dann wie folgt aus:

$$y_1 = y_0 + a_1 k_1 + a_2 k_2 + a_3 k_3 + a_4 k_4 \tag{3.59}$$

$$k_1 = f(t_0, y_0) \cdot h$$

$$k_2 = f(t_0 + b_1 h,\, y_0 + b_2 k_1) \cdot h$$

$$k_3 = f(t_0 + b_3 h,\, y_0 + b_4 k_2) \cdot h$$

$$k_4 = f(t_0 + b_5 h,\, y_0 + b_6 k_3) \cdot h$$

Bei gleicher Vorgehensweise wie zuvor ergeben sich für die Koeffizienten der Gleichung (3.59) folgende Werte:

$$a_1 = \tfrac{1}{6} \qquad a_2 = \tfrac{2}{6} \qquad a_3 = \tfrac{2}{6} \qquad a_4 = \tfrac{1}{6}$$

$$b_1 = \tfrac{1}{2} \qquad b_2 = \tfrac{1}{2} \qquad b_3 = \tfrac{1}{2} \qquad b_4 = \tfrac{1}{2} \qquad b_5 = 1 \qquad b_6 = 1$$

Eingesetzt in Gleichung (3.59) folgt für die Runge-Kutta-Näherung vierter Ordnung:

$$y_1 = y_0 + \frac{1}{6}(k_1 + 2k_2 + 2k_3 + k_4) \tag{3.60}$$

$$k_1 = f(t_0, y_0) \cdot h \tag{3.61}$$

$$k_2 = f(t_0 + \frac{h}{2}, y_0 + \frac{k_1}{2}) \cdot h \tag{3.62}$$

$$k_3 = f(t_0 + \frac{h}{2}, y_0 + \frac{k_2}{2}) \cdot h \tag{3.63}$$

$$k_4 = f(t_0 + h, y_0 + k_3) \cdot h \tag{3.64}$$

Für die Berechnung von $\Delta y$ mit dieser Formel sind die Werte für $k_1$ bis $k_4$ zu bestimmen. Der Fehler hat hier die Ordnung fünf ($h^5$), da die Taylor-Reihe nach dem vierten Glied abgebrochen wird.

$$\Delta y = \frac{1}{6}(k_1 + 2k_2 + 2k_3 + k_4) \tag{3.65}$$

**Beispiel zur Anwendung des Runge-Kutta-Verfahrens**
Gegeben ist erneut die RL-Reihenschaltung in Abbildung 3.13. Wieder ist der Kreisstrom $i$ gesucht.

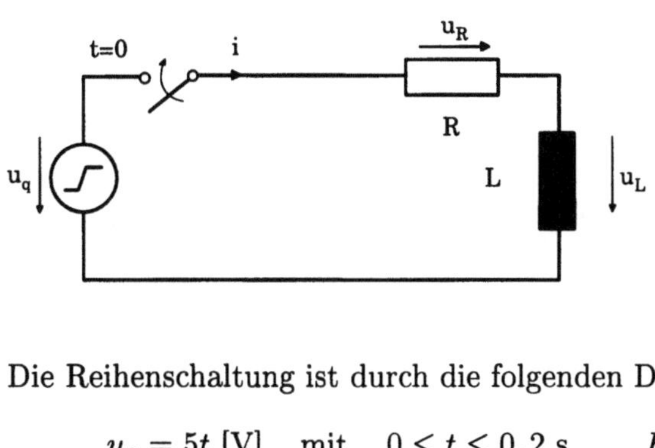


**Abbildung 3.13.** Quelle mit $u_q$ an RL-Reihenschaltung

Die Reihenschaltung ist durch die folgenden Daten charakterisiert:

$$\begin{array}{llll} u_q = 5t\ [\mathrm{V}] & \text{mit} & 0 \le t \le 0,2\ \mathrm{s} & R = 1 + 3i^2\ [\Omega] \\ u_q = 1\ [\mathrm{V}] & \text{mit} & t > 0,2\ \mathrm{s} & L = 1\ [\mathrm{H}] \end{array}$$

und $\frac{di}{dt} = u_q - [1 + 3 \cdot i^2] \cdot i$

Die Gleichungen für $k_1$ bis $k_4$ des Runge-Kutta-Verfahrens vierter Ordnung für diese Aufgabenstellung lauten:

$$k_1 = \left\{u(t_n) - (1 + 3i_n^2) \cdot i_n\right\} \cdot \Delta t \tag{3.66}$$

$$k_2 = \left\{u(t_n + \frac{\Delta t}{2}) - \left[1 + 3(i_n + \frac{k_1}{2})^2\right] \cdot (i_n + \frac{k_1}{2})\right\} \cdot \Delta t \tag{3.67}$$

$$k_3 = \left\{u(t_n + \frac{\Delta t}{2}) - \left[1 + 3(i_n + \frac{k_2}{2})^2\right] \cdot (i_n + \frac{k_2}{2})\right\} \cdot \Delta t \tag{3.68}$$

$$k_4 = \left\{u(t_n + \Delta t) - \left[1 + 3(i_n + k_3)^2\right] \cdot (i_n + k_3)\right\} \cdot \Delta t \tag{3.69}$$

$$\Delta i_n = \frac{1}{6}(k_1 + 2k_2 + 2k_3 + k_4) \tag{3.70}$$

$$i_{n+1} = i_n + \Delta i_n \tag{3.71}$$

Dabei gilt für die Spannung:

$$u(t_n) = u_n$$

$$u(t_n + \frac{\Delta t}{2}) = \frac{u_n + u_{n+1}}{2}$$

$$u(t_n + \Delta t) = u_{n+1}$$

Durch Einsetzen der Anfangswerte in die Gleichungen (3.66) bis (3.71) erhält man:

$$k_1 = 0$$

$$k_2 = \left\{\frac{0,125}{2} - \left[1 + 3(0)^2\right] \cdot (0)\right\} \cdot 0,025 = 0,00156$$

$$k_3 = \left\{\frac{0,125}{2} - \left[1 + 3\left(\frac{0,00156}{2}\right)^2\right] \cdot \left(\frac{0,00156}{2}\right)\right\} \cdot 0,025 = 0,00154$$

$$k_4 = \left\{0,125 - \left[1 + 3(0,00154)^2\right] \cdot (0,00154)\right\} \cdot 0,025 = 0,00309$$

$$\Delta i_0 = \frac{1}{6}(0 + 0,00312 + 0,00308 + 0,00309) = 0,00155$$

$$i_1 = i_0 + \Delta i_0 = 0 + 0,00155 = 0,00155$$

Zur Berechnung der weiteren Werte für $i$ setzt man die jeweils neuen Werte in die Gleichungen (3.66) bis (3.71) ein und fährt wie gezeigt fort. Die mit dieser Methode berechnete Lösung ist der Tabelle 3.3 zu entnehmen. Die Lösung ist in tabellarischer sowie in graphischer Form dem sukzessiven Näherungsverfahren nach Picard (4. Ordnung) gegenübergestellt.

In der relativ einfachen Verfahrensweise liegt nicht nur der Vorteil, sondern auch die Problematik des Runge-Kutta-Verfahrens. Die Berechnung jedes weiteren Näherungswertes erfordert erneut die Berechnung der $k_1$ bis $k_4$; das bedeutet einen hohen Rechenaufwand. Hinzu kommt, daß man nicht abschätzen kann, ob die Schrittweite $h$ sinnvoll gewählt wurde. Der lokale Fehler hat zwar die Ordnung $(h^5)$, nimmt also stark ab bei Verkleinerung der Schrittweite $h$, aber ebenso stark zu bei deren Vergrößerung. Dies hat zur Folge, daß bei zu großer Schrittweite die Lösung genauso unbrauchbar werden kann wie bei einem groben Verfahren. Zur Abschätzung der Schrittweite führt man deshalb die **Schrittkennzahl** $q$ ein:

$$q = \left| \frac{k_2 - k_3}{k_1 - k_2} \right| \tag{3.72}$$

Gilt für die Schrittkennzahl $0,02 < q \leq 0,05$, so ist mit einem befriedigenden Ergebnis der Näherung zu rechnen. Ist $q > 0,05$, so ist mit einer kleineren Schrittweite von vorn zu beginnen. Ist $0 \leq q \leq 0,02$, so kann die Schrittweite vergrößert und somit der Rechenaufwand verkleinert werden. Mit Hilfe der Schrittkennzahl ergibt sich die Möglichkeit, die Schrittweite im Verlauf der Rechnung zu verändern. Dies wird als *automatische Schrittweitensteuerung* bezeichnet /SEL/.

**Vergleich zwischen Picard-Verfahren und Runge-Kutta-Verfahren**

Ein Vergleich zwischen dem sukzessiven Näherungsverfahren nach Picard und dem Runge-Kutta-Verfahren zeigt identische Näherungsverläufe (graphische Darstellung in Tabelle 3.3). Dies ist auch nicht weiter verwunderlich, da beide Verfahren 4. Ordnung sind. Trotzdem unterscheiden sich diese beiden Verfahren bei der Lösung gewöhnlicher Differentialgleichungen voneinander.

Bei der Vorstellung des Picard-Verfahrens sind bereits die beiden unterschiedlichen Verfahrensweisen angesprochen worden: Verfahren des Typs I erhalten die Näherungswerte für $y$ durch direkte Substitution, Verfahren des Typs II durch eine Näherungsbeziehung zwischen aufeinanderfolgenden $y$ für ausgewählte Werte von $t$. Das sukzessive Näherungsverfahren nach Picard ist ein Näherungsverfahren des Typs I und das Runge-Kutta-Verfahren ein Verfahren des Typs II.

Die Auswertung des Integrals bei Verfahren des Typs I kann sehr kompliziert werden. Dies gilt auch für Fälle, in denen eine der Variablen als konstant angenommen wird. Hinzu kommt, daß viele Iterationen zur Berücksichtigung der Genauigkeit notwendig sind. Daher bietet sich selten die Möglichkeit, diese Methode anzuwenden; sie bleibt auf Sonderfälle beschränkt.

**Tabelle 3.3.** RL-Glied: Vergleich der Ergebnisse des Picard-Verfahrens (4. Ordnung) mit dem Runge-Kutta-Verfahren (4. Ordnung); tabellarisch und graphisch

| | | | Picard | Runge-Kutta |
|---|---|---|---|---|
| $n$ | $t_n$ | $u_n$ | $\mathbf{i}_n$ | $\mathbf{i}_n$ |
| 0 | 0,000 | 0,000 | **0,00000** | **0,00000** |
| 1 | 0,025 | 0,125 | **0,00155** | **0,00155** |
| 2 | 0,050 | 0,250 | **0,00615** | **0,00615** |
| 3 | 0,075 | 0,375 | **0,01372** | **0,01372** |
| 4 | 0,100 | 0,500 | **0,02419** | **0,02419** |
| 5 | 0,125 | 0,625 | **0,03749** | **0,03749** |
| 6 | 0,150 | 0,750 | **0,05354** | **0,05354** |
| 7 | 0,175 | 0,875 | **0,07229** | **0,07227** |
| 8 | 0,200 | 1,000 | **0,09367** | **0,09360** |
| 9 | 0,225 | 1,000 | **0,11596** | **0,11590** |
| 10 | 0,250 | 1,000 | **0,13764** | **0,13758** |
| 11 | 0,275 | 1,000 | **0,15868** | **0,15863** |
| 12 | 0,300 | 1,000 | **0,17910** | **0,17904** |

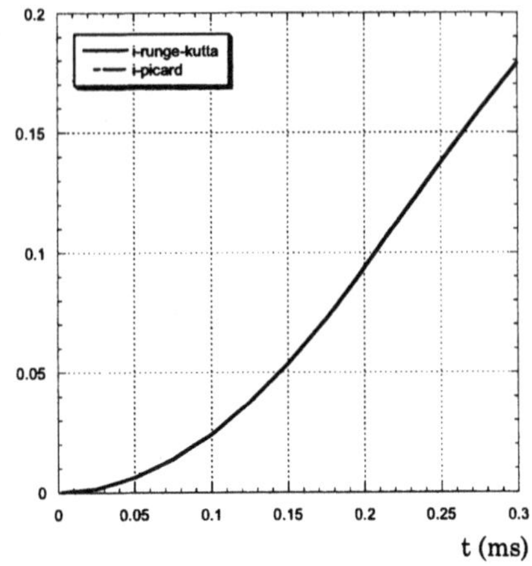


| $n$ | $k_1$ | $\frac{i_n+i_{n+1}}{2}$ | $i_n+\frac{k_1}{2}$ | $k_2$ | $i_n+\frac{k_2}{2}$ | $k_3$ | $u_{n+1}$ | $i_n+k_3$ | $k_4$ | $\Delta i_n$ |
|---|---|---|---|---|---|---|---|---|---|---|
| 0 | 0,00000 | 0,0625 | 0,00000 | 0,00156 | 0,00078 | 0,00154 | 0,125 | 0,00154 | 0,00309 | 0,00155 |
| 1 | 0,00309 | 0,1875 | 0,00310 | 0,00461 | 0,00386 | 0,00459 | 0,250 | 0,00614 | 0,00610 | 0,00460 |
| 2 | 0,00610 | 0,3125 | 0,00920 | 0,00758 | 0,00994 | 0,00756 | 0,375 | 0,01371 | 0,00903 | 0,00757 |
| 3 | 0,00903 | 0,4375 | 0,01824 | 0,01048 | 0,01896 | 0,01046 | 0,500 | 0,02418 | 0,01189 | 0,01047 |
| 4 | 0,01189 | 0,5625 | 0,03014 | 0,01331 | 0,03084 | 0,01329 | 0,625 | 0,03748 | 0,01468 | 0,01330 |
| 5 | 0,01468 | 0,6875 | 0,04483 | 0,01606 | 0,04552 | 0,01604 | 0,750 | 0,05353 | 0,01740 | 0,01605 |
| 6 | 0,01740 | 0,8125 | 0,06224 | 0,01874 | 0,06291 | 0,01872 | 0,875 | 0,07226 | 0,02004 | 0,01873 |
| 7 | 0,02004 | 0,9375 | 0,08229 | 0,02134 | 0,08294 | 0,02132 | 1,000 | 0,09359 | 0,02260 | 0,02133 |
| 8 | 0,02260 | 1,0000 | 0,10490 | 0,02229 | 0,10475 | 0,02230 | 1,000 | 0,11590 | 0,02199 | 0,02230 |
| 9 | 0,02199 | 1,0000 | 0,12690 | 0,02167 | 0,12674 | 0,02168 | 1,000 | 0,13758 | 0,02137 | 0,02168 |
| 10 | 0,02137 | 1,0000 | 0,14827 | 0,02105 | 0,14811 | 0,02105 | 1,000 | 0,15863 | 0,02073 | 0,02105 |
| 11 | 0,02073 | 1,0000 | 0,16900 | 0,02041 | 0,16884 | 0,02042 | 1,000 | 0,17905 | 0,02009 | 0,02041 |

Verfahren des Typs II setzen nur einfache arithmetische Operationen ein und sind deshalb gut für Rechneranwendungen geeignet. Je einfacher die Beziehungen sind, über die das Verfahren die Näherungswerte bestimmt, desto kleiner muß jedoch die Schrittweite gewählt werden, um eine akzeptable Genauigkeit zu erreichen. Bei vergleichbarer Genauigkeit kann man bei Verfahren des Typs I eine wesentlich größere Schrittweite wählen. Dies läßt aber keine Aussage über einen vergleichbaren Rechenaufwand zu, da die Berechnungen mittels dieser Verfahren um ein vielfaches aufwendiger werden können (benötigte Iterationen!) als durch die vergleichsweise einfachen Verfahren des Typs II.

### 3.6.5 Das Prädiktor-Korrektor-Verfahren nach Milne

Im Kapitel 3.5.1 ist bereits erläutert, daß Mehrschritt-Verfahren zur Berechnung eines Näherungswertes mehrere vorangegangene Werte an verschiedenen Stellen des betrachteten Intervalls benötigen. Das heißt, man benötigt mehr als einen Startwert. Diese Werte - bei dem hier betrachteten Beispiel handelt es sich um vier - erhält man aus Einschritt-Verfahren, wie z.B. dem Runge-Kutta-Verfahren. Das Milne-Verfahren bestimmt die Näherungswerte darüber hinaus noch mit der bereits angesprochenen Prädiktor-Korrektor-Methode. Die beiden Formeln des Verfahrens sind gegeben durch:

$$y_{n+1}^{(0)} = y_{n-3} + \frac{4h}{3} \cdot (2y'_{n-2} - y'_{n-1} + 2y'_n) \tag{3.73}$$

$$y_{n+1}^{*} = y_{n-1} + \frac{h}{3} \cdot (y'_{n-1} + 4y'_n + y'_{n+1}) \tag{3.74}$$

$$y'_{n+1} = f(t_{n+1}, y_{n+1}^{(0)}) \tag{3.75}$$

Dabei ist die Gleichung (3.73) die Prädiktor-Formel und die Gleichung (3.74) die Korrektor-Formel. Der Fehler des Näherungsverfahrens liegt in $h^5$. Das Prädiktor-Korrektor Verfahren nach Milne ist somit ein Verfahren 4. Ordnung.

**Beispiel zur Anwendung des Milne-Verfahrens**
Gegeben ist erneut die bereits verwendete RL-Reihenschaltung in Abbildung 3.14. Gesucht ist wieder der Kreisstrom $i$.

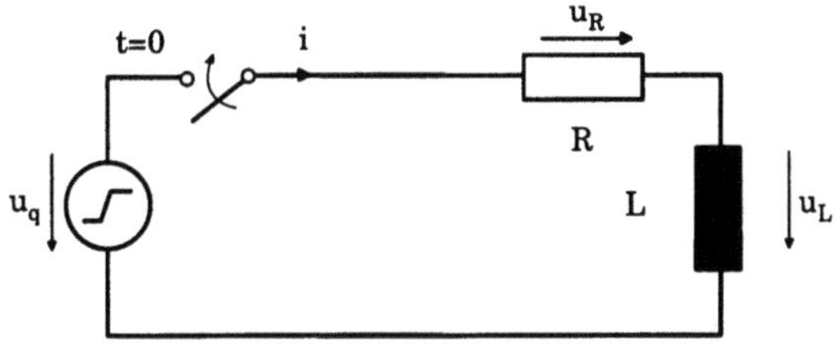


**Abbildung 3.14.** Quelle mit $u_q$ an RL-Reihenschaltung

Die Reihenschaltung ist durch die folgenden Daten charakterisiert:

$$\begin{array}{llll} u_q = 5t\ [\mathrm{V}] & \text{mit} & 0 \le t \le 0{,}2\ \mathrm{s} & R = 1 + 3i^2\ [\Omega] \\ u_q = 1\ [\mathrm{V}] & \text{mit} & t > 0{,}2\ \mathrm{s} & L = 1\ [\mathrm{H}] \end{array}$$

$$\text{und} \quad \frac{di}{dt} = u_q - [1 + 3 \cdot i^2] \cdot i$$

Die Gleichungen (3.73) und (3.74) ergeben sich zu:

$$i_{n+1}^{(0)} = i_{n-3} + \frac{4\Delta t}{3} \cdot (2i'_{n-2} - i'_{n-1} + 2i'_n) \tag{3.76}$$

$$i_{n+1}^{*} = i_{n-1} + \frac{\Delta t}{3} \cdot (i'_{n-1} + 4i'_n + i'_{n+1}) \tag{3.77}$$

$$\begin{aligned} \text{mit} \quad & i'_n = \left.\frac{di}{dt}\right|_n \\ \text{und} \quad & \left.\frac{di}{dt}\right|_n = u_n - (1 - 3 \cdot i_n^2) \cdot i_n \end{aligned} \tag{3.78}$$

Die benötigten Startwerte erhält man aus der Lösung des Runge-Kutta-Verfahrens. Sie lauten:

$i_0 = 0 \qquad i_1 = 0,00155 \qquad i_2 = 0,00615 \qquad i_3 = 0,01372$

Diese Werte werden in die Differentialgleichung (3.78) eingesetzt. Man erhält:

$i'_0 = 0 \qquad i'_1 = 0,12345 \qquad i'_2 = 0,24385 \qquad i'_3 = 0,36127$

Mit diesen Vorgaben kann nun die Berechnung der weiteren Näherungswerte begonnen werden. Man startet zum Zeitpunkt $t_4 = 0,100$ und setzt diesen Wert in die Prädiktor-Formel (3.73) ein. Die erste Abschätzung für $i_4$ lautet somit:

$$i_4^{(0)} = 0 + \frac{4}{3} \cdot 0,025 \cdot (2 \cdot 0,12345 - 0,24385 + 2 \cdot 0,36127) = 0,02418$$

Setzt man die Werte $u_4 = 0,500$ und $i_4^0 = 0,02418$ in die Gleichung (3.78) ein, so erhält man für $i'_4$:

$$i'_4 = 0,500 - (1 + 3 \cdot (0,02418)^2) \cdot 0,02418 = 0,47578$$

Dieser Wert wird in der Korrektor-Formel (3.74) eingesetzt.

$$i_4^* = 0,00615 + \frac{0,025}{3} \cdot (0,24385 + 4 \cdot 0,36127 + 0,47578) = 0,02419$$

Wie man sieht, beträgt der Unterschied zwischen den Werten aus der Prädiktor- und der Korrektor-Formel lediglich 0,00001, was eine Iteration nach der hier gewählten Genauigkeit überflüssig macht. Die Ergebnisse der weiteren Schritte sind der Tabelle 3.4 zu entnehmen. Zum Zeitpunkt $t_9$ beträgt der Unterschied zwischen den Stromwerten aus der Prädiktor-Formel (0,11742) und der Korrektor-Formel (0,11639) schon 0,00103. Daher ist eine Iteration durchgeführt worden, in der der Korrektorwert erneut in die Differentialgleichung (3.78) eingesetzt wurde. Man erhält den neuen Wert $i'_9 = 0,87888$.

**Tabelle 3.4.** Lösungstabelle der RL-Reihenschaltung nach dem Milne-Verfahren (°diese Korrekturwerte wurden durch Iteration ermittelt, um die gewünschte Genauigkeit zu erzielen)

| $n$ | Zeit $t_n$ | Spannung $u_n$ | Strom (Prädiktor) $i_n$ | $i'_n$ | Strom (Korrektor) $i^*_n$ |
|---|---|---|---|---|---|
| 4 | 0,100 | 0,500 | 0,02418 | 0,47578 | 0,02419 |
| 5 | 0,125 | 0,625 | 0,03748 | 0,58736 | 0,03748 |
| 6 | 0,150 | 0,750 | 0,05353 | 0,69601 | 0,05353 |
| 7 | 0,175 | 0,875 | 0,07226 | 0,80161 | 0,07226 |
| 8 | 0,200 | 1,000 | 0,09359 | 0,90395 | 0,09358 |
| 9 | 0,225 | 1,000 | 0,11742 | 0,87772 | 0,11639 |
| | | | | 0,87888 | 0,11640° |
| 10 | 0,250 | 1,000 | 0,13543 | 0,85712 | 0,13755 |
| | | | | 0,85464 | 0,13753° |
| 11 | 0,275 | 1,000 | 0,16021 | 0,82745 | 0,15911 |
| | | | | 0,82881 | 0,15912° |
| 12 | 0,300 | 1,000 | 0,17894 | 0,80387 | 0,17898 |
| | | | | 0,80382 | 0,17898° |

### Vergleich zwischen Runge-Kutta-Verfahren und Milne-Verfahren

Das Prädiktor-Korrektor-Verfahren nach Milne bedeutet weniger Arbeitsaufwand im Vergleich zum Runge-Kutta-Verfahren, hat aber dieselbe Genauigkeit. Der Fehler beider Verfahren geht mit $h^5$ gegen null, d.h. es sind Verfahren 4. Ordnung. Nachteilig beim Verfahren nach Milne ist jedoch, daß dieses Verfahren vier Startwerte für die Bestimmung der abhängigen Variablen benötigt. Diese müssen zunächst mittels eines anderen Verfahrens, meist eines Einschritt-Verfahrens, bestimmt werden. Im Gegensatz zum Verfahren nach Milne werden diese Verfahren als *selbsttragend* bezeichnet.

Für die Rechneranwendung bedeutet dies, daß neben dem Verfahren nach Milne noch eine zusätzliche numerische Methode zur Ermittlung der Startwerte programmiert werden muß. Vorteilhaft ist, daß das Intervall variiert werden kann, wenn die Differenz zwischen den Werten der Prädiktor- und der Korrektor-Formel zu groß ist. Diese Möglichkeit bietet das Runge-Kutta-Verfahren nicht.

### 3.6.6 Vergleich der Verfahren zur Lösung von Anfangswertproblemen

In Kapitel 3.5 *Berechnung eines unbestimmten Integrals* sind bereits die unterschiedlichen numerischen Verfahren zur Lösung gewöhnlicher Differentialgleichungen angesprochen worden.

- Einschritt-Verfahren
- Mehrschritt-Verfahren
- Extrapolationsverfahren

An dieser Stelle soll nun ein knapper Vergleich dieser Verfahren und eine Bewertung der Praxistauglichkeit erfolgen, soweit dies nicht schon in den vergleichenden Kapiteln im Anschluß an die Beispiele geschehen ist. Ausführlicher ist die Diskussion in der entsprechenden Fachliteratur zu finden /CON/ /STOE2/ /SCHWZN/ /BJDA/.

Es wird ausdrücklich darauf hingewiesen, daß die folgende Bewertung nicht für die vorgestellten Verfahren in der berechneten Form gilt! (Ausnahmen: Runge-Kutta-Verfahren 4. Ordnung und Prädiktor-Korrektor-Verfahren nach Milne 4. Ordnung). Vielmehr handelt es sich bei den vorgestellten Verfahren zumeist um Vorläufer der modernen Verfahren, die zur Bewertung herangezogenen worden sind. Dies ändert jedoch nichts an der prinzipiellen Verfahrensweise bei der Berechnung gewöhnlicher Differentialgleichungen.

**Schrittweite bzw. Genauigkeit**
Die Anpassung der Schrittweite der jeweiligen Verfahren stößt mittlerweile auf keine grundsätzlichen Probleme mehr. Moderne Mehrschritt-Verfahren und Extrapolationsverfahren arbeiten darüber hinaus nicht mit festen Ordnungen. Einschritt-Verfahren, wie z.B. das Runge-Kutta-Verfahren, sind zwar an eine feste Ordnung gebunden, doch auch sie lassen sich mit entsprechend komplizierten Ansätzen in Verfahren variabler Ordnung verwandeln. Es läßt sich also feststellen, daß durch die Variation der Schrittweite die Genauigkeit aller Verfahren verbessert werden kann.

**Rechenaufwand**
Einschritt-Verfahren, wie z.B das Runge-Kutta-Verfahren ab der 4. Ordnung, sind bei geringen Anforderungen an die Genauigkeit und mit niedrigen Anforderungen an die Approximation gut einzusetzen.

Mehrschritt-Verfahren erfordern den geringsten Rechenaufwand, gemessen an der Auswertung der rechten Seite einer Differentialgleichung. Beinhaltet das Verfahren nur die Korrektor-Formel, ist die Anzahl der Auswertungen gleich der Anzahl der Iterationen. Die Anzahl der Auswertungen pro Schritt erhöht sich lediglich um eins, wenn die Prädiktor-Formel hinzugenommen wird. Dieser Vorteil wird durch die erforderliche Schrittweitensteuerung jedoch wieder zunichte gemacht. Mehrschritt-Verfahren haben den höchsten Unkosten-Zeit-

Aufwand. Sie sind deshalb nur dann von Vorteil, wenn die rechte Seite der Differentialgleichung sehr kompliziert ist (hoher numerischer Aufwand).

Extrapolationsverfahren reagieren im Vergleich zu den anderen beiden Verfahren etwas *träge* auf Änderungen der vorgegebenen Genauigkeitsgrenze. Sie liefern häufig mehr gültige Ziffern als nötig. Ihre Zuverlässigkeit ist jedoch sehr hoch. Extrapolationsverfahren haben den niedrigsten Unkosten-Zeit-Aufwand. Bei geringen Anforderungen an die Genauigkeit arbeiten sie jedoch nicht mehr wirtschaftlich.

**Ergebnis**

Keine Methode weist solche Vorteile auf, daß sie allen anderen vorzuziehen ist. Die Wahl eines entsprechenden Verfahrens hängt ausschließlich vom Problem und der gewünschten Genauigkeit ab.

## 3.7 Randwertprobleme gewöhnlicher Differentialgleichungen

Zur Abrundung des Themenkomplexes wird an dieser Stelle das bereits in Kapitel 3.5 *Berechnung eines unbestimmten Integrals* angesprochene Randwertproblem behandelt. Die vier bekanntesten numerischen Verfahren zur Lösung von Randwertproblemen gewöhnlicher Differentialgleichungen sind:

- Einfachschießverfahren
- Mehrzielmethode
- Differenzenverfahren
- Variationsverfahren

Bei Randwertproblemen sind die Funktionswerte oder Ableitungen zu Beginn und am Ende eines bestimmten Intervalls gegeben. Gegeben sei der einfachste Fall - eine gewöhnliche Differentialgleichung 1. Ordnung:

$$y' = f(t, y)$$

Es ist dann eine Lösung $y$ der gewöhnlichen Differentialgleichung gesucht, die einer Randbedingung der Form:

$$p(y(a), y(b)) = 0 \quad ; \quad a \neq b$$

genügen soll.

Beim **Einfachschießverfahren** reduziert man das Randwertproblem auf ein Anfangswertproblem. Dabei versucht man einen Anfangswert $y(a) = \bar{s}$ für das Anfangswertproblem $y' = f(t, y)$ so zu bestimmen, daß die Lösung auch den vorgegeben Randbedingungen genügt. Dies hört sich verhältnismäßig einfach an, da damit das Problem gelöst ist. Aber das ist nur im Prinzip richtig. In der Praxis treten häufig erhebliche Ungenauigkeiten auf, wenn die Lösung $y(t) = y(t, \bar{s})$ des Anfangswertproblems sehr empfindlich von $\bar{s}$ abhängt /STOE2/.

Bei der **Mehrzielmethode** (multiple shooting method) werden Werte der exakten Lösung eines Randwertproblems an mehreren Stellen gleichzeitig iterativ berechnet. Die Werte müssen dabei so bestimmt werden, daß die aus ihnen stückweise zusammengesetzte Funktion stetig ist und darüber hinaus auch noch die Randbedingungen erfüllt. Diese Methode ist mit einem erheblichen Aufwand (Iterationen) verbunden, aber auch sehr genau /STOE2/.

Die grundlegende Idee der **Differenzenverfahren** ist es, die Ableitungen in der Differentialgleichung durch Differenzenquotienten der gesuchten Funktionswerte der Lösungsfunktion an einzelnen ausgewählten Stellen des Intervalls zu ersetzen. Es entsteht ein System von Differenzengleichungen für die unbekannten Funktionswerte. Differenzenverfahren finden auch bei der Lösung partieller Differentialgleichungen Anwendung /BDHN/ /STOE2/.

Die **Variationsverfahren** machen sich die Minimalitätseigenschaften der Lösungen einiger wichtiger Typen von Randwertproblemen zunutze. Dabei werden Differenzen- und Quadraturformeln in diese eingesetzt. Dies ermöglicht die Umformung der Randwertprobleme durch sogenannte Operatoren. Es ergeben sich schließlich endliche Gleichungssysteme in Form einer Matrix /SASZ2/ /STOE2/. Die Variationsverfahren werden nochmals bei der Lösung partieller Differentialgleichungen angesprochen, sie führen auf die *Finite-Elemente-Methode.*

Diese knappen Beschreibungen sollen die ausführlich betrachteten Verfahren vervollständigen. Wie bereits geschildert, sind Randwertprobleme für die Thematik der Ausgleichsvorgänge von untergeordneter Bedeutung, da man transiente Vorgänge zumeist ab einem Zeitpunkt $t = 0$ untersucht. Der interessierte Leser sei daher für weitere Betrachtungen zur Lösung von Randwertproblemen bei gewöhnlichen Differentialgleichungen an weiterführende Literatur verwiesen /CON/ /STOE2/ /SCHWZN/ /BJDA/ /SASZ2/ /BDHN/.

# Teil II

## Elektromagnetische Ausgleichsvorgänge

Im zweiten Teil dieses Buchs erfolgt nun der Übergang von der rein mathematischen Betrachtungsweise eines Systems zur technischen. Wie bereits erwähnt, ist zur Berechnung von Ausgleichsvorgängen in Elektroenergiesystemen die Reduzierung auf ein Modell erforderlich. Bei der technischen Modellbildung erstellt man von dem zu untersuchenden System ein oder mehrere vereinfachende Ersatzschaltbilder, die die physikalisch meßbaren Vorgänge hinreichend genau beschreiben. Die technische Modellbildung eines Systems führt anschließend in der mathematischen Beschreibung auf Differentialgleichungen.

Im folgenden Teil II *Elektromagnetische Ausgleichsvorgänge* werden Vorgänge in Systemen nach ihren zur Modellbildung zu berücksichtigenden zeitlichen und örtlichen Abhängigkeiten gesondert betrachtet. Man unterscheidet Ausgleichsvorgänge mit **konzentrierten Parametern**, die nur eine zeitliche Abhängigkeit besitzen, und Ausgleichsvorgänge mit **verteilten Parametern** mit zeitlichen und örtlichen Abhängigkeiten.

Des weiteren sind in den folgenden Kapiteln die elementaren Begriffe, Unterscheidungsmerkmale und Berechnungsverfahren elektromagnetischer Ausgleichsvorgänge zusammengefaßt. Die Kapitel zur Betriebsmittelmodellierung beinhalten einige praxisnahe Beispiele. Diese sollen dem Leser als Leitfaden zur Vorgehensweise bei der eigenen Problemlösung dienen.

# 4. Grundlagen zur Modellbildung in Elektroenergiesystemen

## 4.1 Elektrische Netzwerke

Die Übertragung und Verteilung elektrischer Energie erfolgt in hierarchisch gestuften Ebenen, sogenannten Netzen. Als **Netz** bezeichnet man ganz allgemein die Gesamtheit aller verbundenen Betriebsmittel gleicher Nennspannung. Energieversorgungsnetze werden durch ihre Nennspannung, die stets als Effektivwert angegeben wird, gekennzeichnet. Bei Betriebsmitteln ist dieser Ausdruck ebenfalls noch üblich, wird jedoch zunehmend durch die Bezeichnung Bemessungsspannung ersetzt.

Energieerzeugung, -umwandlung und -übertragung sind in elektrischen Netzen mit Verlusten verbunden, dies gilt ebenso für alle Betriebsmittel im System. Verluste bewirken eine Beanspruchung aller Systemkomponenten. Sie beeinflussen Leitermaterial, Isolation und tragende Konstruktionen der Betriebsmittel. Eine unterschiedliche Beanspruchung durch Strom und Spannung ist dabei anzunehmen. Als Konsequenz folgt daraus, daß es für jede zu übertragende Leistung einen optimalen Strom und eine optimale Spannung gibt. Elektrische Energie wird daher in unterschiedlichen Spannungsebenen von den Erzeugern zu den Verbrauchern transportiert.

| | | | |
|---|---|---|---|
| Höchstspannung | => | über 150 kV | (220 kV, 380 kV) |
| Hochspannung | => | über 60 kV bis 150 kV | (110 kV) |
| Mittelspannung | => | über 1 kV bis 60 kV | (10 kV, 20 kV, 30 kV) |
| Niederspannung | => | bis 1 kV | (380 V) |

In Klammern sind die in Deutschland gebräuchlichsten Spannungsebenen angegeben /TUEV/. Hier und in anderen europäischen Ländern bildet die 220 kV- bzw. 380 kV-Ebene das eigentliche Übertragungsnetz.

Höhere Spannungsebenen finden sich nur in Ländern größerer Ausdehnung, wie in den Staaten der ehemaligen UdSSR (1200 kV), den USA (1100 kV) und Kanada (735 kV).

### 4.1.1 Drehstrom-Übertragung

Die Energieübertragung in elektrischen Netzen erfolgt überwiegend mit Drehstrom durch die sogenannte Hochspannungs-Drehstrom-Übertragung (HDÜ).

Bei Entfernungen größer als 1000 km wird die elektrische Energie meist mit einer Hochspannungs-Gleichstrom-Übertragung (HGÜ) transportiert. Wegen der vorherrschenden Stellung des Drehstroms mit 50 Hz im europäischen Raum bei der Erzeugung, Übertragung und Verteilung elektrischer Energie beziehen sich die folgenden Betrachtungen vorwiegend auf Drehstrom.

Das öffentliche Netz beispielsweise ist dreiphasig aufgebaut. Dabei können die Phasen von Erzeugern, Transformatoren oder Verbrauchern im **Dreieck** oder im **Stern** verschaltet werden. In Abbildung 4.1 ist ein dreiphasiges Netz mit beiden Schaltungsarten dargestellt. Es besteht aus einem Dreiphasengenerator, drei Leitern und einem Neutralleiter je mit ihren Impedanzen sowie den Belastungsimpedanzen $\underline{Z}$ pro Phase, die im Stern bzw. Dreieck verschaltet sind. Die Zuführungsleitungen sind mit R, S, T gekennzeichnet. Diese Bezeichnung ist zwar mittlerweile veraltet (neu: $L_1, L_2, L_3$ ), eignet sich aber sehr gut zur Indizierung anderer Größen und ist daher beibehalten worden. Bei Betriebsmitteln kennzeichnet man die Anschlußklemmen mit U, V, W.

Die Spannungen zwischen den Leitern werden als *Leiterspannungen* oder auch als *Außenleiterspannungen* bezeichnet. Parallel dazu verwendet man auch die Ausdrücke *Dreieckspannungen* oder *verkettete Spannungen*. Die Ströme $\underline{I}_R, \underline{I}_S, \underline{I}_T$ in den Leitern werden als *Leiterströme* bezeichnet.

Der Zweig, der bei der Dreieckschaltung zwischen den Leitern oder bei der Sternschaltung jeweils zwischen einem Leiter und dem Sternpunkt (Knotenpunkt N) liegt, wird als *Strang* bezeichnet. Die Spannung, die an einem Strang abfällt, heißt *Strangspannung*, und der Strom, der in ihm fließt, wird als *Strangstrom* bezeichnet. Speziell bei der Sternschaltung wird für die Strangspannung auch der Begriff *Sternspannung* und entsprechend für

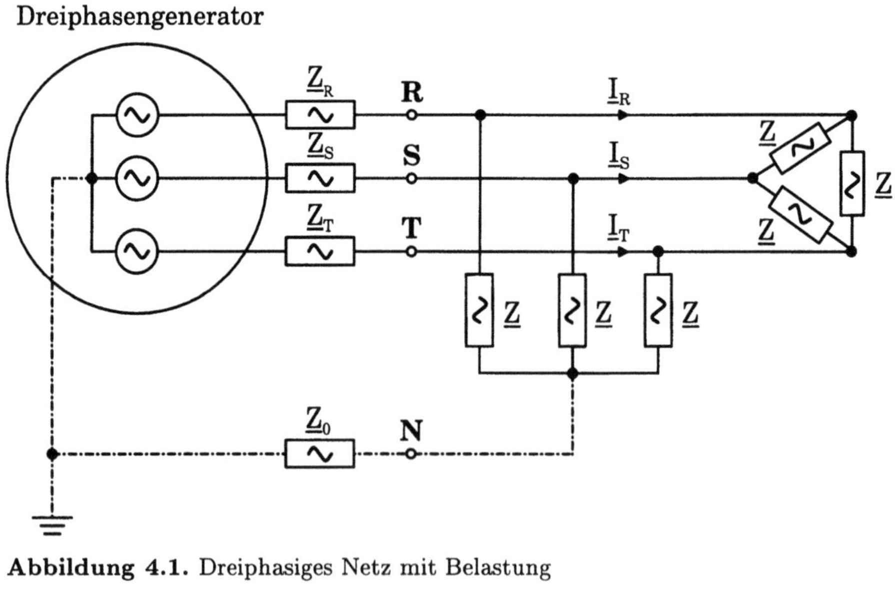


**Abbildung 4.1.** Dreiphasiges Netz mit Belastung

den Strangstrom die Bezeichnung *Sternstrom* verwendet, um eine eindeutige Kennzeichnung der Spannungen und Ströme zu ermöglichen.

Weisen die drei Leiterspannungen bzw. -ströme jeweils die gleichen Beträge auf und sind untereinander um 120° phasenverschoben, so spricht man von einem *symmetrischen dreiphasigen Spannungs- bzw. Stromsystem.* Üblich ist auch der Ausdruck **Drehstromsystem**. Dreiphasige Netze werden in der Regel mit symmetrischen Größen gespeist, daher genügt es, zur Kennzeichnung die Nennspannung und die Nennfrequenz anzugeben. Nennspannung ist stets die Leiterspannung.

Ein elektrisches Netz gilt als symmetrisch aufgebaut, wenn sich bei der Speisung mit einem symmetrischen Spannungs- bzw. Stromsystem, auch bei nicht eingeprägten Größen, ein symmetrisches System ausbildet. Dies ist bei dem dreiphasigen Netz in Abbildung 4.1 der Fall, wenn in den drei Strängen der Stern- bzw. Dreieckschaltung die wirksamen Impedanzen gleich groß sind. Ist sowohl ein symmetrischer Netzaufbau als auch eine symmetrische Netzspeisung gegeben, spricht man von einem **symmetrischen Betrieb** des Netzes.

Sind nur die drei Leiter R, S, T vorhanden, ist ein **Dreileitersystem** gegeben. Liegt symmetrischer Betrieb vor, kann mit den drei Leitern die gleiche Leistung übertragen werden wie mit drei Einphasensystemen gleicher Bemessungsspannung, die dazu jedoch sechs Leiter benötigen würden. Durch den symmetrischen Betrieb ergibt sich die Summe der Spannungen bzw. Ströme in den drei Leitern des Dreileitersystems zu null, daher kann auf die Rückleiter der entsprechenden Einphasensysteme verzichtet werden. Für das Dreileitersystem gilt weiterhin, daß die Summe der jeweils in den Leitern übertragenen Leistungen einen zeitlich konstanten Wert aufweist. Dieser Wert ist von der Betriebsspannung $U_b$ abhängig, die tatsächlich zwischen den Leitern herrscht, und von dem Leiterstrom $I_b$, der um einen Winkel $\varphi$ gegenüber der Betriebsspannung phasenverschoben ist. Der Phasenwinkel $\varphi$ wird ausgehend vom Strom zur Spannung hin gezählt. Die Betriebsspannung und der Leiterstrom werden als Effektivwerte angegeben. Die übertragene Wirkleistung in allen drei Phasen läßt sich wie folgt berechnen:

$$P = \sqrt{3} \cdot U_b \cdot I_b \cos\varphi \tag{4.1}$$

Zur Verringerung der relativen Übertragungsverluste erfolgt die Übertragung und Verteilung elektrischer Energie bei steigendem Energiefluß mit zunehmend höheren Spannungen. Ein kurzes Beispiel soll den Zusammenhang zwischen den auftretenden Verlusten und der Betriebsspannung verdeutlichen.

**Beispiel**

Geht man zur Berechnung der Übertragungsverluste von einer Drehstromfreileitung mit der in Gleichung (4.1) zu übertragenden Wirkleistung aus, so errechnen sich die ohmschen Leitungsverluste in den drei Leitern zu:

$$P_{verlust} = 3 \cdot I_b^2 \cdot R \tag{4.2}$$

Gleichung (4.1) wird nach $I_b$ umgestellt und eingesetzt.

$$P_{verlust} = 3 \cdot \frac{P^2}{3 \cdot U_b^2 \cdot (\cos\varphi)^2} \cdot R = \frac{P^2}{U_b^2 \cdot (\cos\varphi)^2} \cdot R \tag{4.3}$$

Man erkennt in Gleichung (4.3) sehr gut, daß die Heraufsetzung der Übertragungsspannung $U_b$ bei einer bestimmten Übertragungsleistung die wirksamste Maßnahme ist, um die Übertragungsverluste so klein wie möglich zu halten. $R$ steht für den ohmschen Widerstand der Leitung, und $P_{verlust}$ sind in der Praxis die Wärmeverluste der Leitung.

Bei Fernleitungen mit Spannungen $U_b \geq 220\ kV$ wird eine Übertragung der Wirkleistung mit $\cos\varphi = 1$ angestrebt. Optimale Übertragungsverhältnisse werden erreicht, wenn der induktive Blindleistungsbedarf der Leitung gerade von der kapazitiven Ladeleistung derselben kompensiert wird. Dies ist der Fall, wenn die Leitung durch die sogenannte **natürliche Leistung** belastet wird /DENZ/.

$$P_{nat} = \sqrt{3} \cdot U_b \cdot I_b = \frac{U_b^2}{Z_W} \tag{4.4}$$

Darin bezeichnet $Z_W$ den Wellenwiderstand der Leitung bei Vernachlässigung der Korona- und Ableitverluste. Auf den Wellenwiderstand einer Leitung wird noch ausführlich in Kapitel 6.2 eingegangen.

Ist, wie in Abbildung 4.1 eingezeichnet, der vierte Leiter N (Neutral- bzw. Sternpunktleiter) an den Sternpunkt angeschlossen, spricht man von einem **Vierleitersystem**. Ein solches Drehstromsystem wird bei unsymmetrischer Belastung angewendet und hat darüber hinaus den Vorteil, daß gleichzeitig zwei verschiedene Spannungen zur Verfügung stehen. Dies verdeutlicht sehr anschaulich das in Abbildung 4.2 dargestellte Zeigerdiagramm. Zur Bedeutung von Zeigerdiagrammen sei auf Kapitel 4.1.4 verwiesen.

In Abbildung 4.2 sind die Außenleiterspannungen mit $\underline{U}_{RS}, \underline{U}_{ST}, \underline{U}_{TR}$ und die Sternspannungen mit $\underline{U}_{RN}, \underline{U}_{SN}, \underline{U}_{TN}$ bezeichnet, Tabelle 4.1. Die Aus-

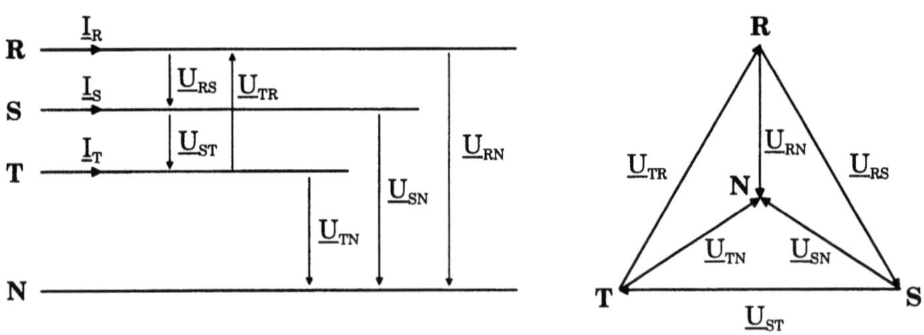


**Abbildung 4.2.** Symmetrisch betriebenes Vierleitersystem

**Tabelle 4.1.** Zusammenhang zwischen den Kenngrößen der Dreieck- und der Sternschaltung bei einem symmetrischen Vierleitersystem (betragsmäßige Angaben!).

| | Dreieckschaltung | Sternschaltung |
|---|---|---|
| Spannungen | $U_{RS} = U_{ST} = U_{TR} = U_n$ | $U_{RN} = U_{SN} = U_{TN} = \frac{U_n}{\sqrt{3}}$ |
| Ströme | $I_{RS} = I_{ST} = I_{TR} = \frac{U_n}{Z}$ | $I_R = I_S = I_T = \frac{U_n}{\sqrt{3}Z}$ |
| Scheinleistung | $S = 3 \cdot U_{Strang} \cdot I_{Strang}$ | |
| | $S = 3 \cdot U_n \cdot \frac{U_n}{Z} = 3 \cdot \frac{U_n^2}{Z}$ | $S = 3 \cdot \frac{U_n}{\sqrt{3}} \cdot \frac{U_n}{\sqrt{3}Z} = \frac{U_n^2}{Z}$ |

senleiterspannungen sind in ihren Beträgen um den Faktor $\sqrt{3}$ größer als die Sternspannungen. Je nach Wahl einer Stern- oder Dreieckschaltung können demnach die Verbraucher mit der einen oder anderen Spannung versorgt werden. Bei einem symmetrischen Betrieb ergänzen sich die Leiterströme stets zu null, so daß der Neutralleiter stromlos ist. Daher unterscheiden sich bei diesem Betriebszustand Drei- und Vierleitersysteme nicht in ihrem Verhalten voneinander.

Bei der Übertragung elektrischer Energie mit Wechselspannung unterscheidet man zwischen Elektroenergiesystemen mit einer Spannungsstufe, Abbildung 4.3/a, und mit mehreren Spannungsstufen, Abbildung 4.3/b.

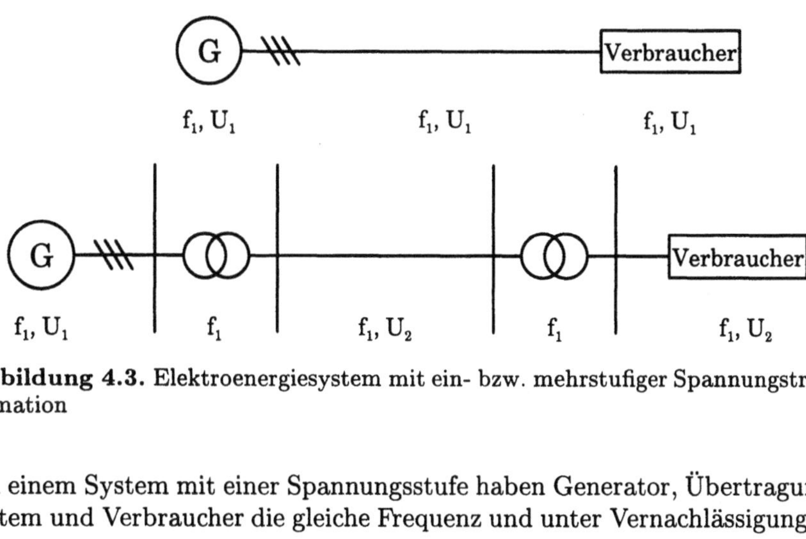


**Abbildung 4.3.** Elektroenergiesystem mit ein- bzw. mehrstufiger Spannungstransformation

Bei einem System mit einer Spannungsstufe haben Generator, Übertragungssystem und Verbraucher die gleiche Frequenz und unter Vernachlässigung der

Spannungsabfälle die gleiche Betriebsspannung. Mit diesem System können nur verhältnismäßig geringe Leistungen über kurze Entfernungen wirtschaftlich übertragen werden. Daher arbeitet man zur Übertragung größerer Leistungen mit mehreren Spannungsstufen bei einer Frequenz. Die Spannung der Generatoren wird meist mit Rücksicht auf die Isolation der Ankerwicklung der Maschine nicht höher als 21 kV, in seltenen Fällen bis 36 kV gewählt. Zur Übertragung der elektrischen Energie wird in einer oder mehreren Stufen die Spannung durch Transformatoren heraufgesetzt - in Deutschland bis zu 400 kV - und anschließend in den Verbrauchszentren in mehreren Stufen entsprechend den Spannungen der verschiedenen Verteilernetze durch Transformatoren wieder auf die vom Verbraucher geforderten Werte herabgesetzt. Durch den gezielten Einsatz von Transformatoren kann man die große Übertragungsfähigkeit hoher Spannungen zur Überwindung weiter Entfernungen optimal ausnutzen.

Aufgrund der Querkapazitäten von Freileitungen und Kabeln müssen bei der Drehstromübertragung neben der übertragenen Energie *Ladeströme* berücksichtigt werden. Ab einer Leitungslänge von 700 km bei Freileitungen bzw. 30 km bei Kabeln ist der Anteil des benötigten Ladestroms nicht mehr vernachlässigbar. Kompensationseinrichtungen schaffen zwar Abhilfe, sind aber teuer und beeinflussen somit sehr stark die Wirtschaftlichkeit. Bei größeren Entfernungen (über mehrere tausend Kilometer) kann es daher sinnvoll sein, die elektrische Energie durch den Einsatz einer Hochspannungs-Gleichstrom-Übertragung (HGÜ) zu übertragen.

### 4.1.2 Zählpfeile und Zählpfeilsysteme

In der Netzberechnung und bei der Darstellung elektrischer Maschinen durch Ersatzschaltungen sind für Spannungen und Ströme Vorzeichenregeln anzuwenden. Dies gilt auch für Leistungen. Vereinbarungsgemäß kennzeichnen sogenannte **Zählpfeile** den Richtungssinn der zugehörigen komplexen elektrischen Größen.

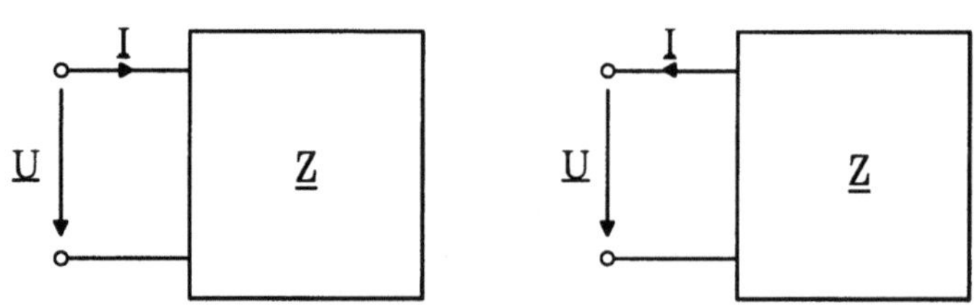


**Abbildung 4.4.** Links: Verbraucherzählpfeilsystem (VZS) / Rechts: Erzeugerzählpfeilsystem (EZS) am Beispiel eines Zweipols

Die gegenseitige Zuordnung der Zählpfeile $\underline{U}$ für die Spannung und $\underline{I}$ für den Strom wird als **Zählpfeilsystem** bezeichnet. Man differenziert zwischen

Verbraucherzählpfeilsystem (VZS) und Erzeugerzählpfeilsystem (EZS), siehe Abbildung 4.4. Beide Zählpfeilsysteme kann man sowohl auf Verbraucher als auch auf Erzeuger anwenden. In Stromkreisen mit Erzeugern und Verbrauchern legen die physikalischen Gegebenheiten nahe, beide Zählpfeilsysteme gleichzeitig anzuwenden.

### 4.1.3 Komplexe Kenngrößen

Da elektrische Energie zumeist durch Drehstrom und nur in Ausnahmefällen durch Gleichstrom übertragen wird, hat man es bei der Netzberechnung sehr häufig mit komplexen Größen zu tun. Zur Erinnerung sind in den Tabellen 4.2 und 4.3 die wichtigsten komplexen Größen und ihre Bezeichnungen kurz zusammengestellt.

**Tabelle 4.2.** Leistungen im Wechselstromkreis

| Scheinleistung | Wirkleistung | Blindleistung |
|---|---|---|
| $S = U \cdot I = \sqrt{P^2 + Q^2}$ | $P = U \cdot I \cos\varphi$ | $Q = U \cdot I \sin\varphi$ |

| Verlustfaktor | Leistungsfaktor | Blindfaktor |
|---|---|---|
| $\tan\varphi = \dfrac{Q}{P}$ | $\cos\varphi = \dfrac{P}{S}$ | $\sin\varphi = \dfrac{Q}{S}$ |

**Tabelle 4.3.** Komplexe Kenngrößen passiver Zweipole

| | Scheinwiderstand (Impedanz) | Wirkwiderstand (Resistanz) | Blindwiderstand (Reaktanz) |
|---|---|---|---|
| $\underline{Z} = R + jX$ | $\underline{Z} = \dfrac{\underline{U}}{\underline{I}}$ | $R = \dfrac{P}{I^2}$ | $X = \dfrac{Q}{I^2}$ |

| | Scheinleitwert (Admittanz) | Wirkleitwert (Konduktanz) | Blindleitwert (Suszeptanz) |
|---|---|---|---|
| $\underline{Y} = G + jB$ | $\underline{Y} = \dfrac{\underline{I}}{\underline{U}}$ | $G = \dfrac{P}{U^2}$ | $B = \dfrac{Q}{U^2}$ |

### 4.1.4 Zeigerdiagramme

Das Zeigerdiagramm ist eine graphische Darstellung der komplexen Spannungen und Ströme eines Netzwerkes bestehend aus den Elementen R, L und C für den eingeschwungenen Zustand. Durch Festlegung eines bestimmten Maßstabes für die Ströme und Spannungen des Zeigerdiagramms (z.B. 1 V $\widehat{=}$ 1 cm) lassen sich die Phasenwinkel zwischen den einzelnen Spannungen und Strömen sowie ihre Beträge direkt aus dem Diagramm ablesen. Dieses Vorgehen wird als **graphische Lösung** bezeichnet.

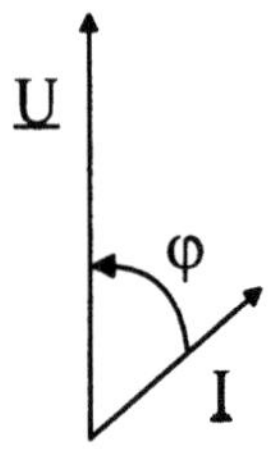


**Abbildung 4.5.** Der Phasenwinkel $\varphi$ wird ausgehend vom Strom zur Spannung hin gezählt. Stimmen Zählrichtung und mathematisch positiver Umlaufsinn überein, ist der Winkel positiv zu zählen.

Zur besseren Verdeutlichung der Zusammenhänge zwischen Spannung, Strom und Phasenwinkel sind in der Abbildung 4.6 drei einfache Zweipole und ihre zugehörigen Zeigerdiagramme dargestellt.

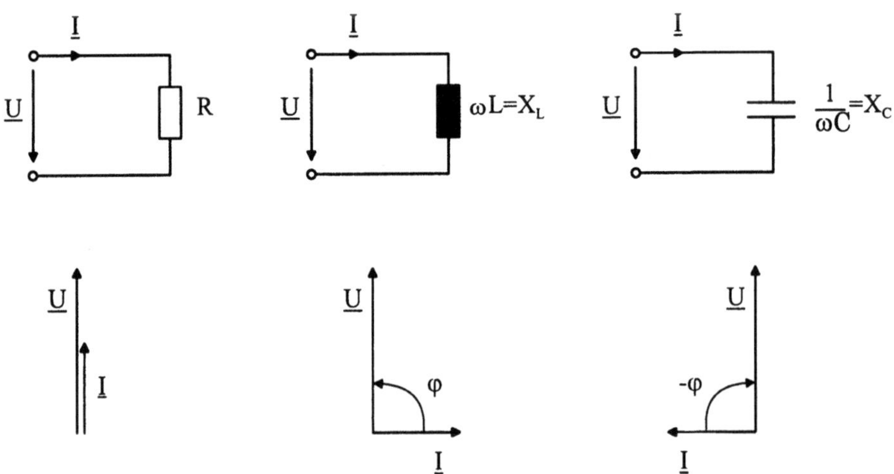


**Abbildung 4.6.** Einfache Zweipole und ihr Zeigerdiagramm. Links: Wirkwiderstand / Mitte: induktiver Blindwiderstand / Rechts: kapazitiver Blindwiderstand

Statt das Vorzeichen des Phasenwinkels $\varphi$ anzugeben, ist es in der Energie- und Antriebstechnik üblich, den Leistungsfaktor $\cos\varphi$ mit dem Zusatz induktiv $\cos\varphi_i$ (positives Vorzeichen) bzw. kapazitiv $\cos\varphi_k$ (negatives Vorzeichen) zu versehen.

### 4.1.5 Die Kirchhoffschen Regeln

**Die Knotenregel**

Die Knotenregel wird auch als *Satz von der Erhaltung der Ladungen* bezeichnet. Sie besagt, daß alle Ladungen und somit auch Ströme, die in eine elektrische Schaltung hineinfließen, auch wieder komplett herausfließen. Nichts geht verloren oder sammelt sich in irgendeiner Form an. Betrachtet man bei einer Netzberechnung die Ströme, die in einen beliebigen Knotenpunkt des Netzwerkes hinein- bzw. herausfließen, so gilt diese Aussage dort ebenso und läßt sich wie folgt formulieren:

$$\sum i = 0 \tag{4.5}$$

Ist die Richtung des Stromes in einem Zweig bei der Berechnung eines Netzwerkes zunächst nicht bekannt, so ordnet man ihm willkürlich eine Zählpfeilrichtung zu. Positiv wird er dann in Pfeilrichtung und negativ dagegen gezählt.

**Die Maschenregel**

Die Maschenregel wird auch als *Satz von der Erhaltung der Energie* bezeichnet. In jeder elektrischen Schaltung ist die in einer bestimmten Zeit von den Quellen insgesamt abgegebene Energie gleich der von allen Verbrauchern insgesamt aufgenommenen Energie. Dies gilt natürlich auch für die Leistungen. Betrachtet man unter diesem Aspekt zum Beispiel einen in sich geschlossenen Umlauf (Masche) in einem Netz, so ist die Summe der Spannungen in dieser Masche gleich null.

$$\sum u = 0 \tag{4.6}$$

Bei der Berechnung einer Masche zählen die der willkürlich gewählten Umlaufrichtung entsprechenden Spannungen positiv, die anderen negativ.

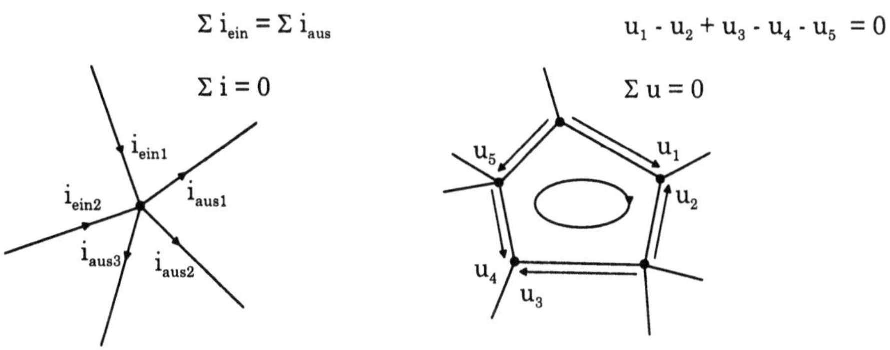


**Abbildung 4.7.** Links: Prinzip der Knotenregel / Rechts: Prinzip der Maschenregel

### 4.1.6 Der Überlagerungssatz

Bei der Modellierung elektrischer Netzwerke ist der Überlagerungssatz ein unentbehrliches Hilfsmittel. Man spricht auch vom **Superpositionsprinzip**. Bereits im mathematischen Teil des Buches ist der Überlagerungssatz eingeführt und angewendet worden.

Zur Erinnerung:

Die allgemeine Lösung einer inhomogenen linearen Differentialgleichung ist die Summe aus der allgemeinen Lösung $y_{hom}(t)$ der zugehörigen homogenen Differentialgleichung und einer beliebigen partikulären Lösung $y_{part}(t)$ der inhomogenen Differentialgleichung. /COD/

$$y_{inh}(t) = y_{hom}(t) + y_{part}(t)$$

Ebenso geläufig ist die Formulierung aus Kapitel 2.5.1. Sie definiert ein System als linear, wenn das Prinzip der Superposition gilt. Das heißt, in jedem linearen System ist die Antwort auf eine Summe von beliebigen Anregungen gleich der Summe der Antworten auf die einzelnen Anregungen. /FOER/

Die bekannteste Definition des Überlagerungssatzes ist die nach *Helmholtz*: In einem linearen Netzwerk sind die von beliebig vielen Stromquellen bewirkten Ströme gleich der Summe der entsprechenden Teilströme, die im Netzwerk auftreten, wenn jeweils nur eine der Quellen wirksam ist. Dasselbe gilt auch für die Spannungen.

Der Überlagerungssatz besitzt bei der Modellierung eines linearen Systems elementare Bedeutung, da er die Zerlegung eines relativ komplizierten Problems in mehrere einfache Teilprobleme ermöglicht.

In bestehenden elektrischen Netzwerken sind auch nichtlineare Komponenten zu finden. Dies sind alle Komponenten, bei denen Sättigungseffekte auftreten, beispielsweise Drosselspulen mit Eisenkernen. Die Anwendung des Überlagerungssatzes ist dort nicht mehr möglich. Durch eine Linearisierung um einen Arbeitspunkt kann ein System aber linearisiert und das Superpositionsprinzip wieder angewendet werden.

### 4.1.7 Der Satz von der Ersatzspannungsquelle

Wie der Überlagerungssatz beruht auch der Satz von der Ersatzspannungsquelle auf der Linearität elektrischer Netze. Er besagt, daß jedes lineare Netzwerk bezüglich zweier beliebiger Klemmen ersetzt werden kann durch die Reihenschaltung einer (idealen) Spannungsquelle, deren Spannung $\underline{U}_0$ gleich der Spannung zwischen den betrachteten Klemmen des Netzwerkes im Leerlauf ist, und einer Impedanz $\underline{Z}_i$, die gleich der resultierenden Impedanz des Netzwerks zwischen diesen Klemmen ist. Unter der resultierenden Impedanz eines Klemmenpaares versteht man die Impedanz, die sich an den Klemmen ergibt, wenn alle Quellen des Netzwerkes unwirksam sind. In Abbildung 4.8 ist er an einem beliebigen Zweipol angewendet.

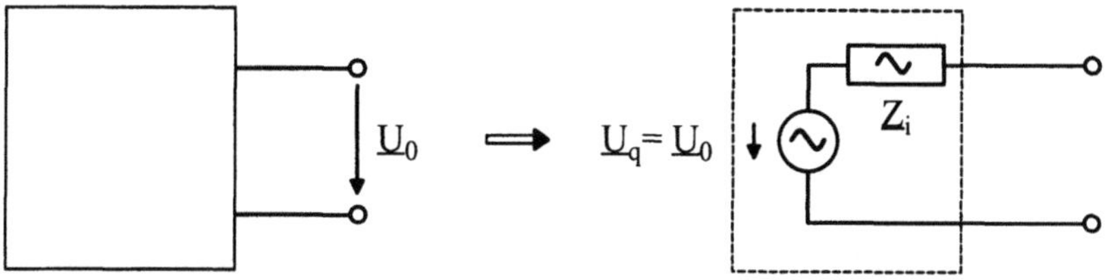


**Abbildung 4.8.** Anwendung des Satzes von der Ersatzspannungsquelle.

## 4.2 Ausgleichsvorgänge

Zur technischen und mathematischen Beschreibung von Ausgleichsvorgängen sind Vereinbarungen zu den verwendeten Begriffen unverzichtbar. In der diversen Literatur zu diesem Thema gibt es eine Reihe unterschiedlicher Definitionen, wobei gerade bei dem Begriff *Zustand* eine breite Palette von mehr oder weniger differenzierenden Definitionen und Ansichten existiert. Dieses Buch wird sich auf die Begriffe des *stationären Zustands* bzw. des *eingeschwungenen Zustands* beschränken. Alle anderen Vorgänge innerhalb der zu beschreibenden Elektroenergiesysteme werden als *Ausgleichsvorgänge* bzw. *transiente Vorgänge* oder auch als *Einschwingvorgänge* bezeichnet.

Eine recht anschauliche Beschreibung für einen Zustand gibt *Küpfmüller*. Dort wird zum Beispiel der *Zustand* einer Schaltung, die zu einem beliebigen Zeitpunkt $t$ durch $u(t)$ und $i(t)$ gekennzeichnet ist, als Punkt in einem Koordinatensystem $i(u)$ beschrieben. Die Differentiale der Spannung $du$ und des Stromes $di$, die sich zu einem Zeitpunkt $t + dt$ ergeben, werden als *Zustandsänderungen* bezeichnet. /KUEPF/

Grundlage bei der Betrachtung eines Elektroenergiesystems ist immer der sogenannte eingeschwungene Zustand, der durch eine zeitlich konstante Amplitude und Phasenlage der Ströme und Spannungen charakterisiert ist. Damit läßt sich dann auch eine Voraussetzung für die Beibehaltung eines eingeschwungenen Zustandes formulieren, unter Verwendung der durch das System selbst gegebenen Frequenz und Zeitkonstanten.

> "Grundlegende Voraussetzung für die Beibehaltung eines (annähernd) eingeschwungenen Zustands ist, daß alle nicht periodischen Änderungen im Stromkreis langsam gegenüber der Frequenz der betrachteten Vorgänge und langsam gegenüber den Zeitkonstanten der vorhandenen Energiespeicher erfolgen."
>
> *Zitat Böning* /BOEN/

Bei *Böning* wird auch noch auf die Definition des Begriffs *stationär* hingewiesen. Stationär im engeren Sinn bedeutet, daß alle Größen zeitlich konstant sind. Anwendung findet dies aber in der praktischen Betrachtung nicht, da man auch von *stationären Schwingungen* bei Systemen spricht, deren Größen rein periodisch veränderlich sind /BOEN/. Die folgenden Kapitel werden sich dieser Betrachtungsweise anschließen und auf eine genauere Unterscheidung zwischen *stationärem Zustand* und *eingeschwungenem Zustand* verzichten. Wenn es erforderlich ist, wird auf als konstant anzusehende Größen explizit hingewiesen. Allgemein kann man also sagen:

> Der Übergang eines stationären bzw. eingeschwungenen Zustands in einen anderen wird als **Ausgleichsvorgang** bezeichnet, oder auch als **transienter Vorgang**.

### 4.2.1 Unterscheidung elektrisch lang / elektrisch kurz

Die Unterscheidung in *elektrisch lang* und *elektrisch kurz* ist hauptsächlich für die Leitungstheorie von Bedeutung. Daher werden auch hier die Vorgänge auf einer Leitung als anschauliches Beispiel verwendet. Eine Beschreibung der Vorgänge ist sowohl im Zeitbereich als auch im Frequenzbereich möglich.

Zeitbereich
Schaltet man auf eine Leitung eine Gleichspannungsquelle, so breitet sich der Schaltvorgang als Wanderwelle längs der Leitung aus. Die Anstiegszeit $T_a$ der Wanderwelle ist dabei durch die Eigenschaften der Quelle und den Wellenwiderstand der Leitung bestimmt. Bei der Betrachtung des Augenblickswerts der Spannung längs der Leitung kann man zwei Fälle unterscheiden:

$$u = u(t, x) \tag{4.7}$$

> Der Augenblickswert der Spannung ist eine Funktion des Ortes. Die Leitung wird als **elektrisch lang** bezeichnet.

$$u \approx u(t) \tag{4.8}$$

> Der Augenblickswert der Spannung über der gesamten Leitungslänge ist annähernd konstant, d.h. ortsunabhängig. Die Leitung wird als **elektrisch kurz** bezeichnet

Der Vergleich der Anstiegszeit $T_a$ der Wanderwelle mit ihrer Laufzeit $\tau$ veranschaulicht dies. Die Leitung ist elektrisch kurz, wenn gilt: $T_a \gg \tau$. Mit einem zulässigen Spannungsunterschied von $\Delta U \leq 10\%$ ergeben sich beispielsweise Anstiegszeiten von $T_a > 10\tau$. Dies erlaubt in der Regel eine mathematische Beschreibung der Vorgänge durch gewöhnliche Differentialgleichungen. Gilt für die Anstiegszeit $T_a < 10\tau$, ist eine Beschreibung der Vorgänge durch partielle Differentialgleichungen (z.B. durch Leitungsgleichungen) erforderlich.

Eine Unterscheidung zwischen Kabeln und Freileitungen ist im Zeitbereich nicht erforderlich. Die unterschiedlichen Ausbreitungsgeschwindigkeiten werden durch die unterschiedlichen Laufzeiten bereits berücksichtigt. /SCHWAF/

Frequenzbereich

Legt man an eine Leitung zum Beispiel eine sinusförmige Wechselspannung an, so ergibt sich eine Spannungsverteilung über der Leitung, die vom Ort abhängig ist. Änderungen an der Spannungsquelle machen sich an einer beliebigen Stelle $x$ auf der Leitung erst nach einer Laufzeit $t = \frac{x}{v}$ bemerkbar ($v$ = Wellenausbreitungsgeschwindigkeit). Bei der Betrachtung der komplexen Amplitude der Spannung längs der Leitung kann man auch hier zwei Fälle unterscheiden:

$$\underline{U} = \underline{U}(x) \tag{4.9}$$

Die komplexe Spannungsamplitude ist vom Ort abhängig. Die Leitung wird als **elektrisch lang** bezeichnet.

$$\underline{U} \approx const \tag{4.10}$$

Die komplexe Spannungsamplitude längs der Leitung ist annähernd konstant. Die Leitung gilt als **elektrisch kurz**.

Diese Form der Unterscheidung wird recht anschaulich, wenn man das Verhältnis von Leitungslänge $l$ und Wellenlänge $\lambda$ zueinander betrachtet. Für den Fall $\underline{U} \approx const$ gilt: $l \ll \lambda$. Die Wellenlänge läßt sich über $\lambda = \frac{v}{l}$ berechnen.

In der Energietechnik gelten Leitungen mit einer Länge von $l < \frac{\lambda}{60}$ als elektrisch kurz, womit sich ein Spannungsunterschied $\Delta U < 0,5\%$ ergibt. In der Nachrichtentechnik ist dies anders: Dort ist eine Leitung schon mit einer Länge von $l < \frac{\lambda}{4}$ elektrisch kurz. /SCHWAF/

### 4.2.2 Konzentrierte und verteilte Parameter

Bei der technisch-mathematischen Modellbildung eines Elektroenergiesystems zur Berechnung von Ausgleichsvorgängen sind unter Umständen zeitliche bzw. zeitliche und örtliche Abhängigkeiten zu berücksichtigen. Das gilt sowohl für das Netz als auch für die darin enthaltenen Betriebsmittel.

Weisen die Vorgänge im System lediglich eine zeitliche Abhängigkeit auf, erfolgt die Modellbildung für das Netz und seine Betriebsmittel mittels konzentrierter Komponenten. Auf deren Verhalten in Systemen mit unterschiedlicher Anregung wird in Kapitel 5 noch ausführlich eingegangen. Da die Systemgrößen Strom und Spannung nur von der Zeit abhängen, spricht man in diesem Zusammenhang auch von der Modellbildung mittels **konzentrierter Parameter**. Konzentrierte Parameter finden ihre Anwendung bei Vorgängen in Betriebsmitteln, die als elektrisch kurz anzusehen sind. Dies sind Betriebsmittel wie kurze Leitungen, Transformatoren, Generatoren, Drosselspulen, Leistungsschalter und Überspannungsableiter.

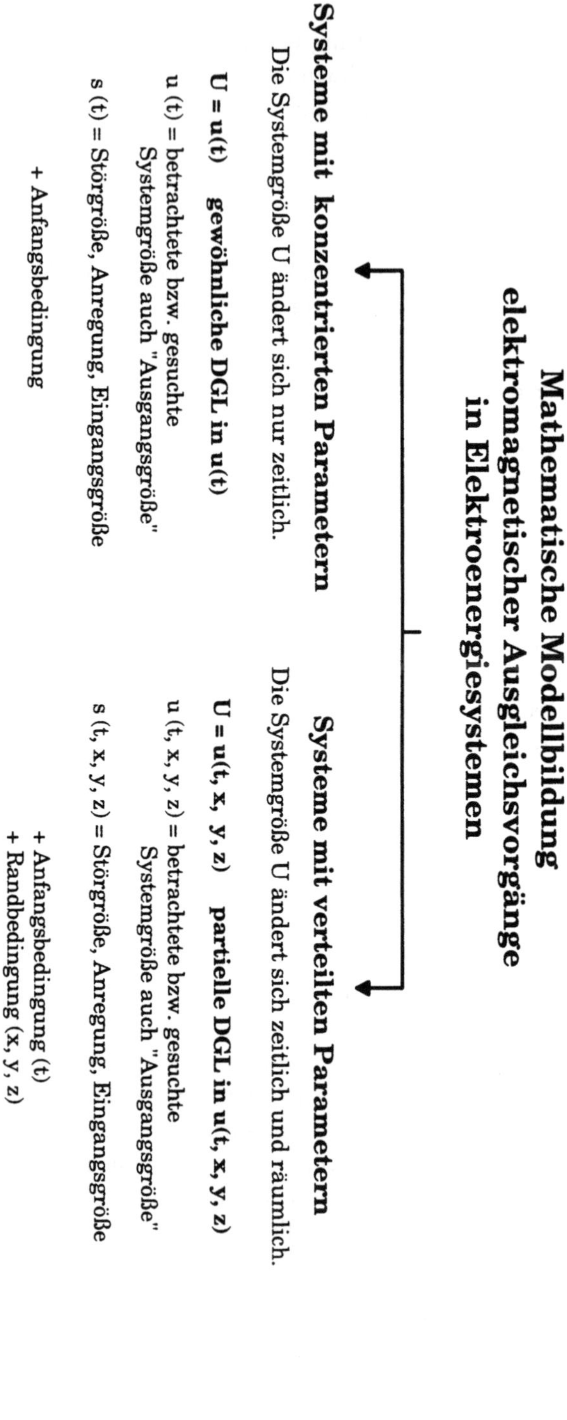


**Abbildung 4.9.** Übersicht zur mathematischen Modellbildung elektromagnetischer Ausgleichsvorgänge in linearen zeitinvarianten Elektroenergiesystemen am Beispiel der Systemgröße $U$

Im Gegensatz dazu gibt es Ausgleichsvorgänge, die zeitliche und örtliche Abhängigkeiten aufweisen und deren Modellbildung mittels **verteilter Parameter** erfolgt. Dabei sind die Systemgrößen Strom und Spannung zeitlich und örtlich abhängig. Verteilte Parameter werden bei Vorgängen in Betriebsmitteln verwendet, die als elektrisch lang bezeichnet werden können. Dabei müssen Laufzeiteffekte im Modell berücksichtigt werden, die man mittels verteilter Parametern erfassen kann. Anwendung findet diese Art der Modellbildung bei elektrisch langen Leitungen oder wenn das Hochfrequenzverhalten von Transformatoren untersucht werden soll (Beispiel dazu siehe Kapitel 9.4.4).

Abbildung 4.9 zeigt eine Übersicht zur Einteilung elektromagnetischer Ausgleichsvorgänge in Elektroenergiesystemen anhand der Parameter. Es wird unterschieden in Systeme mit konzentrierten und Systeme mit verteilten Parametern. In der Praxis ist eine so eindeutige Unterscheidung jedoch nicht immer möglich, da elektrische Netze Mischsysteme sein können, die aus konzentrierten und verteilten Parametern bestehen.

## 4.3 Fehlerarten im Netz

Durch Fehler wird der symmetrische Betrieb eines elektrischen Netzes gestört. Dies ist meist in diskreten Punkten des Netzes der Fall. Man unterscheidet dabei zwischen **Erdschlüssen** und **Kurzschlüssen**. Ein Erdschluß liegt vor, wenn in einem Netz mit freiem Sternpunkt mindestens ein Leiter leitend mit Erde verbunden ist. Ein Kurzschluß in einem elektrischen Netz ist dadurch charakterisiert, daß er praktisch widerstandslos oder mit sehr geringem Widerstand die zum Betriebsstromkreis gehörenden Anlagenteile überbrückt. Da die Widerstände eines Kurzschlußkreises sehr klein sind, ergibt sich eine sehr große thermische Belastung des Netzes.

Erd- und Kurzschlüsse liegen also vor, wenn die Betriebsisolation zu spannungsführenden Teilen überbrückt wird. Die Ursachen hierfür sind zahlreich. Übertemperaturen, als Folge unzulässig hoher Ströme, können zu Wärmedurchschlägen führen oder Überspannungen zu elektrischen Durchschlägen. In Freiluftschaltanlagen und an Freileitungen sind Rauhreif, Eis, Schnee, Nässe und Nebel besonders in Kombination mit verschmutzten Isolatoren weitere Störungsanlässe.

Bezüglich der Art der Fehler wird zwischen Längsfehlern und Querfehlern unterschieden. **Längsfehler** sind Unterbrechungen eines oder mehrerer Leiter oder die Zwischenschaltung von Übergangswiderständen in Reihe mit den Leiterwiderständen. Längsfehler verursachen Spannungsdifferenzen an den Enden der fehlerhaften Leiter links und rechts des Fehlerorts und führen zu Störungen in der Übertragung des Elektroenergiesystems. **Querfehler** sind alle Arten von Erdschlüssen und Kurzschlüssen, Abbildung 4.10. Die Kurzschlußströme betragen in der Regel ein Vielfaches der Nennströme elektrischer Betriebsmittel und verursachen daher eine hohe thermische und mechanische Beanspruchung der Elektroenergieanlagen. Die Art der Querfehler, die in elektrischen Anlagen und Netzen auftreten können, ergeben sich aus der Art des Netzes.

Grundsätzlich unterscheidet man zwischen Netzen mit freiem Sternpunkt und Netzen mit geerdetem Sternpunkt. Bei geerdeten Netzen kann die Erdung unmittelbar oder mittelbar über ohmsche und induktive Widerstände erfolgen. Eine mittelbare Erdung über eine auf die Erdkapazität des Netzes abgestimmte Drosselspule (Petersen-Spule) stellt einen Sonderfall dar. Die Art der Sternpunkterdung hat auf den Normalbetrieb keinerlei Einfluß. Bei einem nicht geerdeten Netz ändert sich die Stromverteilung nicht, wenn ein Isolationsfehler in einer Phase auftritt; die Anlage kann weiter betrieben werden. Es wird jedoch die Isolation der *gesunden* Phasen bei einem Erdschluß mit dem Maximalwert der Leiterspannung beansprucht, was bei der Auslegung der Anlage natürlich berücksichtigt werden muß. Der Fehler ist in angemessener Zeit zu beheben, da ein weiterer Fehler zum Doppelerdschluß (Kurzschluß) führt. Bei einem Netz mit geerdetem Sternpunkt (starr geerdeter Sternpunkt) führt jeder Isolationsfehler zu einer niederohmigen Erdschlußbahn, entsprechend einem hohen Erdschlußstrom, der sofort abgeschaltet werden muß, um die Betriebsmittel nicht zu gefährden. Eine Erhöhung der Spannung in den gesunden Phasen entfällt. Die Auswirkungen eines Erdschlusses auf den Netzbetrieb sind also abhängig von der Sternpunktbehandlung des Netzes.

Etwa 80% aller Fehler, die in Freileitungsnetzen vorkommen, treten in Form einpoliger Erdschlüsse auf. Ein *einpoliger Erdschluß* liegt dann vor, wenn nur ein Leiter leitend mit der Erde verbunden ist und der Sternpunkt des Netzes frei ist. Durch Erdkapazitäten und Ableitungswiderstände fließt hierbei ein Erdschlußstrom über die Fehlerstelle, der in Anlagen und Netzen über 1000 V praktische Bedeutung hat. Wenn zum gleichen Zeitpunkt zwei einpolige Erdschlüsse in verschiedenen Leitern und an unterschiedlichen Orten auftreten, spricht man von einem *Doppelerdschluß*. Der Grenzfall, daß die beiden Erdschlüsse am gleichen Ort auftreten, wird gesondert als *zweipoliger Kurzschluß mit Erdberührung* bezeichnet. Tritt die Verbindung zwischen zwei Leitern auf, wird der Fehler als *zweipoliger Kurzschluß ohne Erdberührung* bezeichnet. Diese Unterteilung wird auch bei *dreipoligen Kurzschlüssen* vorgenommen. Von einem sogenannten *dreipoligen satten Kurzschluß* wird gesprochen, wenn der Kurzschluß in allen drei Phasen ist und nicht über einen Lichtbogen läuft. Der dreipolige Kurzschluß ist ein Fehler, der die Symmetrie eines Energiesystems nicht beeinträchtigt. Ist der Sternpunkt des Netzes geerdet und tritt ein Fehler zwischen Leiter und Erde oder Leiter und Erdseil auf, so spricht man von einem *einpoligen Kurzschluß*.

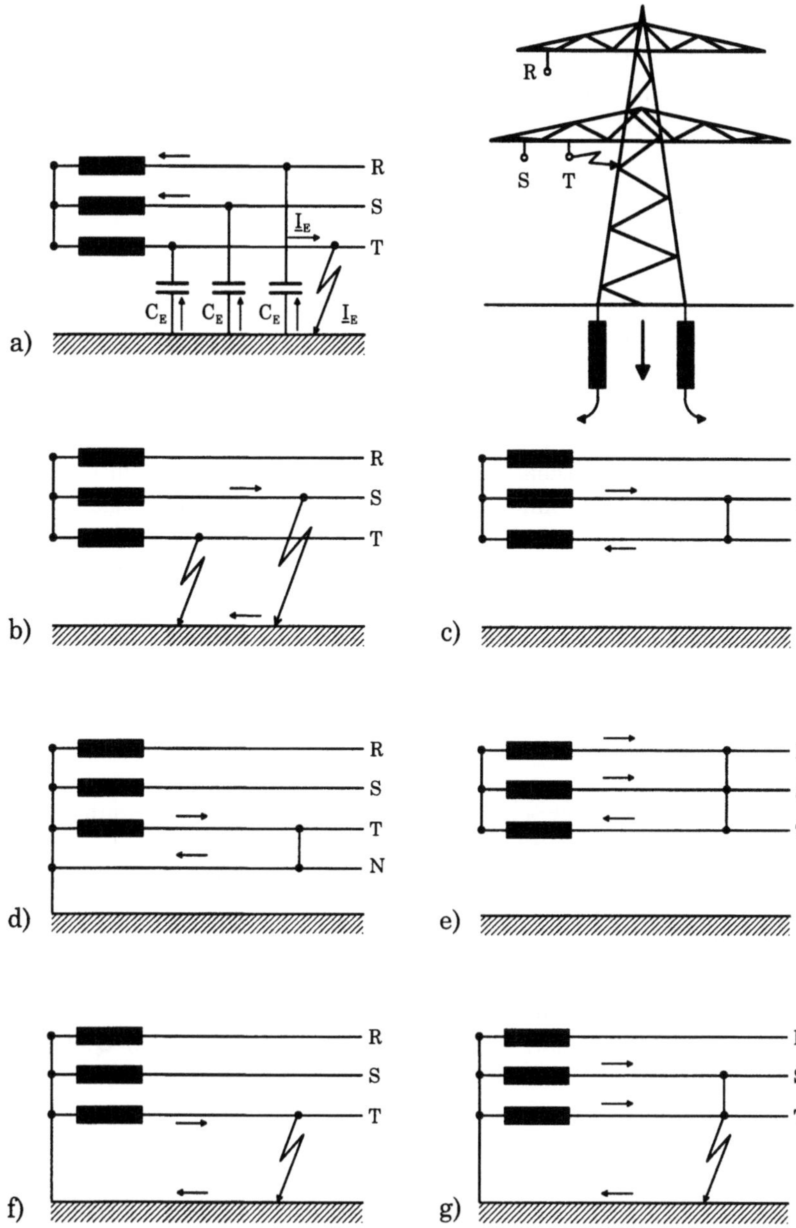


**Abbildung 4.10.** a) Einpoliger Erdschluß b) Doppelerdschluß c) Zweipoliger Kurzschluß d) Einpoliger Kurzschluß e) Dreipoliger Kurzschluß f) Einpoliger Kurzschluß g) Zweipoliger Kurzschluß mit Erdberührung

Die Betrachtung des Fehlerfalls Erdschluß ist für die Auslegung von Erdungsanlagen maßgebend. Der Fehlerfall dreipoliger Erdschluß wird zumeist für die Berechnung der thermischen und mechanischen Beanspruchung einer Anlage herangezogen /HAPO/.

## 4.4 Die Maxwellschen Gleichungen

Die Maxwellschen Gleichungen sind die Grundgleichungen elektromagnetischer Erscheinungen. Sie beschreiben elektrische und magnetische Felder und den Zusammenhang zwischen ihnen. Elektrische und magnetische Felder sind im mathematischen Sinn Vektorfelder. Ein Vektorfeld kann zwei Ursachen haben: *Quellen* und *Wirbel.* Quellen bzw. Senken sind Punkte oder Punkthaufen im Raum mit der Eigenschaft, daß in ihnen Feldlinien beginnen bzw. enden. Wirbel sind Linien oder Linienbündel im Raum mit der Eigenschaft, daß sich Feldlinien um die Wirbellinien schließen. Ein Vektorfeld $\mathbf{F}$ ist *quellenfrei*, wenn $\mathrm{div}\mathbf{F} = 0$, und *wirbelfrei*, wenn $\mathrm{rot}\mathbf{F} = 0$ gilt. Die Maxwellschen Gleichungen lassen sich demnach in Feldgleichungen und Kontinuitätsgleichungen unterteilen im Hinblick auf die Ursache des Feldes. Feldgleichungen ergeben sich ursächlich aus Wirbeln und Kontinuitätsgleichungen aus Quellen.

### 4.4.1 Die Integralsätze

Die Integralsätze von *Stokes* und *Gauß* ermöglichen die Umformung der Feldgleichungen von der Integralform in die Differentialform. Die Differentialform hat den Vorteil, daß sie in der mathematischen Formulierung besonders kurz und klar ist. Die Lösung der Feldgleichungen ist dennoch oftmals sehr schwierig, da es sich um Systeme inhomogener partieller gekoppelter Differentialgleichungen handelt. Lediglich die Tatsache, daß es sich um lineare Differentialgleichungen 1. Ordnung handelt, erleichtert das Lösen der Systeme, da man den Überlagerungssatz anwenden kann. Überlagern sich Quellen bzw. Wirbel, so überlagern sich somit auch deren Felder.

**Satz von Stokes**

$$\oint_S \mathbf{F} d\mathbf{s} = \int_A \mathrm{rot}\mathbf{F} d\mathbf{A} \tag{4.11}$$

**Satz von Gauß**

$$\oint_A \mathbf{F} d\mathbf{A} = \int_V \mathrm{div}\mathbf{F} dV \tag{4.12}$$

$\mathbf{F}$ steht ganz allgemein für ein stetig differenzierbares Vektorfeld. In der Gleichung (4.11) beschreibt der Vektor $\mathrm{rot}\mathbf{F}$ die differentielle Zirkulation von $\mathbf{F}$

um ein Flächenelement $d\mathbf{A}$. Der Skalar div$\mathbf{F}$ in der Gleichung (4.12) beschreibt den differentiellen Fluß von $\mathbf{F}$ aus einem Volumenelement $dV$.

Die folgenden Maxwellschen Gleichungen werden der Vollständigkeit halber sowohl in der Integralform als auch in der Differentialform angegeben.

### 4.4.2 Die Feldgleichungen

Wie bereits erwähnt, ergeben sich die Feldgleichungen aus der Beschreibung von Wirbeln. Betrachtet man eine zeitlich veränderliche magnetische Flußdichte $\mathbf{B}$, die durch eine Fläche $A$ tritt, so induziert sie ein elektrisches Wirbelfeld $\mathbf{E}$. Man spricht in diesem Zusammenhang vom **Induktionsgesetz**. $\mathbf{B}$ wird auch als magnetische Induktion bezeichnet, und $\mathbf{E}$ ist die elektrische Feldstärke. Die Umlaufspannung längs des Flächenrandes entspricht dabei der zeitlichen Ableitung des magnetischen Flusses durch die umschlossene Fläche.

$$\oint_S \mathbf{E}d\mathbf{s} = -\frac{\partial}{\partial t}\int_A \mathbf{B}d\mathbf{A} \tag{4.13}$$

$$\text{rot}\mathbf{E} = -\frac{\partial}{\partial t}\mathbf{B} \tag{4.14}$$

Ein elektrischer Strom, der durch eine Fläche $A$ tritt, verursacht ein magnetisches Wirbelfeld $\mathbf{H}$. Hier spricht man vom **Durchflutungsgesetz**. Der elektrische Strom setzt sich dabei aus der Leitungsstromdichte $\mathbf{J}$ und aus der Verschiebungsstromdichte $\frac{\partial}{\partial t}\mathbf{D}$ zusammen. $\mathbf{H}$ ist die magnetische Feldstärke.

$$\oint_S \mathbf{H}d\mathbf{s} = \int_A \left(\mathbf{J} + \frac{\partial}{\partial t}\mathbf{D}\right) d\mathbf{A} \tag{4.15}$$

$$\text{rot}\mathbf{H} = \mathbf{J} + \frac{\partial}{\partial t}\mathbf{D} \tag{4.16}$$

### 4.4.3 Die Kontinuitätsgleichungen

Die Kontinuitätsgleichungen beschreiben, im Gegensatz zu den Feldgleichungen, Quellen und nicht Wirbel. Betrachtet man ein von einer Hüllfläche umschlossenes Volumen $V$ und bildet das Integral über der Raumladungsdichte $\eta$, so erhält man einen Ausdruck für die eingeschlossene Ladung. Dies wird als **Satz vom Hüllenfluß** oder auch als **elektrische Kontinuitätsgleichung** bezeichnet.

$$\oint_A \mathbf{D}d\mathbf{A} = \int_V \eta dV \tag{4.17}$$

$$\mathrm{div}\mathbf{D} = \eta \tag{4.18}$$

Der Begriff der Kontinuitätsgleichung wird deutlicher, wenn man die elektrische Stromdichte im Volumen betrachtet:

$$\oint_A \left(\mathbf{J} + \frac{\partial}{\partial t}\mathbf{D}\right) d\mathbf{A} = 0$$

Dabei setzt sich die elektrische Stromdichte aus der Leitungsstromdichte und der Verschiebungsstromdichte zusammen. Man sieht aus der Gleichung, daß die elektrische Stromdichte quellenfrei ist. Das heißt, daß die Ladungen, die pro Zeiteinheit in ein Volumen eintreten, dieses auch an anderer Stelle wieder verlassen müssen.

Das magnetische Feld ist ebenfalls quellenfrei. Betrachtet man eine geschlossene Hüllfläche, so gibt es weder Quellen noch Senken in dem eingeschlossenen Volumen $V$. Das heißt, daß die magnetische Flußdichte $\mathbf{B}$, die auf der einen Seite durch die Hüllfläche eintritt, auf der anderen Seite wieder austreten muß. Dies wird als **magnetische Kontinuitätsgleichung** bezeichnet.

$$\oint_A \mathbf{B} d\mathbf{A} = 0 \tag{4.19}$$

$$\mathrm{div}\mathbf{B} = 0 \tag{4.20}$$

### 4.4.4 Die Materialgleichungen

Die in der Tabelle 4.5 aufgeführten Materialgleichungen verknüpfen je zwei elektrische oder magnetische Feldgrößen über die Eigenschaften der Materie miteinander. Dabei stellen die Leitfähigkeit $\kappa$, die Permeabilität $\mu$ und die Permittivität $\varepsilon$ jeweils eine Zuordnungsfunktion dar, die linear oder nichtlinear sein kann. Ebenso kann sie ortsabhängig, zeitabhängig und frequenzabhängig sein oder weitere Abhängigkeiten aufweisen. Auch für recht einfache Materie kann der Zusammenhang zwischen den Feldgrößen infolge von Ortsinhomogenitäten, Nichtlinearitäten, Hysterese und Verlusten oftmals nur graphisch oder numerisch angegeben werden. Die Materialgrößen $\varepsilon$, $\mu$ und $\kappa$ sind an dieser Stelle allgemein als statische Größen ruhender Materie eingeführt.

$$\mathbf{D} = \varepsilon\mathbf{E} \tag{4.21}$$

Die Gleichung (4.21) verknüpft zwei Feldgrößen des elektrischen Feldes miteinander, die Verschiebungsstromdichte $\mathbf{D}$ und die elektrische Feldstärke $\mathbf{E}$. Die Größe $\varepsilon$ ist eine Materialkonstante und wird als **Dielektrizitätskonstante** oder **Permittivität** bezeichnet. Betrachtet man die *Permittivität des Vakuums*, ergibt sich: $\varepsilon_0 = 8{,}8542 \cdot 10^{-12}\frac{As}{Vm}$. Die Permittivität aller anderen Nichtleiter ist größer als dieser Wert. Daher schreibt man: $\varepsilon = \varepsilon_0\varepsilon_r$.

Darin ist $\varepsilon_r$ die *Permittivitätszahl* oder *relative Dielektrizitätskonstante* des betreffenden Materials, wobei stets gilt: $\varepsilon_r > 1$ /KUEPF/.

$$\mathbf{B} = \mu \mathbf{H} \tag{4.22}$$

Zwei Feldgrößen des magnetischen Feldes werden in Gleichung (4.22) einander zugeordnet. **B** ist dabei die magnetische Induktion und **H** die magnetische Feldstärke. Die Größe $\mu$ wird als **Permeabilität** bezeichnet und ist vom Material abhängig. Man schreibt: $\mu = \mu_0 \mu_r$. Darin ist $\mu_0 = 4\pi \cdot 10^{-7} \frac{Vs}{Am}$ die *Induktionskonstante* oder auch *Permeabilität im leeren Raum*. Der Faktor $\mu_r$ wird als *relative Permeabilitätszahl* bezeichnet und ist im leeren Raum zu $\mu_r = 1$ gesetzt. Damit gibt er an, um wieviel sich die magnetische Induktion im Material im Vergleich zum leeren Raum unterscheidet /KUEPF/.

$$\mathbf{J} = \kappa \mathbf{E} \tag{4.23}$$

Gleichung (4.23) schließlich beschreibt ein Strömungsfeld. **J** ist die Leitungsstromdichte und **E** die elektrische Feldstärke. $\kappa$ ist die **elektrische** oder auch **ohmsche Leitfähigkeit**.

**Tabelle 4.4.** Die Maxwellschen Gleichungen

| | Integralform | Differentialform |
|---|---|---|
| Induktionsgesetz | $\oint_S \mathbf{E} d\mathbf{s} = -\frac{\partial}{\partial t} \int_A \mathbf{B} d\mathbf{A}$ | $\text{rot}\mathbf{E} = -\frac{\partial}{\partial t}\mathbf{B}$ |
| Durchflutungsgesetz | $\oint_S \mathbf{H} d\mathbf{s} = \int_A \left(\mathbf{J} + \frac{\partial}{\partial t}\mathbf{D}\right) d\mathbf{A}$ | $\text{rot}\mathbf{H} = \mathbf{J} + \frac{\partial}{\partial t}\mathbf{D}$ |
| Satz vom Hüllenfluß | $\oint_A \mathbf{D} d\mathbf{A} = \int_V \eta dV$ | $\text{div}\mathbf{D} = \eta$ |
| magnetische Kontinuitätsgleichung | $\oint_A \mathbf{B} d\mathbf{A} = 0$ | $\text{div}\mathbf{B} = 0$ |

**Tabelle 4.5.** Die Materialgleichungen

| | | |
|---|---|---|
| $\mathbf{D} = \varepsilon \mathbf{E}$ | $\mathbf{B} = \mu \mathbf{H}$ | $\mathbf{J} = \kappa \mathbf{E}$ |

# 5. Einfache Ausgleichsvorgänge

## 5.1 Konzentrierte Elemente und Energiespeicher

Zur mathematischen Modellbildung elektromagnetischer Ausgleichsvorgänge versucht man, die physikalisch meßbaren Vorgänge eines Systems durch ein vereinfachtes Ersatzschaltbild hinreichend genau anzunähern. Ziel ist es, das stationäre und transiente Verhalten von Betriebsmitteln durch geeignete Anordnung der konzentrierten Elemente Widerstand $R$, Induktivität $L$ und Kapazität $C$ in Ersatzschaltbildern nachzubilden.

Die Elemente Induktivität und Kapazität sind elektromagnetische Energiespeicher. Die Induktivität speichert Energie im magnetischen Feld, die Kapazität im elektrischen Feld. Die magnetische Energie einer Induktivität und die elektrische Energie einer Kapazität lassen sich folgendermaßen berechnen:

$$W_m = \frac{1}{2} L \cdot i^2 \qquad \text{und} \qquad W_e = \frac{1}{2} C \cdot u^2$$

Ändert sich der Strom $i$ an einer Induktivität, so ändert sich im gleichen Maße auch die zur Induktivität $L$ gehörende magnetische Energie $W_m$. Dies ist zum Beispiel bei einem Schaltvorgang in einem RL-Glied der Fall. Dabei ruft die Änderung des Stroms an der Induktivität eine Gegenspannung der Größe $u = L \cdot \frac{di}{dt}$ hervor. Eine sprungförmige Änderung des Stroms hätte somit eine unendlich hohe Spannung zur Folge. Dies ist physikalisch ebenso unmöglich wie eine sprungförmige Änderung der magnetischen Energie $W_m$.

Betrachtet man dieselbe Situation an einem Kondensator, so ändert sich die im Kondensator $C$ gespeicherte elektrische Energie $W_e$, wenn sich die Kondensatorspannung $u = \frac{Q}{C}$ ändert. $Q$ bezeichnet die elektrische Ladung. Für den Spannungsgradienten gilt dann:

$$\frac{du}{dt} = \frac{1}{C} \cdot \frac{dQ}{dt} = \frac{i}{C}$$

Eine sprungförmige Änderung der Spannung als Antwort einer Schalthandlung kann nur dann auftreten, wenn ein unendlich großer Strom $i$ fließt. Physikalisch ist weder eine sprunghafte Änderung der Kondensatorspannung noch der elektrisch gespeicherten Energie möglich.

Zusammenfassend kann man sagen, daß ein elektromagnetischer Ausgleichsvorgang ein über eine Zeit hinweg betrachteter Energieaustausch unter Energiespeichern ist, da sprunghafte Änderungen der Energie physikalisch nicht möglich sind. Man spricht auch von einem **transienten Vorgang**. Dabei gilt zu jedem Zeitpunkt des Vorgangs der Energieerhaltungssatz, demzufolge Energie weder entstehen kann noch vernichtet werden kann. Es ist nur die Umwandlung der Energie von einer Energieform in eine andere möglich.

Zu erwähnen bleibt noch ein grundlegendes konzentriertes Element, der ohmsche Widerstand $R$. Er bewirkt die Umwandlung elektrischer Energie in Wärme. Man kann schreiben:

$$\frac{dW_R}{dt} = R \cdot i^2$$

Die Tabelle 5.1 zeigt eine Übersicht der zur Modellbildung benötigten Gleichungen der grundlegenden konzentrierten und idealisierten Elemente Widerstand $R$, Induktivität $L$ und Kapazität $C$.

**Tabelle 5.1.** Differentialgleichungen der grundlegenden konzentrierten Elemente zur mathematischen Modellbildung

| | 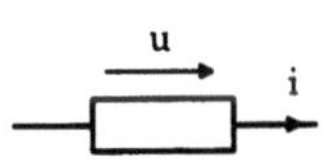 Widerstand $R$ | 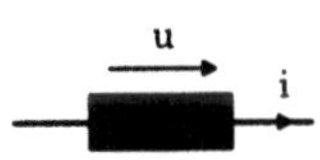 Induktivität $L$ | 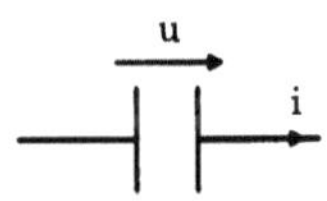 Kapazität $C$ |
|---|---|---|---|
| Spannung | $u = R \cdot i$ | $u = L \cdot \frac{di}{dt}$ | $u = \frac{1}{C} \int i dt + u(0)$ |
| Strom | $i = \frac{1}{R} \cdot u$ | $i = \frac{1}{L} \int u dt + i(0)$ | $i = C \cdot \frac{du}{dt}$ |
| Leistung / Energie | $\frac{dW_R}{dt} = R \cdot i^2$ | $W_m = \frac{1}{2} L \cdot i^2$ | $W_e = \frac{1}{2} C \cdot u^2$ |

## 5.2 Elektrische Kreise mit einem Energiespeicher

Kombiniert man einen Energiespeicher (Induktivität oder Kapazität) mit einem ohmschen Widerstand, zeigt sich die dämpfende Eigenschaft des Widerstandes. Für jedes dieser Glieder (RL- und RC-Glied) ergibt sich eine Dämpfungskonstante $\tau$, die auch allgemein als Zeitkonstante bezeichnet wird. Grundlage der Berechnung dynamischer Ausgleichsvorgänge sind die Kirchhoffschen Sätze (Knotenregel und Maschenregel). Zur Lösung der hiermit aufgestellten Differentialgleichungen wird im folgenden der Überlagerungssatz verwendet.

### 5.2.1 RL-Glied an Gleichspannungsquelle

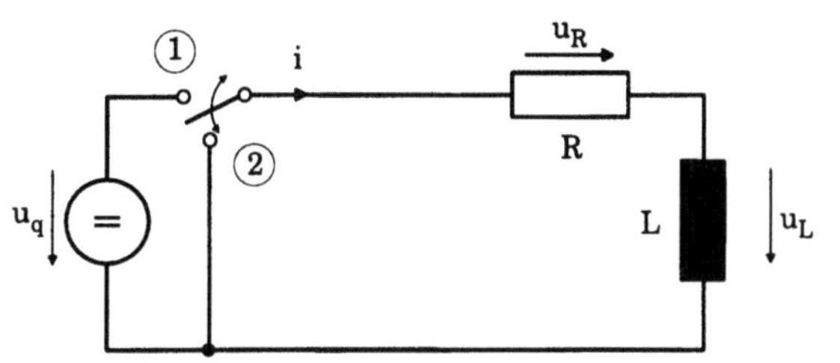


**Abbildung 5.1.** RL-Glied an Gleichspannungsquelle

Ein RL-Glied an einer Gleichspannungsquelle ist in Abbildung 5.1 gegeben. In der Schalterposition 1 läßt sich die Schaltung durch folgende Differentialgleichung beschreiben:

$$\frac{di}{dt} + \frac{R}{L} \cdot i = \frac{u_q}{L} \tag{5.1}$$

**Einschalten**
Zum Zeitpunkt $t = 0$ wird das RL-Glied an die Gleichspannung $u_q = U_0$ für $t \geq 0$ gelegt. Im Einschaltaugenblick gilt $i(0) = 0$. Unter Verwendung des Überlagerungssatzes kann man diesen Vorgang in zwei Vorgänge zerlegen: Einen Ausgleichsvorgang und einen stationären Zustand. Die Ströme, die den beiden Vorgängen zugeordnet sind, werden im folgenden als Ausgleichsstrom $i''$ und Dauerstrom $i'$ bezeichnet. Damit erhält man aus der Differentialgleichung (5.1) die zwei folgenden Differentialgleichungen:

$$\frac{di''}{dt} + \frac{R}{L} \cdot i'' = 0 \tag{5.2}$$

$$\frac{di'}{dt} + \frac{R}{L} \cdot i' = \frac{U_0}{L} \tag{5.3}$$

Durch Trennen der Veränderlichen $i$ und $t$, anschließende Integration über beide und unter Beachtung der Anfangsbedingung $i(0) = 0$ für $t = 0$ wird die homogene Differentialgleichung (5.2) gelöst. Dies ist bereits aus dem mathematischen Teil des Buches bekannt. Man erhält:

$$\ln i'' = -\frac{R}{L} \cdot t + const$$

$$i'' = e^{const} \cdot e^{-\frac{R}{L} \cdot t} = K \cdot e^{-\frac{R}{L} \cdot t} = K \cdot e^{-\frac{t}{\tau}}$$

Die Dämpfungskonstante des RL-Gliedes ergibt sich somit zu:

$$\tau = \frac{L}{R} \tag{5.4}$$

Die inhomogene Differentialgleichung (5.3) hat folgende partikuläre Lösung:

$$i' = \frac{U_0}{R} = I_\infty \tag{5.5}$$

Die Lösung der Differentialgleichung (5.1) läßt sich nun allgemein angeben durch:

$$i = K \cdot e^{-\frac{t}{\tau}} + I_\infty$$

Mit der Anfangsbedingung $i(0) = 0$ ergibt sich für die Konstante $K = -I_\infty$.

$$i'' = -\frac{U_0}{R} \cdot e^{-\frac{t}{\tau}} = -I_\infty \cdot e^{-\frac{t}{\tau}} \tag{5.6}$$

Der Gesamtstrom ergibt sich schließlich mittels des Überlagerungssatzes zu:

$$i = i' + i'' = I_\infty \cdot (1 - e^{-\frac{t}{\tau}}) \tag{5.7}$$

Der Anteil des Ausgleichsstroms $i''$ am Gesamtstrom klingt mit der Zeitkonstanten $\tau$ exponentiell ab. Ist der Ausgleichsvorgang abgeschlossen, fließt nur noch der Dauerstrom $i' = I_\infty$ im Kreis, der den stationären Zustand charakterisiert.

Die Spannungsabfälle über dem Widerstand $u_R$ und der Induktivität $u_L$ addieren sich zur Gleichspannung $U_0$, die am RL-Glied anliegt. Dabei ist der Spannungsabfall über dem Widerstand proportional zum Gesamtstrom (Ohmsches Gesetz). In Kapitel 5.2.3 werden die Verläufe der Spannungsabfälle $u_R$ und $u_L$ noch eingehend betrachtet und diskutiert.

**Ausschalten (entspricht einem Kurzschluß)**
Allgemein gilt beim Kurzschließen (Schalterposition 2) eines RL-Gliedes zum Zeitpunkt $t = 0$: $u_q = 0$ für $t \geq 0$ und $i(0) = I_0$. Darin ist $I_0$ der Strom, der im Schaltaugenblick im Kreis fließt. Mit diesen Anfangsbedingungen ergibt sich die Differentialgleichung (5.8) und ihre Lösung (5.9).

$$\frac{di}{dt} + \frac{R}{L} \cdot i = 0 \tag{5.8}$$

$$i = I_0 \cdot e^{-\frac{t}{\tau}} \tag{5.9}$$

Der Verlauf des Stroms ist mit $\tau$ exponentiell abklingend. $i$ ist der aus Gleichung (5.6) bereits bekannte Ausgleichsstrom $i''$, nur mit entgegengesetztem Vorzeichen für den Fall, daß es sich um identische Kreise handelt. Ein stationärer Strom $i'$ fließt nicht, da nach endlicher Zeit der Energiespeicher entladen ist und keine treibende Spannung mehr anliegt. Die Bezeichnungen für die beschriebenen Ströme lehnen sich an die Vorgaben von *Rüdenberg* an. /RUEDS/

Da bei einem Kurzschluß keine Spannung mehr am RL-Glied anliegt, addieren sich die Spannungsabfälle über dem Widerstand $u_R$ und der Induktivität $u_L$ zu null. Die Verläufe der Spannungsabfälle sind in Kapitel 5.2.3 dargestellt.

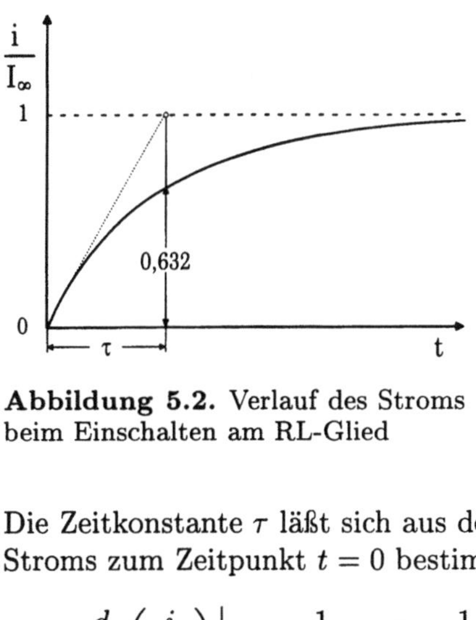


**Abbildung 5.2.** Verlauf des Stroms beim Einschalten am RL-Glied

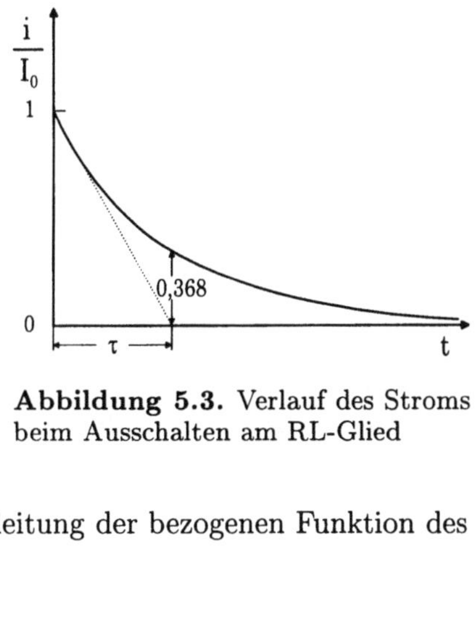


**Abbildung 5.3.** Verlauf des Stroms beim Ausschalten am RL-Glied

Die Zeitkonstante $\tau$ läßt sich aus der Ableitung der bezogenen Funktion des Stroms zum Zeitpunkt $t = 0$ bestimmen.

$$\left.\frac{d}{dt}\left(\frac{i}{I_\infty}\right)\right|_{t=0} = \frac{1}{\tau} \cdot e^{-\frac{t}{\tau}} = \frac{1}{\tau}$$

Es ergibt sich eine Tangente, deren Schnittpunkt mit der Horizontalen $\frac{i}{I_\infty} = 1$ die Zeitkonstante bestimmt. In Abbildung 5.2 ist der Wert der bezogenen Funktion des Stroms zum Zeitpunkt $t = \tau$ eingezeichnet.

$$\left.\frac{i}{I_\infty}\right|_{t=\tau} = 1 - e^{-1} = 0,632 \qquad \left.\frac{i}{I_0}\right|_{t=\tau} = e^{-1} = 0,368$$

Beim Ausschaltvorgang wird die Zeitkonstante $\tau$ durch die Subtangente und deren Schnittpunkt mit der $t$-Achse bestimmt. Damit ergibt sich der in Abbildung 5.3 eingezeichnete Wert der bezogenen Funktion des Stroms zum Zeitpunkt $t = \tau$.

### 5.2.2 RC-Glied an Gleichspannungsquelle

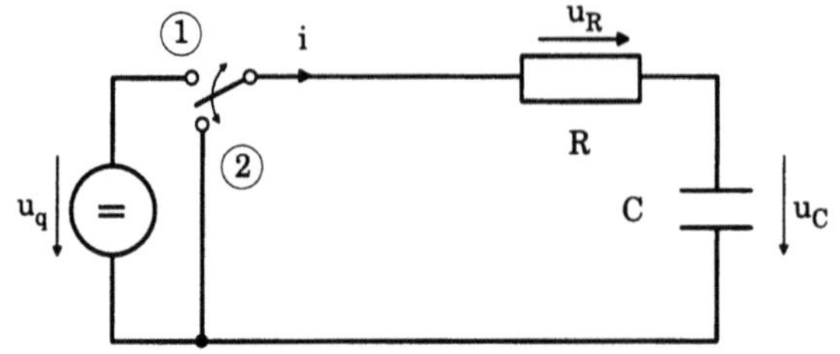


**Abbildung 5.4.** RC-Glied an Gleichspannungsquelle

In Abbildung 5.4 ist ein RC-Glied an einer Gleichspannungsquelle dargestellt.

**Aufladen des Kondensators**
Zum Zeitpunkt $t = 0$ wird das RC-Glied an die Gleichspannungsquelle angelegt (Schalterposition 1). Es gilt: $u_q = U_0$ für $t \geq 0$ und $u_C(t = 0) = 0$. Auch hier kann man den Aufladevorgang unter Verwendung des Überlagerungssatzes in zwei Vorgänge zerlegen: Einen Ausgleichsvorgang und einen stationären Zustand. Die den beiden Vorgängen zugeordneten Spannungen sind mit $u''$ und $u'$ bezeichnet. Die Differentialgleichungen, die beide Vorgänge beschreiben, haben folgende Form:

$$\frac{du''_C}{dt} + \frac{1}{RC} \cdot u''_C = 0 \tag{5.10}$$

$$\frac{du'_C}{dt} + \frac{1}{RC} \cdot u'_C = \frac{U_0}{RC} \tag{5.11}$$

Die Lösungen sind gegeben durch:

$$u''_C = -U_0 \cdot e^{-\frac{t}{\tau}} \tag{5.12}$$

$$u'_C = U_0 \tag{5.13}$$

wobei für die zugehörige Dämpfungskonstante folgendes gilt:

$$\tau = RC \tag{5.14}$$

Wie bereits beim RL-Glied auf den Strom angewendet, so kann man auch hier den Überlagerungssatz auf die Spannungen anwenden und erhält für die Gesamtspannung:

$$u_C = u'_C + u''_C = U_0 \cdot (1 - e^{-\frac{t}{\tau}}) \tag{5.15}$$

Dabei bezeichnet $u''$ die Ausgleichsspannung, die nach dem Einschalten am Kondensator auftritt und langsam exponentiell abnimmt, und $u'$ die Dauerspannung, die im stationären Zustand am Kondensator anliegt.

Der Strom während des Aufladevorgangs ist definiert durch:

$$i = \frac{U_0}{R} \cdot e^{-\frac{t}{\tau}} \tag{5.16}$$

Er ist proportional zum Spannungsabfall über dem Widerstand $u_R$ (Ohmsches Gesetz). In Kapitel 5.2.3 werden die Verläufe der Spannungsabfälle $u_R$ und $u_C$ noch eingehend betrachtet und im Hinblick auf den Energiespeicher diskutiert.

**Entladen des Kondensators**

Schließt man nun den Kondensator zum Zeitpunkt $t = 0$ kurz, gilt: $u_q = 0$ für $t \geq 0$ und $u_C(t = 0) = U_0$. Der Entladevorgang läßt sich durch die Differentialgleichung (5.17) beschreiben.

$$\frac{du_C}{dt} + \frac{1}{RC} \cdot u_C = 0 \tag{5.17}$$

Die Lösung der Gleichung ist:

$$u_C = U_0 \cdot e^{-\frac{t}{\tau}} \tag{5.18}$$

Auch hier sieht man, daß der Verlauf der Spannung mit $\tau$ exponentiell abklingt. $u_C$ ist die aus der Gleichung (5.12) bereits bekannte Ausgleichsspannung $u''$, nur mit entgegengesetztem Vorzeichen. Eine Dauerspannung $u'$ liegt nicht am Kondensator an, da nach endlicher Zeit der Energiespeicher entladen ist. Der Strom während des Entladevorgangs ist definiert durch:

$$i = -\frac{U_0}{R} \cdot e^{-\frac{t}{\tau}} \tag{5.19}$$

Er fließt also in die zum Aufladevorgang entgegengesetzte Richtung.

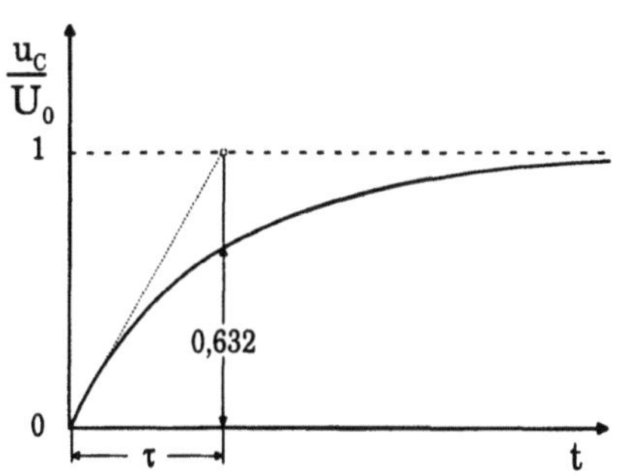


**Abbildung 5.5.** Verlauf der Spannung beim Einschalten am RC-Glied

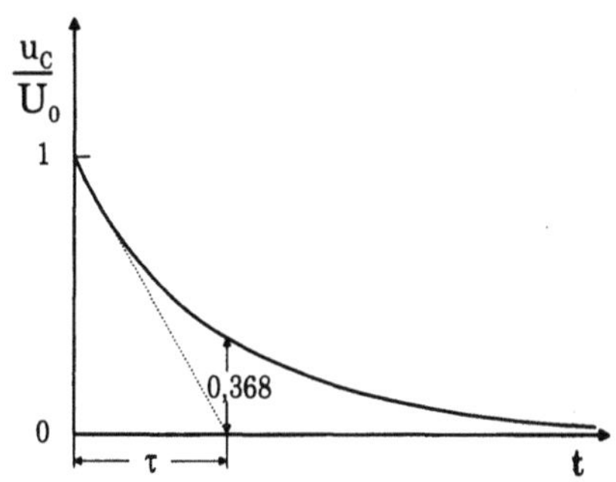


**Abbildung 5.6.** Verlauf der Spannung beim Ausschalten am RC-Glied

**Tabelle 5.2.** RL-Glied an Gleichspannung

<table>
<tr><td>Einschalten<br>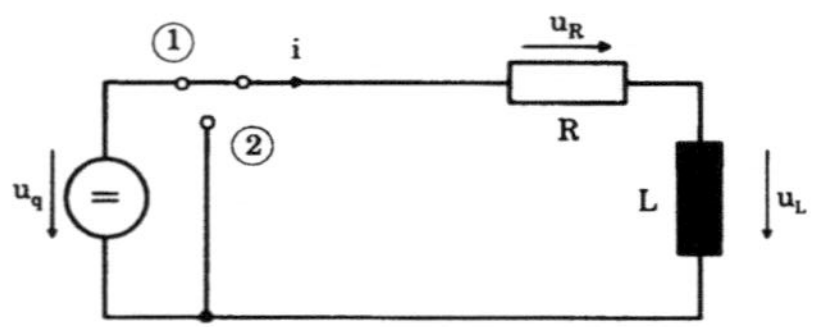<br>$\tau = \frac{L}{R}$<br>im Schaltaugenblick $t = 0$ gilt: $u_q = U_0$ und $i(0) = 0$</td><td>Ausschalten (entspricht einem Kurzschluß)<br>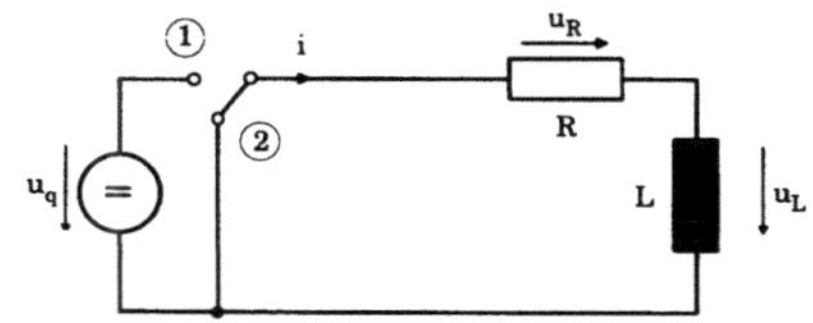<br>$\tau = \frac{L}{R}$<br>im Schaltaugenblick $t = 0$ gilt: $u_q = 0$ und $i(0) = I_0$</td></tr>
<tr><td>$\frac{di''}{dt} + \frac{R}{L} \cdot i'' = 0$ und $\frac{di'}{dt} + \frac{R}{L} \cdot i' = \frac{U_0}{L}$</td><td>$\frac{di}{dt} + \frac{R}{L} \cdot i = 0$</td></tr>
<tr><td>$i'' = -\frac{U_0}{R} \cdot e^{-\frac{t}{\tau}} = -I_\infty \cdot e^{-\frac{t}{\tau}}$ und $i' = \frac{U_0}{R} = I_\infty$<br>$i = i' + i'' = I_\infty \cdot (1 - e^{-\frac{t}{\tau}})$</td><td>$i = I_0 \cdot e^{-\frac{t}{\tau}}$</td></tr>
<tr><td>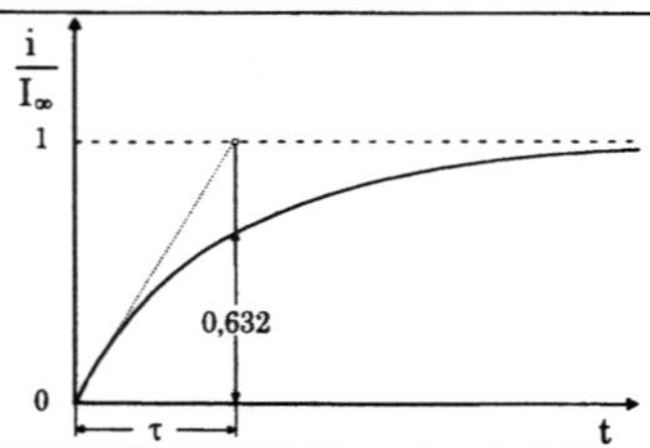</td><td>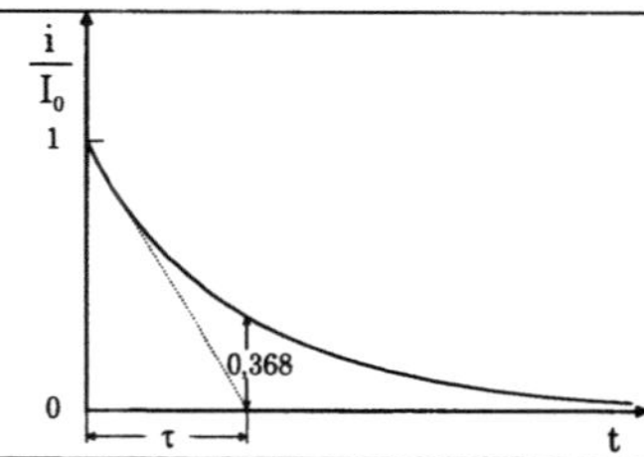</td></tr>
</table>

**Tabelle 5.3.** RC-Glied an Gleichspannung

| Aufladen des Kondensators | Entladen des Kondensators |
|---|---|
| 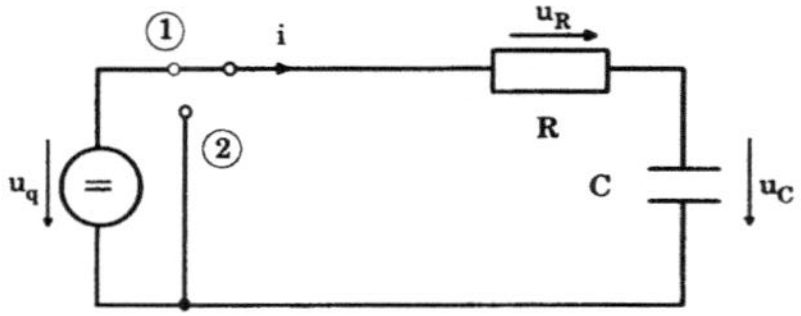  $\tau = RC$ | 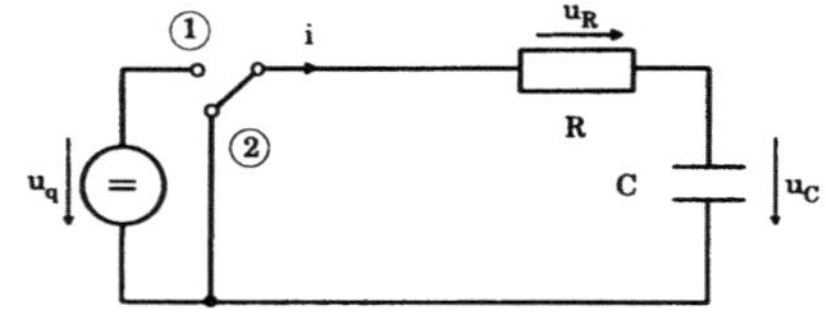  $\tau = RC$ |
| im Schaltaugenblick $t = 0$ gilt: $u_q = U_0$ und $u_C(0) = 0$ | im Schaltaugenblick $t = 0$ gilt: $u_q = 0$ und $u_C(0) = U_0$ |
| $\frac{du''_C}{dt} + \frac{1}{RC} \cdot u''_C = 0$ und $\frac{du'_C}{dt} + \frac{1}{RC} \cdot u'_C = \frac{U_0}{RC}$ | $\frac{du_C}{dt} + \frac{1}{RC} \cdot u_C = 0$ |
| $u''_C = -U_0 \cdot e^{-\frac{t}{\tau}}$ und $u'_C = U_0$ <br> $u_C = u'_C + u''_C = U_0 \cdot (1 - e^{-\frac{t}{\tau}})$ | $u_C = U_0 \cdot e^{-\frac{t}{\tau}}$ |
| 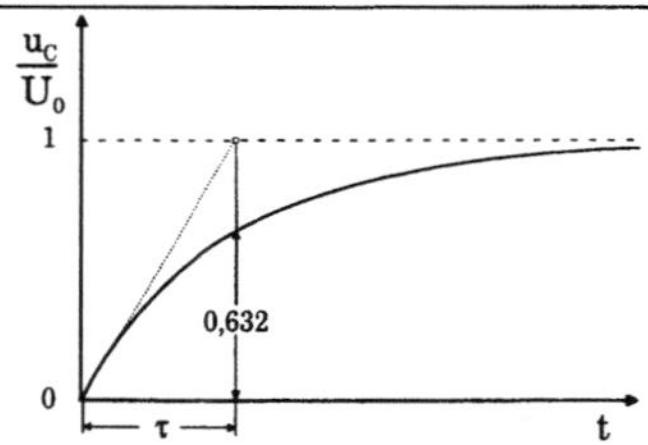  | 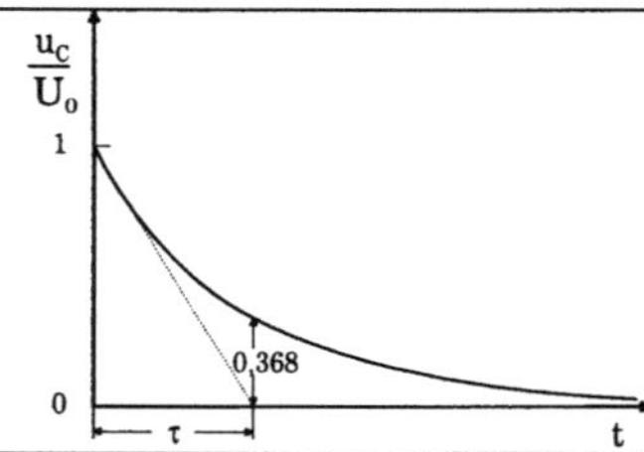  |

### 5.2.3 Vergleich des Verhaltens der Energiespeicher L und C

**Verhalten des Energiespeichers L im RL-Glied**

In Abbildung 5.7 ist erneut ein RL-Glied dargestellt, das zum Zeitpunkt $t_{ein} = 1$ ms mit der Spannung $U_{ein} = 100$ V beaufschlagt und zum Zeitpunkt $t_{aus} = 11$ ms kurzgeschlossen wird.

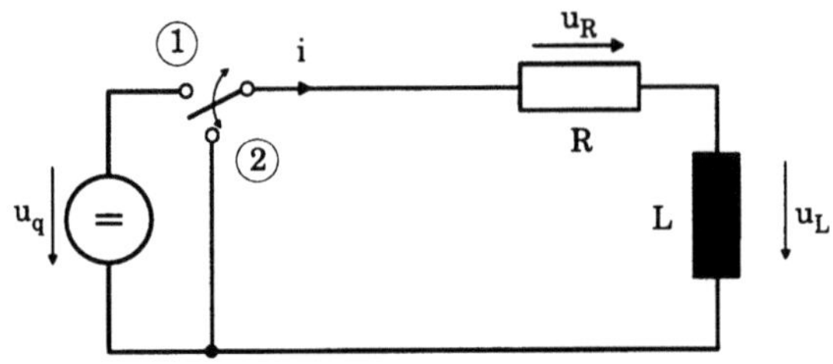


$$\tau = \frac{L}{R}$$

$$W_m = \frac{1}{2} \cdot Li^2$$

**Abbildung 5.7.** RL-Glied an Gleichspannungsquelle

Das RL-Glied ist durch die folgenden Werte charakterisiert:

$$U_{ein} = 100 \text{ V} \qquad R = 100\ \Omega \qquad L = 100 \text{ mH}$$

**Schalterposition 1:** $t_{ein} = 1$ ms mit $U_{ein} = 100$ V

$U_{ein}$ wird auf den Kreis geschaltet. Mit Hilfe der Maschenregel gilt im Schaltaugenblick für den Kreis:

$$u_R + u_L = U_{ein}$$

Die Spule wirkt im ersten Augenblick als Leerlauf, das heißt, die Spannung $U_{ein}$ fällt komplett über der Induktivität ab. Da die Energie stetig sein muß, erzwingt sie die Stetigkeit des Stroms im Schaltaugenblick. Der Strom ist gleich null und bleibt es somit.

$$i(t_{ein}) = 0 \text{ A} \qquad u_R(t_{ein}) = 0 \text{ V} \qquad u_L(t_{ein}) = 100 \text{ V}$$

Nach dem Schaltaugenblick beginnt der Strom im Kreis genauso wie die Spannung über dem Widerstand exponentiell mit $\tau$ zu steigen. Beim Erreichen des stationären Zustands wirkt die Spule wie ein Kurzschluß, und die gesamte Spannung fällt über dem Widerstand ab.

$$i(t >> t_{ein}) = I_{max} \qquad \begin{aligned} u_R(t >> t_{ein}) &= 100 \text{ V} \\ u_L(t >> t_{ein}) &= 0 \text{ V} \end{aligned}$$

**Schalterposition 2:** $t_{aus} = 11$ ms mit $U_{ein} = 100$ V
$U_{ein}$ wird abgeschaltet. Im Schaltaugenblick gilt somit für den Kreis:

$$u_R + u_L = 0$$

Wieder läßt sich über die Stetigkeitsbedingung der Energie das Verhalten des Kreises begründen. Der Strom muß im Schaltaugenblick stetig bleiben, folglich bleibt die Stromrichtung erhalten, und der Strom klingt anschließend exponentiell mit $\tau$ ab. Die Spannung hingegen kann springen. An der Induktivität springt die Spannung auf den betragsmäßig gleich großen, jedoch negativen Wert der Spannung am Widerstand, sie addieren sich somit zu null. Danach klingen beide Spannungen exponentiell mit $\tau$ ab.

$$i(t_{aus}) = I_{max} \qquad \begin{aligned} u_R(t_{aus}) &= \phantom{-}100 \text{ V} \\ u_L(t_{aus}) &= -100 \text{ V} \end{aligned}$$

Die graphische Darstellung der Spannungsverläufe und des Stromverlaufs ist den Abbildungen 5.8 und 5.9 maßstäblich zu entnehmen.

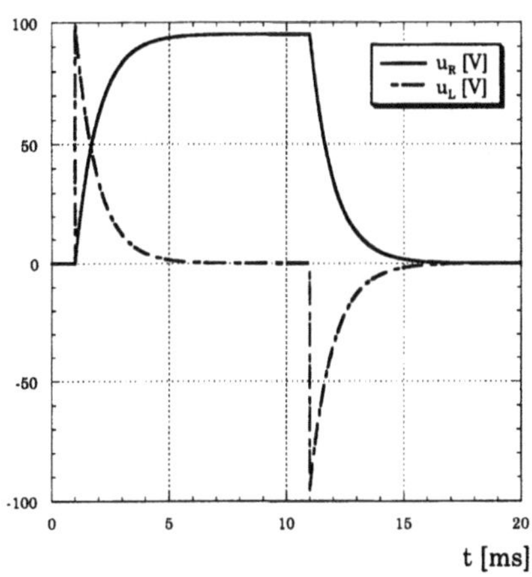


**Abbildung 5.8.** Verlauf der Spannungen $u_R$ und $u_L$ am RL-Glied an Gleichspannung

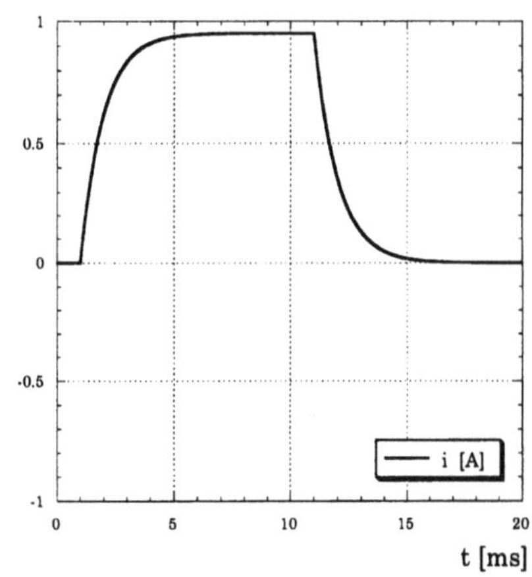


**Abbildung 5.9.** Verlauf des Stroms $i$ im RL-Glied an Gleichspannung

## Verhalten des Energiespeichers C im RC-Glied

Das RC-Glied in Abbildung 5.10 wird mit der Spannung $U_{ein} = 100$ V zum Zeitpunkt $t_{ein} = 1$ ms aufgeladen und zum Zeitpunkt $t_{aus} = 11$ ms abgeschaltet.

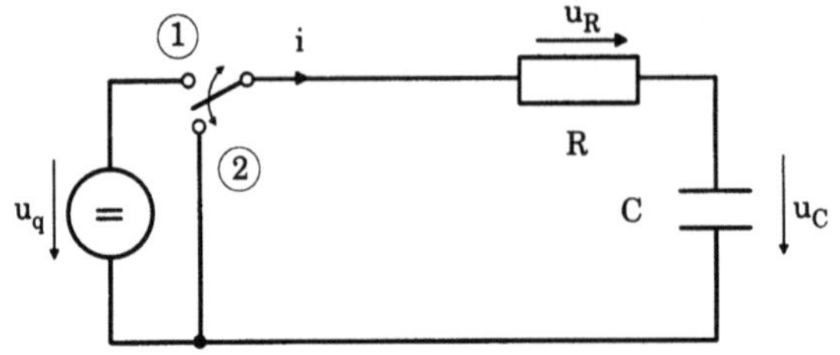


$$\tau = RC$$

$$W_e = \frac{1}{2} \cdot Cu^2$$

**Abbildung 5.10.** RC-Glied an Gleichspannungsquelle

Das RC-Glied ist durch die folgenden Werte charakterisiert:

$$U_{ein} = 100 \text{ V} \qquad R = 100\ \Omega \qquad C = 10\ \mu\text{F}$$

**Schalterposition 1:** $t_{ein} = 1$ ms mit $U_{ein} = 100$ V
$U_{ein}$ wird auf den Kreis geschaltet. Unter Anwendung der Maschenregel gilt im Schaltaugenblick:

$$u_R + u_C = U_{ein}$$

Der Kondensator wirkt im ersten Augenblick als Kurzschluß, das heißt, die Spannung $U_{ein}$ fällt komplett über dem Widerstand ab. Da die Energie stetig sein muß, erzwingt sie in diesem Fall die Stetigkeit der Spannung im Schaltaugenblick. Der Strom springt sofort auf seinen maximalen Wert im Kreis.

$$i(t_{ein}) = I_{max} \qquad u_R(t_{ein}) = 100 \text{ V} \qquad u_C(t_{ein}) = 0 \text{ V}$$

Nach dem Schaltaugenblick beginnt der Strom im Kreis genauso wie die Spannung über dem Widerstand exponentiell mit $\tau$ abzufallen. Im stationären Zustand wird der Kondensator dann zum Leerlauf, und die gesamte Spannung fällt über dem Kondensator ab.

$$i(t >> t_{ein}) = 0 \text{ A} \qquad \begin{aligned} u_R(t >> t_{ein}) &= 0 \text{ V} \\ u_C(t >> t_{ein}) &= 100 \text{ V} \end{aligned}$$

**Schalterposition 2:** $t_{aus} = 11$ ms mit $U_{ein} = 100$ V
$U_{ein}$ wird abgeschaltet. Im Schaltaugenblick gilt somit für den Kreis:

$$u_R + u_C = 0$$

Auch hier läßt sich das Verhalten des Kreises über die Stetigkeitsbedingung der Energie begründen. Beim RC-Glied bleibt die Gesamtspannung im Schaltaugenblick stetig. Folglich bleibt die Spannung am Kondensator (dem Energiespeicher) im Schaltaugenblick stetig und klingt anschließend exponentiell ab. Am Widerstand hingegen ist die abfallende Spannung $u_R$ proportional zum Strom $i$ im Kreis. Die Spannung am Widerstand springt auf den betragsmäßig gleich großen, jedoch negativen Wert der Spannung am Kondensator; sie addieren sich somit zu null. Der Strom springt in diesem Moment von null auf seinen negativen maximalen Wert. Im Vergleich zu vorher hat der Strom seine Stromrichtung im Kreis geändert. Im weiteren Verlauf klingen sowohl die beiden Spannungen als auch der Strom exponentiell mit $\tau$ ab.

$$i(t_{aus}) = -I_{max} \qquad u_R(t_{aus}) = -100\ \text{V}$$
$$u_C(t_{aus}) = 100\ \text{V}$$

Die graphische Darstellung der Spannungs- und Strom-Verläufe ist den Abbildungen 5.11 und 5.12 maßstäblich zu entnehmen.

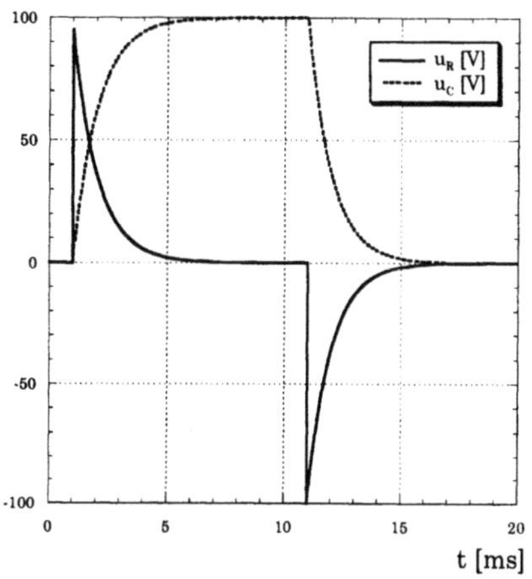


**Abbildung 5.11.** Verlauf der Spannungen $u_R$ und $u_C$ am RC-Glied an Gleichspannung

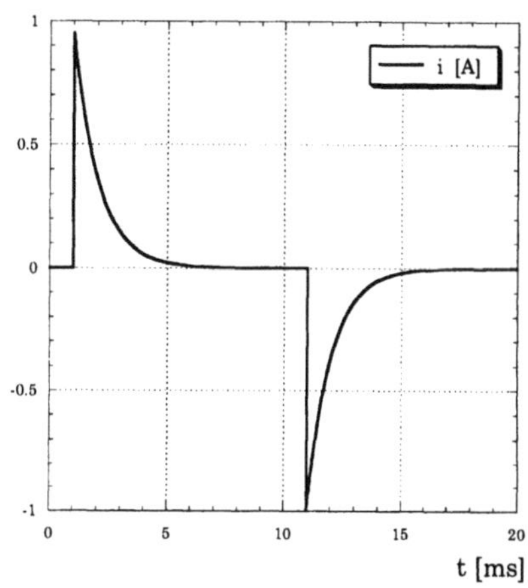


**Abbildung 5.12.** Verlauf des Stroms $i$ im RC-Glied an Gleichspannung

## Zusammenfassung

Vergleicht man nun die beiden Kreise miteinander, stellt man fest, daß für das unterschiedliche Verhalten die Energiespeicher verantwortlich sind. Die Spule verhält sich im Schaltaugenblick wie ein Leerlauf und der Kondensator wie ein Kurzschluß. Die Spule wird in der Folge im Kreis zum Kurzschluß und der Kondensator zum Leerlauf. Der Widerstand hat eine dämpfende Wirkung und erzwingt so einen exponentiellen Verlauf. Über die Stetigkeitsbedingung der Energie läßt sich in beiden Fällen der Spannungs- bzw. Strom-Verlauf veranschaulichen.

## 5.3 Elektrische Kreise mit zwei Energiespeichern

### 5.3.1 RLC-Glied an Gleichspannungsquelle

Gegeben ist das in Abbildung 5.13 dargestellte RLC-Glied an einer Gleichspannungsquelle.

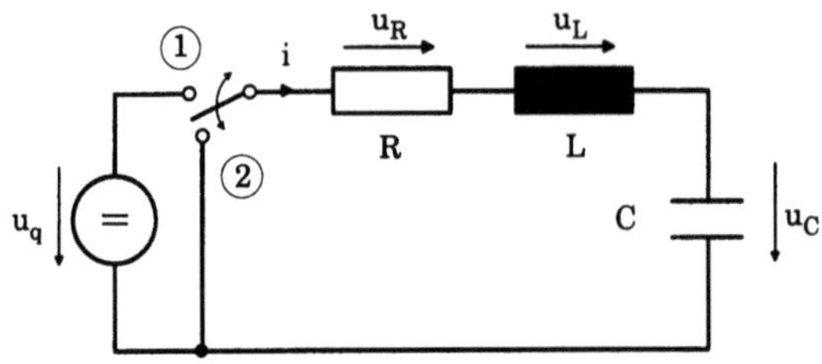


**Abbildung 5.13.** RLC-Glied an Gleichspannungsquelle

Nach dem plötzlichen Aufschalten einer Gleichspannung $u_q = U_0$ auf das RLC-Glied (Schalterposition 1) beginnt sich der Kondensator aufzuladen. Mit Hilfe der Maschenregel

$$u_R + u_L + u_C = u_q = U_0$$

läßt sich der Ladevorgang schließlich durch die Differentialgleichung (5.20) beschreiben:

$$R \cdot i + L \cdot \frac{di}{dt} + \frac{1}{C} \cdot \int i dt = U_0$$

$$RC \cdot \frac{du_C}{dt} + LC \cdot \frac{d^2u_C}{dt^2} + u_C = U_0$$

$$\frac{d^2u_C}{dt^2} + \frac{R}{L} \cdot \frac{du_C}{dt} + \frac{1}{LC} \cdot u_C = \frac{U_0}{LC} \tag{5.20}$$

Für die allgemeine Lösung der Differentialgleichung gilt:

$$u_C = u_{Chom} + u_{Cpart} = u''_C + u'_C \tag{5.21}$$

Man erhält hiermit und aus der Gleichung (5.20) die folgenden Differentialgleichungen für die Ausgleichsspannung $u''$ und für die Dauerspannung $u'$:

$$\frac{d^2u''_C}{dt^2} + \frac{R}{L} \cdot \frac{du''_C}{dt} + \frac{1}{LC} \cdot u''_C = 0 \tag{5.22}$$

$$\frac{d^2u'_C}{dt^2} + \frac{R}{L} \cdot \frac{du'_C}{dt} + \frac{1}{LC} \cdot u'_C = \frac{U_0}{LC} \tag{5.23}$$

Zur Lösung der homogenen Differentialgleichung (5.22) verwendet man den im mathematischen Teil des Buches vorgestellten Lösungsansatz $u_C'' = K \cdot e^{\alpha t}$. Es ergibt sich die folgende charakteristische Gleichung:

$$\alpha^2 + \frac{R}{L} \cdot \alpha + \frac{1}{LC} = 0 \tag{5.24}$$

und deren allgemeine Lösung :

$$\alpha_{1,2} = -\frac{R}{2L} \pm j\sqrt{\frac{1}{LC} - \left(\frac{R}{2L}\right)^2} = -\frac{1}{2\tau} \pm j\nu \tag{5.25}$$

mit $\quad \tau = \frac{L}{R} \quad$ und $\quad \nu = \sqrt{\frac{1}{LC} - \left(\frac{R}{2L}\right)^2}$

Die Lösung der homogenen Differentialgleichung (5.22) ergibt sich damit zu Gleichung (5.26) und umgeformt zu Gleichung (5.27):

$$u_C'' = e^{-\frac{t}{2\tau}} \cdot [K_1 \cdot (\cos\nu t + j\sin\nu t) + K_2 \cdot (\cos\nu t - j\sin\nu t)] \tag{5.26}$$

$$u_C'' = e^{-\frac{t}{2\tau}} \cdot [(K_1 + K_2)\cos\nu t + j(K_1 - K_2)\sin\nu t)] \tag{5.27}$$

Der Wert für $\nu$ ist üblicherweise bei kleinen ohmschen Widerständen reell (bei starker Dämpfung kann $\nu$ imaginär werden, Kapitel 5.3.3). Damit ergeben sich zwei Lösungsanteile für die Ausgleichsspannung: eine Kosinusfunktion und eine Sinusfunktion. Beide klingen zeitlich exponentiell ab. Zur Bestimmung der Gesamtspannung an der Kapazität benötigt man noch eine partikuläre Lösung der inhomogenen Differentialgleichung (5.23). Eine Lösung ist zum Beispiel:

$$u_C' = U_0 \tag{5.28}$$

Damit ergibt sich die Gesamtlösung zu:

$$u_C = u_C' + u_C''$$

$$u_C = U_0 + e^{-\frac{t}{2\tau}} \cdot [(K_1 + K_2)\cos\nu t + j(K_1 - K_2)\sin\nu t)] \tag{5.29}$$

Für den Dauerstrom $i'$ lautet die Beziehung:

$$i' = C \cdot \frac{du_C'}{dt} = C \cdot \frac{dU_0}{dt} = 0 \tag{5.30}$$

Somit erhält man für den Gesamtstrom:

$$i = i' + i'' = i'' = C \cdot \frac{du_C}{dt}$$

$$i = C \cdot e^{-\frac{t}{2\tau}} \cdot \left[ -\frac{1}{2\tau}(K_1 + K_2)(\cos \nu t + 2\tau\nu \sin \nu t) \right.$$
$$\left. + j\nu(K_1 - K_2)(\cos \nu t - \frac{1}{2\tau\nu} \sin \nu t) \right] \tag{5.31}$$

Die Integrationskonstanten $K_1$ und $K_2$ werden durch Einsetzen der Anfangsbedingungen bestimmt. Es gilt: $i(t = 0) = 0$ und $u_C(t = 0) = 0$ für den noch nicht aufgeladenen Kondensator zum Zeitpunkt $t = 0$. Das Einsetzen der Anfangsbedingungen in die Gleichungen (5.29) und (5.31) ergibt:

$$u_C(0) = 0 = U_0 + (K_1 + K_2)$$

daraus folgt: $\quad -(K_1 + K_2) = U_0$

$$i(0) = 0 = -\frac{1}{2\tau}(K_1 + K_2) + j\nu(K_1 - K_2) = \frac{1}{2\tau} \cdot U_0 + j\nu(K_1 - K_2)$$

daraus folgt: $\quad j\nu(K_1 - K_2) = -\frac{1}{2\tau} \cdot U_0$

Damit ergibt sich die vollständige Lösung der Differentialgleichung (5.20) und somit die Spannung an der Kapazität zu:

$$u_C = U_0 \left[ 1 - e^{-\frac{t}{2\tau}} \cdot (\cos \nu t + \frac{1}{2\tau\nu} \sin \nu t) \right] \tag{5.32}$$

Mit $\delta = \arctan \frac{1}{2\tau\nu}$ erhält man:

$$u_C = U_0 \left[ 1 - \frac{1}{\cos \delta} \cdot e^{-\frac{t}{2\tau}} \cdot \cos(\nu t - \delta) \right] \tag{5.33}$$

Für den Strom im Kreis ergibt sich:

$$i = C \cdot \frac{du_C}{dt} = i''$$

$$i = \frac{\nu C U_0}{\cos^2 \delta} \cdot e^{-\frac{t}{2\tau}} \cdot \sin \nu t = \frac{U_0}{\cos \delta} \sqrt{\frac{C}{L}} \cdot e^{-\frac{t}{2\tau}} \cdot \sin \nu t \tag{5.34}$$

Die maximale Amplitude des Stroms beträgt:

$$\widehat{I} = \widehat{I}'' = \frac{U_0}{\cos \delta} \sqrt{\frac{C}{L}} \tag{5.35}$$

Die zeitlichen Verläufe der Spannung und des Stroms beim Aufladevorgang des Kondensators sind in den Abbildungen 5.14 und 5.15 qualitativ dargestellt.

Man erkennt, daß die Spannung und der Strom beim Aufladen des Kondensators einen schwingenden Verlauf haben im Gegensatz zu den Aufladevorgängen beim RL- bzw. RC-Glied, die einen exponentiellen Verlauf aufweisen. Die

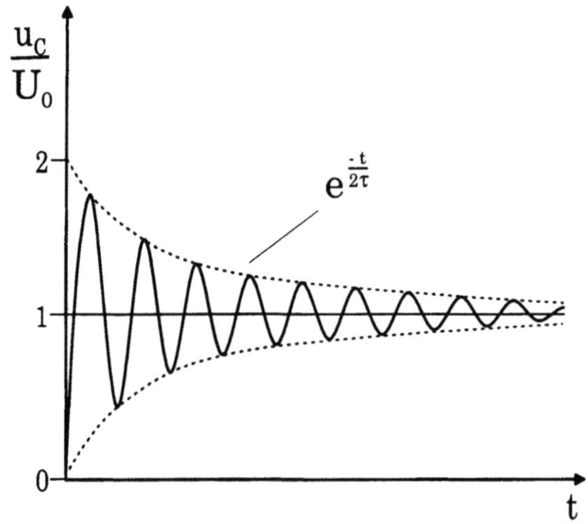


**Abbildung 5.14.** Zeitlicher Verlauf der Spannung an der Kapazität $C$ beim Aufladen des Kondensators

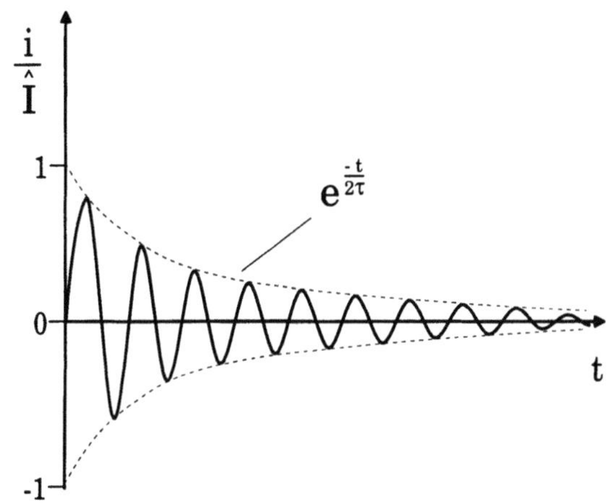


**Abbildung 5.15.** Zeitlicher Verlauf des Stroms beim Aufladen des Kondensators

Spannung an der Kapazität schwingt zu Beginn des Ausgleichsvorgangs nahezu auf den doppelten Endwert und klingt danach exponentiell schwingend auf den Wert der Ladespannung $U_0$ ab.

### 5.3.2 RLC-Glied an Gleichspannungsquelle (Kurzschluß)

Die Kapazität $C$ ist auf die Spannung $U_0$ aufgeladen. Das RLC-Glied wird zum Zeitpunkt $t = 0$ kurzgeschlossen, Schalterposition 2 (Abbildung 5.13). Damit lauten die Anfangsbedingungen:

$$u_C(t = 0) = U_0 \qquad \text{und} \qquad i(t = 0) = 0$$

Der Kondensator im RLC-Glied beginnt sich zu entladen. Die Differentialgleichung des Entladevorgangs sieht wie die homogene Differentialgleichung des Aufladevorgangs aus. Wie schon erwähnt, kennzeichnet die homogene

Differentialgleichung den Ausgleichsvorgang und die inhomogene einen andauernden Vorgang. Da nach Abklingen des Entladevorgangs die Spannung am Kondensator und der Strom im Kreis null sind, d.h $u'_C = 0$ und $i' = 0$, gilt: $u_C = u''_C$ und $i = i''$. Die Differentialgleichungen für den Entladevorgang des Kondensators vereinfachen sich damit für die Spannung am Kondensator $u_C$ und für den Strom im Kreis $i$ zu:

$$\frac{d^2 i}{dt^2} + \frac{R}{L} \cdot \frac{di}{dt} + \frac{1}{LC} \cdot i = 0 \tag{5.36}$$

$$\frac{d^2 u_C}{dt^2} + \frac{R}{L} \cdot \frac{du_C}{dt} + \frac{1}{LC} \cdot u_C = 0 \tag{5.37}$$

Die Lösungen dieser Differentialgleichungen sind bereits hergeleitet worden. Mit den Anfangsbedingungen für diesen Fall und den Ansätzen $i = K \cdot e^{\alpha t}$ und $u_C = S \cdot e^{\alpha t}$ lauten die Lösungen für $i$ und $u_C$ wie folgt:

$$i = e^{-\frac{t}{2\tau}} \cdot [(K_1 + K_2) \cos \nu t + j \cdot (K_1 - K_2) \sin \nu t] \tag{5.38}$$

$$u_C = e^{-\frac{t}{2\tau}} \cdot [(S_1 + S_2) \cos \nu t + j \cdot (S_1 - S_2) \sin \nu t)] \tag{5.39}$$

$$\text{mit} \qquad \tau = \tfrac{L}{R}$$

Zur Bestimmung der Koeffizienten $K_1$ und $K_2$ setzt man die Anfangsbedingung $i(t = 0) = 0$ in Gleichung (5.38) ein und erhält:

$$K_1 + K_2 = 0 \qquad \Longrightarrow \qquad K_1 = -K_2$$

Man benötigt noch eine weitere Beziehung zur Bestimmung von $K_1$ und $K_2$. Dazu werden die Untersuchungen am RL-Glied herangezogen. Beim Anlegen einer Gleichspannung an ein RL-Glied hat sich gezeigt, daß die Induktivität zum Schaltzeitpunkt $t = 0$ wie ein Leerlauf wirkt. Daraus läßt sich folgern, daß sich beim Anlegen einer Gleichspannung an ein RLC-Glied die Induktivität ebenso verhält. Die Spannung an der Induktivität ist dann betragsmäßig genauso groß wie die angelegte Spannung, lediglich das Vorzeichen ist entgegengesetzt $u_L(t = 0) = -U_0$. Es gilt:

$$u_L(t = 0) = L \cdot \left.\frac{di(t)}{dt}\right|_{t=0} = -U_0 \tag{5.40}$$

$$\begin{aligned} -U_0 = L \cdot e^{-\frac{t}{2\tau}} \cdot \{ -\frac{1}{2\tau} \cdot [(K_1 + K_2) \cos \nu t + j \cdot (K_1 - K_2) \sin \nu t] \\ + [-\nu \cdot (K_1 + K_2) \sin \nu t + j\nu \cdot (K_1 - K_2) \cos \nu t]\} \end{aligned}$$

$$-L \cdot \{-\frac{1}{2\tau} \cdot (K_1 + K_2) + j\nu \cdot (K_1 - K_2)\} = -U_0$$

Setzt man in die so erhaltene Gleichung das vorherige Ergebnis $K_1 + K_2 = 0$ ein, ergibt sich für $K_1$ und $K_2$:

$$K_1 = \frac{U_0}{j2\nu L} \qquad \text{und} \qquad K_2 = -\frac{U_0}{j2\nu L}$$

Für den Verlauf des Gesamtstroms beim Entladevorgang erhält man somit die folgende Gleichung.

$$i = \frac{U_0}{\nu L} \cdot e^{-\frac{t}{2\tau}} \cdot \sin \nu t \tag{5.41}$$

Zur Bestimmung der Koeffizienten $S_1$ und $S_2$ der Gleichung (5.39) verwendet man die Anfangsbedingung $u_C(t=0) = U_0$.

$$u_C(t=0) = U_0 = S_1 + S_2$$

Auch hier benötigt man zur Bestimmung der Koeffizienten zwei Gleichungen. Unter Verwendung der zweiten Anfangsbedingung $i(t=0)$ gilt:

$$i(t=0) = 0 = C \cdot \frac{du_C}{dt}$$

Die Ableitung der Gleichung (5.39) für $u_C$ wird in diese Gleichung eingesetzt. Durch weitere Umformungen ergibt sich schließlich eine zweite Bestimmungsgleichung für die Koeffizienten.

$$\begin{aligned} 0 = C \cdot e^{-\frac{t}{2\tau}} \cdot \{ -\frac{1}{2\tau} \cdot [(S_1 + S_2)\cos \nu t + j \cdot (S_1 - S_2)\sin \nu t] \\ + [-\nu \cdot (S_1 + S_2)\sin \nu t + j\nu \cdot (S_1 - S_2)\cos \nu t]\} \end{aligned}$$

$$-\frac{1}{2\tau} \cdot (S_1 + S_2) + j\nu \cdot (S_1 - S_2) = 0$$

$$-\frac{1}{2\tau} \cdot U_0 = -j\nu \cdot (S_1 - S_2)$$

$$-\frac{U_0}{j2\tau\nu} = S_1 - S_2$$

Die Konstanten $S_1$ und $S_2$ ergeben sich dann zu:

$$S_1 = \frac{1}{2} \cdot \left( U_0 - \frac{jU_0}{2\tau\nu} \right) \qquad \text{und} \qquad S_2 = \frac{1}{2} \cdot \left( U_0 + \frac{jU_0}{2\tau\nu} \right)$$

Damit läßt sich die vollständige Gleichung der Kondensatorspannung für den Entladevorgang angeben.

$$u_C = U_0 e^{-\frac{t}{2\tau}} \cdot \left( \cos \nu t - \frac{1}{2\tau\nu} \sin \nu t \right) \tag{5.42}$$

Mit $\delta = \arctan \frac{1}{2\tau\nu}$ erhält man:

$$u_C = U_0 e^{-\frac{t}{2\tau}} \cdot \frac{1}{\cos\delta} \cos(\nu t + \delta) \tag{5.43}$$

Die zeitlichen Verläufe der Spannung und des Stroms beim Entladevorgang des Kondensators sind in den Abbildungen 5.16 und 5.17 qualitativ dargestellt.

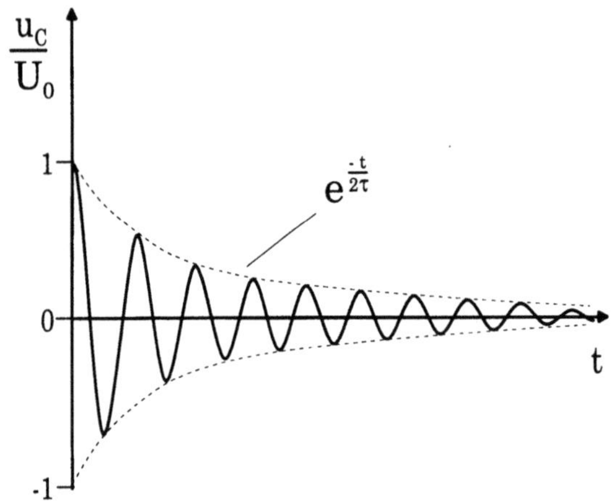


**Abbildung 5.16.** Zeitlicher Verlauf der Spannung an der Kapazität $C$ beim Kurzschließen eines RLC-Gliedes

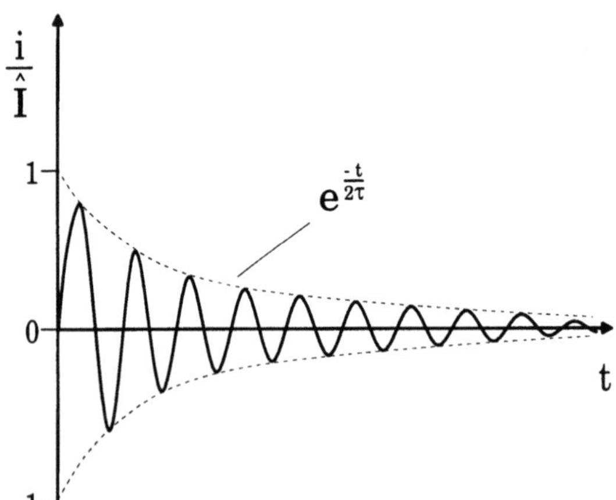


**Abbildung 5.17.** Zeitlicher Verlauf des Stroms beim Kurzschließen eines RLC-Gliedes

Man erkennt, daß die Spannung an der Kapazität und der Strom des RLC-Gliedes beim Entladevorgang des Kondensators, genauso wie beim Aufladevorgang, einen schwingenden Verlauf haben. Die Vorgänge klingen wiederum exponentiell ab.

### 5.3.3 Vergleich des Verhaltens von Gliedern mit einem und mit zwei Energiespeichern an Gleichspannung

Zum Vergleich des Verhaltens unterschiedlicher Glieder wird als Beispiel für ein Glied mit einem Energiespeicher das RL-Glied und für ein Glied mit zwei Energiespeichern das RLC-Glied an Gleichspannung herangezogen. Beide Glieder sind ausführlich besprochen und die Gleichungen für Strom und Spannung hergeleitet worden.

In der Abbildung 5.18 ist der zeitliche Verlauf des Stroms im RL-Glied dem im RLC-Glied gegenübergestellt für den Fall, daß die Glieder kurzgeschlossen sind. Während der Ausgleichsstrom im RL-Glied ein exponentiell abklingender Gleichstrom ist, sieht man beim RLC-Glied einen exponentiell abklingenden Wechselstrom.

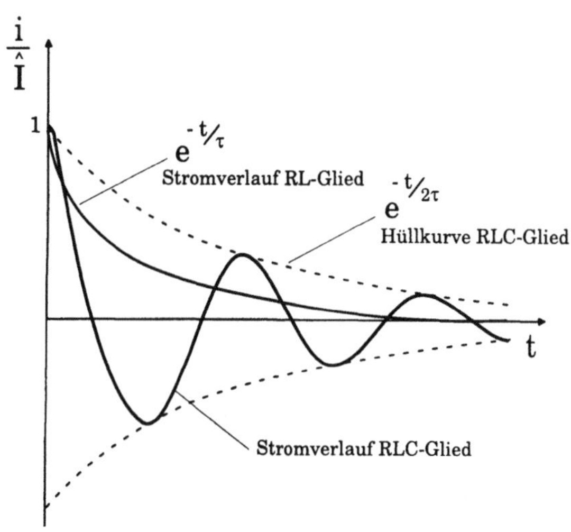


**Abbildung 5.18.** Zeitlicher Verlauf des Stroms im RLC-Glied im Vergleich zum RL-Glied beim Entladevorgang

Vergleicht man die Hüllkurve des RLC-Gliedes mit dem Stromverlauf des RL-Gliedes, so zeigt sich, daß die Exponentialfunktion des Stroms im RLC-Kreis einen halb so großen Dämpfungsexponenten hat wie der Strom des RL-Kreises. Dies liegt an den geringeren mittleren Verlusten, die bei Wechselstrom auftreten. Die Dämpfungsexponenten sind dabei über $R$ und $L$ bzw. $C$ definiert.

In der Abbildung 5.18 erkennt man aber auch noch, daß der abklingende Ausgleichsstrom eine eigene Frequenz hat. Diese ist ebenfalls, wie der Dämpfungsexponent, durch die Konstanten $R$, $L$, $C$ des Stromkreises gegeben.

$$\nu = \sqrt{\frac{1}{LC} - \left(\frac{R}{2L}\right)^2} \tag{5.44}$$

Ist der ohmsche Widerstand klein gegenüber dem Schwingungswiderstand des Stromkreises, so kann man die folgende Näherung für die Eigenkreisfrequenz treffen:

$$\nu_0 = \frac{1}{\sqrt{LC}} = 2\pi f_0 \tag{5.45}$$

In dieser Gleichung ist $f_0$ die Eigenfrequenz des Stromkreises und hängt nur von der Induktivität und der Kapazität ab. Diese Eigenfrequenz ist identisch mit der Resonanzfrequenz für ein RLC-Glied an Wechselspannung.

Ist der ohmsche Widerstand in Gleichung (5.44) nicht mehr als klein gegenüber dem Schwingungswiderstand des Stromkreises anzusehen (und somit zu vernachlässigen), muß das zweite Glied unter der Wurzel berücksichtigt werden. Die Eigenfrequenz verkleinert sich dann, und der Ausgleichsstrom schwingt langsamer. Erreicht der ohmsche Widerstand den Wert

$$R = 2 \cdot \sqrt{\frac{L}{C}} \tag{5.46}$$

ergibt sich die Eigenfrequenz zu null. Die Schwingungen hören auf, und der Verlauf des Stroms wird aperiodisch. Es gibt natürlich auch noch den Fall, daß das zweite Glied unter der Wurzel den Term bestimmt. $\nu^2$ ist dann negativ, und die Wurzel wird imaginär. Die Dämpfung ist dann so groß, daß sich lediglich eine Exponentialfunktion ergibt. Man spricht vom Kriechfall. Dieser Fall ist in Elektroenergiesystemen üblicherweise nicht gegeben.

### 5.3.4 RLC-Glied an Wechselspannungsquelle

Ein RLC-Glied wird an eine Wechselspannungsquelle angelegt, siehe Abbildung 5.19. Die sich ergebende Differentialgleichung ist der beim Anlegen einer Gleichspannung an dieses Glied sehr ähnlich. Der Unterschied besteht im Störglied, das in diesem Fall keine Konstante ist, sondern eine nach der Zeit mit der Frequenz $\omega$ oszillierende Funktion.

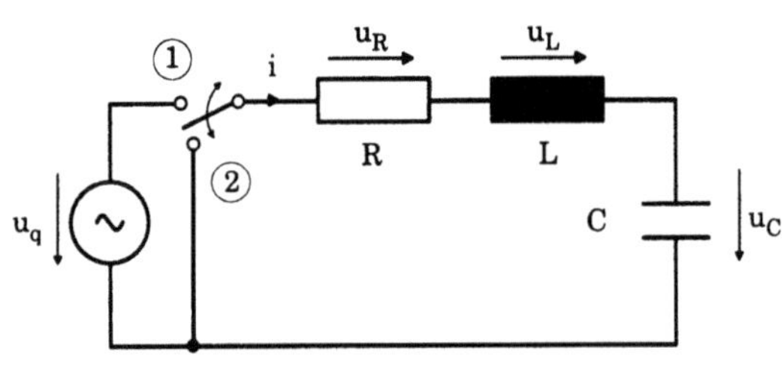


**Abbildung 5.19.** RLC-Glied an Wechselspannungsquelle

Der Lösungsvorgang ist derselbe wie beim Gleichspannungsfall, d.h. der Gesamtstrom ergibt sich aus der Überlagerung der Lösung einer homogenen Differentialgleichung und der partikulären Lösung einer entsprechenden inhomogenen Differentialgleichung. Die partikuläre Lösung ist gleich dem stationären

Strom im Kreis, auch Dauerstrom genannt. Beim Wechselspannungsfall ist allerdings noch der Schaltaugenblick des Aufschaltens der Wechselspannungsquelle gesondert zu berücksichtigen. Der Schaltaugenblick gibt die Phasenlage der Spannung an. Beim Einschaltvorgang muß das Verhältnis Frequenz der Quelle zu Eigenfrequenz des RLC-Gliedes im Hinblick auf die dabei entstehenden Überspannungen oder Überströme untersucht werden.

Die Funktion der Wechselspannungsquelle in Abbildung 5.19 lautet:

$$u_q = \widehat{U} \cdot \cos(\omega t + \psi) \tag{5.47}$$

Im Schaltaugenblick gibt $\psi$ die Phasenlage der Spannung an. Der Wert kann zwischen 0 und $\pi$ liegen. Man bestimmt zunächst eine partikuläre Lösung der inhomogenen Differentialgleichung. Dazu kann man den stationären Wert des Stroms im Kreis mit einer Phasenverschiebung um $\varphi$ gegenüber der Spannung heranziehen

$$i' = \widehat{I'} \cdot \cos(\omega t + \psi - \varphi) \tag{5.48}$$

oder die Spannung an der Kapazität $C$, die mit $\frac{\pi}{2}$ dem Strom $i'$ nacheilt.

$$u'_C = \widehat{U'_C} \cdot \cos(\omega t + \psi - \varphi - \frac{\pi}{2}) \tag{5.49}$$

Mit $\widehat{U'_C} = \frac{1}{\omega C} \cdot \widehat{I'_C}$ ergibt sich die Gleichung (5.49) zu:

$$u'_C = \frac{\widehat{I'_C}}{\omega C} \cdot \sin(\omega t + \psi - \varphi) \tag{5.50}$$

$\widehat{I'}$ und $\varphi$ berechnen sich wie folgt:

$$\widehat{I'} = \frac{\widehat{U}}{\sqrt{R^2 + (\omega L - \frac{1}{\omega C})^2}} \qquad \varphi = \arctan\left(\frac{\omega L - \frac{1}{\omega C}}{R}\right)$$

Die Gesamtspannung an der Kapazität $C$ läßt sich mit Hilfe des Überlagerungssatzes bestimmen.

$$u_C = u_{Chom} + u_{Cpart} = u''_C + u'_C \tag{5.51}$$

Für die Bestimmung der Ausgleichsspannung $u''_C$ bedient man sich der homogenen Differentialgleichung (5.22). Wie dort erhält man mit dem Lösungsansatz $u''_C = K \cdot e^{-\alpha t}$ die folgende Beziehung:

$$u''_C = e^{-\frac{t}{2\tau}} \cdot [(K_1 + K_2)\cos\nu t + j(K_1 - K_2)\sin\nu t)] \tag{5.52}$$

Zur Bestimmung der Integrationskonstanten $K_1$ und $K_2$ beachtet man die Anfangsbedingungen:

$$u_C(t=0) = 0 = u'_C(0) + u''_C(0)$$

Mit den Gleichungen (5.50) und (5.52) erhält man:

$$K_1 + K_2 = -\frac{\widehat{I}'}{\omega C} \cdot \sin(\psi - \varphi)$$

Eine weitere Beziehung zur Bestimmung der Konstanten $K_1$ und $K_2$ ist notwendig. Hierfür bedient man sich des Ausgleichsstroms:

$$i'' = C \cdot \frac{du''_C}{dt} \tag{5.53}$$

Mit der Gleichung (5.52) erhält man:

$$\begin{aligned} i'' = C \cdot e^{-\frac{t}{2\tau}} \cdot \{ &-\frac{1}{2\tau} \cdot [(K_1 + K_2)\cos\nu t + j(K_1 - K_2)\sin\nu t] \\ &+ [-\nu(K_1 + K_2)\sin\nu t + j\nu(K_1 - K_2)\cos\nu t]\} \end{aligned}$$

Des weiteren gilt:

$$i = i' + i'' \tag{5.54}$$

$$i(t=0) = 0 = i'(0) + i''(0)$$

Aus dieser Gleichung und Gleichung (5.48) erhält man:

$$i''(0) = -i'(0) - \widehat{I}' \cdot \cos(\psi - \varphi) \tag{5.55}$$

Dies eingesetzt in die Gleichung für $i''$ ergibt einen Ausdruck für die gesuchten Koeffizienten $K_1$ und $K_2$:

$$j(K_1 - K_2) = -\frac{\widehat{I}'}{\nu C}\cos(\psi - \varphi) - \frac{\widehat{I}'}{2\tau\omega\nu C}\sin(\psi - \varphi)$$

Unter Verwendung dieses Ausdrucks und des bereits bestimmten Ausdrucks für $K_1 + K_2$ kann man für die Ausgleichsspannung an der Kapazität schreiben:

$$\begin{aligned} u''_C = e^{-\frac{t}{2\tau}} \cdot \Bigg[ &-\frac{\widehat{I}'}{\omega C}\sin(\psi - \varphi) \cdot \cos\nu t \\ &- \left( -\frac{\widehat{I}'}{\nu C}\cos(\psi - \varphi) + \frac{\widehat{I}'}{2\tau\omega\nu C}\sin(\psi - \varphi) \right) \cdot \sin\nu t \Bigg] \end{aligned} \tag{5.56}$$

Diese Gleichung gibt die allgemeine Lösung der Ausgleichsspannung an der Kapazität beim Einschalten einer Wechselspannungsquelle an einem RLC-Glied an. Zur weiteren Betrachtung muß die Phasenlage im Schaltaugenblick berücksichtigt werden.

**Fall a:** $\omega = \nu$ und $\psi = 0$

Mit diesen Bedingungen und unter Berücksichtigung der Tatsache, daß bei Anregung eines Kreises mit seiner Eigenfrequenz der Phasenwinkel zwischen Spannung und Strom vernachlässigbar klein wird $\sin\varphi \approx 0$, ergibt sich die Gleichung (5.56) zu:

$$u_C'' = -\frac{\widehat{I}'}{\omega C} \cdot e^{-\frac{t}{2\tau}} \sin(\omega t - \varphi) \tag{5.57}$$

Dieses Ergebnis und Gleichung (5.50) ergeben dann die Ausgleichsspannung an der Kapazität:

$$u_C = u_C' + u_C'' = \widehat{U}_C' \cdot \left[1 - e^{-\frac{t}{2\tau}}\right] \cdot \sin(\omega t - \varphi) \tag{5.58}$$

Der Strom $i$ wird dann über die Beziehung (5.53) mit der Gleichung (5.57) bestimmt.

$$i = \widehat{I}' \cdot \left[1 - e^{-\frac{t}{2\tau}}\right] \cdot \sin(\omega t - \varphi + \frac{\pi}{2})$$

$$i = \widehat{I}' \cdot \left[1 - e^{-\frac{t}{2\tau}}\right] \cdot \cos(\omega t - \varphi) \tag{5.59}$$

Die Spannung an der Kapazität und der Strom im Stromkreis verlaufen als Harmonische nach einer Exponentialfunktion. Das bedeutet, daß sich Strom und Spannung nicht sofort nach dem Einschalten auf ihre sehr großen Werte einstellen, sondern zunächst nach dem Einschalten innerhalb der Hüllkurve

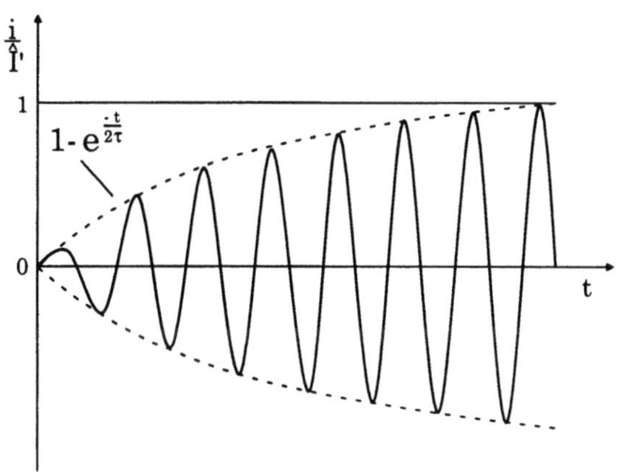


**Abbildung 5.20.** Zeitlicher Verlauf des Aufladestroms eines RLC-Gliedes an Wechselspannung für den Resonanzfall.

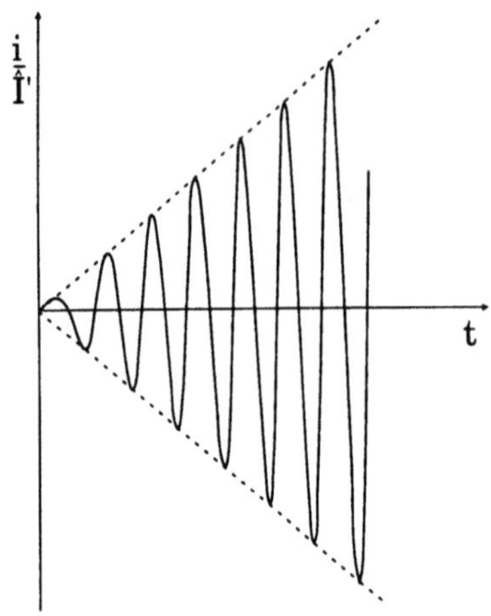


**Abbildung 5.21.** Zeitlicher Verlauf des Aufladestroms eines RLC-Gliedes an Wechselspannung für die Resonanzkatastrophe

$1 - e^{-\frac{t}{2\tau}}$ annähernd linear zunehmen. Dieser Fall wird als **Resonanz** bezeichnet.

Wenn der Schwingkreis keine Dämpfungen enthält, was praktisch unmöglich ist, steigen der Strom im Kreis und die Spannung an der Kapazität *permanent* linear an. Abbildung 5.21 zeigt einen solchen Verlauf. In diesem Fall spricht man von der sogenannten **Resonanzkatastrophe**.

<u>**Fall b:**</u> $\omega \approx \nu$ und $\psi = 0$

In diesem Fall ist die Frequenz der Wechselspannungsquelle nahezu die Eigenfrequenz des RLC-Kreises. Es gelten dann näherungsweise die Gleichungen (5.50) und (5.57) für die Spannung an der Kapazität:

$$u_C = u'_C + u''_C = \frac{\widehat{I}'}{\omega C} \cdot \Big(\sin(\omega t - \varphi) - e^{-\frac{t}{2\tau}} \cdot \sin(\nu t - \varphi)\Big)$$

$$u_C = \widehat{U}'_C \cdot \Big(\sin(\omega t - \varphi) - e^{-\frac{t}{2\tau}} \cdot \sin(\nu t - \varphi)\Big) \tag{5.60}$$

Für den Kreisstrom erhält man aus Gleichung (5.60):

$$i = \widehat{I}' \cdot \Big(\sin(\omega t - \varphi + \frac{\pi}{2}) - e^{-\frac{t}{2\tau}} \cdot \sin(\nu t - \varphi + \frac{\pi}{2})\Big)$$

$$i = \widehat{I}' \cdot \Big(\cos(\omega t - \varphi) - e^{-\frac{t}{2\tau}} \cdot \cos(\nu t - \varphi)\Big) \tag{5.61}$$

Der abklingende Ausgleichsstrom hat eine andere Frequenz als der stationäre Strom, deshalb fallen die erzwungene und die freie Schwingung nicht sofort nach dem Einschalten genau zusammen. Die Ströme und Spannungen ergeben sich daher nicht vollständig durch die Subtraktion des Ausgleichsanteils vom Dauerstromanteil, sondern zu einem bestimmten Zeitpunkt sogar durch deren Addition.

Um einen einfachen Ausdruck zu erhalten, nähert man in Gleichung (5.60) und (5.61) $e^{-\frac{t}{2\tau}} \approx 1$ und faßt die Sinus- und Kosinus-Ausdrücke mit Hilfe folgender trigonometrischer Beziehungen zusammen:

$$\begin{aligned}
\sin a - \sin b &= \sin\left(\frac{a+b}{2} + \frac{a-b}{2}\right) - \sin\left(\frac{a+b}{2} - \frac{a-b}{2}\right) \\
&= \sin\left(\frac{a+b}{2}\right)\cos\left(\frac{a-b}{2}\right) + \cos\left(\frac{a+b}{2}\right)\sin\left(\frac{a-b}{2}\right) \\
&\quad - \sin\left(\frac{a+b}{2}\right)\cos\left(\frac{a-b}{2}\right) + \cos\left(\frac{a+b}{2}\right)\sin\left(\frac{a-b}{2}\right) \\
&= 2\cos\left(\frac{a+b}{2}\right)\sin\left(\frac{a-b}{2}\right)
\end{aligned}$$

analog für:

$$\cos a - \cos b = -2\sin\left(\frac{a+b}{2}\right)\sin\left(\frac{a-b}{2}\right)$$

Damit erhält man für die Gleichungen (5.60) und (5.61):

$$u_C = 2\widehat{U}'_C \cdot \sin\left(\frac{\omega-\nu}{2}\cdot t\right)\cdot\cos\left(\frac{\omega+\nu}{2}\cdot t\right) \tag{5.62}$$

$$i = -2\widehat{I}' \cdot \sin\left(\frac{\omega-\nu}{2}\cdot t\right)\cdot\sin\left(\frac{\omega+\nu}{2}\cdot t\right) \tag{5.63}$$

Die Abbildungen 5.22 und 5.23 stellen die graphische Überlagerung der Frequenzen benachbarter Schwingungen von Kreisstrom und Kondensatorspannung dar. Dieser Fall wird als **Schwebung** bezeichnet.

In der Darstellungsform der Gleichungen (5.62) und (5.63) läßt sich eine Schwingung mit der Frequenz $\frac{1}{2}(\omega+\nu)$ erkennen, welche etwa gleich $\omega$ ist, und deren Amplitude, die sich mit einer Schwebungsfrequenz entsprechend $\frac{1}{2}(\omega-\nu)$ verändert.

**Fall c:** $\omega < \nu$

Dies ist der häufigste Fall in Elektroenergiesystemen. Wie bereits erwähnt, bestimmt der Schaltaugenblick, in dem eine Wechselspannungsquelle auf ein RLC-Glied geschaltet wird, die Phasenlage der Spannung. Für den Fall $\omega < \nu$ sind die Einschaltvorgänge nochmals nach dem Schaltaugenblick zu unterscheiden. Die Lage des Dauerstroms wird als Referenz betrachtet. Es ergeben sich zwei charakteristische Phasenlagen im Einschaltaugenblick.

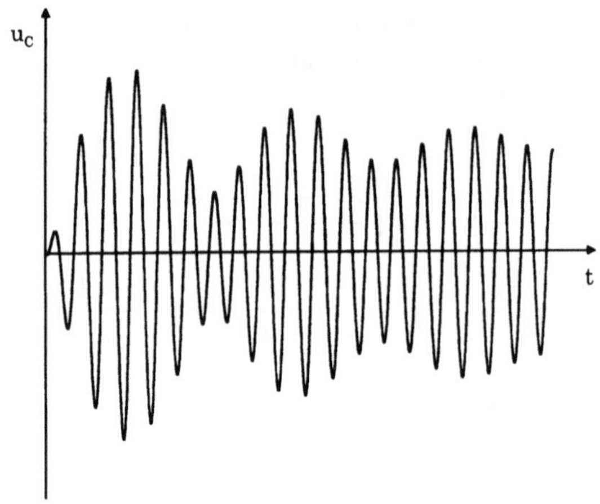


**Abbildung 5.22.** Zeitlicher Verlauf der Kondensatorspannung eines RLC-Gliedes an Wechselspannung für den Fall: $\omega \approx \nu$ und $\psi = 0$

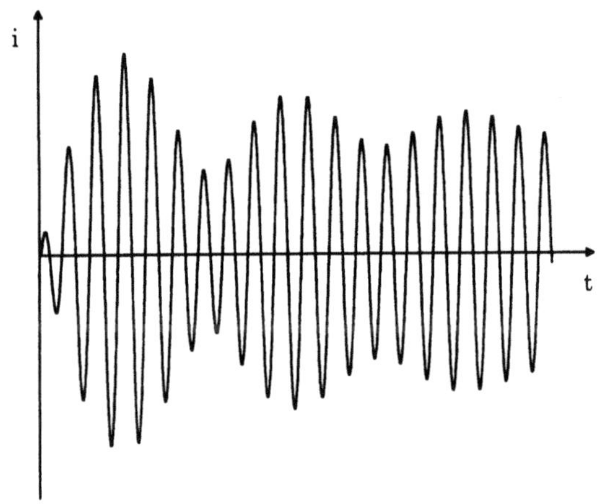


**Abbildung 5.23.** Zeitlicher Verlauf des Aufladestroms eines RLC-Gliedes an Wechselspannung für den Fall: $\omega \approx \nu$ und $\psi = 0$

1. Schaltaugenblick:

Betrachtet wird die Gleichung des Dauerstroms (5.48). Die Wechselspannungsquelle wird zum Einschaltzeitpunkt ($t = 0$) auf das RLC-Glied geschaltet. Wenn $\psi - \varphi = 0$ ist, hat der Dauerstrom in diesem Moment sein Maximum. Dies bedeutet für die Dauerspannung an der Kapazität, Gleichung (5.50), daß sie in diesem Augenblick durch den Nullpunkt geht. Es ergibt sich die Ausgleichsspannung an der Kapazität nach Gleichung (5.64) und die Gesamtspannung nach Gleichung (5.65).

$$u''_C = -\widehat{U}'_C \cdot e^{-\frac{t}{2\tau}} \cdot \left(\frac{\omega}{\nu}\right) \cdot \sin \nu t \tag{5.64}$$

$$u_C = u'_C + u''_C = \widehat{U}'_C \cdot \left[\sin \omega t - e^{-\frac{t}{2\tau}} \cdot \left(\frac{\omega}{\nu}\right) \cdot \sin \nu t\right] \tag{5.65}$$

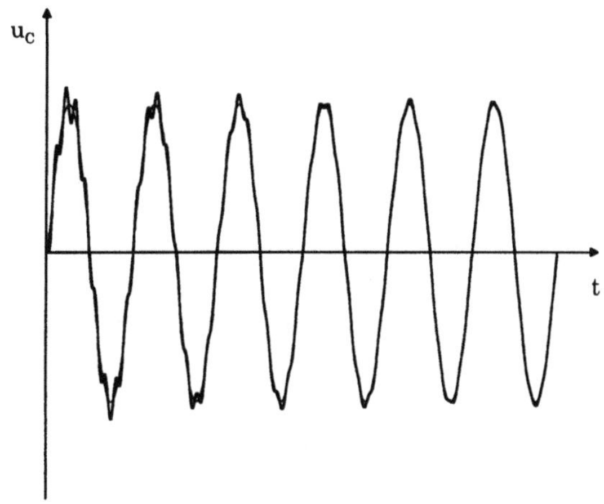


**Abbildung 5.24.** Zeitlicher Verlauf der Kondensatorspannung eines RLC-Gliedes an Wechselspannung für den Fall: $\omega < \nu$ und $\psi = \varphi$

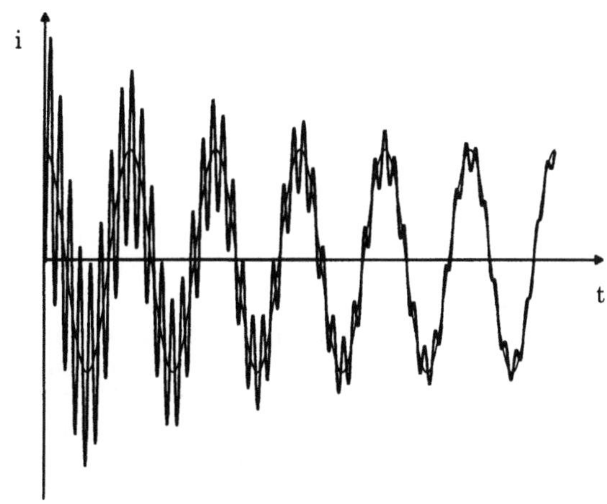


**Abbildung 5.25.** Zeitlicher Verlauf des Aufladestroms eines RLC-Gliedes an Wechselspannung für den Fall: $\omega < \nu$ und $\psi = \varphi$

Für den Gesamtstrom im Kreis erhält man:

$$i = \widehat{I}' \cdot \left[\cos \omega t - e^{-\frac{t}{2\tau}} \cdot \cos \nu t\right] \tag{5.66}$$

Die Abbildungen 5.24 und 5.25 zeigen die Verläufe der Kondensatorspannung und des Kreisstroms.

<u>2. Schaltaugenblick:</u>

Im anderen Schaltaugenblick ($t = 0$) hat die Kondensatorspannung, Gleichung (5.50), ihren Scheitelwert, wenn $\psi - \varphi = \frac{\pi}{2}$ ist. Der Dauerstrom des Kreises geht durch den Nullpunkt. Man erhält für die Ausgleichsspannung an der Kapazität Gleichung (5.67) und für die Gesamtspannung Gleichung (5.68).

$$u_C'' = -\frac{\widehat{I}'}{\omega C} \cdot e^{-\frac{t}{2\tau}} \cos \nu t = -\widehat{U}_C' \cdot e^{-\frac{t}{2\tau}} \cos \nu t \tag{5.67}$$

$$u_C = \widehat{U}'_C \cdot \left[\cos \omega t - e^{-\frac{t}{2\tau}} \cdot \cos \nu t\right] \tag{5.68}$$

Der Gesamtstrom im Kreis ist:

$$i = \widehat{I}' \cdot \left[-\sin \omega t + e^{-\frac{t}{2\tau}} \cdot \left(\frac{\nu}{\omega}\right) \cdot \sin \nu t\right] \tag{5.69}$$

Die Abbildungen 5.26 und 5.27 zeigen die Verläufe der Kondensatorspannung und des Kreisstroms. Die Kondensatorspannung wird nach einer Halbperiode der Eigenschwingung nach dem Einschaltaugenblick nahezu verdoppelt. Der Ausgleichsstrom dagegen nimmt für die Eigenfrequenz $\nu$ des Schwingkreises, die erheblich größer ist als die Kreisfrequenz $\omega$ des Netzes, sehr große Werte an, gegenüber denen der stationäre Strom anfangs unerheblich ist.

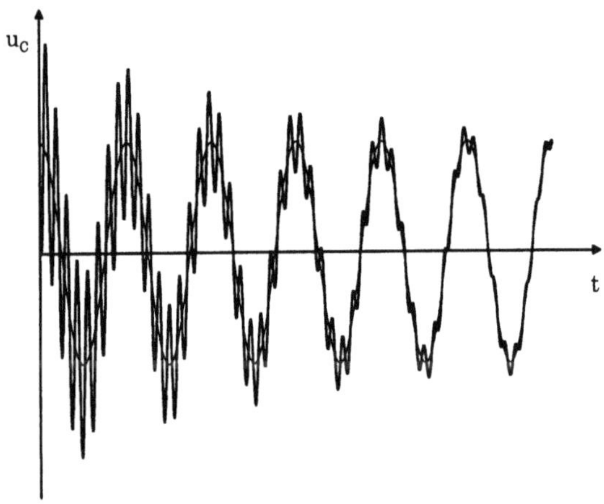


**Abbildung 5.26.** Zeitlicher Verlauf der Kondensatorspannung eines RLC-Gliedes an Wechselspannung für den Fall: $\omega < \nu$ und $\omega t + \psi - \varphi = \frac{\pi}{2}$

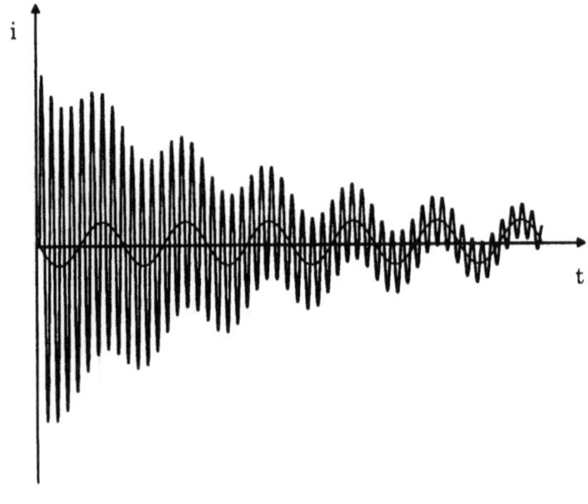


**Abbildung 5.27.** Zeitlicher Verlauf des Aufladestroms eines RLC-Gliedes an Wechselspannung für den Fall: $\omega < \nu$ und $\omega t + \psi - \varphi = \frac{\pi}{2}$

In Starkstromanlagen kommen Stromkreise ohne Induktivitäten oder nur mit Kapazitäten kaum vor. Stets besitzt zumindest ein Teil des Stromkreises, besonders sind dies die Wicklungen von Maschinen und Transformatoren, überwiegend induktiven Charakter, während andere Teile des Stromkreises, besonders Kabel und Hochspannungsfreileitungen, überwiegend kapazitiv wirken. Beim Schalten derartiger Stromkreise treten daher stets die hier behandelten Erscheinungen auf. Es ist nie sicher vorherzusagen, in welchem Augenblick eingeschaltet wird. Außerdem trifft bei Drehstromanlagen der günstige Schaltaugenblick einer Phase stets mit dem ungünstigen einer anderen Phase zusammen. Daher ist immer damit zu rechnen, daß beim Einschalten die Kapazität auf die doppelte Betriebsspannung aufgeladen wird und daß weiterhin, je nach Höhe der Eigenfrequenz des beim Schalten wirksamen Gesamtstromkreises, große Einschaltströme auftreten. Mit außergewöhnlich hohen Strömen ist zu rechnen, wenn Gruppen von Kondensatoren, wie sie z.B. zur Verbesserung des Leistungsfaktors benutzt werden, im Augenblick des Scheitelwertes der Betriebsspannung parallelgeschaltet werden. Der Stromkreis enthält dann nur eine sehr geringe Induktivität, und daher ist die Frequenz der Eigenschwingungen außerordentlich hoch. Als Schutz gegen diese Überströme können Zwischenwiderstände oder kleine Induktivitäten verwendet werden.

### 5.3.5 RLC-Glied an Wechselspannungsquelle (Kurzschluß)

In der Schalterposition 2 (Abbildung 5.19) liegt ein kurzgeschlossenes RLC-Glied vor. Dieser Fall ist vergleichbar mit dem Fall eines RLC-Gliedes an einer Gleichspannungsquelle, ebenfalls Schalterposition 2 (Abbildung 5.13). Beim Entladevorgang des RLC-Gliedes an einer Gleichspannungsquelle ist angenommen worden, daß der Anfangswert der Spannung $u_C(t = 0)$ an der Kapazität gleich der Spannung $U_0$ der Spannungsquelle ist, d.h. der Ausgleichsvorgang der Aufladung ist beendet. Beim Entladevorgang des RLC-Gliedes an einer Wechselspannungsquelle hingegen könnte die Entladung theoretisch bei jeder beliebigen Spannung am Kondensator beginnen. Dies ist jedoch in der Praxis nicht der Fall. Bei elektrischen Netzen ist der Schalter in der Regel ein Leistungsschalter, der den Kreisstrom beim Nulldurchgang unterbricht. Für den hier vorliegenden RLC-Kreis bedeutet dies eine Abschaltung im Augenblick der maximalen Spannung an der Kapazität.

Das Ziel der separaten Betrachtung der Schalterpositionen 1 und 2 in den vorangegangenen Kreisen bestand darin, Ausgleichsvorgänge durch die Mathematik zu veranschaulichen. In der Schalterposition 1 beschreibt eine inhomogene Differentialgleichung den Ausgleichsvorgang. Die Lösung entspricht dem Übergang von einem Ausgleichsvorgang in einen Dauervorgang. In der Schalterposition 2 erhält man eine homogene Differentialgleichung, die nur einen Ausgleichsvorgang beschreibt. In diesem Fall hat die Lösung die Form einer Exponentialfunktion bei einem Energiespeicher und die Form einer gedämpften Schwingung mit Eigenfrequenz bei zwei Energiespeichern.

# 6. Modellbildung von Leitungen

Die Übertragung und Verteilung elektrischer Energie in Netzen ist leitungsgebunden und erfolgt überwiegend mit Drehstrom. Als Übertragungselemente werden Freileitungen und Kabel eingesetzt.

Die Modellbildung von Leitungen zur Berechnung von Ausgleichsvorgängen kann durch konzentrierte und/oder verteilte Parameter erfolgen. Weisen die Vorgänge auf einer Leitung lediglich eine zeitliche Abhängigkeit auf, erfolgt die Modellbildung mittels konzentrierter Elemente. Da Strom und Spannung nur von der Zeit abhängen, spricht man in diesem Zusammenhang auch von einer *Modellbildung mittels konzentrierter Parameter*. Die Leitung ist in diesen Fällen elektrisch kurz oder kann als elektrisch kurz angenommen werden.

Weisen die Vorgänge auf einer Leitung jedoch zeitliche und örtliche Abhängigkeiten auf, muß die *Modellbildung mittels verteilter Parameter* erfolgen. Das bedeutet, Strom- und Spannungsamplitude und deren Phase hängen sowohl von der Zeit als auch vom Ort ab. Die Leitung ist in solchen Fällen elektrisch lang, daher müssen Laufzeiteffekte im Modell berücksichtigt werden. Diese Möglichkeit ist durch verteilte Parameter gegeben.

## 6.1 Modellbildung mittels konzentrierter Parameter

Im symmetrischen Betrieb kann eine Drehstromleitung durch ein einphasiges $\pi$-Ersatzschaltbild (Abbildung 6.1) beschrieben werden, wenn sie elektrisch kurz ist oder man sie als elektrisch kurz annehmen kann. Die Kapazitäten sind dabei ein Maß für das elektrische Feld, das sich bei einer unbelasteten Wechselstromleitung einstellt, wenn eine niederfrequente Spannung an der Leitung anliegt. Die Induktivität erfaßt das magnetische Feld, das sich bei einer Leitung mit eingeprägtem niederfrequentem Strom ausbildet. Die auftretenden ohmschen Verluste werden durch Wirkwiderstände erfaßt.

Da das Ersatzschaltbild 6.1 damit ausschließlich konzentrierte Elemente beinhaltet, beschreibt es lediglich niederfrequente Vorgänge hinreichend genau. Die Frequenzgrenze läßt sich jedoch durch Hintereinanderschalten mehrerer $\pi$-Ersatzschaltbilder bei gleicher Leitungslänge nach oben verschieben, bis hin zu ca. 10 kHz /HEUD/. Ein Hintereinanderschalten mehrerer $\pi$-Glieder

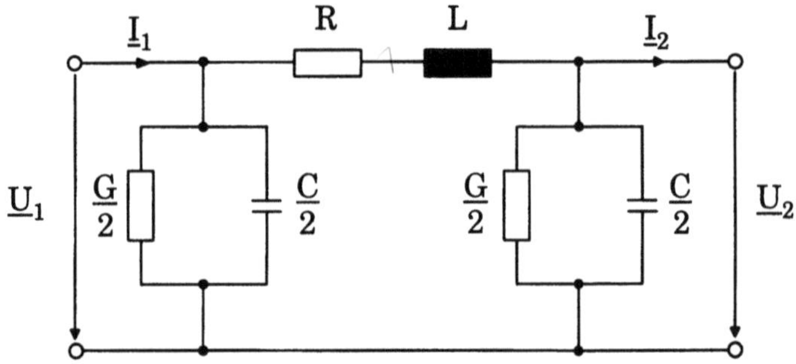


**Abbildung 6.1.** Einphasiges $\pi$-Ersatzschaltbild einer symmetrischen Leitung

ermöglicht umgekehrt auch eine Erhöhung der zulässigen Leitungslänge bei gleicher Frequenz. Dazu ein kurzes Beispiel.

Unter Bezugnahme auf Kapitel 4.2.1 wird eine Leitung als elektrisch kurz bezeichnet, wenn ihre Länge klein im Vergleich zur Wellenlänge ist. Nimmt man zum Beispiel einen geforderten Spannungsunterschied auf der Leitung von $\Delta U < 0,5\,\%$ an, so darf die Leitungslänge $\frac{\lambda}{60}$ nicht überschreiten. Diese Vorgaben bedeuten eine Phasenverschiebung von 6° zwischen der Spannung am Anfang und am Ende der Leitung. Die maximale Länge der Leitung läßt sich nun mit Hilfe der Gleichung für die Wellenlänge und der Gleichung für die Ausbreitungsgeschwindigkeit einer Welle in Materie berechnen.

$$v = \frac{c_0}{\sqrt{\mu_r \varepsilon_r}} = \frac{c_0}{\sqrt{\varepsilon_r}}$$

Die Ausbreitungsgeschwindigkeit einer Welle in Materie, hier ideal mit $\mu_r = 1$ angenommen, ist demnach immer kleiner als die Lichtgeschwindigkeit $c_0$ im Vakuum. Nimmt man nun noch die übliche Netzfrequenz von 50 Hz an, so ergibt sich für die Wellenlänge auf einer Freileitung ($\mu_r = 1$ und $\varepsilon_r = 1$):

$$\lambda = \frac{v}{f} = \frac{c_0}{f} = \frac{300000\,\mathrm{km/s}}{50\,\mathrm{Hz}} = 6000\,\mathrm{km}$$

und für ein Kabel ($\mu_r = 1$ und $\varepsilon_r = 4$):

$$\lambda = \frac{v}{f} = \frac{300000\,\mathrm{km/s}}{\sqrt{4}} \cdot \frac{1}{50\,\mathrm{Hz}} = 3000\,\mathrm{km}$$

Infolge der dielektrischen Eigenschaften der Materie ist die Ausbreitungsgeschwindigkeit von Wellen in Kabeln kleiner als auf Freileitungen und die Wellenlänge entsprechend kürzer. Mit den gemachten Vorgaben erhält man die maximale Länge einer Freileitung zu $l = 100$ km und die eines Kabel zu $l = 50$ km, wenn beide noch als elektrisch kurz aufgefaßt werden sollen und das Ersatzschaltbild 6.1 Anwendung finden soll. Bei weniger strengen Vorgaben erhöhen sich natürlich auch die zulässigen Leitungslängen entsprechend.

Für den vorgerechneten Fall beträgt die Phasenverschiebung 6° je 100 km Leitungslänge auf der Freileitung. Aus Stabilitätsgründen bei der Energieübertragung sollte die Phasenverschiebung insgesamt 25° bis 30° nicht überschreiten, da dadurch die maximal übertragbare Wirkleistung verringert wird. Bei längeren Freileitungen sind daher Kompensationsmaßnahmen erforderlich.

Das herkömmliche $\pi$-Ersatzschaltbild, wie in Abbildung 6.1 dargestellt, ist damit für die Berechnung größerer Netzanlagen bis in den Bereich von ungefähr 1 kHz gut geeignet, darüber hinaus sollte im Einzelfall die Gültigkeit überprüft werden. Ein wesentlicher Vorteil des $\pi$-Ersatzschaltbildes ist seine große Übersichtlichkeit. Man ist daher bestrebt, in dieser Form auch dreiphasige Freileitungen zu beschreiben. Infolge der größeren Leiteranzahl ergeben sich dort jedoch wesentlich kompliziertere Feldverhältnisse, für deren Beschreibung spezielle Induktivitäts- und Kapazitätsbegriffe abgeleitet werden müssen (siehe dazu Kapitel 7). Darüber hinaus gewinnen Wirbelstromeffekte bei magnetischen Feldern ab einer Frequenz von 1 kHz zunehmend an Bedeutung und führen zur Frequenzabhängigkeit der Parameter, die in Form von frequenzabhängigen Leitungsbelägen berücksichtigt werden können. Die niederfrequente Modellbildung mittels konzentrierter Parameter gelangt in solchen Fällen an ihre Grenzen. Für eine exakte Modellbildung elektrisch langer Leitungen und damit für eine hochfrequente Modellbildung ist daher ein differentieller Übergang von einem Leitungselement auf die gesamte Länge der Leitung erforderlich.

## 6.2 Modellbildung von Leitungen mittels verteilter Parameter

In diesem Kapitel werden elektrisch lange Leitungen modelliert und ihr Verhalten bei unterschiedlicher Anregung untersucht. Neben der zeitlichen Abhängigkeit muß auch noch die Ortsabhängigkeit der Spannungen und Ströme berücksichtigt werden. Dazu benötigt man die Kenntnis der elektrischen und magnetischen Feldverläufe eines langgestreckten Leiters.

Die Linearität der Maxwellschen Gleichungen ermöglicht es, den magnetischen Fluß eines Leiters als lineare Funktion des Leiterstroms und die elektrische Ladung eines Leiters als lineare Funktion der Leiterspannung gegen alle anderen vorhandenen Leiter einschließlich der Erde anzugeben. Diese linearen Zusammenhänge gelten ebenfalls für den Ableitstrom, der bei endlicher Isolierfähigkeit der Isolation fließt, und für die Ströme, die bei Freileitungen die Koronaverluste bzw. bei Kabeln die Dielektrizitätsverluste hervorrufen. Damit lassen sich, wie im folgenden gezeigt, die Leitungsgleichungen herleiten. Auf die genaue Kenntnis der Feldverläufe kann dabei verzichtet werden, wenn man die in diesen Gleichungen auftretenden Konstanten zunächst unbekannt beläßt. Auf die genaue Ermittlung und Berechnung der Leitungskonstanten aus den Geometriedaten wird in Kapitel 7 ausführlich eingegangen.

### 6.2.1 Herleitung der Leitungsgleichungen

Für die folgenden Betrachtungen wird eine homogene Leitung angenommen, d.h. die elektrischen und magnetischen Eigenschaften und die geometrischen Abmessungen der Leitung verändern sich nicht mit den Koordinaten der Leiterlängsachse. Ferner sei die Leitung elektrisch symmetrisch, d.h. kein Leiter ist gegenüber den anderen in elektrischer Hinsicht bevorzugt. Dies ist erfüllt, solange die Leiter gleiche Abmessungen und gleiche elektrische Eigenschaften besitzen und im gleichseitigen Dreieck - bei Freileitungen auch noch genügend hoch über der Erde - angeordnet sind. Der Einfluß der Erde bei Freileitungen bzw. des Kabelmantels bei Kabeln auf die Leiter ist dabei für alle Leiter im gleichen Maße gegeben. Dasselbe gilt auch für den gegenseitigen Einfluß der Leiter aufeinander. Elektrisch unsymmetrische Leiter können durch Verdrillen stückweise symmetriert werden.

Die homogene Leitung besitzt einen endlichen Gleichstromwiderstand, der mit R bezeichnet wird. Der Strom durch die Leiterschleife, die Hin- und Rückleiter bilden, ist mit einem Fluß verknüpft, der im gesuchten Ersatzschaltbild durch eine Induktivität berücksichtigt wird. Die Spannung zwischen Leitung und Erde baut ein elektrisches Feld auf, das durch eine Kapazität dargestellt wird. Die Ableitungsverluste, die durch Korona und Kriechströme entlang der Isolatoroberflächen verursacht werden, können in Form eines Leitwertes nachgebildet werden. Zur Herleitung der Leitungsgleichungen geht man von einer einphasigen Leitung aus und betrachtet ein Leitungselement der Länge $\Delta x$. Da man nur einen Ausschnitt der Leitung untersucht, ist es zweckmäßig, die charakteristischen Größen $R, L, C$ und $G$ auf die Länge der Leitung zu beziehen. Man spricht dann von **Leitungsbelägen**.

$$R' = \frac{R}{l} \qquad \text{Widerstandsbelag (Hin- und Rückleiter)}$$

$$L' = \frac{L}{l} \qquad \text{Induktivitätsbelag (Hin- und Rückleiter)}$$

$$C' = \frac{C}{l} \qquad \text{Kapazitätsbelag (Hin- und Rückleiter)}$$

$$G' = \frac{G}{l} \qquad \text{Ableitungsbelag (Hin- und Rückleiter)}$$

Die Leitungsbeläge fassen dabei immer die Beläge des Hin- und Rückleiters zusammen. Das entsprechende äquivalente Ersatzschaltbild ist in Abbildung 6.2 dargestellt.

Das Leitungselement der Länge $\Delta x$ ist so kurz, daß die Größen $i(t)$ und $u(t)$ vom Ort unabhängig anzunehmen sind und nur noch von den konzentrierten Elementen dieses Leitungselements beeinflußt werden. Dies ermöglicht eine quasistationäre Behandlung unter Anwendung der Kirchhoffschen Regeln.

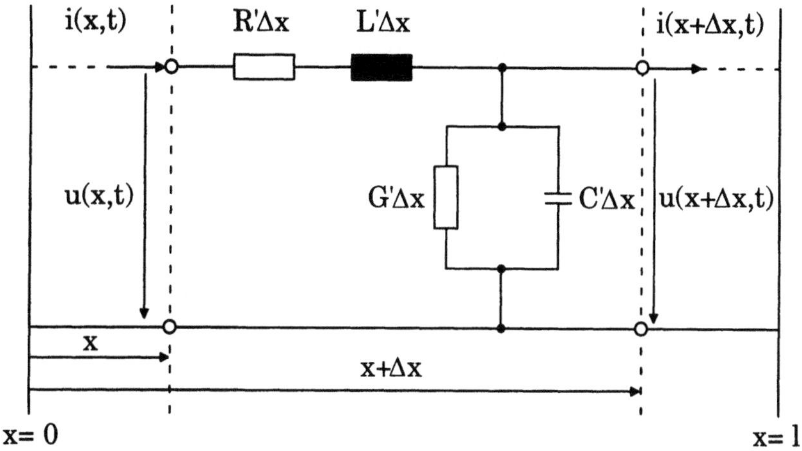


**Abbildung 6.2.** Ersatzschaltbild eines Leitungselements der Länge $\Delta x$ einer elektrisch langen, homogenen Leitung zur Herleitung der Leitungsgleichungen

Mit der Maschenregel ergibt sich:

$$R'\Delta x \cdot i(x,t) + L'\Delta x \cdot \frac{di(x,t)}{dt} + u(x+\Delta x,t) - u(x,t) = 0$$
$$R' \cdot i(x,t) + L' \cdot \frac{di(x,t)}{dt} + \frac{u(x+\Delta x,t) - u(x,t)}{\Delta x} = 0$$

Und mit der Knotenregel erhält man:

$$i(x,t) - i(x+\Delta x,t) - G'\Delta x \cdot u(x+\Delta x,t) - C'\Delta x \cdot \frac{du(x+\Delta x,t)}{dt} = 0$$
$$\frac{i(x,t) - i(x+\Delta x,t)}{\Delta x} - G' \cdot u(x+\Delta x,t) - C' \cdot \frac{du(x+\Delta x,t)}{dt} = 0$$

Mit Hilfe der Grenzwertbetrachtung $\Delta x \to 0$ erhält man die folgenden gekoppelten partiellen Differentialgleichungen:

$$R' \cdot i(x,t) + L' \cdot \frac{\partial i(x,t)}{\partial t} = -\frac{\partial u(x,t)}{\partial x} \tag{6.1}$$

$$G' \cdot u(x,t) + C' \cdot \frac{\partial u(x,t)}{\partial t} = -\frac{\partial i(x,t)}{\partial x} \tag{6.2}$$

Die Differentiation der Gleichungen (6.1) nach $x$ und (6.2) nach $t$ ergibt:

$$R' \cdot \frac{\partial i(x,t)}{\partial x} + L' \cdot \frac{\partial^2 i(x,t)}{\partial x \partial t} = -\frac{\partial^2 u(x,t)}{\partial x^2} \tag{6.3}$$

$$G' \cdot \frac{\partial u(x,t)}{\partial t} + C' \cdot \frac{\partial^2 u(x,t)}{\partial t^2} = -\frac{\partial^2 i(x,t)}{\partial x \partial t} \tag{6.4}$$

Setzt man die Gleichungen (6.4) und (6.2) in Gleichung (6.3) und die Gleichungen (6.3) und (6.1) in Gleichung (6.4) ein, erhält man:

$$L'C' \cdot \frac{\partial^2 u(x,t)}{\partial t^2} + (R'C' + L'G') \cdot \frac{\partial u(x,t)}{\partial t} + R'G' \cdot u(x,t) = \frac{\partial^2 u(x,t)}{\partial x^2}$$

$$L'C' \cdot \frac{\partial^2 i(x,t)}{\partial t^2} + (R'C' + L'G') \cdot \frac{\partial i(x,t)}{\partial t} + R'G' \cdot i(x,t) = \frac{\partial^2 i(x,t)}{\partial x^2}$$

Damit hängt die erste Gleichung nur noch von der Spannung und die zweite Gleichung nur noch vom Strom ab. Unter Vernachlässigung der Verluste $R'$ und $G'$ vereinfachen sich die Gleichungen zu:

$$L'C' \cdot \frac{\partial^2 u(x,t)}{\partial t^2} = \frac{\partial^2 u(x,t)}{\partial x^2} \tag{6.5}$$

$$L'C' \cdot \frac{\partial^2 i(x,t)}{\partial t^2} = \frac{\partial^2 i(x,t)}{\partial x^2} \tag{6.6}$$

Diese Gleichungen werden als **Wellengleichungen** bezeichnet. Die zweiten Ableitungen der elektrischen Größe u(x,t) bzw. i(x,t) nach der Zeit und nach dem Ort werden in diesen Gleichungen miteinander verknüpft. Die Lösungen dieser beiden Differentialgleichungen bestehen aus der Überlagerung von je zwei Wellen, einer vorlaufenden und einer rücklaufenden Welle. Dies ist bereits in Kapitel 2.8.3 des mathematischen Teils hergeleitet worden.

$$u(x,t) = u_v(x - vt) + u_r(x + vt) \tag{6.7}$$

$$i(x,t) = \frac{1}{Z} \cdot [u_v(x - vt) - u_r(x + vt)] \tag{6.8}$$

In den Gleichungen (6.7) und (6.8) sind die Funktionen mit dem Argument:

| | |
|---|---|
| $x - vt$ | vorlaufende Wellen |
| $x + vt$ | rücklaufende Wellen |

Aus der Tatsache, daß eine beliebige Funktion $u$ an der Stelle $x$ zur Zeit $t$ ihren Funktionswert behält, wenn die Argumente konstant bleiben, kann man die **Phasengeschwindigkeit** der Wellen herleiten.

$$u(x - vt) = u(x + dx - v(t + dt))$$

$$x - vt = x + dx - vt - vdt$$

$$v = \frac{dx}{dt} \tag{6.9}$$

Bestimmt man die Phasengeschwindigkeit unter Verwendung der Leitungskonstanten mit Gleichung (6.9), ergibt sich:

$$\frac{\partial u(x,t)}{\partial t} = \frac{\partial u(x,t)}{\partial x} \cdot \frac{\partial x}{\partial t} = v \cdot \frac{\partial u(x,t)}{\partial x} \tag{6.10}$$

Differenziert man partiell nach der Zeit und verwendet für das Ergebnis die Gleichungen (6.9) und (6.5), läßt sich die Gleichung (6.11) für die Phasengeschwindigkeit herleiten.

$$\frac{\partial^2 u(x,t)}{\partial t^2} = v \cdot \frac{\partial^2 u(x,t)}{\partial x^2} \cdot \frac{\partial x}{\partial t} = v^2 \cdot \frac{\partial^2 u(x,t)}{\partial x^2}$$

$$\frac{\partial^2 u(x,t)}{\partial t^2} = v^2 L'C' \cdot \frac{\partial^2 u(x,t)}{\partial t^2}$$

$$v = \frac{1}{\sqrt{L'C'}} \tag{6.11}$$

Der Wellenwiderstand $Z$ einer Leitung ist über das Verhältnis der Amplituden von Spannung und Strom der vorlaufenden Wellen definiert:

$$Z = \frac{u_v}{i_v} \tag{6.12}$$

Aus der Gleichung (6.1) mit $R' = 0$ und Gleichung (6.10) erhält man:

$$-\frac{\partial u_v(x,t)}{\partial x} = L' \cdot \frac{\partial i_v(x,t)}{\partial t}$$

$$-\frac{\partial u_v(x,t)}{\partial t} \cdot \frac{1}{v} = L' \cdot \frac{\partial i_v(x,t)}{\partial t}$$

$$-\frac{\partial u_v(x,t)}{\partial t} = L'v \cdot \frac{\partial i_v(x,t)}{\partial t} \tag{6.13}$$

Nimmt man Integrationskonstanten zu 0 an, ergibt die Integration:

$$u_v(x,t) = L'v \cdot i_v(x,t) \tag{6.14}$$

$$\frac{u_v(x,t)}{i_v(x,t)} = Z = L'v \tag{6.15}$$

Aus Gleichung (6.15) mit Gleichung (6.11) ergibt sich der **Wellenwiderstand** der Leitung zu:

$$Z = \sqrt{\frac{L'}{C'}} \tag{6.16}$$

Dies gilt immer noch unter Vernachlässigung der Verluste $R'$ und $G'$.

Zum besseren Verständnis und aus Gründen der Anschauung der eben berechneten Vorgänge ist hier ein Beispiel zur Entstehung von Wanderwellen auf einer Leitung angefügt /RUEDW/.

**Beispiel: Freisetzung einer örtlichen Influenzladung**
In Abbildung 6.3 ist eine elektrisch lange Leitung mit dem Wellenwiderstand $Z$ gegeben. Durch einen atmosphärischen Vorgang, z.B. einen Blitzschlag in einer benachbarten Wolke, wird eine vorher in der Leitung gebundene Ladung plötzlich freigesetzt. In dem der Wolke gegenüberliegenden Leitungsabschnitt entsteht durch Influenz eine statische Ladung mit einer bestimmten räumlichen Verteilung.

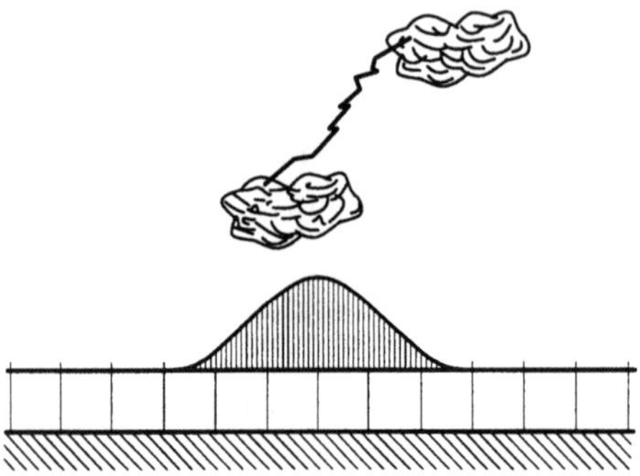

**Abbildung 6.3.** Blitzschlag zwischen zwei Wolken und Freisetzung einer örtlichen Influenzladung auf einer idealisierten geraden Leitung.

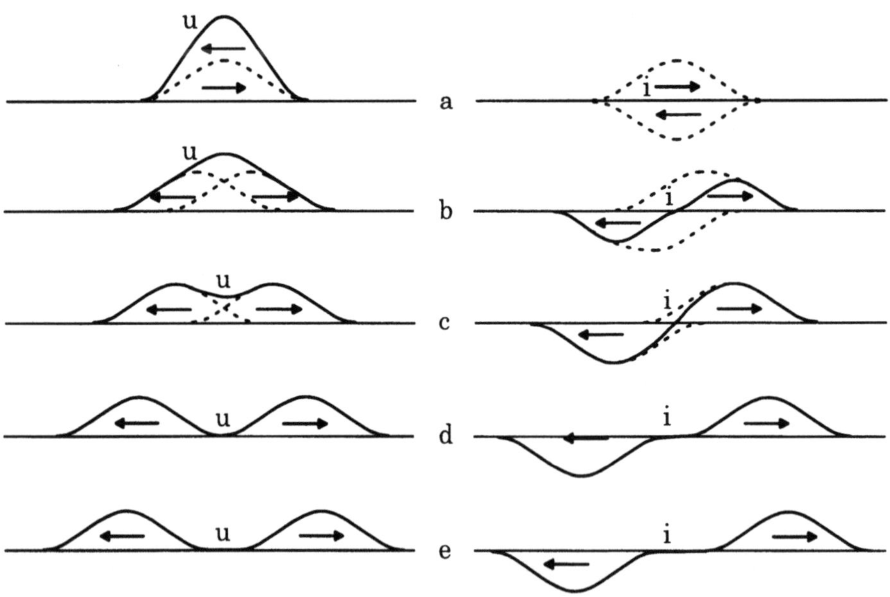


**Abbildung 6.4.** Ausbreitung der Spannungs- bzw. Stromwellen auf der Leitung über die Zeit betrachtet.

Abbildung 6.4/a zeigt die Vorgänge auf der Leitung unmittelbar nach dem Freiwerden der Ladung. Auf einem begrenzten Stück der Leitung ist die plötzlich entstehende, influenzierte Spannung dargestellt. Die Spannung besteht aus einer vorlaufenden und einer rücklaufenden Spannungswelle, die sich zur Gesamtspannung $u(x,t)$ addieren. Dasselbe gilt in diesem Augenblick auch für den Strom, er besteht aus einer vor- und einer rücklaufenden Stromwelle, die sich jedoch zum Zeitpunkt $t = 0$ zu Null addieren. Die mathematische Beschreibung der elektrischen Größen in diesem Augenblick lautet:

$$u(x,0) = u(x) = u_v(x) + u_r(x) \tag{6.17}$$

$$i(x,0) = 0 = \frac{1}{Z} \cdot [u_v(x) - u_r(x)] \tag{6.18}$$

Hieraus ergibt sich:

$$u_v(x) = u_r(x) = \frac{1}{2} \cdot u(x) \tag{6.19}$$

$$i_v(x) = -i_r(x) = \frac{1}{2Z} \cdot u(x) \tag{6.20}$$

Für $t > 0$ gilt sequentiell die Bildfolge der Abbildungen 6.4/b - e. Alle Teilwellen wandern formgetreu nach beiden Seiten fort, dabei bewegen sich in dieser Abbildung die vorlaufenden Wellen $u_v$ und $i_v$ nach rechts und die rücklaufenden Wellen $u_r$ und $i_r$ nach links. Die Addition der Teilwellen an jedem Punkt der Leitung ist in den Abbildungen 6.4 als durchgezogene Linie dargestellt. Jede Teilwelle bewegt sich mit Lichtgeschwindigkeit von der Entstehungsstelle fort nach außen. Aus den Gleichungen (6.17) und (6.18) mit den Gleichungen (6.7) und (6.8) erhält man die mathematische Beschreibung für die Spannungs- und Stromwellen für $t > 0$:

$$u(x,t) = \frac{1}{2} \cdot [u(x - vt) + u(x + vt)] \tag{6.21}$$

$$i(x,t) = \frac{1}{2Z} \cdot [u(x - vt) - u(x + vt)] \tag{6.22}$$

Man erkennt sehr gut, daß jede freiwerdende Ladung auf einer Leitung mit beliebiger räumlicher Verteilung unmittelbar nach ihrer Entstehung in zwei Teilladungen zerfällt. Die Teilladungen haben die Form einer Welle und tragen je die Hälfte der ursprünglichen Elektrizitätsmenge. Sie bewegen sich mit Lichtgeschwindigkeit unverzerrt vom Entstehungsort in beide Richtungen der Leitung fort.

### 6.2.2 Komplexe Leitungsgleichungen

Neben den Leitungsgleichungen im Zeitbereich lassen sich dieselben Gleichungen auch im Frequenzbereich unter der Voraussetzung eingeschwungener Zustände herleiten. Betrachtet wird hierbei wieder ein Leitungslängenelement

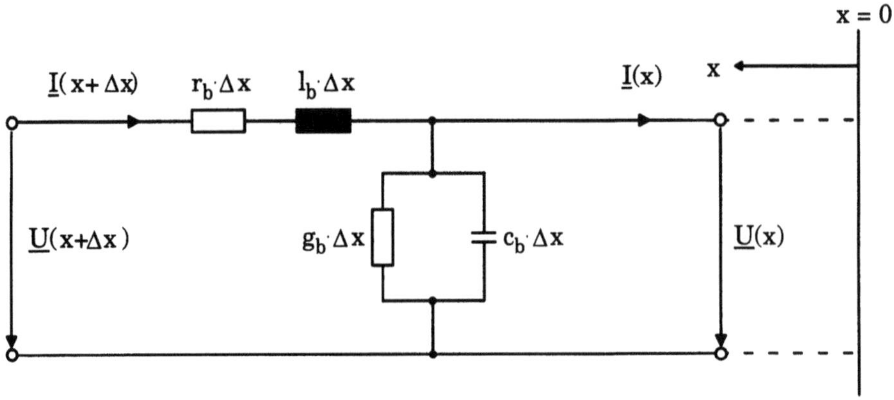


**Abbildung 6.5.** Einphasiges Ersatzschaltbild eines Leitungselements $\Delta x$ einer elektrisch langen, symmetrischen Drehstromfreileitung bei symmetrischem Betrieb

$\Delta x$, allerdings mit der Beschränkung auf eine sinusförmige Anregung, die es erlaubt, eine komplexe Darstellung der Leitungsgleichungen anzugeben. Die partiellen Differentialgleichungen gehen in gewöhnliche, aber komplexe Differentialgleichungen über. Die Anregungsfunktionen lauten:

$$\underline{u} = \underline{U} \cdot e^{j\omega t}$$
$$\underline{i} = \underline{I} \cdot e^{j\omega t}$$

Mit diesen Vorgaben wird nun eine symmetrische Drehstromfreileitung bei symmetrischem Betrieb betrachtet. Die drei Leiter der betrachteten Freileitung sind identisch, d.h. es gelten in jeder Phase dieselben Leitungskonstanten. Damit ist auch ein einphasiges Ersatzschaltbild zulässig, Abbildung 6.5. Da es sich um ein Drehstromsystem handelt, werden die Leitungskonstanten als Betriebsgrößen angegeben:

$r_b$ bezogener Betriebswiderstand
$g_b$ bezogene Betriebsableitung
$l_b$ bezogene Betriebsinduktivität
$c_b$ bezogene Betriebskapazität

Bei der Betrachtung von Wanderwellenvorgängen auf einer Leitung ist das Leitungsende eine markante Grenze. Für die Herleitung der komplexen Leitungsgleichungen wird daher die Bezugsachse ans Ende der Leitung gelegt, d.h. vom Leitungsende $x = 0$ ausgehend hin zum Leitungsanfang $x = l$. Analog zur Vorgehensweise im Kapitel 6.2.1 ergeben sich die Differentialgleichungen für diesen Fall:

$$\frac{d\underline{U}(x)}{dx} - (r_b + j\omega l_b) \cdot \underline{I}(x) = 0 \tag{6.23}$$

$$\frac{d\underline{I}(x)}{dx} - (g_b + j\omega c_b) \cdot \underline{U}(x) = 0 \tag{6.24}$$

Die Ableitung der Differentialgleichungen (6.23) und (6.24) nach $x$ ergibt:

$$\frac{d^2\underline{U}(x)}{dx^2} - (r_b + j\omega l_b) \cdot \frac{d\underline{I}(x)}{dx} = 0 \tag{6.25}$$

$$\frac{d^2\underline{I}(x)}{dx^2} - (g_b + j\omega c_b) \cdot \frac{d\underline{U}(x)}{dx} = 0 \tag{6.26}$$

Stellt man die Gleichungen (6.25) und (6.26) um und setzt sie in die Gleichungen (6.23) und (6.24) ein, erhält man:

$$\frac{d^2\underline{U}(x)}{dx^2} - (r_b + j\omega l_b)(g_b + j\omega c_b) \cdot \underline{U}(x) = 0 \tag{6.27}$$

$$\frac{d^2\underline{I}(x)}{dx^2} - (r_b + j\omega l_b)(g_b + j\omega c_b) \cdot \underline{I}(x) = 0 \tag{6.28}$$

Die Differentialgleichungen (6.27) und (6.28) werden als **Wellengleichungen** bezeichnet. Zur Vereinfachung setzt man:

$$\gamma^2 = (r_b + j\omega l_b)(g_b + j\omega c_b)$$

$$\underline{\gamma} = \sqrt{(r_b + j\omega l_b)(g_b + j\omega c_b)} \tag{6.29}$$

Dabei bezeichnet die komplexe Größe $\underline{\gamma}$ die **Fortpflanzungskonstante**. Eine weitere Darstellungsmöglichkeit der Beziehung für $\underline{\gamma}$ ist folgende:

$$\underline{\gamma} = \alpha + j\beta \tag{6.30}$$

mit: $\alpha$ Dämpfungsbelag oder auch Dämpfungskonstante genannt
$\beta$ Phasenbelag oder auch Phasenkonstante genannt

Die **Fortpflanzungsgeschwindigkeit** einer Wanderwelle läßt sich neben der bereits bekannten Darstellung in Gleichung (6.11) auch mit Hilfe des Phasenbelags bestimmen:

$$v = \frac{\omega}{\beta} \tag{6.31}$$

Für den komplexen Wellenwiderstand der Leitung gilt:

$$\underline{Z}_W = \sqrt{\frac{r_b + j\omega l_b}{g_b + j\omega c_b}} \tag{6.32}$$

Die Lösungen der Wellengleichungen, d.h. die Zeiger der Spannung und des Stroms, bestehen aus je zwei Anteilen mit Exponentialfunktionen in der folgenden Form:

$$\underline{U}(x) = \underline{A} \cdot e^{\underline{\gamma}x} + \underline{B} \cdot e^{-\underline{\gamma}x} \tag{6.33}$$

$$\underline{I}(x) = \frac{1}{\underline{Z}_W}(\underline{A} \cdot e^{\underline{\gamma}x} - \underline{B} \cdot e^{-\underline{\gamma}x}) \tag{6.34}$$

Die Belastungsbedingungen am Ende der Leitung für $x = 0$ sind gegeben durch: $\underline{U}(x = 0) = \underline{U}_E$ und $\underline{I}(x = 0) = \underline{I}_E$. Damit lassen sich die Koeffizienten $\underline{A}$ und $\underline{B}$ bestimmen.

$$\underline{A} = \underline{U}_v = \frac{1}{2} \cdot (\underline{U}_E + \underline{Z}_W \cdot \underline{I}_E) \tag{6.35}$$

$$\underline{B} = \underline{U}_r = \frac{1}{2} \cdot (\underline{U}_E - \underline{Z}_W \cdot \underline{I}_E) \tag{6.36}$$

Hierin bezeichnet $\underline{U}_v$ den komplexen Wert des Zeigers der vorlaufenden Spannungswelle und $\underline{U}_r$ den komplexen Wert des Zeigers der rücklaufenden Spannungswelle. Damit erhält man für die Wellengleichungen:

$$\underline{U}(x) = \underline{U}_E \cdot \cosh(\underline{\gamma}x) + \underline{Z}_W \cdot \underline{I}_E \cdot \sinh(\underline{\gamma}x) \tag{6.37}$$

$$\underline{I}(x) = \underline{I}_E \cdot \cosh(\underline{\gamma}x) + \frac{\underline{U}_E}{\underline{Z}_W} \cdot \sinh(\underline{\gamma}x) \tag{6.38}$$

Durch Einführung folgender Beziehungen

$$\underline{U}_v = U_v \cdot e^{j\varphi_v} \quad \text{und} \quad \underline{U}_r = U_r \cdot e^{j\varphi_r}$$

erhält man für die Augenblickswerte der zwei Anteile der komplexen Spannungswelle, die vorlaufende und die rücklaufende Welle im Zeitbereich:

$$u_v(x,t) = \sqrt{2}U_v \cdot e^{\alpha x} \cdot \cos(\omega t + \varphi_v + \varphi_w + \beta x) \tag{6.39}$$

$$u_r(x,t) = \sqrt{2}U_r \cdot e^{-\alpha x} \cdot \cos(\omega t + \varphi_r + \varphi_w - \beta x) \tag{6.40}$$

Dies gilt analog für die Stromwellen. Die Beläge $\alpha$ und $\beta$ sind aus den Gleichungen (6.30) und (6.29) zu bestimmen. Nimmt man zur Vereinfachung verlustarme Leitungen an, gelten dabei die folgenden Ungleichungen:

$$\frac{r_b}{\omega l_b} \ll 1 \quad \text{und} \quad \frac{g_b}{\omega c_b} \ll 1$$

Für den Winkel des komplexen Wellenwiderstandes gilt:

$$\varphi_W = \arctan \underline{Z}_W \tag{6.41}$$

Gleichung (6.39) beschreibt eine gedämpfte Sinuswelle, die vom Leitungsanfang $x = l$ zum Leitungsende $x = 0$ läuft (vorlaufende Spannungswelle), und Gleichung (6.40) eine gedämpfte Sinuswelle, die vom Ende der Leitung zum Leitungsanfang läuft (rücklaufende Spannungswelle). Dies zeigt auch das Vorzeichen der Fortpflanzungsgeschwindigkeit deutlich. Das Verhältnis der Zeiger der vom Leitungsende $x = 0$ rücklaufenden Spannungswelle zur am Leitungsende ankommenden Spannungswelle ergibt die Beziehung für die Reflexion:

$$\underline{r} = \frac{\underline{U}_r}{\underline{U}_v} = \frac{\frac{1}{2}(\underline{U}_E - \underline{Z}_W \underline{I}_E)}{\frac{1}{2}(\underline{U}_E + \underline{Z}_W \underline{I}_E)} = \frac{\underline{I}_E \left(\frac{\underline{U}_E}{\underline{I}_E} - \underline{Z}_W\right)}{\underline{I}_E \left(\frac{\underline{U}_E}{\underline{I}_E} + \underline{Z}_W\right)} = \frac{\underline{Z}_E - \underline{Z}_W}{\underline{Z}_E + \underline{Z}_W} = -\frac{\underline{I}_r}{\underline{I}_v}$$

**Beispiel zur vollständigen Berechnung eines Übertragungssystems**
Abbildung 6.6 zeigt schematisch eine verdrillte 380 kV-Drehstromleitung mit zwei Erdseilen. Die Vierer-Bündel bestehen aus $Al/St$ 4x240/40 $mm^2$ und die Erdseile aus $Al/St$ 240/40 $mm^2$. Der Teilleiterabstand eines Bündels beträgt 0,4 m und der Durchhang $f = 14$ m.

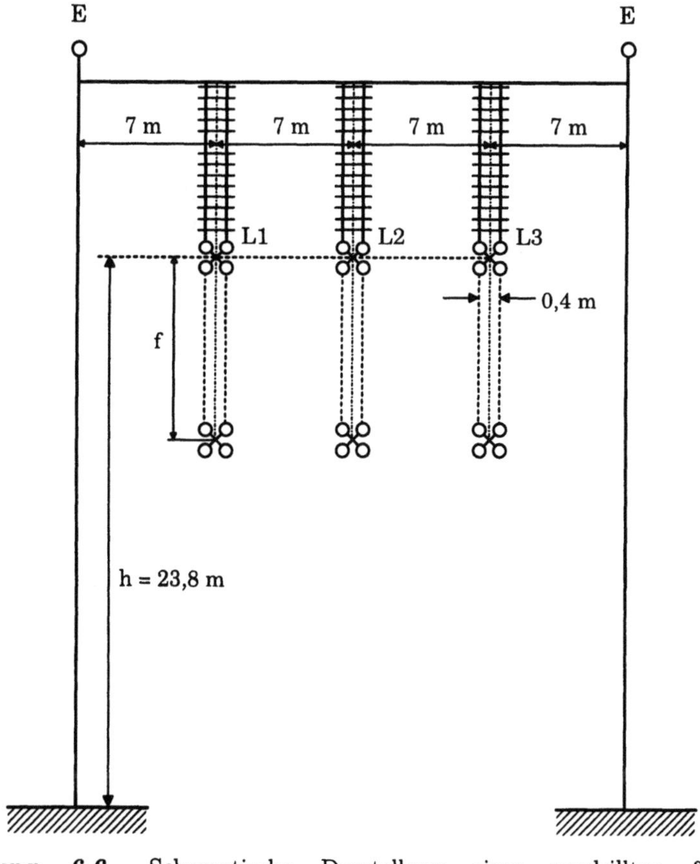


**Abbildung 6.6.** Schematische Darstellung einer verdrillten 380 kV-Drehstromleitung mit zwei Erdseilen

Für das dargestellte Übertragungssystem mit einer Länge von 500 km sollen zunächst die Leitungskonstanten berechnet werden. Anschließend ist der Wellenwiderstand, die Fortpflanzungskonstante und die natürliche Leistung zu bestimmen. Die Leitung sei an ihrem Ende mit der Hälfte ihres Wellenwiderstandes belastet. Unter der Voraussetzung einer Spannung von 380 kV am Ende der Leitung sollen die Ströme am Anfang und Ende der Leitung und der Wirkungsgrad der Übertragung bestimmt werden.

Berechnung der Leitungskonstanten

Der auf die Länge bezogene ohmsche Widerstand der Leitung wird entsprechend der in Kapitel 7.1 angegebenen Gleichung für Aluminium berechnet. Es ist dabei zu berücksichtigenden, daß vier parallele Teilleiter vorhanden sind.

$$r_b = \frac{1}{4} \cdot \frac{32}{A/\mathrm{mm}^2} \left[\frac{\Omega}{\mathrm{km}}\right]$$

Nach DIN 48204 beträgt der effektive Querschnitt eines $Al/St$ $240/40\,mm^2$-Seils $236\,\mathrm{mm}^2$. Damit ergibt sich:

$$r_b = \frac{1}{4} \cdot \frac{32}{236} = 0,04 \left[\frac{\Omega}{\mathrm{km}}\right]$$

Für die Berechnung der Induktivität pro Längeneinheit werden die Bündelleiter der Phasen durch je einen Ersatzleiter ersetzt. Dies ist ausführlich in Kapitel 7.3.4 beschrieben. Der Radius des Ersatzleiters des Bündels berechnet sich aus

$$r_0 = \sqrt[4]{4r \cdot R^3}$$

mit $R = \sqrt{2} \cdot \frac{\text{Teilleiterabstand}}{2} = \frac{\sqrt{2} \cdot 0,4\mathrm{m}}{2} = \sqrt{2} \cdot 0,2\,\mathrm{m}.$

Dabei ist der Radius so bemessen, daß die vier Teilleiter des Bündels auf einem Kreis liegen. Der Radius $r$ der einzelnen Teilleiter $\frac{1}{2}\,0,0217$ m ist dabei ebenfalls der DIN 48204 zu entnehmen.

$$r_0 = \sqrt[4]{4 \cdot \frac{0,0217}{2} \cdot (\sqrt{2} \cdot 0,2)^3} = 0,0177\,\mathrm{m}$$

Für die auf die Länge bezogene Betriebsreaktanz $x_b$ und die bezogene Betriebsinduktivität $l_b$ gilt allgemein:

$$x_b = \omega l_b = \omega \cdot \frac{L_b}{l}$$

$$l_b = \frac{\mu_0}{2\pi} \cdot \left[\ln\left(\frac{d}{r_0}\right) + \frac{1}{4n}\right]$$

Die Abstände der Leiter untereinander berechnen sich zu:

$$d = \sqrt[3]{d_{12} \cdot d_{23} \cdot d_{31}} = \sqrt[3]{7 \cdot 7 \cdot 14} = 8,82\,\mathrm{m}$$

Damit ergeben sich die bezogene Betriebsinduktivität und -reaktanz:

$$l_b = \frac{0,4\pi \cdot 10^{-3}\,\mathrm{Vs}}{2\pi\,\mathrm{A} \cdot \mathrm{km}} \cdot \left[\ln\left(\frac{8,82}{0,177}\right) + \frac{1}{16}\right] = 0,794\,\left[\frac{\mathrm{mH}}{\mathrm{km}}\right]$$

$$x_b = \omega l_b = 0,249\,\left[\frac{\Omega}{\mathrm{km}}\right]$$

Für die Berechnung der auf die Länge bezogenen Betriebskapazität wird die Gleichung (7.65) aus Kapitel 7.4.2 verwendet:

$$c_b = \frac{C_b}{l} = \frac{2\pi\varepsilon}{\ln\left(\frac{d}{r_0}\right)} = \frac{2\pi\varepsilon_0}{\ln\left(\frac{8,82}{0,177}\right)}\,\left[\frac{\mu\mathrm{F}}{\mathrm{km}}\right]$$

$$c_b = \frac{2\pi \cdot 8,854 \cdot 10^{-12}\,\frac{\mathrm{As}}{\mathrm{Vm}}}{3,91} = 0,0142\,\left[\frac{\mu\mathrm{F}}{\mathrm{km}}\right]$$

Für den Ableitungsbelag $g_b$ wird ein durch die 400 kV-Forschungsgemeinschaft gemessener Wert der Literatur entnommen /DENZ/.

$$g_b = 10^{-2}\,\left[\frac{\mu\mathrm{S}}{\mathrm{km}}\right]$$

Berechnung des Wellenwiderstandes

Die bestimmten Leitungskonstanten können nun in Gleichung (6.32) zur Berechnung des Wellenwiderstandes $\underline{Z}_W$ eingesetzt werden.

$$\underline{Z}_W = \sqrt{\frac{(r_b + j\omega l_b)}{(g_b + j\omega c_b)}}$$

$$r_b + j\omega l_b = 0,034 + j0,249 = 0,251 \cdot e^{j82,2^\circ}\,\left[\frac{\Omega}{\mathrm{km}}\right]$$

$$g_b + j\omega c_b = \frac{10^{-2}}{10^6} + j\frac{100\pi \cdot 0,0142}{10^6} = 4,46 \cdot e^{j89,9^\circ}\,\left[\frac{\mu\mathrm{S}}{\mathrm{km}}\right]$$

$$\underline{Z}_W = \sqrt{\frac{0,251 \cdot e^{j82,2^\circ} \cdot 10^6}{4,46 \cdot e^{j89,9^\circ}}} = 237 \cdot e^{-j3,85^\circ}\,[\Omega]$$

Berechnung der Fortpflanzungskonstanten

Entsprechend der Gleichung (6.29) folgt:

$$\underline{\gamma} = \sqrt{(r_b + j\omega l_b) \cdot (g_b + j\omega b_b)} = 1,06 \cdot 10^{-3} \cdot e^{j86,1^\circ} \left[\frac{1}{\text{km}}\right]$$

$$\underline{\gamma} \cdot l = 1,06 \cdot 10^{-3} \cdot e^{j86,1^\circ} \cdot 500 = 0,529 \cdot e^{j86,1^\circ}$$

Berechnung der natürlichen Leistung

Die bei Abschluß der Leitung mit ihrem Wellenwiderstand und bei Nennspannung am Ende der Leitung übertragene Scheinleistung wird als **natürliche Leistung** bezeichnet. Für die auf die Netzspannung von 380 kV bezogene natürliche Leistung erhält man:

$$\underline{S}_{nat} = \sqrt{3} \cdot \underline{U}_n \cdot \underline{I}^* = \sqrt{3} \cdot \underline{U}_n \cdot \frac{\frac{\underline{U}_n^*}{\sqrt{3}}}{\underline{Z}_W^*} = \frac{U_n^2}{\underline{Z}_W^*} \tag{6.42}$$

$$\underline{S}_{nat} = \frac{U_n^2}{\underline{Z}_W^*} = \frac{(380)^2}{237 \cdot e^{j3,85^\circ}} = 609 \cdot e^{-j3,85^\circ} \text{ [MVA]}$$

Berechnung der Ströme am Anfang und Ende der Leitung

Der Strom am Leitungsanfang berechnet sich aus Gleichung (6.38) für $x = l$.

$$\underline{I}_A = \underline{I}_E \cdot \cosh(\underline{\gamma} l) + \frac{\underline{U}_E}{\underline{Z}_W} \cdot \sinh(\underline{\gamma} l) \tag{6.43}$$

mit

$$\underline{U}_E = \frac{\underline{U}_n}{\sqrt{3}} \quad \text{und} \quad \underline{I}_E = \frac{\underline{U}_E}{\frac{1}{2} \cdot \underline{Z}_W}$$

Damit berechnet sich zunächst der Strom am Ende der Leitung ($x = 0$)zu:

$$\underline{I}_E = \frac{\underline{U}_n}{\sqrt{3} \cdot \frac{1}{2} \cdot \underline{Z}_W} = 1,85 \cdot e^{j3,85^\circ} \text{ [kA]}$$

Das Einsetzen der Werte ergibt:

$$\begin{aligned}
\underline{I}_A &= 1,85 \cdot e^{j3,85^\circ} \cdot \cosh(0,529 \cdot e^{j86,1^\circ}) + \frac{380 \cdot \sinh(0,529 \cdot e^{j86,1^\circ})}{\sqrt{3} \cdot 237 \cdot e^{-j3,85^\circ}} \text{ [kA]} \\
&= 1,85 \cdot e^{j3,85^\circ} \cdot \cosh(0,529 \cdot \cos 86,1^\circ + j0,529 \cdot \sin 86,1^\circ) \\
&\quad + 0,926 \cdot e^{j3,85^\circ} \cdot \sinh(0,529 \cdot \cos 86,1^\circ + j0,529 \cdot \sin 86,1^\circ) \text{ [kA]} \\
&= 1,70 \cdot e^{j20,95^\circ} \text{ [kA]}
\end{aligned}$$

Der Strom am Anfang der Leitung beträgt damit $\underline{I}_A = 1,70 \cdot e^{j20,95^\circ}$ [kA] und der Strom am Ende der Leitung $\underline{I}_E = 1,85 \cdot e^{j3,85^\circ}$ [kA].

Mit diesen Angaben und der Kenntnis der Spannungen am Anfang und Ende der Leitung ließe sich zum Beispiel der Wirkungsgrad der Übertragung durch die folgende Beziehung bestimmen.

$$\eta = \frac{P_E}{P_A} = \frac{Re\{3\underline{U}_E\underline{I}_E^*\}}{Re\{3\underline{U}_A\underline{I}_A^*\}} \tag{6.44}$$

## 6.3 Ausbreitung von Wanderwellen in technischen Anlagen

In technischen Anlagen gibt es selten eine ungehinderte Wellenausbreitung. An sogenannten Stoßstellen kommt es zur **Reflexion** und **Brechung** der Wanderwellen. Stoßstellen sind dadurch gekennzeichnet, daß sich der Wellenwiderstand bzw. die Fortpflanzungsgeschwindigkeit ändern oder konzentrierte Elemente vorhanden sind. Ihre genauere Betrachtung ist daher sehr wichtig, um Aussagen über die Wellenausbreitung treffen zu können. Das Verhalten an jedem Knotenpunkt ist durch die Kirchhoffschen Sätze bestimmt:

- Vor und hinter den Stoßstellen sind die Spannungen gleich.
- Vor und hinter den Stoßstellen sind die Ströme gleich.

Wie in Kapitel 6.2.1 nachgewiesen wurde, gilt allgemein:

für vorlaufende Spannungswellen: $$u_v = Z \cdot i_v \tag{6.45}$$

für rücklaufende Spannungswellen: $$u_r = -Z \cdot i_r \tag{6.46}$$

### 6.3.1 Konfigurationen nur aus Leitungen

Im folgenden werden Konfigurationen untersucht, die lediglich aus Leitungen mit unterschiedlichem Wellenwiderstand zusammengesetzt sind. Die Reflexions- und Brechungsfaktoren der Spannung und des Stroms sind zu bestimmen, dabei sind die einlaufenden Spannungs- und Stromwellen als Sprungfunktionen vorgegeben.

Abbildung 6.7 zeigt eine Konfiguration aus zwei unendlich langen Leitungen mit den Wellenwiderständen $Z_1$ und $Z_2$, die an der Stoßstelle im Knotenpunkt $K$ miteinander verbunden sind.

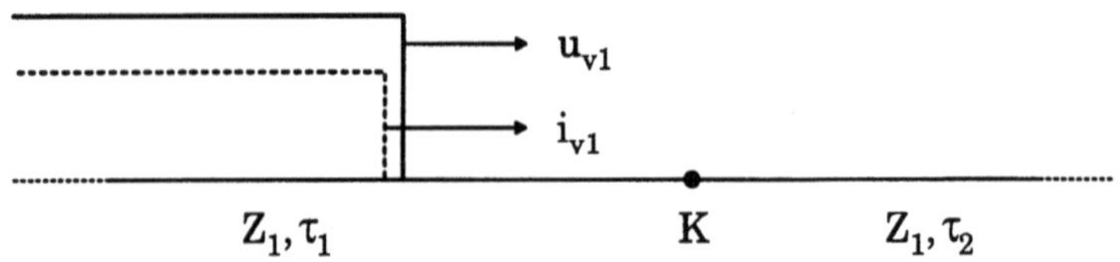


**Abbildung 6.7.** Wellenausbreitung in einer Konfiguration, die aus zwei zusammengesetzten unendlich langen Leitungen besteht

Für diese Konfiguration gelten folgende Gleichungen:

$$u_{v1} = \quad i_{v1} \cdot Z_1 \qquad \text{vorlaufende Spannungswelle} \tag{6.47}$$

$$u_{r1} = -i_{r1} \cdot Z_1 \qquad \text{rücklaufende Spannungswelle} \tag{6.48}$$

$$u_{v2} = \quad i_{v2} \cdot Z_2 \qquad \text{weiterlaufende Spannungswelle} \tag{6.49}$$

Mit Hilfe der Kirchhoffschen Sätze kann man für den Knotenpunkt $K$ im Moment des Eintreffens der Wellen am Punkt $K$ schreiben:

$$u_{v1} + u_{r1} = u_{v2} \tag{6.50}$$

$$i_{v1} + i_{r1} = i_{v2} \tag{6.51}$$

Gleichung (6.50) umgestellt und die Gleichungen (6.49) und (6.51) eingesetzt ergibt:

$$u_{r1} = u_{v2} - u_{v1} \tag{6.52}$$

$$u_{r1} = i_{v2} \cdot Z_2 - u_{v1} = i_{v1} \cdot Z_2 + i_{r1} \cdot Z_2 - u_{v1} \tag{6.53}$$

Nach Einsetzen der Gleichungen (6.47) und (6.48) in (6.53) erhält man für die reflektierte Spannungswelle:

$$u_{r1} = \frac{Z_2}{Z_1} \cdot u_{v1} - \frac{Z_2}{Z_1} \cdot u_{r1} - u_{v1} \tag{6.54}$$

oder

$$u_{r1} = \frac{Z_2 - Z_1}{Z_1 + Z_2} \cdot u_{v1} = r_u \cdot u_{v1} \tag{6.55}$$

Darin bezeichnet $r_u$ den **Reflexionsfaktor** der Spannung. Auf die gleiche Weise erhält man die reflektierte Stromwelle, worin $r_i$ der Reflexionsfaktor des Stroms ist.

$$i_{r1} = -i_{v1} \cdot \frac{Z_2 - Z_1}{Z_1 + Z_2} = r_i \cdot i_{v1} \tag{6.56}$$

Es gilt:

$$r_i = -r_u \tag{6.57}$$

Für die weiterlaufenden Wellen (Gleichungen (6.50) und (6.51)) ergibt sich nach dem Einsetzen der Gleichungen (6.55) und (6.56):

$$u_{v2} = u_{v1} + \frac{Z_2 - Z_1}{Z_1 + Z_2} \cdot u_{v1} = \frac{2 \cdot Z_2}{Z_1 + Z_2} \cdot u_{v1} = b_u \cdot u_{v1} \tag{6.58}$$

Darin bezeichnet $b_u$ den **Brechungsfaktor** der Spannung. Ebenso erhält man die weiterlaufende Stromwelle, worin $b_i$ den Brechungsfaktor des Stroms bezeichnet.

$$i_{v2} = \frac{2 \cdot Z_1}{Z_1 + Z_2} \cdot i_{v1} = b_i \cdot i_{v1} \tag{6.59}$$

In Abbildung 6.8 ist die Wellenausbreitung für Spannung und Strom dargestellt. Die Brechung bzw. Reflexion erfolgt an der Stoßstelle $K$ für den Fall, daß der Wellenwiderstand der Leitung 2 klein gegenüber dem der Leitung 1 ist. Es gilt: $Z_2 < Z_1$ wobei $Z_2 = \frac{1}{2} \cdot Z_1$ ist.

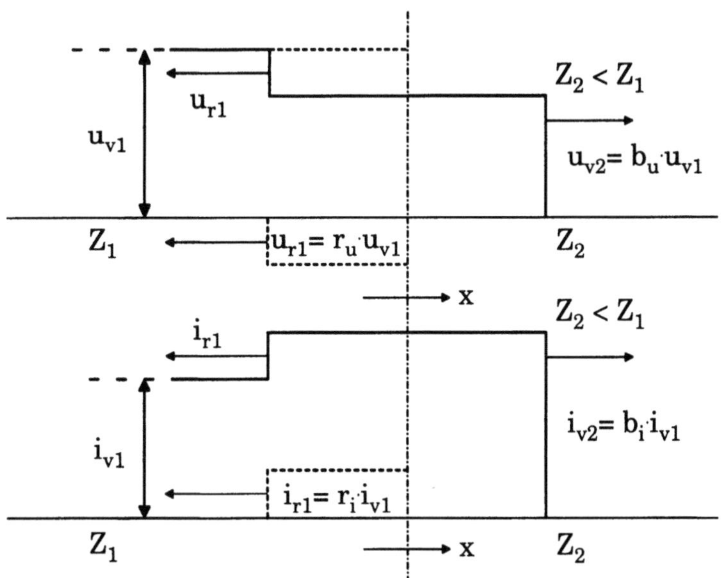


**Abbildung 6.8.** Brechung und Reflexion der Spannungs- und Stromwellen an der Stoßstelle $K$ in der Abbildung 6.7

Tabelle 6.1 gibt die Reflexionsfaktoren $r_u$ und $r_i$ sowie die der Brechungsfaktoren $b_u$ und $b_i$ an einer beliebigen Stoßstelle für unterschiedlich ausgeprägte

**Tabelle 6.1.** Reflexionsfaktoren und Brechungsfaktoren an der Stoßstelle $K$ für ausgeprägte $Z_2$-Werte (Leerlauf, Kurzschluß, reflexionsfreier Leitungsabschluß)

| ausgeprägte $Z_2$-Werte | $r_u = \frac{Z_2 - Z_1}{Z_1 + Z_2}$ | $r_i = -r_u$ | $b_u = \frac{2 \cdot Z_2}{Z_1 + Z_2}$ | $b_i = \frac{2 \cdot Z_1}{Z_1 + Z_2}$ |
|---|---|---|---|---|
| $Z_2 \to \infty$ | 1 | -1 | 2 | 0 |
| $Z_2 = 0$ | -1 | 1 | 0 | 2 |
| $Z_2 = Z_1$ | 0 | 0 | 1 | 1 |
| $Z_2 = \frac{1}{2} \cdot Z_1$ | $-\frac{1}{3}$ | $+\frac{1}{3}$ | $\frac{2}{3}$ | $\frac{4}{3}$ |

Werte von $Z_2$ an. Berücksichtigt sind darin auch die Sonderfälle Leerlauf ($Z_2 \to \infty$) und Kurzschluß ($Z_2 = 0$).

Betrachtet man für die Vorgänge der Konfiguration in Abbildung 6.7 die von den Wanderwellen mitgeführte Energie, so kann man feststellen, daß jede Wanderwelle einen bestimmten Energieinhalt $W$ besitzt, der sich aus einem elektrostatischen und einem elektromagnetischen Anteil zusammensetzt. Auf die Länge bezogen ergibt sich:

elektrostatische Energie $\quad W'_{es} = \frac{1}{2} \cdot C'u^2$

elektromagnetische Energie $\quad W'_m = \frac{1}{2} \cdot L'i^2$

Aus dem Verhältnis dieser beiden Anteile zueinander

$$\frac{W'_{es}}{W'_m} = \frac{C'}{L'} \cdot \frac{u^2}{i^2} \quad \text{und} \quad u = \pm\sqrt{\frac{L'}{C'}} \cdot i$$

folgt $W'_{es} = W'_m$, das bedeutet, beide Energieanteile sind gleich groß. Damit gilt für die gesamte Energie pro Längeneinheit $W' = 2W'_{es} = 2W'_m$. Über die Gleichung (6.60) läßt sich nun die gesamte Wellenenergie berechnen. Sie wird durch die Form der Strom- bzw. Spannungswellen bestimmt.

$$W = \int W'dx = C' \cdot \int u^2 dx = L' \cdot \int i^2 dx \tag{6.60}$$

Die Leistung der Wanderwellen, die den Leitungsquerschnitt durchströmt, ist durch das Produkt aus Energieinhalt und Ausbreitungsgeschwindigkeit gegeben.

$$P = W' \cdot v = 2 \cdot \frac{1}{2} \cdot L'i^2 \cdot \frac{1}{\sqrt{L'C'}} = \sqrt{\frac{L'}{C'}} \cdot i^2 = Z \cdot i^2 = \frac{u^2}{Z}$$

Bei gleicher Spannung wird also die Leistung in einem Kabel viel größer sein als in einer Freileitung, da das Kabel einen kleineren Wellenwiderstand hat.

Betrachtet man nun die ablaufenden Vorgänge, wenn eine Leistung in Form einer Welle an einer Stoßstelle $K$ ankommt, so stellt man fest, daß nur ein Teil der ankommenden Leistung weiterläuft; der andere Teil wird reflektiert.

$$P_1 = \frac{u_{v1}^2}{Z_1} \qquad \text{ankommende Leistung} \tag{6.61}$$

$$P_2 = \frac{u_{v2}^2}{Z_2} \qquad \text{weiterlaufende Leistung} \tag{6.62}$$

Das Verhältnis weiterlaufender zu ankommender Leistung lautet demnach:

$$\frac{P_2}{P_1} = \frac{u_{v2}^2}{u_{v1}^2} \cdot \frac{Z_1}{Z_2} \tag{6.63}$$

Mit der Beziehung aus Gleichung (6.58)

$$u_{v2} = b_u \cdot u_{v1} = \frac{2 \cdot Z_2}{Z_1 + Z_2} \cdot u_{v1}$$

erhält man:

$$\frac{P_2}{P_1} = \left(\frac{2 \cdot Z_2}{Z_1 + Z_2}\right)^2 \cdot \frac{Z_1}{Z_2} = \left(\frac{2}{\sqrt{\frac{Z_1}{Z_2}} + \sqrt{\frac{Z_2}{Z_1}}}\right)^2 \tag{6.64}$$

Man kann im obigen Ausdruck $Z_1$ und $Z_2$ vertauschen, ohne den Wert des Ausdrucks zu verändern. Das bedeutet, in beide Richtungen wird der gleiche Anteil der Leistung reflektiert.

Für die an der Stoßstelle $K$ reflektierte Leistung kann man schreiben

$$P_r = \frac{u_r^2}{Z_1} \tag{6.65}$$

und damit für das Verhältnis reflektierter zu ankommender Leistung:

$$\frac{P_r}{P_1} = \frac{u_r^2}{Z_1} \cdot \frac{Z_1}{u_{v1}^2} = \left(\frac{r_u \cdot u_{v1}}{u_{v1}}\right)^2 = r_u^2 = \left(\frac{Z_2 - Z_1}{Z_1 + Z_2}\right)^2 \tag{6.66}$$

Dieses Verhältnis ist stets positiv, da es vom Quadrat der Differenz der Wellenwiderstände abhängig ist.

Eine Erweiterung der Zusammenschaltung zweier unendlich langer Leitungen stellen die beiden folgenden Konfigurationen dar. In Abbildung 6.9 trifft eine Wanderwelle auf die Verzweigungsstelle $K$, von der zwei Leitungen abgehen, und in Abbildung 6.10 trifft sie auf eine Sammelschiene mit mehreren abgehenden Leitungen.

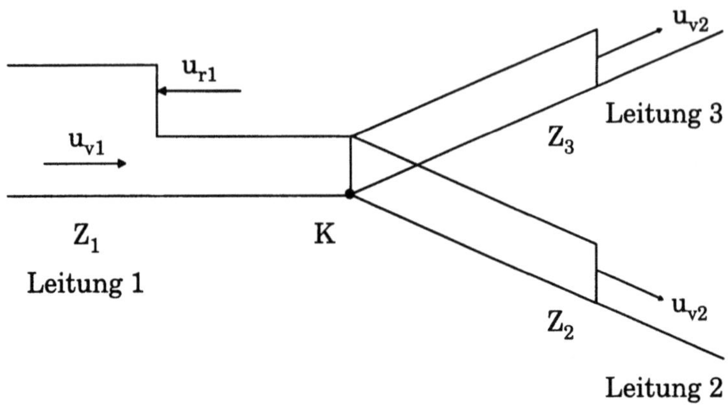


**Abbildung 6.9.** Wellenausbreitung an einer Verzweigung mit zwei abgehenden Leitungen

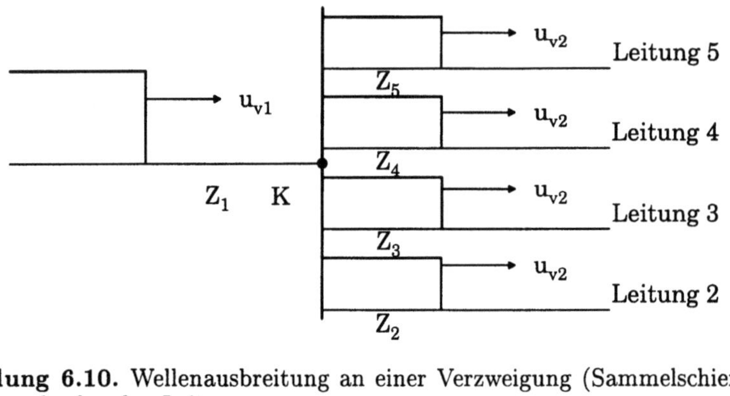


**Abbildung 6.10.** Wellenausbreitung an einer Verzweigung (Sammelschiene) mit mehreren abgehenden Leitungen

Durch Anwendung der Reflexions- und Brechungsgesetze kann der Verlauf von Wanderwellen in beliebigen Leitungsnetzen verfolgt werden. Für die in Abbildung 6.9 gegebene Konfiguration gelten bei Betrachtung des Knotenpunkts $K$ die folgenden Kirchhoffschen Sätze:

$$u_{v1} + u_{r1} = u_{v2} \tag{6.67}$$

$$i_{v1} + i_{r1} = i_{v2} + i_{v3} \tag{6.68}$$

Links des Knotens $K$ überlagern sich die vorlaufende Spannungswelle $u_{v1}$ und die reflektierte Spannungswelle $u_{r1}$. Sie müssen gleich der weiterlaufenden Spannung $u_{v2}$ auf der rechten Seite des Knotens $K$ sein, die für die Leitungen 2 und 3 gilt, Gleichung (6.67). Für die Stromwellen gilt Gleichung (6.68). Auf der linken Seite des Knotens $K$ überlagern sich vorlaufende und reflektierte Stromwelle zu $i_{v1} + i_{r1}$, sie sind gleich dem Strom auf der rechten Seite des Knotens $K$, der die Summe aus den beiden weiterlaufenden Stromwellen ist, d.h. $i_{v2} + i_{v3}$.

Setzt man nun in die Gleichung (6.68) die Beziehungen (6.47), (6.48) und (6.49) ein, ergibt sich:

$$\frac{u_{v1}}{Z_1} - \frac{u_{r1}}{Z_1} = \frac{u_{v2}}{Z_2} + \frac{u_{v2}}{Z_3} \tag{6.69}$$

Addiert man diese Gleichung und Gleichung (6.67), so erhält man:

$$2u_{v1} = u_{v2} + \frac{Z_1}{Z_2} \cdot u_{v2} + \frac{Z_1}{Z_3} \cdot u_{v2} = \left(1 + \frac{Z_1(Z_2 + Z_3)}{Z_2 Z_3}\right) \cdot u_{v2} \tag{6.70}$$

Formt man sie um

$$u_{v2} = \frac{2u_{v1} \cdot Z_2 Z_3}{Z_2 Z_3 + Z_1(Z_2 + Z_3)} = u_{v1} \cdot \frac{2 \cdot \frac{Z_2 Z_3}{Z_2 + Z_3}}{Z_1 + \frac{Z_2 Z_3}{Z_2 + Z_3}} \tag{6.71}$$

und setzt $Z_{äq} = \frac{Z_2 Z_3}{Z_2 + Z_3}$, so vereinfacht sich die Gleichung zu:

$$u_{v2} = u_{v1} \cdot \frac{2 \cdot Z_{äq}}{Z_1 + Z_{äq}} \tag{6.72}$$

Darin bezeichnet $Z_{äq}$ die äquivalente Impedanz der Parallelschaltung von $Z_2$ und $Z_3$, die in Serie zu $Z_1$ geschaltet ist. Der Vergleich der Beziehungen (6.72) und (6.59) ergibt schließlich den Brechungsfaktor $b_u$.

$$b_u = \frac{2 \cdot Z_{äq}}{Z_1 + Z_{äq}} \tag{6.73}$$

Anschaulich formuliert bedeutet dies: Eine ankommende Spannungswelle *sieht* an einer Verzweigung mit zwei abgehenden Leitungen die Parallelschaltung der beiden Leitungen. Daher läßt sich der Brechungsfaktor für diese Verzweigung aus der äquivalenten Impedanz dieser Parallelschaltung und der Impedanz der ankommenden Leitung berechnen.

Für die weiterlaufenden Ströme $i_{v2}$ und $i_{v3}$ gilt:

$$i_{v2} = \frac{u_{v2}}{Z_2}, \qquad i_{v3} = \frac{u_{v2}}{Z_3}$$

Dieser Sachverhalt gilt auch für Verzweigungen mit mehreren abgehenden Leitungen. Betrachtet man die Konfiguration in Abbildung 6.10, so gilt für die äquivalente Impedanz:

$$Z_{äq} = \frac{1}{\frac{1}{Z_2} + \frac{1}{Z_3} + \frac{1}{Z_4} + \frac{1}{Z_5}} \tag{6.74}$$

Damit ergibt sich die Spannung $u_{v2}$ analog zu Gleichung (6.72)

$$u_{v2} = u_{v1} \cdot \frac{2 \cdot Z_{äq}}{Z_1 + Z_{äq}}$$

und für die abgehenden Ströme $i_{v2}$ bis $i_{v5}$ gilt:

$$i_{v2} = \frac{u_{v2}}{Z_2}, \qquad i_{v3} = \frac{u_{v2}}{Z_3}, \qquad i_{v4} = \frac{u_{v2}}{Z_4}, \qquad i_{v5} = \frac{u_{v2}}{Z_5}$$

Der Reflexionsfaktor der Spannungswelle läßt sich ebenfalls mit Hilfe der äquivalenten Impedanz berechnen:

$$r_u = \frac{Z_{äq} - Z_1}{Z_{äq} + Z_1} \tag{6.75}$$

Unter der Annahme, daß in Abbildung 6.9 die Impedanz aller drei Leitungen, d.h. sowohl der ankommenden als auch der abgehenden Leitungen, gleich $Z$ ist, ergibt sich die äquivalente Impedanz der beiden abgehenden Leitungen zu $\frac{Z}{2}$. Damit berechnen sich die weiterlaufenden Spannungswellen in den abgehenden Leitungen zu:

$$u_{v2} = u_{v1} \cdot \frac{2 \cdot \frac{Z}{2}}{Z + \frac{Z}{2}} = \frac{2}{3} \cdot u_{v1} \tag{6.76}$$

Dies bedeutet, daß die Spannung $u_{v2}$ nach der Verzweigung auf $\frac{2}{3}$ der vorherigen Spannung $u_{v1}$ sinkt. Außerdem verursacht der Verzweigungsknoten eine reflektierte Welle, die eine teilweise Entladung der ankommenden Leitung hervorruft. Drehstromwicklungen erhalten daher in Dreieckschaltung niedrigere Wanderwellenspannungen als bei Sternschaltung.

Sind, wie in Abbildung 6.10, alle Leitungen gleichartig, d.h. die Impedanz der ankommenden Leitung $Z$ ist gleich den Impedanzen der einzelnen abgehenden Leitungen, so gilt für die äquivalente Impedanz:

$$Z_{äq} = \frac{Z}{n} \tag{6.77}$$

Hierbei steht $n$ für die Anzahl der abgehenden Leitungen. Man erhält für die weiterlaufenden Spannungswellen der abgehenden Leitungen

$$u_{v2} = u_{v1} \cdot \frac{2 \cdot \frac{Z}{n}}{Z + \frac{Z}{n}} = u_{v1} \cdot \frac{2}{n+1} \tag{6.78}$$

und für die reflektierte Spannungswelle in die ankommende Leitung

$$u_{r1} = u_{v1} \cdot \frac{\frac{Z}{n} - Z}{\frac{Z}{n} + Z} = u_{v1} \cdot \frac{1-n}{1+n} \tag{6.79}$$

Da alle abgehenden Ströme gleich groß sind, ergibt sich mit den Gleichungen (6.47), (6.49) und (6.78) folgendes:

$$i_{v2} = \frac{u_{v2}}{Z} = \frac{2 \cdot u_{v1}}{(n+1) \cdot Z} = \frac{2 \cdot i_{v1}}{(n+1)} \tag{6.80}$$

Für die reflektierte Stromwelle in die ankommende Leitung erhält man:

$$i_{r1} = -\frac{u_{r1}}{Z} = \frac{u_{v1}}{Z} \cdot \frac{n-1}{n+1} = i_{v1} \cdot \frac{n-1}{n+1} \tag{6.81}$$

In Gleichung (6.78) ist gut zu erkennen, daß die Spannung an der Verzweigung $K$ auf den doppelten Wert der ankommenden Spannungswelle ansteigen wird, wenn von der Verzweigung keine Leitung abgeht, also bei $n = 0$. Dies ist auch der Tabelle 6.1 zu entnehmen (offenes Leitungsende, $Z_2 = \infty$). Für Werte $n > 1$ wird beim Eintreffen einer Wanderwelle die Spannung, die sich in den Leitungen des Systems ausbildet, gemäß der Beziehung (6.78) entsprechend der Gesamtzahl der zusammengeschlossenen Leitungen erniedrigt. Ein solcher Zusammenschluß über eine Sammelschiene ist ein geeignetes Mittel für die Verringerung der schädlichen Effekte, die Wanderwellen hervorrufen können.

Im folgenden werden Konfigurationen untersucht, die aus unterschiedlichen Leitungen und konzentrierten Elementen zusammengesetzt sind. Besonders die Stoßstellen zwischen den verschiedenen Elementen werden dabei betrachtet, insbesondere die Verläufe von Spannung und Strom vor und nach der Stoßstelle. Dabei sind Spannung und Strom wiederum in Form von Sprungfunktionen vorgegeben.

### 6.3.2 Parallelwiderstand zwischen zwei Leitungen

Abbildung 6.11 zeigt eine Konfiguration bestehend aus zwei Leitungen mit den Wellenwiderständen $Z_1$ und $Z_2$, die über eine Stoßstelle $K$ miteinander verbunden sind. Im Knotenpunkt $K$ liegt noch ein Widerstand $R$ gegen Erde an. Die Leitungen seien unendlich lang, und es gilt: $Z_1 < Z_2$. Ein Ersatzschaltbild für den Knotenpunkt $K$ soll hergeleitet und die Wellenausbreitung berechnet werden.

Aus den Kirchhoffschen Sätzen folgt, daß die Spannungen und Ströme links und rechts des Knotens $K$ gleich sein müssen.

$$u_1 = u_2 \qquad \text{und} \qquad i_1 = i_2$$

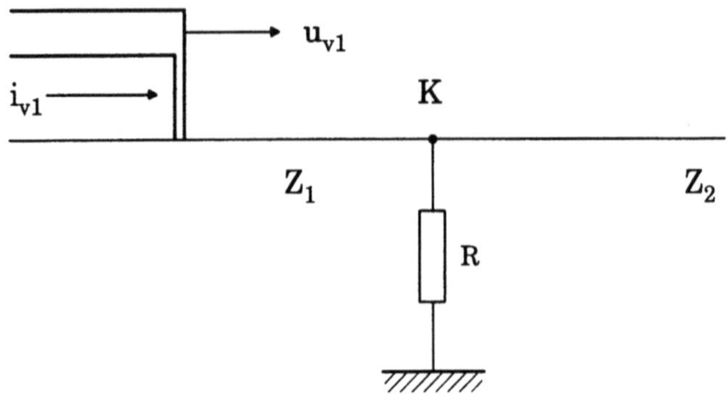


**Abbildung 6.11.**
Parallelwiderstand am Knotenpunkt $K$ zwischen zwei Leitungen

Daraus erhält man für das Spannungsgleichgewicht der Teilwellen bzw. für das Stromgleichgewicht der Teilwellen folgende Gleichungen:

$$u_{v1} + u_{r1} = u_{v2} \tag{6.82}$$

$$i_{v1} + i_{r1} = i_{v2} + \frac{u_{v2}}{R} = \frac{u_{v2}}{Z_2} + \frac{u_{v2}}{R} \tag{6.83}$$

Gleichung (6.83) mit $Z_1$ multipliziert ergibt:

$$Z_1 \cdot i_{v1} + Z_1 \cdot i_{r1} = \frac{Z_1}{Z_2} \cdot u_{v2} + \frac{Z_1}{R} \cdot u_{v2} \tag{6.84}$$

Die Summation der Gleichungen (6.84) und (6.82) unter Berücksichtigung der Beziehungen (6.47) und (6.48) ergibt:

$$2 \cdot u_{v1} = u_{v2} + \frac{Z_1}{Z_2} \cdot u_{v2} + \frac{Z_1}{R} \cdot u_{v2} \tag{6.85}$$

oder umgeformt

$$u_{v2} = 2 \cdot u_{v1} \cdot \frac{RZ_2}{RZ_2 + Z_1 \cdot (R + Z_2)} = 2 \cdot u_{v1} \cdot \frac{\frac{RZ_2}{Z_2+R}}{Z_1 + \frac{RZ_2}{Z_2+R}} \tag{6.86}$$

Aus Gleichung (6.86) läßt sich nun für den Moment, in dem die Wellen am Knotenpunkt $K$ ankommen, das Ersatzschaltbild 6.12 aufstellen. Darin bezeichnet $u_K = u_{v2}$ die weiterlaufende Spannung am Knoten $K$.

Das Ersatzschaltbild ist auch gültig für die Fälle Leerlauf ($R = \infty$ und $Z_2 = \infty$) und Kurzschluß ($R = 0$) am Knoten $K$. Beim Leerlauf erfolgt durch den Aufprall der Spannungswelle auf das offene Ende eine Verdopplung der Spannung und beim Kurzschluß eine Verdopplung des ankommenden Stroms. Die am Knoten $K$ ankommende Spannungswelle *sieht* eine Parallelschaltung bestehend aus Leitung 2 und dem ohmschen Widerstand $R$, damit beträgt

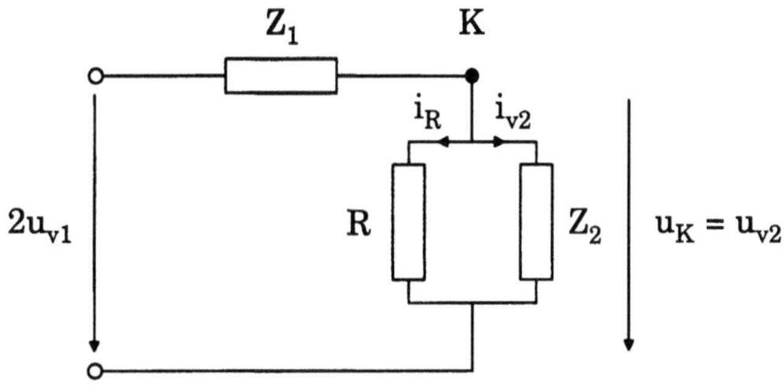


**Abbildung 6.12.**
Ersatzschaltbild des Knotenpunkts $K$ der Konfiguration in Abbildung 6.11

die äquivalente Impedanz $\frac{R \cdot Z_2}{R+Z_2}$. Entsprechend ergeben sich der Reflexionsfaktor und der Brechungsfaktor, und somit lassen sich auch die Werte der reflektierten und der weiterlaufenden Spannungswelle bestimmen.

**Beispiel**
Abbildung 6.13 zeigt eine Reihenschaltung zweier Leitungen, die am Anfang und am Ende reflexionsfrei durch die Widerstände $R_1$ und $R_2$ abgeschlossen sind. $R_1$ ist auch der Innenwiderstand der Spannungsquelle. Dazwischen befindet sich der gegen Erde geschaltete Widerstand $R$.

Es gelten folgende Vorgaben:

| | | | |
|---|---|---|---|
| Leitung 1: | $Z_1 = Z = 50\ \Omega$ | $\tau_1 = 10$ ns | $R_1 = Z_1$ |
| Leitung 2: | $Z_2 = 2Z = 100\ \Omega$ | $\tau_2 = 20$ ns | $R_2 = Z_2$ |
| Parallelwiderstand: | $R\ = 3Z = 150\ \Omega$ | | |
| mit | $U_{ein} = 100$ V | $t_{ein} = 10$ ns | |

Unter Anwendung des Simulationsprogramms EMTP (Electromagnetic Transients Program) ergeben sich mit diesen Vorgaben die Spannungs- und Stromverläufe in den Abbildungen 6.14 und 6.15.

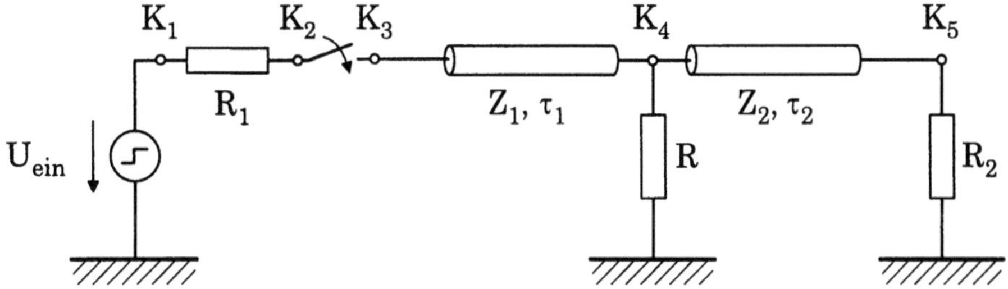


**Abbildung 6.13.** Parallelwiderstand am Knotenpunkt $K$ zwischen zwei Leitungen

Auf die Verfahrensweise des verwendeten Simulationsprogramms wird noch ausführlich in Kapitel 8.4 eingegangen.

Abbildung 6.14 zeigt den Verlauf der Spannung dieser Konfiguration. Zum Zeitpunkt $t_{ein}$ wird der Schalter geschlossen. Die vorlaufende Stromwelle fließt durch den Widerstand $R_1$ und den Wellenwiderstand $Z_1$ der Leitung 1 ohne Reflexion oder Brechung. Für die Spannung am Knotenpunkt $K_3$ bilden die beiden Widerstände damit einen ohmschen Spannungsteiler. Am Knotenpunkt $K_3$ liegt somit eine Spannung von $\frac{1}{2} \cdot U_{ein} = 50$ V an. Nach einer Zeitdauer von $\tau_1 = 10$ ns hat die Spannungswelle die erste Leitung durchlaufen und trifft auf den Knotenpunkt $K_4$. Für den Reflexionsfaktor an dieser Stoßstelle gilt:

$$r = \frac{Z_2||R - Z_1}{Z_2||R + Z_1} = \frac{\frac{6}{5}Z - Z}{\frac{6}{5}Z + Z} = \frac{\frac{1}{5}}{\frac{11}{5}} = \frac{1}{11}$$

Für den Brechungsfaktor gilt:

$$b = \frac{2 \cdot Z_2||R}{Z_2||R + Z_1} = \frac{2 \cdot \frac{6}{5}Z}{\frac{6}{5}Z + Z} = \frac{\frac{12}{5}}{\frac{11}{5}} = \frac{12}{11}$$

Damit läßt sich die Spannung an dieser Stoßstelle wie folgt berechnen:

$$u_{K4} = b \cdot \frac{1}{2} U_{ein} = \frac{12}{11} \cdot \frac{1}{2} \cdot 100\,\mathrm{V} = \frac{6}{11} \cdot 100\,\mathrm{V} = 54,4\,\mathrm{V}$$

Die Spannung steigt also 10 ns nach Schließen des Schalters am Knotenpunkt $K_4$ von 0 V auf 54,4 V an und durchläuft die zweite Leitung. Die reflektierte Spannungswelle am Knotenpunkt $K_4$ durchläuft die Leitung 1 und addiert sich nach 10 ns (Leitung 1, $\tau_1 = 10$ ns) zur bereits anliegenden Spannung.

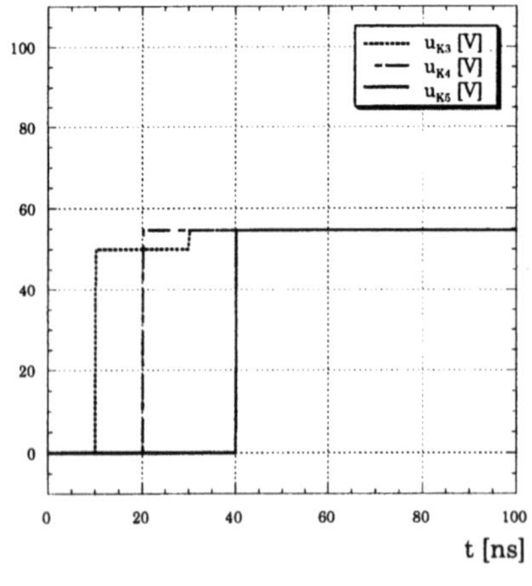


**Abbildung 6.14.** Spannungsverläufe an den Knotenpunkten in Abbildung 6.13

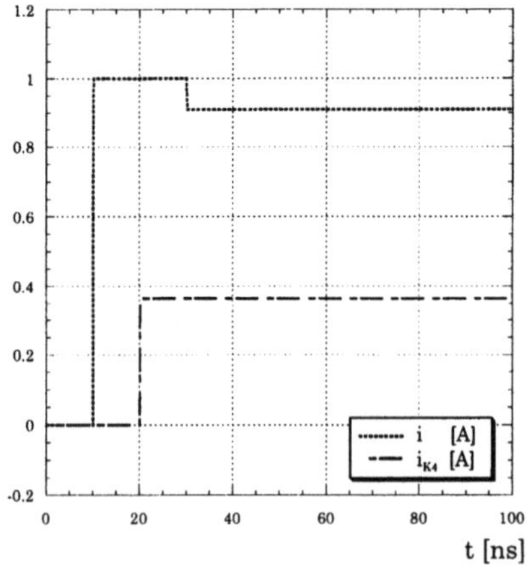


**Abbildung 6.15.** Stromverläufe der Konfiguration aus Abbildung 6.13

$$u_{K3} = \frac{1}{2}U_{ein} + r \cdot \frac{1}{2}U_{ein} = (\frac{1}{2} + \frac{1}{2} \cdot \frac{1}{11})100\,\mathrm{V} = \frac{6}{11} \cdot 100\,\mathrm{V} = 54,4\,\mathrm{V}$$

Das bedeutet, 20 ns nach Schließen des Schalters steigt auch am Knotenpunkt $K_3$ die Spannung von 50 V auf 54,4 V an. Es liegt nun dieselbe Spannung wie am Knotenpunkt $K_4$ an. Die weiterlaufende Spannung $u_{K4}$ durchläuft währenddessen innerhalb von $\tau_2 = 20$ ns die Leitung 2, schließlich steigt auch am Knotenpunkt $K_5$ die Spannung von 0 V auf 54,4 V an. Da die Leitung 2 reflexionsfrei abgeschlossen ist, gibt es keine rücklaufende Spannungswelle, und die Spannung bleibt an allen Knotenpunkten konstant auf 54,4 V.

Abbildung 6.15 zeigt den Verlauf des Stroms dieser Konfiguration. Nach Schließen des Schalters fließt ein Strom von 1 A. Er berechnet sich aus der Spannung $u_{K3}$, die im Knoten $K_3$ anliegt, und dem Wellenwiderstand der Leitung 1.

$$i = \frac{u_{K3}}{Z_1} = \frac{50\,\mathrm{V}}{50\,\Omega} = 1\,\mathrm{A}$$

Der Abfall des Stromes $i$ nach 20 ns um $1/11$ wird durch die am Knotenpunkt $K_4$ reflektierte Stromwelle verursacht. Die 20 ns entsprechen dabei der doppelten Laufzeit $\tau_1$ der Leitung 1. Der in dem Diagramm dargestellte Strom $i_{K4}$ bezeichnet den Strom, der durch den Widerstand $R$ fließt.

$$i_{K4} = \frac{u_{K4}}{R} = \frac{54,5\,\mathrm{V}}{150\,\Omega} = 0,3633\,\mathrm{A}$$

### 6.3.3 Serienwiderstand zwischen zwei Leitungen

Um die Entstehung hoher Spannungen infolge von Wanderwellen an einem Knotenpunkt $K$ zwischen zwei Leitungen mit unterschiedlichen Wellenwiderständen zu vermeiden, wird ein konzentrierter ohmscher Widerstand $R$ zwischen die Leitungen eingebracht, Abbildung 6.16. Für die Wellenwiderstände der zwei Leitungen gilt: $Z_1 < Z_2$.

Die Bedingung für das Gleichgewicht der Stromwellen am Knoten $K_1$ lautet:

$$i_{v1} + i_{r1} = i_{v2} \tag{6.87}$$

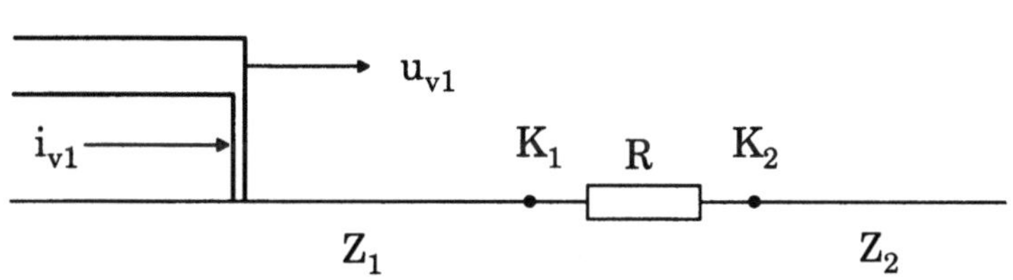


**Abbildung 6.16.** Serienwiderstand zwischen zwei Leitungen

Für den in die Leitung 2 hineinfließenden Strom gilt:

$$i_{v2} = \frac{u_{v2}}{Z_2} \tag{6.88}$$

Die Bedingung für das Gleichgewicht der Spannungswellen an den Knoten $K_1$ und $K_2$ sind dagegen unterschiedlich. Für den Knoten $K_1$ gilt folgendes:

$$u_{v1} + u_{r1} = R \cdot i_{v2} + u_{v2} \tag{6.89}$$

Die Multiplikation der Gleichung (6.87) mit $Z_1$ und die anschließende Summation mit obiger Gleichung ergibt umgeformt:

$$u_{v2} = u_{v1} \cdot \frac{2 \cdot Z_2}{Z_1 + R + Z_2} \tag{6.90}$$

Mit Gleichung (6.89) und (6.90) erhält man für $u_{r1}$

$$u_{r1} = u_{v1} \cdot \frac{R + Z_2 - Z_1}{Z_1 + R + Z_2} \tag{6.91}$$

Für die vorlaufende und die reflektierte Stromwelle erhält man damit:

$$i_{v2} = \frac{u_{v2}}{Z_2} = u_{v1} \cdot \frac{2}{Z_1 + R + Z_2} = i_{v1} \cdot \frac{2 \cdot Z_1}{Z_1 + R + Z_2} \tag{6.92}$$

$$i_{r1} = -\frac{u_{r1}}{Z_1} = i_{v1} \cdot \frac{Z_1 - (R + Z_2)}{Z_1 + R + Z_2} \tag{6.93}$$

Aus den hergeleiteten Gleichungen läßt sich nun das Ersatzschaltbild 6.17 für die Knoten $K_1$ und $K_2$ aufstellen. Die graphische Darstellung der Spannungs- und Stromverläufe ist Abbildung 6.18 zu entnehmen.

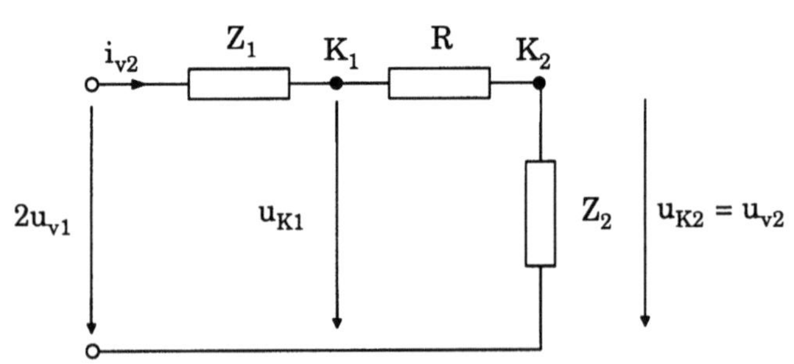


**Abbildung 6.17.**
Ersatzschaltbild für die Knoten $K_1$ und $K_2$ der Konfiguration in Abbildung 6.16

Unter der Voraussetzung $Z_1 < Z_2$ ist aus der Gleichung (6.90) zu ersehen, daß die Amplitude der weiterlaufenden Spannungswelle $u_{v2}$, abhängig vom

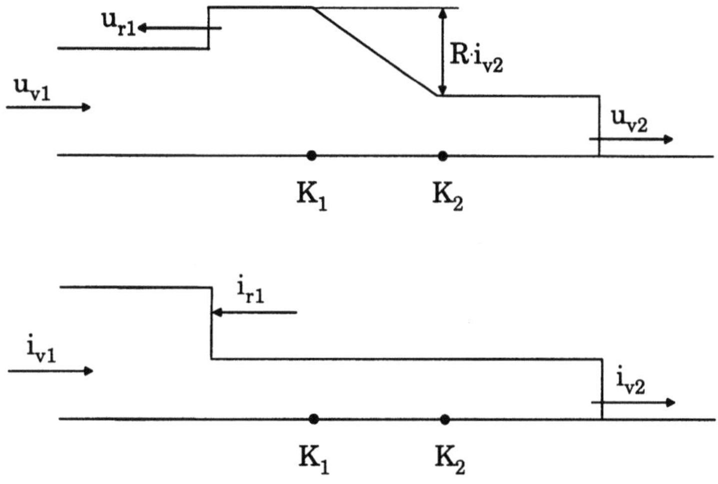


**Abbildung 6.18.** Im oberen Diagramm sind die ankommende und die weiterlaufenden Spannungswellen und im unteren die ankommende und die weiterlaufenden Stromwellen der Konfiguration in Abbildung 6.16 dargestellt.

Wert $R$, gedämpft werden kann. Ist im dämpfungsfreien Fall ($R = 0$) die weiterlaufende Spannungswelle noch stets größer als die ankommende Welle $u_{v2} > u_{v1}$, so gilt im Fall maximaler Dämpfung $u_{v2} = 0$. Für die maximale Dämpfung mit $R \to \infty$ berechnet sich der Reflexionsfaktor zu 1, damit wird die einlaufende Welle komplett reflektiert und die weiterlaufende Welle zu Null.

**Beispiel**

In Abbildung 6.19 ist eine Reihenschaltung zweier Leitungen dargestellt, die am Anfang und am Ende reflexionsfrei durch die Widerstände $R_1$ und $R_2$ abgeschlossen sind. Zwischen den Leitungen befindet sich ein in Serie geschalteter Widerstand $R$. Auch dieses Beispiel wird mit Hilfe von EMTP berechnet.

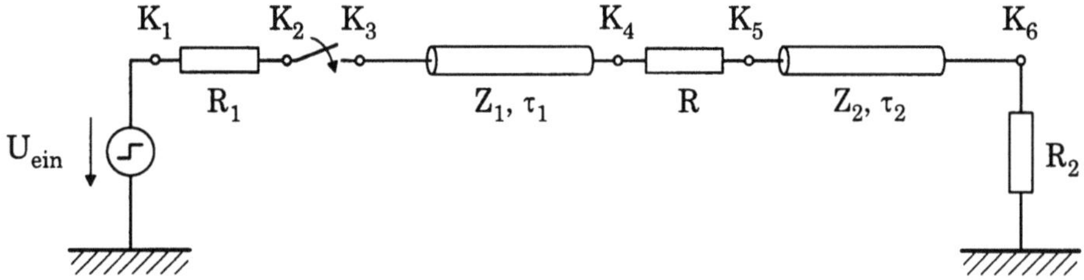


**Abbildung 6.19.** Serienwiderstand zwischen zwei Leitungen

Es gelten erneut folgende Vorgaben:

| | | | |
|---|---|---|---|
| Leitung 1: | $Z_1 = Z = 50\ \Omega$ | $\tau_1 = 10$ ns | $R_1 = Z_1$ |
| Leitung 2: | $Z_2 = 2Z = 100\ \Omega$ | $\tau_2 = 20$ ns | $R_2 = Z_2$ |
| Serienwiderstand: | $R\ = 3Z = 150\ \Omega$ | | |
| mit | $U_{ein} = 100$ V | $t_{ein} = 10$ ns | |

Die Spannungsverläufe an den eingezeichneten Knotenpunkten der Konfiguration sind im Diagramm 6.20 dargestellt. Nach Schließen des Schalters steigt die Spannung durch den Spannungsteiler aus $R_1$ und $Z_1$ am Knoten $K_3$ auf 50 V an.

Nach $\tau_1 = 10$ ns hat die Spannungswelle die erste Leitung durchlaufen und trifft auf den Knotenpunkt $K_4$. Der Widerstand besitzt als konzentriertes Element eine Laufzeit von $\tau \to 0$, d.h. die Welle *sieht* in diesem Moment eine Reihenschaltung aus dem Widerstand $R$ und dem Wellenwiderstand $Z_2$ der Leitung 2. Der Reflexionsfaktor und der Brechungsfaktor an dieser Stoßstelle berechnen sich zu:

$$r_4 = \frac{R + Z_2 - Z_1}{Z_1 + R + Z_2} = \frac{5Z - Z}{5Z + Z} = \frac{4}{6} = \frac{2}{3}$$

$$b_4 = \frac{2 \cdot (R + Z_2)}{Z_1 + R + Z_2} = \frac{2 \cdot 5Z}{6Z} = \frac{10}{6} = \frac{5}{3}$$

Für die Spannung an dieser Stoßstelle gilt dann:

$$u_{K4} = b_4 \cdot \frac{1}{2} U_{ein} = \frac{5}{3} \cdot \frac{1}{2} \cdot 100\,\mathrm{V} = \frac{5}{6} \cdot 100\,\mathrm{V} = 83,3\,\mathrm{V}$$

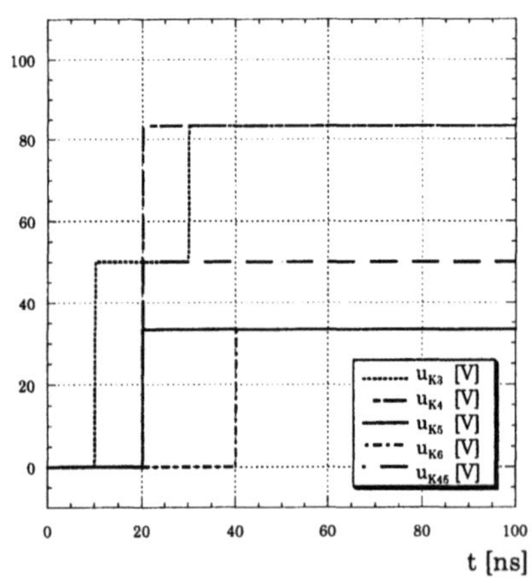

**Abbildung 6.20.** Spannungsverläufe an den Knotenpunkten in Abbildung 6.19

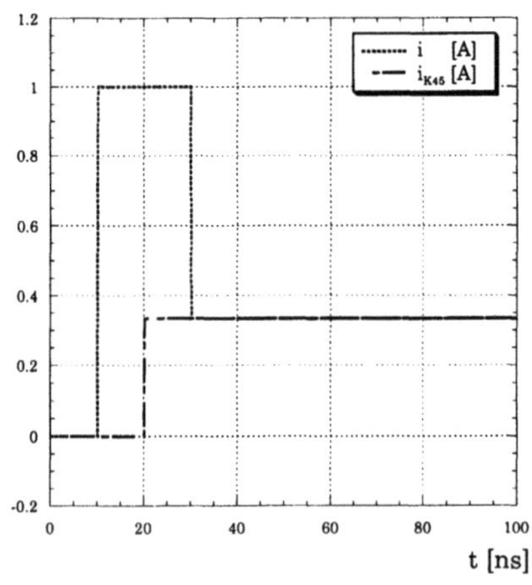

**Abbildung 6.21.** Stromverläufe der Konfiguration aus Abbildung 6.19

Die Spannung steigt also 10 ns nach Schließen des Schalters am Knotenpunkt $K_4$ von 0 V auf 83,3 V an. Da der Widerstand $R$ als konzentriertes Element betrachtet werden kann, steigt im selben Moment am Knotenpunkt $K_5$ die Spannung $u_{K5}$ von 0 V auf 33,3 V an.

$$b_5 = \frac{2 \cdot Z_2}{Z_1 + R + Z_2} = \frac{2 \cdot 2Z}{6Z} = \frac{4}{6} = \frac{2}{3}$$

$$u_{K5} = b_5 \cdot \frac{1}{2} U_{ein} = \frac{2}{3} \cdot \frac{1}{2} \cdot 100\,\mathrm{V} = \frac{1}{3} \cdot 100\,\mathrm{V} = 33,3\,\mathrm{V}$$

Der Spannungsabfall über dem Widerstand $R$ beträgt dabei 50 V.

$$u_{K45} = u_{K4} - u_{K5} = 83,3\,\mathrm{V} - 33,3\,\mathrm{V} = 50\,\mathrm{V}$$

Nach weiteren 10 ns hat die am Knotenpunkt $K_4$ reflektierte Spannungswelle die Leitung 1 durchlaufen und addiert sich zur bereits anliegenden Spannung.

$$u_{K3} = \frac{1}{2} U_{ein} + r \cdot \frac{1}{2} U_{ein} = (\frac{1}{2} + \frac{1}{2} \cdot \frac{2}{3}) 100\,\mathrm{V} = \frac{5}{6} \cdot 100\,\mathrm{V} = 83,3\,\mathrm{V}$$

Das bedeutet, 20 ns nach Schließen des Schalters steigt auch am Knotenpunkt $K_3$ die Spannung von 50 V auf 83,3 V an. Es liegt nun dieselbe Spannung wie am Knotenpunkt $K_4$ an. Da die Leitung 1 reflexionsfrei abgeschlossen ist, bleiben beide Spannungen auf diesem Wert.

Die weiterlaufende Spannung $u_{K5}$ durchläuft währenddessen innerhalb von $\tau_2 = 20$ ns die Leitung 2. Schließlich steigt 30 ns nach Schließen des Schalters auch am Knotenpunkt $K_6$ die Spannung von 0 V auf 33,3 V an. Die Leitung 2 ist ebenfalls reflexionsfrei abgeschlossen. Daher gibt es keine rücklaufende Spannungswelle, und die Spannung bleibt an den Knoten $K_5$ und $K_6$ konstant.

Abbildung 6.21 zeigt den Verlauf des Stroms dieser Konfiguration. Nach Schließen des Schalters fließt wie im vorigen Beispiel ein Strom von 1 A, der sich aus der im Knoten $K_3$ anliegenden Spannung $u_{K3}$ und dem Wellenwiderstand der Leitung 1 berechnet.

$$i = \frac{u_{K3}}{Z_1} = \frac{50\,\mathrm{V}}{50\,\Omega} = 1\,\mathrm{A}$$

Der Abfall des Stroms $i$ nach 20 ns (2 x $\tau_1$) um 2/3 wird durch die am Knotenpunkt $K_4$ reflektierte Stromwelle verursacht. Der in dem Diagramm dargestellte Strom $i_{K45}$ bezeichnet den Strom durch den Widerstand $R$.

$$i_{K45} = \frac{u_{K45}}{R} = \frac{50\,\mathrm{V}}{150\,\Omega} = 0,333\,\mathrm{A}$$

### 6.3.4 Parallelkapazität zwischen zwei Leitungen

Abbildung 6.22 zeigt ein Kabel mit dem Wellenwiderstand $Z_1$ und eine Freileitung mit dem Wellenwiderstand $Z_2$, die über eine Stoßstelle miteinander verbunden sind. In diesem Knoten $K$ liegt eine Kapazität $C$ gegen Erde an. Für die Wellenwiderstände der beiden Leitungen gilt: $Z_1 < Z_2$. Wiederum soll ein gültiges Ersatzschaltbild für den Knoten $K$ dieser Konfiguration hergeleitet und die Wellenausbreitung untersucht werden.

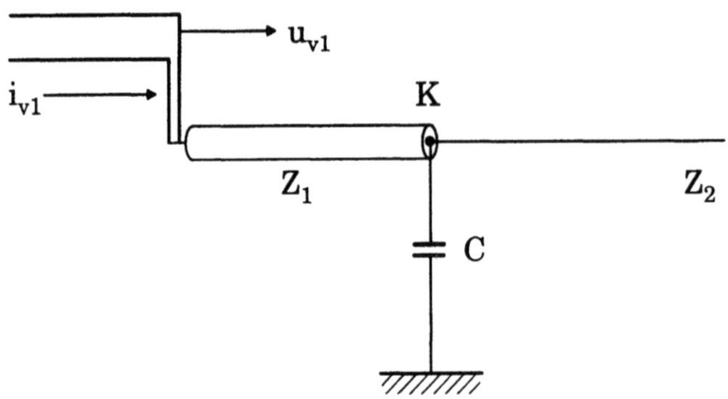


**Abbildung 6.22.** Parallelkapazität zwischen einem Kabel und einer Freileitung

Die Gleichgewichtsbedingungen der Teilwellen am Knoten $K$ lauten:

$$u_{v1} + u_{r1} = u_{v2} = u_k \tag{6.94}$$

$$i_{v1} + i_{r1} = C \cdot \frac{du_{v2}}{dt} + i_{v2} \tag{6.95}$$

Gleichung (6.95) wird mit $Z_1$ multipliziert. Die Summation der sich ergebenden Gleichung mit (6.94) ergibt dann:

$$2 \cdot u_{v1} = u_{v2} + Z_1 C \cdot \frac{du_{v2}}{dt} + Z_1 \cdot i_{v2} \tag{6.96}$$

Daraus läßt sich das Ersatzschaltbild 6.23 für den Knoten $K$ ableiten. Für die eingezeichneten Ströme des Ersatzschaltbildes gilt:

$$i_C = C \cdot \frac{du_{v2}}{dt} \qquad \text{und} \qquad i_{v2} = \frac{u_{v2}}{Z_2}$$

Formt man Gleichung (6.96) um, erhält man eine inhomogene Differentialgleichung in folgender Form:

$$\frac{du_{v2}}{dt} + \frac{1}{Z_1 C} \cdot \left(1 + \frac{Z_1}{Z_2}\right) \cdot u_{v2} = \frac{2}{Z_1 C} \cdot u_{v1} \tag{6.97}$$

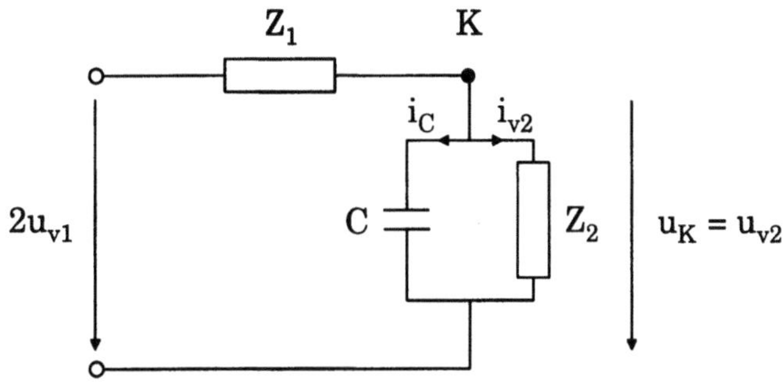


**Abbildung 6.23.**
Ersatzschaltbild für den Knoten $K$ der Konfiguration in Abbildung 6.22

Unter Anwendung des Überlagerungssatzes (vgl. Kapitel 4.1.6), erhält man die allgemeine Lösung der inhomogenen Differentialgleichung durch die Überlagerung der Lösung der entsprechenden homogenen Differentialgleichung und einer partikulären Lösung der inhomogenen Differentialgleichung.

Die homogene Lösung der Differentialgleichung (6.97) lautet:

$$u_{v2_{hom}} = K \cdot e^{-\frac{1}{Z_1 C} \cdot \left(1 + \frac{Z_1}{Z_2}\right) \cdot t} = K \cdot e^{-\frac{Z_1 + Z_2}{Z_1 Z_2 C} \cdot t} = K \cdot e^{-\frac{t}{T_C}} \tag{6.98}$$

mit: $T_C = \frac{Z_1 Z_2 C}{Z_1 + Z_2}$ Wanderwellenzeitkonstante
$K$ Integrationskonstante

Für die Ermittlung der partikulären Lösung wird die Gleichung (6.97) im Zeitabschnitt, in dem die Änderung $\frac{du_{v2}}{dt} = 0$ ist, betrachtet.

$$u_{v2_{part}} = \frac{2}{Z_1 C} \cdot u_{v1} \cdot \frac{1}{\frac{1}{Z_1 C} \cdot \left(1 + \frac{Z_1}{Z_2}\right)} = 2u_{v1} \cdot \frac{Z_2}{Z_1 + Z_2} \tag{6.99}$$

Die Lösung für die weiterlaufende Spannungswelle $u_{v2}$ ergibt sich nun aus der Überlagerung von $u_{v2_{hom}}$ und $u_{v2_{part}}$. Unter Berücksichtigung der Anfangsbedingung $u_{v2}(t = 0) = 0$ wird die Integrationskonstante $K$ bestimmt.

$$2u_{v1} \cdot \frac{Z_2}{Z_1 + Z_2} + K \cdot e^0 = 0 \quad => \quad K = -2u_{v1} \cdot \frac{Z_2}{Z_1 + Z_2}$$

Damit erhält man für die weiterlaufende Spannungswelle:

$$u_{v2} = 2u_{v1} \cdot \frac{Z_2}{Z_1 + Z_2} \cdot \left(1 - e^{-\frac{t}{T_C}}\right) \tag{6.100}$$

Die weiterlaufende Stromwelle $i_{v2}$ berechnet sich aus dieser Gleichung und dem Wellenwiderstand $Z_2$ der Leitung 2.

$$i_{v2} = \frac{u_{v2}}{Z_2} = 2u_{v1} \cdot \frac{1}{Z_1 + Z_2} \cdot \left(1 - e^{-\frac{t}{T_C}}\right) \tag{6.101}$$

Mit $u_{v1} = Z_1 \cdot i_{v1}$ ergibt sich:

$$i_{v2} = 2i_{v1} \cdot \frac{Z_1}{Z_1 + Z_2} \cdot \left(1 - e^{-\frac{t}{T_C}}\right) \tag{6.102}$$

Die reflektierte Spannungswelle erhält man aus der Differenz der beiden vorlaufenden Spannungswellen.

$$u_{r1} = u_{v2} - u_{v1} = 2u_{v1} \cdot \frac{Z_2}{Z_1 + Z_2} \cdot \left(1 - e^{-\frac{t}{T_C}}\right) - u_{v1} \tag{6.103}$$

Für die reflektierten Stromwelle gilt: $i_{r1} = -\frac{u_{r1}}{Z_1}$. Man erhält:

$$i_{r1} = i_{v1} - 2i_{v1} \cdot \frac{Z_2}{Z_1 + Z_2} \cdot \left(1 - e^{-\frac{t}{T_C}}\right) \tag{6.104}$$

Der Strom $i_C$ des Kondensatorzweigs berechnet sich mit

$$i_C = C \cdot \frac{du_{v2}}{dt}$$

und unter Zuhilfenahme der Gleichung (6.100) zu:

$$i_C = 2i_{v1} \cdot e^{-\frac{t}{T_C}} \tag{6.105}$$

Die Abbildung 6.24 veranschaulicht die hergeleiteten Gleichungen. Die gewählte Darstellungsweise ermöglicht eine zeitliche und räumliche Veranschaulichung der Spannungs- und Stromverläufe im Knotenpunkt $K$ betrachtet aus

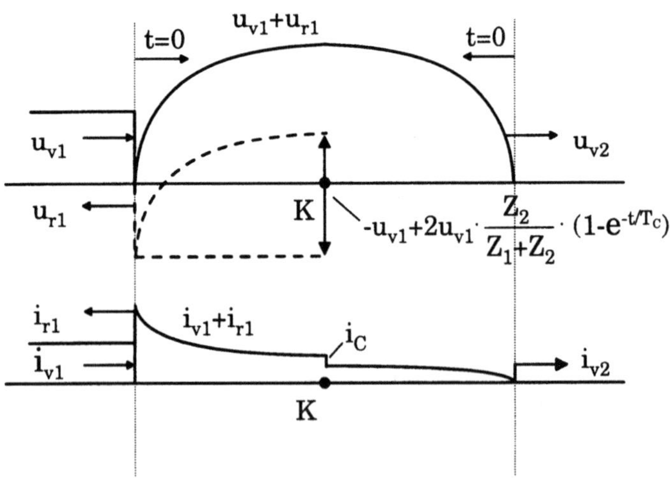


**Abbildung 6.24.** Im oberen Diagramm sind die ankommende und die weiterlaufenden Spannungswellen und im unteren die ankommende und die weiterlaufenden Stromwellen der Konfiguration in Abbildung 6.22 dargestellt.

*Sicht* der Leitung 1, linke Seite, bzw. aus *Sicht* der Leitung 2, rechte Seite. Der Zeitpunkt $t = 0$ bezeichnet dabei den Augenblick, in dem die vorlaufenden Wellen auf die Stoßstelle $K$ treffen. Die durchgezogenen Linien sind die Überlagerung der Teilspannungen bzw. -ströme.

Der Verlauf der weiterlaufenden Spannungswelle $u_{v2}$ ist demnach die Summe aus ankommender und reflektierter Spannungswelle. Der Verlauf der weiterlaufenden Stromwelle $i_{v2}$ zusammen mit $i_C$ ist gleich der Summe aus ankommender und reflektierter Stromwelle. Für beide Fälle ist das Vorzeichen der einzelnen Teilwellen zu beachten.

Wie aus Gleichung (6.100) zu ersehen, ist der Verlauf der weiterlaufenden Spannungswelle nach dem Knotenpunkt $K$, also hinter dem Kondensator, nicht sprunghaft. Die Amplitude der Spannung steigt allmählich exponentiell von Null an und nähert sich nach einiger Zeit demselben Grenzwert, der bei einer Konfiguration ohne Kondensator vorhanden wäre. Die Wanderwellenzeitkonstante $T_C$ bestimmt dabei die Schnelligkeit des Anstiegs. Vergleicht man diese Zeitkonstante mit der eines entsprechenden Schwingkreises, erkennt man einen identischen Aufbau. Der Widerstand ist gleich dem Ersatzwiderstand bestehend aus den beiden parallel geschalteten Leitungen 1 und 2: $\frac{Z_1 Z_2}{Z_1+Z_2}$. Auf den Leitungen wandert die gleiche Energie in Form von Wellen fort, die im Widerstand in Wärme umgewandelt wird. Je größer die Kapazität des Kondensators ist, desto größer ist die Zeitkonstante und um so langsamer steigt die Spannung hinter dem Kondensator an.

Nimmt man die Kapazität des Kondensators in Abbildung 6.22 mit $C = 30\,\mathrm{nF}$ an und die Werte der Wellenwiderstände mit $Z_1 = 50\ \Omega$ (Kabel) und $Z_2 = 500\ \Omega$ (Freileitung), läßt sich die Wanderwellenzeitkonstante wie folgt berechnen:

$$T_C = \frac{50 \cdot 500}{550} \frac{\Omega^2}{\Omega} \cdot 30 \cdot 10^{-9}\,\mathrm{F} = 1{,}36 \cdot 10^{-6}\,\mathrm{s}$$

Der Wanderwellenkopf läuft während dieser Zeit mit Lichtgeschwindigkeit über eine Länge von:

$$l = v \cdot T_C = 3 \cdot 10^8\,\frac{\mathrm{m}}{\mathrm{s}} \cdot 1{,}36 \cdot 10^{-6}\,\mathrm{s} = 408\,\mathrm{m}$$

Die Spannung am Knoten K sinkt beim Eintreffen der ankommenden Spannungswelle zunächst auf Null, da der Kondensator bekanntermaßen im ersten Augenblick wie ein Kurzschluß wirkt (Brechungsfaktor $b_u = 0$). Danach steigt die Spannung exponentiell auf ihren Endwert an. Dieser Wert entspricht dem Wert der Spannung, die sich einstellen würde, wenn kein Kondensator vorhanden wäre, sondern nur eine Reihenschaltung der beiden Leitungen 1 und 2. Der Kondensator wirkt nach endlicher Zeit wie ein Leerlauf.

Im Gegensatz zur Spannung steigt der Strom zunächst auf den doppelten Wert der ankommenden Stromwelle, da für den Brechungsfaktor des Stromes gilt: $b_i = 2$. Nach endlicher Zeit klingt die weiterlaufende Stromwelle dann auf einen Wert ab, als wäre kein Kondensator vorhanden, sondern wiederum nur die Reihenschaltung der beiden Leitungen.

Aus diesen Beobachtungen läßt sich für eine Konfiguration, die aus einer kapazitiv abgeschlossenen Leitung besteht, folgendes schließen: Bei Beaufschlagung mit einer Sprungwelle verhält sich eine solche Konfiguration im ersten Augenblick wie bei einem kurzgeschlossenen Ende der Leitung ($Z = 0$). Später, nachdem sich das kapazitive Element aufgeladen hat, wirkt es wie ein Leerlauf ($Z \to \infty$), und die Konfiguration verhält sich wie bei einem offenen Leitungsende. Es wird nur der steile Wanderwellenkopf unverändert reflektiert, während der Wellenrücken exponentiell über die Zeit verschliffen wird.

**Beispiel**

Abbildung 6.25 zeigt eine Reihenschaltung zweier Leitungen, die am Anfang und am Ende reflexionsfrei abgeschlossen sind. Dazwischen befindet sich eine gegen Erde geschaltete Kapazität. Nach einer Zeitdauer von $t_{ein}$ wird ein Schalter geschlossen. Die Berechnungen der Spannungs- und Stromverläufe erfolgen mit EMTP.

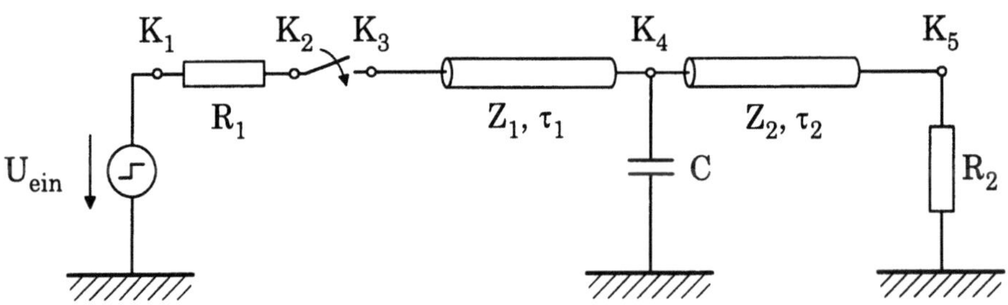


**Abbildung 6.25.** Parallelkapazität am Knotenpunkt $K$ zwischen zwei Leitungen

Es gelten folgende Vorgaben:

| | | | |
|---|---|---|---|
| Leitung 1: | $Z_1 = Z = 50\ \Omega$ | $\tau_1 = 10$ ns | $R_1 = Z_1$ |
| Leitung 2: | $Z_2 = 2Z = 100\ \Omega$ | $\tau_2 = 20$ ns | $R_2 = Z_2$ |
| Parallelkapazität: | $C\ = 0,5$ nF | | |
| mit | $U_{ein} = 100$ V | $t_{ein} = 10$ ns | |

In den Diagrammen 6.26 und 6.27 erkennt man die zuvor hergeleiteten Spannungs- und Stromverläufe für die obigen Parameter. Durch den Spannungsteiler am Eingang der Konfiguration steigt nach Schließen des Schalters die Spannung am Knoten $K_3$ auf 50 V an. Nach $\tau_1 = 10$ ns hat die Spannungswelle die erste Leitung durchlaufen und trifft auf den Knotenpunkt $K_4$.

Die ankommende Welle trifft auf eine Parallelschaltung aus der Kapazität $C$ und dem Wellenwiderstand $Z_2$ der Leitung 2, wobei im ersten Moment der Kondensator wie ein Kurzschluß wirkt. Die Reflexionsfaktoren und

Brechungsfaktoren für Spannung und Strom betragen für diesen Sonderfall $r_u = -1$, $r_i = 1$, $b_u = 0$ und $b_i = 2$. Das bedeutet, im ersten Moment läuft keine Spannungswelle in die Leitung 2 ein, sondern es erfolgt eine vollständige Reflexion der Spannung. Für den Strom bedeutet dies, daß der gesamte Strom über den Kondensator abfließt und damit am Knotenpunkt $K_4$ auf den doppelten Wert des Eingangsstroms anspringt.

$$i_{ein} = \frac{u_{ein}}{R_1 + Z_1} = \frac{100\,\mathrm{V}}{100\,\Omega} = 1\,\mathrm{A}$$

$$i_{K4} = b_i \cdot i_{ein} = 2 \cdot 1\,\mathrm{A} = 2\,\mathrm{A}$$

Der Verlauf der weiterlaufenden Spannungs- bzw. Stromwellen für die Ladephase des Kondensators ist durch die zuvor hergeleiteten Gleichungen (6.100) und (6.101) bestimmt. Die Spannungen steigen exponentiell auf ihren Endwert an, je nach Knotenpunkt zeitlich versetzt, und der Strom klingt entsprechend exponentiell auf seinen Endwert ab. Die Endwerte für Spannung und Strom lassen sich für ($t \to \infty$) wie folgt bestimmen:

$$\begin{aligned} u_{v2} &= 2u_{v1} \cdot \frac{Z_2}{Z_1 + Z_2} \cdot \left(1 - e^{-\frac{t}{T_C}}\right) \\ &\approx 2u_{v1} \cdot \frac{Z_2}{Z_1 + Z_2} = 100\,\mathrm{V} \cdot \frac{2Z}{3Z} = 66,7\,\mathrm{V} \end{aligned}$$

$$i_{v2} = \frac{u_{v2}}{Z_2} = \frac{66,7\,\mathrm{V}}{100\,\Omega} = 0,667\,\mathrm{A}$$

Der im Diagramm 6.27 eingezeichnete Strom $i_{K4} = i_C$, der über den Kondensator abfließt, geht dabei gegen null, da der aufgeladene Kondensator wie ein Leerlauf wirkt.

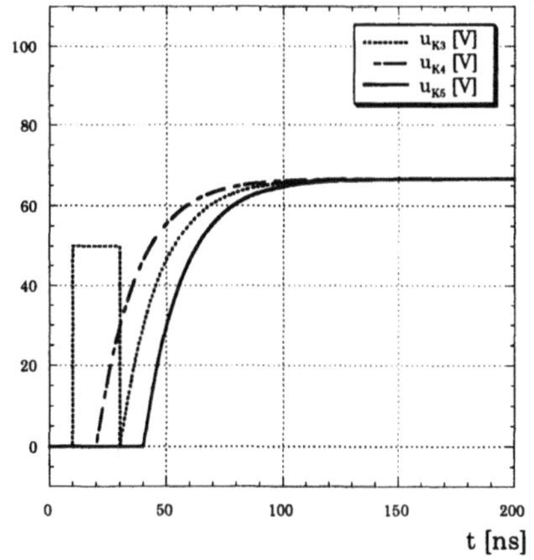


**Abbildung 6.26.** Spannungsverläufe an den Knotenpunkten in Abbildung 6.25

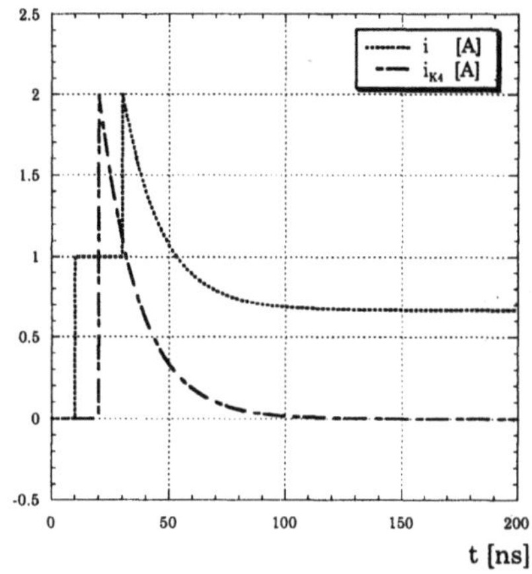


**Abbildung 6.27.** Stromverläufe der Konfiguration aus Abbildung 6.25

### 6.3.5 Serienkapazität zwischen zwei Leitungen

Abbildung 6.28 zeigt eine Konfiguration aus einem unendlich langen Kabel und einer unendlich langen Freileitung mit den Wellenwiderständen $Z_1$ und $Z_2$, die über einen Kondensator in Reihe geschaltet sind. Für die Wellenwiderstände der beiden Leitungen gilt: $Z_1 < Z_2$. Ein gültiges Ersatzschaltbild wird hergeleitet und die Wellenausbreitung an den Knotenpunkten $K_1$ und $K_2$ untersucht.

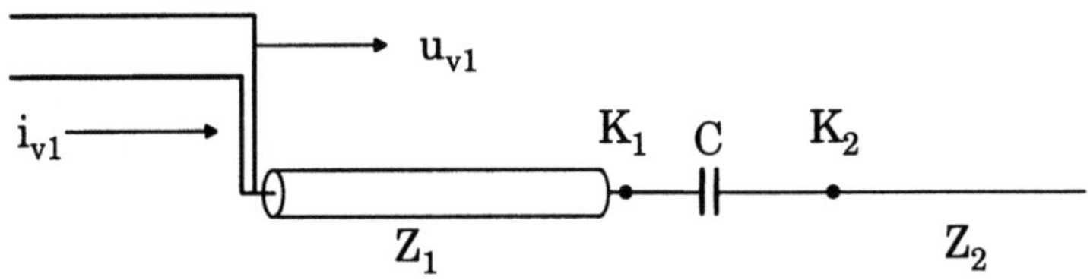


**Abbildung 6.28.** Serienkapazität zwischen einem Kabel und einer Freileitung

Die Kirchhoffschen Gleichungen am Knoten $K_1$ lauten:

$$u_{v1} + u_{r1} = \frac{1}{C} \cdot \int i_{v2} dt + u_{v2} \tag{6.106}$$

$$i_{v1} + i_{r1} = i_{v2} \tag{6.107}$$

Der Strom $i_{v2}$ bezeichnet darin die vorlaufende Stromwelle, die sowohl durch die Kapazität $C$ als auch durch die Leitung 2 fließt. Ähnlich dem vorigen Beispiel wird auch hier die Gleichung (6.107) mit $Z_1$ multipliziert und anschließend zu Gleichung (6.106) addiert. Dies ergibt:

$$2u_{v1} = (Z_1 + Z_2) \cdot i_{v2} + \frac{1}{C} \cdot \int i_{v2} dt \tag{6.108}$$

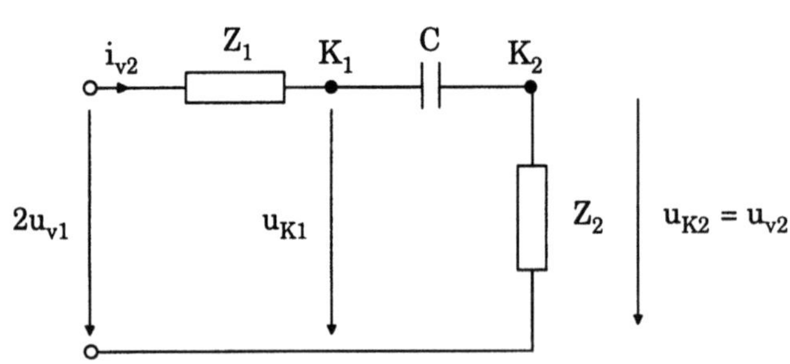


**Abbildung 6.29.**
Ersatzschaltbild für die Knoten $K_1$ und $K_2$ der Konfiguration in Abbildung 6.28

Aus dieser Gleichung läßt sich das Ersatzschaltbild 6.29 ableiten. Setzt man in die Gleichung (6.108) die Beziehung $i_{v2} = \frac{u_{v2}}{Z_2}$ ein und formt sie um, erhält man eine Differentialgleichung, die mit Hilfe der Laplace-Transformation gelöst werden kann.
Unter Verwendung der Zeitkonstanten $T = (Z_1 + Z_2) \cdot C$ erhält man:

$$u_{v2} + \frac{1}{T} \cdot \int u_{v2} dt = 2u_{v1} \cdot \frac{Z_2}{Z_1 + Z_2} \tag{6.109}$$

Mit Hilfe der Laplace-Transformation läßt sich nun $u_{v2}$ bestimmen. Gleichung (6.109) in den Bildbereich transformiert ergibt:

$$U_{v2}(s) + \frac{1}{sT} \cdot U_{v2}(s) = 2u_{v1} \cdot \frac{Z_2}{Z_1 + Z_2} \cdot \frac{1}{s} \tag{6.110}$$

oder

$$U_{v2}(s) = 2u_{v1} \cdot \frac{Z_2}{Z_1 + Z_2} \cdot \frac{1}{s + \frac{1}{T}} \tag{6.111}$$

Die Rücktransformation in den Originalbereich der Zeit ergibt dann:

$$u_{v2} = 2u_{v1} \cdot \frac{Z_2}{Z_1 + Z_2} \cdot e^{-\frac{t}{T}} \tag{6.112}$$

Verfährt man entsprechend, erhält man für die noch zu bestimmenden Strom- und Spannungswellen:

$$i_{v2} = \frac{u_{v2}}{Z_2} = \frac{2u_{v1}}{Z_1 + Z_2} \cdot e^{-\frac{t}{T}} = \frac{2i_{v1} \cdot Z_1}{Z_1 + Z_2} \cdot e^{-\frac{t}{T}} \tag{6.113}$$

$$i_{r1} = i_{v1} - i_{v2} = -i_{v1} \cdot \left(1 - \frac{2Z_1}{Z_1 + Z_2} \cdot e^{-\frac{t}{T}}\right) \tag{6.114}$$

$$u_{r1} = -Z_1 \cdot i_{r1} = u_{v1} \cdot \left(1 - \frac{2Z_1}{Z_1 + Z_2} \cdot e^{-\frac{t}{T}}\right) \tag{6.115}$$

Für die Spannung am Kondensator dieser Anordnung gilt:

$$u_C = \frac{1}{C} \cdot \int i_{v2} dt \tag{6.116}$$

$$u_C = -2u_{v1} \cdot e^{-\frac{t}{T}} + K \tag{6.117}$$

Darin bezeichnet $K$ die Integrationskonstante. Mit der Anfangsbedingung $u_C(t = 0) = 0$ ergibt sich aus Gleichung (6.117):

$$K = 2u_{v1} \tag{6.118}$$

Damit läßt sich die Spannung am Kondensator vollständig angeben.

$$u_C = 2u_{v1} \cdot \left(1 - e^{-\frac{t}{T}}\right) \tag{6.119}$$

Die Spannungen an Knoten $K_1$ und $K_2$ lassen sich aus dem Ersatzschaltbild 6.29 ableiten.

$$u_{K1} = 2u_{v1} - Z_1 \cdot i_{v2} \tag{6.120}$$

Aus Gleichung (6.120) und Gleichung (6.113) erhält man:

$$u_{K1} = 2u_{v1} \cdot \left(1 - \frac{Z_1}{Z_1 + Z_2} \cdot e^{-\frac{t}{T}}\right) \tag{6.121}$$

Aus dem Ersatzschaltbild 6.29 läßt sich weiterhin für $u_{K2}$ folgern:

$$u_{K2} = u_{K1} - u_C \tag{6.122}$$

Aus dieser Gleichung mit den Gleichungen (6.121) und (6.119) erhält man:

$$u_{K2} = 2u_{v1} \cdot \frac{Z_1}{Z_1 + Z_2} \cdot e^{-\frac{t}{T}} = u_{v2} \tag{6.123}$$

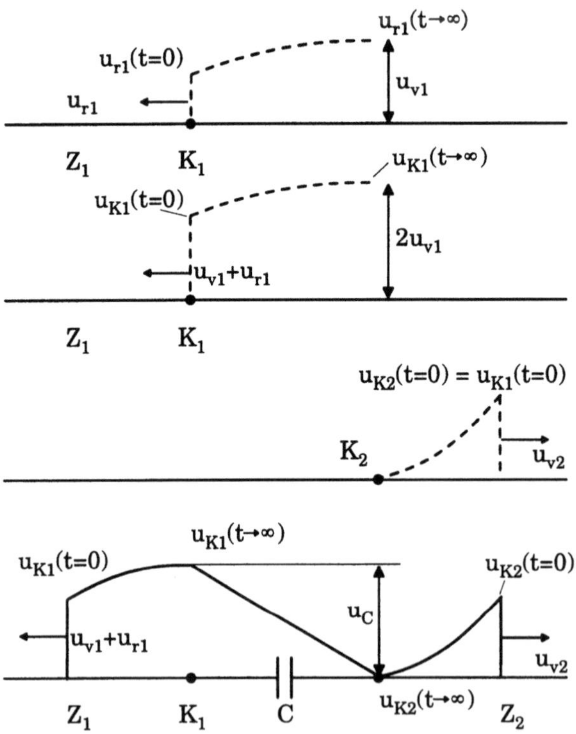


**Abbildung 6.30.** Verlauf der reflektierten bzw. der durchgehenden Spannungswellen beim Aufprall einer ankommenden Spannungswelle auf die Knoten $K_1$ und $K_2$

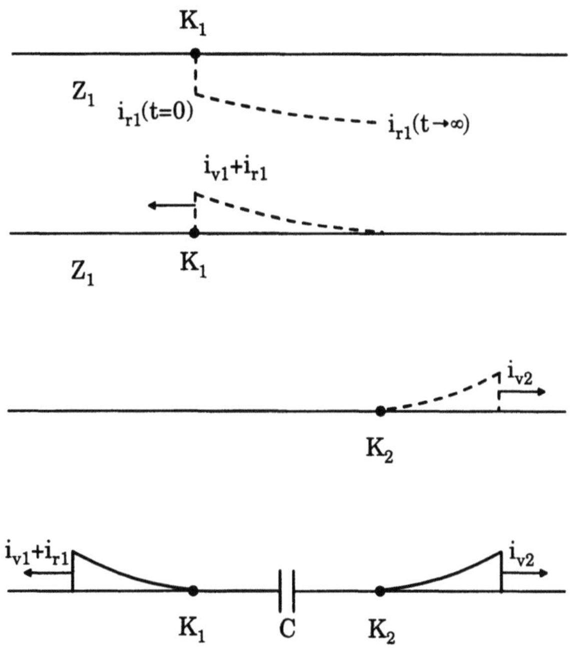


**Abbildung 6.31.** Verlauf der reflektierten bzw. der durchgehenden Stromwellen beim Aufprall einer ankommenden Stromwelle auf die Knoten $K_1$ und $K_2$

Die Verläufe der eben berechneten Spannungs- und Stromwellen beim Aufprall einer ankommenden Welle auf die Knoten $K_1$ und $K_2$ sind in den Abbildungen 6.30 und 6.31 dargestellt. Auch hier ist wieder die bereits zuvor verwendete Darstellungsweise verwendet worden. Die oberen drei Diagramme zeigen jeweils die zeitliche und räumliche Veranschaulichung der Spannung bzw. des Stroms an dem jeweiligen Knotenpunkt aus *Sicht* der zugehörigen Leitung. Der Startzeitpunkt $t = 0$ ist dabei stets gekennzeichnet. Die Überlagerung der Teilspannungen bzw. -ströme ist schließlich jeweils im untersten Diagramm dargestellt.

**Beispiel**

In Abbildung 6.32 ist eine Reihenschaltung zweier Leitungen gegeben, die am Anfang und am Ende reflexionsfrei abgeschlossen sind. Zwischen den Leitungen befindet sich eine in Serie geschaltete Kapazität. Die Spannungs- und Stromverläufe werden mit EMTP berechnet.

Es gelten folgende Vorgaben:

| | | | |
|---|---|---|---|
| Leitung 1: | $Z_1 = Z = 50\ \Omega$ | $\tau_1 = 10$ ns | $R_1 = Z_1$ |
| Leitung 2: | $Z_2 = 2Z = 100\ \Omega$ | $\tau_2 = 20$ ns | $R_2 = Z_2$ |
| Serienkapazität: | $C\ = 0,5$ nF | | |
| mit | $U_{ein} = 100$ V | $t_{ein} = 10$ ns | |

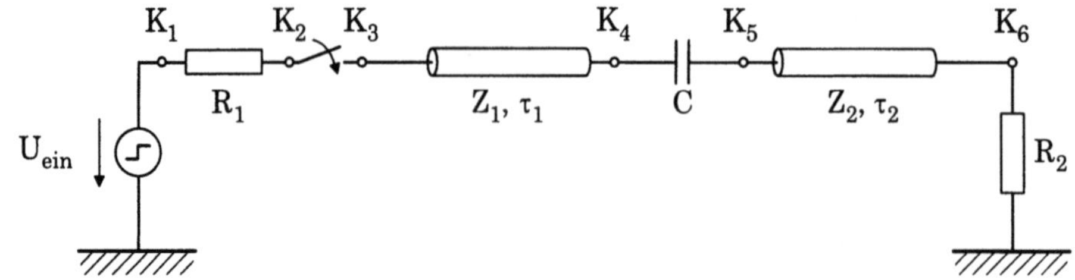


**Abbildung 6.32.** Serienkapazität zwischen zwei Leitungen

Die Spannungsverläufe an den eingezeichneten Knotenpunkten der Konfiguration sind im Diagramm 6.33 dargestellt. Der Verlauf der Spannung $u_{K3}$ nach Schließen des Schalters wird zunächst durch den Spannungsteiler aus $R_1$ und $Z_1$ am Beginn der Konfiguration bestimmt. Die Spannung steigt daher am Knotenpunkt $K_3$ von 0 V auf 50 V an.

Nach $\tau_1 = 10$ ns hat die Spannungswelle die erste Leitung durchlaufen und trifft auf den Knotenpunkt $K_4$. Der Kondensator besitzt als konzentriertes Element eine Laufzeit von $\tau \to 0$, außerdem wirkt er im ersten Moment wie ein Kurzschluß. Die Welle *sieht* also zunächst nur den Wellenwiderstand $Z_2$ der Leitung 2. Der Reflexionsfaktor und der Brechungsfaktor berechnen sich in diesem Augenblick zu:

$$r_4 = \frac{Z_2 - Z_1}{Z_1 + Z_2} = \frac{2Z - Z}{2Z + Z} = \frac{1}{3}$$

$$b_4 = \frac{2 \cdot Z_2}{Z_1 + Z_2} = \frac{2 \cdot 2Z}{3Z} = \frac{4}{3}$$

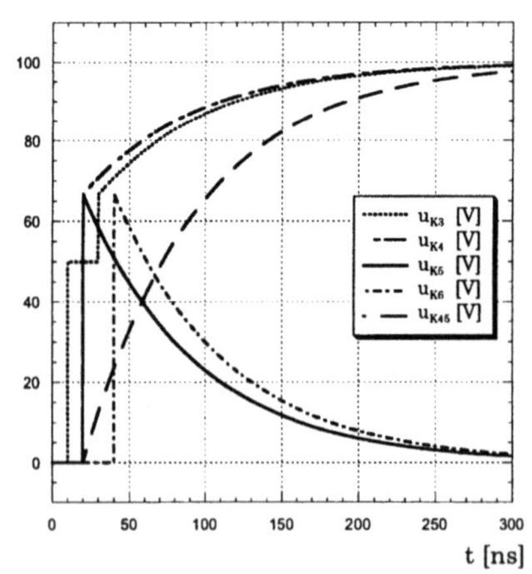


**Abbildung 6.33.** Spannungsverläufe an den Knotenpunkten in Abbildung 6.32

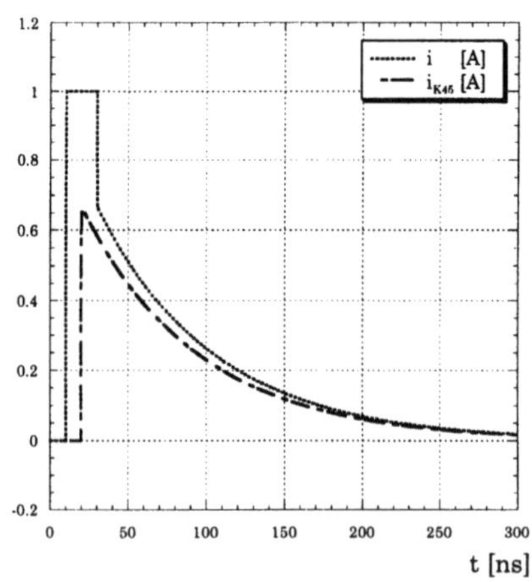


**Abbildung 6.34.** Stromverläufe der Konfiguration aus Abbildung 6.32

Für die Spannung an dieser Stoßstelle gilt dann:

$$u_{K4} = b_4 \cdot \frac{1}{2} U_{ein} = \frac{4}{3} \cdot \frac{1}{2} \cdot 100\,\mathrm{V} = \frac{2}{3} \cdot 100\,\mathrm{V} = 66,7\,\mathrm{V}$$

Die Spannung steigt also 10 ns nach Schließen des Schalters am Knotenpunkt $K_4$ von 0 V auf 66,7 V an. Da der Kondensator $C$ als konzentriertes Element betrachtet werden kann, steigt im selben Moment am Knotenpunkt $K_5$ die Spannung $u_{K5}$ von 0 V auf 66,7 V an.

Der Verlauf der weiterlaufenden Spannungswellen für die Ladephase des Kondensators ist durch die hergeleitete Gleichung (6.125) bestimmt. Die Spannung am Knotenpunkt $K_4$ steigt exponentiell auf ihren Endwert an, im selben Maße fällt die Spannung am Knotenpunkt $K_5$ exponentiell auf null ab, da die Impedanz des Kondensators stetig zunimmt. Dasselbe gilt auch für die Spannung am Knotenpunkt $K_6$, die sich genauso verhält, nur zeitlich um die Laufzeit der Leitung 2 versetzt. Der Vorgang ist abgeschlossen, sobald der Kondensator aufgeladen ist. Er wirkt dann wie ein Leerlauf, für $Z \to \infty$ gilt $b_u = 2$. Damit läßt sich auch der Endwert der Spannung bestimmen:

$$u_{K4} = b_u \cdot \frac{1}{2} U_{ein} = 100\,\mathrm{V}$$

Der im Diagramm eingetragene Spannungsabfall $u_{K45}$ über dem Kondensator $C$ berechnet sich aus der Differenz der Spannungen $u_{K45} = u_{K4} - u_{K5}$ und tendiert somit auch gegen 100 V.

In Abbildung 6.34 ist der Verlauf des Stroms dieser Konfiguration dargestellt. Nach Schließen des Schalters fließt ein Strom von 1 A.

$$i = \frac{u_{K3}}{Z_1} = \frac{50\,\mathrm{V}}{50\,\Omega} = 1\,\mathrm{A}$$

Nach 20 ns (2 x $\tau_1$) fällt der Strom um 1/3 ab, dies entspricht dem reflektierten Stromanteil. Der im Diagramm eingetragene Strom $i_{K45}$ bezeichnet den Strom durch den Kondensator $C$. Er berechnet sich zu:

$$i_{K45} = \frac{u_{K4}}{Z_2} = \frac{u_{K5}}{Z_2} = \frac{66,7\,\mathrm{V}}{100\,\Omega} = 0,667\,\mathrm{A}$$

Im ersten Moment sind die Spannungen an den Knotenpunkten $K_4$ und $K_5$ gleich und daher austauschbar. Im weiteren trennen sich jedoch die Spannungsverläufe, und der Strom folgt dem Verlauf der Spannung $u_{K5}$. Da sich der Kondensator aufzuladen beginnt, klingt der Strom hinter ihm exponentiell gegen null ab. Der Strom am Knotenpunkt $K_3$ folgt diesem Verlauf zeitlich um die Laufzeit der Leitung 1 versetzt.

Die Zeitkonstante dieser Ausgleichsvorgänge läßt sich wie folgt bestimmen:

$$\tau = (Z_1 + Z_2) \cdot C = 3Z \cdot C = 150\,\Omega \cdot 0,5\,\mathrm{nF} = 75\,\mathrm{ns}$$

### 6.3.6 Induktivität am Ende einer Leitung

Die Konfiguration in Abbildung 6.35 zeigt eine Leitung mit dem Wellenwiderstand $Z_1$, die mit einer Induktivität $L$ abgeschlossen ist. Ein gültiges Ersatzschaltbild wird hergeleitet und die Wellenausbreitung untersucht.

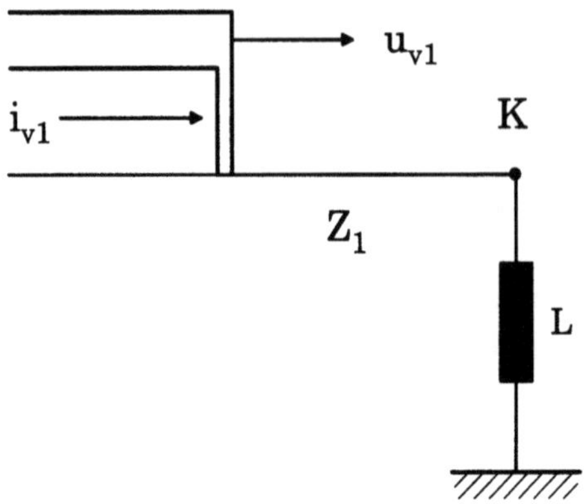


**Abbildung 6.35.** Leitung mit einer Induktivität als Leitungsabschluß

Die Gleichgewichtsbedingungen für die Spannungs- und Stromwellen am Knotenpunkt $K$ lauten:

$$u_{v1} + u_{r1} = L \cdot \frac{di_L}{dt} \tag{6.124}$$

$$i_{v1} + i_{r1} = i_L \tag{6.125}$$

Gleichung (6.125) wird zunächst mit $Z_1$ multipliziert und dann zur Gleichung (6.124) hinzu addiert. Man erhält:

$$2u_{v1} = Z_1 \cdot i_L + L \cdot \frac{di_L}{dt} \tag{6.126}$$

Daraus läßt sich das Ersatzschaltbild 6.36 ableiten.

Formt man die Gleichung (6.126) um, ergibt sich eine inhomogene Differentialgleichung für den Strom durch die Induktivität $i_L$.

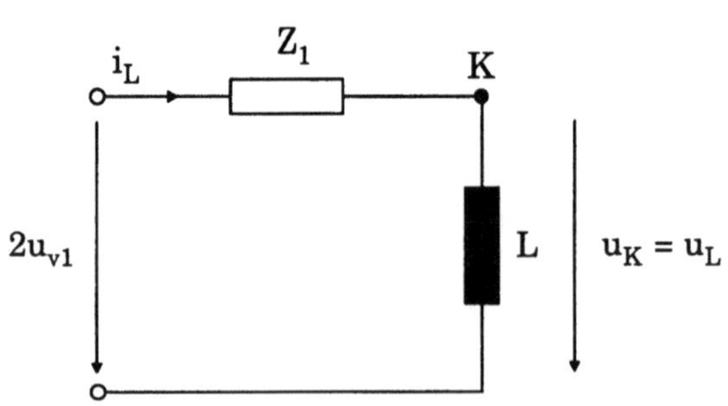


**Abbildung 6.36.** Ersatzschaltbild für den Knoten $K$ der Konfiguration in Abbildung 6.35

$$\frac{di_L}{dt} + \frac{Z_1}{L} \cdot i_L = \frac{2u_{v1}}{L} \tag{6.127}$$

Die homogene Lösung dieser Gleichung lautet:

$$i_{Lhom} = K \cdot e^{-\frac{Z_1}{L} \cdot t} \tag{6.128}$$

Darin bezeichnet $K$ die Integrationskonstante, die später aus der Anfangsbedingung bestimmt werden kann. Eine partikuläre Lösung der inhomogenen Differentialgleichung (6.127) erhält man für $\frac{di_L}{dt} = 0$.

$$i_{Lpart} = \frac{2u_{v1}}{Z_1} \tag{6.129}$$

Aus der Überlagerung der Gleichungen (6.128) und (6.129) läßt sich die allgemeine Lösung der inhomogenen Differentialgleichung bestimmen.

$$i_L = i_{Lhom} + i_{Lpart} = K \cdot e^{-\frac{Z_1}{L} \cdot t} + \frac{2u_{v1}}{Z_1} \tag{6.130}$$

Mit der Anfangsbedingung $i_L(t = 0) = 0$ wird nun die Integrationskonstante $K$ bestimmt.

$$i_L(t = 0) = K + \frac{2u_{v1}}{Z_1} \Rightarrow K = -\frac{2u_{v1}}{Z_1}$$

Damit kann man die allgemeine Lösung der inhomogenen Differentialgleichung (6.127) vollständig angeben.

$$i_L = \frac{2u_{v1}}{Z_1} \cdot \left(1 - e^{-\frac{Z_1}{L} \cdot t}\right) = 2i_{v1} \cdot \left(1 - e^{-\frac{t}{T_L}}\right) \tag{6.131}$$

Auch hier ist, wie bei der Kapazität, eine Zeitkonstante $T_L = \frac{L}{Z_1}$ eingeführt und verwendet worden. Aus den Gleichungen (6.125) und (6.131) kann man den noch fehlenden reflektierten Stromanteil bestimmen und schließlich mit Gleichung (6.124) die Gleichungen für die Spannungswellen.

$$i_{r1} = i_{v1} \cdot \left(1 - 2e^{-\frac{t}{T_L}}\right) \tag{6.132}$$

$$u_{r1} = -i_{r1} \cdot Z_1 = u_{v1} \cdot \left(-1 + 2e^{-\frac{t}{2T_L}}\right) \tag{6.133}$$

$$u_L = 2u_{v1} \cdot e^{-\frac{t}{T_L}} \tag{6.134}$$

Abbildung 6.37 zeigt die graphische Darstellung der berechneten Spannungs- und Stromverläufe beim Aufprall einer ankommenden Welle auf den Knoten $K$ am Ende der mit einer Induktivität abgeschlossenen Leitung.

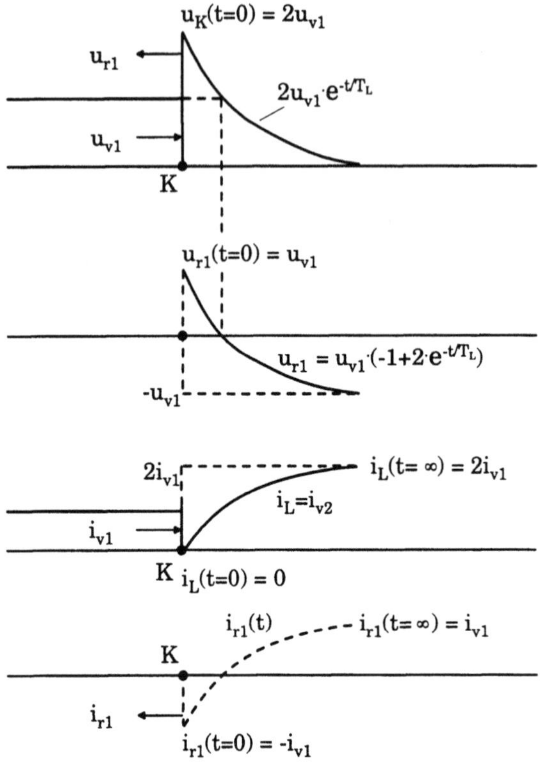


**Abbildung 6.37.** In den oberen beiden Diagrammen sind die ankommenden und weiterlaufenden Spannungswellen und in den unteren beiden die ankommenden und weiterlaufenden Stromwellen der Konfiguration in Abbildung 6.35 dargestellt.

**Beispiel**
Abbildung 6.38 zeigt eine am Anfang reflexionsfrei abgeschlossene Leitung mit dem Wellenwiderstand $Z_1$, die am Ende mit einer Induktivität abgeschlossen ist. Wie die vorigen wird auch dieses Beispiel mit Hilfe von EMTP berechnet.

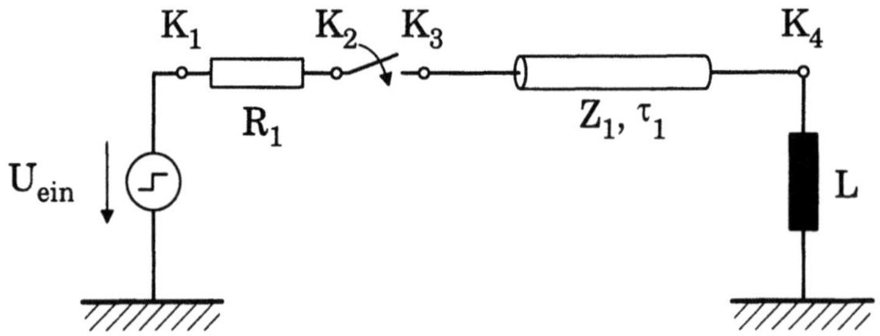


**Abbildung 6.38.** Induktivität am Ende einer Leitung

Es gelten folgende Vorgaben:

| | | | |
|---|---|---|---|
| Leitung 1: | $Z_1 = Z = 50\ \Omega$ | $\tau_1 = 10$ ns | $R_1 = Z_1$ |
| Induktivität: | $L\ = 5\ \mu$H | | |
| mit | $U_{ein} = 100$ V | $t_{ein} = 10$ ns | |

Die Spannungs- und Stromverläufe an den eingezeichneten Knotenpunkten der Konfiguration sind in den Diagrammen 6.39 und 6.40 dargestellt. Durch den Spannungsteiler aus $R_1$ und $Z_1$ steigt nach Schließen des Schalters die Spannung am Knoten $K_3$ von 0 V auf 50 V an. Der Eingangsstrom beträgt 1 A. Nach $\tau_1 = 10$ ns hat die Spannungswelle die erste Leitung durchlaufen und trifft auf den Knotenpunkt $K_4$.

Die Welle trifft im ersten Moment auf ein offenes Leitungsende, da die Induktivität wie ein Leerlauf wirkt ($Z \to \infty$). Die Reflexionsfaktoren und Brechungsfaktoren für Spannung und Strom betragen für diesen Sonderfall $r_u = 1$, $r_i = -1$, $b_u = 2$ und $b_i = 0$. Im ersten Moment gibt es daher keine weiterlaufende Stromwelle, da die ankommende Spannungswelle vollständig reflektiert wird. Die Spannung springt am *offenen* Leitungsende, am Knotenpunkt $K_4$, auf den doppelten Wert der Eingangsspannung an.

$$u_{K4} = b_u \cdot \frac{1}{2} U_{ein} = 2 \cdot \frac{1}{2} 100\,\text{V} = 100\,\text{V}$$

Der exponentielle Verlauf der weiterlaufenden Spannungs- bzw. Stromwellen für die Ladephase der Induktivität ist durch die zuvor hergeleiteten Gleichungen (6.131) und (6.134) bestimmt. Der Strom steigt exponentiell auf seinen Endwert an, und die Spannungen klingen entsprechend, je nach Knotenpunkt zeitlich versetzt, exponentiell auf null ab.

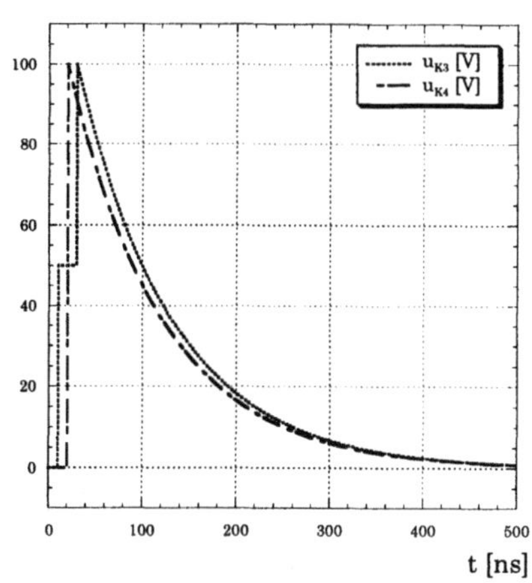


**Abbildung 6.39.** Spannungsverläufe an den Knotenpunkten in Abbildung 6.38

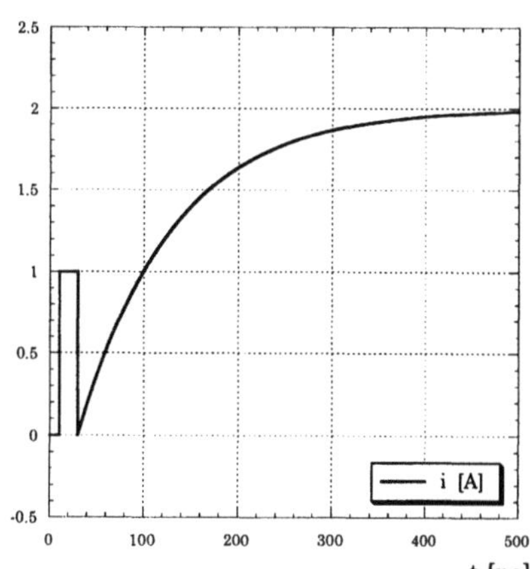


**Abbildung 6.40.** Stromverläufe der Konfiguration aus Abbildung 6.38

Die Endwerte für Spannung und Strom resultieren einfach aus der Tatsache, daß eine Induktivität bei konstantem Strom wie ein Kurzschluß wirkt ($Z \to 0$). Die Reflexions- und Brechungsfaktoren für diesen Sonderfall lauten: $r_u = -1$, $r_i = 1$, $b_u = 0$ und $b_i = 2$. Dies führt zu einer Verdoppelung des Stroms am Knoten $K$.

$$i = b_i \cdot i_{ein} = 2 \cdot 1\,\mathrm{A} = 2\,\mathrm{A}$$

Durch dieses Beispiel wird das genau entgegengesetzte Verhalten der unterschiedlichen Energiespeicher anhand der beschriebenen Sonderfälle nochmals deutlich. (Induktivität = magnetischer Energiespeicher / Kapazität = elektrischer Energiespeicher)

### 6.3.7 Parallelinduktivität zwischen zwei Leitungen

In Abbildung 6.41 ist ein Kabel mit dem Wellenwiderstand $Z_1$ und eine Freileitung mit dem Wellenwiderstand $Z_2$ dargestellt, die über eine Stoßstelle miteinander verbunden sind. In diesem Knotenpunkt $K$ liegt eine Induktivität $L$ gegen Erde an. Für die Wellenwiderstände beider Leitungen gilt: $Z_1 < Z_2$. Es wird ein gültiges Ersatzschaltbild für diese Konfiguration hergeleitet und die Wellenausbreitung untersucht.

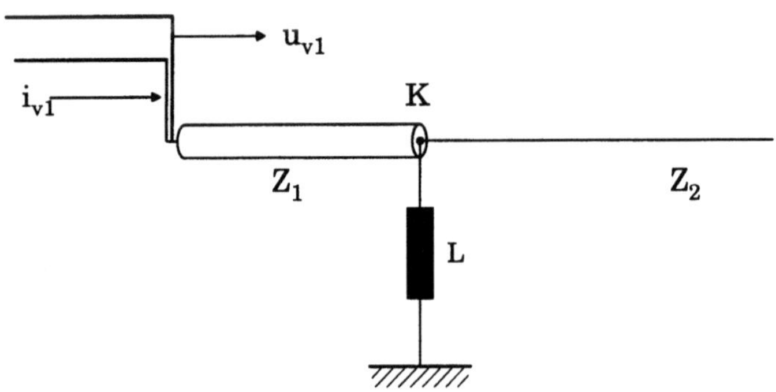


**Abbildung 6.41.** Parallelinduktivität zwischen einem Kabel und einer Freileitung

Die Gleichgewichtsbedingungen der Teilwellen am Knoten $K$ lauten:

$$u_{v1} + u_{r1} = u_{v2} = u_K \tag{6.135}$$

$$i_{v1} + i_{r1} = i_L + i_{v2} \tag{6.136}$$

Gleichung (6.136) wird mit $Z_1$ multipliziert und anschließend mit Gleichung (6.135) addiert.

$$2u_{v1} = u_{v2} + Z_1 \cdot i_L + Z_1 \cdot i_{v2} \tag{6.137}$$

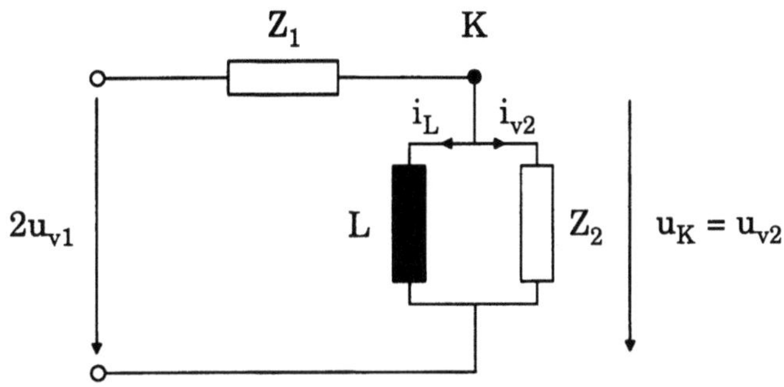


**Abbildung 6.42.**
Ersatzschaltbild für den Knoten $K$ der Konfiguration in Abbildung 6.41

Daraus läßt sich wie gehabt nach einigen Umformungen das Ersatzschaltbild 6.42 ableiten. Die Berechnung der Teilwellen ist bereits in den vorangegangenen Beispielen ausführlich vorgeführt worden, daher wird hier die Berechnung abgekürzt. Für die am Knotenpunkt $K$ weiterlaufenden Spannungs- und Stromwellen erhält man:

$$u_{v2} = u_K = 2u_{v1} \cdot \frac{Z_2}{Z_1 + Z_2} \cdot e^{-\frac{t}{T}} \tag{6.138}$$

$$i_{v2} = 2i_{v1} \cdot \frac{Z_1}{Z_1 + Z_2} \cdot e^{-\frac{t}{T}} \tag{6.139}$$

$$i_L = \frac{2u_{v1}}{Z_1} \cdot \left(1 - e^{-\frac{t}{T}}\right) \tag{6.140}$$

Worin $T = L \cdot \frac{Z_1 + Z_2}{Z_1 \cdot Z_2}$ die Wellenzeitkonstante bezeichnet. Für die reflektierten Spannungs- und Stromwellen am Knoten ergeben sich folgende Ausdrücke:

$$u_{r1} = u_{v1} \cdot \left(\frac{2Z_2}{Z_1 + Z_2} \cdot e^{-\frac{t}{T}} - 1\right) \tag{6.141}$$

$$i_{r1} = i_{v1} \cdot \left(1 - \frac{2Z_2}{Z_1 + Z_2} \cdot e^{-\frac{t}{T}}\right) \tag{6.142}$$

Abbildung 6.43 veranschaulicht die hergeleiteten Gleichungen in der bereits bekannten Darstellungsweise. Diese ermöglicht eine zeitliche und räumliche Veranschaulichung der Spannungs- und Stromverläufe im Knotenpunkt $K$ betrachtet aus *Sicht* der Leitung 1, linke Seite, bzw. aus *Sicht* der Leitung 2, rechte Seite. Der Zeitpunkt $t = 0$ bezeichnet dabei den Augenblick, in dem die vorlaufenden Wellen auf die Stoßstelle $K$ treffen, und ist dementsprechend gekennzeichnet. Die durchgezogenen Linien sind die Überlagerung der Teilspannungen bzw. -ströme.

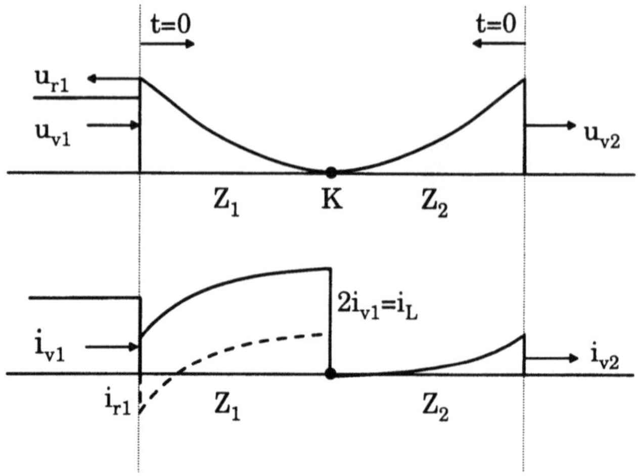


**Abbildung 6.43.** Wellenausbreitung am Knotenpunkt $K$ der Konfiguration in Abbildung 6.41

Wie aus den Gleichungen (6.138) und (6.141) ersichtlich, *sieht* die ankommende Spannungswelle beim Aufprall auf den Knotenpunkt $K$ im ersten Augenblick nur die Leitung 2 mit dem Wellenwiderstand $Z_2$. Die Induktivität wirkt wie ein Leerlauf und stellt daher einen unendlich großen Widerstand dar. Die Reflexions- und Brechungsfaktoren für Spannung und Strom sind demnach im ersten Moment durch die Wellenwiderstände der zwei Leitungen bestimmt, siehe Tabelle 6.1.

Im weiteren Verlauf lädt sich die Induktivität immer weiter auf, bis sie schließlich wie ein Kurzschluß wirkt ($Z \to 0$). Die weiterlaufende Spannung $u_{v2}$ strebt daher gegen null. Die reflektierte Spannung $u_{r1}$ ist in diesem Augenblick gleich der einlaufenden Spannung $u_{v1}$, nur mit entgegengesetztem Vorzeichen: $u_{r1} = r_u \cdot u_{v1} = -u_{v1}$.

Die Stromwellen verhalten sich quasi umgekehrt wie die Spannungswellen. Beim Aufprall der einlaufenden Stromwelle $i_{v1}$ auf den Knotenpunkt $K$ ($Z \to \infty$) wird die Welle mit $r_i = -1$ reflektiert. Ist am Ende des Ausgleichsvorgangs die Induktivität aufgeladen, wirkt sie bekanntermaßen wie ein Kurzschluß ($Z \to 0$), und für den Reflexionsfaktor gilt: $r_i = 1$. Damit steigt der Strom am Knotenpunkt $K$ auf seinen doppelten Eingangswert an und fließt dann vollständig über der Induktivität ab, siehe Abbildung 6.43. Der weiterlaufende Strom wird damit zu null ($i_{v2} = 0$).

### Beispiel

Abbildung 6.44 zeigt eine Reihenschaltung zweier Leitungen, die am Anfang und am Ende reflexionsfrei abgeschlossen sind. Dazwischen befindet sich eine gegen Erde geschaltete Induktivität. Nach einer Zeitdauer von $t_{ein}$ wird ein

Schalter geschlossen. Die Berechnungen der Spannungs- und Stromverläufe erfolgen wiederum mit EMTP.

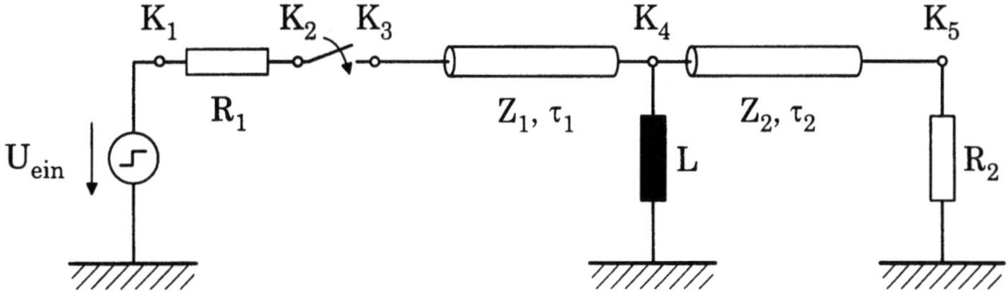


**Abbildung 6.44.** Parallelinduktivität am Knoten $K$ zwischen zwei Leitungen

Es gelten folgende Vorgaben:

| | | | |
|---|---|---|---|
| Leitung 1: | $Z_1 = Z = 50\ \Omega$ | $\tau_1 = 10$ ns | $R_1 = Z_1$ |
| Leitung 2: | $Z_2 = 2Z = 100\ \Omega$ | $\tau_2 = 20$ ns | $R_2 = Z_2$ |
| Parallelinduktivität: | $L\ = 5\ \mu$H | | |
| mit | $U_{ein} = 100$ V | $t_{ein} = 10$ ns | |

In den Diagrammen 6.45 und 6.46 sind die zuvor hergeleiteten und beschriebenen Spannungs- und Stromverläufe dargestellt. Durch den Spannungsteiler am Eingang der Konfiguration steigt nach Schließen des Schalters die Spannung am Knoten $K_3$ auf 50 V an. Der Eingangsstrom beträgt 1 A. Nach

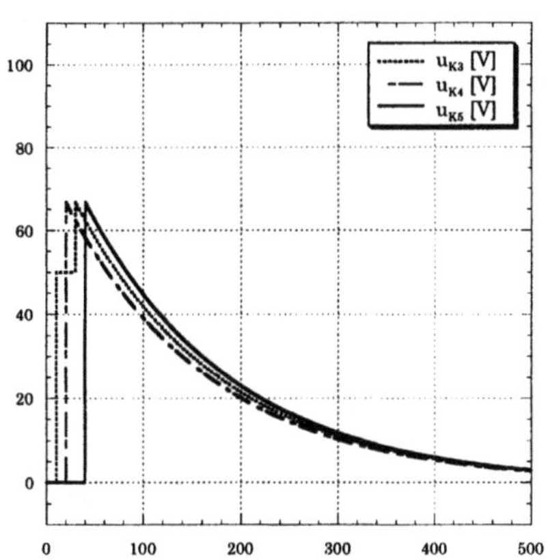


**Abbildung 6.45.** Spannungsverläufe an den Knotenpunkten in Abbildung 6.44

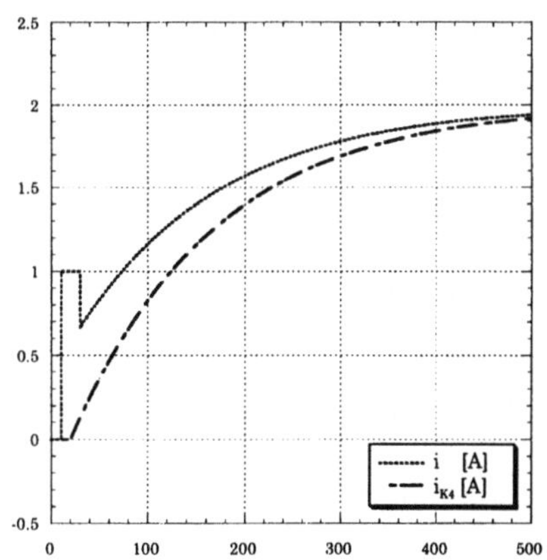


**Abbildung 6.46.** Stromverläufe der Konfiguration aus Abbildung 6.44

$\tau_1 = 10$ ns hat die Spannungswelle die erste Leitung durchlaufen und trifft auf den Knotenpunkt $K_4$.

Die Welle *sieht* im ersten Moment lediglich den Wellenwiderstand der Leitung 2, da die Induktivität wie ein Leerlauf wirkt ($Z \to \infty$). Die Reflexions- und Brechungsfaktoren für Spannung und Strom berechnen sich damit zu:

$$r_u = \frac{Z_2 - Z_1}{Z_1 + Z_2} = \frac{Z}{3Z} = \frac{1}{3} \qquad r_i = \frac{Z_1 - Z_2}{Z_1 + Z_2} = \frac{-Z}{3Z} = -\frac{1}{3}$$

$$b_u = \frac{2Z_2}{Z_1 + Z_2} = \frac{2 \cdot 2Z}{3Z} = \frac{4}{3} \qquad b_i = \frac{2Z_1}{Z_1 + Z_2} = \frac{2 \cdot Z}{3Z} = \frac{2}{3}$$

Die Spannung springt demnach am Knotenpunkt $K_4$ auf einen höheren Wert, jedoch nicht wie im vorigen Beispiel auf den doppelten Wert der Eingangsspannung. In diesem Fall wirkt zwar die Induktivität wiederum wie ein Leerlauf, jedoch ist kein offenes Leitungsende vorhanden. Die Spannung am Knoten beträgt:

$$u_{K4} = b_u \cdot \frac{1}{2} U_{ein} = \frac{4}{3} \cdot \frac{1}{2} 100\,\mathrm{V} = 66,7\,\mathrm{V}$$

Der exponentielle Verlauf der weiterlaufenden Spannungs- bzw. Stromwellen für die Ladephase der Induktivität ist durch die Gleichungen (6.138) und (6.139) bestimmt und entspricht weitgehend den Verläufen der Diagramme 6.39 und 6.40 des vorigen Beispiels. Der Strom steigt exponentiell auf seinen Endwert an, und die Spannungen klingen entsprechend, je nach Knotenpunkt zeitlich versetzt, exponentiell auf null ab. Lediglich die Zeitkonstante der Ausgleichsvorgänge hat sich durch die zweite Leitung im Vergleich zum vorigen Beispiel etwas vergrößert.

Die Endwerte für Spannung und Strom resultieren auch hier wieder aus der Tatsache, daß eine Induktivität bei konstantem Strom wie ein Kurzschluß wirkt ($Z \to 0$). Die Reflexions- und Brechungsfaktoren für diesen Sonderfall lauten: $r_u = -1, r_i = 1, b_u = 0$ und $b_i = 2$. Der im Diagramm 6.46 eingezeichnete Strom $i_{K4}$ entspricht dem in Gleichung (6.140) hergeleiteten Strom $i_L$. Er nimmt stetig zu, bis schließlich der gesamte Strom im Kurzschlußfall über die Induktivität abfließt.

### 6.3.8 Serieninduktivität zwischen zwei Leitungen

Abbildung 6.47 zeigt eine Konfiguration aus einem Kabel und einer Freileitung mit den Wellenwiderständen $Z_1$ und $Z_2$, die über eine Induktivität in Reihe geschaltet sind. Für die Wellenwiderstände der beiden Leitungen gilt: $Z_1 < Z_2$. Wie gehabt wird ein gültiges Ersatzschaltbild hergeleitet und die Wellenausbreitung an den Knotenpunkten untersucht.

Mit der zuvor oftmals angewandten Verfahrensweise, dem Aufstellen der Gleichgewichtsbedingungen der Teilwellen an den Knotenpunkten $K_1$, $K_2$

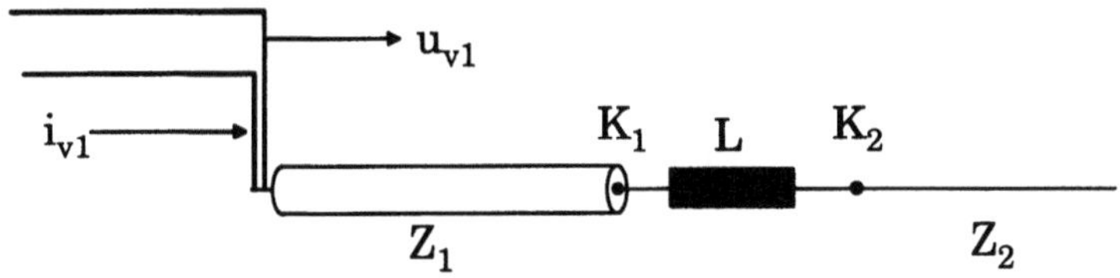


**Abbildung 6.47.** Serieninduktivität zwischen zwei Leitungen

und anschließender Umformung der erhaltenen Gleichungen, läßt sich zunächst das Ersatzschaltbild 6.48 ableiten.

Die weiterlaufenden Spannungs- und Stromwellen berechnen sich analog zu den vorangegangenen Fällen:

$$u_{v2} = 2u_{v1} \cdot \frac{Z_2}{Z_1 + Z_2} \cdot \left(1 - e^{-\frac{t}{T}}\right) = u_{K2} \tag{6.143}$$

$$i_{v2} = 2i_{v1} \cdot \frac{Z_1}{Z_1 + Z_2} \cdot \left(1 - e^{-\frac{t}{T}}\right) \tag{6.144}$$

Worin $T = \frac{L}{Z_1+Z_2}$ die Wellenzeitkonstante bezeichnet. Der Strom $i_{v2}$ fließt sowohl durch die Induktivität $L$ als auch durch die Leitung 2. Die Spannung über der Induktivität läßt sich durch die Differenz der Spannungen an den Knotenpunkten $K_1$ und $K_2$ bestimmen.

$$u_L = u_{K1} - u_{K2} = 2u_{v1} \cdot \left[\frac{Z_2}{Z_1 + Z_2} \cdot \left(1 - e^{-\frac{t}{T}}\right) + e^{-\frac{t}{T}}\right] \tag{6.145}$$

Für die reflektierten Spannungs- bzw Stromwellen am Knoten $K_1$ ergeben sich folgende Beziehungen:

$$u_{r1} = -2u_{v1} \cdot \frac{Z_1}{Z_1 + Z_2} \cdot \left(1 - e^{-\frac{t}{T}}\right) + u_{v1} \tag{6.146}$$

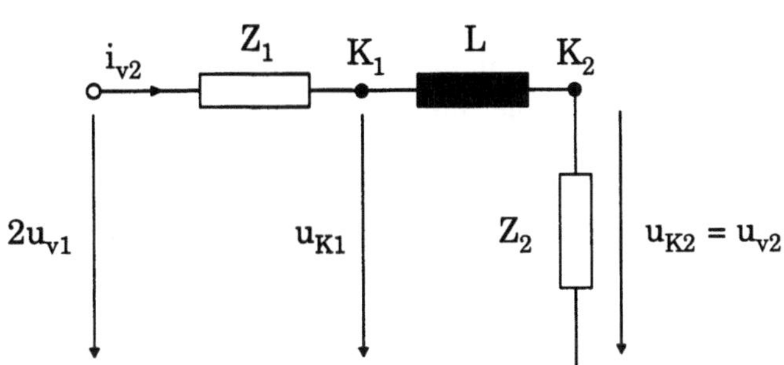


**Abbildung 6.48.**
Ersatzschaltbild für die Knoten $K_1$ und $K_2$ der Konfiguration in Abbildung 6.47

$$i_{r1} = 2i_{v1} \cdot \frac{Z_1}{Z_1 + Z_2} \cdot \left(1 - e^{-\frac{t}{T}}\right) - i_{v1} \tag{6.147}$$

Die graphische Darstellung der obigen Gleichungen zeigt Abbildung 6.49. Die oberen beiden Diagramme zeigen die Spannungsverläufe und die unteren beiden die Stromverläufe beim Aufprall einer ankommenden Welle auf die Knoten $K_1$ und $K_2$. Die durchgezogene Linie kennzeichnet dabei jeweils die Überlagerung der Verläufe der Teilwellen.

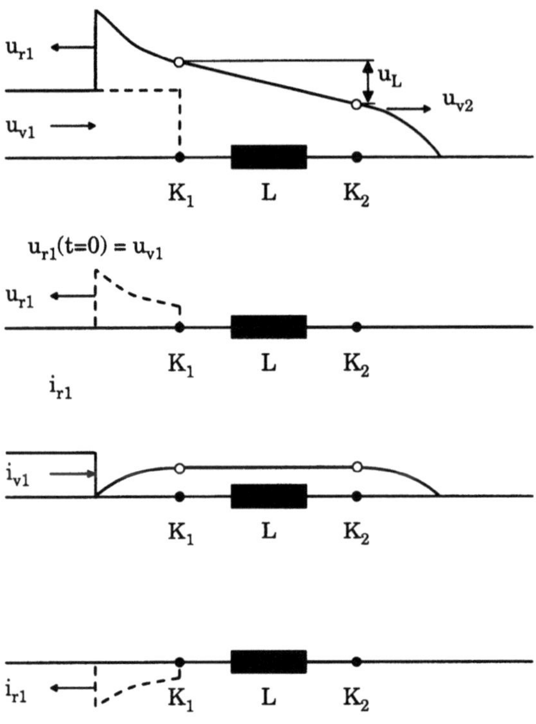


**Abbildung 6.49.** Wellenausbreitung bei der Konfiguration in Abbildung 6.47

Die ankommende Spannungs- bzw. Stromwelle *sieht* beim Aufprall auf den Knoten $K_1$ lediglich die Induktivität, die in diesem Augenblick wie ein Leerlauf wirkt. Die Spannungswelle wird daher mit dem Reflexionsfaktor $r_u = 1$ und die Stromwelle mit $r_i = -1$ reflektiert. Damit ergibt sich für die Spannung in diesem Moment der doppelte Eingangswert und für den Strom ein Wert von Null. Die einsetzenden Ausgleichsvorgänge haben den bekannten exponentiellen Verlauf. Bei konstantem Strom wirkt die Induktivität wie ein Kurzschluß. Damit bilden die Knotenpunkte $K_1$ und $K_2$ quasi einen einzigen Knotenpunkt, und es ist nur noch der Wellenwiderstand der Leitung 2 wirksam.

**Beispiel**

In Abbildung 6.50 ist eine Reihenschaltung zweier Leitungen gegeben, die am Anfang und am Ende reflexionsfrei abgeschlossen sind. Zwischen den Leitungen befindet sich eine in Serie geschaltete Induktivität. Die Spannungs- und Stromverläufe werden mit EMTP berechnet.

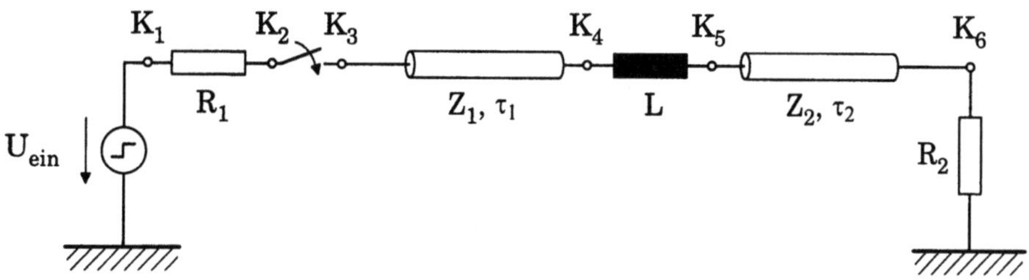


**Abbildung 6.50.** Serieninduktivität zwischen zwei Leitungen

Es gelten wiederum folgende Vorgaben:

| | | | |
|---|---|---|---|
| Leitung 1: | $Z_1 = Z = 50\ \Omega$ | $\tau_1 = 10$ ns | $R_1 = Z_1$ |
| Leitung 2: | $Z_2 = 2Z = 100\ \Omega$ | $\tau_2 = 20$ ns | $R_2 = Z_2$ |
| Serieninduktivität: | $L\ = 5\ \mu$H | | |
| mit | $U_{ein} = 100$ V | $t_{ein} = 10$ ns | |

Die Spannungs- und Stromverläufe an den eingezeichneten Knotenpunkten der Konfiguration sind in den Diagrammen 6.51 und 6.52 dargestellt. Durch

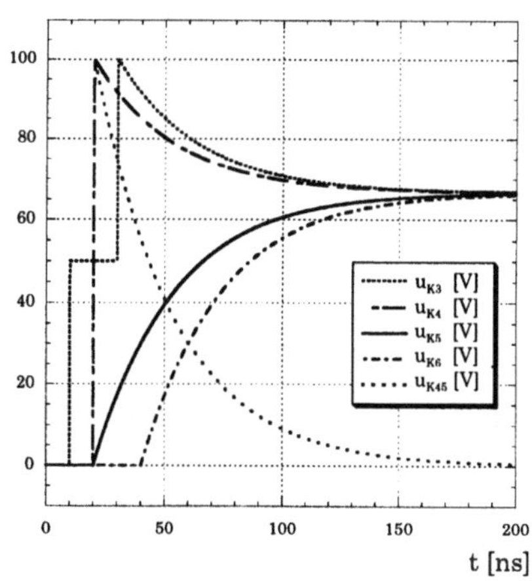


**Abbildung 6.51.** Spannungsverläufe an den Knotenpunkten in Abbildung 6.50

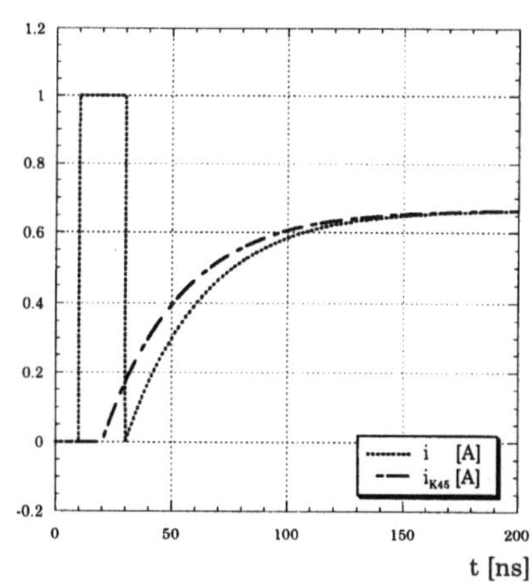


**Abbildung 6.52.** Stromverläufe der Konfiguration aus Abbildung 6.50

den bekannten Spannungsteiler steigt nach Schließen des Schalters die Spannung am Knoten $K_3$ von 0 V auf 50 V an. Der Eingangsstrom beträgt 1 A. Nach $\tau_1 = 10$ ns haben sowohl die Spannungs- als auch die Stromwelle die erste Leitung durchlaufen und treffen auf den Knotenpunkt $K_4$.

Wie zuvor schon beschrieben treffen die Wellen im ersten Moment auf ein offenes Leitungsende, da die Induktivität wie ein Leerlauf wirkt ($Z \to \infty$). Die Reflexions- und Brechungsfaktoren für Spannung und Strom betragen für diesen Sonderfall $r_u = 1$, $r_i = -1$, $b_u = 2$ und $b_i = 0$. Das bedeutet, im ersten Moment gibt es keine weiterlaufende Stromwelle, da diese komplett reflektiert wird. Die Spannung springt am *offenen* Leitungsende, am Knotenpunkt $K_4$, auf den doppelten Wert der Eingangsspannung an.

$$u_{K4} = b_u \cdot \frac{1}{2} U_{ein} = 2 \cdot \frac{1}{2} 100\,\mathrm{V} = 100\,\mathrm{V}$$

Der exponentielle Verlauf der weiterlaufenden Spannungs- bzw. Stromwellen für die Ladephase der Induktivität ist durch die zuvor hergeleiteten Gleichungen (6.143) und (6.144) bestimmt. Der Strom steigt exponentiell auf seinen Endwert an, und die Spannungen $u_{K3}$ und $u_{K4}$ klingen entsprechend, je nach Knotenpunkt zeitlich versetzt, exponentiell auf ihren Endwert ab.

Da eine Induktivität bei konstantem Strom wie ein Kurzschluß wirkt ($Z \to 0$), sind die Endwerte für Spannung und Strom lediglich durch die Wellenwiderstände der beiden Leitungen bestimmt. Die Reflexions- und Brechungsfaktoren für diesen Fall berechnen sich wie folgt:

$$r_{u4} = \frac{Z_2 - Z_1}{Z_1 + Z_2} = \frac{Z}{3Z} = \frac{1}{3} \qquad r_{i4} = \frac{Z_1 - Z_2}{Z_1 + Z_2} = \frac{-Z}{3Z} = -\frac{1}{3}$$

$$b_{u4} = \frac{2Z_2}{Z_1 + Z_2} = \frac{2 \cdot 2Z}{3Z} = \frac{4}{3} \qquad b_{i4} = \frac{2Z_1}{Z_1 + Z_2} = \frac{2 \cdot Z}{3Z} = \frac{2}{3}$$

Man erhält damit für die Endwerte von Spannung und Strom:

$$u_{K4} = b_{u4} \cdot \frac{1}{2} U_{ein} = \frac{4}{3} \cdot \frac{1}{2} \cdot 100\,\mathrm{V} = \frac{2}{3} \cdot 100\,\mathrm{V} = 66,7\,\mathrm{V}$$

$$i = \frac{u_{K4}}{Z_2} = \frac{66,7\,\mathrm{V}}{100\,\Omega} = 0,667\,\mathrm{A}$$

Da die Induktivität im ersten Moment wie ein Leerlauf wirkt, beginnt für die Spannungen $u_{K5}$ und $u_{K6}$ der Verlauf bei Null, zeitlich um die Laufzeit der Leitung 2 versetzt. Die Impedanz der Induktivität nimmt danach stetig ab, und beide Spannungen steigen exponentiell auf ihre Endwerte von 66,7 V an.

Der im Diagramm 6.51 eingetragene Spannungsabfall $u_{K45}$ über der Induktivität $L$ berechnet sich aus der Differenz der Spannungen $u_{K45} = u_{K4} - u_{K5}$ und tendiert somit gegen 0 V.

### 6.3.9 Lösungen für exponentielle Anregungen

Bis jetzt sind Reflexionen und Brechungen von Wanderwellen untersucht worden, die die Form einer Sprungfunktion aufwiesen. Die zuvor behandelten Fällen haben gezeigt, daß die weiter- bzw. rücklaufenden Wellen einer Stoßstelle einen exponentiellen Verlauf aufweisen, wenn in der Konfiguration eines der konzentrierten Elemente Induktivität oder Kapazität enthalten ist. Dabei ist es egal, ob sich das Element am Ende einer Leitung, in Serie oder parallel am Verbindungspunkt zweier langer Leitungen befindet. Für den Fall, daß zwei oder mehr dieser konzentrierten Elemente in einer Konfiguration enthalten sind, ergibt sich für den Ausgleichsvorgang ein schwingender Verlauf.

Diese Ergebnisse sind im Prinzip auch dem vorigen Kapitel 5 *Einfache Ausgleichsvorgänge*, zu entnehmen. Der Verlauf eines Ausgleichsvorgangs ist demnach maßgeblich von der Art und Anzahl der vorhandenen Energiespeicher abhängig.

Für eine zu untersuchende Wanderwelle der Form $u_{v1} = U \cdot e^{-\alpha t}$ sind die Verläufe von Spannung und Strom komplexer als bei den zuvor beschriebenen Fällen. *Bewley* hat dazu in Jahr 1931 allgemeine Lösungen angegeben, auf die sich fast alle praktischen Fälle zurückführen lassen. Die dazu im /BAA/ angegebenen Übersichten, die auch hier verwendet werden, betrachten generell zwei Arten von Anordnungen:

1. Eine Leitung, die durch ein oder mehrere konzentrierte Elemente in unterschiedlichen Konfigurationen abgeschlossen ist.
2. Zwei Leitungen, denen ein oder mehrere konzentrierte Elemente in unterschiedlichen Konfigurationen zwischengeschaltet sind.

Allgemein gilt folgende grundlegende Anordnung: Auf einer Leitung mit dem Wellenwiderstand $Z_1$ trifft eine vorlaufende Spannungswelle der Form $u_{v1} = U \cdot e^{-\alpha t}$ an einer Stoßstelle auf eine Impedanz $Z_2$. Dabei entsteht eine rücklaufende Welle $u_{r1}$ und eine weiterlaufende Welle $u_{v2}$. Für den weiteren Spannungsverlauf gibt es zwei Möglichkeiten:

Es ergibt sich für einen aperiodischen Verlauf **Lösung I**:

$$u_{r1} = U \cdot A \left( \frac{\alpha + a}{\alpha - b} \cdot e^{-\alpha t} - \frac{a + b}{\alpha - b} \cdot e^{-bt} \right) \tag{6.148}$$

Es ergibt sich für einen schwingenden Verlauf **Lösung II**:

$$\begin{aligned} u_{r1} = U \cdot A \; & \left( \frac{\omega^2 - 2a\alpha + \alpha^2}{\omega^2 - 2b\alpha + \alpha^2} \cdot e^{-\alpha t} \right. \\ & \left. - \frac{2(a-b)[(\omega^2 - b\alpha)\sin \nu t + \alpha\nu \cos \nu t]}{\nu(\omega^2 - 2b\alpha + \alpha^2)} \cdot e^{-bt} \right) \end{aligned} \tag{6.149}$$

Dabei bezeichnen a, b und A Faktoren, die den folgenden tabellarischen Übersichten zu entnehmen sind. Die Amplitude der einlaufenden Welle ist durch $U$ gegeben, und es gilt:

$$\omega^2 = \frac{1}{L \cdot C} \qquad \nu^2 = \omega^2 - b^2$$

Die allgemeine Form einer Wanderwelle, gegeben durch: $U \cdot \left(e^{-\alpha t} - e^{-\beta t}\right)$, läßt sich durch Überlagerung der beiden Teilwellen $U \cdot e^{-\alpha t}$ und $-U \cdot e^{-\beta t}$ und durch die Überlagerung beider Teillösungen berechnen.

**Tabelle 6.2.** Reflektierte Welle $u_{r1}$ beim Aufprall einer ankommenden Welle $u_{v1} = U \cdot e^{-\alpha t}$ auf konzentrierte Elemente am Leitungsende

| Schaltung | Lösung | a | b | A |
|---|---|---|---|---|
| 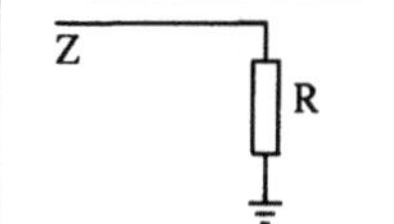  | $u_{r1} = \frac{R-Z}{R+Z}\, u_{v1}$ | | | |
|   | $u_{r1} = I$ | $\frac{Z}{L}$ | $\frac{Z}{L}$ | 1 |
| 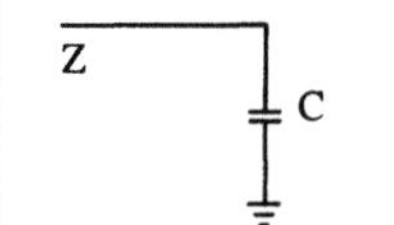  | $u_{r1} = I$ | $\frac{1}{CZ}$ | $\frac{1}{CZ}$ | -1 |
| 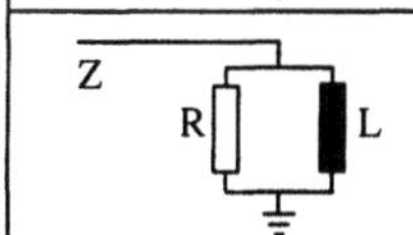  | $u_{r1} = I$ | $\frac{ZR}{L(R-Z)}$ | $\frac{ZR}{L(R+Z)}$ | $\frac{R-Z}{R+Z}$ |
| 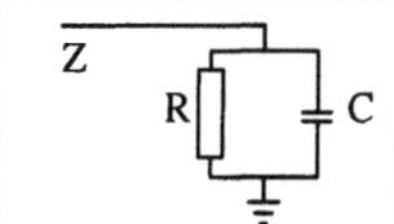  | $u_{r1} = I$ | $\frac{R-Z}{ZRC}$ | $\frac{R+Z}{ZRC}$ | -1 |
| 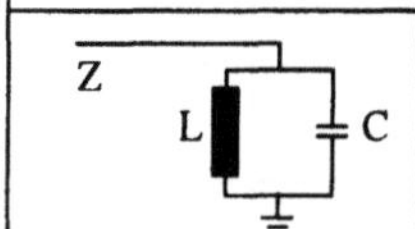  | $u_{r1} = II$ | $-\frac{1}{2CZ}$ | $\frac{1}{2CZ}$ | -1 |
| 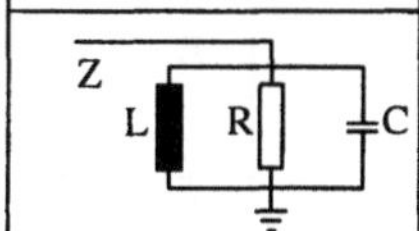  | $u_{r1} = II$ | $\frac{Z-R}{2ZRC}$ | $\frac{Z+R}{2ZRC}$ | -1 |
| 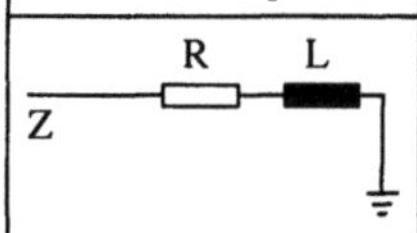  | $u_{r1} = I$ | $\frac{Z-R}{L}$ | $\frac{Z+R}{L}$ | 1 |
| 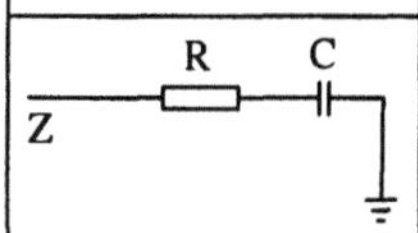  | $u_{r1} = I$ | $\frac{1}{C(Z-R)}$ | $\frac{1}{C(Z+R)}$ | $\frac{R-Z}{R+Z}$ |
| 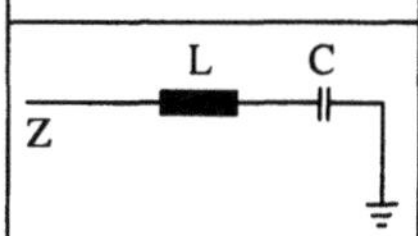  | $u_{r1} = II$ | $-\frac{Z}{2L}$ | $\frac{Z}{2L}$ | 1 |
| 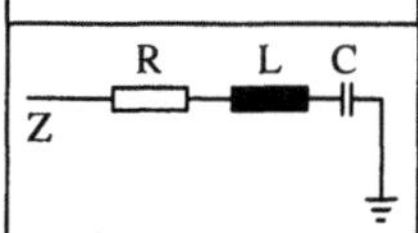  | $u_{r1} = II$ | $\frac{R-Z}{2L}$ | $\frac{R+Z}{2L}$ | 1 |

Hierin ist für I die Gleichung (6.148) und für II die Gleichung (6.149) zu verwenden. Die Werte von $a$, $b$ und $A$ sind dort entsprechend einzusetzen.

**Tabelle 6.3.** Reflektierte Welle $u_{r1}$ und weiterlaufende Welle $u_{v2}$ beim Aufprall einer ankommenden Welle $u_{v1} = U \cdot e^{-\alpha t}$ auf den Verbindungspunkt zweier Leitungen mit zwischengeschalteten konzentrierten Elementen

| Schaltung | Lösung | a | b | A |
|---|---|---|---|---|
| 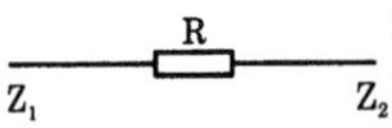 | $u_{r1} = \frac{Z_2 - Z_1 + R}{Z_2 + Z_1 + R} \cdot u_{v1}$<br>$u_{v2} = \frac{2 Z_2}{Z_2 + Z_1 + R} \cdot u_{v1}$ | | | |
| 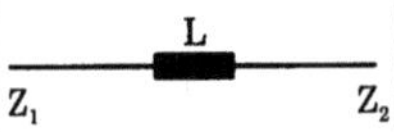 | $u_{r1} = I$<br>$u_{v2} = \frac{a-b}{\alpha-b} \cdot (e^{-\alpha t} - e^{-bt})$ | $\frac{Z_1 - Z_2}{L}$ | $\frac{Z_1 + Z_2}{L}$ | 1<br>– |
| 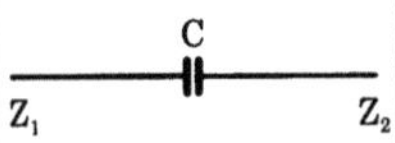 | $u_{r1} = I$<br>$u_{v2} = I$ | $\frac{1}{C(Z_1 - Z_2)}$<br>0 | $\frac{1}{C(Z_1 + Z_2)}$ | $\frac{Z_2 - Z_1}{Z_2 + Z_1}$<br>$\frac{2 Z_2}{Z_2 + Z_1}$ |
| 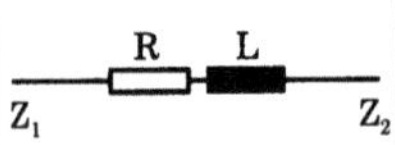 | $u_{r1} = I$<br>$u_{v2} = \frac{-2 Z_2}{(\alpha-b)L} \cdot (e^{-\alpha t} - e^{-bt})$ | $\frac{Z_1 - Z_2 - R}{L}$<br>– | $\frac{Z_1 + Z_2 + R}{L}$ | 1<br>– |
| 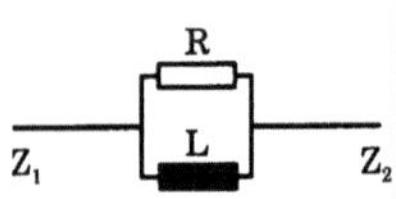 | $u_{r1} = I$<br>$u_{v2} = I$ | $-\frac{R}{L}$<br>$-\frac{R Z_2}{L(R + Z_2)}$ | $\frac{R(Z_1 + Z_2)}{L(R + Z_1 + Z_2)}$ | $\frac{2 Z_2}{R + Z_1 + Z_2}$<br>$\frac{2(Z_2 + R)}{R + Z_1 + Z_2}$ |
| 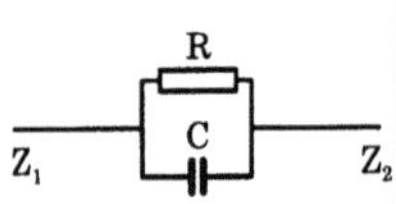 | $u_{r1} = I$<br>$u_{v2} = I$ | $\frac{R - Z_1 + Z_2}{RC(Z_1 - Z_2)}$<br>$-\frac{1}{RC}$ | $\frac{R + Z_1 + Z_2}{RC(Z_1 + Z_2)}$ | $\frac{Z_2 - Z_1}{Z_2 + Z_1}$<br>$\frac{2 Z_2}{Z_2 + Z_1}$ |
| 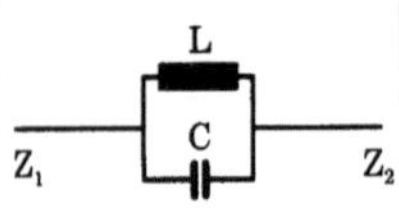 | $u_{r1} = II$<br>$u_{v2} = II$ | $\frac{1}{2C(Z_2 - Z_1)}$<br>0 | $\frac{1}{2C(Z_2 + Z_1)}$ | $\frac{Z_2 - Z_1}{Z_2 + Z_1}$<br>$\frac{2 Z_2}{Z_2 + Z_1}$ |
| 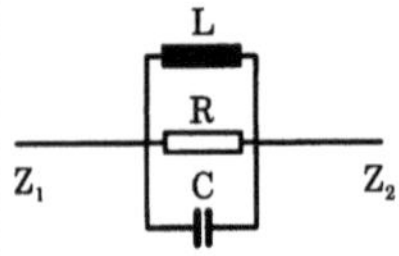 | $u_{r1} = II$<br>$u_{v2} = II$ | $\frac{Z_2 - Z_1 + R}{2RC(Z_2 - Z_1)}$<br>$\frac{1}{2RC}$ | $\frac{Z_2 + Z_1 + R}{2RC(Z_2 + Z_1)}$ | $\frac{Z_2 - Z_1}{Z_2 + Z_1}$<br>$\frac{2 Z_2}{Z_2 + Z_1}$ |

Hierin ist für I die Gleichung (6.148) und für II die Gleichung (6.149) zu verwenden. Die Werte von $a$, $b$ und $A$ sind dort entsprechend einzusetzen.

**Tabelle 6.4.** Reflektierte Welle $u_{r1}$ und weiterlaufende Welle $u_{v2}$ beim Aufprall einer ankommenden Welle $u_{v1} = U \cdot e^{-\alpha t}$ auf den Verbindungspunkt zweier Leitungen mit zwischengeschalteten konzentrierten Elementen

| Schaltung | Lösung | a | b | A |
|---|---|---|---|---|
| 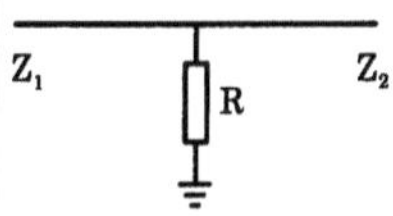 | $u_{r1} = \frac{Z_2R - Z_1R - Z_1Z_2}{Z_2R + Z_1R + Z_1Z_2} \cdot u_{v1}$ <br> $u_{v2} = \frac{2\,Z_2R}{Z_2R + Z_1R + Z_1Z_2} \cdot u_{v1}$ | | | |
| 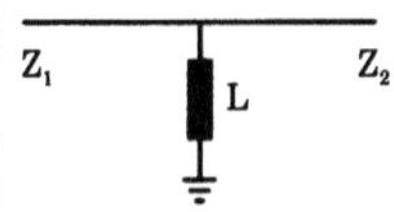 | $u_{r1} = \mathrm{I}$ <br> $u_{v2} = \frac{U}{a}\frac{a+b}{\alpha+b} \cdot (\alpha e^{-at} - \beta e^{-bt})$ | $\frac{Z_1Z_2}{L\,(Z_2 - Z_1)}$ | $\frac{Z_1Z_2}{L\,(Z_2 + Z_1)}$ | $\frac{Z_2 - Z_1}{Z_2 + Z_1}$ |
| 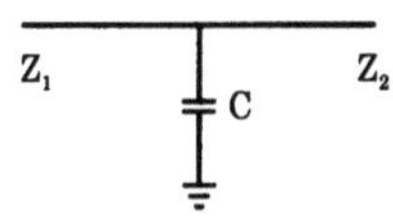 | $u_{r1} = \mathrm{I}$ <br> $u_{v2} = -U\frac{a+b}{\alpha-b} \cdot (\alpha e^{-at} - \beta e^{-bt})$ | $\frac{Z_1 - Z_2}{Z_1Z_2C}$ | $\frac{Z_1 + Z_2}{Z_1Z_2C}$ | -1 <br> – |
| 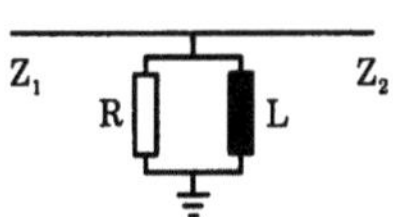 | $u_{r1} = \mathrm{I}$ <br> $u_{v2} = U\frac{a+b}{a(\alpha-b)} \cdot (\alpha e^{-at} - \beta e^{-bt})$ | $\frac{RZ_1Z_2}{L\,(RZ_2 - RZ_1 - Z_1Z_2)}$ | $\frac{RZ_1Z_2}{L\,(RZ_2 + RZ_1 + Z_1Z_2)}$ | $\frac{b}{a}$ <br> – |
| 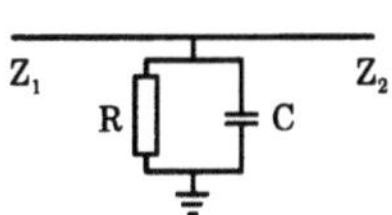 | $u_{r1} = \mathrm{I}$ <br> $u_{v2} = -U\frac{a-b}{\alpha-b} \cdot (e^{-at} - e^{-bt})$ | $\frac{RZ_2 - RZ_1 - Z_1Z_2}{Z_1Z_2RC}$ | $\frac{RZ_2 + RZ_1 + Z_1Z_2}{Z_1Z_2RC}$ | -1 <br> – |
| 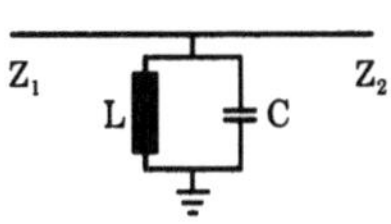 | $u_{r1} = \mathrm{II}$ <br> $u_{v2} = U\,\varepsilon^{-at} + \mathrm{II}$ | $\frac{Z_1 - Z_2}{2\,Z_1Z_2C}$ | $\frac{Z_1 + Z_2}{2\,Z_1Z_2C}$ | -1 <br> -1 |
| 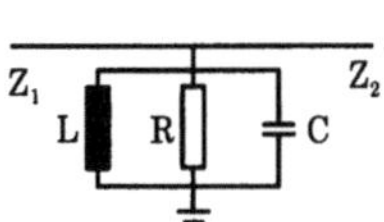 | $u_{r1} = \mathrm{II}$ <br> $u_{v2} = U\,\varepsilon^{-at} + \mathrm{II}$ | $\frac{RZ_1 - RZ_2 + Z_1Z_2}{2\,Z_1Z_2RC}$ | $\frac{RZ_1 + RZ_2 + Z_1Z_2}{2\,Z_1Z_2RC}$ | -1 <br> -1 |

Hierin ist für I die Gleichung (6.148) und für II die Gleichung (6.149) zu verwenden. Die Werte von $a$, $b$ und $A$ sind dort entsprechend einzusetzen.

[illegible]

# 7. Berechnung der Leitungskonstanten

In diesem Kapitel erfolgt nun die Berechnung der im Kapitel 6 als bekannt angenommenen Leitungskonstanten. Der Einfluß unterschiedlicher Materialien und Geometrien bei der Berechnung sowie wichtige Effekte sind hier zu einem knappen Überblick zusammengefaßt. Dieser Abschnitt lehnt sich weitgehend an die Ausführungen in /DENZ/ zu diesem Thema an, beschränkt sich aber auf die für die weiteren Berechnungen relevanten Leitungskonstanten.

## 7.1 Ohmscher Widerstand

Leiterseile von Freileitungen und Kabeln bestehen aus mehreren Drähten. Alle Einzeldrähte haben den gleichen Durchmesser. Die Drähte der Leiterseile verlaufen in mehreren Lagen um einen gemeinsamen Einzeldraht, auch Kern oder Seele genannt, herum. Der Umlauf der Drähte ist wendelförmig in Richtung der Seilachse, Abbildung 7.1. Die Drehrichtung in den einzelnen Lagen wechselt lagenweise. Die Lagen eines Leiterseils können aus Drähten desselben oder aus Drähten unterschiedlicher Werkstoffe bestehen. Erstere werden als Einwerkstoffseile und zweitere als Verbundseile bezeichnet.

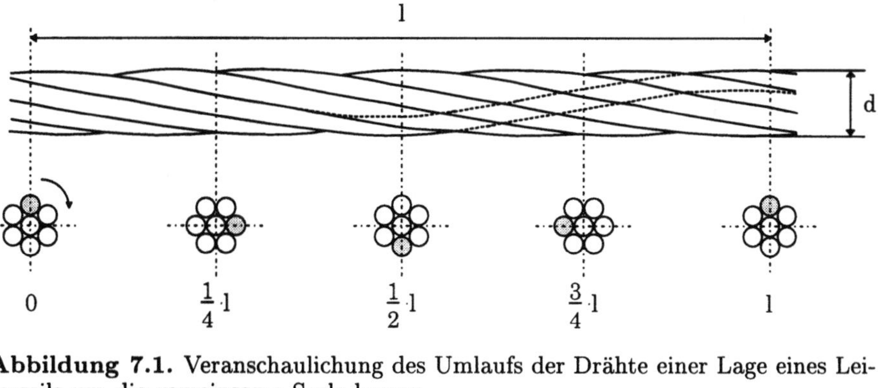


**Abbildung 7.1.** Veranschaulichung des Umlaufs der Drähte einer Lage eines Leiterseils um die gemeinsame Seele herum.

Der ohmsche Widerstand eines Drahtes mit konstantem Querschnitt $A$, der Länge $l$ und der elektrischen Leitfähigkeit $\kappa$ des Drahtwerkstoffs kann folgendermaßen berechnet werden:

$$R = \frac{l}{\kappa \cdot A} \tag{7.1}$$

In Leiterseilen verlaufen die Strompfade wegen der Übergangswiderstände zwischen den einzelnen Drähten nicht parallel zur Seilachse, sondern längs der Einzeldrähte. Für die Berechnung des ohmschen Widerstands eines Seils mit Gleichung (7.1) ist daher die mittlere Länge der Einzeldrähte entscheidend und nicht die Seillänge selbst. Die Längen der Einzeldrähte variieren darüber hinaus auch noch von Lage zu Lage. Daher wird meist auch mit einer effektiven Leitfähigkeit $\kappa_{eff}$ ($\frac{\kappa_{eff}}{\kappa} \approx 0,98$ im Durchschnitt) gerechnet. Der Seilquerschnitt $A$ ist die Summe der Querschnitte der Einzeldrähte.

Die elektrische Leitfähigkeit ist nicht nur materialabhängig, sondern auch temperaturabhängig. Im Betrieb weisen die Leiterseile zumeist eine Temperatur von ca. $50°C$ auf; $\kappa_{eff}$ gilt jedoch bei $20°C$. Bei höheren Temperaturen muß daher die Leitfähigkeit nach der Formel

$$\kappa(\vartheta) = \kappa(\vartheta_1) \cdot \frac{\vartheta_1 - \vartheta_0}{\vartheta - \vartheta_0} \tag{7.2}$$

angepaßt werden. In der Gleichung (7.2) ist $\kappa(\vartheta)$ die gesuchte Leitfähigkeit der Temperatur $\vartheta$, $\kappa(\vartheta_1)$ die bekannte Leitfähigkeit bei z.B. $\vartheta_1 = 20°C$ und $\vartheta_0$ eine Materialkonstante /DENZ/.

Im allgemeinen wird der ohmsche Widerstand auf die Länge der Leiter bezogen als Widerstandsbelag mit $r_b$ angegeben. Für überschlägige Berechnungen des ohmschen Widerstandsbelags kann man die folgenden Faustformeln verwenden, dabei wird der Seilquerschnitt $A$ in mm$^2$ eingesetzt:

für Kupfer: $$r_{Cu} = \frac{20}{A/\text{mm}^2} \left[\frac{\Omega}{km}\right]$$

für Aluminium: $$r_{Al} = \frac{32}{A/\text{mm}^2} \left[\frac{\Omega}{km}\right]$$

für Aldrey: $$r_{Ald} = \frac{39}{A/\text{mm}^2} \left[\frac{\Omega}{km}\right]$$

### 7.1.1 Einfluß der Stromverdrängung auf den Widerstand

Bei Wechselströmen kann das Phänomen auftreten, daß sich die Stromdichte im Leiter nicht homogen verteilt. Es kommt zu einer sogenannten **Stromverdrängung**. Die Ursache liegt in der Wechselwirkung zwischen elektrischem Strom und magnetischem Wechselfeld, das durch den elektrischen Strom erzeugt wird. Die Stromverdrängung kann einen Einfluß auf den ohmschen

Widerstand des Leiters haben, daher ist die Kenntnis der Verteilung des elektrischen Stromes über den Leiterquerschnitt sehr wichtig. Sie muß unter Umständen bei der Modellbildung berücksichtigt werden. Folgende drei Phänomene können eine inhomogene Stromdichteverteilung erzeugen: Skineffekt, Proximityeffekt oder ganz allgemein Wirbelströme.

**1. Skineffekt**

Ein zeitveränderliches magnetisches Feld, das durch den Stromfluß eines Wechselstromes im Leiter entsteht, verursacht eine ungleichmäßige Stromdichteverteilung im Querschnitt desselben Leiters. Die elektrische Stromdichte tendiert dazu, sich in der Nähe der Oberfläche (*englisch: skin*) des Leiters zu konzentrieren, weit vom Zentrum des Leiters entfernt. Abbildung 7.2 veranschaulicht diesen Effekt /MEL/. Die erhöhte Konzentration der Stromdichte im äußeren Bereich des Leiters ist durch die stärkere Schattierung kenntlich gemacht.

Der Skineffekt ist in jedem wechselstromdurchflossenen Leiter präsent. Die Intensität dieses Effektes ist dabei abhängig von der Frequenz des elektrischen Stroms, den Materialeigenschaften und dem Durchmesser des Leiters. Er hat eine große Bedeutung bei der Berechnung von Freileitungen, aber auch bei der Berechnung anderer Betriebsmittel kann er eine Rolle spielen, z.B. beim Transformator.

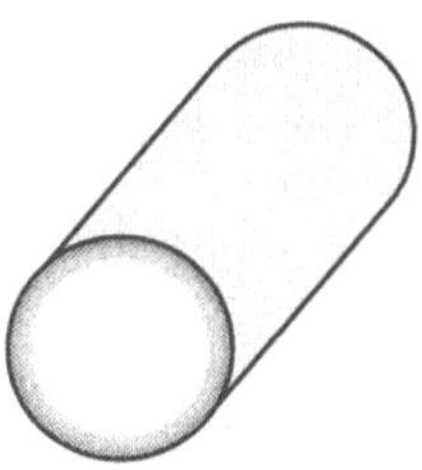

**Abbildung 7.2.** Skineffekt

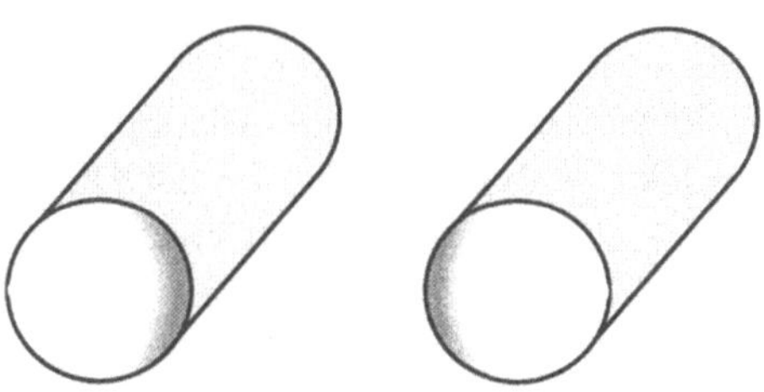

**Abbildung 7.3.** Proximityeffekt

**2. Proximityeffekt**

Dasselbe zeitveränderliche magnetische Feld hat neben dem zuvor beschriebenen Skineffekt auch noch eine Wirkung auf naheliegende Leiter. Es verursacht eine ungleichmäßige elektrische Stromdichteverteilung im Querschnitt des naheliegenden Leiters und darüber hinaus im Querschnitt des eigenen Leiters, siehe Abbildung 7.3.

Der Proximityeffekt hat bei Freileitungen keine Bedeutung wegen der großen Abstände der Leiterseile untereinander. Bei Dreiphasenkabeln, in denen die Leiter nahe beieinander liegen, ist er jedoch nicht zu vernachlässigen. Der Proximityeffekt tritt darüber hinaus in den Wicklungspaketen von Spulen und Transformatoren auf. Dabei ist der Anteil dieses Effektes an den Wirkleistungsverlusten, vor allem bei höheren Frequenzen, wesentlich größer gegenüber den anteiligen Wirkleistungsverlusten des Skineffekts.

**3. Wirbelströme**

Wirbelströme entstehen, wenn ein magnetisches Wechselfeld in einem leitfähigen Medium beliebiger Form einen Stromfluß erzeugt. Die nach dem Induktionsgesetz erzeugten Wirbelströme bewegen sich auf Bahnen, die mit den magnetischen Induktionslinien verkettet sind. In stromführenden Leitern überlagern sich die Wirbelströme dem Leiterstrom. Darüber hinaus erzeugen sie ein Magnetfeld, das auf das ursprüngliche magnetische Feld des Leiters zurückwirkt und es schwächt /KUEPF/.

Das Auftreten von Wirbelströmen führt immer zu Wirbelstromverlusten. Diese Verluste bezeichnen die Leistung, die infolge der Wirbelströme in Form von Wärme verloren geht. Wirbelstromverluste spielen eine große Rolle in Betriebsmitteln, bei denen sich elektromagnetische Wechselfelder in leitfähigen Medien ausbilden können. Dies sind zum Beispiel Transformatoren oder elektrische Motoren, die mit einen magnetischen Kern ausgestattet sind. Zur Vermeidung von Wirbelstromverlusten führt man diese Kerne meist nicht massiv, sondern mit voneinander isolierten Blechen aus.

**Frequenzabhängige Stromverdrängung**

Bei hochfrequenten Ausgleichsvorgängen muß berücksichtigt werden, daß die auftretende Stromverdrängung frequenzabhängig ist. Sie kann zu einer höheren Dämpfung der Leitungsstromdichte in den Leitern führen. Dies ist der Fall, wenn die Eindringtiefe $\delta$ in die Größenordnung der verwendeten Leiterabmessungen kommt. Die Eindringtiefe bezeichnet dabei den Abstand von der Oberfläche eines Leiters, bei dem die elektrische Feldstärke von der Oberfläche in Richtung Leitermitte auf den $e^{-1}$-ten Teil ihres Oberflächenwertes abgenommen hat /KUEPF/.

$$\delta = \sqrt{\frac{2}{\omega \kappa \mu}} \tag{7.3}$$

Ursache der frequenzabhängigen Stromverdrängung ist eine zeitlich veränderliche magnetische Flußdichte, die gemäß dem Induktionsgesetz (Kapitel 4.4 Gleichung (4.14))

$$\text{rot}\mathbf{E} = -\frac{d}{dt}\mathbf{B}$$

in leitfähigen Materialien elektrische Wirbelfelder induziert. Diese haben ihrerseits Wirbelströme zur Folge, die der Leitungsstromdichte im Leiterinneren entgegengesetzt sind. Das Leiterinnere wird daher mit steigender Frequenz zunehmend vom Leitungsstrom wie auch vom magnetischen Feld frei. Der ohmsche Widerstand des Leiters erhöht sich. Die hierdurch entstehenden elektrischen Verluste werden als Wirbelverluste bezeichnet /STRAS/.

Der Ursprung der oben angeführten magnetischen Flußdichteänderung liegt im Durchflutungsgesetz (Kapitel 4.4 Gleichung (4.16)):

$$\text{rot}\mathbf{H} = \mathbf{J} + \frac{d\mathbf{D}}{dt}$$

Die Verschiebungsstromdichte $\frac{d}{dt}\mathbf{D}$ kann hierbei in metallischen Leitern gegenüber der Stromdichte $\mathbf{J}$ bis zu höchsten Frequenzen vernachlässigt werden.

**Beispiel: Verluste durch Skineffekt** $I_0 \neq 0$ und $\mathbf{H}_a = 0$

Zur besseren Veranschaulichung wird die Stromverteilung eines homogenen, langgestreckten, kreiszylindrischen Leiters analytisch ermittelt. Hierbei hat das elektrische Feld und damit auch die Stromdichte nur eine axiale und das äußere Magnetfeld nur eine tangentiale Komponente. In Zylinderkoordinaten hängen die Feldgrößen nur vom Abstand $r$ zur Leiterachse ab, der Leiterradius beträgt $r_0$. Abbildung 7.4 zeigt die Lage des Leiters zum Magnetfeld. Die z-Achse verläuft entlang der Leiterachse.

Das Induktionsgesetz und das Durchflutungsgesetz vereinfachen sich für diese Anordnung zu:

$$\frac{\partial H_\varphi(r,t)}{\partial r} + \frac{1}{r} \cdot H_\varphi(r,t) = J_z \tag{7.4}$$

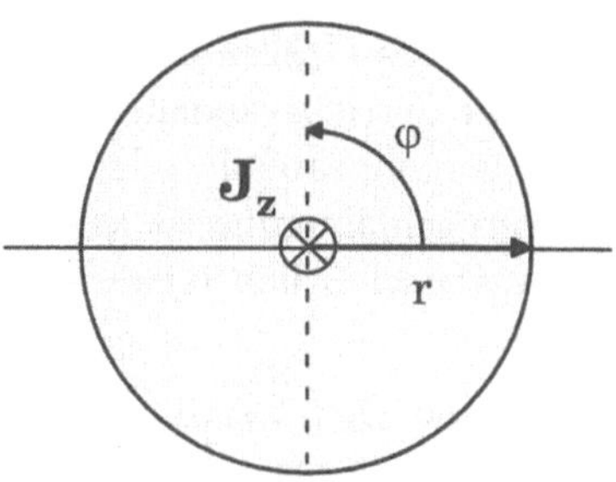


**Abbildung 7.4.** Darstellung eines homogenen, langgestreckten, kreiszylindrischen Leiters

$$\frac{\partial E_z(r,t)}{\partial r} = \mu \cdot \frac{\partial H_\varphi(r,t)}{\partial t} \tag{7.5}$$

Aus den Lösungen der obigen Differentialgleichungen lassen sich im Fall eines sinusförmigen Wechselstroms für den Wirkwiderstand $R_{Skin}$ und den Blindwiderstand $\omega L_i$ folgende Näherungen angegeben:

$$\begin{aligned} \frac{R_{Skin}}{R_0} &= 1 + \frac{1}{48} \cdot \left(\frac{r_0}{\delta}\right)^4 & \qquad r_0 < \delta \\ \frac{R_{Skin}}{R_0} &= \frac{r_0}{2\delta} + \frac{1}{4} + \frac{3}{32} \cdot \frac{\delta}{r_0} & \qquad r_0 > 2\delta \end{aligned} \tag{7.6}$$

$$\begin{aligned} \frac{\omega L_i}{R_0} &= \frac{1}{4} \cdot \left(\frac{r_0}{\delta}\right)^2 & \qquad r_0 < \delta \\ \frac{\omega L_i}{R_0} &= \frac{r_0}{2\delta} - \frac{3}{32} \cdot \frac{\delta}{r_0} & \qquad r_0 > 2\delta \end{aligned} \tag{7.7}$$

$R_0$ bezeichnet darin den Gleichstromwiderstand des Leiters. Bei inhomogenen oder nicht kreiszylindrischen Leitern besitzt das Magnetfeld neben der tangentialen auch eine radiale Komponente, so daß die Vereinfachungen des Induktionsgesetzes (4.14) und des Durchflutungsgesetzes (4.16) nicht mehr zulässig sind. Die Stromverteilung ist dann nur noch über Simulationen zu ermitteln /MIRI/. Die Verluste durch den Proximityeffekt, die für Freileitungen nicht relevant sind, werden bei der Modellbildung des Transformators (Kapitel ??) näher behandelt.

## 7.2 Querverluste

Bei Freileitungen berücksichtigt der auf die Länge bezogene Leitwertbelag $g_b$ die auftretenden *Koronaverluste* und die geringeren *Ableitverluste*. Letztere entstehen durch Leckströme über Isolatoren. Beide Verlustarten sind stark von der Witterung abhängig, deshalb werden Richtwerte in der Regel durch Messungen bestimmt, die bei Nennspannung und bei unterschiedlichen Witterungsverhältnissen durchgeführt werden. Bei der Modellbildung kann der Leitwert $g_b$ meist vernachlässigt werden, da er um einige Größenordnungen kleiner ist als der auf die Länge bezogene Leitwert der Betriebskapazität $\omega c_b$. Dies gilt insbesondere bei der Berechnung des Spannungsabfalls oder der Bestimmung der Stromverteilung in Netzen. Die Vernachlässigung ist jedoch nicht bei der Berechnung von Wirkungsgraden oder wirtschaftlichen Betrachtungen zulässig.

Bei Kabeln treten an die Stelle der Koronaverluste die *Dielektrizitätsverluste*. Diese setzen sich aus Leitfähigkeitsverlusten, Polarisationsverlusten und

Teilentladungsverlusten zusammen /KUECH/. Auch hier ist eine Vernachlässigung des sich aus diesen Verlusten ergebenden Leitwertes $g_b$ gegenüber dem kapazitiven Leitwert $\omega c_b$ zulässig.

## 7.3 Induktivitäten von Leitungen

Zur Berechnung der Induktivitäten unterschiedlicher Leiteranordnungen ist die Kenntnis des magnetischen Feldes einer solchen Anordnung Voraussetzung, dabei muß auch die gegenseitige induktive Beeinflussung der Ströme in den verschiedenen Leitern berücksichtigt werden. Aus dieser Kenntnis werden anschließend für die verschiedenen Leiteranordnungen äquivalente Ersatzschaltungen aus konzentrierten Schaltelementen abgeleitet.

Zur Vereinfachung werden folgende Voraussetzungen vereinbart: Die Leiter seien gerade, langgestreckt und verlaufen parallel. Alle Leiter weisen einen rotationssymmetrischen Querschnitt auf. Ihre Länge sei groß im Verhältnis zu ihren Leiterabständen und diese ihrerseits groß gegenüber den Leiterdurchmessern. Die Stromdichte sei gleichmäßig über den Leiterquerschnitt verteilt und das magnetische Feld nicht von der Längskoordinate der Leitung abhängig; es liege ein ebenes Feld vor.

### 7.3.1 Induktivität eines Leiters

Die Induktivität eines langen, kreiszylindrischen Leiters läßt sich über das Durchflutungsgesetz (4.15) bestimmen.

$$\oint_S \mathbf{H} d\mathbf{s} = \int_A \mathbf{J} d\mathbf{A} = I$$

Dies besagt, daß das Umlaufintegral der magnetischen Feldstärke $\mathbf{H}$ längs einer geschlossenen Kurve um einen stromdurchflossenen Leiter gleich dem Strom $I$ ist, der durch diesen Leiter fließt. In der obigen Gleichung bezeichnet $\mathbf{J}$ die Stromdichte über der Fläche innerhalb der geschlossenen magnetischen Feldlinien. Abbildung 7.5 zeigt einen solchen stromdurchflossenen, langen, kreiszylindrischen Leiter im Querschnitt. Der Stromfluß ist in der positiven Richtung der z-Achse. Es gilt hier: $\mathbf{H}||d\mathbf{s}$, $\mathbf{H} = \mathbf{H}(r)$ und $\mathbf{J}||d\mathbf{A}$.

Damit vereinfacht sich das Durchflutungsgesetz zu:

$$H \cdot 2\pi r = I \tag{7.8}$$

Die magnetische Feldstärke nimmt mit zunehmender Entfernung vom Leiter im Raum ab. Betrachtet man den Betrag der Feldstärke, ergibt sich für den Fall $r > r_0$ eine Hyperbelfunktion. Für den Fall $r = r_0$ ist $H$ konstant und für $r < r_0$ erhält man aus der Gleichung (7.8) eine Linearfunktion.

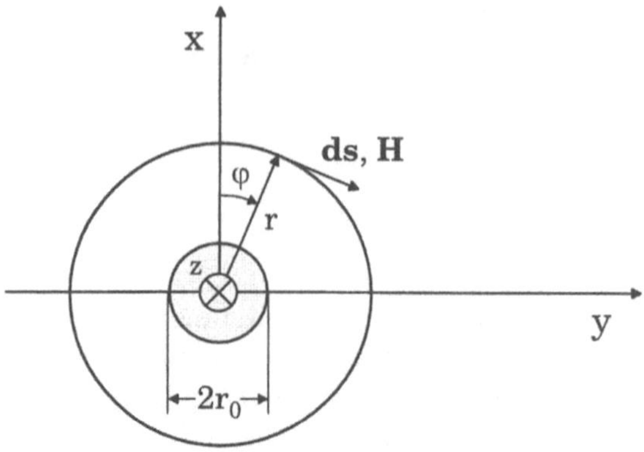


**Abbildung 7.5.** Stromdurchflossener, langer, kreiszylindrischer Leiter im Querschnitt

$$
\begin{aligned}
H &= \frac{I}{2\pi r_0^2} \cdot r && \text{für } r < r_0 \\
H_0 &= \frac{I}{2\pi r_0} && \text{für } r = r_0 \\
H &= \frac{I}{2\pi r} && \text{für } r > r_0
\end{aligned}
$$

Abbildung 7.6 zeigt den Feldverlauf des stromdurchflossenen Leiters im Raum. Der Stromfluß ist wiederum in positiver Richtung der z-Achse.

Die Energie in einem homogenen magnetischen Feld ist definiert durch:

$$W = \frac{1}{2} \cdot \mu H^2 V \tag{7.9}$$

Hierin steht $V$ für das Volumen und $\mu$ für die Permeabilität.

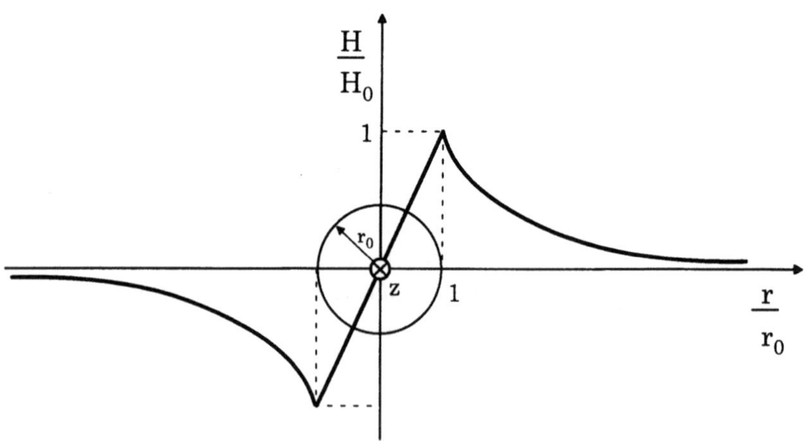


**Abbildung 7.6.** Magnetischer Feldverlauf eines stromdurchflossenen, langen, kreiszylindrischen Leiters.

In einem inhomogenen magnetischen Feld, wie z.B. im Innern eines Leiters (lineare Funktion), gilt für die Energie:

$$W = \frac{1}{2} \int_V \mathbf{HB} dV \tag{7.10}$$

Worin **B** die Induktion im Leiter und $V$ das Volumen des Leiters bezeichnet. Besteht der Leiter aus nicht ferromagnetischem Material, erhält man:

$$W = \frac{1}{2} \int_V \mu_0 H^2 \cdot 2\pi r l dr \tag{7.11}$$

$$= \frac{1}{2} \cdot \frac{\mu_0 l \cdot I^2}{4\pi^2 r_0^4} \cdot \int_0^{r_0} 2\pi r^3 dr = \frac{\mu_0 l}{8} \cdot \frac{I^2}{\pi^2 r_0^4} \cdot \left[\frac{2\pi}{4} \cdot r^4\right]_0^{r_0}$$

$$W = \frac{\mu_0 l}{16} \cdot I^2 \tag{7.12}$$

Die **magnetische Energie** ist aber auch über den Energiespeicher Induktivität $L$ definiert:

$$W = \frac{1}{2} \cdot L I^2 \tag{7.13}$$

Somit läßt sich aus den allgemein angegebenen Gleichungen (7.12) und (7.13) die **innere Induktivität** des Leiters bestimmen. Sie wird mit $L_i$ bezeichnet, und es zeigt sich, daß sie unabhängig vom Radius des Leiters ist.

$$L_i = \frac{\mu_0 l}{8\pi} \tag{7.14}$$

### 7.3.2 Induktivität einer Leiterschleife

In Abbildung 7.7 sind zwei langgestreckte, parallele, stromdurchflossene Leiter dargestellt. Sie werden von einem sinusförmigen Wechselstrom gespeist. Beide Leiter sind identisch, und es gilt: $\underline{I}_1 = -\underline{I}_2$. Ihr Abstand zueinander ist gegenüber ihren Radien sehr groß $r_0 << d$, und es soll gelten: $l >> d$. Die magnetischen Felder der Leiter addieren sich in der Fläche zwischen den äußeren Radien der beiden. Da $r_0 << d$ gilt, wird angenommen, daß das magnetische Feld des einen Leiters nicht das Innere des anderen Leiters durchdringt. Jeder Leiter für sich besitzt einen inneren Fluß und eine dazugehörige innere Induktivität $L_i$. Beide Leiter zusammen besitzen einen äußeren Fluß und eine äußere Induktivität $L_a$. Die Summe der Induktivitäten wird als **Schleifeninduktivität** der beiden Leiter bezeichnet und berechnet sich wie folgt:

$$L_s = L_i + L_a + L_i \tag{7.15}$$

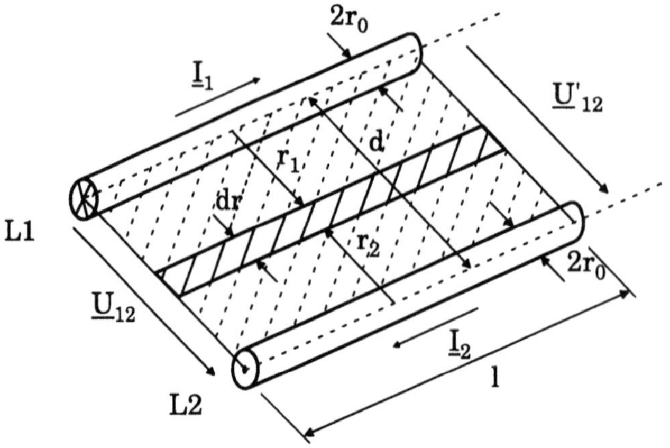


**Abbildung 7.7.** Zwei parallele stromdurchflossene Leiter

Beide inneren Induktivitäten lassen sich über die Gleichung (7.14) berechnen. Die Bestimmung der äußeren Induktivität erfordert etwas mehr Aufwand und erfolgt über den Fluß.

Der verkettete Fluß zwischen den beiden Leitern ist:

$$\begin{aligned}\phi_{12a} &= \mu_0 \int_{r_0}^{d-r_0} H_1(r_1) l dr_1 + \mu_0 \int_{r_0}^{d-r_0} H_2(r_2) l dr_2 \\ &= \mu_0 \int_{r_0}^{d-r_0} \frac{I_1}{2\pi r_1} \cdot l dr_1 + \mu_0 \int_{r_0}^{d-r_0} \frac{I_1}{2\pi r_2} \cdot l dr_2\end{aligned} \tag{7.16}$$

Wegen $r_0 << d$ und mit der Annahme identischer Leiter erhält man:

$$\begin{aligned}\phi_{12a} &= \frac{\mu_0 I_1}{2\pi} \cdot l \left[\ln\left(\frac{d}{r_0}\right) + \ln\left(\frac{d}{r_0}\right)\right] \\ &= \frac{\mu_0 I_1}{2\pi} \cdot l \cdot 2 \cdot \ln\left(\frac{d}{r_0}\right) = \frac{\mu_0 I_1}{\pi} \cdot l \cdot \ln\left(\frac{d}{r_0}\right)\end{aligned}$$

Allgemein geschrieben mit dem Strom $I$ gilt:

$$\phi_{12a} = \frac{\mu_0 I}{\pi} \cdot l \cdot \ln\left(\frac{d}{r_0}\right) \tag{7.17}$$

Des weiteren gilt: $\phi_{12a} = L_{12a} \cdot I$. Damit kann die äußere Induktivität $L_{12a}$ bestimmt werden und somit auch die Schleifeninduktivität $L_s$.

$$L_{12a} = \frac{\mu_0 l}{\pi} \cdot \ln\left(\frac{d}{r_0}\right) \tag{7.18}$$

$$\begin{aligned}L_s &= 2 \cdot L_i + L_{12a} = 2 \cdot \frac{\mu_0 l}{8\pi} + \frac{\mu_0 l}{\pi} \cdot \ln\left(\frac{d}{r_0}\right) \\ &= \frac{\mu_0 l}{\pi}\left[\ln\left(\frac{d}{r_0}\right) + \frac{1}{4}\right]\end{aligned} \tag{7.19}$$

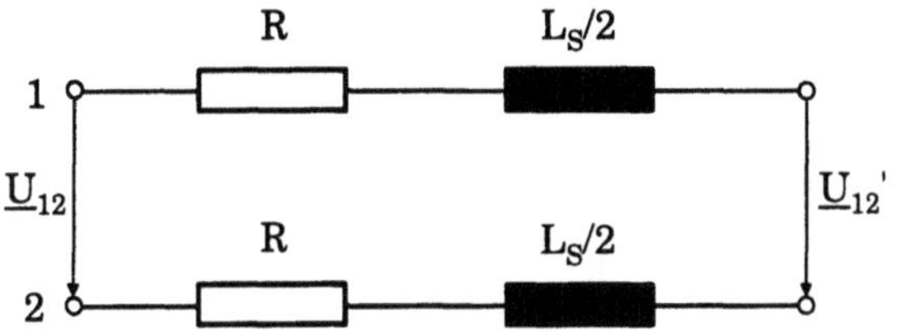


**Abbildung 7.8.** Ersatzschaltbild zweier paralleler stromdurchflossener Leiter

Abbildung 7.8 zeigt das Ersatzschaltbild der beiden Leitungen. $R$ ist dabei der ohmsche Widerstand des einzelnen Leiters. Die **Betriebsinduktivität** $L_b$ jedes Leiters ist dabei über die Schleifeninduktivität definiert, die sich im Ersatzschaltbild hälftig auf die beiden Leiter aufteilt.

$$L_b = \frac{L_s}{2} = \frac{\mu_0 l}{2\pi} \cdot \left[\ln\left(\frac{d}{r_0}\right) + \frac{1}{4}\right] \tag{7.20}$$

Im allgemeinen wird die Betriebsinduktivität jedoch auf die Länge der Leiter bezogen angegeben.

$$l_b = \frac{L_b}{l} = \frac{\mu_0}{2\pi} \cdot \left[\ln\left(\frac{d}{r_0}\right) + \frac{1}{4}\right] \tag{7.21}$$

### 7.3.3 Induktivität eines Mehrleitersystems

Die bisherigen Betrachtungen sollen nun dazu dienen, die Induktivität eines Systems mit beliebig vielen Leitern, ein sogenanntes Mehrleitersystem, zu berechnen. Dazu benötigt man einen gedachten Referenzleiter. Sein Abstand zu jedem Leiter des Systems muß sehr groß sein gegenüber den Abständen der Leiter voneinander, siehe Abbildung 7.9. Zur Bestimmung der Induktivität betrachtet man zunächst eine Schleife, bestehend aus einem beliebigen Leiter und dem Referenzleiter. Man bildet die Summe aller Teilflüsse, die durch alle stromführenden Leiter in dieser Schleife fließen plus dem Eigenfluß.

Als Beispiel sei hier die geschlossene Schleife $k - 0 - 0' - k'$ betrachtet. Man bildet den Fluß $\phi_{k0}$ der Schleife, wobei der Spannungsabfall des Referenzleiters $0 - 0'$ zu Null angenommen wird. Der Abstand jedes beliebigen Leiters vom Referenzleiter sei mit $b$ bezeichnet und kann theoretisch gegen unendlich gehen. Für den Spannungsabfall der Schleife ergibt sich:

$$\Delta\underline{U}_k = \underline{I}_k \cdot R_k + j\omega\underline{\phi}_{k0} \tag{7.22}$$

mit

$$\underline{\phi}_{k0} = \frac{\mu_0 l}{2\pi} \cdot \left[\underline{I}_1 \ln\left(\frac{b}{d_{k1}}\right) + \underline{I}_2 \ln\left(\frac{b}{d_{k2}}\right) + \ldots + \underline{I}_k \left(\ln\left(\frac{b}{r_k}\right) + \frac{1}{4}\right)\right]$$

In der obigen Gleichung bezeichnet $r_k$ den Radius des Leiters $k$ und $d_{kn}$ den Abstand der Leiter $k$ und $n$ voneinander.

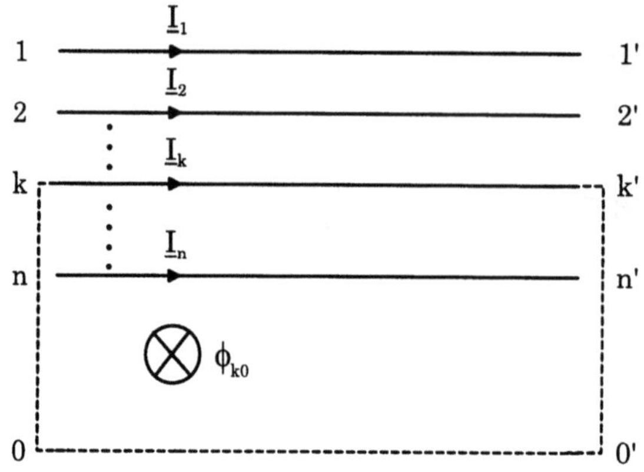


**Abbildung 7.9.** Darstellung eines Mehrleitersystems

Es gilt: $\sum_{i=1}^{n} \underline{I}_i = 0$

Mit der Einführung der sogenannten **Flußquotienten** /DENZ/:

$$a_{ki} = \frac{\mu_0 l}{2\pi} \cdot \ln\left(\frac{b}{d_{ki}}\right) = a_{ik}$$

$$a_{kk} = \frac{\mu_0 l}{2\pi} \cdot \left[\ln\left(\frac{b}{r_k}\right) + \frac{1}{4}\right] = \frac{\mu_0 l}{2\pi} \cdot \ln\left(\frac{b}{d_{kk}}\right)$$

$$\text{mit } d_{kk} = r_k \cdot e^{-\frac{1}{4}} \tag{7.23}$$

Setzt man

$$\underline{\phi}_{k0} = \sum_{i=1}^{n} \underline{I}_i a_{ki}$$

ergibt sich die Gleichung (7.22) zu:

$$\Delta \underline{U}_k = \underline{I}_k \cdot \left(R_k + j\omega \sum_{i=1}^{n} \frac{\underline{I}_i}{\underline{I}_k} \cdot a_{ki}\right) \tag{7.24}$$

Für die Induktivitäten läßt sich nun folgender Zusammenhang ablesen:

$$\underline{L}_k = \sum_{i=1}^{n} \frac{\underline{I}_i}{\underline{I}_k} \cdot a_{ki} \tag{7.25}$$

Die Induktivitäten sind komplex und von dem Verhältnis der komplexen Ströme abhängig. Hieraus ergibt sich das in Abbildung 7.10 dargestellte Ersatzschaltbild.

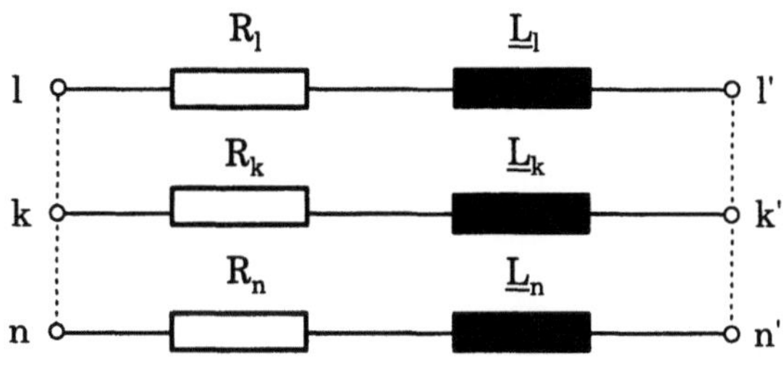


**Abbildung 7.10.** Ersatzschaltbild eines Mehrleitersystems

Die häufigsten Mehrleitersysteme in Elektroenergiesystemen sind Dreileitersysteme mit und ohne Erdseil oder im Fehlerfall Dreileitersysteme mit Erdleiter und Erde, also Fünfleitersysteme. Darüber hinaus gibt es noch Doppelleitersysteme und Bündelleiter. Bei der Bestimmung der Induktivitäten hält man sich zumeist an die eben beschriebene Vorgehensweise unter Berücksichtigung der gegebenen geometrischen Daten. Vereinfachend hierbei ist, daß in der Regel die Leiter der Phasen identisch und in einem bestimmten Zyklus verdrillt sind.

### 7.3.4 Induktivität eines Dreileitersystems

Dreileitersysteme können aus drei Leitern oder aus einer Doppelleitung mit und ohne Erdseil bestehen. Zunächst wird ein Dreileitersystem mit beliebig angeordneten Leitern betrachtet, Abbildung 7.11.

Zur Bestimmung der Induktivitäten werden die Spannungsabfälle in den offenen Schleifen $1 - 1' - 2' - 2$ und $2 - 2' - 3' - 3$ herangezogen. Alle Berechnungen gelten für den eingeschwungenen Zustand des Systemes. Man bedient sich auch hier der Flußquotienten zur Berechnung der Summe der Teilflüsse der stromführenden Leiter in jeder Schleife.

$$\begin{aligned} \Delta \underline{U}_{1-1'-2'-2} = R_1 \underline{I}_1 - R_2 \underline{I}_2 + j\omega[(a_{11} - a_{21}) \cdot \underline{I}_1 \\ + (a_{13} - a_{22}) \cdot \underline{I}_2 + (a_{13} - a_{23}) \cdot \underline{I}_3] \end{aligned} \tag{7.26}$$

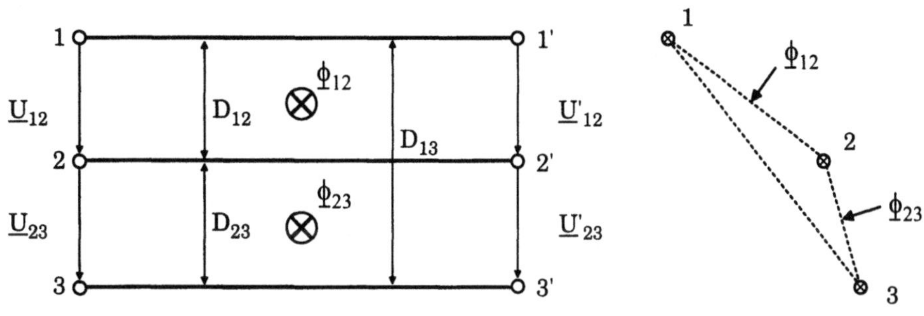


**Abbildung 7.11.** Dreileitersystem

$$\Delta \underline{U}_{2-2'-3'-3} = R_2 \underline{I}_2 - R_3 \underline{I}_3 + j\omega[(a_{21} - a_{31}) \cdot \underline{I}_1 + (a_{22} - a_{32}) \cdot \underline{I}_2 + (a_{23} - a_{33}) \cdot \underline{I}_3] \tag{7.27}$$

Mit der Beziehung

$$\underline{I}_1 + \underline{I}_2 + \underline{I}_3 = 0 \tag{7.28}$$

ergibt sich für die Induktivitäten $L_1, L_2$ und $L_3$:

$$L_1 = \frac{\mu_0 l}{2\pi} \cdot \ln\left(\frac{d_{12}d_{31}}{d_{11}d_{23}}\right) = \frac{\mu_0 l}{2\pi} \cdot \left[\ln\left(\frac{d_{12}d_{31}}{r_1 d_{23}}\right) + \frac{1}{4}\right] \tag{7.29}$$

$$L_2 = \frac{\mu_0 l}{2\pi} \cdot \ln\left(\frac{d_{23}d_{21}}{d_{22}d_{31}}\right) = \frac{\mu_0 l}{2\pi} \cdot \left[\ln\left(\frac{d_{23}d_{21}}{r_2 d_{31}}\right) + \frac{1}{4}\right] \tag{7.30}$$

$$L_3 = \frac{\mu_0 l}{2\pi} \cdot \ln\left(\frac{d_{31}d_{23}}{d_{33}d_{12}}\right) = \frac{\mu_0 l}{2\pi} \cdot \left[\ln\left(\frac{d_{31}d_{23}}{r_3 d_{12}}\right) + \frac{1}{4}\right] \tag{7.31}$$

mit: $d_{11} = r_1 \cdot e^{-\frac{1}{4}}$ $d_{22} = r_2 \cdot e^{-\frac{1}{4}}$ $d_{33} = r_3 \cdot e^{-\frac{1}{4}}$

Bei identischen Leitern, was normalerweise der Fall ist, gilt für die Radien $r_1 = r_2 = r_3 = r$. Sind die drei Leiter darüber hinaus noch symmetrisch angeordnet (auf den Ecken eines gleichseitigen Dreiecks), gilt: $d_{12} = d_{23} = d_{31} = d$. Mit $R_1 = R_2 = R_3 = R_b$ für die Widerstände der Leiter sind die Induktivitäten ebenfalls identisch und werden als **Betriebsinduktivität** eines symmetrischen Dreileitersystems bezeichnet.

$$L_b = L_1 = L_2 = L_3 = \frac{\mu_0 l}{2\pi} \cdot \left[\ln\left(\frac{d}{r}\right) + \frac{1}{4}\right] \tag{7.32}$$

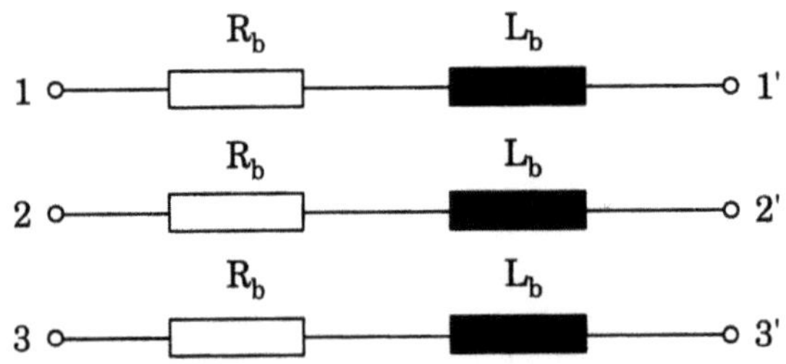


**Abbildung 7.12.** Ersatzschaltbild eines symmetrischen Dreileitersystems mit identischen Leitern

## Verdrillung einer Dreileiteranordnung

Dreileiteranordnungen, in der Praxis meist Drehstromleitungen, sind jedoch selten symmetrisch, sondern wegen der Mastgeometrie häufig unsymmetrisch angeordnet. Daher sind selbst Drehstromeinfachleitungen bezüglich der Induktivität oftmals unsymmetrisch. Ähnliches gilt auch für die Kapazität einer Leitung, die ebenfalls aus diesen Gründen unsymmetrisch wird. Um jedoch in jedem Strang die gleiche Induktivität und auch Kapazität zu erhalten, werden die Leiter verdrillt. Die Verdrillung sollte mindestens einmal zwischen zwei Schaltanlagen durchgeführt werden. Eine vollständige Verdrillung ist nach einer *Zykluslänge* komplett, Abbildung 7.13. Für den Fall, daß drei Leiter vorhanden sind, bedeutet dies, daß z.B. der Leiter $R$ im ersten Drittel der Zykluslänge oben, im zweiten in der Mitte und im letzten unten im Schema der Verdrillung angeordnet ist.

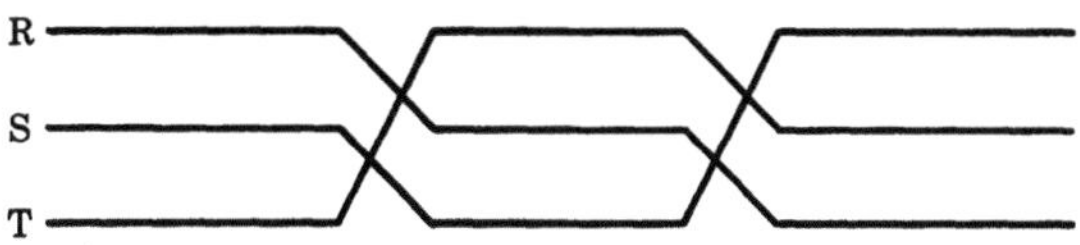


**Abbildung 7.13.** Schema der Verdrillung einer Dreileiteranordnung

Somit ergibt sich für die Betriebsinduktivität der drei Leitungen:

$$L_b = \frac{1}{3}(L_1 + L_2 + L_3) \tag{7.33}$$

Setzt man die Beziehungen für $L_1, L_2$ und $L_3$ aus den Gleichungen (7.29) bis (7.31) ein, so erhält man für die Betriebsinduktivität des verdrillten Dreileitersystems:

$$L_b = \frac{\mu_0 l}{2\pi} \cdot \left( \ln \sqrt[3]{\frac{d_{12}d_{23}d_{31}}{r_1 r_2 r_3}} + \frac{1}{4} \right) \tag{7.34}$$

Wenn man für $\sqrt[3]{d_{12}d_{23}d_{31}} = d$ und für $\sqrt[3]{r_1 r_2 r_3} = r$ setzt, erhält man für $L_b$ die gleiche Beziehung wie für ein Dreileitersystem mit identischen Leitern und symmetrischer Anordnung.

$$L_b = \frac{\mu_0 l}{2\pi} \cdot \left[ \ln \left( \frac{d}{r} \right) + \frac{1}{4} \right]$$

Besteht ein Dreileitersystem aus **Bündelleitern**, so können die Bündelleiter ersatzweise auf Einfachleiter zurückgeführt werden. Man führt dazu einen Ersatzradius $r_0$ für den Bündelleiter ein. Dieser Radius berechnet sich aus:

$$r_0 = \sqrt[n]{\prod_{k=1, k \neq \nu}^{k=n} d_{\nu k} r} \tag{7.35}$$

für zwei Bündel:

$$r_0 = \sqrt[2]{d_{21} r} = \sqrt[2]{r d_{12}} = \sqrt[2]{2rR}$$

für drei Bündel:

$$r_0 = \sqrt[3]{d_{21}d_{31}r} = \sqrt[3]{\frac{2R\sqrt{3}}{2} \cdot \frac{2R\sqrt{3}}{2} r} = \sqrt[3]{3rR^2}$$

für vier Bündel:

$$r_0 = \sqrt[4]{d_{21}d_{31}d_{41}r} = \sqrt[4]{\frac{2R\sqrt{2}}{2} \cdot 2R \cdot \frac{2R\sqrt{2}}{2} r} = \sqrt[4]{4rR^3}$$

In den obigen Gleichungen sind:

- $r$ Radius der Teilleiter
- $R$ Radius des Umkreises des zum jeweiligen Bündel gehörenden Vielecks
- $r_0$ Ersatzradius

Die anschließenden Berechnungen können wie gehabt durchgeführt werden. Es bleibt zu erwähnen, daß für die Berechnung der inneren Induktivität die Anzahl $n$ der Teilleiter ebenso in Betracht gezogen werden muß wie für den ohmschen Widerstand. Dies gilt insbesondere für die Betriebsinduktivität, Gleichung (7.36).

$$L_b = \frac{\mu_0 l}{2\pi} \cdot \left[\ln\left(\frac{d}{r_0}\right) + \frac{1}{4n}\right] \tag{7.36}$$

Bündelleiter sind von Vorteil, wenn bei hohen Spannungen die Koronaverluste gering gehalten werden sollen. Die dazu nötige Vergrößerung des Querschnitts, um die effektive elektrische Feldstärke zu verkleinern, wird durch Bündelleiter erreicht. Dies ist vorteilhafter als ein Leiterseil mit erhöhtem Querschnitt zu verwenden, da damit eine entsprechende Gewichtserhöhung in Kauf genommen werden müßte.

### 7.3.5 Induktivität eines Vierleitersystems

Ein Vierleitersystem ist ein Dreileitersystem, das um einen Sternpunktleiter (auch Mittelpunktleiter oder kurz Mp-Leiter genannt), ein Erdseil oder Erde erweitert worden ist. Dabei führt auch der vierte Leiter Strom. Er wird mit dem Index $E$ bezeichnet. Die Spannungsabfälle in den gebildeten Schleifen zwischen den einzelnen Leitern und dem vierten Leiter werden analog zum Dreileitersystem bestimmt. Der anschließende Berechnungsvorgang der Induktivitäten ist prinzipiell derselbe, es werden drei Gleichungen für die entstehenden drei Schleifen aufgestellt.

Für die Ströme muß auch in der Vierleiteranordnung gelten:

$$\underline{I}_1 + \underline{I}_2 + \underline{I}_3 + \underline{I}_E = 0 \tag{7.37}$$

Aus diesen Beziehungen erhält man nicht nur die Eigeninduktivitäten der Leitungen, sondern auch noch zusätzlich die Gegeninduktivitäten zwischen den einzelnen Leitungen, da auch der vierte hinzugekommene Leiter stromführend ist. Die Induktivitäten und Gegeninduktivitäten lassen sich mit den folgenden Gleichungen berechnen:

$$L_1 = \frac{\mu_0 l}{2\pi} \cdot \ln\left(\frac{d_{E1}^2}{d_{11} d_{EE}}\right) = \frac{\mu_0 l}{2\pi} \cdot \left[\ln\left(\frac{d_{E1}^2}{r_1 r_E}\right) + \frac{1}{2}\right] \tag{7.38}$$

$$L_2 = \frac{\mu_0 l}{2\pi} \cdot \ln\left(\frac{d_{E2}^2}{d_{22} d_{EE}}\right) = \frac{\mu_0 l}{2\pi} \cdot \left[\ln\left(\frac{d_{E2}^2}{r_2 r_E}\right) + \frac{1}{2}\right] \tag{7.39}$$

$$L_3 = \frac{\mu_0 l}{2\pi} \cdot \ln\left(\frac{d_{E3}^2}{d_{33} d_{EE}}\right) = \frac{\mu_0 l}{2\pi} \cdot \left[\ln\left(\frac{d_{E3}^2}{r_3 r_E}\right) + \frac{1}{2}\right] \tag{7.40}$$

$$M_{12} = \frac{\mu_0 l}{2\pi} \cdot \ln\left(\frac{d_{E1} d_{E2}}{d_{21} d_{EE}}\right) = \frac{\mu_0 l}{2\pi} \cdot \left[\ln\left(\frac{d_{E1} d_{E2}}{d_{21} r_E}\right) + \frac{1}{4}\right] \tag{7.41}$$

$$M_{13} = \frac{\mu_0 l}{2\pi} \cdot \ln\left(\frac{d_{E1} d_{E3}}{d_{31} d_{EE}}\right) = \frac{\mu_0 l}{2\pi} \cdot \left[\ln\left(\frac{d_{E1} d_{E3}}{d_{31} r_E}\right) + \frac{1}{4}\right] \tag{7.42}$$

$$M_{23} = \frac{\mu_0 l}{2\pi} \cdot \ln\left(\frac{d_{E2} d_{E3}}{d_{23} d_{EE}}\right) = \frac{\mu_0 l}{2\pi} \cdot \left[\ln\left(\frac{d_{E2} d_{E3}}{d_{23} r_E}\right) + \frac{1}{4}\right] \tag{7.43}$$

Der vierte Leiter wird bei der Modellierung durch seinen ohmschen Widerstand berücksichtigt. Das Ersatzschaltbild eines Vierleitersystems ist in Abbildung 7.14 dargestellt. Es handelt sich um ein sogenanntes *gekoppeltes System*. Zur Entkoppelung der Anordnung verdrillt man in der Regel die Leiter untereinander.

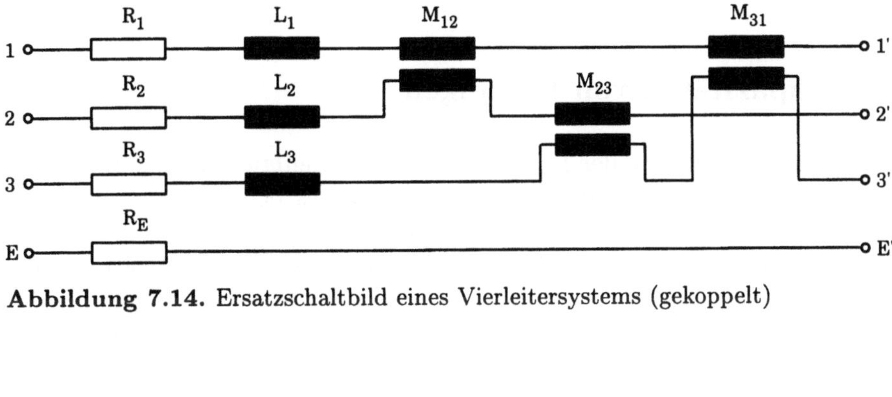


**Abbildung 7.14.** Ersatzschaltbild eines Vierleitersystems (gekoppelt)

**Verdrillung einer Vierleiteranordnung**

Bei der Verdrillung einer Vierleiteranordnung geht man genauso vor wie bei einer Dreileiteranordnung. Für das Ersatzschaltbild der Anordnung bedeutet dies jedoch, daß noch eine weitere Induktivität bestimmt werden muß, da das Erdseil einer Vierleiteranordnung stromführend ist. Diese ergibt sich aus der Mittelwertbildung der Summe der Gegeninduktivitäten:

$$L_E = \frac{1}{3}(M_{12} + M_{23} + M_{31}) \tag{7.44}$$

Im Ersatzschaltbild der nicht verdrillten Vierleiteranordnung wird diese Induktivität anstelle der drei Gegeninduktivitäten in das Erdseil eingefügt. Das sich ergebende Ersatzschaltbild für eine verdrillte Vierleiteranordnung ist der Abbildung 7.15 zu entnehmen.

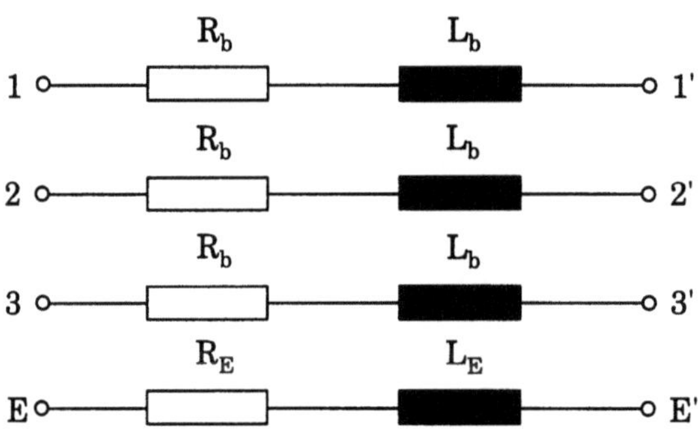


**Abbildung 7.15.** Ersatzschaltbild einer Vierleiteranordnung (entkoppelt)

Die Werte für die Widerstände $R_b$ und $R_E$ werden mit der Gleichung (7.1) unter Berücksichtigung des jeweiligen Materials, der Länge und des Querschnitts berechnet und die Induktivität $L_b$ mit Gleichung (7.34). Für die Bestimmung von $L_E$ verwendet man Gleichung (7.44) und die Beziehungen für $M_{12}, M_{23}, M_{31}$ aus den Gleichungen (7.41) bis (7.43).

## 7.4 Kapazitäten von Leitungen

Ist bei der Berechnung der Induktivitäten einer Leiteranordnung die Kenntnis des magnetischen Feldes maßgeblich, so ist es bei der Berechnung der Kapazitäten die Kenntnis des elektrischen Feldes.

Zur Vereinfachung der Berechnung werden auch hier folgende Voraussetzungen vereinbart: Die Leiter seien gerade, langgestreckt und verlaufen parallel. Alle Leiter besitzen einen rotationssymmetrischen Querschnitt. Die Abstände zwischen den einzelnen Leitern sind klein gegen die Leitungslänge, so daß das elektrische Feld eben ist. Die Leiterdurchmesser können in den meisten Fällen gegenüber den Leiterabständen vernachlässigt werden.

### 7.4.1 Kapazität eines Leiters

Zur Berechnung der Kapazität eines Leiters betrachtet man sein elektrisches Feld. Seine Feldlinien verlaufen radial nach außen, siehe Abbildung 7.16.

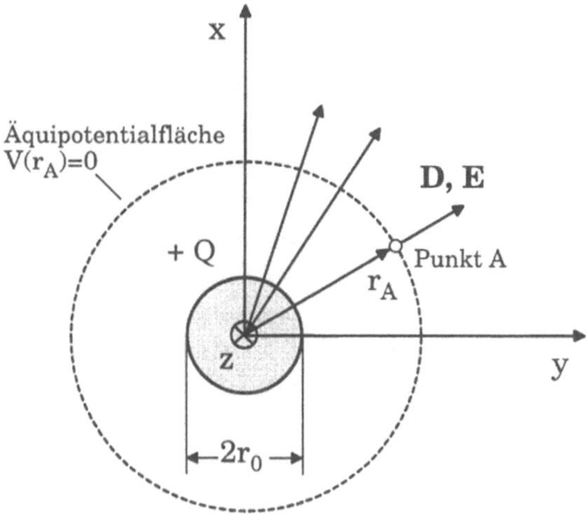


**Abbildung 7.16.** Feldlinien eines geladenen, langen, kreiszylindrischen Leiters

Für einen Leiter mit dem Radius $r_0$, der Länge $l$ und der Ladung $Q$ läßt sich für den Maximalwert der elektrischen Verschiebungsdichte auf der Oberfläche des Leiters folgendes angeben:

$$D = \frac{Q}{2\pi r_0 l} \tag{7.45}$$

und im Abstand $r$ von der Leitermitte:

$$D(r) = \frac{Q}{2\pi r l} \tag{7.46}$$

Man erkennt, daß die elektrische Verschiebungsdichte mit einer Hyperbelfunktion abnimmt. Für die elektrische Feldstärke $E$, die der Verschiebungsdichte proportional ist, erhält man:

$$D = \varepsilon_0 \varepsilon_r E \tag{7.47}$$

$$E = \frac{D}{\varepsilon_0 \varepsilon_r} = \frac{Q}{2\pi \varepsilon_0 \varepsilon_r r l} \tag{7.48}$$

mit: $\varepsilon_0$ Dielektrizitätskonstante
$\varepsilon_r$ relative Dielektrizitätskonstante (für Luft $\varepsilon_r = 1$)
$2\pi r l$ Zylinderfläche im Abstand $r$ von der Leiterachse
$\widehat{=}$ einer Äquipotentialfläche des Leiters

Wählt man nun im Abstand $r_A$ von der Leiterachse einen Bezugspunkt $A$ und setzt dessen Potential zu null ($V(A) = V(r_A) = 0$), so wird das Potential eines beliebigen Punktes $P$ im Abstand $r$ von der Leiterachse:

$$V(r) = -\int_A^P E dr = -\frac{Q}{2\pi\varepsilon_0\varepsilon_r l}\int_{r_A}^{r}\frac{dr}{r} = \frac{Q}{2\pi\varepsilon_0\varepsilon_r l}\cdot\ln\left(\frac{r_A}{r}\right) \tag{7.49}$$

Zur Berechnung der Kapazität wird jedoch eine Potentialdifferenz benötigt, dazu betrachtet man das Feld des geladenen Leiters über der Erde. Ein elektrostatisches/quasistatisches Feld weist an einer Grenzfläche Isolator/Leiter keine Tangentialkomponente auf, die Feldlinien stehen senkrecht zur Leiteroberfläche. Da die Erde ein elektrischer Leiter ist, gilt dies auch für sie.

Für die weiteren Berechnungen wendet man die sogenannte **Spiegelungsmethode** an. Man ersetzt dabei den Einfluß der Erdoberfläche auf das elektrische Feld durch eine Spiegelladung. Diese ist entgegengesetzt zur Originalladung zu wählen, also $-Q$; die Bedingung $E_{tan} = 0$ ist damit erfüllt. Die Erdoberfläche ist dabei die Symmetrieebene, Abbildung 7.17.

Damit ergibt sich das Potential eines beliebigen Punktes $P$ im Raum aus der Überlagerung der von den Ladungen $+Q$ und $-Q$ herrührenden Potentiale. Legt man den Bezugspunkt $A$, wiederum mit dem Potential $V(A) = 0$, in die Symmetrieebene, sprich auf die Erdoberfläche, so läßt sich das Potential des Punktes $P$ zu

$$V(P) = \frac{Q}{2\pi\varepsilon_0\varepsilon_r l}\cdot\ln\left(\frac{r_{P1'}}{r_{P1}}\right) \tag{7.50}$$

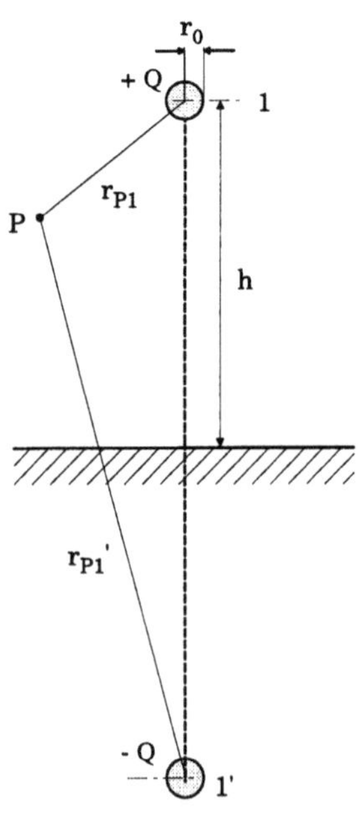


**Abbildung 7.17.** Spiegelungsmethode angewendet auf eine Linienladung und Berechnung des Potentials im Punkt $P$

berechnen und somit auch das Potential des Leiters über der Erde:

$$V_1 = \frac{Q}{2\pi\varepsilon_0\varepsilon_r l} \cdot \ln\left(\frac{2h}{r_0}\right) \tag{7.51}$$

Darin ist $r_0$ der Radius und $h$ die Höhe des Leiters über der Erde. Die Kapazität des Leiters gegen Erde läßt sich nun recht einfach über die Potentialdifferenz bestimmen:

$$C_E = \frac{Q}{V_1 - V_A} = \frac{Q}{V_1} = \frac{2\pi\varepsilon_0\varepsilon_r l}{\ln\left(\frac{2h}{r_0}\right)} \tag{7.52}$$

**Einfluß des Durchhangs**

In Gleichung (7.52) ist die Höhe der Leitung über der Erde mit $h$ angegeben. In der Realität ist dieser Wert bei Freileitungen nicht konstant, Abbildung 7.18. Bei den üblichen Längen einer Freileitung im Zusammenhang mit der Vorspannkraft führt das Eigengewicht der Leiterseile zu einem merklichen Durchhang. Um dies näherungsweise zu berücksichtigen, wird mit einer mittleren Höhe $h$ gerechnet, die sich aus der Höhe $h_M$ der Leiter am Mast und dem Durchhang $f$ berechnet:

$$h = h_M - 0,7f \tag{7.53}$$

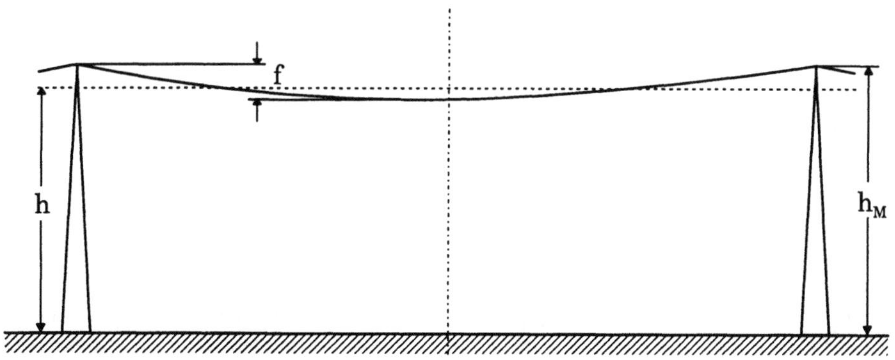


**Abbildung 7.18.** Mittlere Höhe $h$ einer Freileitung (Erdseil)

Die Erdkapazitäten von Leitungen werden durch den Einfluß der Masten in den Freileitungen und der Gerüste in den Umspannstationen vergrößert. Für die Spannungsebenen 110 kV, 220 kV und 380 kV kann man mit einem Zuschlag von 9 %, 7 % bzw. 6 % rechnen /HAPO/.

**Potential eines Mehrleitersystems**

Für ein Mehrleitersystem, wie es in Abbildung 7.19 gegeben ist, gilt: Das

Potential $V(P)$ an einem beliebigen Punkt $P$ ist die Summe aller Teilpotentiale. Dabei addiert man die Potentiale aller Ladungspaare (Ladung des Leiters und seine Spiegelladung) auf.

$$V(P) = \sum_{k=1}^{k=n} \frac{Q_k}{2\pi\varepsilon_0\varepsilon_r l} \cdot \ln\left(\frac{r_{Pk'}}{r_{Pk}}\right) \tag{7.54}$$

Durch die Verschiebung des Punktes $P$ auf die Oberfläche einzelner Leiter läßt sich das Potential für jeden einzelnen Leiter bestimmen, z.B. für den i-ten Leiter:

$$V_i = \sum_{k=1}^{k=n} \frac{Q_k}{2\pi\varepsilon_0\varepsilon_r l} \cdot \ln\left(\frac{r_{ik'}}{r_{ik}}\right) \tag{7.55}$$

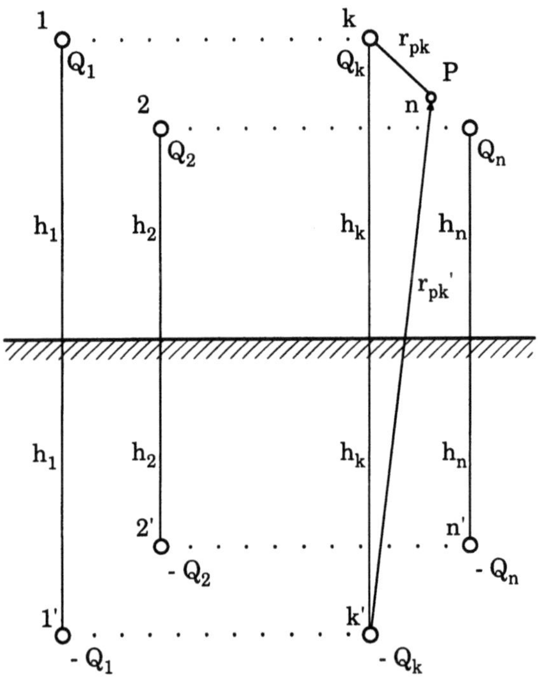


**Abbildung 7.19.** Spiegelungsmethode angewendet auf ein Mehrleitersystem

Aufgrund der für dieses Kapitel getroffenen Voraussetzungen, daß die Leiterdurchmesser klein gegen die Leiterabstände sein sollen, wird zur besseren Übersicht im folgenden geschrieben:

| | |
|---|---|
| $d_{ik} = r_{ik}$ | Abstand der Leiter $i$ und $k$ |
| $d'_{ik} = r'_{ik}$ | Abstand des Leiters $i$ vom Spiegelbild des Leiters $k$ |
| $r_{ii}$ | $r_{ii} = r_i \cdot e^{-\frac{1}{4}}$ mit $r_i$ = Radius des Leiters $i$ |
| $d'_{ii} = r'_{ii}$ | $d'_{ii} = 2 \cdot h_i$ Abstand des Leiters $i$ von seinem Spiegelbild |

Man führt zur Vereinfachung sogenannte **Potentialkoeffizienten** ein. /DENZ/

$$a_{ik} = a_{ki} = \frac{1}{2\pi\varepsilon_0\varepsilon_r l} \cdot \ln\left(\frac{d_{ik'}}{d_{ik}}\right)$$

$$a_{ii} = \frac{1}{2\pi\varepsilon_0\varepsilon_r l} \cdot \ln\left(\frac{2h_i}{r_{ii}}\right)$$

Damit ergibt sich das Potential des $i$-ten Leiters zu:

$$V_i = \sum_{k=1}^{k=n} a_{ik} Q_k \tag{7.56}$$

Die Berechnung der Kapazität dieses und jeden beliebigen Leiters gegen Erde erfolgt analog zur Gleichung (7.52).

**Potential eines Bündelleiters**

Für einen einzigen Leiter $i$ über Erde kann der Zusammenhang zwischen Potential und Ladung mit Gleichung (7.56) berechnet werden.

$$V_i = a_{ii} Q_i$$

Für ein Bündel $i$ mit $n$ gleichwertigen Teilleitern gilt dann entsprechend:

$$V(i) = \frac{Q_i}{n} \cdot \sum_{k=1}^{k=n} a_{ik}$$

Das Potential des Bündels ist gleich dem Potential eines beliebigen Teilleiters dieses Bündels. Für das Bündel nimmt man einen äquivalenten Leiter an mit folgendem Ersatzradius:

$$r_B = \sqrt[n]{\prod_{k=1, k \neq i}^{k=n} d_{ik} r}$$

Damit erhält man die Potentialkoeffizienten zu:

$$a_{ik} = \frac{1}{2\pi\varepsilon_0\varepsilon_r l} \cdot \ln\left(\frac{d_{ik'}}{d_{ik}}\right)$$

$$a_{ii} = \frac{1}{2\pi\varepsilon_0\varepsilon_r l} \cdot \ln\left(\frac{2h_i}{r_B}\right)$$

Für weitere Berechnungen wird wie zuvor verfahren.

### 7.4.2 Kapazitäten einer Drehstromfreileitung ohne Erdseil

Wie bereits zuvor beschrieben, sind die Leiter von Hochspannungsfreileitungen meistens symmetrisch angeordnet oder werden durch Verdrillung symmetriert. Daher gibt es bei einer symmetrischen Drehstromfreileitung nur zwei Arten von Teilkapazitäten: Die Kapazität Leiter gegen Leiter $C_L$ und die Kapazität Leiter gegen Erde $C_E$.

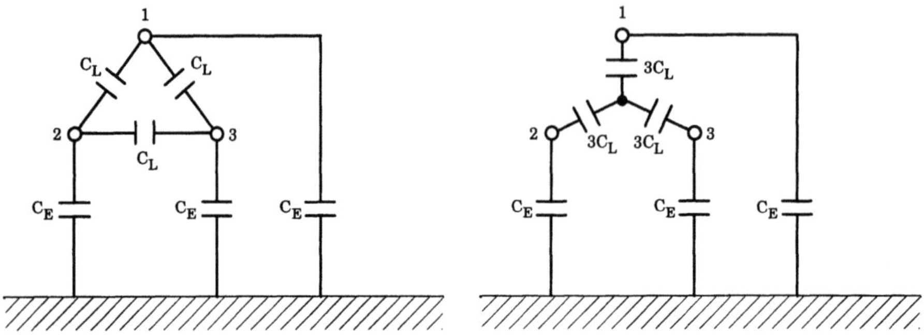


**Abbildung 7.20.** Dreieck-Stern-Umwandlung der Kapazitäten einer Drehstromfreileitung

Da die Kapazitäten $C_L$ und $C_E$ der drei Leiter jeweils untereinander gleich sind, bietet sich eine Dreieck-Stern-Umwandlung der Teilkapazitäten $C_L$ an, Abbildung 7.20. Der Sternpunkt $M$ hat bei symmetrischer Belastung das Potential Null, damit ergibt sich die folgende Abbildung 7.21.

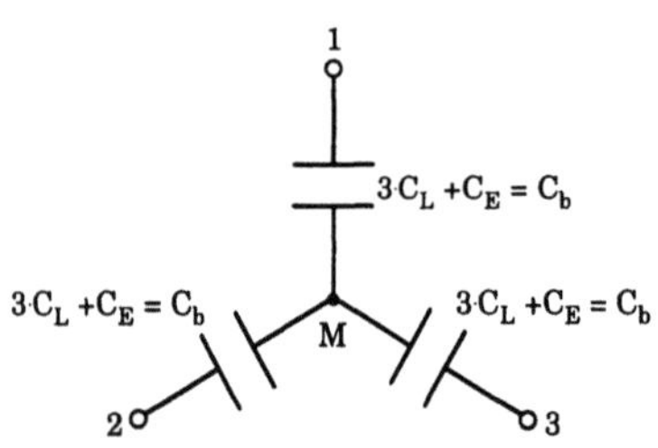


**Abbildung 7.21.** Betrachtung der Kapazitäten mit Sternpunkt $M$ bei symmetrischer Belastung

Für die Betriebskapazität der Drehstromfreileitung gilt:

$$C_b = 3C_L + C_E \tag{7.57}$$

Sie gibt den Zusammenhang zwischen den angelegten Spannungen und den Ladungen der Leiter an. Um die Symmetriebedingung zu erfüllen, müssen die Leiter im gleichseitigen Dreieck und hoch über dem Erdboden angeordnet sein. Für den Abstand der Leiter von der Erde gilt dann: $h_1 \approx h_2 \approx h_3 =$

$\sqrt[3]{h_1 h_2 h_3} = h$. Der Abstand $d$ der Leiter untereinander muß sehr klein gegen die zweifache mittlere Höhe $(2h)$ der Leiter von der Erdoberfläche sein.

Mit Gleichung (7.55) läßt sich das Potential für die drei Phasen berechnen:

$$V_1 = \frac{Q_1}{2\pi\varepsilon_0\varepsilon_r l} \cdot \left[\ln\left(\frac{d_{11'}}{r_{11}}\right) + \ln\left(\frac{d_{12'}}{d_{12}}\right) + \ln\left(\frac{d_{13'}}{d_{13}}\right)\right] \tag{7.58}$$

$$V_2 = \frac{Q_2}{2\pi\varepsilon_0\varepsilon_r l} \cdot \left[\ln\left(\frac{d_{21'}}{d_{21}}\right) + \ln\left(\frac{d_{22'}}{r_{22}}\right) + \ln\left(\frac{d_{23'}}{d_{23}}\right)\right] \tag{7.59}$$

$$V_3 = \frac{Q_3}{2\pi\varepsilon_0\varepsilon_r l} \cdot \left[\ln\left(\frac{d_{31'}}{d_{31}}\right) + \ln\left(\frac{d_{32'}}{d_{32}}\right) + \ln\left(\frac{d_{33'}}{r_{33}}\right)\right] \tag{7.60}$$

Verbindet man nun die drei Leiter miteinander und bringt sie so auf gleiches Potential, so laden sie sich hierbei wegen der Symmetrie der Leiter mit der gleichen Ladung $Q$ auf. Es gilt: $V_1 = V_2 = V_3 = V_E$ und $Q_1 = Q_2 = Q_3 = Q$. Darüber hinaus müssen folgende Symmetriebedingungen gelten:

$$\begin{aligned}
&d_{12} = d_{23} = d_{31} = \sqrt[3]{d_{12}d_{23}d_{31}} = d \\
&r_{11} = r_{22} = r_{33} = r_0 \\
&d_{11'} = d_{22'} = d_{33'} = d_{12'} = d_{23'} = d_{31'} = \ldots = 2h
\end{aligned}$$

Mit diesen Bedingungen und aus der Summation der Gleichungen (7.58) bis (7.60) erhält man das Potential der Leiter gegen Erde.

$$3 \cdot V_E = \frac{Q}{2\pi\varepsilon_0\varepsilon_r l} \cdot \left[3\ln\left(\frac{2h}{d}\right) + 3\ln\left(\frac{2h}{d}\right) + 3\ln\left(\frac{2h}{r_0}\right)\right]$$

$$V_E = \frac{Q}{2\pi\varepsilon_0\varepsilon_r l} \cdot \left[2\ln\left(\frac{2h}{d}\right) + \ln\left(\frac{2h}{r_0}\right)\right] \tag{7.61}$$

Damit läßt sich nun die Erdkapazität bestimmen, die man zum Beispiel bei der Untersuchung von Erdschlußproblemen benötigt.

$$C_E = \frac{Q}{V_E} = \frac{2\pi\varepsilon_0\varepsilon_r l}{\ln\left(\frac{2h}{d}\right)^2 + \ln\left(\frac{2h}{r_0}\right)} = \frac{2\pi\varepsilon_0\varepsilon_r l}{3\ln\left(\frac{2h}{\sqrt[3]{r_0 d^2}}\right)} \tag{7.62}$$

Da man die Teilkapazität $C_L$ nicht so einfach berechnen kann, geht man zur Bestimmung der Betriebskapazität $C_b$ den Umweg über die **Schleifenkapazität** $C_S$ von zwei Leitern. Betrachtet werden beispielsweise die Leiter 1 und 2. Beide Leiter sind symmetrisch zueinander, da der Einfluß des dritten Leiters auf beide gleich ist. Am Punkt $M$ sind daher die beiden Betriebskapazitäten der Leiter in Serie, siehe Abbildung 7.22. Es gilt:

$$C_S = \frac{C_b}{2} = \frac{Q}{U_{12}} \tag{7.63}$$

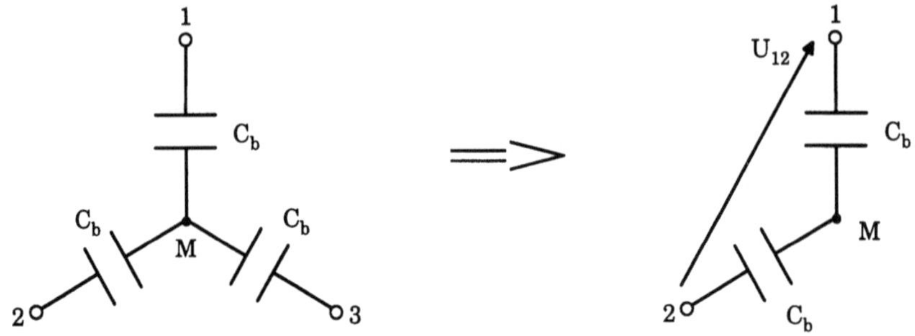


**Abbildung 7.22.** Berechnung der Schleifenkapazität der Leiter 1 und 2

Aus den Gleichungen (7.58) und (7.59) erhält man die Potentiale der Leiter:

$$V_1 = \frac{Q}{2\pi\varepsilon_0\varepsilon_r l} \cdot \left[\ln\left(\frac{d_{11'}}{r_{11}}\right) - \ln\left(\frac{d_{12'}}{d_{12}}\right)\right]$$

$$V_2 = \frac{Q}{2\pi\varepsilon_0\varepsilon_r l} \cdot \left[\ln\left(\frac{d_{21'}}{d_{21}}\right) - \ln\left(\frac{d_{22'}}{r_{22}}\right)\right]$$

Über die Potentialdifferenz läßt sich die Spannung $U_{12}$ bestimmen.

$$U_{12} = V_1 - V_2 = \frac{Q}{2\pi\varepsilon_0\varepsilon_r l} \cdot \ln\left(\frac{d_{11'}d_{12}}{r_{11}d_{12'}} \cdot \frac{d_{21}d_{22'}}{d_{21'}r_{22}}\right)$$

es gilt: $d_{12} = d_{21} = d$

$r_{11} = r_{22} = r_0$

$d_{11'} = d_{22'} = d_{12'} = d_{21'} = 2h$

Die Schleifenkapazität $C_S$ ergibt sich mit diesen Vereinfachungen zu:

$$C_S = \frac{Q}{U_{12}} = \frac{2\pi\varepsilon_0\varepsilon_r l}{\ln\left(\dfrac{d^2}{r_0^2}\right)} = \frac{\pi\varepsilon_0\varepsilon_r l}{\ln\left(\dfrac{d}{r_0}\right)} \tag{7.64}$$

Damit erhält man für die Betriebskapazität $C_b$:

$$C_b = 2 \cdot C_S = \frac{2\pi\varepsilon_0\varepsilon_r l}{\ln\left(\dfrac{d}{r_0}\right)} \tag{7.65}$$

Die noch fehlende Teilkapazität $C_L$ läßt sich aus der Erdkapazität und der Betriebskapazität durch Umstellen der Gleichung (7.57) berechnen.

### 7.4.3 Kapazitäten einer Drehstromfreileitung mit Erdseil

Auch hier wird, wie in Kapitel 7.4.2, von einer symmetrisch aufgebauten Drehstromfreileitung ausgegangen. Zusätzlich wird jedoch noch ein Erdseil mitgeführt, im folgenden mit $\bar{E}$ bezeichnet. Das Erdseil erweist sich bei der Berechnung der Kapazitäten als problematisch, da es einen Einfluß auf das elektrische Feld der Drehstromleitung hat.

Zur Berechnung der Betriebskapazität kann man sich wieder der Schleifenkapazität bedienen, da die Symmetriebetrachtungen für zwei beliebige Leiter auch in diesem Fall gelten. Die Schleifenkapazität wird nicht durch das Erdseil beeinflußt. Somit läßt sich die Betriebskapazität einer Drehstromfreileitung mit Erdseil ebenfalls mit Gleichung (7.65) berechnen.

Die Berechnung der Erdkapazität erweist sich als wesentlich schwieriger, da hier der Einfluß des Erdseils erheblich ist. Wie zuvor in Kapitel 7.4.2 gelangt man mittels einiger Symmetrieüberlegungen zu Vereinfachungen. Die drei Leiter 1,2,3 werden miteinander verbunden, um sie auf gleiches Potential $V_E$ zu bringen. Dabei laden sie sich wegen der Symmetrie mit der gleichen Ladung $Q$ auf. Es gilt: $V_1 = V_2 = V_3 = V_E$ und $Q_1 = Q_2 = Q_3 = Q$. Hierdurch wird auf dem Erdseil eine Ladung $Q_{\bar{E}}$ influenziert. Für die benötigten Potentialkoeffizienten soll folgendes gelten:

$$a_{11} = a_{22} = a_{33} = a_s$$
$$a_{12} = a_{23} = a_{31} = a_g$$
$$a_{1\bar{E}} = a_{2\bar{E}} = a_{3\bar{E}} = a_{\bar{E}}$$

Die Annahmen der ersten beiden Zeilen sind durch die Symmetrie der Leiter begründet. Die Annahme der letzte Zeile hingegen ist sehr ideal. Sie bedeutet, daß das Erdseil von allen drei Leitern den gleichen Abstand hat und sehr hoch über dem Erdboden verläuft. Da das Erdseil aus Gründen der Abschirmung über den Leitern geführt wird, ist dies im allgemeinen eine sehr grobe Näherung. Gleichung (7.66) bietet eine bessere Möglichkeit der Näherung.

$$a_{\bar{E}} = \frac{1}{3} \cdot (a_{1\bar{E}} + a_{2\bar{E}} + a_{3\bar{E}}) = \frac{1}{2\pi\varepsilon_0\varepsilon_r l} \cdot \ln\left(\frac{d_{\bar{E}'}}{d_{\bar{E}}}\right) \tag{7.66}$$

Darin stehen die Indices $\bar{E}$ für das Erdseil und $\bar{E}'$ für das an der Erdoberfläche gespiegelte Erdseil. Bei den weiteren Betrachtungen wird diese Möglichkeit jedoch zunächst vernachlässigt und erst später wieder aufgegriffen. Mit den obigen Potentialkoeffizienten und Gleichung (7.56) läßt sich das Potential $V_E$ der Leiter gegen Erde und das Potential $V_{\bar{E}}$ des Erdseils gegen Erde berechnen:

$$V_E = (a_s + 2a_g)Q + a_{\bar{E}}Q_{\bar{E}} \tag{7.67}$$

$$V_{\bar{E}} = 0 = 3a_{\bar{E}}Q + a_{\bar{E}\bar{E}}Q_{\bar{E}} \tag{7.68}$$

Gleichung (7.68) wird nach $Q_{\bar{E}}$ umgeformt und in Gleichung (7.67) eingesetzt.

$$V_E = \left( a_s + 2a_g - 3 \cdot \frac{a_{\bar{E}} \cdot a_{\bar{E}}}{a_{\bar{E}\bar{E}}} \right) \cdot Q \tag{7.69}$$

Damit läßt sich nun die Erdkapazität bestimmen:

$$C_E = \frac{Q}{V_E - V_{\bar{E}}} = \frac{Q}{U_E}$$

Diese Erdkapazität ist keine Teilkapazität wie die vorigen, sondern eine Parallelschaltung der Teilkapazitäten der Leiter gegen Erde und der Leiter gegen Erdseil. Berücksichtigt man nun noch die Gleichung (7.66) und führt einige Vereinfachungen ein, so ergibt sich die Erdkapazität schließlich zu:

$$C_E = \frac{2\pi\varepsilon_0\varepsilon_r l}{3 \cdot \left[ \ln\left( \frac{2h}{\sqrt[3]{r_0 d^2}} \right) - \frac{\ln^2\left( \frac{d_{\bar{E}'}}{d_{\bar{E}}} \right)}{\ln\left( \frac{2h_{\bar{E}}}{r_{0\bar{E}}} \right)} \right]} \tag{7.70}$$

hierin sind:

| | |
|---|---|
| $h$ | mittlere Höhe der Leiter 1, 2, 3 |
| $h_{\bar{E}}$ | mittlere Höhe des Erdseils |
| $r_{0\bar{E}}$ | Radius des Erdseils |
| $d_{\bar{E}}$ | $d_{1\bar{E}}$, $d_{2\bar{E}}$, $d_{3\bar{E}}$ sind die Abstände der Leiter 1, 2, 3 vom Erdseil |
| $d_{\bar{E}'}$ | $d_{1\bar{E}'}$, $d_{2\bar{E}'}$, $d_{3\bar{E}'}$ sind die Abstände der Leiter 1, 2, 3 vom gespiegelten Erdseil (Symmetrie-Ebene Erdoberfläche) |

Handelt es sich um eine **verdrillte Drehstromleitung** mit Erdseil, kann man näherungsweise die Gleichung (7.65) für die Betriebskapazität und die Gleichung (7.70) für die Erdkapazität verwenden. Für die Größen $d_{\bar{E}}$ und $d_{\bar{E}'}$ ist dabei jedoch folgendes zu berücksichtigen:

$$d_{\bar{E}} = \sqrt[3]{d_{1\bar{E}} d_{2\bar{E}} d_{3\bar{E}}} \qquad \text{und} \qquad d_{\bar{E}'} = \sqrt[3]{d_{1\bar{E}'} d_{2\bar{E}'} d_{3\bar{E}'}}$$

### 7.4.4 Kapazitäten von Kabeln

Die Kapazität eines Kabels ist je nach Kabelart etwa 30 bis 60 mal größer als die Kapazität einer Freileitung, da die Dielektrizitätskonstante größer als die der Freileitung ($\varepsilon_r = 1$) ist und die Abstände der Phasen geringer sind. Bei einadrigen Kabeln ist die Erdkapazität gleich der Kapazität der Ader gegen Mantel, da der Mantel Erdpotential annimmt /GES/.

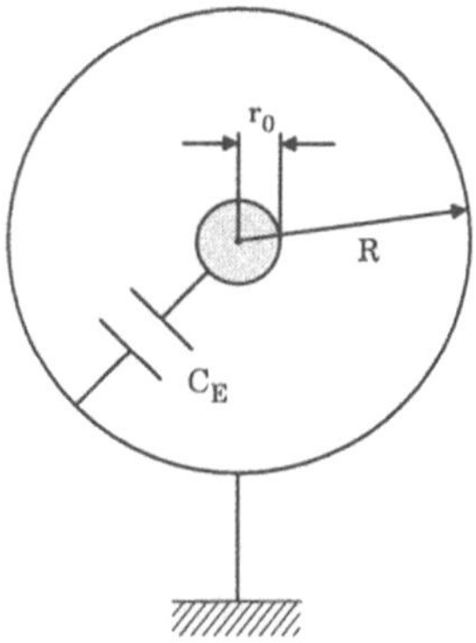


**Abbildung 7.23.** Berechnung der Kapazität eines einadrigen Kabels

Die Kapazität eines einadrigen Kabels berechnet sich wie folgt:

$$C_E = \frac{2\pi\varepsilon_0\varepsilon_r l}{\ln\left(\frac{R}{r_0}\right)} \tag{7.71}$$

Diese Gleichung gilt für Dreileiterkabel, H-Kabel (Höchstädterkabel) und Dreimantelkabel wie sie im Prinzip durch Abbildung 7.23 dargestellt sind.

Gürtelkabel weisen eine analoge kapazitive Verkettung wie Freileitungen auf, für deren Betriebskapazität gilt: $C_b = 3C_L + C_E$. Die Teilkapazität $C_L$ bei Dreimantelkabeln und bei H-Kabeln ist gleich. Die Betriebskapazität berechnet sich daher wie folgt:

$$C_b = C_E = \frac{2\pi\varepsilon_0\varepsilon_r l}{\ln\left(\frac{R}{r_0}\right)} \tag{7.72}$$

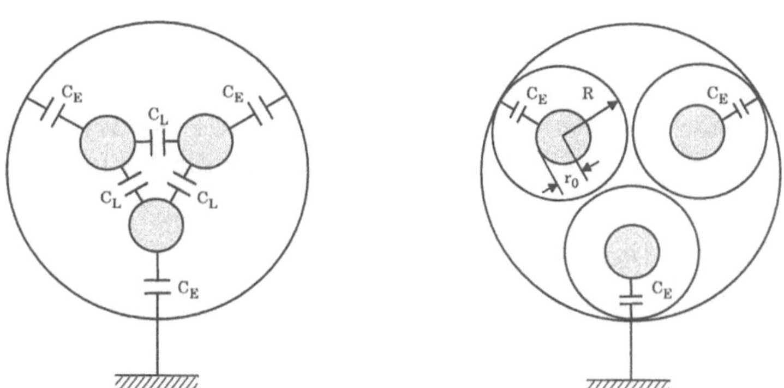


**Abbildung 7.24.** Berechnung der Kapazitäten bei einem Dreileiterkabel (Gürtelleiterkabel) und bei einem Dreimantelkabel bzw. Höchstädterkabel

## 7.5 Beispiel zur Berechnung des Wellenwiderstands bei einem Leiter

Das Ersatzschaltbild für eine Leitung mit einem Leiter ist in Abbildung 7.25 dargestellt. Der Leiter ist gegeben durch den Durchmesser $d$, die Länge $l$ und die Höhe $h$ über dem Erdboden. Der Wellenwiderstand $Z$ und die Laufzeit $\tau$ sollen unter Vernachlässigung der Verluste ($G'$ und $R'$) bestimmt werden.

Zur Berechnung des Wellenwiderstands benötigt man die auf die Länge bezogene Induktivität bzw. Kapazität, sprich den Induktivitätsbelag $L'$ bzw. den Kapazitätsbelag $C'$ der Leitung. Für die Berechnung von $C'$ wird angenommen, daß der Abstand des Leiters von seinem Spiegelbild $2h$ beträgt.

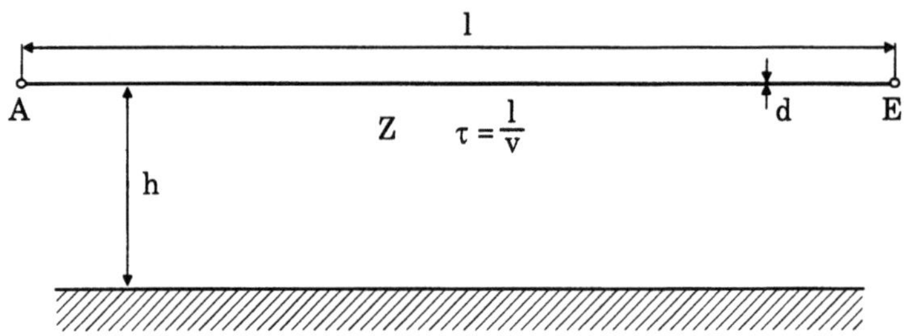


**Abbildung 7.25.** Ersatzschaltbild eines Leiters dargestellt durch Wellenwiderstand $Z$ und Laufzeit $\tau$ (Verluste vernachlässigt)

Für den Kapazitätsbelag ergibt sich demnach:

$$C' = \frac{2\pi\varepsilon_0\varepsilon_r}{\ln\left(\dfrac{2h}{d/2}\right)} = \frac{2\pi\varepsilon_0}{\ln\left(\frac{4h}{d}\right)} \tag{7.73}$$

mit $\varepsilon_r = 1$ und $\varepsilon_0 = 0,8854 \cdot 10^{-11}[\frac{F}{m}]$

Unter der Annahme, daß die Wanderwellenströme nur in den obersten Erdschichten fließen, läßt sich die Selbstinduktion bestimmen. Für den Fall einer Einphasen-Starkstromleitung und ihres Spiegelbildes bei Vernachlässigung des magnetischen Feldes im Inneren des Leiters gilt für den Induktivitätsbelag:

$$L' = \frac{\mu_0}{2\pi} \cdot \ln\left(\frac{2h}{d/2}\right) \tag{7.74}$$

Damit erhält man für den Wellenwiderstand einer Einphasen-Starkstromleitung unter Vernachlässigung der Verluste ($G'$ und $R'$) aus den Gleichungen (7.73) und (7.74):

$$Z = \sqrt{\frac{L'}{C'}} = \frac{1}{2\pi}\sqrt{\frac{\mu_0}{\varepsilon_0}} \cdot \ln\left(\frac{4h}{d}\right) \tag{7.75}$$

mit $\mu_0 = 0,4 \cdot \pi \cdot 10^{-6} \left[\frac{Vs}{Am}\right]$

$$Z = \frac{1}{2\pi}\sqrt{\frac{0,4\pi \cdot 10^{-6}}{0,8854 \cdot 10^{-11}}} \cdot \ln\left(\frac{4h}{d}\right) [\Omega]$$

$$= \frac{1}{2\pi} \cdot 377 \cdot \ln\left(\frac{4h}{d}\right) [\Omega] = 60 \cdot \ln\left(\frac{4h}{d}\right) [\Omega] \tag{7.76}$$

Gleichung (7.76) gibt den Wellenwiderstand der Leitung noch in einer allgemeinen Form an. Für einen Leiter mit einem Querschnitt von 50 $mm^2$, d.h. einem Durchmesser von $d = 8\ mm$ und einer mittleren Höhe $h \approx 9,83\ m$ über dem Erdboden (mit Berücksichtigung des Durchhangs $h = h_m - 0,7 \cdot f$) errechnet sich der Wellenwiderstand zu:

$$Z = 510\Omega \approx 500\Omega$$

Durch Messungen lassen sich Richtwerte für den Induktivitäts- bzw. Kapazitätsbelag von Freileitungen und Kabeln ermitteln.

| | | | |
|---|---|---|---|
| Freileitung | $L' = 1,67\ \frac{mH}{km}$ | und | $C' = 0,0067\ \frac{\mu F}{km}$ |
| Kabel | $L' = 0,33\ \frac{mH}{km}$ | und | $C' = 0,133\ \frac{\mu F}{km}$ |

Über die folgenden Gleichungen lassen sich damit der Wellenwiderstand und die Wellengeschwindigkeit berechnen:

$$Z = \sqrt{\frac{L'}{C'}} \qquad v = \frac{1}{\sqrt{L'C'}}$$

Es ergeben sich somit folgende Richtwerte für die beiden Größen:

| | | |
|---|---|---|
| Freileitung | $Z = 500\ \Omega$ | $v = 300000\ \frac{km}{s}$ |
| Kabel | $Z = 50\ \Omega$ | $v = 150000\ \frac{km}{s}$ |

# 8. Spezielle Verfahren zur Berechnung von Ausgleichsvorgängen in ausgedehnten Systemen

## 8.1 Das Wellengitter-Verfahren nach Bewley

Bei der Ausbreitung von Wanderwellen in räumlich ausgedehnten Systemen treten häufig Mehrfachreflexionen auf. Dabei können die Wellen an den auftretenden Stoßstellen im System gebrochen und reflektiert werden. Die reflektierten Wellen können sich dann mit den ankommenden Wellen in verschiedenen Zweigen überlagern. Schon bei wenigen Stoßstellen im System entsteht so ein unübersichtliches Wellenfeld, dessen zeitliche und räumliche Ausdehnung schwer zu erfassen ist.

Das Wellengitter-Verfahren nach Bewley ist ein graphisches Verfahren, das durch ein Ort-Zeit-Diagramm in der Lage ist, das entstehende Wellenfeld in anschaulicher Weise darzustellen. Die Ausbreitung der Wellen wird in einem Ort-Zeit-Koordinatensystem durch sogenannte Wanderungslinien dargestellt, diese ergeben dann in ihrer Gesamtheit ein Wellengitter. Bekannt ist auch noch die Bezeichnung *Wanderwellenfahrplan*.

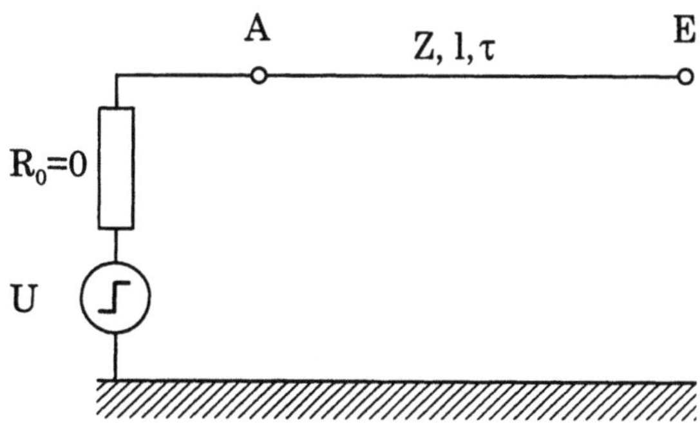


**Abbildung 8.1.** Sprungfunktion an einer leerlaufenden Leitung

Abbildung 8.1 zeigt einen sehr einfachen Fall, anhand dessen die Vorgehensweise bei der Erstellung eines Wellengitters erläutert werden soll. Gegeben sei eine leerlaufende Freileitung mit dem Wellenwiderstand $Z_1$ und der Länge $l$. Die Leitung wird durch eine Quelle (Innenwiderstand $R_0 = 0$) mit einer Sprungfunktion beaufschlagt. Gesucht ist der Spannungsverlauf am Ende und in der Mitte der Leitung. Da die Leitung sich im Leerlauf befindet, ist die Impedanz am Ende der Leitung $Z_2 = \infty$.

Zunächst werden die Reflexions- und Brechungsfaktoren der Spannung an den eingezeichneten Stoßstellen $A$ und $E$ bestimmt.

$$r_{u10} = \frac{R_0 - Z_1}{R_0 + Z_1} = -1 \qquad r_{u12} = \frac{Z_2 - Z_1}{Z_1 + Z_2} = 1$$

$$b_{u10} = \frac{2R_0}{R_0 + Z_1} = 0 \qquad b_{u12} = \frac{2Z_2}{Z_1 + Z_2} = 2$$

Die Indices sind identisch mit denen der beteiligten Impedanzen, und ihre Reihenfolge bezeichnet die Richtung der Welle in der Leitung. Zum Beispiel bezeichnet $r_{u12}$ den Reflexionsfaktor beim Übergang von der Impedanz $Z_1$ zur Impedanz $Z_2$ an der Stoßstelle $E$.

Damit läßt sich nun das Wellengitter formal bestimmen. Es wird ein Ort-Zeit-Diagramm zwischen den Stoßstellen $A$ und $E$ eingezeichnet, wie in Abbildung 8.2 dargestellt. Der Zeitmaßstab ist auf die Wellenlaufzeit $\tau = \frac{l}{v}$ bezogen, wobei $v$ die Wellenausbreitungsgeschwindigkeit einer Freileitung ist. Eine Spannungswelle mit der bezogenen Amplitude 1 läuft in die Leitung zum Zeitpunkt $t = 0$ ein.

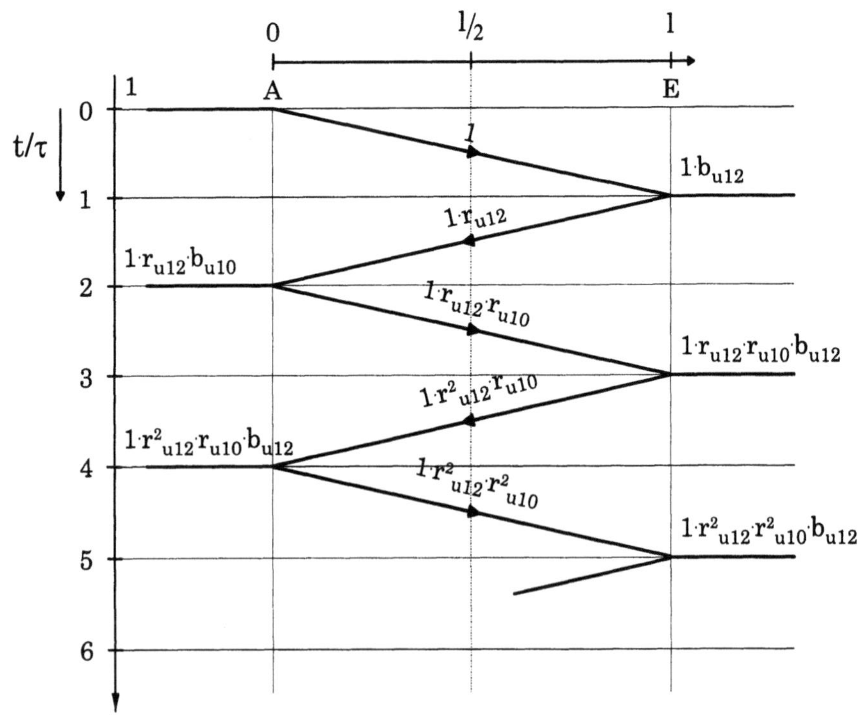


**Abbildung 8.2.** Wellengitter für die Konfiguration in Abbildung 8.1

Nach der Wellenlaufzeit $\tau$ hat die Welle die Leitung durchlaufen und trifft auf die Stoßstelle $E$. Die Ausbreitung der Welle wird durch eine Wanderungslinie zwischen den Punkten $A_0$ und $E_\tau$ dargestellt. An der Stoßstelle wird die Welle mit $r_{u12}$ reflektiert und mit $b_{u12}$ gebrochen. Die Amplitude der reflektierten Welle beträgt damit $1 \cdot r_{u12}$ und die der gebrochenen $1 \cdot b_{u12}$. Für den weiteren Verlauf kann die reflektierte Welle in das Ort-Zeit-Diagramm als Wanderungslinie zwischen den Punkten $E_\tau$ und $A_{2\tau}$ eingezeichnet werden. Die gebrochene Welle wird in diesem Fall als horizontale Linie dargestellt, da sie die Laufzeit $\tau = 0$ besitzt. Beide Wanderungslinien werden zur besseren Übersicht mit ihrer Richtung und der zugehörigen Amplitude gekennzeichnet.

Nach einer Gesamtlaufzeit von $2\tau$ erreicht die reflektierte Welle die Stoßstelle $A$ und wird mit dem Faktor $b_{u10}$ gebrochen und mit $r_{u10}$ erneut reflektiert. Die gebrochene Welle wird in das Diagramm wiederum als horizontale Linie mit der Amplitude $1 \cdot r_{u12} \cdot b_{u10}$ eingezeichnet. Die reflektierte Welle tritt ihren Rückweg entlang der Wanderungslinie zwischen den Punkten $A_{2\tau}$ und $E_{3\tau}$ mit der Amplitude $1 \cdot r_{u12} \cdot r_{u10}$ an.

Prinzipiell läßt sich auf diese Weise ein vollständiges Wellengitter nach Bewley herleiten. In der Praxis geht man dabei natürlich nicht wie hier Schritt für Schritt vor, sondern rationalisiert das Verfahren. Zunächst bestimmt man für jede vorhandene Stoßstelle und mögliche Ausbreitungsrichtung der Welle die Brechungs- und Reflexionsfaktoren. Anschließend zeichnet man in das Ort-Zeit-Diagramm die Wanderungslinien für vorlaufende Wellen von links nach rechts und für rücklaufende Wellen von rechts nach links (Richtungspfeile!) ein. Erst danach kennzeichnet man die einzelnen Wanderungslinien mit den zugehörigen Amplituden.

Es ist leicht vorstellbar, welche Ausmaße ein solches Wellengitter bei mehreren Stoßstellen im System annehmen kann. Durch Summation ist es aber möglich, an jedem beliebigen Punkt der Leitung den Verlauf der Spannung über die Zeit aus den entsprechenden Werten im Gitter zu bestimmen. Die Abbildungen 8.3 und 8.4 zeigen die Spannungsverläufe über der Zeit am Leitungsende (Punkt $E$) und in der Leitungsmitte.

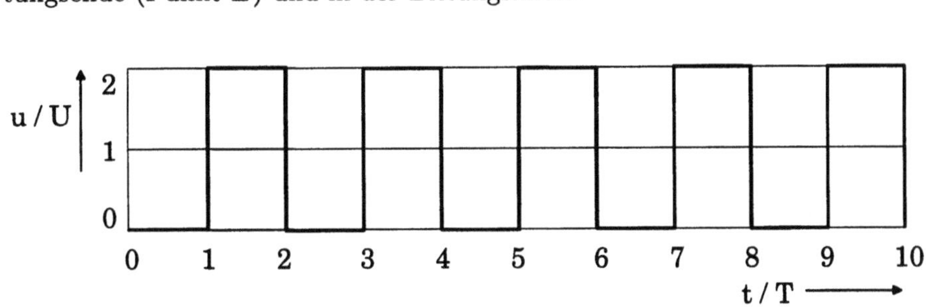


**Abbildung 8.3.** Verlauf der Spannung am Leitungsende in Abhängigkeit von der Zeit, Konfiguration aus Abbildung 8.1

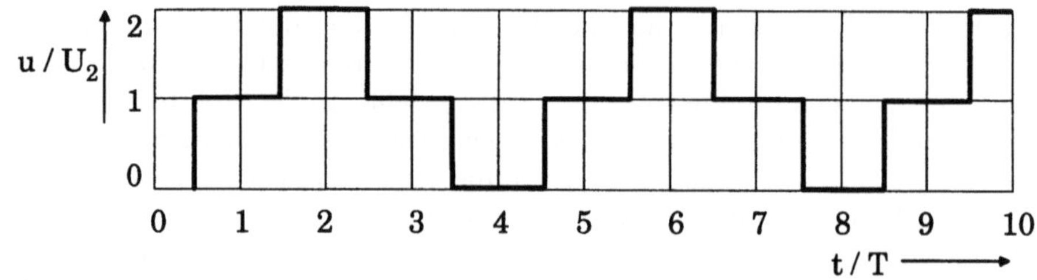


**Abbildung 8.4.** Verlauf der Spannung in der Leitungsmitte in Abhängigkeit von der Zeit, Konfiguration aus Abbildung 8.1

Durch Dämpfungsziffern kann eine Dämpfung der Wellen für jeden Leitungsabschnitt berücksichtigt werden. Den Stromverlauf erhält man durch Division der Spannungswellen durch $+Z_1$ für vorlaufende Wellen und durch $-Z_1$ für rücklaufende Wellen.

## 8.2 Das Bergeron-Verfahren

Ein weiteres graphisches Verfahren zur Beschreibung von Wanderwellenvorgängen ist das Bergeron-Verfahren. Das hierbei verwendete Diagramm besitzt zur Veranschaulichung der Vorgänge eine Spannungs- und eine Stromachse. Die Ausbreitung der Wellen in diesem Koordinatensystem wird durch sogenannte Widerstandsgeraden dargestellt. Die Steigung der Geraden ist dabei durch die jeweiligen Wellenwiderstände festgelegt.

Grundlage des Verfahrens sind die gekoppelten partiellen Differentialgleichungen der räumlichen und zeitlichen Zustandsänderungen von Strom und Spannung in einem beliebigen Leitungselement, auch *Leitungsgleichungen* genannt. Die betrachtete Leitung sei homogen und verlustfrei.

$$-\frac{\partial u(x,t)}{\partial x} = L' \cdot \frac{\partial i(x,t)}{\partial t} \tag{8.1}$$

$$-\frac{\partial i(x,t)}{\partial x} = C' \cdot \frac{\partial u(x,t)}{\partial t} \tag{8.2}$$

Hierin bezeichnen $L'$ und $C'$ die Induktivität bzw. Kapazität der Leitung pro Längeneinheit. Für den Wellenwiderstand $Z_W$ der Leitung und die Wellengeschwindigkeit $v$ gilt dann folgendes:

$$Z_W = \sqrt{\frac{L'}{C'}} \tag{8.3}$$

$$v = \frac{1}{\sqrt{L'C'}} \tag{8.4}$$

Die Multiplikation und Division der Gleichungen (8.3) und (8.4) ergibt:

$$Z_W \cdot v = \frac{1}{C'} \qquad \Rightarrow \qquad C' = \frac{1}{Z_W \cdot v} \tag{8.5}$$

$$\frac{Z_W}{v} = L' \tag{8.6}$$

Durch Einsetzen in die Gleichungen (8.1) und (8.2) erhält man:

$$-\frac{\partial u(x,t)}{\partial x} = \frac{Z_W}{v} \cdot \frac{\partial i(x,t)}{\partial t} \tag{8.7}$$

$$-\frac{\partial i(x,t)}{\partial x} = \frac{1}{Z_W \cdot v} \cdot \frac{\partial u(x,t)}{\partial t} \tag{8.8}$$

Die allgemeine Lösung der beiden obigen Differentialgleichungen ist bereits in Kapitel 2.8.3 hergeleitet und in Kapitel 6.2.1 angewendet worden. In Anlehnung an die dort erhaltenen Ergebnisse kann man die allgemeinen Lösungen für Strom und Spannung als Überlagerung zweier Wellen angeben:

$$i(x,t) = f(x - vt) + b(x + vt) \tag{8.9}$$

$$u(x,t) = Z_W \cdot f(x - vt) - Z_W \cdot b(x + vt) \tag{8.10}$$

Die Funktionen geben dabei die Ausbreitungsrichtung an, $f(x - vt)$ steht für eine vorlaufende und $b(x + vt)$ für eine rücklaufende Welle[1]. Multipliziert man Gleichung (8.9) mit $Z_W$ und addiert bzw. subtrahiert sie von Gleichung (8.10), ergibt sich die zweifache vor- bzw. rücklaufende Welle:

$$u(x,t) + Z_W \cdot i(x,t) = +2Z_W \cdot f(x - vt) \tag{8.11}$$

$$u(x,t) - Z_W \cdot i(x,t) = -2Z_W \cdot b(x + vt) \tag{8.12}$$

Nimmt man in diesen Gleichungen die Argumente $(x - vt)$ bzw. $(x + vt)$ als konstant an, so sind folglich auch die linken Seiten der Gleichungen konstant. Wie bereits in Kapitel 2.8.3 eingeführt, werden die konstanten Argumente $(x - vt)$ bzw. $(x + vt)$ auch als *Charakteristiken einer partiellen Differentialgleichung* bezeichnet. Mit diesem Vorgaben und der Einführung eines fiktiven Beobachters (Wellenreiter), der sich im System bewegt, läßt sich das Prinzip des Bergeron-Verfahrens recht anschaulich beschreiben.

Man wählt zunächst ein Koordinatensystem mit der Spannung auf der Ordinate und dem Strom auf der Abszisse. Der Wellenwiderstand $Z_W$ (reeller Wert) einer Leitung bezeichnet darin die Steigung der ihr zugeordneten Geraden und $\alpha$ den Winkel zwischen Abszisse und Gerade.

[1] $f$ = forward / $b$ = back

Läuft nun der fiktive Beobachter auf der Leitung im positiven Sinn mit der vorlaufenden Welle $f(x - vt)$ und der Geschwindigkeit $v$, so bleibt für ihn nicht nur das Argument $(x - vt)$, sondern auch der Ausdruck $u + Z_W \cdot i$ längs der Leitung konstant. Damit muß auch der Ausdruck $u + Z_W \cdot i$ am Anfang der Leitung, den der Wellenreiter zum Zeitpunkt $t - \tau$ beobachtet, gleich dem Ausdruck sein, den er nach Verstreichen der Laufzeit $\tau$ am Ende der Leitung zum Zeitpunkt $t$ vorfindet. Das bedeutet, daß sich der Beobachter im Koordinatensystem auf einer Geraden mit der Steigung $-Z_W$ bewegt. Über $\arctan(-Z_W)$ ist der Winkel zwischen Abszisse und Gerade zu bestimmen. Trifft die Welle auf eine Stoßstelle (Reflexionspunkt), an der sich der Wellenwiderstand ändert, so wechselt der Beobachter die Gerade.

$$Z_W = \frac{u}{i} = \tan\alpha \qquad\qquad \alpha = \arctan Z_W$$

Die folgenden Beispiele dienen dem besseren Verständnis und sollen die Verfahrensweise veranschaulichen.

**Beispiel 1**

In Abbildung 8.5 sind zwei unendlich lange Leitungen dargestellt, eine Freileitung mit dem Wellenwiderstand $Z_0$ und ein Kabel mit dem Wellenwiderstand $Z_1$, die über einen konzentrierten Widerstand $R$ miteinander verbunden sind. Beide Leitungen sind verlustlos. Eine Sprungwelle mit $u_0$ bewegt sich auf der ersten Leitung und trifft zum Zeitpunkt $t = 0$ auf den Widerstand. Die Spannungen $u_1$ und $u_2$ sowie der Strom $i_1$ sind graphisch zu ermitteln. Abbildung 8.6 zeigt die einzelnen Schritte des graphischen Verfahrens.

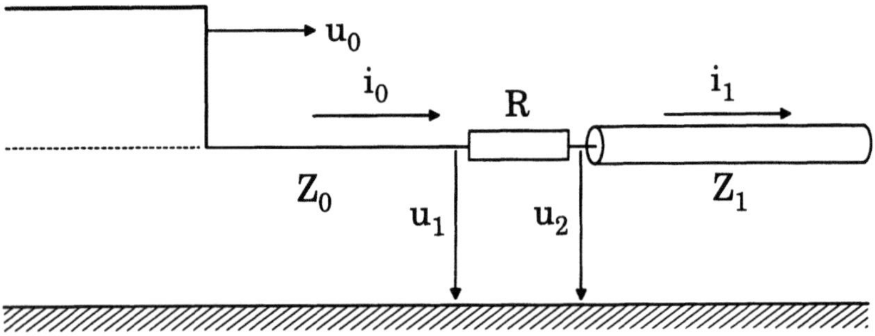


**Abbildung 8.5.** Serienwiderstand zwischen zwei unendlich langen Leitungen

In das Spannung-Strom-Diagramm wird zunächst die Ausgangslage eingetragen: Durch die Punkte $u = 2u_0$ und $i = 0$ wird eine Gerade mit der Steigung $-Z_0$ und durch die Punkte $u = 0$ und $i = 0$ eine Gerade mit der Steigung $R + Z_1$ gezogen. Der Schnittpunkt der beiden Geraden ergibt die Spannung $u_1$ und den Strom $i_1$.

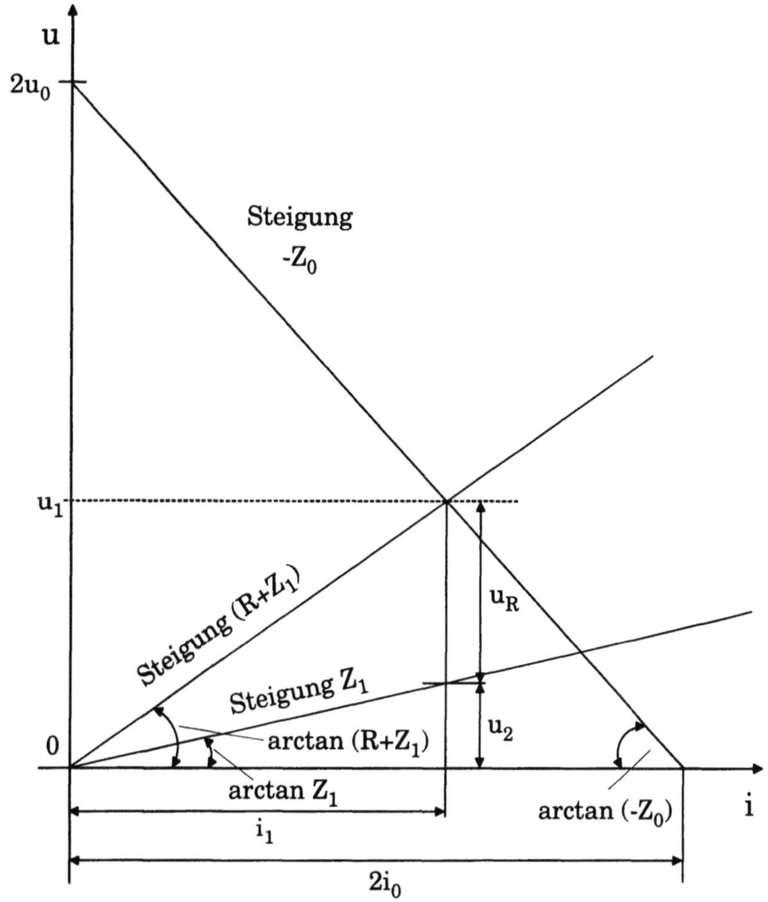


**Abbildung 8.6.** Graphische Ermittlung der Spannungen $u_1$ und $u_2$ sowie $i_1$ der Konfiguration in Abbildung 8.5

Der Strom $i_1$ fließt in der Leitung $Z_1$ weiter. Die zu dieser Leitung gehörende Gerade mit der Steigung $Z_1$ wird daher ebenfalls in das Diagramm eingezeichnet. Trägt man nun am Punkt $(u_1, i_1)$ die Ordinate $u_1$ ein, ergibt ihr Schnittpunkt mit der Geraden der Steigung $Z_1$ die Spannung $u_2$. Die Differenz zwischen $u_1$ und $u_2$ entspricht dem Spannungsabfall $u_R$ über dem Widerstand $R$.

Das Diagramm 8.6 veranschaulicht auch sehr gut die beiden Sonderfälle Leerlauf und Kurzschluß für die erste Leitung. Im Leerlauf gilt $R + Z_1 = \infty$ und damit $i_0 = 0$. Die Spannung am offenen Ende verdoppelt sich folglich auf $2u_0$, und dies zeigt auch das Diagramm. Bei einem Kurzschluß am Ende der ersten Leitung gilt $R + Z_1 = 0$ und damit $u_0 = 0$. Der Strom verdoppelt sich auf $2i_0$.

**Beispiel 2**

Im Falle einer Leitungsverzweigung, wie in Abbildung 8.7 dargestellt, tritt eine Aufspaltung des von den Wellen mitgeführten Stroms auf. Vorgegeben sind die Wellenwiderstände der drei als verlustlos angenommenen Leitungen und eine Sprungwelle mit $u_0$, die von der ersten Leitung kommend zum Zeitpunkt $t = 0$ auf die Verzweigungsstelle trifft. Die Ströme $i_1'$ und $i_1''$ sind graphisch zu ermitteln.

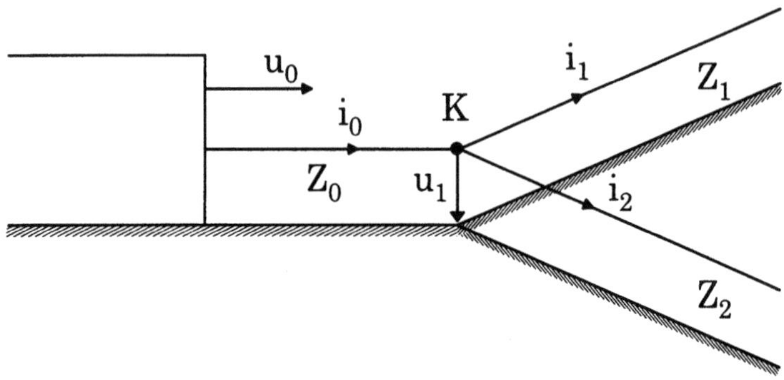


**Abbildung 8.7.** Leitungsverzweigung

Zunächst wird wieder die Ausgangslage eingetragen: Durch die Punkte $u = 2u_0$ und $i = 0$ wird die Gerade mit der Steigung $-Z_0$ gezogen. Die zu dieser Gerade gehörende Welle trifft zum Zeitpunkt $t = 0$ auf die Verzweigungsstelle. Wie bereits im Kapitel 6.3.1 erläutert, *sieht* die Welle an diesem Punkt eine resultierende Impedanz, bestehend aus der Parallelschaltung der abgehenden Leitungen mit den Wellenwiderständen $Z_1$ und $Z_2$. Die resultierende Impedanz $\frac{Z_1 \cdot Z_2}{Z_1 + Z_2}$ ist zugleich die Steigung der Geraden, die für die beiden Leitungen eingetragen wird. Der Schnittpunkt dieser Geraden mit der Geraden der Steigung $-Z_0$, ergibt die Spannung $u_1$ und den Strom $i_K$ an der Verzweigungsstelle $K$.

Zur Ermittlung der Ströme $i_1$ und $i_2$ trägt man die zu den Leitungen gehörenden Geraden mit den Steigungen $Z_1$ und $Z_2$ in das Diagramm ein. Da die Spannung an den beiden Leitungen $u_1$ beträgt, läßt sich über die Eintragung der Ordinate an den jeweiligen Schnittpunkten der zugehörige Strom auf der Abszisse bestimmen, Abbildung 8.8

Wie man an diesen beiden Beispielen sieht, ist das Verfahren von Bergeron sehr einfach, da nur zwei Geraden zum Schnitt gebracht werden müssen, um Aussagen über einen bestimmten Punkt treffen zu können. Die Berücksichtigung der Teilwellen entfällt. Nachteilig bei diesem Verfahren ist, daß es zwar die Bestimmung eines zeitlichen Spannungsverlaufs an besonders interessanten Punkten, nicht jedoch die Bestimmung einer Spannungsverteilung entlang der Leitung zuläßt.

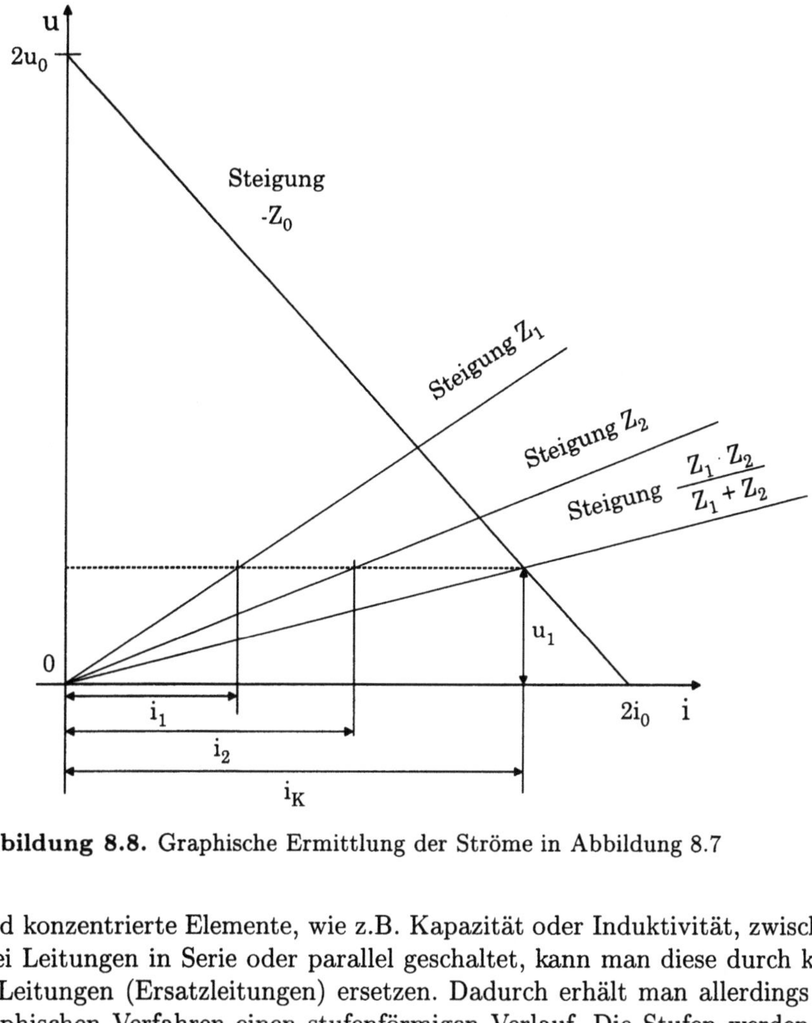


**Abbildung 8.8.** Graphische Ermittlung der Ströme in Abbildung 8.7

Sind konzentrierte Elemente, wie z.B. Kapazität oder Induktivität, zwischen zwei Leitungen in Serie oder parallel geschaltet, kann man diese durch kurze Leitungen (Ersatzleitungen) ersetzen. Dadurch erhält man allerdings im graphischen Verfahren einen stufenförmigen Verlauf. Die Stufen werden jedoch um so kleiner, je kürzer die Ersatzleitungen sind, d.h. je kleiner ihre Laufzeit $\tau$ ist. Eine Serieninduktivität wird zum Beispiel durch eine Leitung mit großem Wellenwiderstand, eine Parallelkapazität durch eine Leitung mit kleinem Wellenwiderstand ersetzt. Aus den Beziehungen zwischen Wellenwiderstand, Induktivität, Kapazität und Laufzeit $\tau$ lassen sich die Länge bzw. der Wellenwiderstand der Ersatzleitung bestimmen.

$$C' = \frac{1}{Z_W \cdot v} \quad \text{und} \quad L' = \frac{Z_W}{v} \qquad \text{mit} \quad v = \frac{l}{\tau}$$

$$C = \frac{\tau}{Z_W} \qquad \text{und} \quad L = Z_W \cdot \tau$$

Je kleiner die Laufzeit $\tau$ ist, desto besser wird die Annäherung zwischen Induktivität bzw. Kapazität und dem Wellenwiderstand der Ersatzleitung.

**Beispiel 3**

Das eben beschriebene Prinzip soll das folgende Beispiel verdeutlichen. In Abbildung 8.9 ist ein kurzes Kabel mit dem Wellenwiderstand $Z_1$ und der Laufzeit $\tau$ in einem Leitungszug gegeben. Das Kabel ist eine Ersatzleitung für ein konzentriertes Element. Der zeitliche Spannungsverlauf an den Enden des Kabels ist graphisch zu ermitteln.

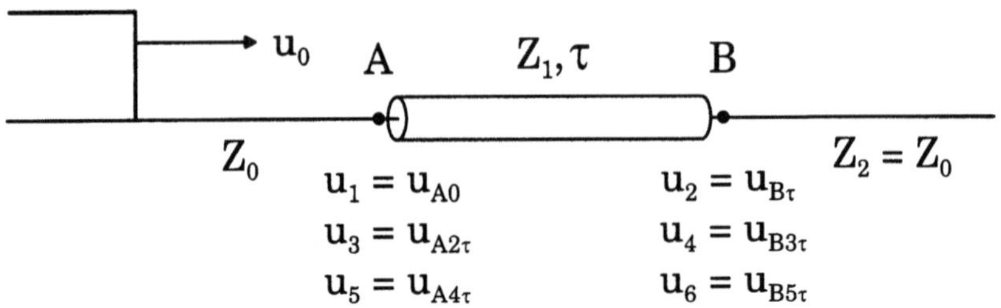


**Abbildung 8.9.** Kurzes Kabel (Ersatzleitung) in einem Leitungszug

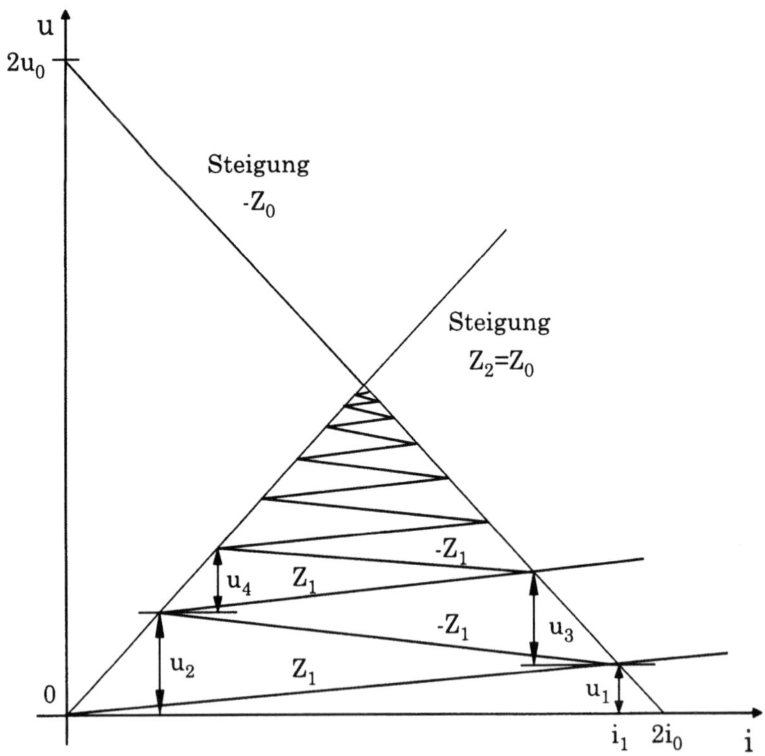


**Abbildung 8.10.** Spannungswellen an den Enden bei mehrfacher Reflexion

Man verfährt wie gehabt, zunächst wird wieder die Ausgangslage eingetragen. Die Grenzen der Wellenausbreitung im Kabel bilden die beiden zum Leitungszug gehörenden Geraden mit den Steigungen $-Z_0$ und $Z_0$. Anschließend trägt man die Geraden der vor- und rücklaufenden Wellen ein. In diesem Fall besitzen die Geraden abwechselnd die Steigungen $Z_1$ und $-Z_1$. Da es sich um eine fortlaufende Betrachtung handelt, werden die Geraden nicht wie zuvor alle im Koordinatenursprung eingetragen, sondern an den zugehörigen Spannungs-Strom-Schnittpunkten.

Die Schnittpunkte der Geraden mit den Steigungen $Z_1$ und $-Z_0$ ergeben dann die Spannungen am Anfang des Kabels $A$, und die Schnittpunkte der Geraden mit den Steigungen $-Z_1$ und $Z_2 = Z_0$ ergeben die Spannungen am Ende des Kabels $B$. Abbildung 8.11 zeigt die mit dem Bergeron-Verfahren erhaltenen Spannungsverläufe über der Zeit aufgetragen. Man erkennt deutlich den treppenförmigen Verlauf.

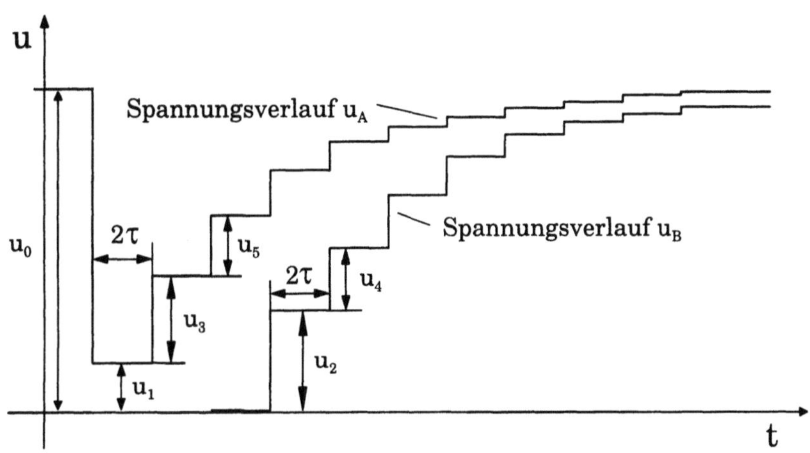


**Abbildung 8.11.** Spannungsverläufe $u_A$ und $u_B$ am Kabelanfang bzw. Kabelende

Das Bergeron-Verfahren ermöglicht in dieser Form eine Automatisierung in numerischen Berechnungsverfahren und bildet damit für rechnerbasierte Berechnungen und Simulationen eine gute Grundlage. Das in Kapitel 8.4 vorgestellte Simulationsprogramm EMTP (Electromagnetic Transients Program) basiert darauf.

## 8.3 Die Laplace-Transformation

Die Laplace-Transformation ist ein analytisches Verfahren, dessen Vorzüge bei der Berechnung von Ausgleichsvorgängen in vorangegangenen Kapiteln schon öfters genutzt wurden. Sie ist ebenso bei einfachen wie auch bei komplizierten Systemen von gewöhnlichen Differentialgleichungen anzuwenden. Insbesondere bei Integro-Differentialgleichungen bietet die Laplace-Transformation den Vorteil, daß sie relativ schnell und direkt zur Lösung führt. Dazu bietet sie auch noch eine gute Übersichtlichkeit.

Das folgende Beispiel veranschaulicht noch einmal die Verfahrensweise und zeigt die Vorzüge einer Transformation. Es soll als Einleitung für das folgende Kapitel über die zweidimensionale Laplace-Transformation dienen, in dem die herkömmliche Laplace-Transformation so angewendet wird, daß sie auch zur Lösung partieller Differentialgleichungen benutzt werden kann.

**Beispiel zur Anwendung der Laplace-Transformation**
In Kapitel 6.3 sind bereits einige Konfigurationen zur Veranschaulichung der Ausbreitung von Wanderwellen in technischen Anlagen exemplarisch berechnet worden. Allen diesen Konfigurationen ist gemein, daß sie an einer Stoßstelle ein konzentriertes Element enthalten. Zur Untersuchung der Reflexion und Brechung von Wanderwellen an dieser Stoßstelle sind die Anordnungen mit Sprungfunktionen beaufschlagt worden.

Dabei hat sich gezeigt, daß die weiter- bzw. rücklaufenden Wellen einen exponentiellen Verlauf aufweisen, wenn in der Konfiguration eines der konzentrierten Elemente Induktivität oder Kapazität enthalten ist. Dabei ist es gleichgültig, ob sich das Element am Ende einer Leitung, in Serie oder parallel am Verbindungspunkt zweier langer Leitungen befindet. Sind zwei oder mehr dieser konzentrierten Elemente (Energiespeicher) in einer Konfiguration enthalten, ergibt sich für den Ausgleichsvorgang ein schwingender Verlauf.

Die im folgenden behandelte Konfiguration besitzt *zwei* konzentrierte Energiespeicher. Abbildung 8.12 zeigt eine Leitung mit dem Wellenwiderstand $Z_1$, die am Ende mit einer Parallelschaltung aus Induktivität $L$ und Kapazität $C$ abgeschlossen ist. Ein Ersatzschaltbild für den Knotenpunkt $K$ soll hergeleitet und die Wellenausbreitung berechnet werden.

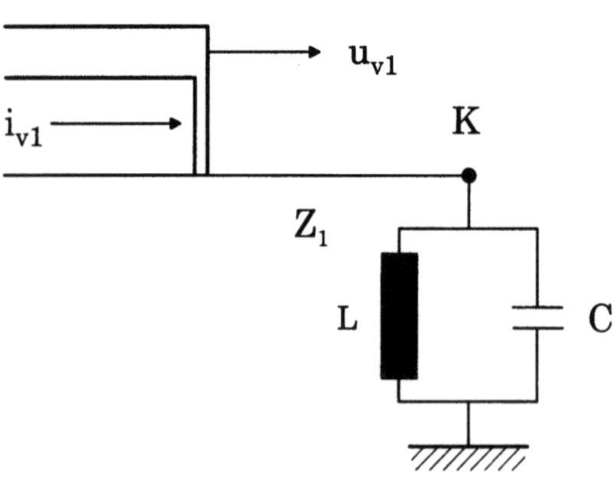


**Abbildung 8.12.** Leitung mit einer LC-Parallelschaltung als Leitungsabschluß

Beim Auftreffen der Spannungs- bzw. Stromwelle auf den Knotenpunkt $K$ gelten folgende Beziehungen:

$$u_{v1} + u_{r1} = u_K \tag{8.13}$$

$$i_{v1} + i_{r1} = i_L + i_C = \frac{1}{L} \int u_K dt + C \cdot \frac{du_K}{dt} \tag{8.14}$$

Gleichung (8.13) mit $Z_1$ multipliziert und mit (8.14) summiert ergibt:

$$2u_{v1} = u_K + \frac{Z_1}{L} \int u_K dt + Z_1 C \cdot \frac{du_K}{dt} \tag{8.15}$$

Unter Anwendung der Laplace-Transformation wird Gleichung (8.15) in den Bildbereich transformiert. Nach einigen Umformungen erhält man:

$$U_K(s) = \frac{2u_{v1}}{Z_1 C \cdot \left(s^2 + \frac{1}{Z_1 C} \cdot s + \frac{1}{LC}\right)} \tag{8.16}$$

bzw.

$$U_K(s) = \frac{2u_{v1}}{Z_1 C \cdot \left(s^2 + \frac{1}{Z_1 C} \cdot s + \left(\frac{1}{2Z_1 C}\right)^2 + \frac{1}{LC} - \left(\frac{1}{2Z_1 C}\right)^2\right)}$$

Daraus folgt schließlich:

$$U_K(s) = \frac{2u_{v1}}{Z_1 C \cdot \nu} \cdot \frac{\nu}{\left(s + \frac{1}{2Z_1 C}\right)^2 + \nu^2} \tag{8.17}$$

mit:

| | |
|---|---|
| $\omega^2 = \dfrac{1}{LC}$ | $\omega$ = Resonanzkreisfrequenz |
| $b = \dfrac{1}{2Z_1 C}$ | Kehrwert der zweifachen Zeitkonstante $Z_1 C$ |
| $\nu^2 = \omega^2 - b^2$ | $\nu$ = Kreisfrequenz der Schwingung |

Die Rücktransformation der Gleichung (8.17) in den Originalbereich der Zeit mit Hilfe einer Transformationstabelle ergibt:

$$u_K = \frac{2u_{v1}}{Z_1 C \cdot \nu} \cdot \sin \nu t \cdot e^{-bt} \tag{8.18}$$

Aus den Gleichungen (8.13) und (8.18) läßt sich nun die reflektierte Spannungswelle bestimmen.

$$u_{r1} = u_K - u_{v1} = -u_{v1} + \frac{2u_{v1}}{Z_1 C \cdot \nu} \cdot \sin \nu t \cdot e^{-bt} \tag{8.19}$$

Die Lösung ergibt den erwarteten schwingenden Verlauf des Ausgleichsvorgangs. Die Spannung $u_K$ am Knotenpunkt steigt nach dem Auftreffen der Spannungswelle von null an und zeigt dasselbe Verhalten wie die Spannung eines Schwingkreises. Im weiteren Verlauf wird die Spannung durch das exponentielle Dämpfungsglied $e^{-bt}$ wieder auf den Wert Null gedämpft.

Die Induktivität wirkt im ersten Augenblick wie ein Leerlauf, während die Kapazität wie ein Kurzschluß wirkt. Die Spannung beginnt also von null an eine Schwingung mit der Schwingkreisfrequenz $\nu$. Die elektrische und magnetische Erregung der Energiespeicher $L$ und $C$ wird entsprechend der Kreisfrequenz $\nu$ ineinander umgewandelt. Das exponentielle Glied $e^{-bt}$ dämpft die Amplitude der Schwingung. Die reflektierte Spannungswelle $u_{r1}$ ist im ersten Augenblick gleich $-u_{v1}$ und erreicht diesen Wert auch wieder nach Abklingen der Schwingung.

### 8.3.1 Die zweidimensionale Laplace-Transformation

Die zweidimensionale Laplace-Transformation ist ein sehr spezielles Verfahren zur Lösung linearer partieller Differentialgleichungen. 1966 hat *Slamecka* sie zur Berechnung von Ausgleichsvorgängen beim Ein- und Ausschalten elektrischer Leitungen angewendet und damit als Alternative zu den herkömmlichen Verfahren eingeführt /SL/.

Die zweidimensionale Laplace-Transformation ist ein analytisches Verfahren, das die Vorzüge der herkömmlichen Laplace-Transformation über eine Berechnungsschleife mit der Möglichkeit verbindet, örtliche und zeitliche Abhängigkeiten zu berücksichtigen. Die prinzipielle Verfahrensweise ist im Diagramm 8.13 dargestellt und wird im folgenden auf die Leitungsgleichungen angewendet.

Wie auch beim Bergeron-Verfahren (Kapitel 8.2), sind die gekoppelten partiellen Differentialgleichungen der räumlichen und zeitlichen Zustandsänderungen von Spannung und Strom in einem beliebigen Leitungselement der Ausgangspunkt. Die betrachtete Leitung sei homogen und verlustfrei; daher werden der Widerstands- und Ableitungsbelag vernachlässigt.

$$\frac{\partial u(x,t)}{\partial x} = L' \cdot \frac{\partial i(x,t)}{\partial t} \tag{8.20}$$

$$\frac{\partial i(x,t)}{\partial x} = C' \cdot \frac{\partial u(x,t)}{\partial t} \tag{8.21}$$

$L'$ und $C'$ bezeichnen den Induktivitäts- bzw. Kapazitätsbelag.

Im ersten Schritte wird die herkömmliche Laplace-Transformation angewendet. Der variable Ort $x$ wird sozusagen *festgehalten*, und die Gleichungen werden im Bildbereich der Zeit transformiert. Der einzige Unterschied zum herkömmlichen Verfahren ist die andere Bezeichnung der Bildvariablen; anstatt $s$ wird hier $p$ verwendet. Es liegen nun zwei gekoppelte gewöhnliche Differentialgleichungen des Ortes im Bildbereich der Zeit vor.

$$\frac{\partial u(x,p)}{\partial x} = pL' \cdot i(x,p) - L' \cdot i(x,0) \tag{8.22}$$

$$\frac{\partial i(x,p)}{\partial x} = pC' \cdot u(x,p) - C' \cdot u(x,0) \tag{8.23}$$

Im nächsten Schritt werden diese Gleichungen im Bildbereich des Ortes transformiert. Die Bezeichnung dieser Bildvariablen erfolgt mit $s$. Bei dieser Operation muß bedacht werden, daß die Zeit zwar von $t = 0$ bis unendlich gehen kann, der Ort aber nicht. Er ist auf die Länge der Leitung begrenzt ($x = l$). Um die Laplace-Transformation trotzdem anwenden zu können, muß die ursprüngliche Funktion des Ortes $f(x)$ durch

$$\Big[f(x)\Big]_0^l = \Big[f(x)\Big]_0^\infty - \Big[f(x)\Big]_l^\infty \tag{8.24}$$

oder nach der Laplace-Transformation durch

$$\int_0^l f(x)e^{-xs}dx = \int_0^\infty f(x)e^{-xs}dx - \int_l^\infty f(x)e^{-xs}dx \tag{8.25}$$

ersetzt werden. Das an der unteren Grenze $l$ beginnende Integral geht mit der Substitution $x - l = \xi$ in ein reguläres Laplace-Integral über:

$$\int_l^\infty f(x)e^{-xs}dx = e^{-ls} \int_0^\infty f(\xi + l)e^{-\xi s}d\xi \tag{8.26}$$

Damit erhält man nach der Transformation für $f(x)$ und mit derselben Verfahrensweise für dessen erste Ableitung:

$$\int_0^l f(x)e^{-xs}dx = \mathcal{L}\{f(x)\} - e^{-ls}\mathcal{L}\{f(\xi)\} \tag{8.27}$$

$$\int_0^l \frac{df(x)}{dx} \cdot e^{-xs}dx = s\mathcal{L}\{f(x)\} - f(0) - e^{-ls}[s\mathcal{L}\{f(\xi)\} - f(l)] \tag{8.28}$$

Für die Praxis setzt man bei $x = l$ (Leitungsende) eine Grenze und vernachlässigt alle dahinter folgenden Original- und Bildfunktionen. Damit erhält man für die gekoppelten Differentialgleichungen (8.22) und (8.23):

$$-su(s,p) + u(0,p) = pL' \cdot i(s,p) - L' \cdot i(s,0) \tag{8.29}$$

$$-si(s,p) + i(0,p) = pC' \cdot u(s,p) - C' \cdot u(s,0) \tag{8.30}$$

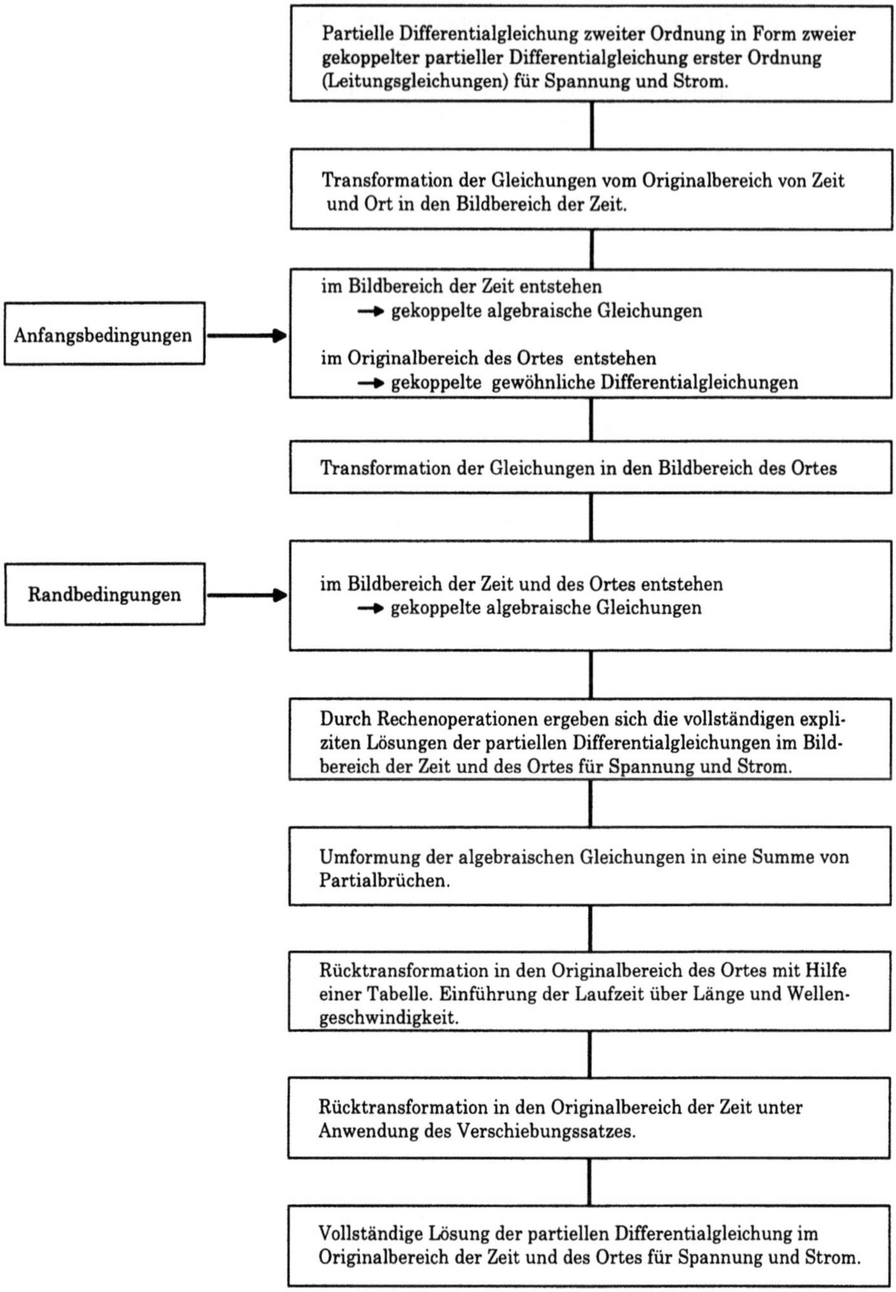


**Abbildung 8.13.** Diagramm zur Berechnung partieller linearer Differentialgleichungen durch eine zweidimensionale Laplace-Transformation

Fügt man diese algebraischen Gleichungen nun zusammen, erhält man die vollständige Lösung der gekoppelten partiellen Differentialgleichungen (8.20)

und (8.21) im Bildbereich:

$$u(s,p)[\ s^2\ -p^2L'C'] \\ =\ s\ \left[u(0,p)+L'\cdot i(s,0)\right]-pL'C'\cdot u(s,0)-pL'\cdot i(0,p) \qquad (8.31)$$

$$i(s,p)[\ s^2\ -p^2L'C'] \\ =\ s\ \left[C'u(s,0)+i(0,p)\right]-pC'\cdot u(0,p)-pL'C'\cdot i(s,0) \qquad (8.32)$$

Die Rücktransformation erfolgt dann gemäß dem Flußdiagramm 8.13. Zunächst muß für $u(s,p)$ eine Funktion gefunden werden, die sich in den Originalbereich des Ortes zurücktransformieren läßt. Die Bildvariable $p$ wird dabei als konstant betrachtet. Anschließend ist für $u(x,p)$ eine Funktion im Originalbereich der Zeit zu finden unter der Bedingung, daß die Variable $x$ bei der Rücktransformation konstant ist. Bei den Rücktransformationen müssen die allgemeinen Anfangs- und Randbedingungen von Spannung und Strom bekannt sein.

| | | |
|---|---|---|
| Anfangsbedingungen | $u(s,0)$ | $i(s,0)$ |
| Randbedingungen | $u(0,p)$ | $i(0,p)$ |

Nach Anwendung der zweidimensionalen Laplace-Transformation erhält man schließlich die vollständige Lösung der gekoppelten partiellen Differentialgleichungen im Originalbereich der Zeit und des Ortes.

Die folgenden zwei Kapitel stellen die herkömmliche Berechnung mit einem analytischen Wanderwellenverfahren der Berechnung mittels zweidimensionaler Laplace-Transformation an einem Beispiel gegenüber. Beide Berechnungsverfahren führen zu demselben Ergebnis. Es bleibt daher dem Anwender überlassen, welches er bevorzugt.

### 8.3.2 Berechnung des Spannungsverlaufs beim Abschalten eines Abstandskurzschlusses mit einem Wanderwellenverfahren

Das Abschalten einer kurzgeschlossenen, sehr kurzen Leitung durch einen Leistungsschalter ist in der Literatur als *Abschalten eines Abstandskurzschlusses* bekannt. In der Regel sind Leistungsschalter aus Sicherheitsgründen am Anfang einer Leitung eingebaut. Im Fall eines Kurzschlusses, bei dem sehr große Ströme fließen können, wird dieser durch den Leistungsschalter unterbrochen. In diesem Augenblick ist die Spannungsverteilung auf dem abgeschalteten, aber immer noch kurzgeschlossenen Leitungsstück für die Beanspruchung des Leistungsschalters sehr wichtig. Vor allem der Spannungsverlauf am Leitungsanfang an den Klemmen des geöffneten Schalters ist von Interesse.

Der wesentliche Unterschied zwischen Fehlern in der Nähe eines Leistungsschalters und Fehlern in größerer Entfernung von ihm besteht darin, daß die Impedanz der Leitung in der Lage ist, den Fehlerstrom zu begrenzen. Die

Einspeisespannung verteilt sich auf beiden Seiten des Leistungsschalters proportional zu den Impedanzen der Einspeisung und der Leitung.

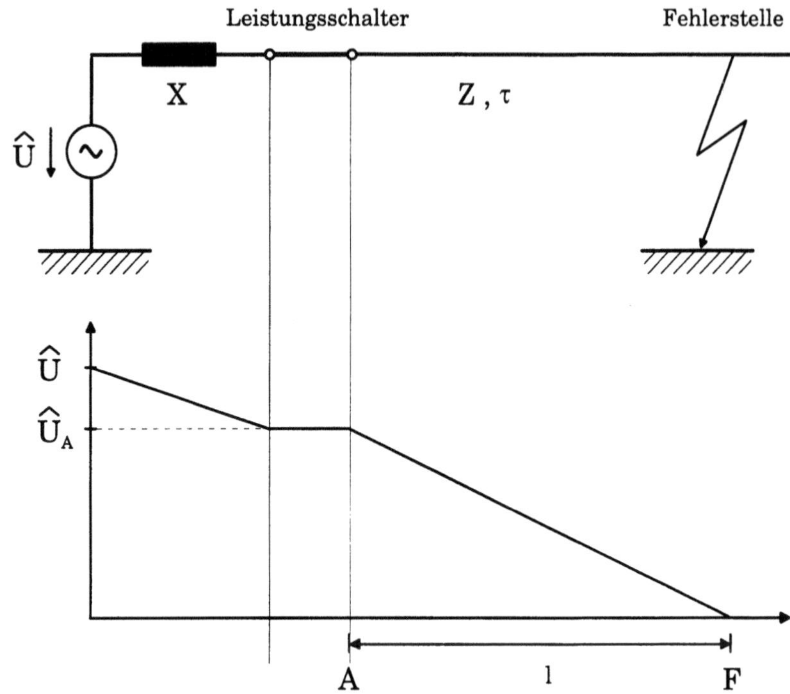


**Abbildung 8.14.** Oben: Ersatzschaltbild einer kurzen Leitung mit Kurzschluß nah am Leistungsschalter / Unten: Spannungsverteilung entlang dieser Leitung im Abschaltaugenblick

Dieser Sachverhalt ist in Abbildung 8.14 dargestellt. Der obere Teil zeigt das Ersatzschaltbild einer kurzen Leitung mit einem Kurzschluß nah am Leistungsschalter. Im unteren Teil ist die Spannungsverteilung entlang der Leitung im Schaltaugenblick aufgetragen, wenn der Leistungsschalter den Kurzschluß unterbricht und damit die Einspeisespannung abschaltet. Je weiter der Fehlerort vom Leistungsschalter entfernt ist, um so größer ist der Spannungsabfall auf der Leitung.

Unterbricht der Leistungsschalter im Stromnulldurchgang der Einspeisespannung, hat die Spannung etwa ihren maximalen Wert $\hat{U}$. Auf der Leitung besteht in diesem Moment eine Spannungsverteilung, die direkt am Leistungsschalter ihr Maximum $\hat{U}_A$ hat und im weiteren Verlauf der Leitung linear auf den Wert Null an der Fehlerstelle abfällt.

Wie schon vorher bei der Freisetzung einer örtlichen Influenzladung auf einer Freileitung gesehen, entstehen auch bei der Trennung der Kontakte im Leistungsschalter Wanderwellen, die in beide Richtungen entlang der Leitung

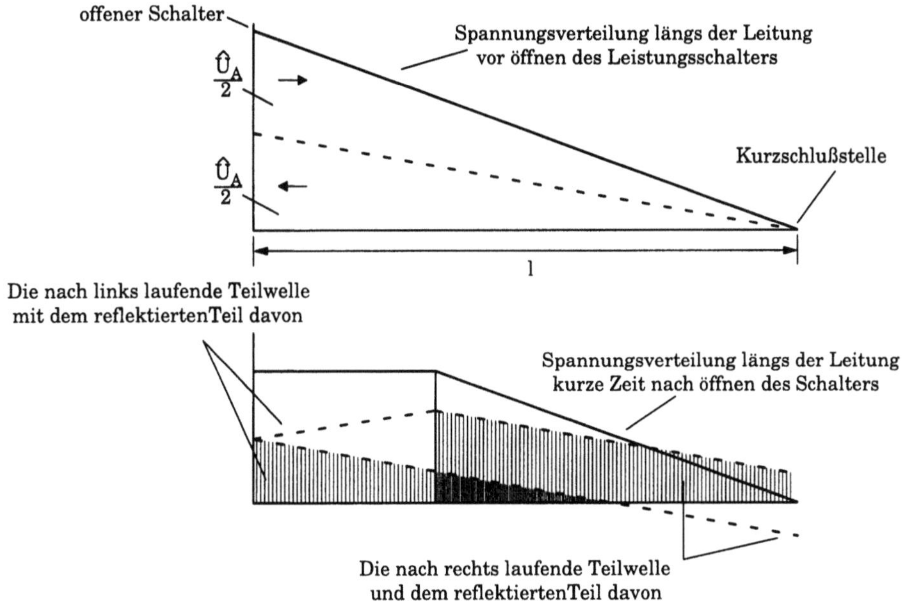


**Abbildung 8.15.** Spannungsverteilung auf der Leitung beim Öffnen des Leistungsschalters (a) sowie längs der Leitung kurze Zeit nach Öffnen des Schalters (b)

laufen, Kapitel 6.2.1. In diesem speziellen Fall ist die Ausbreitung der Wanderwellen begrenzt durch den offenen Leistungsschalter, der wie ein Leerlauf wirkt, und den Kurzschluß an der Fehlerstelle. Damit läßt sich der Spannungsverlauf am Leistungsschalterkontakt auf der Leitungsseite über die bekannten Reflexions- bzw. Brechungsfaktoren für diese Fälle bestimmen. Die Spannung am Leistungsschalterkontakt auf der Einspeiseseite wird durch den Ausgleichsvorgang bestimmt, der durch die vorhandene Kapazität im Kreis entsteht und sich schließlich auf einen stationären Wert einstellt. Die momentane Differenz beider Verläufe ergibt die *wiederkehrende Spannung* zwischen den Leistungsschalterkontakten über der Zeit.

In Abbildung 8.15/a ist die statische Spannungsverteilung auf der Leitung beim Öffnen des Leistungsschalters dargestellt. Sie teilt sich in zwei Teilwellen. Die nach links wandernde Teilwelle trifft sofort auf den offenen Kreis und wird mit derselben Amplitude und demselben Vorzeichen reflektiert. Die nach rechts wandernde Teilwelle trifft in diesem Moment auf den kurzgeschlossenen Kreis und wird mit umgekehrten Vorzeichen reflektiert.

Kurze Zeit nach dem Öffnen des Schalters entspricht die Spannungsverteilung auf der Leitung der Abbildung 8.15/b. Die Summation der Anteile ergibt die vollständige Spannungsverteilung längs der Leitung für jeden Augenblick. Damit ist die Spannung an jedem beliebigen Punkt der Leitung als Funktion der Zeit sehr einfach zu berechnen.

Beispielsweise sinkt die Spannung am Leistungsschalterkontakt der Leitungsseite für die Laufzeit $\tau$ entlang der senkrechten Achse von $\hat{U}_A$ auf Null. Da die reflektierten Wellen sowohl am offenen Leitungsanfang als auch am kurzgeschlossenen Leitungsende nochmals reflektiert werden, wird am Leistungsschalterkontakt der Leitungsseite die Spannung für die zweifache Laufzeit $2\tau$ wieder von Null auf $-\hat{U}_A$ ansteigen. Auf diese Weise ergibt sich schließlich der vollständige Spannungsverlauf am Anfang der Leitung. Abbildung 8.16 und 8.17 zeigen die sich so ergebenden Spannungsverläufe am Leitungsanfang und in der Leitungsmitte.

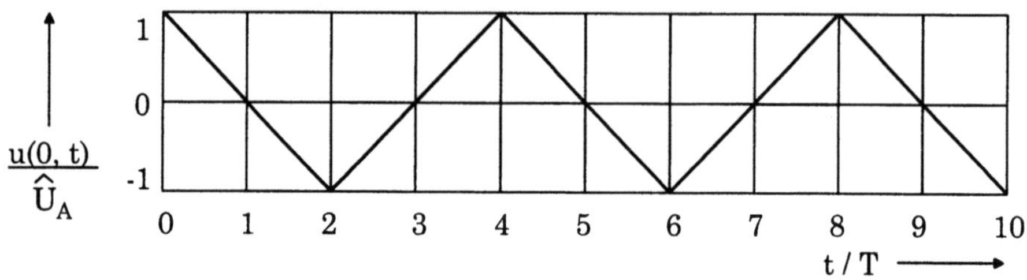


**Abbildung 8.16.** Spannungsverlauf am Leistungsschalterkontakt der Leitungsseite (Leitungsanfang) beim Abschalten eines Kurzschlusses

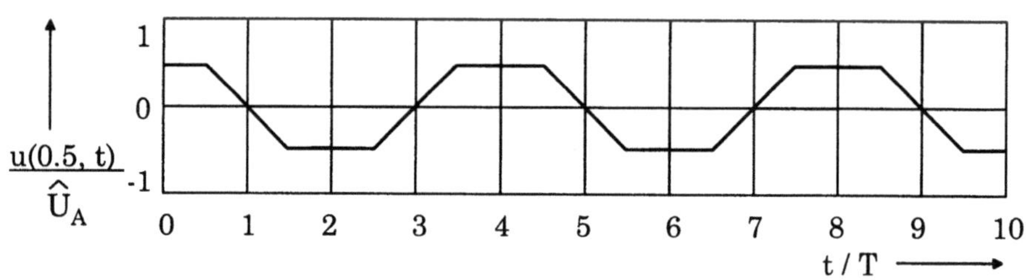


**Abbildung 8.17.** Spannungsverlauf in der Leitungsmitte einer kurzen kurzgeschlossenen Leitung beim Abschalten eines Kurzschlusses

Abbildung 8.18 zeigt die wiederkehrende Spannung $u_S$ am Leistungsschalter über der Zeit. Sie berechnet sich aus der Differenz der Spannungsverläufe an der Leistungsschalterkontakten. Die Anstiegszeit der wiederkehrenden Spannung ist sehr klein bei einer Leitungslänge von $l = 1$ km. Mit $v = 3 \cdot 10^8 \frac{\text{m}}{\text{s}}$ beträgt die Laufzeit $\tau = \frac{l}{v} \approx 3\mu s$. Die elektrische Festigkeit der Schalterstrecke muß so bemessen sein, daß eine Rückzündung nicht auftritt.

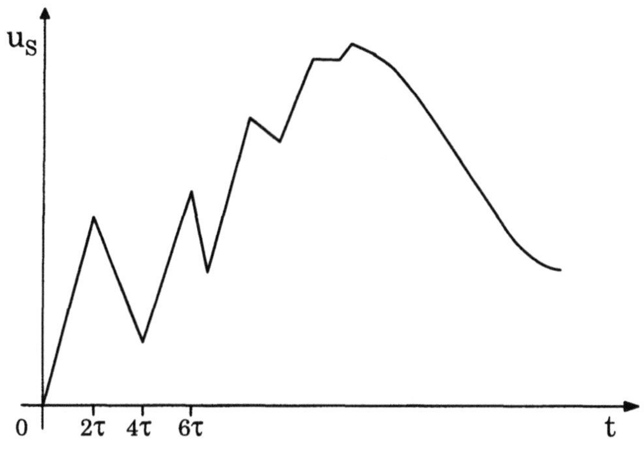


**Abbildung 8.18.** Wiederkehrende Spannung $u_S$ am Leistungsschalter über der Zeit

### 8.3.3 Berechnung des Spannungsverlaufs beim Abschalten eines Abstandskurzschlusses mit zweidim. Laplace-Transformation

Zum besseren Vergleich der Verfahren soll hier dieselbe Problemstellung wie im vorigen Kapitel untersucht werden. Es ist der Spannungsverlauf am Leistungsschalterkontakt der Leitungsseite gegen Erde (permanente Kurzschlußstelle) bei Abschalten eines Abstandskurzschlusses mit Hilfe der zweidimensionalen Laplace-Transformation zu berechnen.

Ausgangspunkt der Berechnung ist die Bildfunktion aus Gleichung (8.31):

$$\begin{aligned} & u(s,p)[\,s^2 - p^2 L'C'] \\ &= s\ [u(0,p) + L' \cdot i(s,0)] - pL'C' \cdot u(s,0) - pL' \cdot i(0,p) \end{aligned} \tag{8.33}$$

Umgeformt mit der Beziehung für die Wellenausbreitungsgeschwindigkeit

$$v = \frac{1}{\sqrt{L'C'}}$$

ergibt sich:

$$\begin{aligned} & u(s,p)[\,s^2 - \frac{p^2}{v^2}] \\ &= s\ [u(0,p) + L' \cdot i(s,0)] - pL'C' \cdot u(s,0) - pL' \cdot i(0,p) \end{aligned} \tag{8.34}$$

Im folgenden wird entsprechend dem Flußdiagramm in Kapitel 8.3.1 verfahren. Zunächst werden die Spannungen und Ströme im Augenblick des Abschaltens des Kurzschlusses im Bildbereich berechnet. Dazu werden die Anfangs- und Randbedingungen im Originalbereich herangezogen.

Anfangsbedingungen:

im Originalbereich $i(x,0) = 0 \qquad u(x,0) = \hat{U}_A\left(1 - \frac{x}{l}\right)$

im Bildbereich $i(s,0) = 0 \qquad u(s,0) = \frac{\hat{U}_A}{s}\left(1 - \frac{1}{sl}\right)$

Randbedingungen:

im Originalbereich $i(0,t) = 0 \qquad u(l,t) = 0$

im Bildbereich $i(0,p) = 0 \qquad u(l,p) = 0$

Das Einsetzen der Anfangs- und Randbedingungen $i(s,0)$, $i(0,p)$ und $u(s,0)$ in Gleichung (8.34) ergibt:

$$u(s,p) = u(0,p) \cdot \frac{s}{s^2 - \left(\frac{p}{v}\right)^2} - \frac{p}{v^2} \cdot \frac{u(s,0)}{s^2 - \left(\frac{p}{v}\right)^2} \tag{8.35}$$

$$u(s,p) = u(0,p) \cdot \frac{s}{s^2 - \left(\frac{p}{v}\right)^2} - \frac{p}{v^2} \cdot \frac{\hat{U}_A\left(s - \frac{1}{l}\right)}{s^2\left(s^2 - \left(\frac{p}{v}\right)^2\right)} \tag{8.36}$$

Für die Rücktransformation der Gleichung (8.36) in den Originalbereich der Zeit und des Ortes muß der zweite Summand mit Hilfe einer Partialbruchzerlegung umgeformt werden.

$$\begin{aligned}\frac{p\hat{U}_A}{v^2} \cdot \frac{s - \frac{1}{l}}{s^2\left(s^2 - \left(\frac{p}{v}\right)^2\right)} &= \frac{p\hat{U}_A}{v^2} \cdot \frac{s - \frac{1}{l}}{s^2\left(s - \frac{p}{v}\right)\left(s + \frac{p}{v}\right)} \\ &= \frac{p\hat{U}_A}{v^2} \cdot \left[\frac{A_0}{s} + \frac{A_1}{s^2} + \frac{B_1}{s - \frac{p}{v}} + \frac{B_2}{s + \frac{p}{v}}\right]\end{aligned}$$

Aus dem Koeffizientenvergleich erhält man:

$$A_0 = -\left(\frac{v}{p}\right)^2 \qquad A_1 = \frac{1}{l}\left(\frac{v}{p}\right)^2$$

$$B_1 = \frac{1}{2}\left(\frac{v}{p}\right)^2 - \frac{1}{2l}\left(\frac{v}{p}\right)^3 \qquad B_2 = \frac{1}{2}\left(\frac{v}{p}\right)^2 - \frac{1}{2l}\left(\frac{v}{p}\right)^3$$

Setzt man die Koeffizienten ein, wird aus Gleichung (8.36):

$$\begin{aligned}u(s,p) = {} & u\;(0,p) \cdot \frac{s}{s^2 - \left(\frac{p}{v}\right)^2} \\ & - \hat{U}_A \cdot \left[-\frac{1}{ps} + \frac{1}{lps^2} + \frac{\frac{1}{2p} - \frac{v}{2lp^2}}{s - \frac{p}{v}} + \frac{\frac{1}{2p} - \frac{v}{2lp^2}}{s + \frac{p}{v}}\right]\end{aligned} \tag{8.37}$$

Rücktransformiert in den Originalbereich des Ortes ergibt sich:

$$\begin{aligned} u(x,p) &= u(0,p)\cdot\cosh(\frac{p}{v}\cdot x) \\ &+ \frac{\hat{U}_A}{p}\left[1-\frac{x}{l}-\cosh(\frac{p}{v}\cdot x)+\frac{v}{lp}\sinh(\frac{p}{v}\cdot x)\right] \end{aligned} \tag{8.38}$$

$$\begin{aligned} u(x,p) &= u(0,p)\cdot\cosh(\frac{p}{v}\cdot x) \\ &+ \frac{\hat{U}_A}{p}\left[1-\frac{x}{l}-\cosh(\frac{p}{v}\cdot x)\cdot\left(1-\frac{v}{lp}\cdot\tanh(\frac{p}{v}\cdot x)\right)\right] \end{aligned} \tag{8.39}$$

Am Ende der Leitung (Fehlerstelle) gilt $u(l,p)=0$, damit folgt:

$$0 = u(0,p)\cdot\cosh(\frac{p}{v}\cdot l) - \frac{\hat{U}_A}{p}\cdot\cosh(\frac{p}{v}\cdot l)\left(1-\frac{v}{lp}\cdot\tanh(\frac{p}{v}\cdot l)\right) \tag{8.40}$$

$$u(0,p) = \frac{\hat{U}_A}{p}\left(1-\frac{v}{lp}\cdot\tanh(\frac{p}{v}\cdot l)\right) \tag{8.41}$$

Aus der Beziehung zwischen Leitungslänge und Wellengeschwindigkeit erhält man die Laufzeit $\tau = \frac{l}{v}$. Eingesetzt vereinfacht sich der Ausdruck zu:

$$u(0,p) = \frac{\hat{U}_A}{p}\left(1-\frac{1}{p\tau}\tanh(p\tau)\right) \tag{8.42}$$

Für $\tanh(p\tau)$ kann man schreiben:

$$\tanh p\tau = \frac{\sinh p\tau}{\cosh p\tau} = \frac{e^{p\tau}-e^{-p\tau}}{e^{p\tau}+e^{-p\tau}} = \frac{1-e^{-2p\tau}}{1+e^{-2p\tau}}$$

Die Division des Zählers durch den Nenner ergibt:

$$\tanh(p\tau) = 1-2e^{-2p\tau}+2e^{-4p\tau}-2e^{-6p\tau}+2e^{-8p\tau}-\ldots+\ldots$$

$$\tanh(p\tau) = 1+2\cdot\sum_{n=1}^{\infty}(-1)^n e^{-2np\tau}$$

Setzt man dieses Ergebnis in Gleichung (8.42) ein, erhält man:

$$u(0,p) = \hat{U}_A\left[\frac{1}{p}-\frac{1}{p^2\tau}\left(1+2\cdot\sum_{n=1}^{\infty}(-1)^n e^{-2np\tau}\right)\right] \tag{8.43}$$

Die obige Bildfunktion muß nun noch in den Originalbereich der Zeit rücktransformiert werden. Durch Anwendung des ersten Verschiebungssatzes

$$\mathcal{L}\{f(t-a)\} = e^{-ap}F(p)$$

mit $F(p) = \mathcal{L}\{f(t)\} = \frac{1}{p^2}$ und $e^{-ap} = e^{-2np\tau}$ ergibt sich schließlich:

$$u(0,t) = \hat{U}_A \left[ 1 - \frac{t}{\tau} + \frac{2}{\tau} \cdot \sum_{n=1}^{\infty} (-1)^{n+1} (t - 2n\tau) \right] \tag{8.44}$$

mit $\frac{2}{\tau} \cdot \hat{U}_A(t - 2n\tau) = 0$, wenn $t < 2n\tau$.

Für die graphische Darstellung der Gleichung (8.44) geht man wie in der Tabelle dargestellt vor. Der auf diese Weise ermittelte Spannungsverlauf am Leistungsschalterkontakt der Leitungsseite ist in Abbildung 8.19 dargestellt.

| $t$ | $1 - \frac{t}{\tau}$ | $\frac{2}{\tau} \cdot \sum_{n=1}^{\infty} (-1)^{n+1} (t - 2n\tau)$ | $u(0,t)$ |
|---|---|---|---|
| $t = 0$ | 1 | 0 | $+\hat{U}_A$ |
| $t = \tau$ | 0 | 0 (für n=1 und größer) | 0 |
| $t = 2\tau$ | -1 | 0 (für n=1 und größer) | $-\hat{U}_A$ |
| $t = 3\tau$ | -2 | 2 (für n=1)* | 0 |
| $t = 4\tau$ | -3 | 4 (für n=1)* | $+\hat{U}_A$ |

*der Beitrag der anderen Anteile für $n > 1$ ist $= 0$

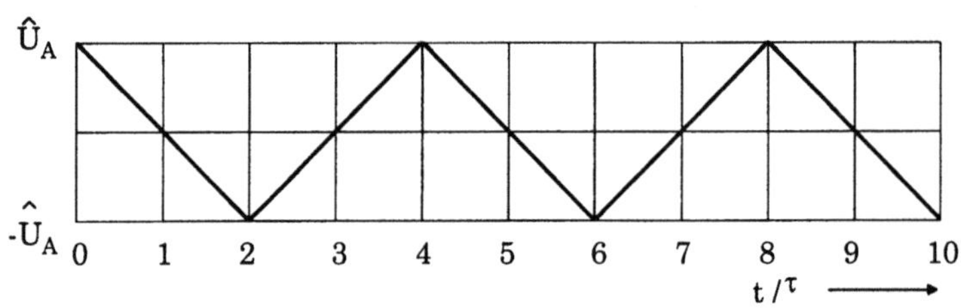


**Abbildung 8.19.** Spannungsverlauf am Leistungsschalterkontakt der Leitungsseite (Leitungsanfang) beim Abschalten eines Kurzschlusses

Wie man sieht, entspricht der Spannungsverlauf am Leistungsschalterkontakt dem Verlauf in Abbildung 8.16, der mit Hilfe des Wanderwellenverfahrens berechnet wurde, allerdings mit erheblich größerem Aufwand.

## 8.4 Digitale Berechnung ausgedehnter Systeme mittels EMTP (Electromagnetic Transients Program)

Zum Abschluß dieses Kapitels über spezielle Berechnungsverfahren wird nun noch ein numerisches (digitales) Verfahren vorgestellt und beschrieben. Es handelt sich dabei um eine Lösungsmethode für die Behandlung elektromagnetischer und elektromechanischer Ausgleichsvorgänge in Ein- und Mehrphasen-Netzwerken. Die Modellierung der Netzelemente erfolgt durch eine oder mehrere konstante Stromquellen und einen bzw. mehrere Leitwerte. Das Berechnungsverfahren ist in der Lage, sowohl konzentrierte als auch verteilte Parameter zu behandeln.

Auf diesem relativ einfachen Modellierungsprinzip basierend wurde von *Dommel* das Programm *Electromagnetic Transients Program* /EMTP/ entwickelt. Dieses Programm kann sowohl Nichtlinearitäten als auch eine beliebige Anzahl von Schaltvorgängen mit ihren spezifischen Schaltkriterien während eines Ausgleichsvorgangs berücksichtigen.

Durch einen Digitalrechner ist zwar keine fortlaufende Darstellung transienter Phänomene möglich, aber eine Darstellung als Folge von Momentaufnahmen in diskreten Zeitintervallen $\Delta t$. Grundsätzlich verursacht die Diskretisierung eines Vorgangs Rundungsfehler, die im weiteren Verlauf zu numerischen Instabilitäten führen können, Kapitel 3.1. Um diese gering zu halten, benutzt man zur anschließenden numerischen Integration die Trapezregel , Kapitel 3.4.1. Sie ist besonders gut geeignet für praktische Zwecke, da bei dieser Methode die gewünschte numerische Stabilität und eine ausreichende Genauigkeit einfach zu erreichen ist.

Zweige mit verteilten Parametern werden als verlustlose Leitungen betrachtet. Durch das Vernachlässigen der Verluste kann man mit der Charakteristikmethode eine exakte Lösung erhalten. Verluste können durch das Bergeron-Verfahren ziemlich genau nachgebildet und berücksichtigt werden; es eignet sich besonders für Digitalrechner. Im Gegensatz zum alternativen Wellengitter-Verfahren nach Bewley bietet das Bergeron-Verfahren wichtige Vorteile, z.B. ist bei Anwendung dieser Methode keine Kenntnis der Brechungs- und Reflexionsfaktoren notwendig.

Die Charakteristikmethode und die Trapezregel können einfach zu einem allgemeinen Algorithmus kombiniert werden, der bei der Lösung transienter Vorgänge in jedem Netzwerk sowohl mit verteilten als auch mit konzentrierten Elementen eingesetzt werden kann. Numerisch führt dies zur Lösung eines Systems von linearen Knotengleichungen bei jedem Zeitschritt. Die verlustlosen Leitungen (verteilte Parameter) leisten nur zu den Diagonalelementen der verknüpften Matrix einen Beitrag, während Elemente, die nicht in der Diagonalen stehen, ausschließlich aus den konzentrierten Parametern resultieren. Falls konzentrierte Parameter ausgeschlossen sind, kann man daher ein sehr schnelles Programm erstellen.

**Rechenverfahren**

Um einen physikalischen Vorgang numerisch berechnen zu können, muß er zunächst durch ein mathematisches Modell nachgebildet werden; dazu ist natürlich eine Diskretisierung des kontinuierlichen Zeitverlaufs notwendig.

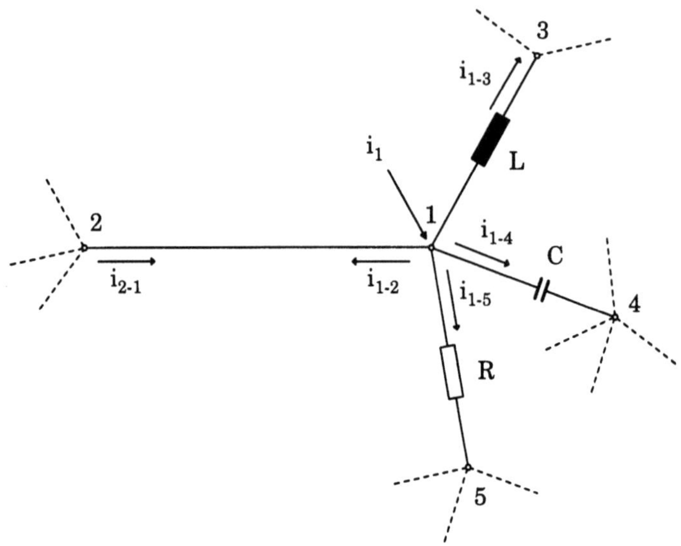


**Abbildung 8.20.** Netzknotenpunkt 1

Ein aus einem Netzwerk herausgegriffener beliebiger Knotenpunkt nach Abbildung 8.20 soll das von EMTP benutzte Rechenverfahren veranschaulichen. Am Knotenpunkt 1 liegen die drei typischen konzentrierten Netzelemente an, ohmscher Widerstand $R$, Kapazität $C$ und Induktivität $L$; weiterhin eine zunächst als verlustlos angenommene Leitung mit verteilten Parametern. Die Vorgeschichte sei bekannt, lediglich die Momentanwerte der Ströme und Spannungen zum Zeitpunkt $t = 0$ sind zu berechnen.

Die in Abbildung 8.20 eingezeichneten Zweige werden der Reihe nach betrachtet und modelliert. Begonnen wird mit dem Zweig zwischen den Knotenpunkten 1-3. Für die Spannung über der Induktivität gilt:

$$u_1 - u_3 = L \cdot \frac{di_{1-3}}{dt} \tag{8.45}$$

Durch Integration ergibt sich:

$$i_{1-3}(t) = i_{1-3}(t - \triangle t) + \frac{1}{L} \int_{t-\triangle t}^{t} (u_1 - u_2) dt \tag{8.46}$$

Das Integral in Gleichung (8.46) wird durch Anwendung der Trapezregel gelöst. Hierbei wird in Gleichung (8.45) der Differentialquotient durch einen

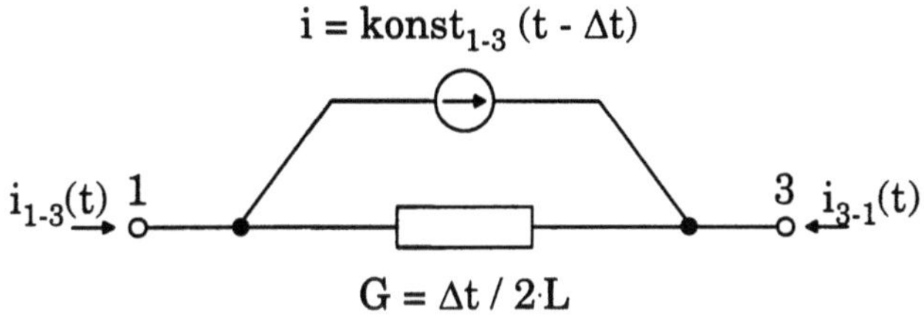


**Abbildung 8.21.** Ersatzschaltbild einer Induktivität

zentralen Differentialquotienten ersetzt und die Spannung zwischen den Zeitschritten $t - \Delta t$ und $t$ linear interpoliert.

$$L \cdot \frac{i_{1-3}(t) - i_{1-3}(t-\Delta t)}{\Delta t} = \frac{[u_1(t-\Delta t) - u_3(t-\Delta t)] + [u_1(t) - u_3(t)]}{2}$$

$$i_{1-3}(t) = \frac{\Delta t}{2L} \cdot [u_1(t) - u_3(t)] + konst_{1-3}(t-\Delta t) \tag{8.47}$$

$$\text{mit} \quad konst_{1-3}(t-\Delta t) = i_{1-3}(t-\Delta t) + \frac{\Delta t}{2L} \cdot [u_1(t-\Delta t) - u_3(t-\Delta t)]$$

Durch Auflösen erhält man die gewünschte Stromgleichung, Gleichung (8.47) mit der Vorgeschichte, die durch $konst_{1-3}(t - \Delta t)$ berücksichtigt wird. Die Konstante der Gleichung (8.47) hat die Dimension Ampère und kann folglich durch eine Stromquelle dargestellt werden. Der konstante Faktor $\Delta t/2L$ besitzt dagegen die Dimension eines Leitwertes. Damit kann man für die Induktivität das Ersatzschaltbild 8.21 ableiten.

Analoges gilt für die Kapazität, betrachtet wird dazu der Zweig 1-4. Ausgehend von Gleichung (8.48) gelangt man durch Integration zur Gleichung (8.49) und schließlich unter Anwendung der Trapezregel zur gewünschten Stromgleichung (8.50), mit der Vorgeschichte $konst_{1-4}(t - \Delta t)$.

$$i_{1-4} = C \cdot \frac{\partial(u_1 - u_4)}{\partial t} \tag{8.48}$$

$$u_1(t) - u_4(t) = u_1(t-\Delta t) - u_4(t-\Delta t) + \frac{1}{C} \cdot \int_{t-\Delta t}^{t} i_{1-4} dt \tag{8.49}$$

$$u_1(t) - u_4(t) = u_1(t-\Delta t) - u_4(t-\Delta t) + \frac{\Delta t}{2C}[i_{1-4}(t) + i_{1-4}(t-\Delta t)]$$

$$i_{1-4}(t) = \frac{2C}{\Delta t}[u_1(t) - u_4(t)] + konst_{1-4}(t-\Delta t) \tag{8.50}$$

$$\text{mit} \quad konst_{1-4}(t-\Delta t) = -\frac{2C}{\Delta t}[u_1(t-\Delta t) - u_4(t-\Delta t)] - i_{1-4}(t-\Delta t)$$

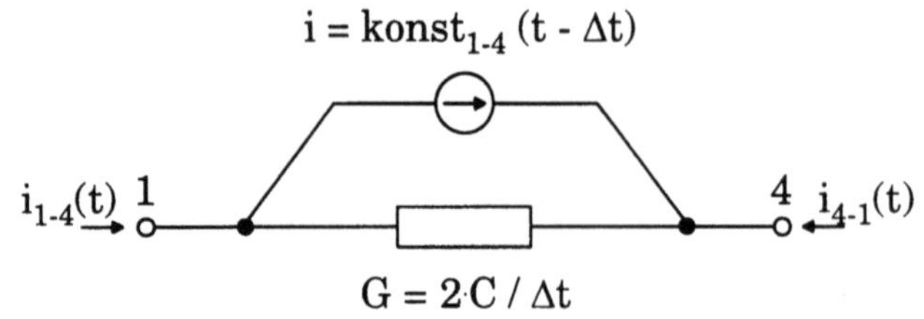


**Abbildung 8.22.** Ersatzschaltbild einer Kapazität

Das Ersatzschaltbild der Kapazität ist in Abbildung 8.22 dargestellt. Der Vollständigkeit halber wird noch die Stromgleichung des ohmschen Widerstands im Zweig 1-5 angeben.

$$i_{1-5}(t) = \frac{1}{R}[u_1(t) - u_5(t)] \tag{8.51}$$

Übrig bleibt die elektrisch lange Leitung mit homogen verteilten Leitungsbelägen im Zweig 1-2. Viele Programme bilden sie durch Hintereinanderschalten mehrerer $\pi$-Glieder nach. Diese Modellierung ist bei einem schwingenden Verlauf von Spannung und Strom zulässig, jedoch wird bei konstant gehaltener Anzahl der $\pi$-Glieder bei steigender Frequenz der Nachbildungsfehler gegenüber einer realen Leitung immer größer. Die Darstellung mit $\pi$-Gliedern *täuscht* darüber hinaus ein Laufzeitverhalten nur vor und ist auch bei noch so feiner zeitlicher Unterteilung mit einem unerwünschten Überschwingen belastet. Das Ziel ist daher, ein Leitungsmodell zu entwickeln, das durch ein *echtes* Laufzeitverhalten charakterisiert ist.

Zunächst wird eine **verlustlose Leitung** betrachtet, $R' = 0$ und $G' = 0$. Dazu können die im Bergeron-Verfahren hergeleiteten Zusammenhänge herangezogen werden, Kapitel 8.2.

$$u(x,t) + Z_W \cdot i(x,t) = +2Z_W \cdot f(x - vt) \qquad \text{2 vorlaufende Wellen}$$

$$u(x,t) - Z_W \cdot i(x,t) = -2Z_W \cdot b(x + vt) \qquad \text{2 rücklaufende Wellen}$$

Nimmt man in diesen Gleichungen die Argumente als konstant an, so sind folglich auch die linken Seiten der Gleichungen konstant. Die konstanten Argumente $(x-vt)$ bzw. $(x+vt)$ bezeichnet man auch als *Charakteristiken einer partiellen Differentialgleichung*; sie lassen sich folgendermaßen interpretieren:

Ein fiktiver Wellenreiter bewege sich zum Beispiel mit der vorlaufenden Welle $f(x-vt)$ und der Geschwindigkeit $v$. Für ihn ist jetzt das Argument $(x-vt)$ und somit auch der Ausdruck $u + Z_W \cdot i$ längs der Leitung konstant. Damit muß auch der Ausdruck $u + Z_W \cdot i$ am Anfang einer Leitung, den der Wellenreiter zum Zeitpunkt $t - \tau$ beobachtet, gleich dem Ausdruck sein, den er nach Verstreichen der Laufzeit $\tau$ am Ende der Leitung zum Zeitpunkt $t$ vorfindet.

$$u_2(t - \tau) + Z_W \cdot i_{2-1}(t - \tau) = u_1(t) + Z_W[-i_{1-2}(t)] \tag{8.52}$$

$$u_1(t-\tau) + Z_W \cdot i_{1-2}(t-\tau) = u_2(t) + Z_W[-i_{2-1}(t)] \tag{8.53}$$

Hieraus lassen sich nun die Zweigströme am Anfang und am Ende der Leitung berechnen. Die Vorgeschichte läßt sich wie gehabt durch konstante Stromquellen berücksichtigen.

Leitungsanfang:

$$i_{1-2}(t) = \frac{1}{Z_W} \cdot u_1(t) + konst_{1-2}(t-\tau) \tag{8.54}$$

$$\text{mit} \quad konst_{1-2}(t-\tau) = -\left[\frac{1}{Z_W} \cdot u_2(t-\tau) + i_{2-1}(t-\tau)\right]$$

Leitungsende:

$$i_{2-1}(t) = \frac{1}{Z_W} \cdot u_2(t) + konst_{2-1}(t-\tau) \tag{8.55}$$

$$\text{mit} \quad konst_{2-1}(t-\tau) = -\left[\frac{1}{Z_W} \cdot u_1(t-\tau) + i_{1-2}(t-\tau)\right]$$

Abbildung 8.23 zeigt das Ersatzschaltbild der verlustlosen Leitung. Wie man sieht, sind die Leitungsenden galvanisch getrennt. Ein Vorgang, der am Leitungsanfang beginnt, zeigt also erst nach Ablauf der Laufzeit $\tau$ am Leitungsende mittels der zeitgesteuerten Stromquelle Wirkung.

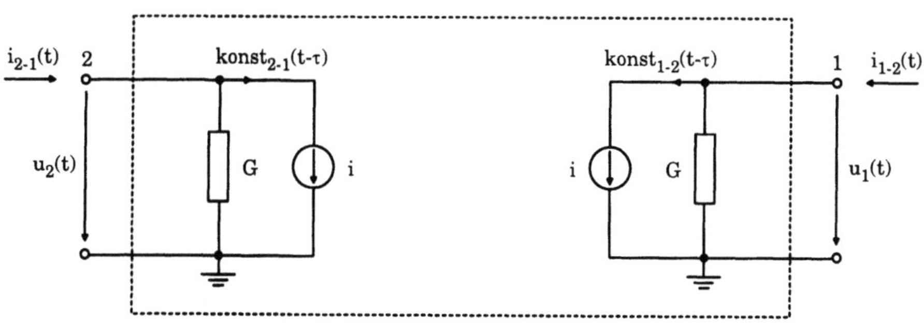


**Abbildung 8.23.** Ersatzschaltbild einer verlustlosen Leitung

Das verlustlose Leitungsmodell kann auch auf **verlustbehaftete Leitungen** ($R' \neq 0$, $G' \neq 0$) erweitert werden. Am einfachsten gelingt dies bei einer **verzerrungsfreien** Leitung ($\frac{R'}{L'} = \frac{G'}{C'}$). Da der Ableitungsbelag $G'$ einer realen Freileitung vernachlässigbar klein ist, muß $R'$ die gesamten Verluste der Leitung repräsentieren. Gemäß Gleichung (8.56) teilt man den Gesamtverlust auf. Damit lassen sich dann der Längswiderstand $R'_{längs}$ und der Querleitwert $G'_{quer}$ berechnen.

$$\frac{R'_{längs}}{L'} = \frac{G'_{quer}}{C'} = \frac{R'}{2C'} \tag{8.56}$$

Die Dämpfungskonstante $\alpha$ und die Dämpfung $a$ einer verlustbehafteten Leitung sind gegeben durch:

$$\alpha = \frac{R'}{2C'} \cdot \sqrt{L'C'} = \frac{R'}{2Z_W} \tag{8.57}$$

$$a = l \cdot \alpha = l \cdot \frac{R'}{2Z_W} = \frac{R'}{2L'} \cdot \tau \tag{8.58}$$

Für die Stromgleichungen am Leitungsanfang und am Leitungsende gelten:

$$i_{1-2}(t) = \frac{1}{Z_W} \cdot u_1(t) + konst_{1-2}(t-\tau) \tag{8.59}$$

$$\text{mit} \quad konst_{1-2}(t-\tau) = -\left[\frac{1}{Z_W} \cdot u_2(t-\tau) + i_{2-1}(t-\tau)\right] \cdot e^{-\frac{R'}{2L'} \cdot \tau}$$

$$i_{2-1}(t-) = \frac{1}{Z_W} \cdot u_2(t) + konst_{2-1}(t-\tau) \tag{8.60}$$

$$\text{mit} \quad konst_{2-1}(t-\tau) = -\left[\frac{1}{Z_W} \cdot u_1(t-\tau) + i_{1-2}(t-\tau)\right] \cdot e^{-\frac{R'}{2L'} \cdot \tau}$$

Die Gleichungen (8.59) und (8.60) sind identisch mit den Gleichungen (8.54) und (8.55), lediglich die Vorgeschichten, in Form der Konstanten, unterscheiden sich um den Faktor $e^{-a}$. Damit ist das Ersatzschaltbild 8.23 hier ebenfalls gültig. Die verzerrungsfreie Leitung stellt somit einen Spezialfall der verlustlosen Leitung dar.

Eine verzerrungsfreie Modellierung ist jedoch nur näherungsweise bei Freileitungen zulässig, schon bei Kabeln versagt sie völlig. Liegt eine verlustbehaftete **nicht verzerrungsfreie Leitung** vor, muß ein anderes Modell gewählt werden. Dabei bereitet die Nachbildung des homogen verteilten Widerstandsbelags $R'$ große Schwierigkeiten. In solchen Fällen berücksichtigt EMTP die Dämpfung, indem es die verlustbehaftete Leitung in zwei verlustlose Leitungen mit der Laufzeit $\frac{\tau}{2}$ aufteilt und am Anfang und Ende bzw. in der Mitte der Leitung konzentrierte Widerstände der Größe $\frac{R}{4}$ bzw. $\frac{R}{2}$ hinzufügt, siehe Abbildung 8.24. Dieses Modell gilt nur für $R' \cdot l \ll Z_W$, da der homogen verteilte Längswiderstand $R'$ durch die an den konzentrierten Widerständen auftretenden Brechungen und Reflexionen nicht exakt wiedergegeben ist.

$$R' \cdot l = \frac{R}{4} + \frac{R}{2} + \frac{R}{4} \tag{8.61}$$

$$R' \cdot l \ll Z_W \tag{8.62}$$

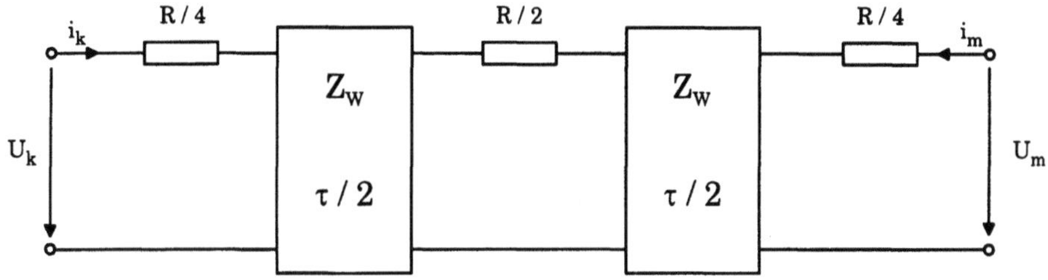


**Abbildung 8.24.** Ersatzschaltbild einer verlustbehafteten Leitung

Bei verlustlosen Leitung gelten die Gleichungen (8.63) und (8.64), da bei ihnen keinerlei Reflexionen oder Brechungen längs der Leitung auftreten. Zum Beispiel treten im Knotenpunkt $k$ zum Zeitpunkt $t$ nur Wellenanteile in Erscheinung, die zum Zeitpunkt $t - \tau$ vom Knotenpunkt $m$ in Richtung $k$ gestartet sind. Sie werden mit $F_m(t - \tau)$ bezeichnet. Damit ist der auf den Knotenpunkt $k$ zulaufende Wellenanteil $B_k(t)$ nur von $F_m(t - \tau)$ abhängig.

$$\begin{aligned} B_k(t) &= u_k(t) - Z_W \cdot i_k(t) \\ &= u_m(t - \tau) + Z_W \cdot i_m(t - \tau) = F_m(t - \tau) \end{aligned} \tag{8.63}$$

$$\begin{aligned} B_m(t) &= u_m(t) - Z_W \cdot i_m(t) \\ &= u_k(t - \tau) + Z_W \cdot i_k(t - \tau) = F_k(t - \tau) \end{aligned} \tag{8.64}$$

Anders verhält es sich bei verlustbehafteten Leitungen. Reflexionen am konzentrierten Widerstand $R/2$ in der Leitungsmitte sorgen dafür, daß sich $B_k(t)$ aus zwei Wellenanteilen zusammensetzt. Man kann zeigen, daß unter Berücksichtigung von $R \ll Z_W$ die Gleichungen (8.65) und (8.66) gelten.

$$B_k(t) = \frac{Z_W}{Z_W + \frac{R}{4}} \cdot F_m(t - \tau) + \frac{\frac{R}{4}}{Z_W + \frac{R}{4}} \cdot F_k(t - \tau) \tag{8.65}$$

$$B_m(t) = \frac{Z_W}{Z_W + \frac{R}{4}} \cdot F_k(t - \tau) + \frac{\frac{R}{4}}{Z_W + \frac{R}{4}} \cdot F_m(t - \tau) \tag{8.66}$$

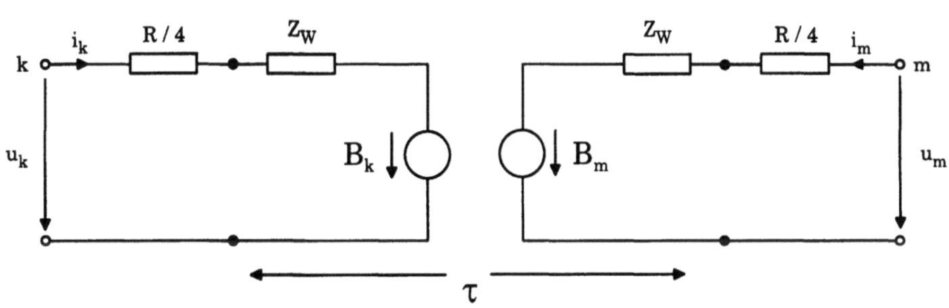


**Abbildung 8.25.** Ersatzschaltbild einer verlustbehafteten Leitung mit zeitgesteuerten Quellen

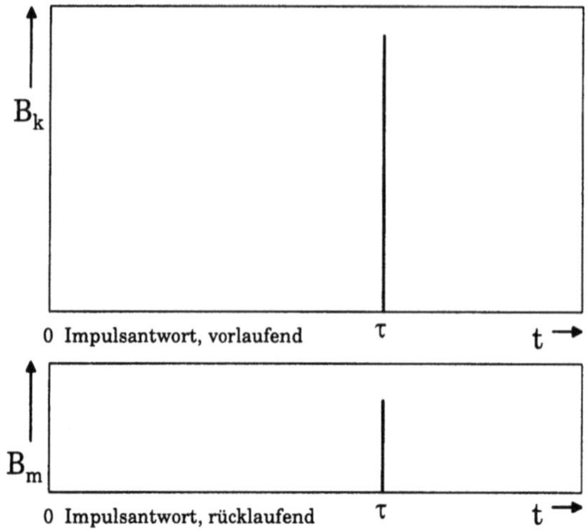


**Abbildung 8.26.** Impulsantworten der vorlaufenden Welle $B_k(t)$ und der rücklaufenden Welle $B_m(t)$

Hieraus läßt sich wieder ein Ersatzschaltbild entwickeln, indem $Z_W$ in den Gleichungen (8.63) und (8.64) durch $Z_W + \frac{R}{4}$ ersetzt wird und eine Stromquelle die Vorgeschichte, die nun von beiden Leitungsenden beeinflußt wird, berücksichtigt. Abbildung 8.25 zeigt das zugehörige Ersatzschaltbild.

Injiziert man bei einer verlustbehafteten Leitung im Knotenpunkt $m$ zum Zeitpunkt $t = 0$ eine vorlaufende Impulswelle, so wird diese in der Mitte der Leitung am Widerstand $R/2$ gebrochen und reflektiert. Damit ergibt sich für die auf die Knotenpunkte $k$ und $m$ zulaufenden Wellen ein zeitlicher Verlauf gemäß der Abbildung 8.26.

Durch viele kleinere konzentrierte Widerstände, die durch verlustlose Leitungen getrennt sind, kann man den homogen verteilten Widerstandsbelag einer realen Leitung exakter nachbilden. Die diskreten Impulsantworten in Abbildung 8.26 werden dann durch zahlreiche, über einen größeren Zeitraum

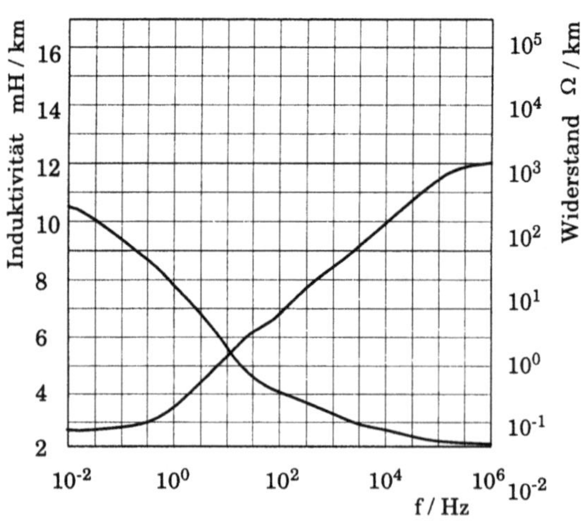


**Abbildung 8.27.** Frequenzabhängigkeit der Leitungsparameter $R'$ und $L'$

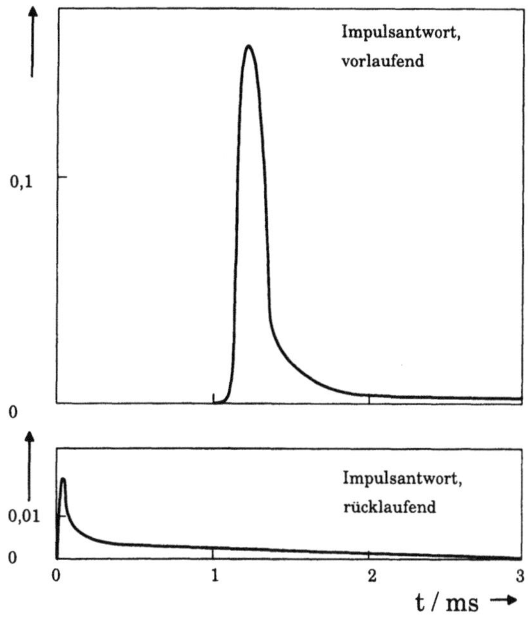


**Abbildung 8.28.** Impulsantworten einer frequenzabhängigen Freileitung, Zeitschritt 50 $\mu s$

auftretende Antworten ersetzt. Berücksichtigt man darüber hinaus die Frequenzabhängigkeit der Leitungsparameter $R'$ und $L'$, Abbildung 8.27, so resultiert daraus eine frequenzabhängige Laufzeit und Dämpfung. Der Verlauf von $B_k$ und $B_m$ wäre dann nicht mehr alleine von $F_k$ und $F_m$, sondern ebenso von den auftretenden Frequenzen abhängig, Abbildung 8.28.

Es gibt zwei brauchbare Modelle, die frequenzabhängige Parameter berücksichtigen können. Beide Modelle gehen davon aus, daß die Impulsantwort der Leitung bekannt ist. Die vorlaufenden Wellen $F_k$ und $F_m$ werden dann durch Impulse der Dauer $\Delta t$ ersetzt und schließlich die resultierenden Effekte bestimmter Impulse zum Zeitpunkt $t$ aufsummiert.

Nachdem nun die Ersatzschaltbilder der einzelnen Betriebsmittel hergeleitet sind, ist es einfach, die Knotengleichungen für den Beispiel-Netzknotenpunkt 1 aufzustellen. Für den Knoten gilt nach Kirchhoff:

$$i_{1-2}(t) + i_{1-3}(t) + i_{1-4}(t) + i_{1-5}(t) = i_1(t) \tag{8.67}$$

Mit den zuvor berechneten Zweigströmen ergibt sich:

$$\begin{aligned}&\left[\frac{1}{Z_W} + \frac{\Delta t}{2L} + \frac{2C}{\Delta t} + \frac{1}{R}\right] u_1(t) - \frac{\Delta t}{2L} u_3(t) - \frac{2C}{\Delta t} u_4(t) - \frac{1}{R} u_5(t)\\ &= i_1(t) - [konst_{1-2}(t-\tau) + konst_{1-3}(t-\Delta t) + konst_{1-4}(t-\Delta t)]\end{aligned}$$

Es zeigt sich, daß man für ein beliebiges Netz mit $n$ Knotenpunkten ein System von $n$ linearen Gleichungen in Matrixschreibweise erhält, das für jeden Zeitschritt gelöst werden muß.

$$Y \cdot u(t) = i(t) - K \tag{8.68}$$

Dabei stellt $Y$ eine reelle symmetrische Knotenleitwertmatrix, $u(t)$ einen Spaltenvektor der $n$ Knotenspannungen zur Zeit $t$, $i(t)$ einen Spaltenvektor der $n$ eingespeisten Knotenströme und $K$ einen konstanten Spaltenvektor dar, dessen Komponenten sich aus der Vorgeschichte der einzelnen Zweige zusammensetzen. Man beachte, daß $Y$ konstant ist, solange $\Delta t$ sich nicht ändert und keine Schalthandlungen durchgeführt werden.

Sowohl das *"Electromagnetic Transients Program"* (EMTP) als auch das *"Alternative Transients Program"* (ATP) arbeiten auf der Basis der erläuterten Berechnungsverfahren, wobei auch Simulationsmöglichkeiten mit $\pi$-Gliedern gegeben sind.

# 9. Modellbildung von Transformatoren

## 9.1 Transformatoren in Elektroenergiesystemen

Transformatoren gehören zu den Grundelementen für die Übertragung und Verteilung elektrischer Energie. Aufgrund ihrer exponierten Stellung als Verbindungsglieder zwischen Generator und Netz sowie zwischen Netzteilen unterschiedlicher Betriebsspannung ist ein fehlerfreier Betrieb für die Versorgungssicherheit von entscheidender Bedeutung.

Physikalisch läßt sich ein Transformator bei Betriebsfrequenz als vereinfachter magnetischer Kreis beschreiben. Durch Aufstellen der Vierpolgleichungen des magnetischen Kreises können ein $T$- oder $\pi$-Ersatzschaltbild hergeleitet und dessen Komponenten berechnet werden. Bei niederfrequenter Betrachtung ergibt sich somit ein Transformatormodell, das durch das magnetische Feld der Transformatorwicklungen maßgeblich bestimmt wird. Für höherfrequente Vorgänge, wie zum Beispiel aus dem Netz einlaufende transiente Ausgleichsvorgänge, wird der Einfluß der Kapazitäten zunehmend wirksam. Die klassischen Ersatzschaltbilder verlieren ihre Gültigkeit, da die hinzugekommenen Streukapazitäten in Verbindung mit den bereits vorhandenen Induktivitäten ein schwingungsfähiges System bilden. Um sowohl bei Betriebsfrequenz als auch bei transienten (hochfrequenten) Vorgängen das Verhalten von Transformatoren elektrisch und magnetisch korrekt wiedergeben zu können, ist eine differenzierte Modellbildung erforderlich.

Bei symmetrischer Belastung kann das Verhalten eines Drehstromtransformators durch die grundlegenden Gleichungen eines Einphasentransformators beschrieben werden. Während bei Einphasentransformatoren die Primär- und Sekundärspannung im Leerlauf praktisch in Phase bzw. Gegenphase sind, ist dies jedoch bei Drehstromtransformatoren nicht unbedingt der Fall. Abhängig von der Verschaltung der Primär- und Sekundärwicklungen treten bei Drehstromtransformatoren Phasendrehungen zwischen den zugehörigen Primär- und Sekundärklemmenspannungen auf. Die Phasendrehung der sekundären Leerlaufspannung gegen die Primärspannung ist stets ein ganzes Vielfaches von 30°. Die verschiedenen Kombinationsmöglichkeiten von Primär- und Sekundärschaltung werden als **Schaltgruppen** bezeichnet und mit einer Kennzahl $k$ versehen, Abbildung 9.1. Dabei gibt $k$ an, um welches Vielfache von 30° die sekundäre Leerlaufspannung der Primärspannung nacheilt, immer vorausgesetzt, daß an den Primärklemmen ein rechtsdrehendes Spannungssystem anliegt. Bei linksdrehenden Systemen wird die sekundäre Leerlaufspannung um den gleichen Winkel in entgegengesetzter, d.h. in positiver Richtung, gedreht.

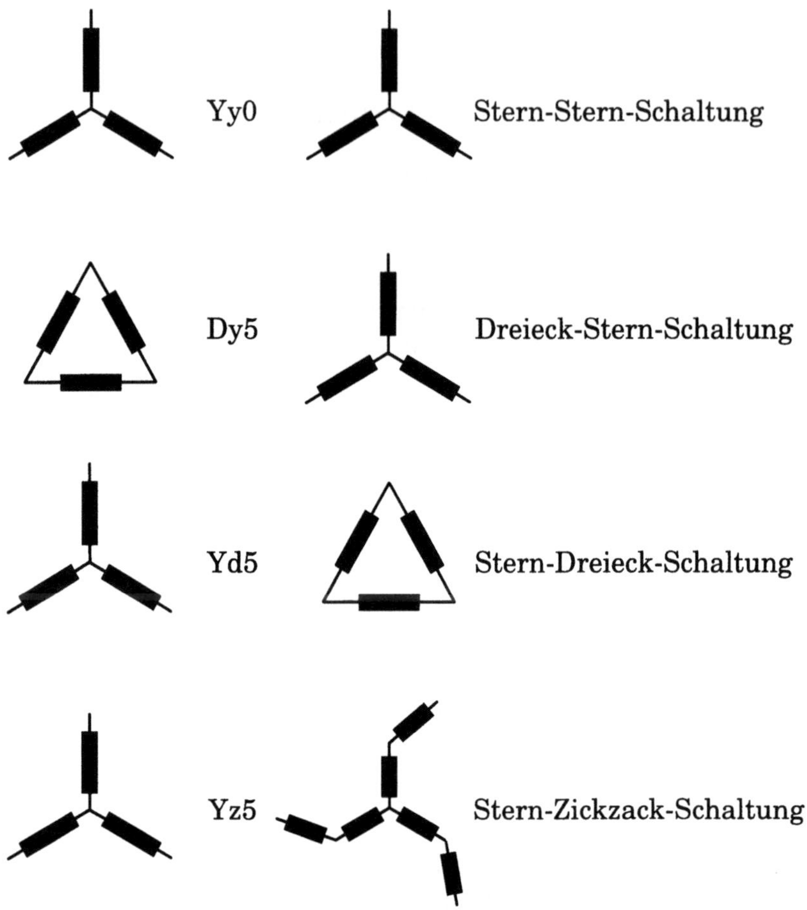


**Abbildung 9.1.**
Kennbuchstaben und Schaltgruppen von Transformatorwicklungen

Für Netzberechnungen sind die Schaltgruppen eines Dreiphasentransformators nicht bedeutsam, da bei symmetrischer Belastung ein einphasiges Ersatzschaltbild zugrundegelegt werden kann. Es ist dabei üblich, die Eingangs- und Ausgangsspannung als Sternspannung anzugeben. Für die Bestimmung der Ersatzelemente (Widerstände und Induktivitäten) wird ebenfalls mit der Sternspannung und der Leistung pro Phase gerechnet. Dabei wird selbstverständlich in Ober- bzw. Unterspannungsseite differenziert.

Für einen idealen Drehstromtransformator im symmetrischen Betrieb unter Vernachlässigung der Verluste der betrachteten Wicklung (Phase) erhält man die komplexe Scheinleistung einer Oberspannungswicklung zu:

$$\underline{S}_{OS} = P_{OS} + j \cdot Q_{OS} = \underline{U}_{\curlywedge OS}\underline{I}^*_{OS} = \underline{U}_{\curlywedge US}\underline{I}^*_{US} \tag{9.1}$$

| mit | | | |
|---|---|---|---|
| | $\underline{S}_{OS}$ | komplexe Scheinleistung | einer Oberspannungswicklung |
| | $P_{OS}$ | Wirkleistung | " |
| | $Q_{OS}$ | Blindleistung | " |
| | $\underline{U}_{\curlywedge OS}$ | Sternspannung | " |
| | $\underline{I}_{OS}$ | Strangstrom | " |
| | $\underline{U}_{\curlywedge US}$ | Sternspannung | einer Unterspannungswicklung |
| | $\underline{I}_{US}$ | Strangstrom | " |

Die mit einem * gekennzeichneten Ströme und Spannungen bezeichnen konjugiert komplexe Größen. Aus Gleichung (9.1) erhält man für die Ströme der Ober- und Unterspannungswicklung eines Drehstromtransformators folgende Beziehungen:

$$\underline{I}^*_{OS} = \frac{\underline{I}^*_{US}}{\underline{\ddot{u}}} \quad \text{bzw.} \quad \underline{I}_{OS} = \frac{\underline{I}_{US}}{\underline{\ddot{u}}^*} \tag{9.2}$$

Darin bezeichnet $\underline{\ddot{u}}$ das komplexe und $\underline{\ddot{u}}^*$ entsprechend das konjugiert komplexe Übersetzungsverhältnis. Es ist wie folgt definiert:

$$\underline{\ddot{u}} = \frac{\underline{U}_{OS}}{\underline{U}_{US}} \tag{9.3}$$

$\underline{U}_{OS}$ und $\underline{U}_{US}$ sind die Klemmenspannungen zwischen den entsprechenden Ober- bzw. Unterspannungswicklungen. Zur besseren Übersicht kennzeichnet im folgenden der Index 1 die Oberspannungsseite und der Index 2 die Unterspannungsseite. Die Sternspannung auf der Oberspannungsseite einer Phase wird folglich mit $\underline{U}_{1\curlywedge}$ und auf der Unterspannungsseite mit $\underline{U}_{2\curlywedge}$ angegeben. In Analogie dazu bezeichnen $\underline{I}_1$ und $\underline{I}_1^*$ bzw. $\underline{I}_2$ und $\underline{I}_2^*$ die komplexen bzw. die konjugiert komplexen Phasenströme auf der Ober- bzw. Unterspannungsseite. Die Spannungen $\underline{U}_{1b}$ und $\underline{U}_{2b}$ stehen für die Betriebsklemmenspannungen der Ober- und Unterspannungsseite. Für sie gilt folgender Zusammenhang:

$$\underline{U}_{1\curlywedge} = \frac{\underline{U}_{1b}}{\sqrt{3}} \quad \text{bzw.} \quad \underline{U}_{2\curlywedge} = \frac{\underline{U}_{2b}}{\sqrt{3}} \tag{9.4}$$

Das Übersetzungsverhältnis eines Transformators kann über das Windungsverhältnis Ober- zu Unterspannungswicklung angegeben werden. Tabelle 9.2 zeigt die komplexen Übersetzungsverhältnisse der am häufigsten verwendeten Schaltgruppen von Dreiphasentransformatoren.

**Tabelle 9.1.** Komplexe Übersetzungsverhältnisse der am häufigsten verwendeten Schaltgruppen von Dreiphasentransformatoren.

| | |
|---|---|
| Yy0 | $\underline{\ddot{u}} = \frac{w_1}{w_2}$ |
| Dy5 | $\underline{\ddot{u}} = \frac{w_1}{\sqrt{3}w_2} \cdot e^{j150°}$ |
| Yd5 | $\underline{\ddot{u}} = \frac{\sqrt{3}w_1}{w_2} \cdot e^{j150°}$ |
| Yd11 | $\underline{\ddot{u}} = \frac{\sqrt{3}w_1}{w_2} \cdot e^{j330°}$ |
| Yz5 | $\underline{\ddot{u}} = \frac{2w_1}{\sqrt{3}w_2} \cdot e^{j150°}$ |

## 9.2 Modellbildung von Transformatoren bei niederfrequenter Anregung

Wie bereits zuvor erläutert, kann ein dreiphasiger Transformator im symmetrischen Betrieb bei Betriebsfrequenz durch ein einphasiges Ersatzschaltbild dargestellt werden. Dazu müssen die folgenden Voraussetzungen erfüllt sein:

- ein symmetrischer Aufbau des Transformators
- eine symmetrische Belastung des Transformators
- alle Ströme und Spannungen sind sinusförmig (Aussteuerung der Magnetisierungskennlinie im linearen Bereich)
- alle Ströme, Spannungen und Ersatzelemente sind auf eine Spannungsebene bezogen
- die Magnetisierungsverluste im Eisenkern sind von der Induktion quadratisch abhängig

Ist dies alles erfüllt, entsprechen die Vierpolgleichungen eines Dreiphasentransformators denen eines Einphasentransformators. Durch die Anwendung der Induktionsgesetze an Primär- und Sekundärseite des Transformators (magnetischer Kreis) lassen sich schließlich die Vierpolgleichungen herleiten. Bezieht man die Größen der Sekundärseite auf die Primärseite (oder umgekehrt), erhält man das Ersatzschaltbild 9.2. Darin sind die Größen der Sekundärseite auf die Primärseite bezogen.

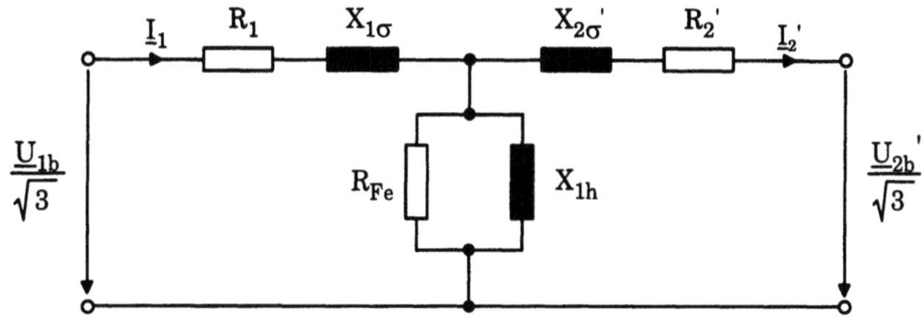


**Abbildung 9.2.** Einphasiges T-Ersatzschaltbild eines dreiphasigen Drehstromtransformators. Die Größen der Sekundärseite sind auf die Primärseite bezogen.

Hierin sind:

| | |
|---|---|
| $R_1$ | ohmscher Widerstand der Primärseite |
| $R_2^{'}$ | ohmscher Widerstand der Sekundärseite bezogen auf die Primärseite ($R_2' = \ddot{u}^2 R_2$) |
| $X_{1\sigma}$ | Streureaktanz der Primärseite |
| $X'_{2\sigma}$ | Streureaktanz der Sekundärseite bezogen auf die Primärseite ($X'_{2\sigma} = \ddot{u}^2 X_{2\sigma}$) |
| $L_1$ | Induktivität der Primärseite |
| $L_2$ | Induktivität der Sekundärseite |
| $R_{Fe}$ | Ersatzelement zur Berücksichtigung der Magnetisierungsverluste |
| $X_{1h}$ | Hauptreaktanz |
| $M$ | Koppelinduktivität zwischen den beiden Transformatorsseiten |
| $\frac{\underline{U}_{1b}}{\sqrt{3}}$ | Betriebsspannung der Primärseite |
| $\frac{\underline{U}'_{2b}}{\sqrt{3}}$ | Betriebsspannung der Sekundärseite bezogen auf die Primärseite |

Darüber hinaus gelten die folgenden Gleichungen:

$$X_{1\sigma} = \omega \cdot (L_1 - \ddot{u}M) \tag{9.5}$$

$$X'_{2\sigma} = \omega \cdot (\ddot{u}^2 L_2 - \ddot{u}M) \tag{9.6}$$

$$X_{1h} = \omega \cdot \ddot{u}M \tag{9.7}$$

Alle Reaktanzen und Widerstände des Ersatzschaltbildes 9.2 beziehen sich auf im Stern geschaltete Wicklungen. Dasselbe gilt für die Windungszahlen. Sind die Wicklungen des Transformators nicht im Stern geschaltet, müssen sie auf eine äquivalente Sternschaltung umgerechnet werden.

Das T-Ersatzschaltbild kann für den Fall, daß die Längsreaktanzen und die Längswiderstände, $X_{1\sigma} \approx X'_{2\sigma}$ und $R_1 \approx R'_2$, sehr klein gegenüber dem Querzweig sind, mit hinreichender Genauigkeit in ein $\pi$-Ersatzschaltbild umgewandelt werden.

Bei genügend großem Belastungsstrom kann zur Berechnung des Spannungsabfalls und der Stromverteilung der Stromfluß durch den Querzweig vernachlässigt werden. Man erhält das vereinfachte Ersatzschaltbild 9.3.

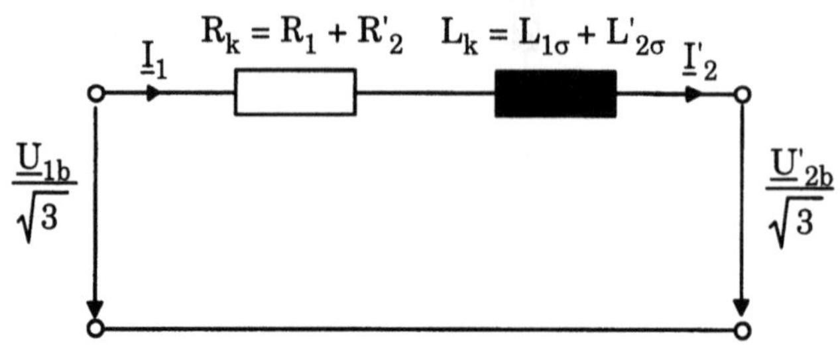


**Abbildung 9.3.** Vereinfachtes einphasiges Ersatzschaltbild eines Transformators bei Belastung

Die darin dargestellte Impedanz $\underline{Z}_k$ wird als **Kurzschlußimpedanz** bezeichnet und berechnet sich wie folgt:

$$\underline{Z}_k = R_1 + R_2' + j\omega(L_{1\sigma} + L_{2\sigma}') = R_k + jX_k \tag{9.8}$$

Kurzschluß- und Leerlaufversuche sind zur Bestimmung der Elemente in den Ersatzschaltbildern am besten geeignet.

**Kurzschlußversuch**

Der Kurzschlußversuch wird bei kurzgeschlossener Unterspannungswicklung durchgeführt. Dabei liegt an der Oberspannungsseite eine Spannung mit Netzfrequenz an in einer Größenordnung, daß Nennstrom fließt. Das einphasige Ersatzschaltbild des Drehstromtransformators beim Kurzschlußversuch ist in Abbildung 9.4 dargestellt. $\underline{U}_k$ ist die Klemmenspannung auf der Oberspannungsseite, wenn bei kurzgeschlossener Unterspannungsseite der Nennstrom $I_{1n}$ fließt. Im einphasigen Ersatzschaltbild muß die Klemmenspannung als Sternspannung $\frac{\underline{U}_k}{\sqrt{3}}$ angegeben werden.

Damit lassen sich die folgenden Kenngrößen bestimmen:

$$R_k = \frac{P_k}{3 \cdot I_{1n}^2} = \frac{P_k}{S_n^2} \cdot U_{1n}^2 \tag{9.9}$$

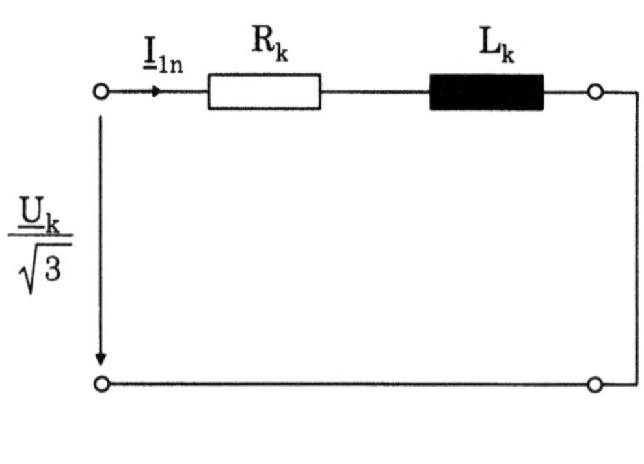


**Abbildung 9.4.** Vereinfachtes Ersatzschaltbild eines Transformators beim Kurzschlußversuch

$$Z_k = \frac{\frac{U_k}{\sqrt{3}}}{I_{1n}} = u_k \cdot \frac{U_{1n}^2}{S_n} \tag{9.10}$$

$$X_k = \sqrt{Z_k^2 - R_k^2} \tag{9.11}$$

$$u_k = \frac{Z_k \cdot I_{1n}}{\frac{U_{1n}}{\sqrt{3}}} \cdot 100 \tag{9.12}$$

$$\underline{u}_k = u_R + j \cdot u_X \tag{9.13}$$

Hierin sind:

| | |
|---|---|
| $R_k$ | Kurzschlußresistanz |
| $X_k$ | Kurzschlußreaktanz |
| $Z_k$ | Kurzschlußimpedanz (Betrag) |
| $P_k$ | aufgenommene Wirkleistung $\hat{=}$ Kupferverluste bei Nennstrom |
| $S_n$ | Nennscheinleistung |
| $U_{1n}$ | Nennspannung der Primärseite |
| $I_{1n}$ | Nennstrom der Primärseite |
| $\underline{u}_k$ | relative komplexe Kurzschlußspannung |
| $u_R$ | relativer ohmscher Spannungsabfall über $R_k$ |
| $u_X$ | relativer induktiver Spannungsabfall über $X_k$ |

**Leerlaufversuch**

Beim Leerlaufversuch wird der Transformator unterspannungsseitig mit Nennspannung und Nennfrequenz gespeist, während die Oberspannungsseite leerläuft. Die Abbildung 9.5 zeigt das vereinfachte Ersatzschaltbild des Transformators beim Leerlaufversuch.

Man erhält folgende Kenngrößen:

$$R_p = \frac{1}{G_p} = 3 \cdot \frac{\left(\frac{U_{2n}}{\sqrt{3}}\right)^2}{P_{Fe}} \cdot \ddot{u}^2 = \frac{U_{2n}^2}{P_{Fe}} \cdot \ddot{u}^2 \tag{9.14}$$

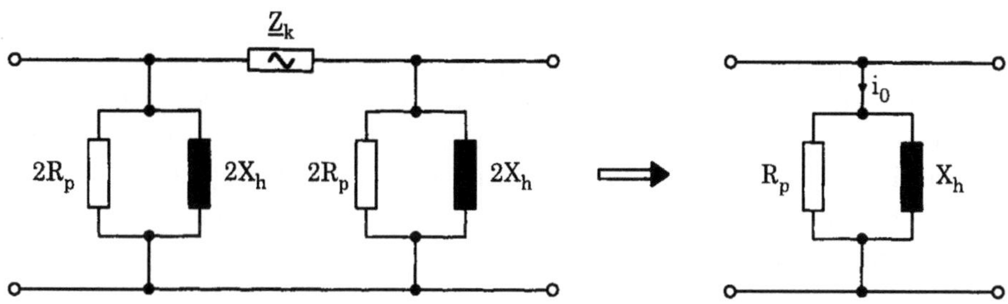


**Abbildung 9.5.**
Vereinfachtes Ersatzschaltbild eines Transformators beim Leerlaufversuch

$$Z_q = \frac{1}{Y_q} = \frac{\frac{U_{2n}}{\sqrt{3}}}{I_{20}} \cdot \ddot{u}^2 \tag{9.15}$$

$$X_h = \frac{1}{\sqrt{Y_q^2 - G_p^2}} \tag{9.16}$$

$$i_0 = \frac{Y_q \cdot \frac{U_{1n}}{\sqrt{3}}}{I_{1n}} = \frac{Y_q \cdot \ddot{u}^2 \cdot \frac{U_{2n}}{\sqrt{3}}}{I_{2n}} \tag{9.17}$$

$$\underline{i}_0 = i_R + j \cdot i_X \tag{9.18}$$

Hierin sind:

| | |
|---|---|
| $R_p$ | Resistanz bezogen auf die Primärseite |
| $X_h$ | Hauptreaktanz bezogen auf die Primärseite |
| $Z_q$ | Querimpedanz bezogen auf die Primärseite |
| $Y_q$ | Queradmittanz bezogen auf die Primärseite |
| $P_{Fe}$ | Leerlaufverluste $\widehat{=}$ Eisenverluste bei Nennstrom |
| $U_{1n}$ | Nennspannung der Primärseite |
| $U_{2n}$ | Nennspannung der Sekundärseite |
| $I_{1n}$ | Nennstrom der Primärseite |
| $I_{2n}$ | Nennstrom der Sekundärseite |
| $I_{20}$ | Leerlaufstrom der Sekundärseite |
| $\underline{i}_0$ | relativer komplexer Leerlaufstrom |
| $i_R$ | relativer Leerlaufstromanteil durch die Resistanz $R_p$ |
| $i_X$ | relativer Leerlaufstromanteil durch die Hauptreaktanz $X_h$ |

Sind die Phasen der Primär- und die Sekundärseite eines dreiphasigen Transformators gegeneinander versetzt (phasendrehende Schaltgruppen), genügt es zur Modellbildung, die Primärseite durch die Sekundärklemmen zu betrachten. Dabei kann jeder Transformator, einschließlich eines ihm vorgeschalteten Primärnetzes, nach dem *Satz von der Ersatzspannungsquelle*, bezogen auf die beiden Klemmen, durch eine treibende Spannungsquelle in Reihe mit einer Impedanz ersetzt werden. Die treibende Spannung besitzt die Größe der Leerlaufspannung der Sekundärseite, und die Impedanz ist gleich der sekundärseitigen Eingangsimpedanz des Transformators. Bei Belastung setzt sich die sekundärseitige Eingangsimpedanz additiv aus der Kurzschlußimpedanz $\underline{Z}_k$ des Transformators und der resultierenden Impedanz $\underline{Z}_{Netz}$ des primärseitigen Netzes zusammen. Beide Impedanzen sind auf die Sekundärseite bezogen, d.h. sie sind mit dem Faktor $\frac{1}{\ddot{u}^2}$ zu multiplizieren, Abbildung 9.6.

Wenn es für die Berechnung günstiger ist, können Ersatzspannungsquelle und Eingangsimpedanz auch auf die Primärseite bezogen werden. Das Ersatzschaltbild 9.7 zeigt diesen Fall.

In Netzverbänden sind meist Transformatoren mit unterschiedlichen Übersetzungen vorhanden. Sind die Zusammenhänge zwischen Primär- und Se-

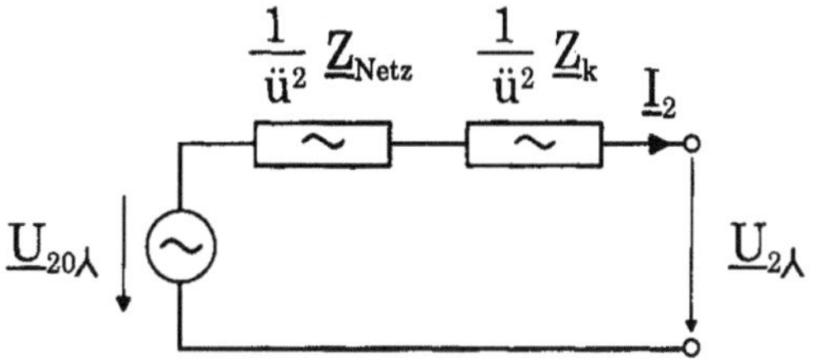


**Abbildung 9.6.** Einphasiges Ersatzschaltbild eines dreiphasigen Transformators mit primärseitig vorgeschaltetem Netz sekundärseitig betrachtet. Die Werte sind auf die Sekundärseite bezogen.

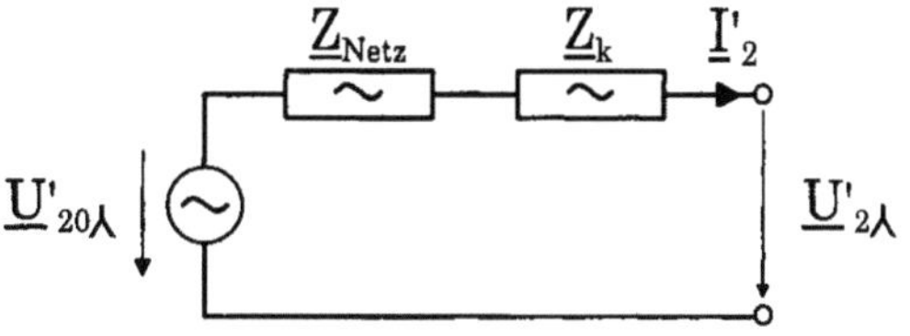


**Abbildung 9.7.** Einphasiges Ersatzschaltbild eines dreiphasigen Transformators mit primärseitig vorgeschaltetem Netz sekundärseitig betrachtet. Die Werte sind auf die Primärseite bezogen.

kundärgrößen notwendig, so können die Ersatzschaltbilder um ideale Transformatoren, auch **ideale Übertrager** genannt, mit der Übersetzung $\ddot{u} : 1$ ergänzt werden, siehe Abbildung 9.8 und 9.9.

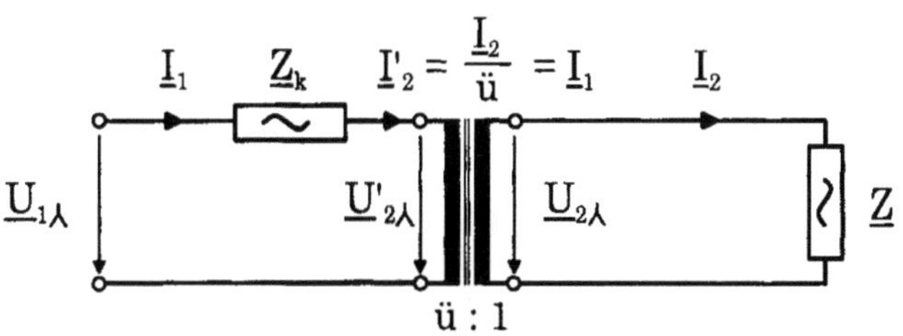


**Abbildung 9.8.** Ersatzschaltbild eines Transformators im Betrieb mit idealem Übertrager. Die Werte sind auf die Primärseite bezogen.

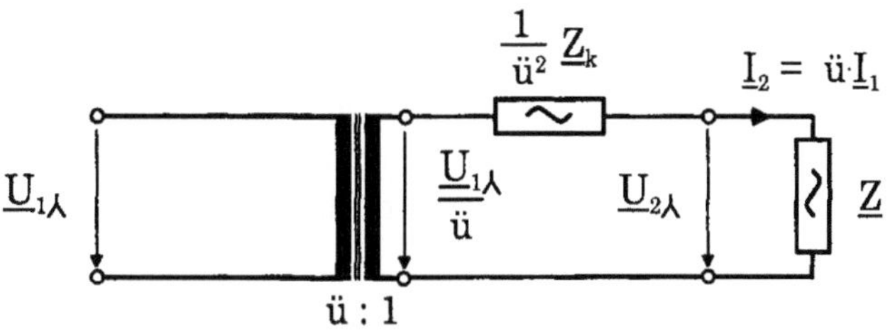


**Abbildung 9.9.** Ersatzschaltbild eines Transformators im Betrieb mit idealem Übertrager. Die Werte sind auf die Sekundärseite bezogen.

**Beispiel zur Anwendung der Ersatzschaltbilder**

Zur Verdeutlichung der Möglichkeiten, die die zuvor hergeleiteten Ersatzschaltbilder 9.6 bis 9.9 bieten, werden zwei Ersatzschaltbilder für ein und dasselbe Übertragungssystem aufgestellt. Das eine mit idealen Übertragern in den verschiedenen Spannungsebenen, Abbildung 9.11, und das andere auf eine Referenzspannung von 110 kV bezogen, Abbildung 9.12.

Abbildung 9.10 zeigt die Prinzipskizze des exemplarisch ausgewählten Übertragungssystems. Es besteht aus einem Generator, den Transformatoren 1 und 2, die die Sammelschienen 1 und 2 bzw. 3 und 4 verbinden, einer Übertragungsleitung zwischen den Sammelschienen 2 und 3 sowie einer Last, die durch den Strom $\underline{I}$ gegeben ist.

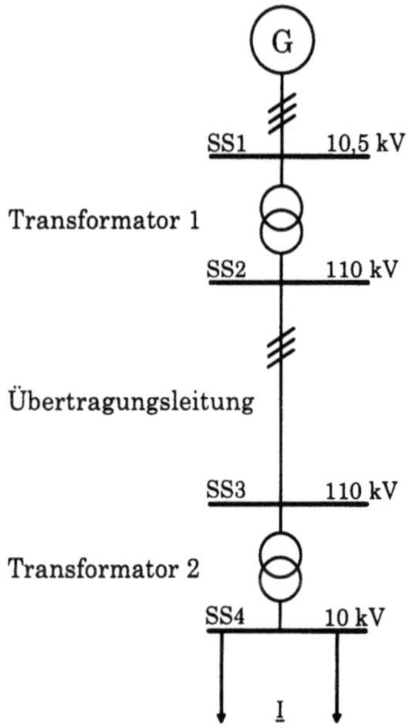


**Abbildung 9.10.** Ersatzschaltbild eines Übertragungssystems bestehend aus einem Generator, zwei Transformatoren, einer Übertragungsleitung und einer Last.

In beiden Ersatzschaltbildern ist der Generator durch eine Ersatzspannungsquelle mit der Spannung $\underline{U}_{G\curlywedge}$ (entspricht der Nennleerlaufspannung $\frac{10{,}5\mathrm{kV}}{\sqrt{3}}$) und seiner synchronen Reaktanz $X_d$ dargestellt. $\underline{Z}_{k1}$ und $\underline{Z}_{k2}$ bezeichnen die Kurzschlußimpedanzen der beiden Transformatoren. Die Übertragungsleitung ist in den Ersatzschaltbildern durch die Impedanzen $\underline{Z}_b$ und $\underline{Z}_0$, die ein $\pi$-Ersatzschaltbild bilden, enthalten. Die Stromquelle mit dem Strom $\underline{I}$ kennzeichnet die vorgegebene Last.

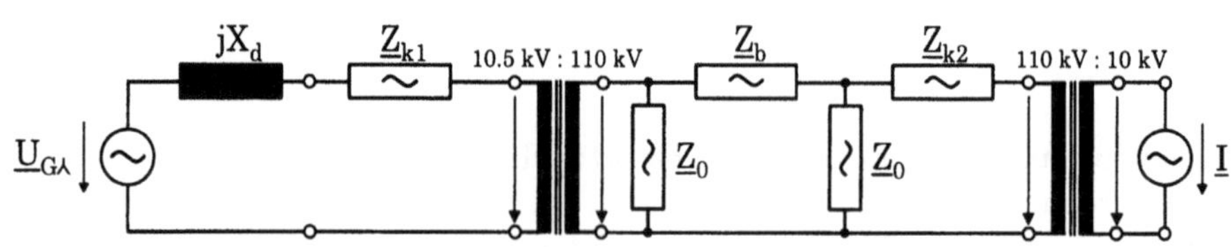


**Abbildung 9.11.**
Ersatzschaltbild des Übertragungssystems mit idealen Übertragern.

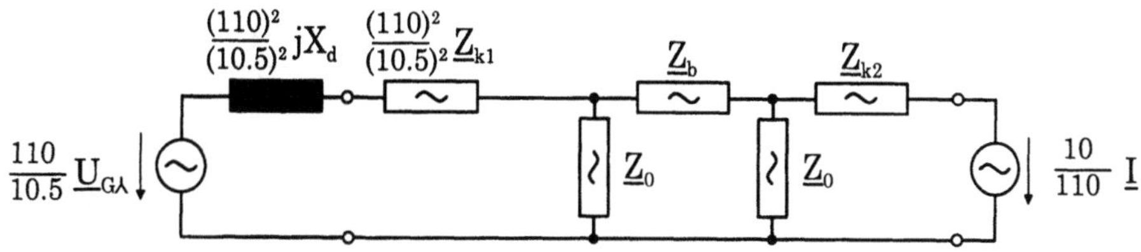


**Abbildung 9.12.** Ersatzschaltbild des Übertragungssystems auf eine Referenzspannung von 110 kV bezogen.

## 9.3 Kurzschlußberechnungen

Im folgenden sind drei praxisnahe Beispiele ausgewählt, die zum einen die Verfahrensweise bei der Modellbildung von Netzen mit Transformatoren verdeutlichen und zum anderen mit den im Kurzschlußfall auftretenden Ausgleichsvorgängen vertraut machen.

### 9.3.1 Dreipoliger Kurzschluß an einer 10 kV-Sammelschiene

Ein 220 kV-Netz speist über vier Transformatoren eine 10 kV-Schiene, auf der ein dreipoliger Kurzschluß auftritt, Abbildung 9.13. Das speisende Netz hat eine Kurzschlußleistung $S''_{kNetz}$ (Anfangs-Kurzschlußwechselstromleistung) von 25 GVA. Die Kenndaten der Transformatoren 1 bis 4 sind der Tabelle 9.2 zu entnehmen. Ein gültiges Ersatzschaltbild soll hergeleitet werden, und die beim Kurzschluß auftretenden Kurzschlußströme sind zu berechnen.

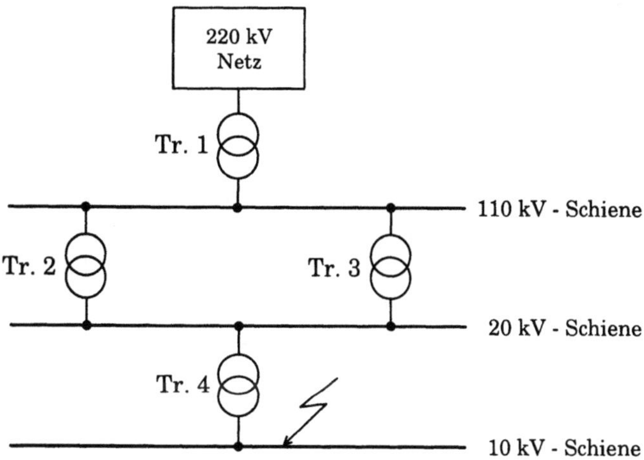


**Abbildung 9.13.** Dreipoliger Kurzschluß auf der 10 kV-Schiene.

**Tabelle 9.2.** Technische Daten der Transformatoren 1, 2, 3 und 4.

| | Trafo 1 | Trafo 2/3 | Trafo 4 |
|---|---|---|---|
| Schaltgruppe | Yy0 | Yd5 | Dy11 |
| Nennscheinleistung | $S_n = 200$ MVA | $S_n = 75$ MVA | $S_n = 50$ MVA |
| rel. Kurzschlußspannung | $u_k = 12$ % | $u_k = 8$ % | $u_k = 8$ % |

Zunächst wird zur Berechnung des Kurzschlußstroms auf der 10 kV-Ebene ein einphasiges Ersatzschaltbild aufgestellt. Die ohmschen Widerstände der Transformatoren und des Netzes werden vernachlässigt. Außerdem wird vorausgesetzt, daß die Verbindungsleitungen zwischen den Transformatoren so kurz sind (Industrieanlage), daß sie ebenfalls vernachlässigt werden können.

Im nächsten Schritt werden die stationären Kurzschlußströme der drei Phasen am Fehlerort berechnet. Da zwischen dem speisenden Netz und der Fehlerstelle eine hinreichend große Reaktanz liegt, ist dieser Kurzschluß als **generatorferner Kurzschluß** zu betrachten, d.h. der Anfangskurzschlußwechselstrom $I_k''$ ist gleich dem Dauerkurzschlußwechselstrom $I_k$. Die bei diesem Beispiel vernachlässigten ohmschen Widerstände führen dazu, daß das Dämpfungsglied $e^{-\frac{t}{T}}$ im Ausdruck des Kurzschlußstroms (Gleichung 9.34) hinter dem Transformator gleich 1 ist. Das einphasige Ersatzschaltbild des Systems in Abbildung 9.13 ist in Abbildung 9.14 dargestellt.

Die Übersetzungsverhältnisse der Transformatoren sind gegeben durch:

$$\underline{\ddot{u}}_1 = \frac{220\,\text{kV}}{110\,\text{kV}} \cdot e^{j\cdot 0} \qquad \Rightarrow \qquad \underline{\ddot{u}}_1^* = 2$$

$$\underline{\ddot{u}}_2 = \frac{110\,\text{kV}}{20\,\text{kV}} \cdot e^{j150^\circ} \qquad \Rightarrow \qquad \underline{\ddot{u}}_2^* = 5,5 \cdot e^{-150^\circ}$$

$$\underline{\ddot{u}}_3 = \frac{20\,\text{kV}}{10\,\text{kV}} \cdot e^{j330^\circ} \qquad \Rightarrow \qquad \underline{\ddot{u}}_3^* = 2 \cdot e^{-330^\circ}$$

Das speisende Netz ist im Ersatzschaltbild 9.14 entsprechend dem *Satz von der Ersatzspannungsquelle* durch eine ideale Quelle in Serie mit einer Impedanz nachgebildet. Die Impedanz des Netzes, sprich die Eingangsimpedanz $\underline{Z}_0 = \underline{Z}_{Netz}$ an der Verbindungsstelle zwischen Netz und Transformator 1, läßt sich aus der Kurzschlußleistung des Netzes sowie $\underline{U}_\lambda''$ bestimmen.

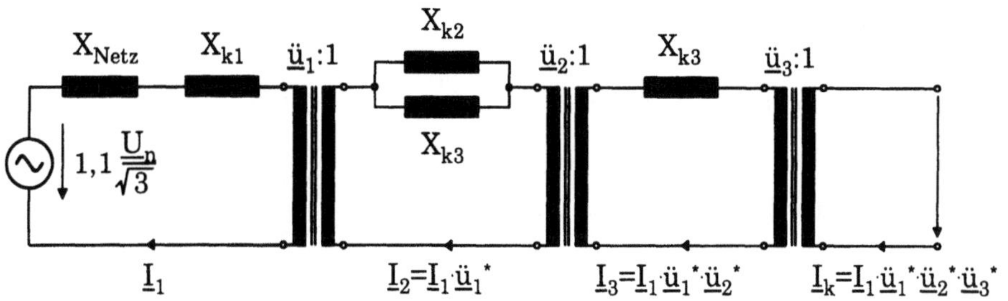


**Abbildung 9.14.** Einphasiges Ersatzschaltbild für das System in Abbildung 9.13.

Laut VDE-Bestimmung 0102 wird definitionsgemäß für die Spannung $\underline{U}''_{\curlywedge}$ der Effektivwert der Netzsternspannung gesetzt:

$$\underline{U}''_{\curlywedge} = \frac{1,1 \cdot \underline{U}_{nNetz}}{\sqrt{3}}$$

Damit ergibt sich der für die Bemessung maßgebende größtmögliche bekannte Wert für den Strom, der Anfangskurzschlußwechselstrom $\underline{I}''_k$. Mit der Vorgabe $R_{Netz} = 0$ ergibt sich:

$$\underline{Z}_{Netz} = R_{Netz} + jX_{Netz} = jX_{Netz} = j \cdot \frac{1,1 \cdot U_{nNetz}}{\sqrt{3} \cdot I''_k} \tag{9.19}$$

Der Wert für $\underline{I}''_k$ kann aus der Kurzschlußleistung ermittelt werden:

$$S''_k = \sqrt{3} \cdot U_{nNetz} \cdot I''_k \tag{9.20}$$

$$I''_k = \frac{S''_k}{\sqrt{3} \cdot U_{nNetz}} \tag{9.21}$$

Gleichung (9.21) in (9.19) eingesetzt ergibt:

$$X_{Netz} = \frac{1,1 \cdot U^2_{nNetz}}{S''_k} \tag{9.22}$$

$$X_{Netz} = \frac{1,1 \cdot (220 \text{ kV})^2}{25 \cdot 10^9 \text{ VA}} = 2,13 \ \Omega$$

Die Berechnung der Transformatorreaktanzen erfolgt über die Scheinleistungen und relativen Kurzschlußspannungen bei Vernachlässigung der ohmschen Widerstände.

$$X_k = u_k \cdot \frac{U^2_{nTr}}{S_{nTr}} \tag{9.23}$$

Damit erhält man für die Transformatoren 1, 2, 3 und 4 folgende Werte:

Transformator 1 $$X_{k1} = 0,12 \cdot \frac{(220\ \text{kV})^2}{200\ \text{MVA}} = 29\ \Omega$$

Transformator 2/3 $$X_{k2} = X_{k3} = 0,08 \cdot \frac{(110\ \text{kV})^2}{75\ \text{MVA}} = 12,9\ \Omega$$

Transformator 4 $$X_{k4} = 0,08 \cdot \frac{(20\ \text{kV})^2}{50\ \text{MVA}} = 0,64\ \Omega$$

Die Transformatorreaktanzen sind jeweils auf die Oberspannung des entsprechenden Transformators bezogen. Es gibt nun, wie in Kapitel 9.2 beschrieben, prinzipiell zwei Möglichkeiten, die Kurzschlußströme der 10 kV-Schiene zu berechnen.

**1.Lösungsweg**
Alle Reaktanzwerte werden auf die 220 kV-Spannungsebene bezogen; es ergibt sich das Ersatzschaltbild in Abbildung 9.15. Anschließend wird der Kurzschlußstrom dieser Spannungsebene berechnet, und über die Beziehung zwischen den Strömen, siehe Abbildung 9.14, werden die Kurzschlußströme in den drei Phasen der 10 kV-Ebene nach Betrag und Phase bestimmt.

$$\underline{I}_1 = \frac{1,1 \cdot \underline{U}_{nNetz}}{\sqrt{3} \cdot j \cdot [X''_{Netz} + X_{k1} + \frac{1}{2} X_{k2} (\ddot{u}_1)^2 + X_{k4} (\ddot{u}_2)^2 (\ddot{u}_1)^2]} \tag{9.24}$$

$$\begin{aligned}\underline{I}_1 &= \frac{1,1 \cdot 220\,\text{kV} \cdot e^{j \cdot 0}}{\sqrt{3} \cdot j \cdot (2,13 + 29 + \frac{1}{2} \cdot 12,9 \cdot 4 + 0,64 \cdot 5,5^2 \cdot 4)\ \Omega} \\ &= \frac{140\,\text{kV} \cdot e^{-j90^\circ}}{134\,\Omega} = 1,04\,\text{kA} \cdot e^{-j90^\circ}\end{aligned}$$

Der Strom $\underline{I}_1$ gilt für die Phase 1 der 10 kV-Ebene. Die Ströme der anderen Phasen sind jeweils um 120° phasenverschoben. Damit berechnen sich die Kurzschlußströme der drei Phasen zu:

$$\begin{aligned}\underline{I}_{k_{Phase1}} &= \underline{I}_1 \cdot \underline{\ddot{u}}_1^* \cdot \underline{\ddot{u}}_2^* \cdot \underline{\ddot{u}}_3^* \\ &= 1,04\,\text{kA} \cdot e^{-j90^\circ} \cdot 2 \cdot 5,5 \cdot e^{-j150^\circ} \cdot 2 \cdot e^{-j330^\circ} \\ &= 22,9\,\text{kA} \cdot e^{-j570^\circ} = 22,9\,\text{kA} \cdot e^{-j210^\circ} \\ \underline{I}_{k_{Phase2}} &= 22,9\,\text{kA} \cdot e^{j30^\circ} \\ \underline{I}_{k_{Phase3}} &= 22,9\,\text{kA} \cdot e^{-j90^\circ}\end{aligned}$$

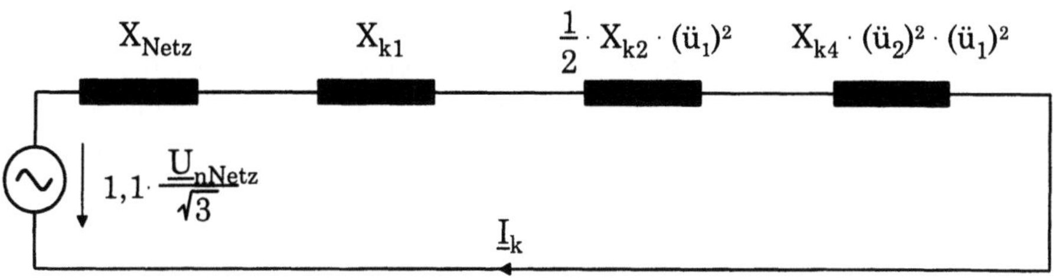


**Abbildung 9.15.** Einphasiges Ersatzschaltbild aus Abbildung 9.14 bezogen auf die 220 kV-Ebene.

**2. Lösungsweg**

Das ganze System wird nun von der Sekundärseite des Transformators 4, d.h. von der 10 kV-Ebene her betrachtet. Nach dem *Satz von der Ersatzspannungsquelle* kann der Transformator 4 durch eine ideale Quelle und eine Reihenimpedanz ersetzt werden. Die Spannung der Quelle ist die Leerlaufspannung und beträgt $1,1 \cdot \frac{10\,\text{kV}}{\sqrt{3}}$. Die Reihenimpedanz ist gleich der Kurzschlußimpedanz des Transformators bezogen auf die Sekundärseite.

Es werden nun alle vorgeschalteten Impedanzen, inklusive der des einspeisenden Netzes, auf die Sekundärseite des Transformators bezogen. Damit ergibt sich das Ersatzschaltbild 9.16.

Der Kurzschlußstrom der Phase 1 berechnet sich dann zu:

$$\underline{I}^{+}_{kPhase1} = \frac{1,1 \cdot 10\,\text{kV} \cdot e^{j\cdot 0^\circ}}{j \cdot \sqrt{3} \cdot \sum Reaktanzen} \tag{9.25}$$

mit:

$$\sum Reaktanzen$$

$$= \left(0,64 \cdot \frac{1}{4} + \frac{1}{2} \cdot 12,9 \cdot \frac{1}{5,5^2} \cdot \frac{1}{4} + 29 \cdot \frac{1}{4} \cdot \frac{1}{5,5^2} \cdot \frac{1}{4} + 2,13 \cdot \frac{1}{4} \cdot \frac{1}{5,5^2} \cdot \frac{1}{4}\right) \Omega$$

$$\underline{I}^{+}_{kPhase1} = \frac{6,35\,\text{kV} \cdot e^{-j90^\circ}}{(0,160 + 0,0533 + 0,0599 + 0,0044)\,\Omega} = 22,9\,\text{kA} \cdot e^{-j90^\circ}$$

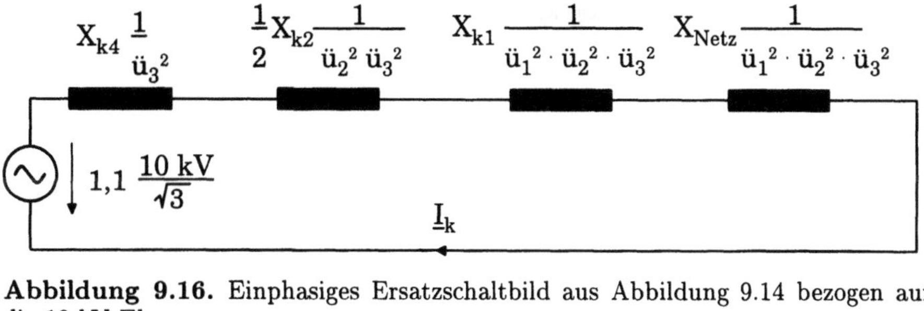


**Abbildung 9.16.** Einphasiges Ersatzschaltbild aus Abbildung 9.14 bezogen auf die 10 kV-Ebene.

Ein Vergleich der Werte $\underline{I}^{+}_{k_{Phase1}}$ aus dem zweiten Lösungsweg mit $\underline{I}_{k_{Phase1}}$ aus dem ersten Lösungsweg zeigt, daß die Beträge exakt gleich sind. Die unterschiedliche Phasenlage rührt daher, daß beim zweiten Lösungsweg der Bezugszeiger der Spannung der Phase 1 auf die Sekundärseite des Transformators 4 gelegt worden ist. Will man die Phasenlage der Ströme bezogen auf die Primärseite des Transformators 1 erhalten, so muß die Phasendrehung durch die Transformatoren berücksichtigen werden.

$$\underline{I}_{k_{Phase1}} = \underline{I}^{+}_{k_{Phase1}} \cdot e^{-j330^\circ} \cdot e^{-j150^\circ} \cdot e^{-j\cdot 0^\circ} \tag{9.26}$$

$\underline{I}_{k_{Phase1}}$ ist der Kurzschlußstrom der Phase 1 der 10 kV-Ebene. Die Ströme der anderen Phasen sind jeweils um 120° phasenverschoben.

$$\begin{aligned}
\underline{I}_{k_{Phase1}} &= 22,9\,\mathrm{kA} \cdot e^{-j(90^\circ+330^\circ+150^\circ)} \\
&= 22,9\,\mathrm{kA} \cdot e^{-j570^\circ} = 22,9\,\mathrm{kA} \cdot e^{-j210^\circ} \\
\underline{I}_{k_{Phase2}} &= 22,9\,\mathrm{kA} \cdot e^{j30^\circ} \\
\underline{I}_{k_{Phase3}} &= 22,9\,\mathrm{kA} \cdot e^{-j90^\circ}
\end{aligned}$$

### 9.3.2 Dreipoliger Klemmenkurzschluß an einem Transformator

Das Ersatzschaltbild eines belasteten Transformators, entsprechend den Ausführungen in Kapitel 9.2, besteht aus einem Vierpol mit einer Reihenimpedanz $\underline{Z}_k$ an einer Spannungsquelle mit sinus- oder kosinusförmigem Spannungsverlauf. Besteht die Belastung des Transformators in einem dreipoligen Kurzschluß (symmetrische Belastung), auch als *dreipoliger Klemmenkurzschluß* bezeichnet, so kann das einphasige Ersatzschaltbild dieses Transformators wie in Abbildung 9.17 angegeben werden.

Der Betrag der Kurzschlußimpedanz $\underline{Z}_k$ ist gegeben durch:

$$Z_k = \sqrt{R_k^2 + X_k^2}$$

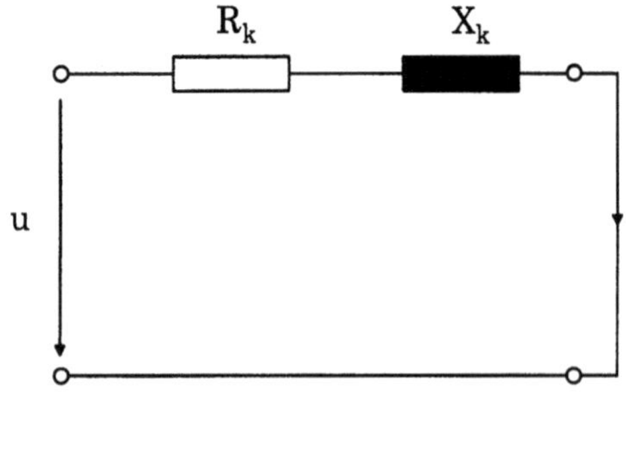


**Abbildung 9.17.** Einphasiges Ersatzschaltbild eines kurzgeschlossenen Transformators.

Die anliegende Spannung $u$ ist sinusförmig:

$$u = \frac{\widehat{U}}{\sqrt{3}} \cdot \sin(\omega t + \varphi_u)$$

Beim Eintritt eines Kurzschlusses zum Zeitpunkt $t = 0$ lautet die Differentialgleichung für den Kurzschlußstrom $i_K$ vom Zeitpunkt $t = 0$ an:

$$u = R_k \cdot i_k + L_k \cdot \frac{di_k}{dt} \tag{9.27}$$

oder mit $\widehat{U} = \sqrt{2} \cdot U$ (U ist der Effektivwert der verketteten Spannung)

$$\frac{di_k}{dt} + \frac{R_k}{L_k} \cdot i_k = \frac{\sqrt{2}}{\sqrt{3}} \frac{U}{L_k} \cdot \sin(\omega t + \varphi_u) \tag{9.28}$$

$$\frac{di_k}{dt} + \frac{R_k}{L_k} \cdot i_k = \frac{\sqrt{2}}{\sqrt{3}} \frac{U}{L_k} \cdot (\sin \omega t \cos \varphi_u + \cos \omega t \sin \varphi_u) \tag{9.29}$$

Hierin bezeichnet $\varphi_u$ die Phasenlage der Spannung beim Eintritt des Kurzschlusses. Die Laplace-Transformation der Gleichung (9.29) in den Bildbereich der Zeit ergibt:

$$sI_k(s) - i_k(0) + \frac{R_k}{L_k} \cdot I(s) = \frac{\sqrt{2}}{\sqrt{3}} \frac{U}{L_k} \cdot \left( \frac{\omega \cos \varphi_u}{s^2 + \omega^2} + \frac{s \sin \varphi_u}{s^2 + \omega^2} \right)$$

$$I_k(s) = \frac{\sqrt{2}}{\sqrt{3}} \frac{U}{L_k} \cdot \frac{1}{s + \frac{R_k}{L_k}} \cdot \left( \frac{\omega \cos \varphi_u}{s^2 + \omega^2} + \frac{s \sin \varphi_u}{s^2 + \omega^2} \right)$$

$$I_k(s) = \frac{\sqrt{2}}{\sqrt{3}} \frac{U}{L_k} \cdot \left( \frac{\omega \cos \varphi_u}{(s + \frac{R_k}{L_k})(s^2 + \omega^2)} + \frac{s \sin \varphi_u}{(s + \frac{R_k}{L_k})(s^2 + \omega^2)} \right) \tag{9.30}$$

Mit Hilfe einer Partialbruchzerlegung erhält man:

$$\frac{1}{(s + \frac{R_k}{L_k})(s^2 + \omega^2)} = \frac{1}{(\frac{R_k}{L_k})^2 + \omega^2} \cdot \left( \frac{1}{s + \frac{R_k}{L_k}} - \frac{s}{s^2 + \omega^2} + \frac{\frac{R_k}{L_k}}{s^2 + \omega^2} \right)$$

Man setzt dieses Ergebnis in Gleichung (9.30) ein und transformiert anschliessend den Kurzschlußstrom in den Originalbereich der Zeit zurück.

Es gilt mit $A = \frac{\sqrt{2}}{\sqrt{3}} \frac{U}{L_k} \cdot \frac{1}{\left(\frac{R_k}{L_k}\right)^2 + \omega^2}$ :

$$i_k(t) = A \cdot \mathfrak{L}^{-1} \left\{ \omega \cos \varphi_u \left( \frac{1}{s + \frac{R_k}{L_k}} - \frac{s}{s^2 + \omega^2} + \frac{\frac{R_k}{L_k}}{s^2 + \omega^2} \right) \right.$$
$$\left. + \sin \varphi_u \left( \frac{s}{s + \frac{R_k}{L_k}} - \frac{s^2}{s^2 + \omega^2} + \frac{s \cdot \frac{R_k}{L_k}}{s^2 + \omega^2} \right) \right\}$$

$$i_k(t) = A \cdot \left\{ \omega \cos\varphi_u \left( e^{-\frac{R_k}{L_k}\cdot t} - \cos\omega t + \frac{\frac{R_k}{L_k}}{\omega} \cdot \sin\omega t \right) + \sin\varphi_u \left( -\frac{R_k}{L_k} \cdot e^{-\frac{R_k}{L_k}\cdot t} + \omega \sin\omega t + \frac{R_k}{L_k} \cdot \cos\omega t \right) \right\}$$

$$i_k(t) = A \cdot \left\{ \left( \omega \cos\varphi_u - \frac{R_k}{L_k} \cdot \sin\varphi_u \right) \cdot e^{-\frac{R_k}{L_k}\cdot t} - \left( \omega \cos\varphi_u - \frac{R_k}{L_k} \cdot \sin\varphi_u \right) \cdot \cos\omega t + \left( \frac{R_k}{L_k} \cdot \cos\varphi_u + \omega \sin\varphi_u \right) \sin\omega t \right\} \tag{9.31}$$

Mit $\tan\varphi_k = \frac{\omega L_k}{R_k}$ und $\sin\varphi_k = \frac{\tan\varphi_k}{\sqrt{1+\tan^2\varphi_k}} = \frac{\omega}{\sqrt{\left(\frac{R_k}{L_k}\right)^2 + \omega^2}}$

sowie $\cos\varphi_k = \frac{1}{\sqrt{1+\tan^2\varphi_k}} = \frac{\frac{R_k}{L_k}}{\sqrt{\left(\frac{R_k}{L_k}\right)^2 + \omega^2}}$ vereinfacht sich die Gleichung.

$$i_k(t) = \frac{\sqrt{2}}{\sqrt{3}} \frac{U}{\sqrt{R_k^2 + \omega^2 L_k^2}} \left[ \sin(\omega t + \varphi_u - \varphi_k) - \sin(\varphi_u - \varphi_k) \cdot e^{-\frac{R_k}{L_k}\cdot t} \right] \tag{9.32}$$

Mit $\varphi_i = \varphi_u - \varphi_k$ und $Z_k = \sqrt{R_k^2 + \omega^2 L_k^2}$ erhält man:

$$i_k(t) = \frac{\sqrt{2}}{\sqrt{3}} \frac{U}{Z_k} \left[ \sin(\omega t + \varphi_i) - \sin\varphi_i \cdot e^{-\frac{R_k}{L_k}\cdot t} \right] \tag{9.33}$$

oder mit $I_k = \frac{U}{\sqrt{3} Z_k}$

$$i_k(t) = \sqrt{2} I_k \left[ \sin(\omega t + \varphi_i) - \sin\varphi_i \cdot e^{-\frac{R_k}{L_k}\cdot t} \right] \tag{9.34}$$

Der zeitliche Verlauf des Kurzschlußstroms nach Gleichung (9.34) ist in Abbildung 9.18 dargestellt. Dem Dauerkurzschlußstrom ist ein abklingender Gleichstrom überlagert, der dafür sorgt, daß der Strom im Schaltaugenblick zu null wird. Es gibt dabei zwei Spezialfälle:

1. Der Kurzschluß tritt im Augenblick $\varphi_u = \varphi_k$ und damit bei $\varphi_i = 0$ auf. Der transiente Anteil in Gleichung (9.34) wird gleich null und die Stromwelle somit symmetrisch.
2. Der Kurzschluß tritt im Moment $\varphi_u - \varphi_k = \pm\frac{\pi}{2}$ auf. Der transiente Anteil hat seine maximale Amplitude, und die erste Spitze der resultierenden Stromwelle hat etwa den zweifachen Wert der Amplitude des Dauerkurzschlußanteils.

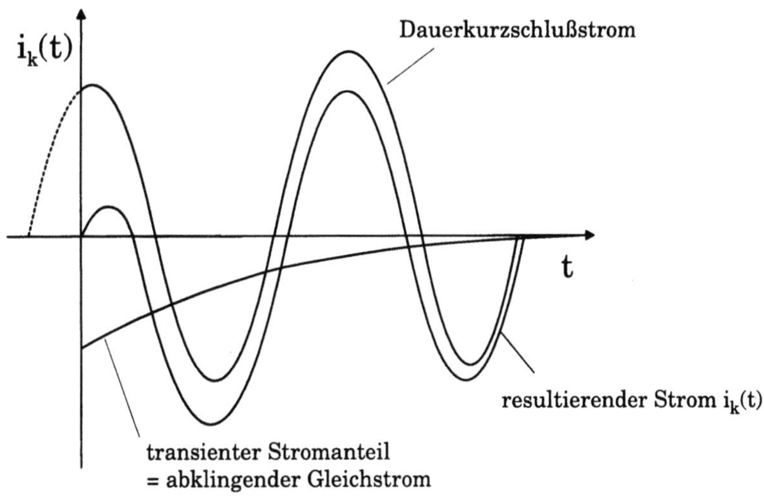


**Abbildung 9.18.** Graphische Darstellung des Kurzschlußstroms $i_k(t)$.

Daraus ergeben sich zwei Kenngrößen, die für die Beanspruchung von Anlagenteilen im Kurzschlußfall maßgebend sind.

Die erste dieser Größen ist der **Effektivwert des Wechselstromanteils**:

$$I_k = \frac{U}{\sqrt{3}} \cdot \frac{1}{Z_k} \tag{9.35}$$

Die zweite Kenngröße ist der sogenannte **größte auftretende Augenblickswert des Kurzschlußstroms** $I_S$ (Stoßkurzschlußstrom). Der maximale Wert von $I_S$ läßt sich durch die partielle Ableitung des Kurzschlußstroms über $t$ und $\varphi_i$ bestimmen. Es gilt:

$$I_S = \kappa \cdot \sqrt{2} I_k \tag{9.36}$$

mit

$$\kappa = f\left(\frac{R}{X}\right) \tag{9.37}$$

Abbildung 9.19 stellt den in Gleichung (9.37) gegebenen Zusammenhang graphisch dar. Für praktische Berechnungen wird mit $\kappa = 1{,}8$ gerechnet.

Leistungsschalter in elektrischen Netzen schließen oder öffnen elektrische Kreise. Liegt in einem solchen Kreis ein Kurzschluß vor und schließt der Leistungsschalter während dieses Kurzschlusses, ist es möglich, daß der dabei auftretende Strom nah an die zweifache Amplitude des Dauerkurzschlußstroms kommt. Der dabei auftretende Winkel $\varphi_u$ kann beliebig sein.

In Dreiphasensystemen sind die Ströme und Spannungen der verschiedenen Phasen bei einem dreipoligen Kurzschluß um 120° gegeneinander versetzt, wenn die Kontakte des Leistungsschalters mechanisch synchron agieren. Das

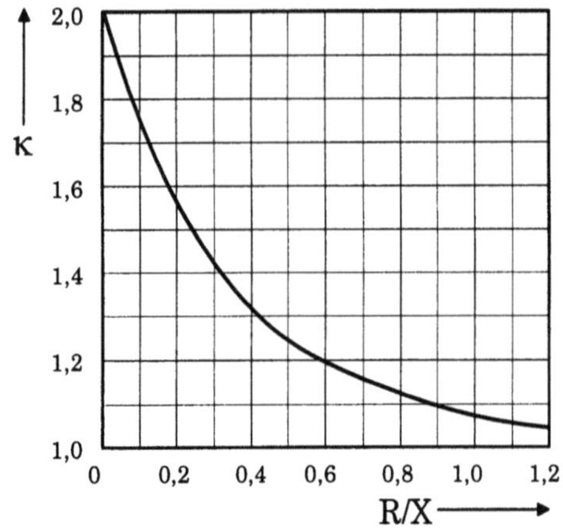


**Abbildung 9.19.** Graphische Darstellung des Zusammenhangs zwischen $\kappa$ und $\frac{R}{X}$.

bedeutet, daß der günstigste Augenblick zum Abschalten einer Phase immer mit nicht so günstigen Abschaltaugenblicken der anderen Phasen zusammenfällt. Dies kann mit enormen Belastungen für die Kontakte der Leistungsschalter verbunden sein. Leistungsschalter müssen demnach in der Lage sein, elektrisch, mechanisch und thermisch ihre Aufgabe beim Öffnen und erneuten Schließen zu erfüllen. Die elektromagnetischen Kräfte bei diesen Schaltvorgängen sind proportional zu den Quadraten der Amplituden der Ströme und erfordern besondere Konstruktionsmerkmale bei Leistungsschaltern.

### 9.3.3 Abschalten eines Kurzschlußstroms

Ein starres dreiphasiges 110 kV-Netz speist eine dreiphasige Anordnung, Abbildung 9.20. An den Klemmen der Unterspannungsseite des Transformators sind zwei Fälle zu beobachten:

a) Es liegt ein dreipoliger satter Kurzschluß vor. Die maximale Amplitude des Kurzschlußstroms an der Unterspannungsseite soll für den ungünstigsten Fall des Eintrittszeitpunktes des Kurzschlusses berechnet werden.
b) Es liegt ein dreipoliger satter Kurzschluß vor. Die Frequenz der transienten wiederkehrenden Spannung an der Schaltstrecke im Schalter soll beim Abschalten des Kurzschlusses in Dauerkurzschlußphase mittels des Leistungsschalters auf der Oberspannungsseite berechnet werden. Die Nennscheinleistung des Transformators beträgt 20 MVA, die Komponenten der relativen Kurzschlußspannung $u_k\%$ des Transformators sind:

   relativer Streuspannungsabfall: $u_X\% = 10\%$

   relativer Ohmscher Spannungsabfall: $u_R\% = 0,4\%$

   Die Impedanz des speisenden Netzes wird vernachlässigt.

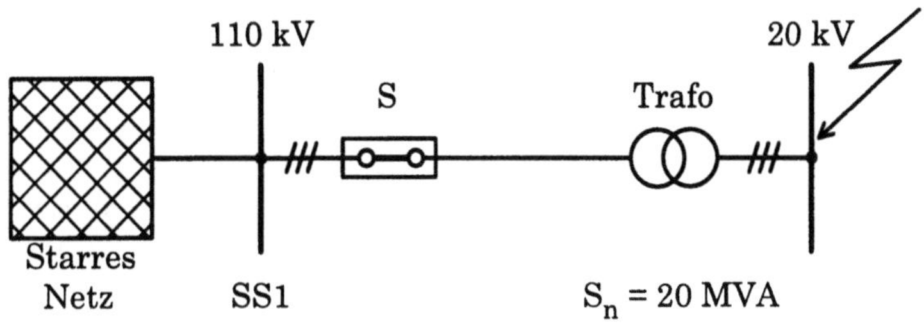


**Abbildung 9.20.** Ein starres dreiphasiges 110 kV-Netz speist eine dreiphasige Anordnung mit dreipoligem satten Kurzschluß.

**Fall a:**
Das einphasige Ersatzschaltbild der beschriebenen Anordnung ist in Abbildung 9.21 dargestellt. Der Leistungsschalter ist bei Eintritt des Kurzschlusses geschlossen. $R_k$ und $X_k$ sind auf die Oberspannungsseite des Transformators bezogen. $U_\curlywedge$ ist der effektive Wert der Phasenspannung des Netzes und $\psi$ die Phasenlage der momentanen Spannung. Die Spannung der Quelle ist gegeben durch:

$$u = \sqrt{2} U_\curlywedge \cdot \cos(\omega t + \psi) \tag{9.38}$$

Es gelten folgende Beziehungen:

$$X_k = u_X\% \cdot \frac{U^2}{S_n} = u_X\% \cdot \frac{3U_\curlywedge^2}{S_n}$$

$$R_k = u_R\% \cdot \frac{U^2}{S_n} = u_R\% \cdot \frac{3U_\curlywedge^2}{S_n}$$

Hieraus ergeben sich folgende Werte für die Komponenten der Kurzschlußimpedanz pro Phase:

$$X_k = 0,1 \cdot \frac{(110 \cdot 10^3)^2}{20 \cdot 10^6} = 0.1 \cdot \frac{110^2}{20} = 60,5\,\Omega$$

$$R_k = 0,004 \cdot \frac{(110 \cdot 10^3)^2}{20 \cdot 10^6} = 2,42\,\Omega$$

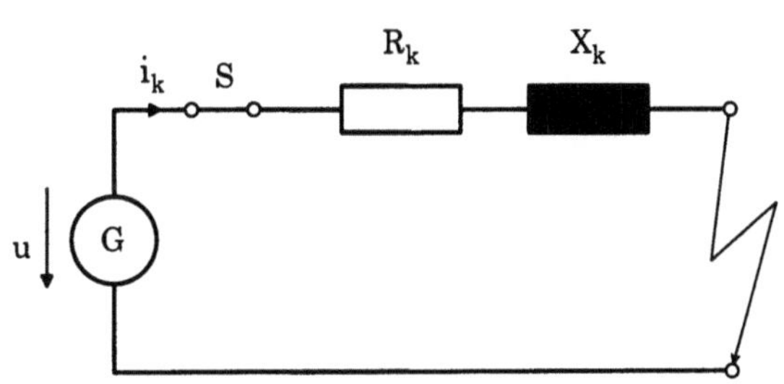


**Abbildung 9.21.** Ersatzschaltbild der Anordnung in Abbildung 9.20 mit dreipoligem satten Kurzschluß.

Der ungünstigste Fall des Kurzschlußeintritts befindet sich für diesen Fall bei $\psi = \frac{\pi}{2}$. Damit wird die Spannung $u$ bei $t = 0$ durch null gehen und die Amplitude des Gleichstromgliedes wird maximal, d.h die maximale Asymmetrie der betrachteten Phase tritt auf (Kapitel 9.3.2). Berücksichtigt man die kosinusförmige Anregung bei diesem Beispiel (Gleichung 9.38), sieht die zeitliche Funktion des Kurzschlußstroms nach Gleichung (9.34) wie folgt aus:

$$i_k = \sqrt{2} I_k \cdot (\cos(\omega t + \varphi_i) - \cos\varphi_i \cdot e^{-\frac{t}{\tau}}) \tag{9.39}$$

mit:

$$\varphi_i = \psi - \arctan \underline{Z}_k = 90° - \arctan \frac{\omega L_k}{R_k} = 90° - 87,3° = 2,7°$$

ergibt sich:

$$i_k = \sqrt{2} \cdot I_k(\cos(\omega t - 2,7°) - \cos 2,7° \cdot e^{-\frac{t}{\tau}})$$

Der Betrag des Phasenkurzschlußstroms $I_k$ in Gleichung (9.39) ist gegeben durch:

$$I_k = \frac{U_\curlywedge}{\sqrt{R_k^2 + X_k^2}} = \frac{110 \cdot 10^2}{\sqrt{3} \cdot \sqrt{2,24^2 + 60,5^2}} = \frac{110 \cdot 10^2}{\sqrt{3} \cdot 62,5} = 1010\,\mathrm{A}$$

Dieser Strom ist auf die 110 kV-Ebene bezogen. Auf der Unterspannungsseite (Index 2) beträgt der Effektivwert des Phasenkurzschlußstroms

$$I_{k2} = I_k \cdot ü = 1010 \cdot \frac{110}{20} = 5560\,\mathrm{A}$$

Die maximale Amplitude des Augenblickstromes $I_{S2}$ berechnet sich aus der Beziehung

$$I_{S2} = \kappa \cdot \sqrt{2} \cdot I_{k2} \tag{9.40}$$

worin $\kappa = f\left(\frac{R_k}{X_k}\right)$ ist. Für das Verhältnis $\frac{2,42}{60,5} \approx 0,04$ erhält man aus dem Diagramm in Abbildung 9.19 den Wert $\kappa = 1,9$. Somit ergibt sich für $I_{S2}$:

$$I_{S2} = 1,9 \cdot \sqrt{2} \cdot 5560 = 14,9\,\mathrm{kA}$$

**Fall b:**
Beim Abschalten des Kurzschlußstroms auf der Oberspannungsseite ist die Frequenz des Ausgleichsvorgangs gefragt. Der Schalter $S$ öffnet in der Dauerkurzschlußphase. Zur Berechnung der Frequenz betrachtet man zunächst das zugehörige Ersatzschaltbild 9.22, in dem der auftretende Einfluß der Wicklungskapazität $C$ berücksichtigt ist. Hierbei wird die Kapazität einer Phasenwicklung mit 5200 pF angenommen.

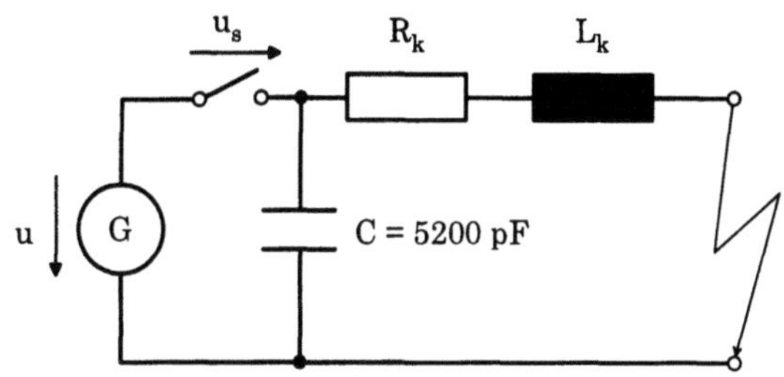


**Abbildung 9.22.** Ersatzschaltbild der Anordnung in Abbildung 9.20 mit dreipoligem satten Kurzschluß unter Berücksichtigung der Wicklungskapazität $C$ beim Abschalten des Kurzschlusses.

Die Frequenz der transienten wiederkehrenden Spannung ist gleich der Eigenfrequenz des elektrischen Kreises, den die Elemente $R_k - L_k - C$ bilden (siehe Kapitel 5.3.4).

$$\nu_k = \sqrt{\frac{1}{L_k C} - \left(\frac{R_k}{2L_k}\right)^2}$$

$$\nu_k = \sqrt{\frac{1}{\frac{60,5}{100\pi} \cdot 5,2 \cdot 10^{-9}} - \left(\frac{2,42}{2 \cdot \frac{60,5}{100\pi}}\right)^2} = \sqrt{\frac{100\pi \cdot 10^9}{60,5 \cdot 5,2} - 39,4}$$

$$= \sqrt{9,98 \cdot 10^8 - 39,4} = 31600 = 2\pi f_{trans}$$

$$f_{trans} = \frac{31600}{2\pi} = 5030\,\text{Hz}$$

Die Zeitfunktion der Spannung $u_S$ über dem Schalter erhält man aus der Differenz der Spannung am linken Kontakt des Schalters, d.h. dem Augenblickswert der Generatorspannung, und der Spannung am rechten Kontakt des Schalters, d.h. dem Augenblickswert der Spannung an der Kapazität $C$.

Die Unterbrechung des Kurzschlußstroms geschieht im Nulldurchgang des Stromes. In diesem Augenblick hat die Spannung an $X_k$ ihren Höchstwert. Die im Kreis $R_k - L_k - C$ in der Induktivität gespeicherte magnetische Energie wird in der Kapazität in elektrische Energie periodisch mit einer Frequenz von 5030 Hz umgewandelt. Die zeitlichen Verläufe des Stroms und der Spannung an der Kapazität $C$ können analog zu den Ausführungen in Kapitel 5.3 berechnet werden, mit dem Unterschied, daß bei $t = 0$ (Öffnen der Schalterstrecke) die Spannung an der Kapazität gleich null und die Spannung an der Induktivität etwa gleich dem negativen Wert der Amplitude der Generatorspannung ist. Durch die sehr hohe Frequenz des Ausgleichsvorgangs ist die Polaritätsänderung an den Klemmen des Schalters sehr schnell, so daß in extrem kurzer Zeit die Spannung über der Schalterstrecke fast den zweifachen Wert der Amplitude der Generatorspannung erreicht und sich in einem gedämpften Vorgang mit der Frequenz 5030 Hz dem Verlauf der Generatorspannung nähert.

## 9.4 Modellbildung von Transformatoren bei hochfrequenter Anregung

Während des Betriebs sind Transformatoren einer Vielzahl von Spannungsbeanspruchungen ausgesetzt, die durch Blitzeinwirkungen, Schalthandlungen oder Störungen im Netz hervorgerufen werden. Die in Freileitungen über Seil oder Kabel sowie in GIS-Anlagen über $SF_6$-Rohr oder Kabel einlaufenden hochfrequenten Überspannungen können im Innern von Transformatoren zu Spannungserhöhungen durch Resonanzanregung führen. Bei Übereinstimmung einer ausgeprägten Teilschwingung der einlaufenden Spannungswelle mit einer der Eigenfrequenzen der Transformatorwicklung oder eines Wicklungsblocks kommt es an den entsprechend angeregten Wicklungsblöcken zu erhöhten Spannungsbeanspruchungen. Diese können zu Isolationsfehlern in Form von Windungsschlüssen, Überschlägen oder Kurzschlüssen führen.

Zur Ermittlung der durch Resonanzvorgänge innerhalb des Transformators hervorgerufenen Spannungserhöhungen und der damit verbundenen Überbeanspruchung der Wicklungs- und Windungsisolation kommen prinzipiell meßtechnische Untersuchungen oder numerische Simulationen in Frage. Zur numerischen Modellbildung des Hochfrequenzverhaltens von Transformatoren gibt es grundsätzlich zwei unterschiedliche Lösungswege:

- Erstellung eines Netzwerkmodells
  - Idealisiertes Netzwerkmodell (*black-box* in Vierpolform)
  - Detailliertes Netzwerkmodell (Wicklungsmodell)
- Erstellung eines Finite-Elemente-Modells (FEM)

Je nach Anforderungen an das Netzwerkmodell kann der Transformator demnach durch eine *black box* in Vierpolform oder ein detailliertes Wicklungsmodell nachgebildet werden.

Sind nur der Spannungs- und Stromverlauf an den Klemmen des Transformators allein oder im Zusammenwirken mit anderen angeschlossenen Betriebsmitteln von Interesse, wird der Transformator als *black box* in Vierpolform betrachtet. Das Schwingungsverhalten wird durch das in der *black box* enthaltene Ersatznetzwerk an den Anschlußklemmen idealisiert wiedergegeben; die Vorgänge innerhalb des Transformators sollen in diesem Zusammenhang nicht betrachtet werden.

Sollen jedoch das Resonanzverhalten und die Spannungsbeanspruchungen im Inneren eines kompletten Wicklungssystems eines Transformators untersucht werden, ist eine Nachbildung des gesamten Wicklungssystems mittels eines detaillierten Modells erforderlich. Das zu entwickelnde Netzwerkmodell muß in diesem Fall die Wirkung der auftretenden elektrischen und magnetischen Felder wiedergeben.

Die Güte des Modells hängt vom Aufbau des Netzwerks und der Fähigkeit der einzelnen Netzwerkelemente ab, die physikalischen Vorgänge korrekt nachbil-

**Tabelle 9.3.** Vergleich der Verfahrensweisen zur Modellbildung von Transformatoren bei hochfrequenter Anregung

| Netzwerkmodell | FEM-Modell |
|---|---|
| Zusammenfassung von Wicklungsteilen zu Ersatzelementen | geometrische Diskretisierung des gesamten Transformators |
| separate Berechnung der elektrischen und magnetischen Größen aus den Konstruktionsdaten | hoher Modellierungsaufwand bei Anwendung finiter Elemente |
| Wirkungskopplung über Strom und Spannung | direkte Koppelung des elektrischen und magnetischen Feldes |
| geringerer Berechnungsaufwand | lange Rechenzeiten und großer Speicherplatzbedarf |

den zu können. Bei der Modellierung mit der FEM ist die Diskretisierung derart auszulegen und die Definition der Randbedingungen und Materialparameter so vorzunehmen, daß die physikalischen Wirkungen der Wicklungen mathematisch genau nachgebildet werden. Damit können die Wechselwirkungen der bei transienten Vorgängen auftretenden elektrischen und magnetischen Felder innerhalb des Transformators simuliert werden. Die Berechnung mittels Finite-Elemente-Methode liefert bei Beaufschlagung mit einer steilflankigen Spannung als Ergebnis eine dreidimensionale Potential- und Feldverteilung im Wicklungsraum eines Leistungstransformators. Insbesondere den Konstrukteuren großer Transformatoren bietet diese Methode die Möglichkeit einer Vorabbestimmung des elektromagnetischen Feldverlaufs. Nachteile dieser Methode sind der hohe Diskretisierungsaufwand, der immense Speicherplatzbedarf, die langen Rechenzeiten und die damit verbundenen hohen Simulationskosten /MIRI/ /ELEK/ /KUEHN/ /RIEDR/ /NOTH/.

Die folgenden Kapitel zeigen einige Verfahrensweisen auf, mit deren Hilfe man diese Problem auf einen berechenbaren Aufwand reduzieren kann.

### 9.4.1 Idealisiertes Netzwerkmodell (*black-box-Modell*)

Ist nur das Klemmenverhalten eines Transformators im Zusammenwirken mit anderen angeschlossenen Betriebsmitteln von Interesse, so genügt es, ein sogenanntes ***black-box-Modell*** in Vierpolform aufzustellen. Dabei muß das in der *black-box* enthaltene Ersatznetzwerk das Schwingungsverhalten an den von außen erreichbaren Anschlußklemmen des Transformators korrekt wiedergegeben.

Bekanntermaßen läßt sich jedes elektrische Übertragungssystem zu Schwingungen anregen. Ein speziell zur Beschreibung des dynamischen Verhaltens einer schwingungsfähigen Struktur entwickeltes Verfahren stellt die **Modalanalyse** dar. Dabei zerlegt man die Schwingung eines beliebigen Punktes einer Struktur in Teilschwingungen. Jede dieser Teilschwingungen beschreibt das Ausgangssignal über der Kapazität $C$ eines RLC-Schwingkreises. Abbildung 9.23 zeigt ein entsprechendes Transformatormodell.

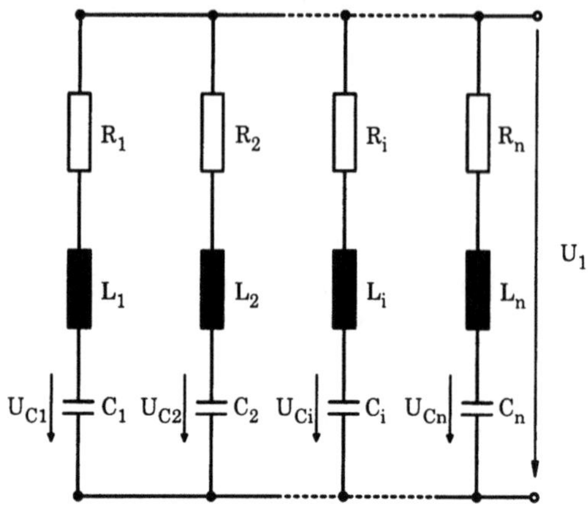


**Abbildung 9.23.** Auf der Modalanalyse basierendes Modell eines Transformators.

Das Ersatznetzwerk besteht aus $n$ parallelgeschalteten Reihenschwingkreisen, wobei die Gesamtanzahl $n$ der Schwingkreise die Anzahl der auftretenden Resonanzfrequenzen in der Wicklung darstellt. $U_1$ bezeichnet die an den Klemmen des Transformators anliegende Primärspannung. Die Parameter $R_i$, $L_i$ und $C_i$ des Reihenschwingkreises lassen sich aus den folgenden drei **modalen Parametern** eindeutig bestimmen.

- $f_i$ Eigenfrequenz
- $\delta_i$ Dämpfung
- $A_i$ Amplitude bei Eigenfrequenz

Die Erstellung des vollständigen detaillierten Netzwerkmodells erfolgt gemäß den folgenden vier Schritten.

1. Schritt:

Zur Bestimmung dieser drei modalen Parameter sind zwei Messungen erforderlich: Die Messung der Übertragungsfunktion (9.41) und die Messung der Eingangsadmittanzfunktion (9.44).

Die gemessene Übertragungsfunktion des vollständigen RLC-Netzwerkes ist gegeben durch:

$$\frac{U_2(j\omega)}{U_1(j\omega)} = H(j\omega) = \gamma - \sum_{i=1}^{n} A_i \cdot \frac{\omega_{0i}^2}{\omega_{0i}^2 - \omega^2 + j2\delta_i\omega} \tag{9.41}$$

mit

$$\gamma = V_0 + \sum_{i=1}^{n} A_i \tag{9.42}$$

$\gamma$ ist die *Anfangsverteilung* oder auch *kapazitive Übersetzung* und $V_0$ die Endverteilung der Übertragungsfunktion.

Die Resonanz- bzw. Kennkreisfrequenz $\omega_{0i}$ ist definiert durch:

$$\omega_{0i} = \sqrt{\omega_i^2 + \delta_i^2} \tag{9.43}$$

Die Admittanzfunktion auf der Primärseite bei sekundärseitigem Leerlauf ist gegeben durch:

$$\frac{I_1}{U_1} = Y(j\omega) = \frac{1}{R_0} + \frac{1}{j\omega L_0} + j\omega C_0 + \sum_{i=1}^{n} \frac{j\omega C_i \omega_{0i}^2}{\omega_{0i}^2 - \omega^2 + j2\delta_i\omega} \tag{9.44}$$

Dabei berücksichtigt $R_0$ die Eisenverluste, $C_0$ die Eingangskapazität und $L_0$ die Leerlaufinduktivität. Die Spannung der Sekundärseite $U_2$ ergibt sich aus der gewichteten Summe der Spannungen über allen Serienkapazitäten und der mit der Anfangsverteilung $\gamma$ multiplizierten primärseitigen Spannung $U_1$.

$$U_2 = \gamma U_1 - \sum_{i=1}^{n} A_i U_{Ci} \tag{9.45}$$

2. Schritt:

Die Ermittlung der modalen Parameter $f_i$ bzw. $\omega_i$, $\delta_i$ und $A_i$ aus der gemessenen Übertragungs- und Eingangsadmittanzfunktion ist verhältnismäßig einfach, wenn die Resonanzpeaks scharf und in genügender Anzahl verteilt sind. Ist dies der Fall, kann jede Resonanz einzeln behandelt werden. Somit lassen sich die Übertragungs- und Eingangsadmittanzfunktion im Bereich der $i$-ten Eigenfrequenz, gleichbedeutend mit dem $i$-ten Schwingkreis, darstellen. Diese Vereinfachung führt zu den modalen Parametern

$$\omega_i = \frac{1}{\sqrt{L_i C_i}} \tag{9.46}$$

$$\delta_i = \frac{R_i}{2L_i} \tag{9.47}$$

Anstatt des Dämpfungsfaktors $\delta_i$ wird der Gütefaktor $Q_i$ für die weiteren Betrachtungen herangezogen.

$$Q_i = \frac{\pi f_{0i}}{\delta_i} \tag{9.48}$$

Bestimmt wird der Gütefaktor entweder aus dem Imaginärteil der Übertragungsfunktion oder dem Realteil der Admittanzfunktion mit:

$$Q_i = \frac{f_{0i}}{\triangle f_{0i}} \tag{9.49}$$

Darin bezeichnet $\triangle f_{0i}$ die Frequenzbreite bei halber Höhe des Scheitelwertes eines Resonanzpeaks. Der dritte modale Parameter, die Amplitude $A_i$, läßt sich aus der Spannungserhöhung bei Resonanzfrequenz $w = w_{0i}$ in Gleichung (9.41) und mit Gleichung (9.48) berechnen.

$$\frac{U_2}{U_1} = \gamma_i + jA_iQ_i \tag{9.50}$$

$$|U_{max}| = \sqrt{\gamma_i^2 + (jA_iQ_i)^2} \tag{9.51}$$

Die Maxima des Imaginärteils der Übertragungsfunktion treten bei $f = f_{0i}$ auf und nehmen die Werte $A_i \cdot Q_i$ an. Mit dem Gütefaktoren $Q_i$ aus Gleichung (9.49) können daraus schließlich die Amplituden der Eigenfrequenzen $A_i$ bestimmt werden. Die kapazitive Übersetzung $\gamma$ ergibt sich aus dem Realteil der Übertragungsfunktion für $\omega \to \infty$. Mit $\omega = \omega_{0i}$ ergibt sich für die einzelnen Serienschwingkreise $\gamma_i$ mit der Bedingung $\gamma = \sum_{i=1}^{n} \gamma_i$.
Mit Kenntnis der modalen Parameter lassen sich die Werte der einzelnen Elemente der RLC-Reihenschwingkreise bestimmen. Im Realteil der Admittanzfunktion treten für $w = w_{0i}$ Maxima auf, deren Höhe durch $\frac{1}{R_i}$ gegeben ist. Setzt man in die Gleichung (9.44) für $\omega = \omega_{0i}$ ein, ohne Berücksichtigung von $R_0$, $C_0$ und $L_0$, so vereinfacht sich die Eingangsadmittanzfunktion zu:

$$Y(j\omega) = \frac{C_i\omega_{0i}^2}{2\delta_i} \tag{9.52}$$

<u>3. Schritt:</u>
Durch Gleichsetzen von $\text{Re}\{Y(j\omega) = \frac{1}{R_i}\}$ mit Gleichung (9.52) ergibt sich für $C_i$ folgender Zusammenhang:

$$C_i = \frac{2\delta_i}{R_i\omega_{0i}^2} \tag{9.53}$$

Die Induktivitäten $L_i$ erhält man durch Einsetzen der Gleichung (9.47) in Gleichung (9.53):

$$L_i = \frac{1}{C_i\omega_{0i}^2} \tag{9.54}$$

$$R_i = \frac{Q_i}{\omega_{0i}L_i} \tag{9.55}$$

Die zuvor ausgesparten Elemente $R_0$, $C_0$ und $L_0$ lassen sich über Grenzwertbetrachtungen bestimmen. Für $\omega \to 0$ strebt Gleichung (9.44) gegen $\frac{1}{R_0}$. Die Werte für $L_0$ und $C_0$ berechnen sich aus $\text{Im}\{Y(j\omega)\}$ für $\omega \to 0$ und $\omega \to \infty$.

4. Schritt:
Die RLC-Reihenschwingkreise eines idealisierten Transformatormodells stellen Zweipole dar. Um aber einen direkten Vergleich zwischen rechentechnischen und entsprechenden meßtechnischen Untersuchungen zu ermöglichen, müssen Transformatormodelle in Vierpolform dargestellt werden. Ein geeignetes Ersatznetzwerk zur Darstellung eines idealisierten Modells als Vierpol zeigt Abbildung 9.24 /VAE/.

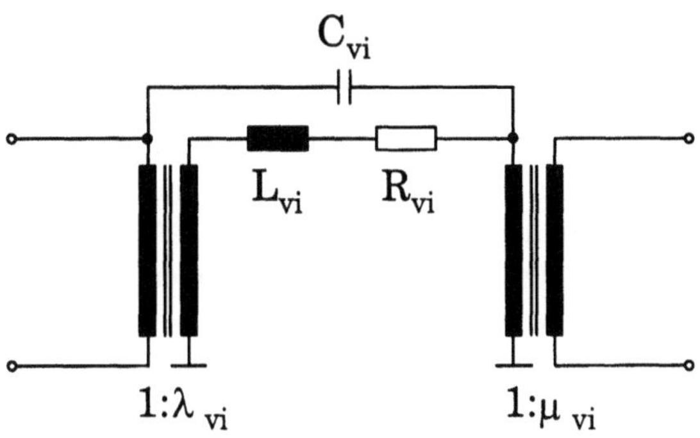


**Abbildung 9.24.** Idealisiertes Netzwerkmodell in Vierpolform

Der Übergang der RLC-Serienschwingkreise in Zweipolform zur Vierpolform geschieht über die folgenden Gleichungen:

$$\lambda_{vi} = \gamma_i \qquad \mu_{vi} = 1 - \frac{A_i}{\gamma_i}$$

$$R_{vi} = \left|\frac{A_i}{\gamma_i}\right|^2 R_i \qquad L_{vi} = \left|\frac{A_i}{\gamma_i}\right|^2 L_i \qquad C_{vi} = \left|\frac{A_i}{\gamma_i}\right|^2 C_i$$

Das idealisierte Netzwerkmodell in Vierpolform beinhaltet pro Resonanzfrequenz zwei ideale Übertrager $1 : \mu_i$ und $1 : \lambda_i$. Trifft z.B. eine Spannungswelle auf eine Transformatorwicklung, so wird die Spannungsverteilung der Wicklung im ersten Augenblick durch die Kapazitäten bestimmt. Es stellt sich die kapazitive Anfangsverteilung $\lambda = \gamma$ ein. Dieser Übertrager sorgt für eine schnelle Kopplung der einlaufenden Spannungswelle am Ausgang des Netzwerkes und stellt gleichzeitig den Vierpolcharakter der Schaltung her. Nach Beginn des Ausgleichsvorgangs, der zum stationären Endzustand führt, stellt sich die induktive Endverteilung $\mu$ ein. Dieser Vorgang wird vorwiegend durch die Induktivitäten bestimmt.

Zur Erfassung transienter Vorgänge in Netzen mit Transformatoren können in einem erweiterten Modell, dem *Leitungsmodell in Vierpolform* /MN/, /MSN/ die Induktivitäten durch verlustbehaftete Leitungen ersetzt werden. Den Übergang zu einem Leitungsmodell rechtfertigt die Tatsache, daß bei hohen Frequenzen die Wicklungen nicht mehr als elektrisch kurz betrachtet werden können. Neben der Zeitabhängigkeit ist nun auch noch eine Ortsabhängigkeit zu berücksichtigen.

Die Bestimmung des Wellenwiderstandes $Z_i$ erfolgt mit der Gleichung

$$Z_i = \frac{L_{vi}}{\tau_i} \tag{9.56}$$

wobei für die Laufzeit gilt:

$$\tau_i = \sqrt{L_{vi} \cdot C_{vi}} \tag{9.57}$$

**Beispiel zur Modellierungsgenauigkeit**

Abbildung 9.25 zeigt den Wicklungsaufbau und das Schaltbild eines 5000 kVA, 36/12 kV-Verteilungstransformators der Schaltgruppe YNyn0 mit primär- wie auch sekundärseitig herausgeführtem Sternpunkt. Für diese Anordnung liegen bereits die Übertragungs- und Eingangsadmittanzfunktionen nach Betrag und Phase vor /KE/. Die Ergebnisse der durchgeführten Messungen sind in den Abbildungen 9.26 und 9.28 graphisch dargestellt.

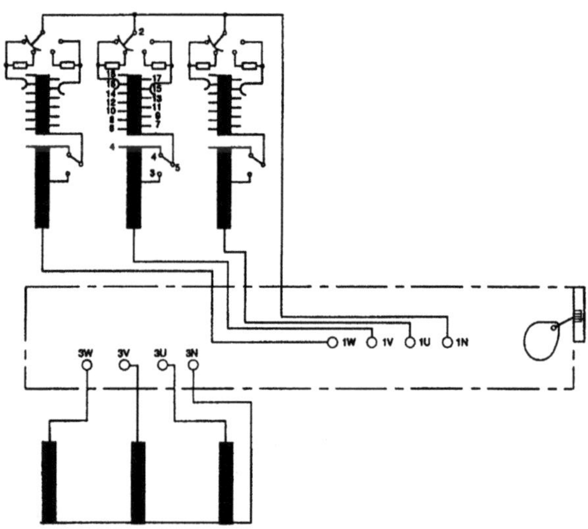


**Abbildung 9.25.** Wicklungsaufbau und Schaltbild eines 36/12 kV, 5000 kVA Verteilungstransformators

Bei der dargestellten Schaltungsvariante ist die gesamte Haupt- und Regelwicklung beaufschlagt worden. Die Messungen erfolgten an einem prüfbereiten Transformator in einem Frequenzbereich von 1 kHz bis 300 kHz. Da sich bei entsprechender Resonanzanregung in den Wicklungen Serienschwingkreise mit Maxima in der Eingangsadmittanzfunktion ausbilden, erfolgt die Bestimmung der Eigenfrequenzen durch Auswertung der Maxima im Frequenzgang der Eingangsadmittanzfunktion. In den Abbildungen 9.26 bis 9.29) sind die gemessenen und berechneten Ergebnisse für diesen 36/12 kV-Verteilungstransformator einander gegenüber gestellt.

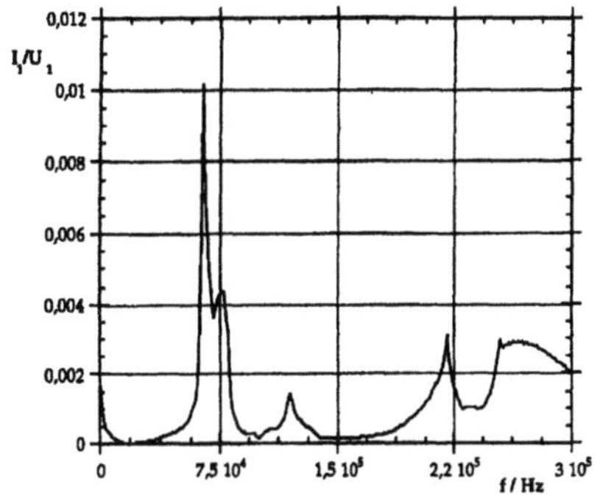


**Abbildung 9.26.** Gemessener Realteil der Eingangsadmittanzfunktion des 36/12 kV-Verteilungstransformators

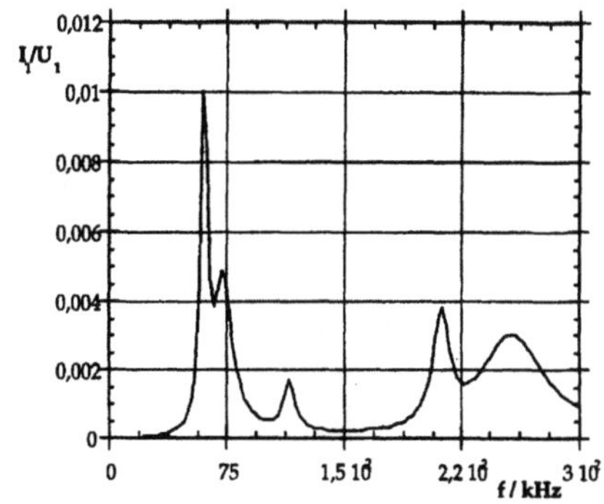


**Abbildung 9.27.** Berechneter Realteil der Eingangsadmittanzfunktion des 36/12 kV Verteilungstransformators

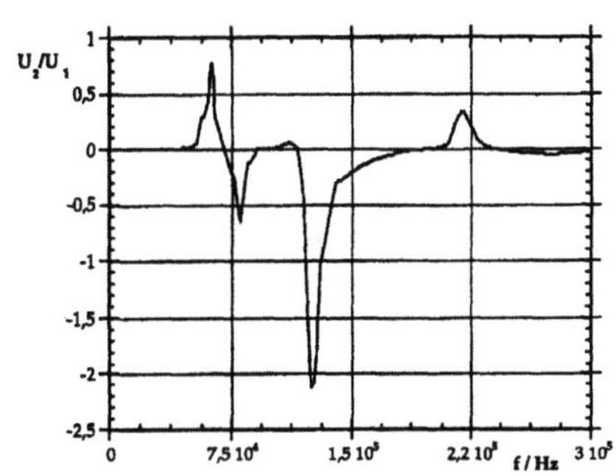


**Abbildung 9.28.** Gemessener Realteil der Übertragungsfunktion des 36/12 kV Verteilungstransformators

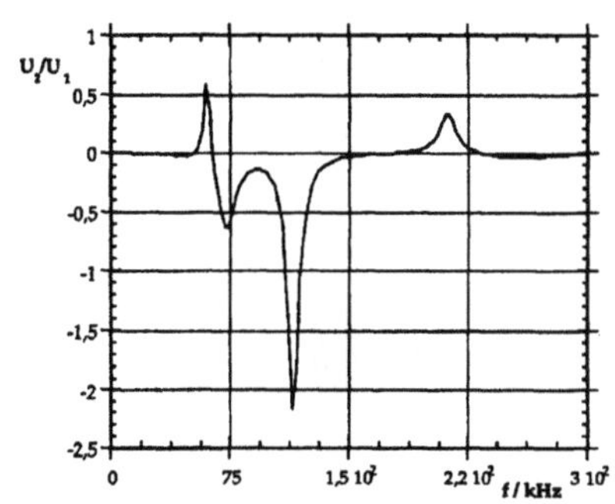


**Abbildung 9.29.** Berechneter Realteil der Übertragungsfunktion des 36/12 kV Verteilungstransformators

Im ermittelten Frequenzgang des Realteils der Eingangsadmittanzfunktion sind 5 Resonanzfrequenzen deutlich zu erkennen. Zur Nachbildung dieser Resonanzen sind fünf Reihenschwingkreise mit Leitungen in Vierpolform in das idealisierte Modell integriert worden, siehe Abbildung 9.30.

## 9.4.2 Detailliertes Netzwerkmodell

Interessieren Resonanzbeanspruchungen sowie transiente Spannungsbeanspruchungen im Inneren eines Transformators, so muß der Übergang vom idealisierten zum detaillierten Netzwerkmodell erfolgen. Mit Hilfe von detaillierten Netzwerkmodellen sind Aussagen über die transiente Spannungsverteilung entlang der Wicklungen bei einlaufenden Überspannungen möglich.

In Abbildung 9.31 ist der prinzipielle Aufbau eines Transformators am Beispiel eines 200 MVA Transformators dargestellt. Neben dem deutlich erkenn-

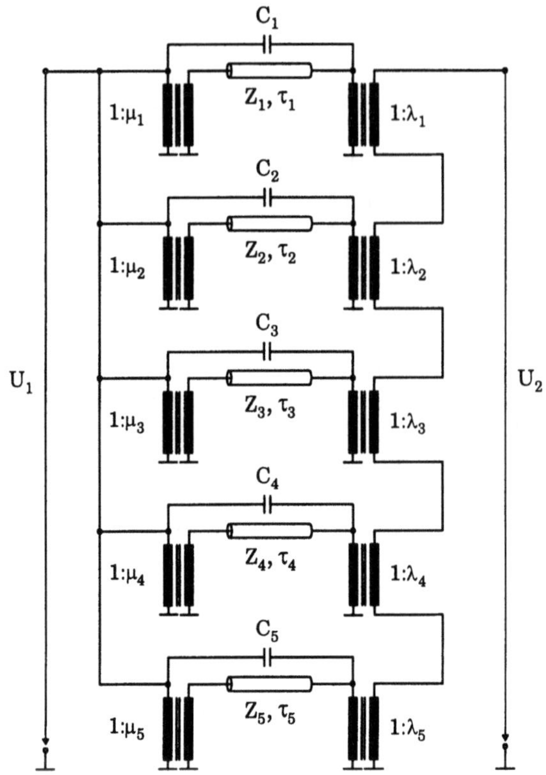


**Abbildung 9.30.** Idealisiertes Leitungsmodell des 36/12 kV Verteilungstransformators

baren Eisenkern, der zur Minimierung der magnetischen Verluste geblecht aufgebaut ist, besteht der Aktivteil des Transformators aus Unterspannungs- und Oberspannungswicklung.

Die Einstellbarkeit der Übersetzung ist eine wichtige Eigenschaft, die der Anpassung der Betriebsspannung bei Lastschwankungen und vor allem bei Netz und Netzkuppeltransformatoren zur Lastverteilung oder zum Einstellen von Wirk- und Blindströmen in Verbundnetzen dient. Im einfachsten Fall geschieht die Einstellung im spannungslosen Zustand durch Änderung der Windungszahl mittels Umsteller bzw. Umklemmeinrichtung. Diese ermöglicht das Zu- bzw. Wegschalten von Wicklungsteilen durch die Umschaltung auf verschiedene Anschlüsse einer Wicklung, die Anzapfungen. Zur stufenweisen Einstellung unter Last werden Laststufenschalter eingesetzt, mit denen die einzelnen Anzapfungen einer zusätzlichen Regelwicklung eingestellt werden können (Anzapfungsbereich z.B. + 16% der Nennspannung). In diesem Fall besitzt der Transformator zusätzlich eine Oberspannungsregelwicklung sowie einen Stufenschalter, siehe Abbildung 9.39.

Zur Vereinfachung der Modellbildung wird von einem einphasigen Ersatznetzwerk ausgegangen. Bei der Erstellung eines detaillierten Transformatormodells wird dann wie folgt vorgegangen: Zunächst werden die Wicklungen des Transformators in Teilabschnitte zerlegt, deren physikalisches Ver-

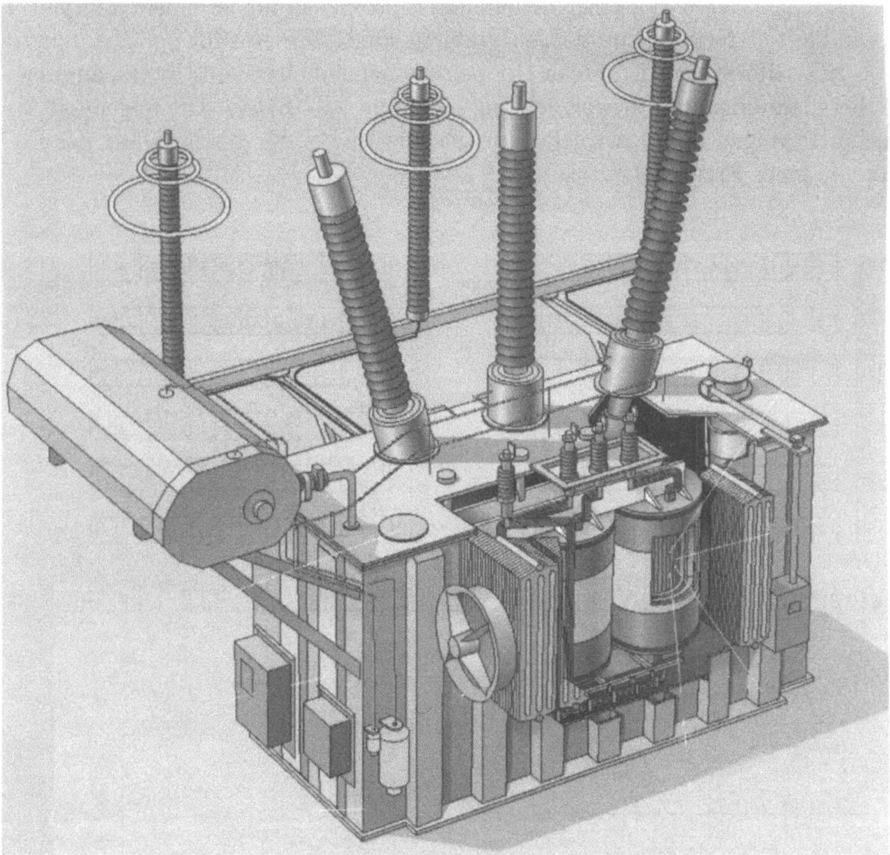

**Abbildung 9.31.** 200 MVA Transformator (ABB)

halten sich durch die Verschaltung von Selbst- und Gegeninduktivitäten, Längs-, Quer- und Streukapazitäten sowie durch Widerstände beschreiben läßt /NOTH/, /LEOH/. Für Oberspannungswicklungen mit Systemspannungen über 45 kV und großen Windungszahlen kommen überwiegend Doppelscheibenspulenwicklungen zum Einsatz. Gebräuchliche Ausführungsformen sind unverschachtelt fortlaufend gewickelte und verschachtelt gewickelte Scheibenspulenwicklungen, Abbildung 9.32.

Danach bedient man sich einer für jeden Wicklungstyp einsetzbaren sogenannten **äquivalenten Doppelscheibeneinheit**, Abbildung 9.33. Die im Ersatznetzwerk enthaltenen konzentrierten Elemente repräsentieren dabei die physikalischen Eigenschaften zweier Scheibenspulen.

Das resultierende Ersatznetzwerk ist entscheidend vom Aufbau des zu untersuchenden Transformators abhängig. Gemäß Abbildung 9.33 werden die einzelnen Ersatznetzwerke eines jeden Abschnitts der verschachtelten bzw.

unverschachtelten Doppelspuleneinheiten pro Wicklung zu einem komplexen detaillierten Netzwerkmodell zusammengefügt. Die Anzahl der Ersatznetzwerke ist durch die Anzahl der Doppelscheibeneinheiten von Unterspannungs-Oberspannungs- und Regelwicklung bestimmt /KUEHN/. Die folgenden Abschnitte zeigen die prinzipielle Vorgehensweise bei der Bestimmung der Elemente eines Ersatznetzwerkes.

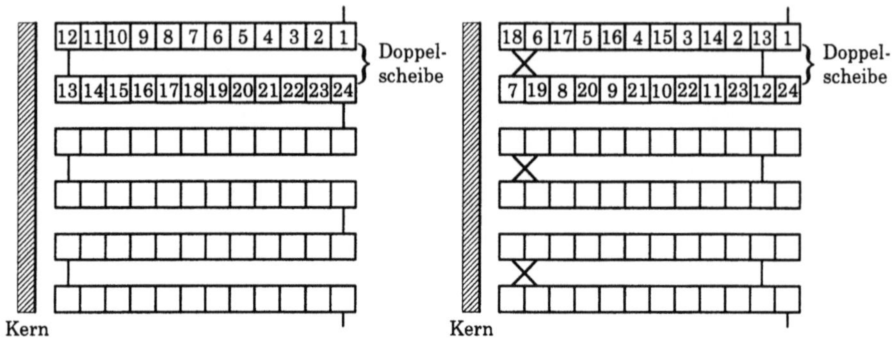


**Abbildung 9.32.** Scheibenspulenwicklungen links: unverschachtelt und rechts: verschachtelt

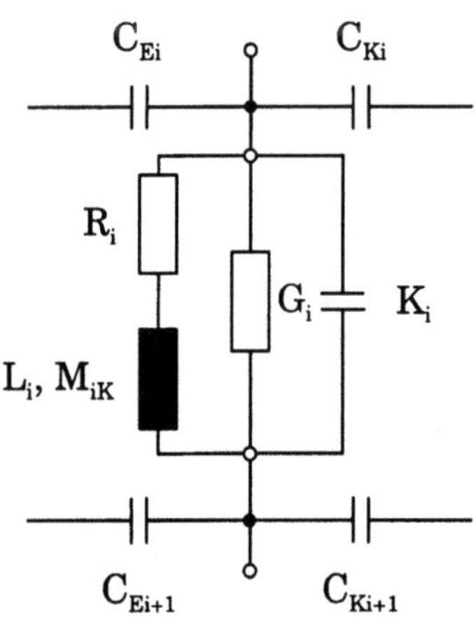


**Abbildung 9.33.** Diskretisierung einer Doppelscheibeneinheit mit konzentrierten Elementen

Hierbei sind:

| | |
|---|---|
| $K_i$ | resultierende Längskapazität der $i$-ten Doppelscheibeneinheit |
| $C_{Ki}$ | Koppelkapazität zu benachbarten Wicklungsabschnitten |
| $C_{Ei}$ | Streukapazität gegenüber dem Erdpotential |
| $L_i$ | resultierende Selbstinduktivität der $i$-ten Doppelscheibeneinheit |

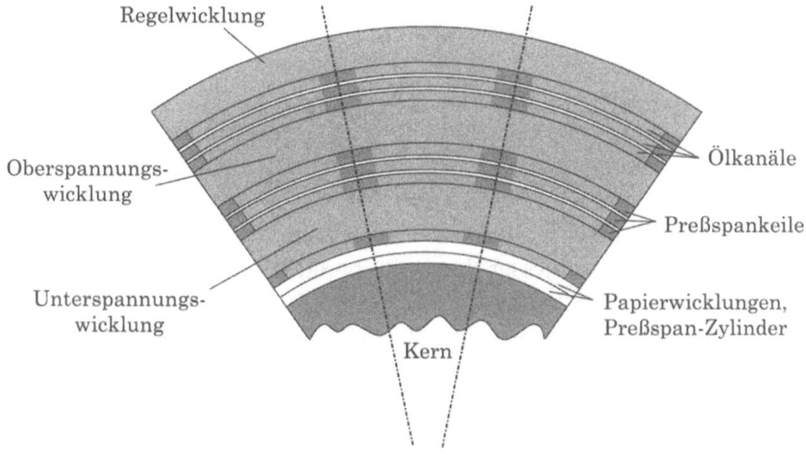


**Abbildung 9.34.** Ausschnitt des Isolationsaufbaus zwischen Kern und Wicklung und den benachbarten Wicklungen

| | |
|---|---|
| $M_{ik}$ | Magnetisches Streufeld der Doppelscheibeneinheit $i$ zur $k$-ten Doppelscheibeneinheit |
| $R_i$ | Wirbelstromverluste (Skin- und Proximityeffekt) der Leiter im hochfrequenten magnetischen Wechselfeld |
| $G_i$ | dielektrische Verluste ($\tan\delta$) der Isolation der $i$-ten Doppelscheibeneinheit |

**Berechnung der Erdkapazitäten $C_{Ei}$ und Koppelkapazitäten $C_{Ki}$**
Erd- und Koppelkapazitäten berücksichtigen im Netzwerkmodell die elektrischen Feldern der einzelnen Doppelscheiben gegen Erdpotential oder zu benachbarten Wicklungen. Durch diese Kapazitäten können die in den Isolationen fließenden Verschiebungsströme modelliert werden.

Die Bereiche zwischen den Wicklungen und zwischen Wicklungen und Kessel oder Kern sind aus mehreren aufeinanderfolgenden Schichten aufgebaut. Die einzelnen Isolationsschichten bestehen aus Ölkanälen, Preßspankeilen und Preßspan-Zylindern. Abbildung 9.34 zeigt den prinzipiellen Aufbau der Isolationen zwischen Kern-Unterspannungswicklung, Unterspannungswicklung-Oberspannungswicklung und Oberspannungswicklung-Regelwicklung.

Grundlage zur Ermittlung der Kapazitäten ist die Berechnung der Ersatzdielektrizitätszahlen der einzelnen Isolationsbereiche. Für jeden Bereich werden die einzelnen Isolierschichten zu einer Gesamtstruktur zusammengefaßt, wobei die Dicken und Breiten gleichartiger Dielektrizitätszahlen, gemäß der Berechnung von Reihen- und Parallelschaltung, zu einer Gesamtdicke und -breite aufaddiert werden. Aufgrund der geringen Isolationsabstände im Verhältnis zum Umfang kann anstatt der Gleichung für einen Zylinderkondensator eine experimentell bestimmte randfeldkorrigierte Beziehung eines Plattenkondensators verwendet werden /AMT/.

$$C_{Ei,Ki} = \frac{\varepsilon_0 \varepsilon_{ers} \pi \cdot d_m \cdot b}{e} \cdot \left[1 + \frac{d}{b}(0,75 + 0,04 \cdot \frac{e}{b} - 0,15 \cdot \frac{d}{b})\right] \qquad (9.58)$$

Hierin sind:

| | |
|---|---|
| $\varepsilon_{ers}$ | Ersatzdielektrizitätszahl des betrachteten Isolierbereichs |
| $d_m$ | mittlerer Durchmesser des Isolierbereichs |
| $b$ | Höhe des Einzelleiters |
| $d$ | axialer Abstand zweier übereinander liegender Einzelleiter |
| $e$ | Abstand zweier Wicklungen bzw. Wicklung-Kern oder Wicklung-Kessel |

**Berechnung der Längskapazitäten $K_i$**
Die Herleitung der resultierenden Längskapazität einer Doppelscheibeneinheit erfolgt über eine sogenannte *Energieäquivalenzbetrachtung* /AMB/. Hierzu sind zunächst die in einer Doppelscheibe auftretenden grundlegenden Kapazitäten zu bestimmen: Zum einen die Kapazitäten $C_s$ zweier nebeneinander liegenden Windungen innerhalb der gleichen Scheibenspule und zum anderen die Kapazitäten $C_{ai}$ zweier gegenüberliegenden Windungen einer Doppelscheibenspule, Abbildung 9.35.

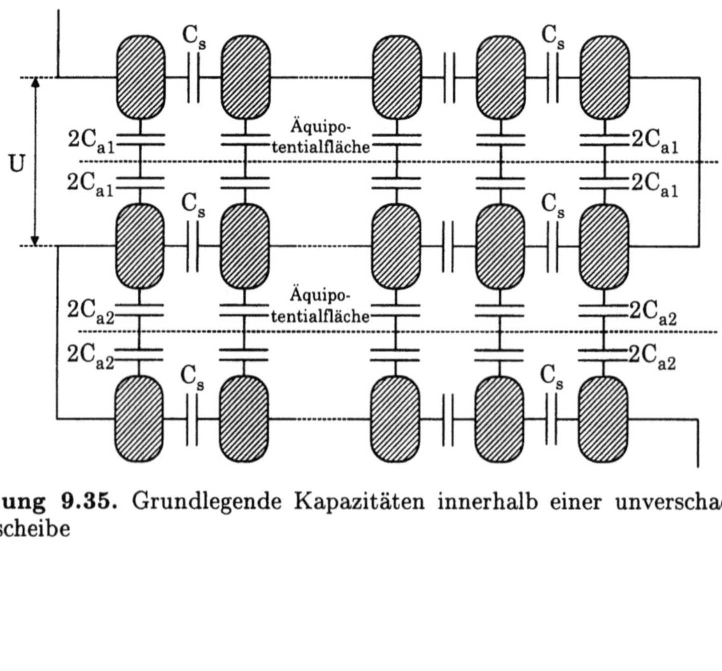


**Abbildung 9.35.** Grundlegende Kapazitäten innerhalb einer unverschachtelten Doppelscheibe

Unter Berücksichtigung einer experimentell ermittelten Randfeldkorrektur ergeben sich die folgenden Kapazitäten /AMT/:

$$C_s = \frac{\varepsilon_0 \varepsilon_r \pi \cdot d_m \cdot b}{c} \cdot \left[1 + \frac{c}{b}(0,95 + 1,2 \cdot \frac{a}{b} - 0,15 \cdot \frac{c}{b})\right] \tag{9.59}$$

$$C_{ai} = \frac{\varepsilon_0 \varepsilon_r \pi \cdot d_m \cdot a}{d_i} \cdot \left[1 + \frac{c}{a}(0,87 + 0,03 \cdot \frac{a}{b} - 0,15 \cdot \frac{c}{b})\right] \tag{9.60}$$

mit:

- $a$ Breite eines Einzelleiters
- $c$ radialer Abstand zweier nebeneinanderliegender Einzelleiter
- $d_1$ axialer Abstand der Leiter zweier Scheiben in einer Doppelscheibeneinheit
- $d_2$ axialer Abstand der Leiter zwischen zwei Doppelscheibeneinheiten
- $d_3$ axialer Abstand der Leiter einer Doppelscheibeneinheit zur Schirmelektrode

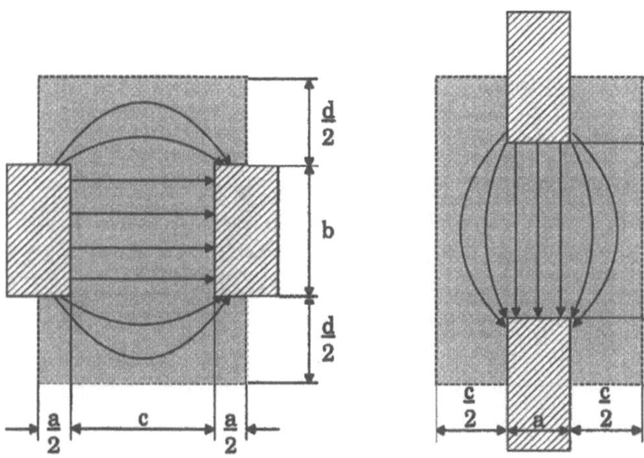


**Abbildung 9.36.** Einflußzonen der grundlegenden Kapazitäten links: $C_s$ und rechts: $C_a$

Aus diesen beiden grundlegenden Kapazitäten werden mittels des Energieerhaltungssatzes die vier Teilkomponenten der resultierende Längskapazität abgeleitet. Die Längskapazität $K_i$ bestimmt sich dann in Abhängigkeit von der Lage der Doppelscheibe zu:

$$K_{mittte} = C_1 + C_2 + C_3 \tag{9.61}$$

$$K_{oben/unten} = C_1 + C_2 + \frac{2C_3C_4}{2C_3 + C_4} \tag{9.62}$$

Darin bezeichnet $K_{mittte}$ die innenliegende Doppelscheibe und $K_{oben/unten}$ die Doppelscheibe am oberen bzw. unteren Rand. Die vier Teilkomponenten der Längskapazität sind im einzelnen:

- $C_1$ Kapazität aus der Zusammenfassung aller Kapazitäten $C_s$ einer Doppelscheibe
- $C_2$ Kapazität aus der Zusammenfassung aller Kapazitäten $C_{a1}$ einer Doppelscheibe
- $C_3$ Kapazität aus der Zusammenfassung aller Kapazitäten $C_{a2}$ zu benachbarten Doppelscheiben
- $C_4$ Kapazität aus der Zusammenfassung aller Kapazitäten $C_{a3}$ zu einer gegenüberliegenden Schirmelektrode

Voraussetzung für das Aufstellen einer Energiebilanz ist die Annahme einer linearen Spannungsverteilung entlang der Windungen des betrachteten Wicklungsabschnittes. Damit ist es möglich, die über den grundlegenden Kapazitäten $C_s$ und $C_a$ liegenden Potentialdifferenzen in Relation zur Gesamtspannung der Doppelscheibe $U$ beziehungsweise zur Windungsspannung $\Delta U$ anzugeben. Für die Potentialdifferenzen ist dabei die Art der Wicklungsausführung, verschachtelt oder unverschachtelt, von entscheidender Bedeutung.

**Berechnung der Selbstinduktivität $L_i$ einer Doppelscheibeneinheit**
Die Selbstinduktivitäten berücksichtigen das Streufeld jedes einzelnen Leiters innerhalb einer Scheibenspulenwicklung. Zur Berechnung der Ersatzinduktivitäten einer Transformatorwicklung ist zunächst das Verhalten des Eisenkernflusses bei den zu untersuchenden Frequenzen zu betrachten. Die Verdrängung der magnetischen Feldlinien aus der Mitte des Kerns bei hohen Frequenzen würde eine frequenzabhängige Berechnung der Induktivitäten notwendig machen. Ab einer Frequenz von $f > 10$ kHz /KAL/ kann jedoch die Berechnung der Selbst- und Gegeninduktivitäten auf der Basis von frequenzunabhängigen Gleichungen für Luftspulen angewendet werden. Für die zu untersuchenden Ausgleichsvorgänge ist dies aber keine große Einschränkung. Denn für Frequenzen $f > 10$ kHz sind die sich ausbildenden Wirbelströme auf der Kernoberfläche so gerichtet, daß die magnetischen Feldlinien vollständig aus dem Kerninneren verdrängt werden. Das Kerninnere wird praktisch flußfrei.

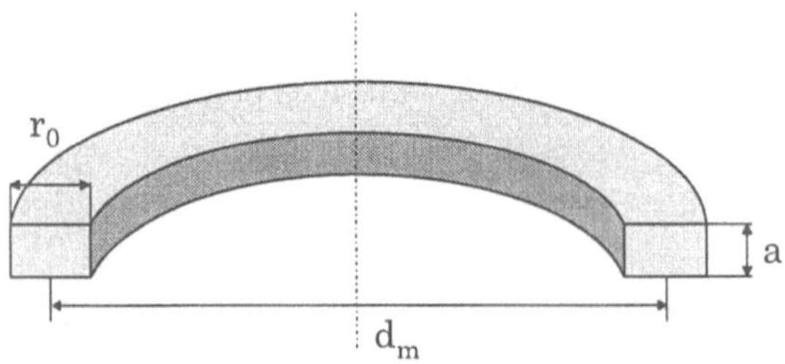


**Abbildung 9.37.** Schema einer Doppelscheibeneinheit zur Berechnung der Selbstinduktivität

Abbildung 9.37 zeigt den prinzipiellen Aufbau für die Berechnung der Selbstinduktivität einer Doppelscheibeneinheit. Dabei entspricht die dargestellte Einheit allen in einer Doppelscheibeneinheit vorhandenen Leitern.

Die Selbstinduktivität einer Doppelscheibeneinheit ergibt sich aus /SIM/:

$$L_i = \frac{\mu_0}{4\pi} \cdot w^2 \cdot d_m \cdot \xi - \Delta \tag{9.63}$$

In der Gleichung sind

| | |
|---|---|
| $\Delta$ | erforderlicher Korrekturfaktor wegen der kleinen Abmessungen der Doppelscheibe $a$ und $r_0$ im Vergleich zum Spulendurchmesser $d_m$, abhängig von den Größen $a$, $r_0$ und $d_m$ |
| $\xi$ | dimensionsloser Korrekturfaktor, abhängig von den Größen $a$ und $d_m$ |
| $d_m$ | mittlerer Durchmesser der Doppelscheibe |
| $w$ | Windungszahl |

**Berechnung der Gegeninduktivität $M_{ik}$ zweier Doppelscheiben**

Die wechselseitige Beeinflussung der magnetischen Streufelder der Scheibeneinheit $i$ und der Scheibeneinheit $k$ wird im detaillierten Netzwerkmodell durch die Gegeninduktivität $M_{ik}$ beschrieben. Dabei werden, wie bei der Berechnung der Selbstinduktivitäten, sämtliche Leiter einer Doppelscheibeneinheit zusammengefaßt. Die Berechnung der Gegeninduktivität zweier Doppelscheibeneinheiten wird durch die Gegeninduktivität zweier paralleler koaxialer Kreisringe bestimmt, Abbildung 9.38.

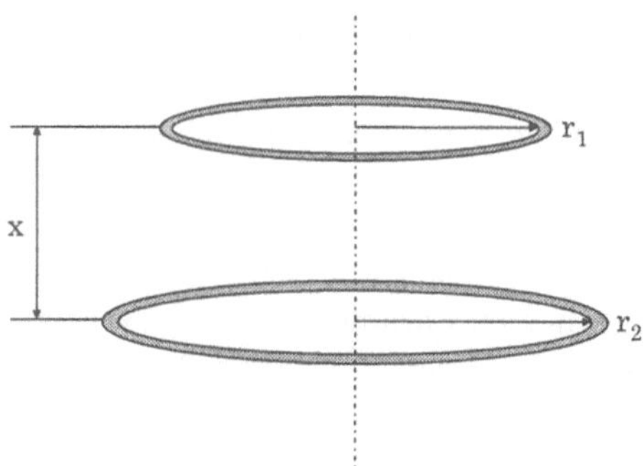


**Abbildung 9.38.** Schema zweier Doppelscheibeneinheiten zur Berechnung der Gegeninduktivitäten

Die Gegeninduktivität berechnet sich nach /SIM/:

$$M_{ik} = \mu_0 w_1 w_2 \cdot \sqrt{x^2 + (r_1 + r_2)^2} \cdot \left[ \left(1 - \frac{k^2}{2}\right) \cdot F(k, \frac{\pi}{2}) - E(k, \frac{\pi}{2}) \right] \tag{9.64}$$

$$\text{mit} \qquad k = \sqrt{\frac{4r_1r_2}{x^2 + (r_1 + r_2)^2}} \tag{9.65}$$

$F(k, \frac{\pi}{2})$ und $E(k, \frac{\pi}{2})$ sind die vollständigen elliptischen Integrale 1. und 2. Gattung, $w_1$ und $w_2$ sind die Windungszahlen der beiden Doppelscheibeneinheiten.

**Berechnung der Parallelleitwerte $G_i$**

Die Parallelleitwerte berücksichtigen im detaillierten Netzwerkmodell die dielektrischen Verluste der Transformatorisolationen, die hauptsächlich durch Raumladungspolarisation im Isoliermedium entstehen. Die Berechnung dieser Parallelleitwerte erfolgt aus der Längskapazität $K_i$ der entsprechenden Doppelscheibe $i$ gemäß der Beziehung:

$$G_i = 2\pi f K_i \tan\delta(f) \tag{9.66}$$

**Berechnung der Serienwiderstände $R_i$**

Bei schnellen zeitlichen Änderungen oder hohen Frequenzen tritt innerhalb der Transformatorwicklungen sowie in den einzelnen Windungen eine ungleichmäßige Stromverteilung auf. Diese ungleichmäßige Stromverteilung ist bedingt durch die Ausbildung von Wirbelfeldern, die zu einer Verdrängung der Leitungsstromdichte aus der Mitte und dadurch zu einer Erhöhung des Wirkwiderstandes im Leiter führen. Die im Wicklungskupfer entstehenden Wirbelstromverluste stellen den wichtigsten Dämpfungseinfluß bei transienten Vorgängen im Inneren eines Transformators dar und werden im Ersatznetzwerk einer Doppelscheibeneinheit, Abbildung 9.33, durch in Serie mit den Induktivitäten geschaltete, frequenzabhängige Widerstände $R_i$ berücksichtigt.

Bereits in Kapitel 7.1.1 ist die ungleichmäßige Stromverteilung eines Rundleiters durch das magnetische Feld des Leiterstroms selbst (Skin-Effekt) und durch den Einfluß des Magnetfeldes benachbarter Leiterströme auf den betrachteten Leiter behandelt worden. Daher sollen an dieser Stelle nur die wichtigsten Gleichungen durch die notwendigsten Parameter ergänzt werden. Der frequenzabhängige Widerstand einer Doppelscheibe ergibt sich zu:

$$R(f) = R_0 \cdot k(f) \tag{9.67}$$

mit

$$R_0 = \frac{mn\pi d_m}{\kappa ab} \tag{9.68}$$

$$k(f) = g(f, \Delta H_x, \Delta H_y, a, b, m, n, \kappa) \tag{9.69}$$

Hierin sind:

| | |
|---|---|
| $R_0$ | Gleichstromwiderstand |
| $m$ | Windungszahl einer Scheibe |
| $n$ | Anzahl der übereinanderliegenden Lagen (Doppelscheibe: n=2) |
| $a, b$ | Abmessungen der Einzelleiter |
| $d_m$ | mittlerer Durchmesser der Wicklung |
| $\kappa$ | elektrische Leitfähigkeit |
| $f$ | Frequenz |
| $\Delta H_x$ | Gradient der Längsfeldstärke |
| $\Delta H_y$ | Gradient der Querfeldstärke |

Zur Berücksichtigung der frequenzabhängigen Serienwiderstände im Zeitbereich können Ersatznetzwerke wie *Serien-Foster-Kreise* (in Serie geschaltete RL-Parallelkreise) oder *Thevenin-Kreise* (zeitabhängige Widerstände und Spannungsquellen) eingesetzt werden. Zum intensiveren Studium der Modellbildung der Frequenzabhängigkeit im Zeitbereich sei an dieser Stelle auf die weiterführende Literatur verweisen /NOTH/ /ELEK/ /MNB/.

**Beispiel zur Modellierungsgenauigkeit**

Der untersuchte 36/420 kV Maschinentransformator besteht aus einer durchgehenden Unterspannungswicklung USW, einer Oberspannungswicklung OSW und einer Regelwicklung RW. Sowohl Oberspannungs- als auch Regelwicklung sind in zwei symmetrischen Hälften unterteilt. Die Oberspannungswicklung ist als verschachtelte Scheibenspulenwicklung und die Regelwicklung als unverschachtelte Scheibenspulenwicklung ausgeführt. Die Unterspannungswicklung ist als Lagenwicklung aufgebaut. Die Wicklungen besitzen im einzelnen folgende Daten:

Unterspannungswicklung:

- Lagenwicklung
- innerer/äußerer Durchmesser: 1308/1540 mm
- Scheibenzahl: 102
- Leiter: 32 pro Scheibe parallel geführt aus Kupfer 2,24 x 13,2 mm

Oberspannungswicklung:

- Scheibenwicklung
- innerer/äußerer Durchmesser: 1730/2184 mm
- Scheibenzahl: 42 Scheiben pro Hälfte
- Windungszahl: 2 x 575
- Leiter: Kupfer 3,15 x 13,2 mm

Regelwicklung:

- Scheibenwicklung
- innerer/äußerer Durchmesser: 2364/2456 mm
- Scheibenzahl: 2 x 18
- Windungszahl: 2 x 42
- Leiter: Kupfer 2,5 x 16 mm

Abbildung 9.39 zeigt die Verschaltung des untersuchten Transformators bei der durchgeführten Messung. Der Transformator wurde am Eingang der Oberspannungswicklung mit einer 1,2/50-Normblitzstoßspannung beaufschlagt. Die Unterspannungswicklung war bei der Messung beidseitig geerdet.

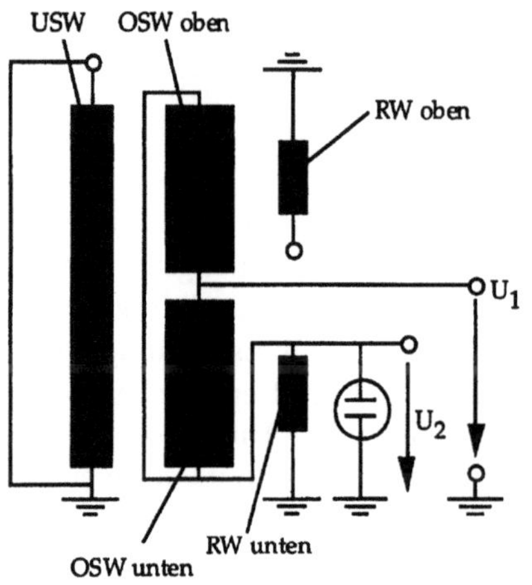


**Abbildung 9.39.** Meßaufbau des untersuchten Transformators: 36/420 kV Maschinentransformators

Der Vergleich der gemessenen mit der berechneten Kurve, Abbildungen 9.40 und 9.41, zeigt eine gute Übereinstimmung der Frequenz der auftretenden Schwingung sowie der abklingenden Schwingungsamplituden. Der steile Anstieg der Spannung zu Impulsbeginn wird ebenfalls richtig wiedergegeben.

### 9.4.3 Methode der Finiten Elemente

Die Methode der Finiten Elemente gehört zu den numerischen Verfahren zur Lösung partieller Differentialgleichungen. Allen numerischen Lösungsverfahren ist gemein, daß räumliche Gebiete diskretisiert werden. Während bei den Randelement-Verfahren (z.B. der Boundary-Element-Methode (BEM)) nur der Rand bzw. die Oberfläche einzelner Objekte diskretisiert wird, erfolgt bei der **Finite-Elemente-Methode (FEM)** die Diskretisierung des gesamten Feldraumes. Dabei werden zwei- oder dreidimensionale Gebiete mit komplizierten Berandungen in kleinere Gebiete zerlegt, die sich mathematisch

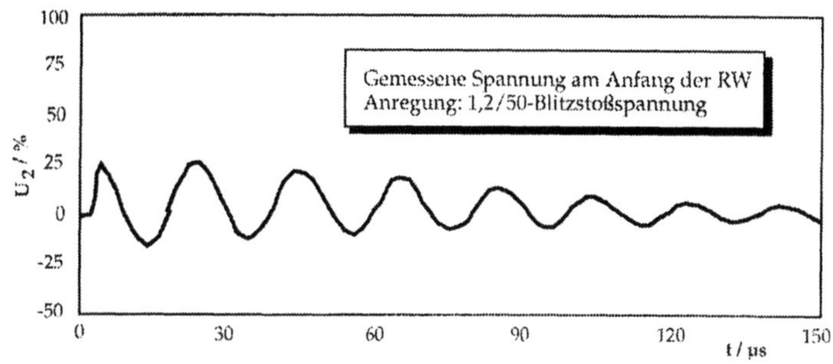


**Abbildung 9.40.** Gemessene Antwort am Übergang OSW zur RW bei Anregung mit 1,2/50-Normblitzstoßspannung

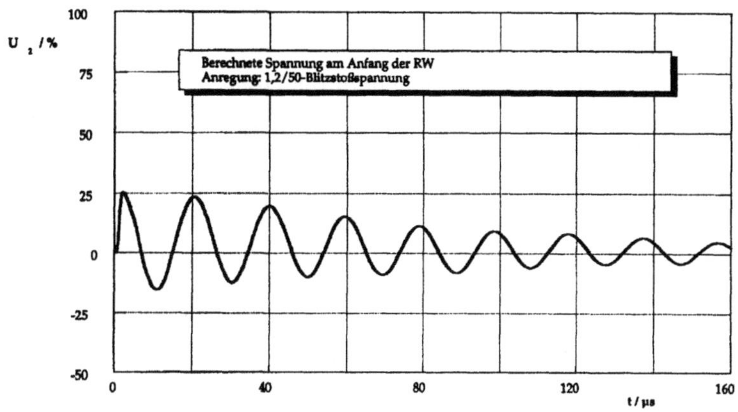


**Abbildung 9.41.** Berechnete Antwort am Übergang OSW zur RW bei Anregung mit 1,2/50-Normblitzstoßspannung

erfassen lassen. Man idealisiert einen kontinuierlichen Feldraum durch eine endliche Anzahl von Elementen, die über Knotenpunkte miteinander verknüpft sind. Diese Approximation wird als Diskretisierung bezeichnet. Von ihr wird erwartet, daß sie mit zunehmender Verfeinerung gegen die exakte Lösung strebt /ZIE/.

Die für die Diskretisierung gewählten Elemente sind von der vorliegenden Problemgeometrie abhängig. Häufig lassen sich dreidimensionale Probleme auf zweidimensionale Probleme reduzieren. Als Beispiel hierfür seien rotationssymmetrische Geometrien genannt. Zusätzlich kann man in vielen Fällen die Anzahl der Elemente durch Ausnutzung von Symmetrien vermindern. Die Finite-Elemente-Methode besitzt darüber hinaus den Vorteil, daß ein kontinuierlicher Übergang von einer sehr feinen Diskretisierung, wie sie etwa bei Inhomogenitäten erforderlich ist, zu groben Diskretisierungen möglich ist. Auch lassen sich bei der FEM unterschiedliche Materialien im Feldraum ohne Probleme berücksichtigen.

Ausgehend von der Vorstellung, daß komplexe mechanische Strukturen aus vielen Elementen zusammengesetzt sind und daß diese Elemente wiederum aus Elementen zusammengesetzt vorstellbar sind, fand die Methode der Finiten Elemente zunächst in der Berechnung strukturmechanischer Problemstellungen ihre Anwendung. In der Elektrotechnik setzte sie sich erst später durch.

Heute wird sie bei ca. 70-80% aller praktischen elektromagnetischen Feldprobleme angewendet. In der elektrischen Energietechnik findet sie hauptsächlich Anwendung auf dem Gebiet der Berechnung elektromagnetischer Felder in elektrischen Motoren und Transformatoren. Die eigentliche Problemstellung ist dabei die Lösung der Maxwell-Gleichungen unter Berücksichtigung gegebener Randbedingungen. Zunehmend an Bedeutung gewinnt die Methode bei der Untersuchung der elektromagnetischen Verträglichkeit (EMV) hochfrequenter elektromagnetischer Wellen.

Bei ihrer Anwendung wird das Lösungsgebiet durch Dreiecke, Tetraeder, Vierecke und/oder Oktaeder etc., die sogenannten Elemente, in kleinere Strukturen unterteilt. Die Menge der Elemente wird als Netz bezeichnet. Auf jedem dieser Elemente wird eine Ansatzfunktion definiert, deren Parameter sich durchaus an unterschiedlichen Orten des Elements befinden können. Die Parameter stellen im allgemeinen den lokalen Lösungswert der Differentialgleichung dar. Die Differentialgleichung wird indirekt mittels der Minimierung einer Fehlerfunktion oder eines sogenannten Funktionals gelöst. Als Funktional bezeichnet man die Funktion einer Funktion.

Die ausführliche Erläuterung der Verfahrensweise bei der Finite-Elemente-Methode würde den hier vorgegebenen Rahmen sprengen, daher zeigt Abbildung 9.42 nur die prinzipiellen Schritte ausgehend von der virtuellen elektromagnetischen Arbeit über die Variationsrechnung bis zum Erhalt der Matrizengleichung (9.70). Die virtuelle Arbeit des Gesamtsystems schließlich folgt durch die Zusammenfassung der Beiträge der einzelnen Elemente beim Matrizenaufbau.

Die Lösung dieser Vektordifferentialgleichung (9.70) beschreibt die zeitlichen Abhängigkeiten aller Freiheitsgrade des Systems. Die Freiheitsgrade in der Elektrodynamik sind die drei Raumkomponenten des magnetischen Vektorpotentials $\mathbf{A}$ und das zeitintegrierte elektrische Skalarpotential $\psi$. Ortsabhängigkeiten innerhalb eines Elements können zu jedem Zeitpunkt durch Integration der Formfunktionen erhalten werden /MBC/ /EMAS/.

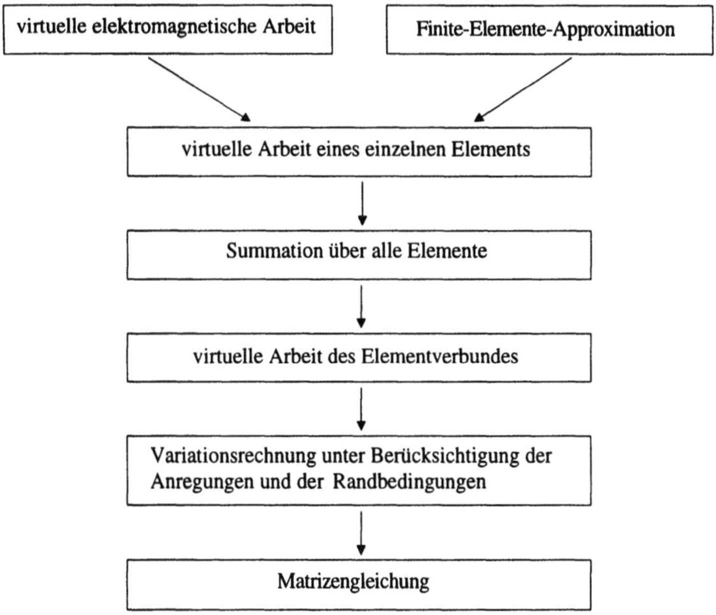


**Abbildung 9.42.** Herleitung der Matrizengleichung

$$\mathbf{M}\ddot{\mathbf{u}} + \mathbf{B}\dot{\mathbf{u}} + \mathbf{K}\mathbf{u} = \mathbf{f} \tag{9.70}$$

mit

| | |
|---|---|
| $\mathbf{M}$ | Dielektrizitätsmatrix des Gesamtsystems |
| $\mathbf{B}$ | Leitfähigkeitsmatrix des Gesamtsystems |
| $\mathbf{K}$ | Reluktanzmatrix des Gesamtsystems |
| $\ddot{\mathbf{u}}$ | Spaltenvektor der zweiten zeitlichen Ableitung der Potentiale |
| $\dot{\mathbf{u}}$ | Spaltenvektor der ersten zeitlichen Ableitung der Potentiale |
| $\mathbf{u}$ | Spaltenvektor der Potentiale |
| $\mathbf{f}$ | Spaltenvektor der Anregungen |

Zusätzlich ergibt sich eine Matrix-Anfangsbedingung für die Anfangsverteilung der Ladungen. Gleichung (9.70) ist völlig äquivalent zu den Maxwellschen Gleichungen in ihrer allgemeinen Form.

Die Matrizen sind schwach besetzt, symmetrisch, bandförmig und positiv semidefinit. Dadurch ist eine Anwendung gängiger numerischer Lösungsverfahren ohne Probleme möglich.

Bei transienten Berechnungen mit der Methode der Finiten Elemente muß für jede Form der Anregung eine speicherplatz- und rechenzeitintensive Matrixberechnung durchgeführt werden. Außerdem können frequenzabhängige Materialeigenschaften wie Isolationsverluste oder Wirbelstromeffekte in Zeitbereichsuntersuchungen nur unzureichend berücksichtigt werden. Zur Untersuchung des elektrischen transienten Verhaltens großer Transformatoren kann daher ein etwas abgewandelter indirekter Weg zur Berechnung des zeitlichen Verlaufs der Spannungen, Ströme und Felder gewählt werden, der in Abbildung 9.43 veranschaulicht ist.

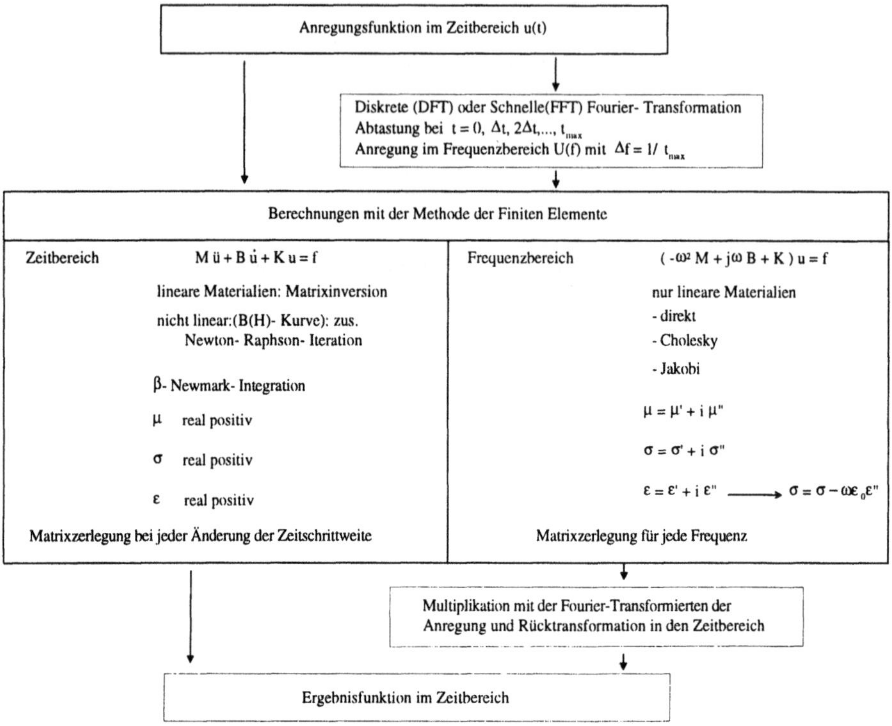


**Abbildung 9.43.** Analysen im Zeit- und Frequenzbereich

Dabei wird zunächst die Übertragungsfunktion zwischen dem angeregten Knoten und jedem Knoten des Modells berechnet. Den zeitlichen Verlauf der Potentiale an jedem Knoten erhält man aus der Rücktransformation des Produktes aus Fourier-Transformierter und Anregungsfunktion. Damit ist es dann auch möglich, frequenzabhängige Eigenschaften zu integrieren.

### 9.4.4 Diskretisierung eines 115/22 kV Transformators

Die Finite-Elemente-Methode wird nun beispielhaft zur Untersuchung des transienten Verhaltens eines 115/22 kV Transformators angewandt. Der Dreischenkeltransformator besteht aus drei Phasen mit je einer kontinuierlich geführten Unterspannungswicklung (USW) und je in zwei symmetrische Hälften geteilte Oberspannungswicklung (OSW) und Regelwicklung (RW). Die OSW besteht aus einer verschachtelten, die RW aus einer unverschachtelten Scheibenspulenwicklung. Die USW ist in Form einer Lagenwicklung ausgeführt.

Die drei Phasen und der Kern des Transformators befinden sich in einem Kessel, der mit Öl als Isoliermaterial gefüllt ist. Die Ölisolation zwischen Kern und Kessel beträgt am untersuchten Transformator mindestens 50 mm. Der Kessel selbst hat eine Größe von 5130 x 1630 x 2500 mm (BxHxT). Eine vereinfachte Darstellung stellt die Draufsicht mit den geometrischen Abmessungen in Abbildung 9.44 dar.

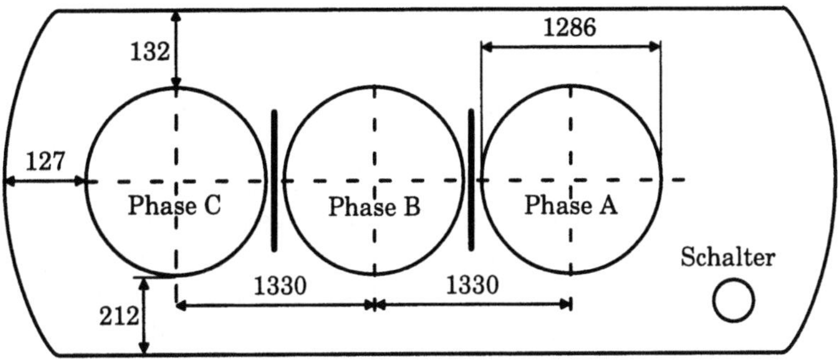


**Abbildung 9.44.** Anordnung der Phasen im Kessel

Die einzelnen Wicklungen haben folgende Daten:

<u>Unterspannungswicklung:</u>

- Lagenwicklung
- Wicklungssinn: rechtsdrehend
- innerer/äußerer Durchmesser: 642/806 mm
- Windungszahl: 236
- Leiter: Kupfer 3,15 x 13,2 mm

<u>Oberspannungswicklung:</u>

- Scheibenspulenwicklung, verschachtelt "English Electric"
- Wicklungssinn: obere Hälfte rechtsdrehend, untere Hälfte linksdrehend
- innerer/äußerer Durchmesser: 886/1124 mm
- Windungszahl: 2 x 667
- Scheibenzahl: 2 x 38
- Leiter: Kupfer 2,24 x 11,8 mm

<u>Regelwicklung:</u>

- Scheibenspulenwicklung, unverschachtelt
- Wicklungssinn: obere Hälfte rechtsdrehend, untere Hälfte linksdrehend
- innerer/äußerer Durchmesser: 1200/1286 mm
- Windungszahl: 2 x 72

- Scheibenzahl: 2 x 16
- Leiter: 2 x Kupfer 2,24 x 11,8 mm

**Windungsmodellierung**
Von der Auswahl der für die Modellierung verwendeten Elemente und der Feinheit der Diskretisierung hängt die Genauigkeit der Berechnungsergebnisse ab. Da der gesamte Feldraum diskretisiert werden muß, wird bei einer detaillierten Nachbildung jeder einzelnen Windung und des geblechten Kerns selbst bei den heute verfügbaren Rechenkapazitäten der Aufwand für Diskretisierung und Berechnung unvertretbar. Aufgrund der hohen Anzahl an Windungen und der benötigten hohen Element- und Knotenanzahl wird die Methode der Windungsreduzierung bei gleichzeitiger Erhöhung der relativen Materialkonstanten angewandt. Der Grundgedanke dieser Methode ist die Erhöhung der relativen Materialkonstanten ($\varepsilon_r$ und $\mu_r$) um den Reduktionsfaktor $k_{Windungen}$, um den die Windungen verringert werden /ELEK/. Dabei wird der Reduktionsfaktor $k_{Windungen}$ so ausgewählt, daß die Anzahl der reduzierten Windungen im FEM-Modell genau mit der Anzahl der Doppelscheiben der Oberspannungswicklungen übereinstimmt. Diese Vorgehensweise hat den Vorteil, daß Potentialverteilungen entlang der Windungen im FEM-Modell den Potentialverteilungen entlang der Doppelscheiben im realen Transformator entsprechen. Konkret wurde beim untersuchten 115/22 kV Verteilungstransformator mit 2 x 667 Windungen pro Oberspannungswicklung (OSW) ein Reduktionsfaktor zu $k_{Windungen} = 35,1$ gewählt. Hieraus resultierend wird die Ausbreitungsgeschwindigkeit um denselben Faktor verkleinert, und die Flüsse werden um diesen Faktor vergrößert. Die Laufzeiten, Reflektionskonstanten, Potential- und Feldverteilungen werden im Modell konstant gehalten. Tabelle 1 gibt einen Überblick über die sich einstellenden Größen bei der Annahme, daß die Anzahl der Windungen um den Faktor 35,1 reduziert werden. Die grau unterlegten Größen unterstreichen die in beiden Modellen konformen Eigenschaften.

Jede Windung der Oberspannungswicklung besteht aus 12 Flächenelementen mit vier Randknoten, die den gleichen Raum einnehmen, jedoch eine größere Ganghöhe als die Originalwindung besitzen. Die dadurch resultierende Änderung der Kapazität zwischen den Windungen wird durch Erhöhung der Dielektrizitätszahl der Isolation zwischen den einzelnen Windungen kompensiert. Dieselbe Methodik wird auch für die Nachbildung der Regelwicklung (RW) angewandt. Im Gegensatz dazu konnten die bei den Messungen geerdeten Unterspannungswicklungen (USW) als leitfähige Zylinder ebenfalls mit Flächenelementen modelliert werden. Die verschiedenen Isolationen, z.B. Papier, Preßspan und Öl zwischen Kern und Wicklungen und den Wicklungen untereinander konnten durch Angabe eines Ersatzdielektrikums zusammengefaßt werden. Abbildung 9.45 zeigt das Wicklungssystem einer Phase bestehend aus Unterspannungs- (USW), Oberspannungs- (OSW) und Regel-

**Tabelle 9.4.** Einfluß der Größen im Finite-Elemente-Modell des 115/22 kV Hochspannungstransformators bei Reduktion der Windungen mit $k_{Windungen} = 35,1$

| Eigenschaft | Spule 1 (realer Transformator) | Spule 2 (FEM-Modell) |
|---|---|---|
| Windungszahl | $n_1$ | $n_2 = \frac{n_1}{35,1}$ |
| Leitungslänge | $l_1$ | $l_2 = \frac{l_1}{35,1}$ |
| Ausbreitungsgeschwindigkeit | $c_1 = \frac{c_0}{\sqrt{\epsilon_1 \mu_1}}$ | $c_1 = \frac{c_0}{\sqrt{\epsilon_2 \mu_2}} = \frac{c_1}{35,1}$ |
| Laufzeit | $t_1$ | $t_2 = t_1$ |
| Dielektrizitätszahl | $\epsilon_1$ | $\epsilon_2 = \epsilon_1 \cdot 35,1$ |
| Permeabilität | $\mu_1$ | $\mu_2 = \mu_1 \cdot 35,1$ |
| Induktivität | $L_1 = \frac{\mu_1 n_1^2 A}{l_{Fe}}$ | $L_2 = \frac{\mu_2 n_2^2 A}{l_{Fe}} = \frac{L_1}{35,1}$ |
| Stromstärke | $I_1 = \frac{U}{j\omega L_1}$ | $I_2 = \frac{U}{j\omega L_2} = I_1 \cdot 35,1$ |
| Magnetfeld | $H_1 \sim n_1 I_1$ | $H_2 \sim n_2 I_2 = n_1 I_1$ |
| magnetische Flußdichte | $B_1 = \mu_1 H_1$ | $B_2 = \mu_2 H_2 = B_1 \cdot 35,1$ |
| induzierte Spannung | $U_1$ | $U_2 = U_1$ |
| elektrisches Feld | $E_1$ | $E_2 = E_1$ |
| elektrische Flußdichte | $D_1 = \epsilon_1 E_1$ | $D_2 = \epsilon_2 E_2 = D_1 \cdot 35,1$ |

wicklung (RW). Um eine übersichtliche Darstellung des Wicklungssystems zu gewährleisten, sind der Kern und alle Isolationsmaterialien ausgeblendet.

### Kernmodellierung

Ein weiterer Schwerpunkt der Modellierung von Hochspannungsleistungstransformatoren liegt in der Methodik, die physikalischen Eigenschaften eines geblechten Kerns bei transienten Vorgängen nachzubilden. Ein Transformatorkern ist in der Regel aus einigen hundert isolierten, kaltgewalzten und kornorientierten Blechen aufgebaut und würde bei der Modellierung mittels der Finite-Elemente-Methode zu einer zu großen Anzahl von Elementen führen. Zudem würden die ungünstigen Seitenlängenverhältnissen der Elemente numerische Probleme bereiten. Eine Nachbildung des Kerns in komplexen Transformatormodellen erweist sich aufgrund des hohen Diskretisierungsaufwands als bisher unmöglich.

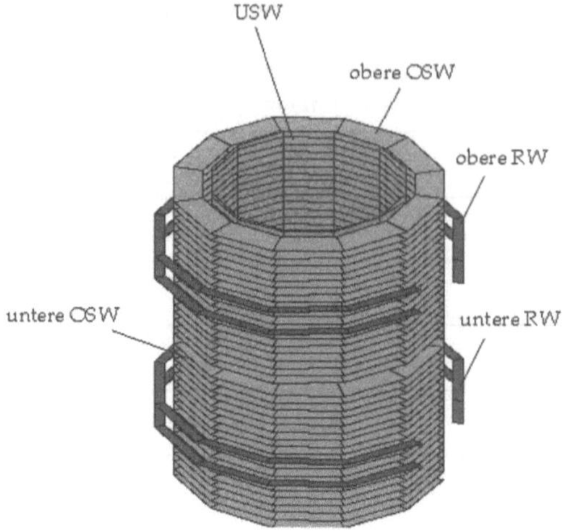


**Abbildung 9.45.** Einphasiges FEM-Modell des Wicklungssystem

Ein Lösungsweg ist die Diskretisierung des Kerns mit Volumenelementen mit anisotroper Leitfähigkeit. Besteht ein Transformatorkern aus geschichteten Blechen der Dicke $d$, der Leitfähigkeit $\kappa$ und der Permeabilität $\mu$, so ändert sich nach /SCHU/ /KUEPF/ die Dämpfung und die Induktivität bei Erhöhung der Frequenz.

$$R_W \approx L_0 \cdot \frac{1}{d}\sqrt{\frac{2\omega}{\kappa\mu}} \tag{9.71}$$

$$L \approx L_0 \cdot \frac{1}{d}\sqrt{\frac{2}{\omega\kappa\mu}} \tag{9.72}$$

Um bei zwei Transformatorkernen mit gleichen Abmessungen, aber unterschiedlicher Blechzahl, die gleiche Leitfähigkeit und Induktivität zu erzielen, muß folgende Bedingung erfüllt sein:

$$\frac{L_1}{L_2} = \frac{d_2}{d_1} \cdot \sqrt{\frac{\kappa_2}{\kappa_1}} = 1 \tag{9.73}$$

und somit

$$\frac{\kappa_2}{\kappa_1} = \left(\frac{d_1}{d_2}\right)^2 = \left(\frac{N_2}{N_1}\right)^2 \tag{9.74}$$

Damit reduziert sich die Leitfähigkeit bei N Blechen um den Faktor N in Schichtungsrichtung des homogenen Kerns.

**Berechnung der Wirbelstromverluste (Skin- und Proximityeffekt) im Leiter**

Die analytische Berechnung von Wirbelstromverlusten kann nur für sehr einfache geometrische Anordnungen durchgeführt werden. Zur Simulation des Skin- und Proximityeffekts wird deshalb das Modell eines Abschnitts eines Kupferleiters und eines Viertels einer Wicklungsdoppelscheibe erstellt, die jeweils von Luftelementen umgeben sind. Dabei genügt es, einen kurzen Ausschnitt einer Doppelscheibe bzw. eines Leiters zu betrachten. Mit Hilfe von MPCs (multi point constraints) wird gleiches Potential aller Knotenpunkte an der Vorderseite der Doppelscheibe bzw. des Leiter erreicht, während die hinteren Knoten des Modells mittels SPCs (single point constraints) geerdet werden. Basierend auf der Wechselstromanalyse wird anschließend die Zunahme der Wirkwiderstände des Leiters und der Doppelscheibe untersucht. Die Anregung erfolgt über ein SurfaceJField, bei dem die örtliche Stromdichte nicht konstant sein muß, dessen mittlere Stromdichte jedoch fest vorgegeben wird.

Abbildung 9.46 zeigt die Stromdichteverteilung eines Viertels einer Wicklungsdoppelscheibe (links) und eines Leiters (rechts) bei 11 kHz, Abbildung 9.47 die durch die Wirbelstromeffekte verursachte Widerstandserhöhung eines Leiters und einer Doppelscheibe, aufgetragen über der Frequenz.

**FEM-Gesamtmodell des untersuchten 115/22 kV Transformators**

Basierend auf den Konstruktionsdaten eines 115/22 kV Transformators wurde ein dreidimensionales und dreiphasiges FEM-Modell inklusive Ölkessel, Öliso-

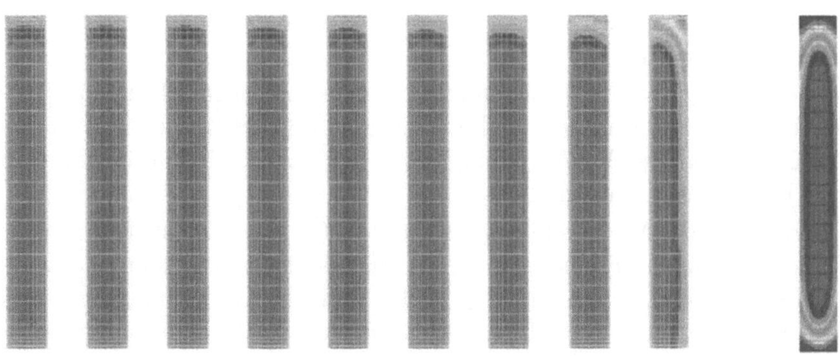

**Abbildung 9.46.** Einfluß des Skin- und Proximityeffekts einer Doppelscheibe (links) und Skineffekt eines Leiters (rechts) auf die Verteilung der Leitungsstromdichte bei 11 kHz

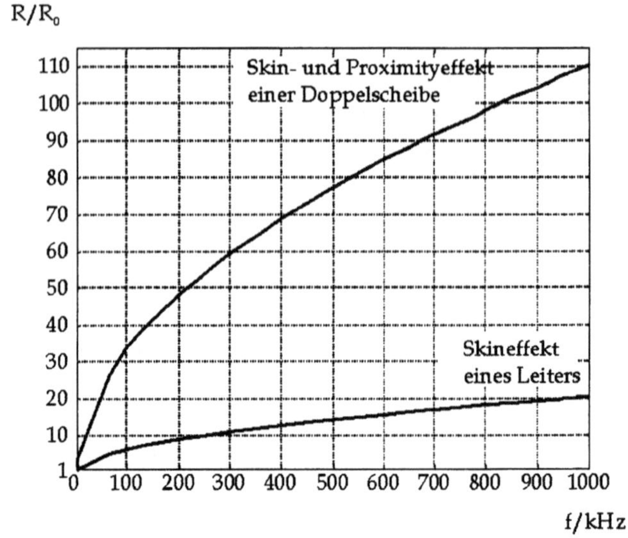


**Abbildung 9.47.** Frequenzabhängigkeit des Wirkwiderstandes eines Leiters infolge von Skineffekt und einer Doppelscheibe infolge Skin- und Proximityeffekt

lation und Durchführung entwickelt /MKR/. Da die Berechnungszeit in erster Linie von der Anzahl der Freiheitsgrade bestimmt wird, diese wiederum durch die Anzahl der Knoten und die Anzahl der Knoten durch die Anzahl der Elemente, ist es sinnvoll, zur Einsparung von Rechenzeit zunächst ein einphasiges FEM-Transformatormodell zu diskretisieren. Hierdurch können gezielt und mit minimalem Zeitaufwand die Materialparameter exakt an den durchgeführten Messungen justiert werden. Die Möglichkeit einer einphasigen Betrachtung des 115/22 kV Leistungstransformators besteht nur deshalb, weil die Messungen mit in Sternschaltung verschalteter Oberspannungswicklung durchgeführt wurden. Durch diese Voraussetzung können einphasige FEM-Ersatzmodelle verwendet werden, was zu einer weiteren Reduzierung der benötigten Elemente führt.

Als zweiter Schritt wird basierend auf dem einphasigen FEM-Modell ein dreiphasiges Transformatormodell mit insgesamt 35788 Knotenpunkten und 17720 Elementen erstellt. Abbildung 9.48 zeigt das Schnittbild des dreiphasigen FEM-Transformatormodells.

Die Berandung des Modells bildet der geerdete Ölkessel, da sich hier geeignete Randwerte für die Freiheitsgrade, also für die Tangentialkomponente des magnetischen Vektorpotenials ($A_{tan} = 0$), und für das zeitintegrierte elektrische Skalarpotential ($\psi = 0$) festlegen lassen. Die Durchführung wird als konzentriertes Element (Kapazität) zwischen Oberspannungswicklung und geerdetem Kessel nachgebildet, da wegen der geringen Laufzeit nur wenig Einfluß auf den Kurvenverlauf zu erwarten ist. Diese Maßnahme hat ebenso eine Elementreduzierung zur Folge. Die verschiedenen Isolationen, z.B. Pa-

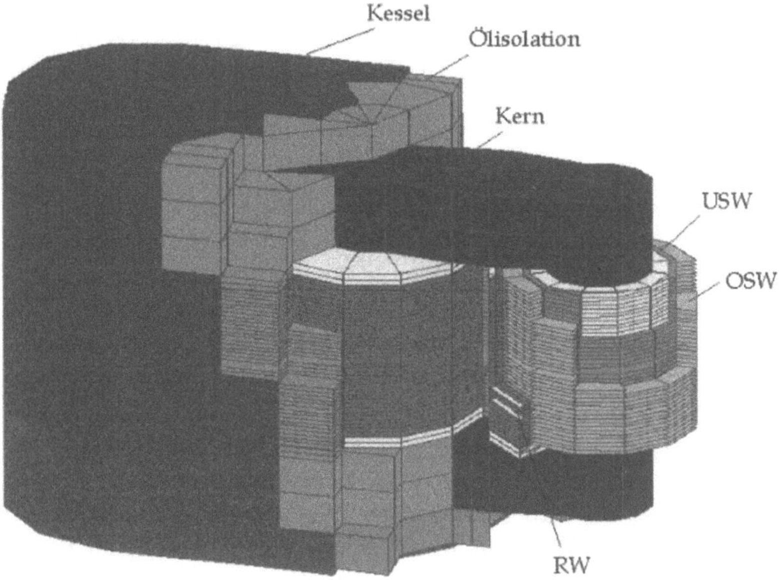


**Abbildung 9.48.** Schnittbild durch das dreiphasige 115/22 kV FEM-Leistungstransformatormodell inklusive der Isolierungen und Ölkessel

pier, Preßspan und Öl zwischen Kern und Wicklungen und den Wicklungen untereinander konnten durch Angabe eines Ersatzdielektrikums zusammengefaßt werden. Der Transformatorkern wird durch Volumenelemente (Prisma mit dreiseitiger Grundfläche) mit anisotropischer Leitfähigkeit modelliert, um der Laminierung der Bleche Rechnung zu tragen.

Die Berücksichtigung der Widerstandserhöhung der Flächenelemente der Wicklungen bedingt durch Skin- und Proximityeffekt im Gesamtmodell wird bei Zeitbereichsberechnungen (direkte transiente Analyse) durch Korrektur der Leitfähigkeit $\kappa$ bei der sich einstellenden Hauptschwingung erreicht. Leider bietet das verwendete FEM-Programmpaket EMAS keine Möglichkeit, frequenzabhängige Materialeigenschaften bei transienten Analysen vorzugeben. Damit aber frequenzabhängige Materialeigenschaften berücksichtigt werden können, muß der Umweg über Analysen im Frequenzbereich mit anschließender Rücktransformation in den Zeitbereich gewählt werden. Dazu wird die Anregungfunktion mittels der Fast Fourier Transformation (FFT) in den Frequenzbereich abgebildet und anschließend mit der durch die Wechselstromanalyse erhaltenen Übertragungsfunktion multipliziert. In der Übertragungsfunktion sind die frequenzabhängigen Parameter wie Isolationsverluste $\tan\delta$ und Widerstandserhöhungen der Wicklungen durch Skin- und Proximityeffekt enthalten. Durch anschließende Rücktransformation des Produktes aus Übertragungsfunktion und Anregung im Frequenzbereich erhält man mittels der inversen FFT (IFFT) den gewünschten Spannungs- bzw. Stromverlauf am Abschlußwiderstand im Zeitbereich. Mit dieser Vorgehensweise kann mittels der Finite-Elemente-Methode das interessierende Frequenzspektrum untersucht werden.

### Berechnung und Messung

Die Verschaltung der jeweiligen Phasen während der Versuche ist in Abbildung 9.49 dargestellt. Dabei entspricht die Stufenschalterstellung von Phase A der additiven Stufenschalterstellung , C der subtraktiven und B der Stufenschalterstellung ohne Regelwicklung. Die Anregung mit einer $1,2/50\ \mu s$ Normblitzstoßspannung erfolgt am Eingang der Oberspannungswicklung. Die Unterspannungswicklungen sind während den Meßreihen in Dreieck verschaltet und geerdet.

Die Abbildungen 9.50 bis 9.52 zeigen die Stromverläufe an den Meßpunkten über der Zeit aufgetragen. Obwohl die Berechnungen mit der direkten transienten Analyse im Zeitbereich durchgeführt werden, d.h. ohne Berücksichtigung der frequenzabhängigen Materialparameter, zeigen sie im Vergleich mit den entsprechenden Messungen sehr gute Übereinstimmungen in Frequenz und Amplitude.

Die Berücksichtigung der frequenzabhängigen Materialien geschieht über die Anwendung der Wechselstromanalyse. Dabei werden für verschiedene Fre-

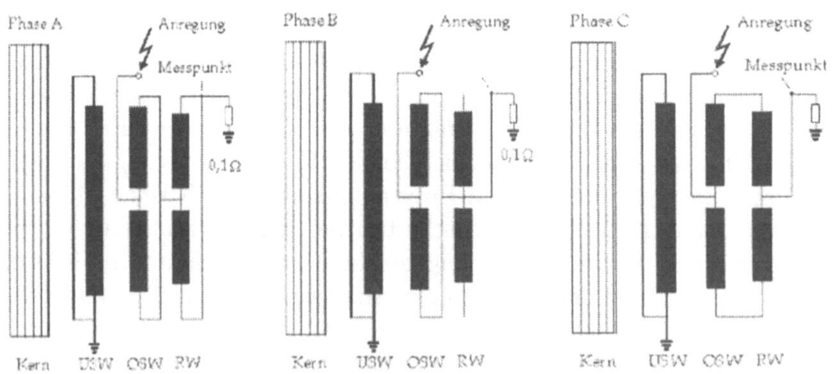


**Abbildung 9.49.** Testverschaltungen der einzelnen Phasen des 115/22 kV FEM-Leistungstransformators a)Phase A, RW additiv b) Phase B, ohne RW c) Phase C, RW subtraktiv

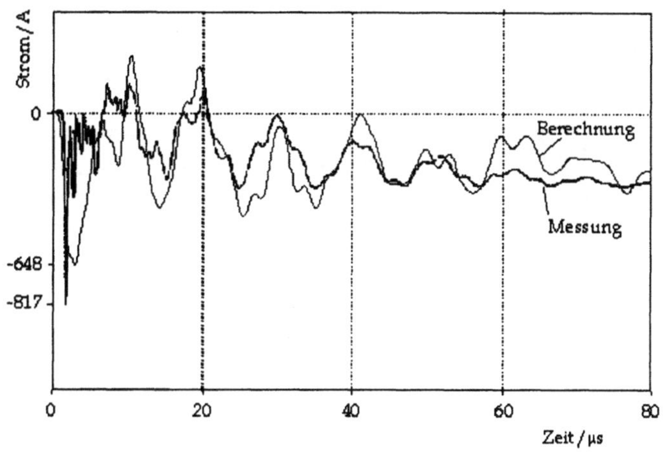


**Abbildung 9.50.** Meß- und Simulationsergebnis des Stroms am Meßpunkt von Phase A, RW additiv

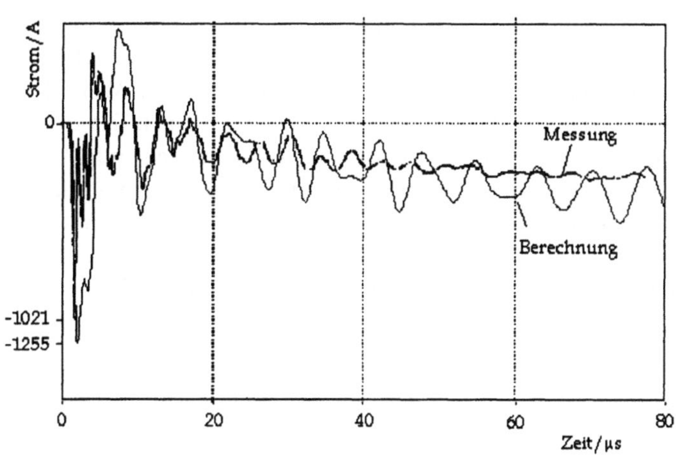


**Abbildung 9.51.** Meß- und Simulationsergebnis des Stroms am Meßpunkt von Phase B, ohne RW

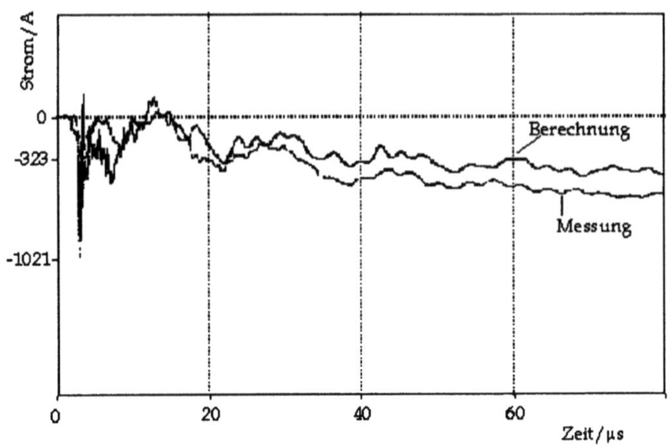


**Abbildung 9.52.** Meß- und Simulationsergebnis des Stroms am Meßpunkt von Phase C, RW subtraktiv

quenzen bis zu 250 kHz die entsprechenden Materialparameter eingesetzt. Bei Frequenzen, die sehr nahe an der Resonanzfrequenz liegen, werden die Frequenzschrittweiten verfeinert.

Abbildung 9.53 zeigt das Spannungsprofil der Oberspannungswicklung bei der Beschaltung der Phase A im Bereich von 5 bis 250 kHz. Das Transformatormodell wurde am Eingang mit einer auf den Wert 1 normierten Spannung beaufschlagt. Bei einer Frequenz von 10 kHz ist deutlich die erste Hauptresonanzstelle in der Mitte der symmetrisch aufgebauten oberen und unteren Oberspannungswicklung zu erkennen. Die Spannungsverteilung längs der Doppelscheiben nimmt die Form einer Sinushalbwelle an und erreicht an dieser Stelle einen Wert von 2,80 bezogen auf die Spannung am Eingang der Oberspannungswicklung. Die markanteste Resonanzstelle tritt bei 48 kHz am Übergang zur Regelwicklung mit einer bezogenen Amplitude von $\left|\frac{U_2}{U_1}\right| = 2,95$ auf. Die angegebenen Werte der Spannungserhöhung sind hier und nachfolgend aus den numerischen Resultaten ermittelt. Beim Ablesen dieser aus den zweidimensionalen Spannungsprofilen muß man die räumliche Lage dieser Maxima entsprechend festlegen. Das Spannungsprofil der oberen und unteren Regelwicklung bei Beschaltung der Phase $A$ ist in Abbildung 9.54 dargestellt. Die bezogene Wicklungskoordinate $x/1 = 0$ bezeichnet dabei den Übergang der Oberspannungswicklung auf die obere und untere Hälfte der Regelwicklung, die Wicklungskoordinate $x/l = 1$ beschreibt das über den Abschlußwiderstand geerdete Ende der Regelwicklung.

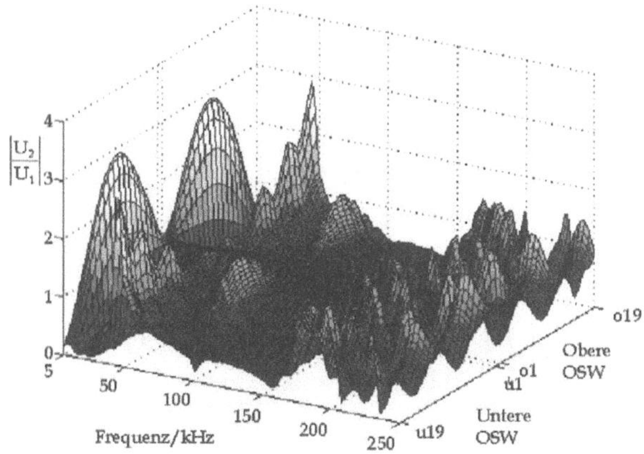


**Abbildung 9.53.**
Spannungsprofil der oberen und unteren Oberspannungswicklung der Phase A

Entsprechend dem Spannungsprofil der Oberspannungswicklung in Abbildung 9.53 ist auch in Abbildung 9.54 die Resonanzstelle bei 48 kHz festzustellen, die auf dem Übergang zwischen Oberspannungs- und Regelwicklung basiert. Bei dieser ausgeprägten Resonanz bildet sich längs der oberen und unteren Hälfte der Regelwicklung eine Viertelwelle aus. Die Hauptresonanz

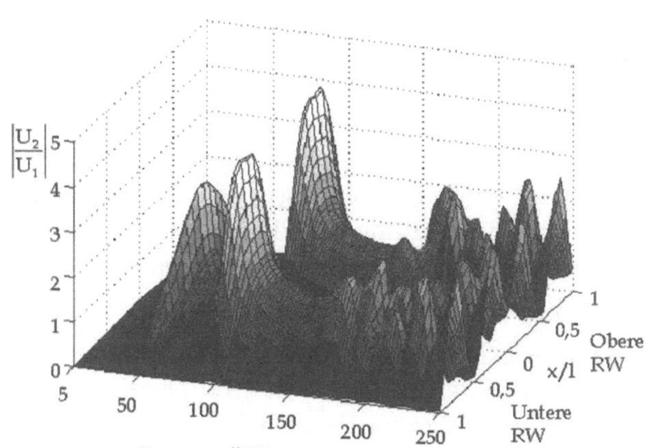


**Abbildung 9.54.**
Spannungsprofil der oberen und unteren Regelwicklung der Phase A

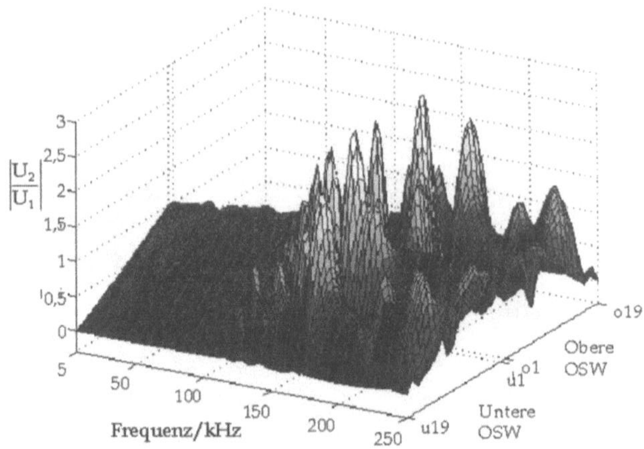


**Abbildung 9.55.** Spannungsprofil der oberen und unteren Oberspannungswicklung der Phase B

bildet sich in Form einer Halbwelle längs der oberen und unteren Hälfte der Regelwicklung aus und tritt bei einer Frequenz von 97 kHz und mit einer Amplitude von $\left|\frac{U_2}{U_1}\right| = 4,47$ auf. Die weiteren Resonanzstellen treten bei Frequenzen über 210 kHz auf.

Die Beschaltung der Phase B, d.h. ohne Regelwicklung, läßt Spannungsüberhöhungen, Abbildung 9.55, bis zu einem Faktor 2,89 bei 120, 130, und 170 kHz der Anregung feststellen. Im unteren Frequenzbereich bis ca. 100 kHz sind keine Resonanzstellen vorhanden und somit bei Anregung mit niederen Frequenzen auch keine Spannungsüberhöhungen zu erwarten.

Abbildung 9.56 und 9.57 zeigen das Spannungsprofil der Oberspannungs- und Regelwicklung der subtraktiven Stufenschalterstellung der Phase C, d.h. der Strom durch die Regelwicklung ist entgegen dem der Oberspannungswicklung gerichtet. Wie bei der Beschaltung der Phase A tritt auch hier der maximale Überhöhungsfaktor beim Übergang der Oberspannungswicklung (u19, o19) in die Regelwicklung ($x/l = 0$) auf. Der maximale Überhöhungsfaktor $\left|\frac{U_2}{U_1}\right|$ der Oberspannungswicklung hat bei dieser Stufenschalterstellung und bei einer Frequenz von 64 kHz einen Wert von 4,75. Die symmetrisch aufgebaute Oberspannungswicklung weist im Frequenzbereich von ca. 70 - 250 kHz keine erkennbaren Resonanzen mehr auf. Im Gegensatz dazu ist in der Regelwicklung bei einer Frequenz von 166 kHz und einem Überhöhungsfaktor von $\left|\frac{U_2}{U_1}\right| = 4,6$ eine ausgeprägte charakteristische Hauptfrequenz in Form einer Sinushalbwelle zu verzeichnen.

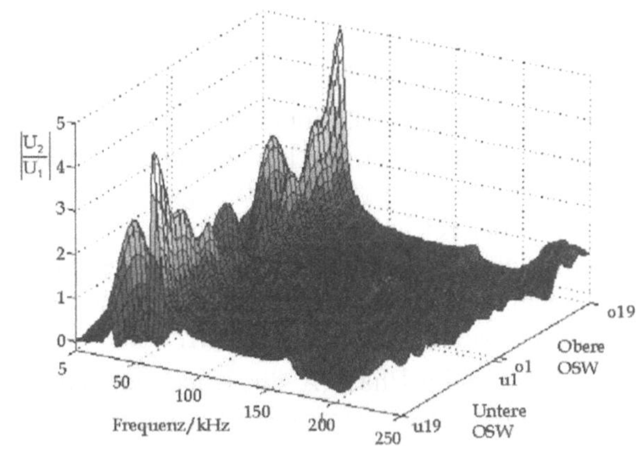


**Abbildung 9.56.** Spannungsprofil der oberen und unteren Oberspannungswicklung der Phase C

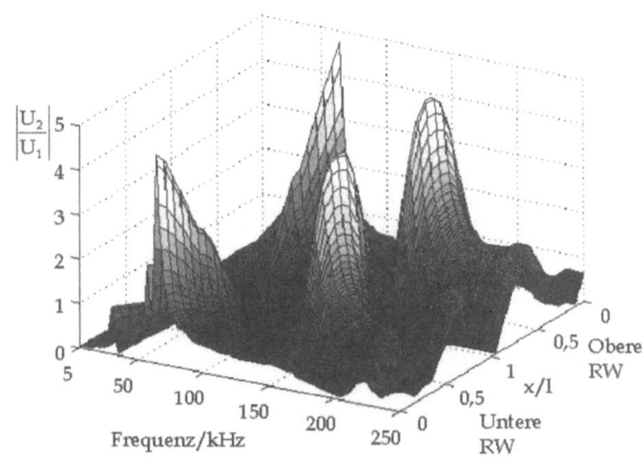


**Abbildung 9.57.**
Spannungsprofil der oberen und unteren Regelwicklung der Phase C

Für die Betrachtungen des Wicklungssystems dieses 115/22 kV Leistungstransformators im Frequenzbereich von 5 - 250 kHz läßt sich zusammenfassend sagen, daß die höchsten Beanspruchungen bei Frequenzen von 48 kHz der Phase A bzw. 64 kHz der Phase C an den Übergängen zu den Regelwicklungen auftreten. Dies ist auf die deutliche Änderung der charakteristischen

Kapazitäten und Induktivitäten am Übergang zur Regelwicklung zurückzuführen. Neben den sehr hohen Spannungsüberhöhungen an den Übergängen sind bei Beschaltung der Regelwicklungen die maximal auftretenden Spannungsüberhöhungen größer als bei denen der Oberspannungswicklungen.

Um den generellen Einfluß der Isolationsverluste zu untersuchen, wird die Frequenzabhängigkeit des $\tan\delta(f)$ durch Vorgabe einer komplexen Permittivitätszahl oder durch Vorgabe einer Leitfähigkeit der Isolationsmaterialien berücksichtigt. Dabei reicht ein Frequenzbereich bis zu 250 kHz aus, um Anstiegszeiten im Mikrosekundenbereich der Anregung zu untersuchen. Exemplarisch geschieht die Anwendung dieser Methode auf das einphasige 115/22 kV Transformatormodell für die Phase A.

In Abbildung 9.58 ist für die Phase A die Übertragungsfunktion mit und ohne Berücksichtigung der Isolationsverluste aufgeführt.

Der Übertragungsfunktion schließt sich die rücktransformierte Ausgangfunktion mit und ohne $\tan\delta(f)$-Berücksichtigung an. Um nun von der Ausgangsgröße $u_2(t)$ auf den gewünschten Stromverlauf zu gelangen, wird noch durch den Abschlußwiderstand dividiert.

Die Berücksichtigung der Spulenkanalisolation nach Abbildung 9.59 läßt eine zusätzliche Dämpfung erkennen. Der charakteristische Kurvenverlauf (Anstieg und Schwingungsfrequenz) bleibt jedoch erhalten.

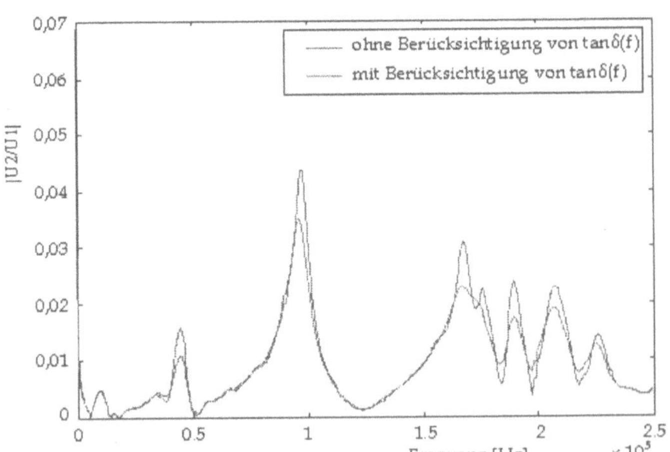


**Abbildung 9.58.** Übertragungsfunktion der Phase A mit und ohne Berücksichtigung von $\tan\delta(f)$

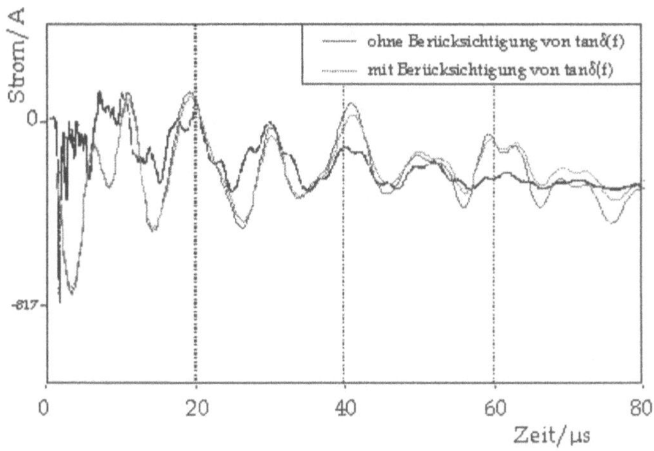


**Abbildung 9.59.** Stromverlauf am Meßpunkt der Phase A mit und ohne Berücksichtigung der Isolationsverluste

# 10. Modellbildung weiterer Betriebsmittel

Zur Vervollständigung des Teils II *Elektromagnetische Ausgleichsvorgänge* wird in diesem Kapitel die Modellbildung der noch fehlenden Betriebsmittel ergänzt und erläutert. Dies ist zum einen die Synchronmaschine und zum anderen der Leistungsschalter. Auf das Phänomen der ***transienten wiederkehrenden Spannung*** beim Abschalten eines Kurzschlusses am Leistungsschalter wird in Kapitel 10.2.1 eingegangen. Den Abschluß dieses Kapitels bildet ein praxisnahes Beispiel, das insbesondere auf die zu berücksichtigenden Aspekte bei der Modellbildung eines vollständigen Elektroenergiesystems aufmerksam macht. Das Modell wurde anschließend mit einem numerischen Simulationsprogramm berechnet, die Ergebnisse sind kurz präsentiert und erläutert.

## 10.1 Modellbildung von Synchronmaschinen

Dieses Kapitel stellt ein mathematisches Modell für Synchronmaschinen vor, wie es zur Berechnung elektromagnetischer Ausgleichsvorgänge verwendet wird. Das hergeleitete elektrische Ersatzschaltbild besitzt Gültigkeit für subtransiente, transiente und stationäre Vorgänge. Auf ein wesentlich aufwendigeres mathematisches Modell, wie es in der Stabilitätsrechnung verwendet wird, wird ausführlich in Kapitel 11 eingegangen.

Zur Erzeugung großer elektrischer Leistungen werden Innenpolmaschinen verwendet, weil von der ruhenden Ständerwicklung (Ankerwicklung) die elektrische Energie über feste Verbindungen abgeführt werden kann und dem Läufer (Rotor) nur der Erregerstrom über Schleifringe zugeführt werden muß. Beim Läuferaufbau wird zwischen Vollpol- und Schenkelpolgeneratoren unterschieden, siehe dazu Kapitel 11.1.

In Dampfkraftwerken werden generell zweipolige Vollpolläufer eingesetzt, in Wasserkraftwerken vier- oder mehrpolige Schenkelpolläufer. Das elektrische Verhalten der Maschinen wird durch die unterschiedlichen Arten der Läufer beeinflußt. Da der Läufer nicht rotationssymmetrisch aufgebaut ist, sind die Reaktanzen der Synchronmaschine nicht konstant, sondern ändern sich mit dem Polradwinkel $\delta$. Zwei Achsen, die Längsachse $d$ und die Querachse $q$ sind dabei bevorzugt, siehe dazu die Park-Transformation in Kapitel 11.2.1. Beide

Achsen sind bei zweipoligen Maschinen um 90° und bei vierpoligen Maschinen um 45° räumlich zueinander versetzt, während die elektrische Längs- und Querachse immer senkrecht aufeinander stehen. Die Reaktanzen in Längsrichtung werden mit dem Index $d$ und die in Querrichtung mit $q$ bezeichnet. Für Netzberechnungen genügt es jedoch, mit den Längsreaktanzen zu rechnen.

**Synchrone Reaktanzen**

Im stationären Betrieb baut der Belastungsstrom im Ständer ein neues Feld auf, das sogenannte **Ankerfeld**. Die Wirkung dieses Feldes auf das Erregerfeld ist die so bezeichnete **Ankerrückwirkung**. Der resultierende Fluß erzeugt dabei eine elektromagnetische Kopplung $\underline{U}_{\curlywedge}$, die um den Rückwirkungsspannungsabfall, das Produkt aus Belastungsstrom und $jX_A$, vermindert ist. Dabei bezeichnet $X_A$ die Ankerrückwirkungsreaktanz. Die Ständerstreureaktanz wird durch $X_\sigma$ angegeben. Damit läßt sich die sogenannte synchrone Reaktanz als Summe von Ankerrückwirkungs- und Ständerstreureaktanz berechnen:

$$X_d = X_A + X_\sigma \tag{10.1}$$

Die synchrone Reaktanz $X_d$ wird üblicherweise auf die Nenndaten $U_{nG\curlywedge}$ und $I_{nG}$ bezogen, somit ergeben sich prozentuale Werte.

**Transiente Reaktanzen**

Bei Generatoren ohne Dämpferwicklung und ohne Wirbelstromkreise, d.h. ohne massive Pole und Joche, tritt bei großen Laständerungen nur eine transiente Reaktanz $X_d'$ auf. Der Vorgang spielt sich wie folgt ab:

Bei einem plötzlichen Laststoß wird der magnetische Fluß, der vom Strom der Ankerwicklung hervorgerufen wird, sich über magnetische Stromwege weitgehend in Luft schließen. Das erfolgt in verschiedenen Zeitabständen nach Eintritt des Kurzschlusses auf unterschiedlichen Streuwegen. In der Erregerwicklung tritt ein Ausgleichsstrom auf, der den Ankerfluß aus dem Läufereisen vorübergehend (mit einer Zeitkonstante) hinausdrängt. Der magnetische Widerstand ist zu Beginn dieses Vorgangs (transienter Vorgang) groß, nimmt aber laufend ab, bis sich wieder ein stationärer Zustand einstellt. Entsprechend verhält sich auch die transiente Reaktanz $X_d'$. Sie ist bei Beginn des Ausgleichsvorgangs viel kleiner als die synchrone Reaktanz $X_d$, jedoch wird sie während des Vorgangs laufend größer, und sofern sich der stationäre Zustand einstellt, wird $X_d$ wieder wirksam. Die Reaktanz $X_d'$ umfaßt im wesentlichen die Streureaktanzen der Ständer- und Läuferwicklung. Der Synchrongenerator verhält sich bei solchen Vorgängen wie ein kurzgeschlossener Transformator, wobei die kurzgeschlossene Wicklung die Erregerwicklung ist.

**Subtransiente Reaktanzen**

Eine weitere, sehr kurzzeitig wirkende Reaktanz tritt zu Beginn des Laststoßes oder Kurzschlusses bei Generatoren mit Wirbelstromkreisen sowie in der Dämpferwicklung im Läufer auf. Sie wird als subtransiente Reaktanz $X_d''$ bezeichnet. Ihre Ursache liegt in der fast vollständigen Verdrängung des Ankerrückwirkungsflusses auf die Luftwege, siehe Abbildung 10.1.

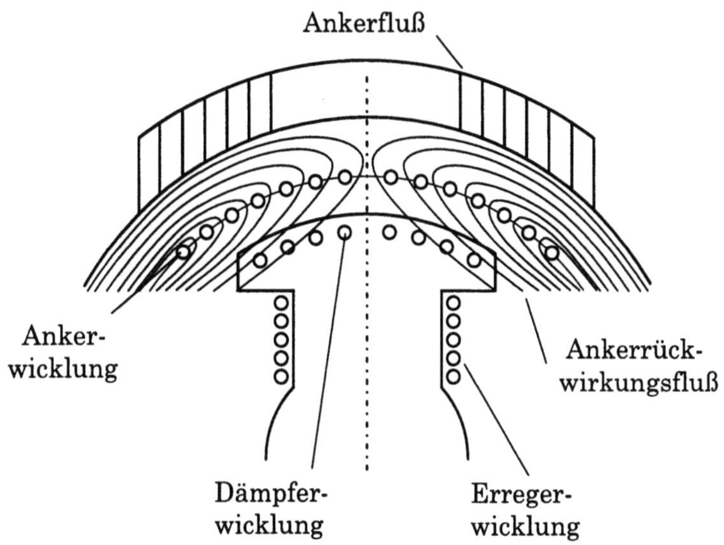


**Abbildung 10.1.** Entstehung der subtransienten Reaktanz $X_d''$ durch Verdrängung des Ankerrückwirkungsflusses aus dem Erregerpol

Am Anfang des Laststoßes wirkt die Dämpferwicklung des Läufers wie die kurzgeschlossene Sekundärwicklung eines Transformators. Der Strom in dieser Wicklung ist so gerichtet, daß sein Fluß dem primären magnetischen Fluß entgegenwirkt, so daß der resultierende Fluß gleich der Differenz der beiden Flüsse ist. Der magnetische Widerstand ist zu Beginn wegen des Verlaufes des Ankerflusses im Luftspalt sehr groß, so daß die am Anfang eines Laststoßes wirkende subtransiente Reaktanz $X_d''$ sehr klein und der Anfangskurzschlußstrom entsprechend groß wird. Wegen des großen Widerstandswerts der Dämpferwicklung (5- bis 10-fache der Erregerwicklung) wirkt die subtransiente Reaktanz $X_d''$ nur während der ersten Augenblicke (kleine Zeitkonstante). Die transiente Reaktanz $X_d'$ bestimmt dann den nachfolgenden Teil. Die Spannungsabfälle entsprechen diesen Reaktanzen. Der Widerstand der Ankerwicklung ist im Vergleich zur subtransienten Reaktanz sehr klein ($R_G/X_d'' = 0{,}025$ bis $0{,}03$), so daß bei bei den zugehörigen Zeigerdiagrammen die Resistanz $R_G$ von vornherein vernachlässigt wird.

Für Kurzschlußberechnungen bei Generatoren mit Wirbelstromkreisen wird daher nur die subtransiente Reaktanz benötigt. Der Index $d$ bedeutet, daß die Reaktanz auf eine Läuferstellung bezogen wird, bei der die Wicklungsachse des Läufers in die Wicklungsachse des Ständers fällt (Längsachse). Außer diesen Reaktanzen gibt es auch solche, die sich auf die Querachse beziehen. Für die Berechnung von Kurzschlußströmen haben Querreaktanzen keine Bedeutung. Je nachdem, welche Untersuchungen durchgeführt werden sollen, ist mit den entsprechenden Reaktanzen und den dazugehörigen treibenden Spannungen zu rechnen. So ist die subtransiente Längsreaktanz $X''_d$ und die subtransiente Spannung $\underline{U}''_{\curlywedge}$ maßgebend für die Kurzschlußstromberechnung (Anfangskurzschlußwechselstrom $I''_k$). Mit der transienten Längsreaktanz $X'_d$ und der transienten Spannung $\underline{U}'_{\curlywedge}$ ist bei transienten (dynamischen) Stabilitätsuntersuchungen zu rechnen. Die synchrone Längsreaktanz $X_d$ und die Polradspannung $\underline{U}_{P\curlywedge}$ werden bei Untersuchungen des synchronen stationären Betriebs verwendet. Für alle Synchronmaschinen gilt: $X_d > X'_d > X''_d$ und $\underline{U}_{P\curlywedge} > \underline{U}'_{\curlywedge} > \underline{U}''_{\curlywedge}$

Die Spannungen, die während des dynamischen Vorgangs auftreten, können im Zeigerdiagramm dargestellt werden, Abbildung 10.2.

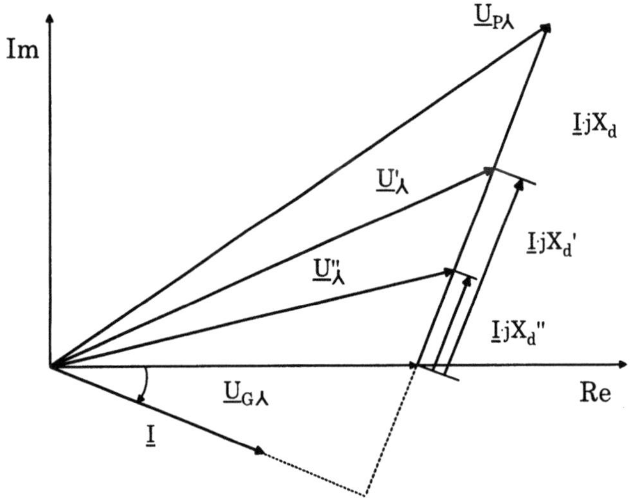


**Abbildung 10.2.** Vereinfachtes Zeigerdiagramm eines Turbogenerators während eines dynamischen Vorgangs.

Während des zeitlichen Ablaufs eines Ausgleichsvorgangs ändert sich die treibende Spannung. Die oben erwähnten und im Zeigerdiagramm dargestellten treibenden Spannungen sind mit der Klemmenspannung $\underline{U}_{G\curlywedge}$ des Generators durch die folgenden Beziehungen verknüpft:

$$\underline{U}''_{\curlywedge} = \underline{U}_{G\curlywedge} + jX''_d\underline{I}$$
$$\underline{U}'_{\curlywedge} = \underline{U}_{G\curlywedge} + jX'_d\underline{I}$$
$$\underline{U}_{P\curlywedge} = \underline{U}_{G\curlywedge} + jX_d\underline{I}$$

Aus diesen Gleichungen kann man das Ersatzschaltbild 10.3 herleiten.

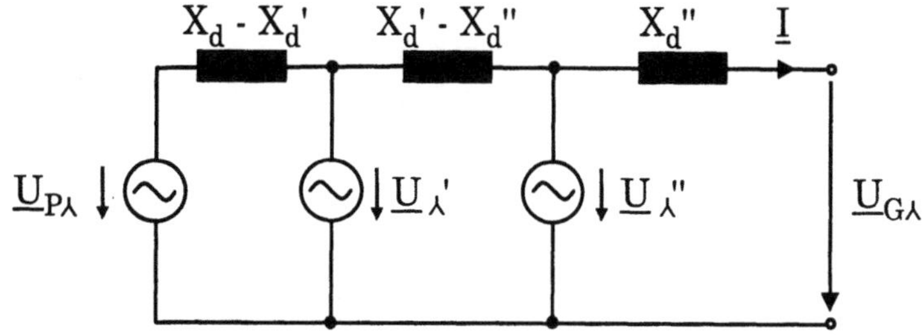


**Abbildung 10.3.** Vereinfachtes Ersatzschaltbild eines Turbogenerators während eines Ausgleichsvorgangs.

Wie oben erwähnt ist für die Berechnung des Kurzschlußstroms nur die Spannung $U''$ von Bedeutung. Sie ist bei Turbogeneratoren etwa $1,07 \cdot U_{nG}$ und bei Schenkelpolmaschinen etwa $1,13 \cdot U_{nG}$. Dabei bezeichnet $U_{nG}$ die verkettete Nennspannung des Generators. Für Turbogeneratoren ist im Mittel $U'' = 1,1 \cdot U_n$, wobei $U_n$ die verkettete Nennspannung des jeweiligen Netzes bezeichnet.

Wenn für Netzberechnungen Generatorreaktanzen benötigt werden, so sollte man versuchen, diese den Meßprotokollen von Inbetriebnahmeversuchen zu entnehmen. Sind von einzelnen Maschinen keine Angaben vorhanden und ist eine experimentelle Bestimmung nicht möglich, so kann mit den in der Tabelle 10.1 zusammengestellten Richtwerten in p.u. gerechnet werden (Herleitung bezogener Größen in Kapitel 11.2.2). Sie gelten jedoch nur für Generatoren mit einer Scheinleistung bis etwa $S_n \leq 125$ MVA. Für größere Einheiten, insbesondere im Grenzleistungsbereich 500 bis 1000 MVA, sind z.B. Turbogeneratoren mit transienten Reaktanzen von $X_d' =$ 0,2 bis 0,4 und subtransienten Reaktanzen bis $X_d'' =$ 0,27 aufgeführt. In der Tabelle 10.1 sind auch die den Reaktanzen zugeordneten Zeitkonstanten mit angegeben.

## 10.2 Modellbildung von Leistungsschaltern

In Elektroenergiesystemen haben Leistungsschalter die Aufgabe, Stromkreise sowohl im Normalbetrieb als auch im Störfall, wie beispielsweise bei Erdschluß oder Kurzschluß, gezielt durch Bedienungspersonal oder selbsttätig ein- bzw. auszuschalten. Tritt in einem System ein Fehler auf, fließt oftmals ein erheblicher Fehlerstrom, den es abzuschalten gilt. Das Trennen der Kontakte eines Leistungsschalters an sich führt nicht zu einer Stromunterbrechung, denn zwischen den getrennten Kontakten entsteht ein Lichtbogen, durch den weiterhin Strom fließt. Eine Unterbrechung findet nur dann statt, wenn dieser Bogen kontrolliert gelöscht werden kann. Die unterschiedlichen

**Tabelle 10.1.** Richtwerte für Reaktanzen und Zeitkonstanten von Generatoren /KOET/

| Maschinenart | Turbogeneratoren | Schenkelpolgeneratoren | | | |
|---|---|---|---|---|---|
| | | mit Dämpferwicklung | | ohne Dämpferwicklung | |
| | | Schnelläufer $2p < 8$ | Langsamläufer $2p > 8$ | Schnelläufer $2p < 8$ | Langsamläufer $2p > 8$ |
| Synchronlängsreaktanz $X_d$ | 1,6<br>1,2 ... 2,0 | 1,0<br>0,6 ... 1,4 | 1,0<br>0,7 ... 1,3 | 1,0<br>0,5 ... 1,4 | 1,0<br>0,7 ... 1,3 |
| Synchronquerreaktanz $X_q$ | 1,5<br>1,0 ... 2,0 $\approx X_d$ | 0,75<br>0,4 ... 1,0 | 0,6<br>0,4 ... 0,9 | 0,75<br>0,4 ... 0,95 | 0,6<br>0,4 ... 0,9 |
| transiente Reaktanz, längs $X'_d$ | 0,18<br>0,13 ... 0,22 | 0,25<br>0,2 ... 0,3 | 0,33<br>0,25 ... 0,45 | 0,27<br>0,2 ... 0,3 | 0,33<br>0,25 ... 4,5 |
| transiente Reaktanz, quer $X'_q$ | 0,18<br>0,31 ... 0,22 $\approx X'_d$ | 0,75<br>0,4 ... 1,0 $\approx X_q$ | 0,6<br>0,4 ... 0,9 $\approx X_q$ | 0,75<br>0,4 ... 0,95 $\approx X_q$ | <br>0,4 ... 0,9 $\approx X_q$ |
| subtransiente Reaktanz, längs $X''_d$ | 0,12<br>0,09 ... 0,15 | 0,18<br>0,15 ... 0,25 | 0,22<br>0,18 ... 0,3 | 0,25<br>0,2 ... 0,3 $\approx X'_d$ | 0,30<br>0,25 ... 0,45 $\approx X'_d$ |
| Gegenreaktanz $X_2$ | 0,12<br>0,09 ... 0,15 | 0,2<br>0,15 ... 0,25 | 0,24<br>0,18 ... 0,3 | 0,45<br>0,3 ... 0,6 | 0,5<br>0,3 ... 0,6 |
| Leerlaufzeitkonstante $T'_{d0}$ in s | 10,0<br>5,0 ... 15,0 | 6,0<br>4,0 ... 10,0 | 5,0<br>3,0 ... 8,0 | 6,0<br>4,0 ... 10,0 | 5,0<br>3,0 ... 8,0 |
| transiente Zeitkonstante $T'_d$ in s | 1,3<br>0,5 ... 1,8 | 1,5<br>0,7 ... 2,5 | 1,5<br>0,9 ... 2,5 | 1,5<br>0,7 ... 2,5 | 1,5<br>0,9 ... 2,5 |
| subtransiente Zeitkonstante $T''_d$ in s | 0,07<br>0,05 ... 0,10 | 0,06<br>0,04 ... 0,08 | 0,06<br>0,04 ... 0,08 | | |
| Zeitkonstante des Gleichstromglieds $T_g$ in s | 0,15<br>0,05 ... 0,3 | 0,18<br>0,1 ... 0,3 | 0,22<br>0,1 ... 0,3 | 0,30<br>0,15 ... 0,5 | 0,35<br>0,2 ... 0,5 |
| Anlaufzeitkonstante $T_m$ in s | 11,0<br>8,0 ... 16,0 | 7,0<br>5,0 ... 8,0 | 6,0<br>4,0 ... 8,0 | 7,0<br>5,0 ... 8,0 | 6,0<br>4,0 ... 8,0 |

Leistungsschalterausführungen bedienen sich hierzu verschiedener Mittel. Gemeinsam ist allen, daß der Strom im Nulldurchgang gelöscht wird. Bei Wechselstromkreisen ist dies zweimal pro Periode der Fall. Zur Unterbrechung des Stroms ist eine Umleitung des leitenden Plasmakanals zwischen den Schalterkontakten in eine isolierende Gasstrecke erforderlich. Dieser Übergang findet in einem der beiden Stromnulldurchgänge statt, der durch das dynamische Verhalten des Lichtbogens im Zusammenspiel mit dem angeschlossenen Netzwerk bestimmt ist.

Zur Modellierung eines Leistungsschalters gibt es folgende Möglichkeiten:

1. Der Leistungsschalter wird durch einen idealen Schalter dargestellt.
2. Der Lichtbogen des Leistungsschalters wird mit einem Zweipol-Modell beschrieben.
3. Man wendet ein physikalisches Lichtbogenmodell an.

Die Modellierung als Zweipol (*black-box*) beschreibt das Zusammenwirken von Schaltlichtbogen und dazugehörigem elektrischen Netzwerk während der Abschaltung. Für diesen Zweck reicht eine integrale Modellierung des Lichtbogens aus /KL/. Bei diesem Modell ist die korrekte Wiedergabe des elektrische Verhaltens Ziel der Modellierung und nicht die Darstellung der internen physikalischen Zusammenhänge. Die verschiedenen *black-box*-Modelle ermöglichen eine Vorhersage des Verhaltens des Leistungsschalters in verschiedenen Stromkreisen bzw. Netzwerken bei Änderung der Randbedingungen. Der Betriebspunkt eines Leistungsschalters ist dabei durch die Parameter Gasdruck und Bogenzeit bestimmt.

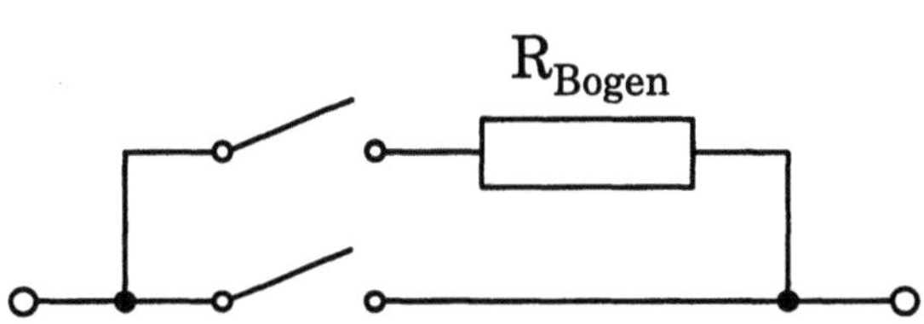


**Abbildung 10.4.** Nachbildung eines Leistungsschalters mit Rückzündung

Das physikalische Bogenmodell aus /KL/ erlaubt die Beschreibung der Vorgänge im Lichtbogen und deren Wechselwirkung mit der umgebenden Kaltgasströmung. Dieses Modell ist geeignet für die Optimierung der Löschkammer und der Löschkammerdüse.

Im folgenden Kapitel wird der Leistungsschalter durch einen idealen Schalter modelliert, wie dies beispielsweise auch in EMTP geschieht. Sind durch Rückzündung verursachte transiente Vorgänge zu untersuchen, muß das Leistungsschaltermodell diesen Sachverhalt berücksichtigen. Ein nochmaliges Schalten, durch die Rückzündung erforderlich, kann durch einen weiteren Schalter zum idealen Schalter nachgebildet werden. Dabei kann in erster Näherung ein linearer Bogenwiderstand angenommen werden, Abbildung 10.4.

### 10.2.1 Transiente wiederkehrende Spannungen beim Abschalten eines Kurzschlusses am Leistungsschalter

Abbildung 10.5 zeigt das einphasige Ersatzschaltbild einer dreiphasigen Anordnung bei einem dreipoligen Kurzschluß in Dauerkurzschlußphase. Die Anordnung besteht vor der Fehlerstelle aus einem Generator, einem Transformator, einer Leitung und einem Leistungsschalter.

Im Ersatzschaltbild der Dauerkurzschlußphase stellt die Spannung $\underline{U}_{P\curlywedge}$ die Generatorphasenspannung und die Spannung des speisenden Netzes dar. $R$ und $L$ beinhalten die Netzimpedanz der Speisung bzw. der Ankerwicklung des Generators sowie die Kurzschlußimpedanz des Transformators, der zwischen Generator und Leitung angeordnet ist. Ebenfalls enthalten ist die Reihenimpedanz der Leitung zwischen Transformator und Leistungsschalter.

Beim Abschalten des Kurzschlusses, d.h. beim Öffnen des Leistungsschalters, wird ein Lichtbogen zwischen den Schalterkontakten gezündet. Dieser Lichtbogen wird durch Auseinanderrücken der Schalterkontakte, wie zuvor beschrieben, verlängert und je nach Schalterart durch Öl oder eine Gasströmung gekühlt. Im Nulldurchgang des Stroms $i_k(t)$ schließlich erlischt der Lichtbogen.

Da es sich um die Dauerkurzschlußphase handelt, man sich somit im eingeschwungenen Zustand befindet, sind im einphasigen Ersatzschaltbild die komplexen Größen Spannung $\underline{U}_{P\curlywedge}$ und Kurzschlußstrom $\underline{I}_k$ bekannt. Die Kapazität $C$ der Leitung (Abbildung 10.5) ist durch einen Kurzschluß überbrückt, und der Spannungsabfall über dem Leistungsschalter ist praktisch null. Der Effektivwert des Dauerkurzschlußstroms berechnet sich nach Gleichung 10.2. Dabei sind die Werte der Impedanz auf die Spannung der Generatorseite bezogen.

$$\underline{I}_k = \frac{\underline{U}_{P\curlywedge}}{R + j\omega L} \tag{10.2}$$

Dieser Strom ist ein induktiver Strom. Da der Wert des Widerstandes $R$ sehr klein gegenüber $\omega L$ ist, eilt der Kurschlußstrom der Spannung annähernd um

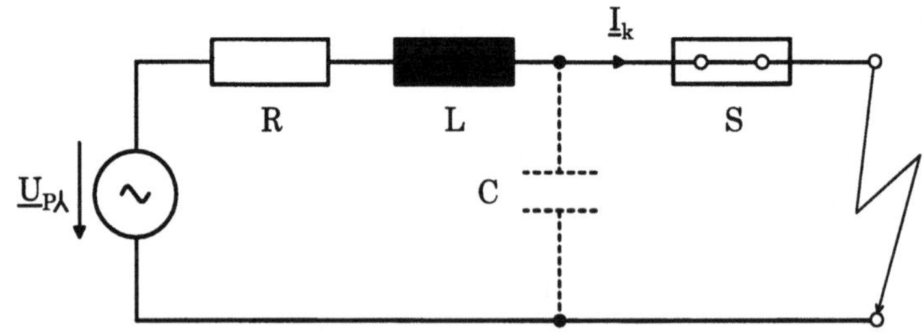


**Abbildung 10.5.** Einphasiges Ersatzschaltbild einer dreiphasigen Anordnung bei dreipoligem Kurzschluß.

90° nach. Solange beim Abschalten des Kurzschlußstroms der Lichtbogen besteht, ist die Spannung über der Schalterstrecke im Leistungsschalter gleich der relativ niedrigen Lichtbogenspannung. Nach der Unterbrechung des Stromes im Nulldurchgang hat die Generatorspannung annähernd ihren Höchstwert, daher muß die Spannung an der Schalterstrecke auf einen hohen Wert ansteigen. Dieser Anstieg erfolgt als Ausgleichsvorgangs und zwar in Form einer gedämpften Schwingung. Die Spannung an der Schalterstrecke wird daher auch als *Einschwingspannung* bezeichnet. Für die Berechnung dieser Spannung verwendet man das Ersatzschaltbild 10.6. Das einphasige Ersatzschaltbild zeigt das Ersatzschaltbild aus Abbildung 10.5 nach Öffnung der Kontaktstrecke im Leistungsschalter (Unterbrechung des Kurzschlußstroms). Es gilt: $u_S = u_C$ und $\widehat{U}_\curlywedge = \sqrt{2}|\underline{U}_{P\curlywedge}|$. Die Phasenlage der Generatorspannung $u$ beim Schalten auf dem RLC-Kreis wird mit $\psi$ bezeichnet. Der Ausgleichsvorgang wird im Zeitbereich betrachtet.

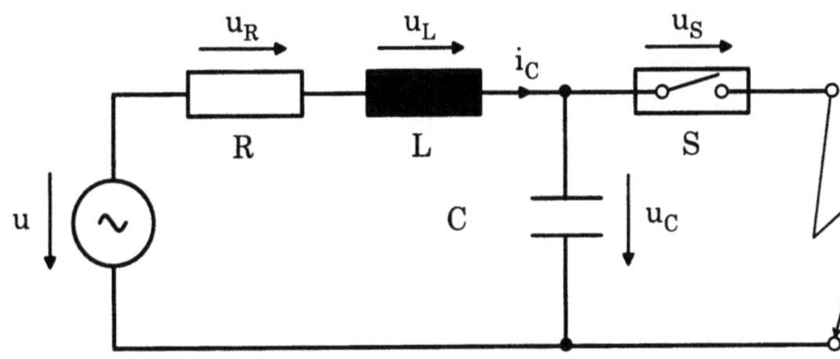


**Abbildung 10.6.** Einphasiges Ersatzschaltbild der Abbildung 10.5 nach Öffnung der Kontaktstrecke im Leistungsschalter (Unterbrechung des Kurzschlußstroms).

Bei Öffnung der Kontaktstrecke im Leistungsschalter ist die Kapazität $C$ nicht mehr überbrückt, der zeitliche Verlauf der Einschwingspannung über der Kapazität $u_C$ ist gleich dem zeitlichen Verlauf der Spannung zwischen den beiden Kontakten des Leistungsschalters $u_S$, es gilt: $u_C = u_S$. Diese Spannung wird daher auch als **transient wiederkehrende Spannung** bezeichnet. Sie berechnet sich wie im Kapitel 5.3.4 *RLC-Glied an Wechselspannungsquelle* vorgestellt. Dabei sind drei Fälle unterschieden worden, die prinzipiell bei einem Schaltvorgang auftreten können. Im häufigsten auftretenden Fall in Elektroenergiesystemen ist die Anregekreisfrequenz $\omega$ viel kleiner als die Eigenkreisfrequenz des Netzes: $\omega < \nu$. Wobei $\nu$ wie folgt definiert ist:

$$\nu = \sqrt{\frac{1}{LC} - \left(\frac{R}{2L}\right)^2}$$

Der ungünstigste Schaltaugenblick ist gekennzeichnet durch:

$$\psi - \varphi = \frac{\pi}{2} \text{ mit } \varphi = \arctan\left(\frac{\omega L - \frac{1}{\omega C}}{R}\right).$$

In diesem Augenblick ist die Kondensatorspannung, gegeben durch Gleichung (5.50), in ihrem Scheitelwert, und der Dauerstrom des Kreises geht durch den Nullpunkt. Man erhält damit für die zeitlichen Verläufe der Gesamtspannung an der Kapazität $u_C$ sowie des Gesamtstroms durch die Kapazität (im Kreis) folgende Ausdrücke:

$$u_C = \widehat{U}'_C \cdot (\cos \omega t - e^{-\frac{t}{2\tau}} \cdot \cos \nu t) \tag{10.3}$$

$$i = i_C = \widehat{I}'_C \cdot (-\sin \omega t + e^{-\frac{t}{2\tau}} \cdot \frac{\nu}{\omega} \cdot \sin \nu t) \tag{10.4}$$

Für die Amplituden gilt:

$$\widehat{I}'_C = \frac{\widehat{U}_\lambda}{\sqrt{R^2 + \left(\omega L - \frac{1}{\omega C}\right)^2}} \tag{10.5}$$

$$\widehat{U}'_C = \widehat{I}'_C \cdot \frac{1}{\omega C} \tag{10.6}$$

Da R sehr klein gegen die induktiven und kapazitiven Anteile ist, erhält man:

$$\hat{I}'_C \approx \frac{\widehat{U}_\lambda}{|\omega L - \frac{1}{\omega C}|} \approx \frac{\widehat{U}_\lambda \cdot \omega C}{|\omega^2 LC - 1|} \approx \frac{\widehat{U}_\lambda \cdot \omega C}{|\frac{\omega^2}{\nu^2} - 1|} \tag{10.7}$$

Das Verhältnis der Anregefrequenz $\omega$ zur Eingangsfrequenz $\nu$ bei Schaltbedingungen im Netz ist sehr klein gegenüber 1, so daß

$$\widehat{I}'_C \approx \widehat{U}_\lambda \cdot \omega C \tag{10.8}$$

gilt. Mit $\widehat{U}'_C = \widehat{U}_\lambda$ erhält man schließlich:

$$u_S = u_C \approx \widehat{U}_\lambda \cdot (\cos \omega t - e^{-\frac{t}{2\tau}} \cdot \cos \nu t) \tag{10.9}$$

Abbildung 10.7 zeigt den zeitlichen Verlauf der Einschwingspannung $u_S = u_C$ zwischen den Kontakten des Leistungsschalters. $i_k(t)$ ist der zeitliche Verlauf des Kurzschlußstroms vor der Öffnung der Schalterstrecke und $u$ der zeitliche Verlauf der Generatorspannung.

In der Abbildung 10.7 ist der Verlauf der einfrequenten Einschwingspannung bzw. der wiederkehrenden Spannung im gedehnten Zeitmaßstab dargestellt. Im allgemeinen treten in der Einschwingspannung mehrere Frequenzen auf, je nach Netzaufbau. Für den Fall einer einfrequenten Einschwingspannungen kann man den Ausgleichsvorgang durch die folgenden Kenngrößen charakterisieren.

Überschwingfaktor: $$\gamma = \frac{u_{Smax}}{u} \tag{10.10}$$

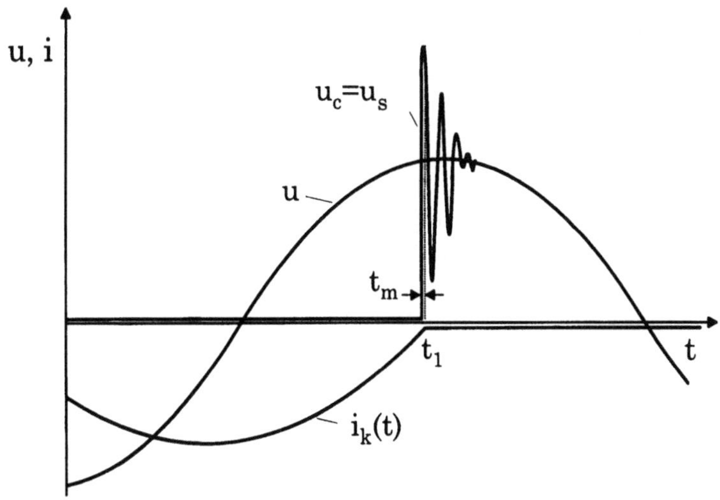


**Abbildung 10.7.** Zeitlicher Verlauf der wiederkehrenden Spannung $u_S$ zwischen den Kontakten des Leistungsschalters.

Darin bezeichnet $u_{Smax} = u_{Cmax}$ den Höchstwert der Einschwingspannung und $u$ den Augenblickswert der betriebsfrequenten Anteile der Einschwingspannung.

$$\text{Einschwingfrequenz:} \qquad f_{ein} = \frac{1}{2t_m} \tag{10.11}$$

Hierin ist $t_m$ die zu $u_{Smax}$ gehörende Zeit. Ferner läßt sich noch der sogenannte Faktor **Steilheit** nach der folgenden Beziehung angeben:

$$\text{Steilheit:} \qquad S = \frac{u_{Smax}}{t_m} = \frac{u_{Cmax}}{t_m} \tag{10.12}$$

In mehrfrequenten Fällen benötigt man zwei Punkte des zeitlichen Verlaufs der Einschwingspannung. Wie der Gleichung (10.9) zu entnehmen ist, beträgt der maximale Wert von $u_S$ etwas weniger als das Zweifache des Scheitelwerts der Generatorspannung. Bei $t = 0$ gilt: $u_S = 0$. Zum Zeitpunkt $t_m = \frac{1}{2f_{ein}} = \frac{\pi}{\nu}$, $\nu = 2\pi f_{ein}$ ergeben sich die Werte der Gleichung (10.9) zu:

$$cos\omega t_m = \cos\left(\frac{2\pi f}{2f_{ein}}\right) \approx 1 \qquad \text{und} \qquad e^{-\frac{\pi}{2\tau\nu}} \cdot \cos\left(\nu \cdot \frac{\pi}{\nu}\right) \approx -1$$

Damit ergibt sich für die Summe der beiden in den Klammern dargestellten Ausdrücke der Gleichung (10.9) der Wert 2, d.h. ein Scheitelwert von $u_S = u_L \approx 2\widehat{U}$. Die Frequenz der Generatorspannung ist mit $f = 50\ Hz$ gegeben, die sehr klein gegenüber $f_{ein}$ ist.

## 10.3 Simulationsgestütze Berechnung komplizierter elektromagnetischer Ausgleichsvorgänge in einem Elektroenergiesystem

Im Teil II *Elektromagnetische Ausgleichsvorgänge* dieses Buchs ist eingehend auf das Entstehen elektromagnetischer Ausgleichsvorgänge eingegangen worden. Die geläufigsten Betriebsmittel in Elektroenergiesystemen sind daraufhin untersucht worden, wie ihr Verhalten bei Ausgleichsvorgängen korrekt beschrieben und modelliert werden kann. Das folgende Beispiel soll nun die Wechselwirkung verschiedener Betriebsmittel aufeinander verdeutlichen und erklären. Darüber hinaus zeigt es, wie ein Elektroenergiesystem für schnelle Ausgleichsvorgänge systematisch modelliert und mit Hilfe von Simulationsprogrammen berechnet werden kann.

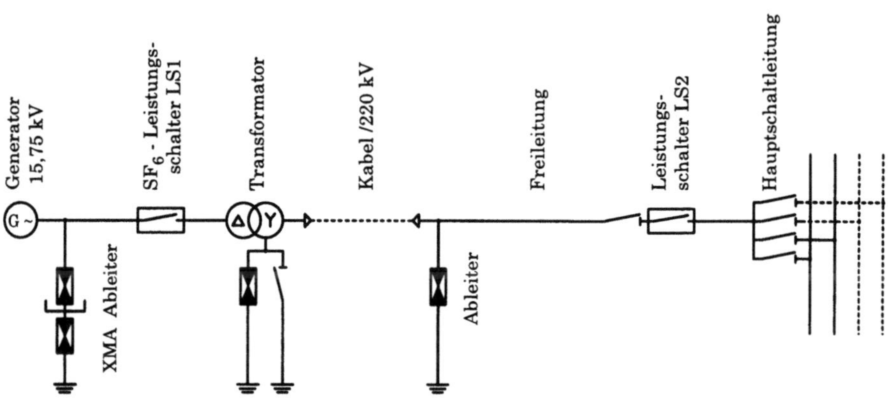


**Abbildung 10.8.** Beispiel eines Elektroenergiesystems zur Untersuchung elektromagnetischer Ausgleichsvorgänge

Exemplarisch ist ein elektrisches Netz gemäß Abbildung 10.8 gewählt worden. Diese Anordnung findet sich häufig in Kavernenkraftwerken. Aufgrund der geographischen Gegebenheiten ist es bei einem Kavernenkraftwerk nicht möglich, so wie z.B. bei einem Dampfkraftwerk, die erzeugte Energie sehr nahe am Maschinentransformator zu verteilen. Werden in einem gewissen Umkreis mehrere kleine Kraftwerke betrieben, erfolgt die Energieverteilung zumeist zentral, was lange Leitungen zwischen Generator und Hauptschaltleitung (HSL) unvermeidbar werden läßt. Zusätzlich entsteht für den Betreiber eines Kavernenkraftwerks das Problem, daß die Energieableitung aus dem Berg nur über Hochspannungskabel oder $SF_6$-isolierte Energieableiter geführt werden kann. In Abbildung 10.8 dient ein Hochspannungskabel der Energieableitung.

Dieses Beispiel ist für die Betrachtung elektromagnetischer Ausgleichsvorgänge von besonderem Interesse, weil auf relativ engem Raum viele Betriebsmittel vorhanden sind, als da wären: Generator, Maschinentransformator, Leistungsschalter (LS), Energiekabel, Freileitung und Hauptschaltleitung (HSL) sowie an jedem Ende der Freileitung ein Überspannungsableiter.

Abgesehen von den Überspannungsableitern und der Hauptschaltleitung ist in den vorhergehenden Kapiteln auf die Modellierung aller vorhandenen Betriebsmittel ausführlich eingegangen worden. Die Modelle werden hier nur insoweit ergänzt, wie es der gewählte Sonderfall erfordert. Auf die Modellbildung des Überspannungsableiters wird näher eingegangen und der Ableiter an sich genauer beschrieben, wobei auch hier nur die wichtigsten Aspekte, die zum Verständnis dieses speziellen Falles erforderlich sind, beschrieben werden. Zum eingehenden Studium wird an den betreffenden Stellen auf weiterführende Literatur verwiesen. Leistungsschalter und Hauptschaltleitung sind in diesem Modell idealisiert angenommen, da eine exakte Modellbildung derselben zu keiner wesentlichen Verbesserung der Ergebnisse führen würde.

Bevor jedoch auf die Modellbildung des Elektroenergiesystems eingegangen wird, werden zwei Szenarien, die zu einer transienten Überspannung in einem elektrischen Netz führen, vorgestellt: Transient wiederkehrende Spannung (Transient Recovery Voltage/TRV) und Blitzschlag.

### 10.3.1 Transiente wiederkehrende Spannung und Blitzschlag

#### Transiente wiederkehrende Spannung

Wie bekannt, führt ein Kurzschluß in einem Elektroenergiesystem zu einem Überstrom, der die Betriebsmittel thermisch überlasten kann, wenn er nicht möglichst schnell abgeschaltet wird. Die Abschaltung von Kurzschlüssen erfolgt mittels Leistungsschaltern, die den Kurzschlußstrom im Nulldurchgang des sinusförmigen Stromverlaufs unterbrechen, siehe Kapitel 10.2.1. Damit ist die Gefahr einer thermischen Zerstörung der betreffenden Betriebsmittel nicht mehr gegeben. Wie im folgenden gezeigt, kann jedoch das Abschalten eines Kurzschlusses zu einer transienten wiederkehrenden Spannung führen, deren Betrag die doppelte Amplitude der Betriebsspannung haben kann.

Zur Verdeutlichung der Vorgänge in der ausgewählten Beispiel-Anlage 10.8 ist in Abbildung 10.9 der Verlauf einer transienten wiederkehrende Spannung dargestellt, wie sie beim Abschalten eines Kurzschlußstroms in einer Anordnung gemäß Abbildung 10.6 auftritt. Der tatsächliche Verlauf dieser Spannung an der Beispiel-Anlage unter Berücksichtigung ihrer Systemgrößen ist in Abbildung 10.9 dargestellt. Im Anfangszustand ist der Leistungsschalter geschlossen, die Spannung über der parallelen Kapazität ist folglich null. In Abbildung 10.8 setzt sich die Parallelkapazität aus dem Ersatzschaltbild 10.6 aus den Kapazitäten der Freileitung und des Kabels zusammen und wird durch den Kurzschluß überbrückt. Die Abschaltung des Kurzschlusses erfolgt im Nulldurchgang des Stroms, also im Scheitelwert der Quellenspannung. Wären keine Kapazitäten im System vorhanden, würde das Potential augenblicklich auf den Scheitelwert der Quellenspannung springen. Es setzt eine Ausgleichsschwingung der Spannung ein, deren Frequenz der Eigenfrequenz des Systems entspricht und die der Quellenspannung überlagert ist. In Abbildung 10.9 ist der Verlauf der transienten wiederkehrenden Spannung aufgezeigt, wobei ein Dämpfungswiderstand im System berücksichtigt ist.

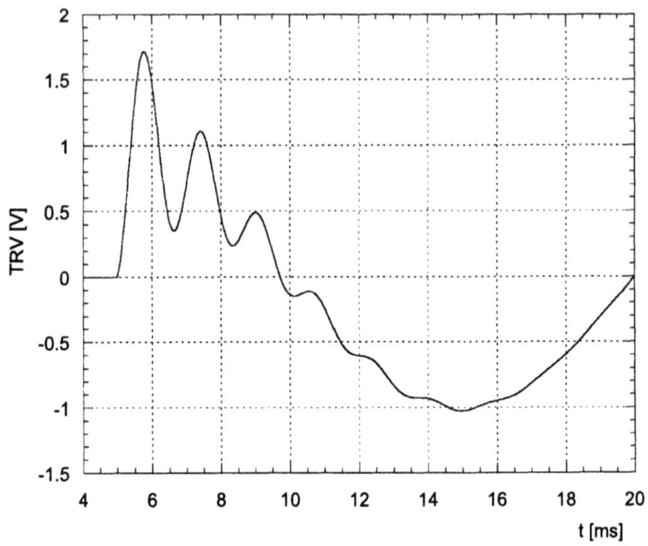


**Abbildung 10.9.** Transiente wiederkehrende Spannung beim Abschalten eines Kurzschlußstroms

Aufgrund der Dämpfung erreicht die transiente wiederkehrende Spannung nicht ganz den Wert $2\hat{U}_q$. Sie geht schwingend über auf den Verlauf der Quellenspannung (Phasenspannung der Oberspannungsseite). Die Überspannung ist jedoch beachtlich und erfordert Aufmerksamkeit bei der Isolationskoordination.

**Blitzschlag**

Eine weitere Ursache transienter Vorgänge sind Blitzschläge in Freileitungen. Blitze können direkt in das Leiterseil einschlagen oder aber in das Erdseil.

Direkter Leiterseileinschlag

Schlägt der Blitz direkt in das Leiterseil ein, dann läuft vom Einschlagsort aus in beide Richtungen eine Spannungswelle, siehe Kapitel 6.2.1. Abbildung 10.10 verdeutlicht diesen Vorgang nochmals.

Da ein Blitz die Eigenschaft einer Stromquelle hat, wird der Blitzstrom $i_{Blitz}$ als eingeprägt vorausgesetzt. Vom Einschlagsort aus fließt also in jede Richtung nur der halbe Blitzstrom. Die Spannung beträgt folglich $u_{Blitz} = \frac{1}{2}Z_W \cdot i_{Blitz}$, wobei $Z_W$ der Wellenwiderstand der Leitung ist.

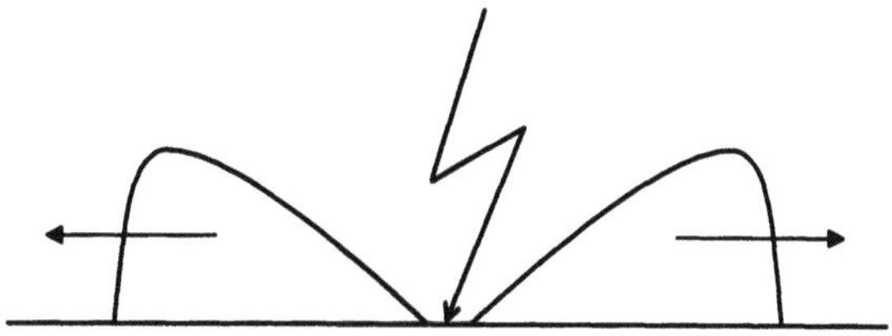

**Abbildung 10.10.** Ausbreitung der Spannungswellen bei direktem Leiterseileinschlag

Rückwärtiger Überschlag

Schlägt jedoch der Blitz in das Erdseil oder den Mast ein, dann ist das Elektroenergiesystem im ersten Augenblick nicht gefährdet, vorausgesetzt, die Masten sind gut geerdet. Die Leistung des Blitzes wird dann über den Mast in das Erdreich abgeleitet. In der Realität betragen die Mastfußwiderstände oft einige Ohm. In diesem Fall kann der Blitzstrom nicht unendlich schnell in das Erdreich abgeleitet werden, und es kann zu einer Potentialerhöhung des Mastes kommen. Wird dabei die Überschlagsspannung der Hängeisolatoren überschritten, dann kommt es zum rückwärtigen Überschlag. Wie in Abbildung 10.10 bewegen sich daraufhin zwei Spannungswellen vom Überschlagsort weg. Im folgenden Beispiel werden nur die rückwärtigen Überschläge simuliert.

### 10.3.2 Überspannungsableiter

Vor allem zur Ableitung der hohen Überspannungen, die im Falle eines Blitzschlages entstehen können, werden in Elektroenergiesystemen häufig Überspannungsableiter eingesetzt. Diese versprechen einen hohen Schutz der Betriebsmittel.

Es wäre jedoch leichtsinnig, davon auszugehen, daß ein Überspannungsableiter jede Überspannung vom Betriebsmittel fern hält. Wie jedes Betriebsmittel hat auch ein Überspannungsableiter charakteristische Eigenheiten, mit deren Berücksichtigung jedoch ein hohes Maß an Sicherheit für Elektroenergiesysteme erwirkt werden kann.

Aufbau und Wirkungsweise sind nicht Gegenstand dieses Buchs. Es soll vielmehr auf die wesentlichen Merkmale, die zur Modellbildung von Überspannungsableitern benötigt werden, eingegangen werden /HAPO/.

Zur technischen Realisierung von Überspannungsableitern kommen Varistoren zum Einsatz. Varistoren sind Materialien, deren Leitwert exponentiell mit der anliegenden Spannung steigt. Abbildung 10.11 beschreibt die Strom-Spannungskennlinie der Varistormaterialien Zinkoxid (ZnO) und Siliziumcarbid (SiC) in einfach logarithmischer Darstellung. $\hat{U}_C$ in Abbildung 10.11 ist die Dauerspannung, der der Ableiter ständig ausgesetzt ist. Sie ist definiert als der höchstzulässige Effektivwert der betriebsfrequenten Wechselspannung, die dauernd über den Ableiterklemmen liegen darf.

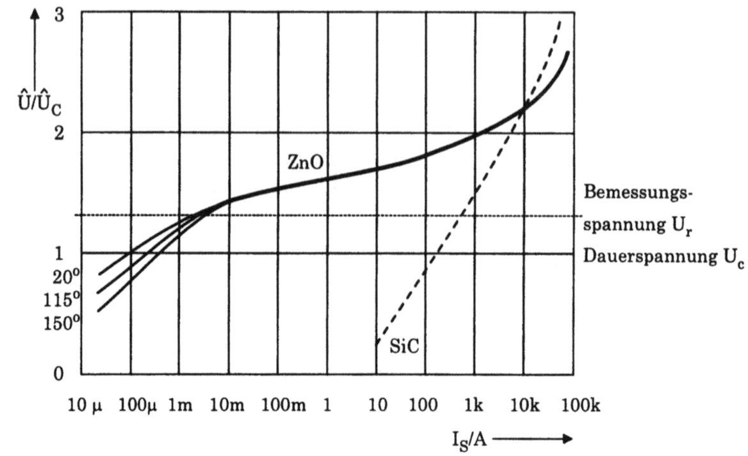


**Abbildung 10.11.**
Strom- und Spannungskennlinien der Varistormaterialien ZnO und SiC

Aus Abbildung 10.11 ist ersichtlich, daß SiC auch im Nennbetrieb einen Strom von ca. 100 A leitet, was unter dem Gesichtspunkt der Verlustleistung nicht tolerierbar ist. Dies erfordert konstruktive Maßnahmen, auf die im folgenden noch näher eingegangen wird.

Dagegen hat ZnO bei Dauerspannung Ströme von weniger als 1 mA. Damit liegen auch die Verlustleistungen im tolerierbaren Bereich, was sich im einfachen Aufbau von ZnO Ableitern auswirkt.

Im folgenden soll nun kurz auf den Unterschied zwischen Ventilableitern und Metalloxidableitern eingegangen werden, da diese auch in der Modellbildung unterschiedlich behandelt werden müssen.

## Ventilableiter

Ventilableiter verwenden als Varistormaterial SiC. Aufgrund des hohen Dauerstroms wird dem Varistor eine Funkenstrecke vorgeschaltet. Deren Ansprechverhalten prägt die Charakteristik des Ventilableiters in entscheidendem Maße. Folgende Parameter beschreiben das Ansprechverhalten:

- Ansprechwechselspannung: Niedrigster durch $\sqrt{2}$ geteilter Scheitelwert einer betriebsfrequenten Spannung, bei der der Ableiter sicher anspricht
- Ansprechspannungen: Spannungen, die abhängig von ihrer Anstiegszeit zum Ansprechen des Ableiters führen

Wie aus der Hochspannungstechnik bekannt /KUECH/, wird das Verhalten einer Funkenstrecke durch das Flächen-Zeit-Gesetz beschrieben. Kurze Anstiegszeiten führen zu höheren Ansprechspannungen. Mit diesem Sachverhalt wird der größte Nachteil des Ventilableiters offenbar: Die Ansprechspannung unterliegt aufgrund der Funkenstrecke einer beträchtlichen Streuung.

Weitere charakteristische Werte sind:

- Restspannung: An den Klemmen des Ableiters gemessener Spannungsscheitelwert beim Fließen eines Stroms. Sie wird maßgeblich durch die Kennlinien in Abbildung (10.11) bestimmt.
- Löschspannung: Höchste Spannung mit Betriebsfrequenz am Ableiter, bei der der Folgestrom noch sicher unterbrochen wird.

Funktionsweise des Ventilableiters

Tritt eine Überspannung an den Ableiterklemmen auf, die die Ansprechspannung übersteigt, so zündet die Funkenstrecke. Die Störung wird über das nun niederohmige Varistormaterial abgeleitet. Die Ableiterspannung wird in diesem Zeitabschnitt durch die Restspannung bestimmt.

Nachdem die Störung abgeklungen ist, fließt im Ableiter ein Folgestrom, solange die Funkenstrecke noch durchgeschaltet ist. Ohne besondere Maßnahmen würde der Lichtbogen in der Funkenstrecke erst erlöschen, wenn der Folgestrom nahe null wäre. Unter Einsatz von Blasspulen ist es möglich, den Folgestrom abzuschalten, d.h. den Lichtbogen zu löschen, auch wenn der Strom größer als null ist. Dies ist bei Spannungen, die kleiner als die Löschspannungen sind, möglich.

Der hohe Aufwand, der bei Ventilableitern zu betreiben ist, und die aufgrund der Funkenstrecke unvermeidliche Streuung, führten auf der Suche nach einem neuen Konzept zum Metalloxidableiter.

**Metalloxidableiter**

Metalloxidableiter verwenden ZnO-Varistoren zur Ableitung der Störleistung. Wie bereits erwähnt, ist der Ableiterstrom im Bemessungsbetrieb marginal. Eine Funkenstrecke ist also nicht nötig. Die Kenngrößen zur Beschreibung der Ableitercharakteristik beschränken sich auf:

- Restspannung: An den Klemmen des Ableiters gemessener Spannungsscheitelwert beim Fließen eines Stroms.
- Bemessungsspannung: Höchster zulässiger Effektivwert der Wechselspannung über den Ableiterklemmen, den der Ableiter für mindestens zehn Sekunden halten kann, ohne Schaden zu nehmen.
- Dauerspannung: Höchstzulässiger Effektivwert der betriebsfrequenten Wechselspannung, der dauernd über den Ableiterklemmen liegen darf.

Die Information, die dieses Kapitel über Überspannungsableiter gibt, ist nur zum Verständnis der prinzipiellen Arbeitsweise der gebräuchlichsten Typen von Überspannungsableitern zu verstehen. Sie genügt aber zur Herleitung des Simulationsmodells.

**Simulation eines Ventilableiters**

Ein einfaches Simulationsmodell zeigt Abbildung 10.12. Dem dargestellten Varistor ist die Kennlinie von SiC zu übergeben. Geläufige Simulationsprogramme (z.B. EMTP) unterstützen die Verwendung von Varistoren und können auf Basis der Eingabe von Wertepaaren eine analytische Funktion der Kennlinie berechnen.

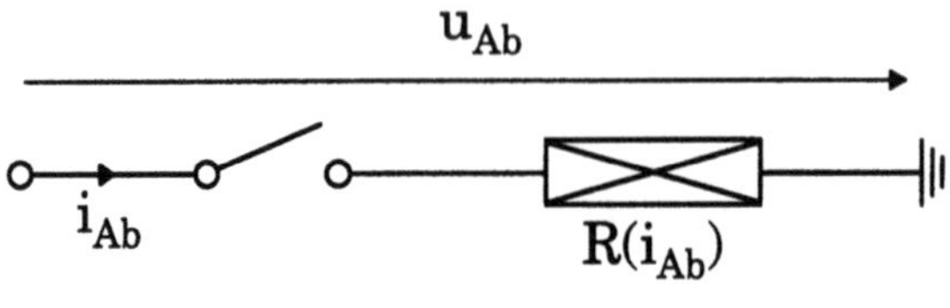


**Abbildung 10.12.** Simulationsmodell eines Ventilableiters

Der Schalter ist so zu programmieren, daß er im Zuge einer *Worst-Case*-Berechnung erst bei der höchsten Ansprechspannung schließt und bei Erreichen der Löschspannung wieder öffnet. In einer tieferen Modellierungsebene wäre es möglich, das Ansprechverhalten der Funkenstrecke oder auch die Erwärmung des Varistors zu berücksichtigen. Ob eine genauere Modellierung nötig ist, liegt im Ermessen des Programmierers.

**Simulation eines MO-Ableiters**

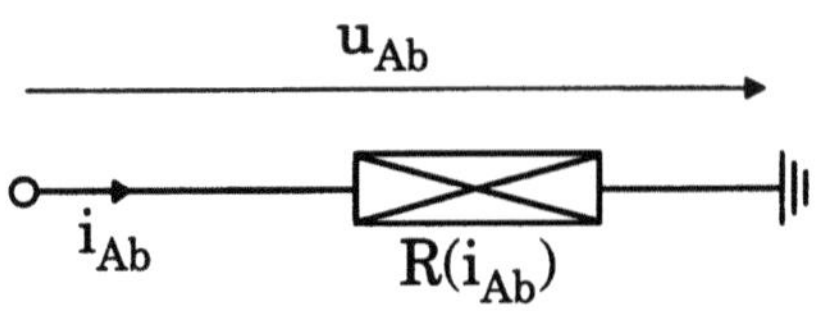


**Abbildung 10.13.** Simulationsmodell eines MO-Ableiters

Um das elektrische Verhalten eines MO-Ableiters zu beschreiben, ist es ausreichend, die Kennlinie des Varistormaterials ZnO in ein Simulationsprogramm zu integrieren.

### 10.3.3 Simulation elektromagnetischer Ausgleichsvorgänge in einer exemplarischen Konfiguration

Nachdem im vorangegangenen Abschnitt der Überspannungsableiter beschrieben und modelliert wurden, ist die Modellierung aller Betriebsmittel aus Abbildung (10.8) bekannt. Wie in vorigen Kapiteln erläutert, müssen bei transienten Vorgängen in der Modellbildung von Generator und Transformator neben den induktiven Komponenten auch die Kapazitäten berücksichtigt werden. Soll die Untersuchung einen größeren Frequenzbereich abdecken,

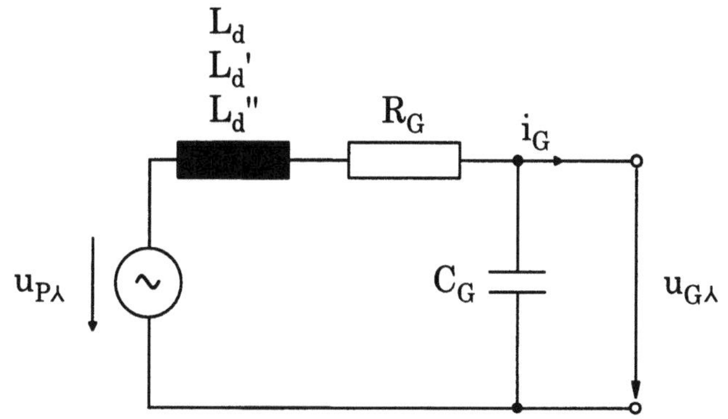


**Abbildung 10.14.** Ersatzschaltbild einer Generatorphase

muß darüber hinaus die Frequenzabhängigkeit des ohmschen Widerstands berücksichtigt werden. Dies ist beispielsweise durch Fosterkreise zu realisieren /ELEK/.

Abbildung 10.14 und Abbildung 10.15 zeigen das Ersatzschaltbild je einer Phase von Generator und Transformator. Vor allem beim Transformator ist es sehr wichtig, die Übertragungskapazität $C_{12}$ zu berücksichtigen. Überspannungen mit kurzen Anstiegszeiten (z.B. Blitzstoß) werden über $C_{12}$ auf die Unterspannungsseite übertragen, ungeachtet des Übersetzungsverhältnisses. Besonders drastisch wirkt sich dieser Sachverhalt bei Maschinentransformatoren aus, wenn hohe Störspannungen aus dem Übertragungsnetz (z.B. 400 kV) auf die Generatorklemmen (z.B. 36 kV) übertragen werden. Deshalb werden die Generatorklemmen häufig durch zusätzliche Überspannungsableiter geschützt.

Auch an den Generatorklemmen ist die Kapazität jeder Phase zu berücksichtigen. Das Ersatzschaltbild in Abbildung 10.14 ist gültig für subtransiente, transiente und stationäre Vorgänge mit den entsprechenden Quellenspannungen, siehe Kapitel 10.1. Tritt ein Kurzschluß auf, ist kurz vor der Abschaltung durch einen Leistungsschalter die eingezeichnete Kapazität überbrückt. Sie wird erst im Moment der Öffnung der Schalterkontakte wirksam und ist in der Modellierung zu berücksichtigen.

Wie in Kapitel 6 schon beschrieben wurde, ist es nötig, lange Leitungen bei transienten Vorgängen mittels des Wanderwellenersatzschaltbildes zu beschreiben. Folglich werden das Energiekabel und die Freileitung mit ihrem Wellenwiderstand parametriert.

Als Überspannungsableiter werden in diesem Beispiel für beide Ableiter Ventilableiter angenommen. Deren Modellierung erfolgt wie in Kapitel 10.3.2. Außerdem ist die Leiter-Erd-Kapazität des Kabelendverschlusses an der Übergabestation vom Kabel zur Freileitung zu berücksichtigen.

Das transiente Verhalten der Hauptschaltleitung ist schließlich durch deren Wellenwiderstand charakterisiert.

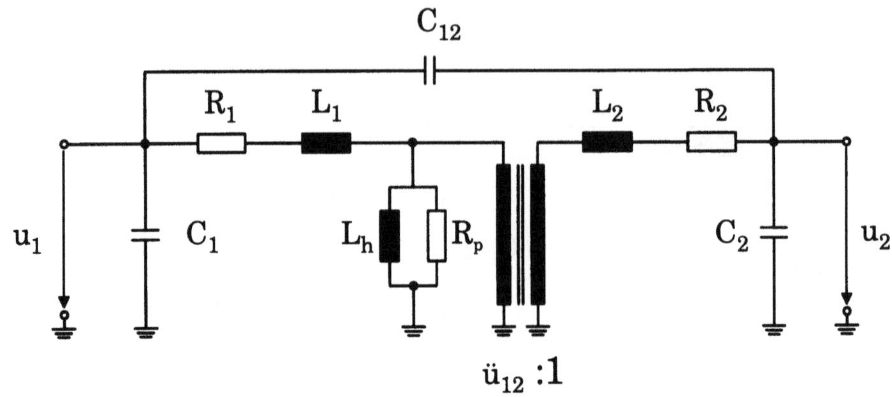


**Abbildung 10.15.** Ersatzschaltbild einer Transformatorphase

### Abschalten eines Kurzschlusses hinter LS2

Abbildung 10.16 beschreibt folgendes Szenario: Ein Kurzschluß an der Sammelschiene in der Hauptschaltleitung soll abgeschaltet werden. Sowohl der Generatorschalter (LS1) als auch der Sammelschienenschalter (LS2) detektieren einen Kurzschluß und initiieren das Öffnen der Schalter. Dabei sei der Schalterverzug des Generatorschalters um 30 ms größer als der des Sammelschienenschalters.

In Abbildung (10.17) ist das Simulationsergebnis der Leiter-Erde-Spannung einer Phase der Transformatoroberspannung aufgetragen.

Nach dem Öffnen von LS2 tritt am Transformator eine transiente wiederkehrende Spannung auf, die annähernd 500 kV beträgt. In der 220 kV-Ebene stellt eine Stoßspannung von 500 kV im Regelfall keine Gefährdung für das Betriebsmittel dar.

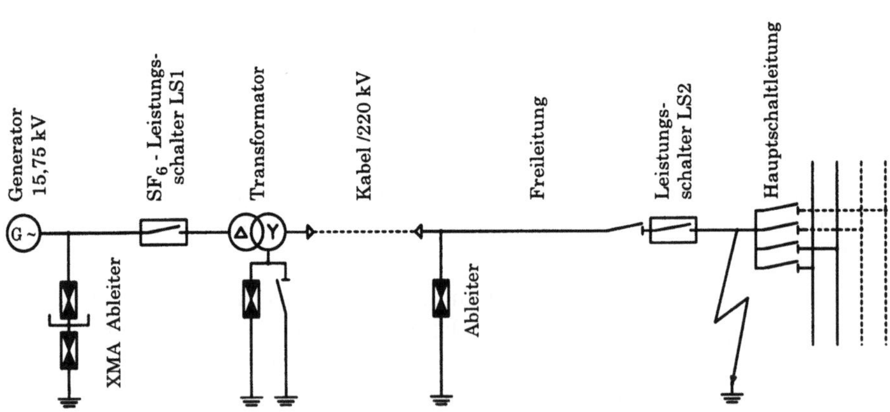


**Abbildung 10.16.** Beispiel des Elektroenergiesystems mit Kurzschluß hinter LS2

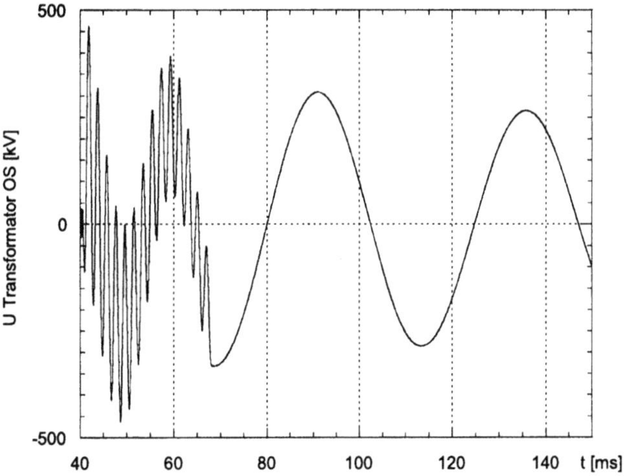


**Abbildung 10.17.** Leiter-Erde-Spannung einer Phase auf der Transformatoroberspannungsseite

Diese Anordnung legt jedoch andere Besonderheiten an den Tag. Der Generatorschalter wird 30 ms, nachdem der Sammelschienenschalter LS2 geöffnet hat, ausgelöst. Damit werden Transformator, Energiekabel und Freileitung unter Spannung freigeschaltet. Die geladenen Kapazitäten formen zusammen mit der Hauptinduktivität des Transformators einen Schwingkreis, der aufgrund der hohen Induktivität eine kleine Eigenfrequenz (22 Hz) hat. Im Gegensatz zur hochfrequenten Ausgleichsschwingung, die sehr schnell abklingt, hat die hier gezeigte niederfrequente Entladung der Leitungskapazität eine große Zeitkonstante. In dieser Simulationsrechnung ist dieser Sachverhalt durch Berücksichtigung der Frequenzabhängigkeit des ohmschen Widerstands von Generator und Transformator ermöglicht worden.

**Blitzschlag in einen Mast mit rückwärtigem Spannungsüberschlag**
Im folgendem Beispiel wird das Verhalten des Elektroenergiesystems aus Abbildung 10.8 bei Blitzschlag untersucht. Die Untersuchung beschränkt sich hierbei auf den Fall, daß der Blitz in Mast 3 im Bereich der Freileitung einschlägt, worauf es am Isolator zu einem rückwärtigem Spannungsüberschlag kommt, siehe Kapitel 10.3.1.

Die Tatsache, daß der Blitz in den Mast einer Freileitung einschlägt, die eine große räumliche Ausdehnung hat, erfordert aufgrund der komplexen elektromagnetischen Ausgleichsvorgänge eine detaillierte Modellierung der Freileitung. Abbildung 10.18 beschreibt das Modell einer Phase der Freileitung. Der Abbildung ist zu entnehmen, daß neben der Freileitung, die durch Wellenwiderstand $Z_W$, Wanderwellengeschwindigkeit $v$, Länge $l$ und Widerstandsbelag $R'$ beschrieben wird, auch das Erdseil mit den gleichen Parametern berücksichtigt werden muß. Zusätzlich müssen die Mastwiderstände der Masten, die sich in der Nähe des Einschlagortes befinden, in die Simulation einfließen. Der Isolator am betroffenen Mast schließlich läßt sich durch eine Funkenstrecke nachbilden, deren Zündspannung mit der Überschlagsspannung des Isolators gleichzusetzen ist.

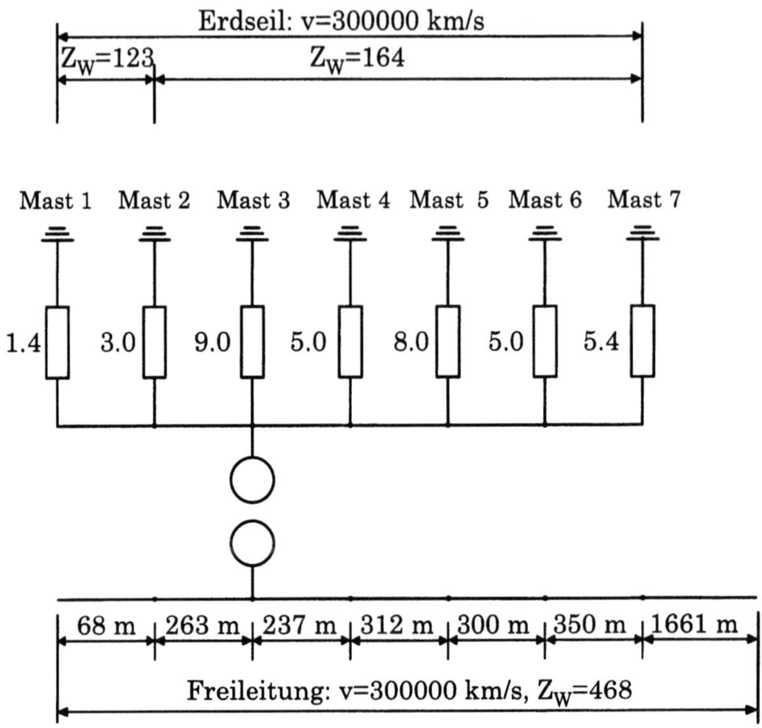


**Abbildung 10.18.** Wanderwellenersatzschaltbild der Freileitung unter Berücksichtigung des Erdseils und der Mastwiderstände

Der Blitzstrom, der in der Simulation durch eine rampenförmige Stromquelle nachgebildet worden ist, wird in Mast 3 eingeprägt. Sobald der Isolator überschlägt, wird auf der betroffenen Phase eine Spannungswelle ausgelöst, die sich in Richtung Übergabestation und in Richtung Hauptschaltleitung ausbreitet. Abbildung 10.19 zeigt den Spannungsverlauf eines negativen Blitzstoßes an der Übergabestation, am Transformator und in der Mitte des Kabels, das Transformator und Übergabestation verbindet. Der Zeitpunkt des Einschlags wurde auf den positiven Scheitelwert der Oberspannung gelegt. Die Simulation ist mit EMTP durchgeführt worden. EMTP unterstützt die Berechnung langer Leitungen unter Zuhilfenahme des Bergeron-Verfahrens (Kapitel 8.4). Damit ist es möglich, Laufzeiteffekte wie in Abbildung 10.19 rechnerisch zu berücksichtigen.

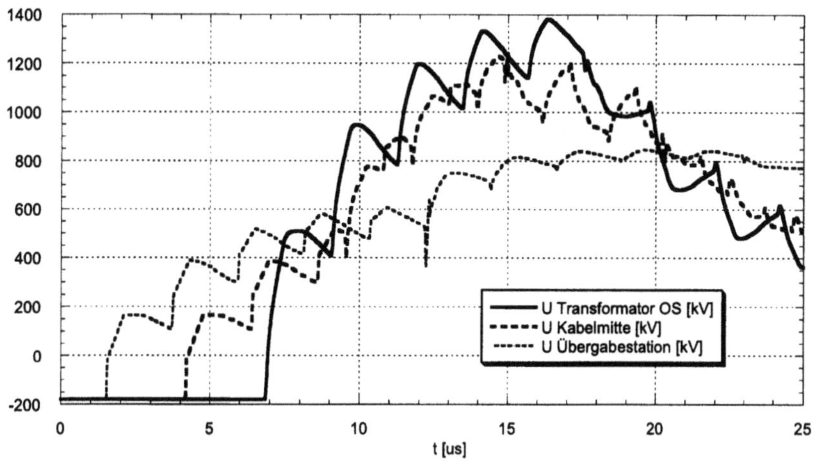


**Abbildung 10.19.** Spannung an der Übergabestation, Kabelmitte und Transformator bei rückwärtigem Blitzschlag in Mast 3

Erreicht die Spannungswelle die Übergabestation, so reicht die Spannung noch nicht zur Auslösung des Überspannungsableiters aus. Die Spannungswelle wird ungehindert an das Kabel übertragen. Man spricht von *Unterlaufen des Überspannungsableiters.* Eine Kabellaufzeit $\tau_K$ später hat die Spannungswelle den Transformator erreicht. Der Transformator hat, gemessen am Kabel, einen sehr großen Wellenwiderstand. Die Spannungswelle wird deshalb reflektiert, was zu einer Verdopplung der Spannung führt. Die reflektierte Welle gelangt nun über das Kabel zurück zur Übergabestation. Dort angekommen löst sie ein Ansprechen des Überspannungsableiters aus. Die Spannung an der Übergabestation steigt damit nur noch leicht auf die Restspannung des Ventilableiters an. Isolationspegel werden nicht überschritten.

Das Ansprechen des Ableiters löst eine Spannungswelle entgegengesetzter Amplitude aus, die nach $\tau_K$ den Transformator erreicht und zu einer Verringerung der Transformatorspannung führt. Die Oberspannungsseite des Transformators bleibt demnach für $2\tau_K$ ungeschützt. In dieser Zeit werden Stoßspannungen bis zu $1,4$ MV erreicht, was eine Überschreitung der Isolationspegels bedeutet und die Zerstörung des Betriebsmittels zur Folge haben kann.

### 10.3.4 Zusammenfassung

In diesem Beispiel wurde demonstriert, wie in einem ausgedehntem Elektroenergiesystems mittels Simulationsprogrammen definierte transiente Vorgänge berechnet werden können.

Wenn Modellparameter der betroffenen Betriebsmittel bekannt sind, erfolgt die Untersuchung der Elektroenergiesysteme durch eine Verbindung der Knoten der Betriebsmittelmodelle und der Einprägung der Störung. Eine analytische Berechnung ist dabei nur in Sonderfällen möglich. Im Regelfall wird auf Simulationsprogramme zurückgegriffen, die die Anfangswertprobleme numerisch lösen. In diesem Beispiel wurde weiterhin demonstriert, wie wichtig die Berücksichtigung aller Kapazitäten ist. Kapazitäten bilden in Verbindung mit Induktivitäten Schwingkreise, die unter Umständen kritische Ausgleichsschwingungen hervorrufen. Nichtberücksichtigung kapazitiver Kopplung führt zu fehlerhaften Ergebnissen.

Außerdem ist am Beispiel des rückwärtigen Überschlags als Folge eines Blitzschlages in einen Mast die Bedeutung von Laufzeiteffekten bei sehr schnellen Ausgleichsvorgängen erläutert worden. Obwohl die Oberspannungsseite des Elektroenergiesystems durch einen Überspannungsableiter geschützt ist, kommt es infolge von Laufzeiteffekten zu gefährlichen Überspannungen. Es ist daher ratsam, den Überspannungsableiter möglichst nahe am zu schützenden Betriebsmittel zu positionieren.

# Teil III

# Elektromechanische Ausgleichsvorgänge

Im dritten Teil dieses Buchs werden elektromechanische Ausgleichsvorgänge untersucht. Im Luftspalt elektrischer Maschinen findet die Umwandlung mechanischer Energie in elektrische Energie und umgekehrt statt. Durch diese Kopplung im Luftspalt können durch eine Änderung in der Leistungsbilanz dynamische Vorgänge auf der mechanischen Seite der Maschine entstehen, die als elektromechanische Ausgleichsvorgänge bezeichnet werden. Am Beispiel zweier Schwungradgeneratoren wird dieses Phänomen verdeutlicht.

Die Synchronmaschine spielt bei der Erzeugung elektrischer Energie in Elektroenergiesystemen die wichtigste Rolle. Ihre Modellbildung wird daher in Kapitel 11 ausführlich erläutert. Dabei sind sowohl elektromagnetische als auch elektromechanische Eigenschaften berücksichtigt.

Elektromechanische Ausgleichsvorgänge können bei der Einspeisung elektrischer Energie in ein elektrisches Netz durch mehrere Synchronmaschinen auftreten. Dabei können Laständerungen im Netz die gleichförmige Rotation der Läufer aller Synchronmaschinen stören und zu mechanischen Pendelungen der Läufer führen (transiente Stabilität). Kapitel 12 befaßt sich unter anderem mit dieser Problematik. Darüber hinaus wird eine Klassifizierung der verschiedenen Stabilitätsformen vorgenommen und die Modellbildung vollständiger Elektroenergiesysteme zur statischen und transienten Stabilitätsuntersuchung ausführlich behandelt.

# 11. Die Drehstromsynchronmaschine

In diesem Kapitel wird ein mathematisches Modell für die Synchronmaschine entwickelt, wie es in der Stabilitätsrechnung verwendet wird. Es wird ein Differentialgleichungssystem abgeleitet, das die mathematische Beschreibung der Synchronmaschine ermöglicht. Darüber hinaus wird ein elektrisches Ersatzschaltbild für die Wicklungsachsen abgeleitet, das zur Berücksichtigung von Sättigungserscheinungen erweitert wird, und es wird auf die Ableitung der Simulationsparameter aus den Maschinendaten eingegangen.

Im Rahmen dieses Kapitels soll hingegen nicht auf die Theorie der Synchronmaschine eingegangen werden. Es sind bereits zahlreiche Bücher erschienen, die einen detaillierten Einblick in die Theorie der Synchronmaschine ermöglichen; der interessierte Leser sei auf /ANFO/, /KUN/, /MUET/, /MUEG/ und /BOED/ verwiesen.

## 11.1 Prinzipieller Aufbau einer Synchronmaschine

Ausgangspunkt der Betrachtung ist eine Synchronmaschine gemäß Abbildung 11.1. Es handelt sich hierbei um eine zweipolige Schenkelpolmaschine mit einer Erreger- und einer Ankerwicklung. Die Erregerwicklung führt einen Gleichstrom und rotiert im Normalbetrieb mit konstanter Drehzahl. Damit erzeugt sie ein magnetisches Drehfeld, das **Erregerfeld**, welches in der Ankerwicklung eine Spannung induziert.

### 11.1.1 Ausführung von Anker und Läufer

Die Ankerwicklung ist eine Drehstromwicklung, deren Stränge im Winkel von 120° *räumlich* gegeneinander versetzt sind. Ein magnetisches Gleichfeld, das mit einer konstanten Winkelgeschwindigkeit rotiert, induziert somit in jedem Ankerstrang eine Spannung. Diese Strangspannungen sind um 120° *zeitlich* zueinander phasenverschoben; man spricht von Drehspannung. Zur Reduktion von Wirbelstromverlusten, die bei zeitlich veränderlichen magnetischen Flüssen auftreten, wird der Ständer geblecht ausgeführt.

Wenn die Ankerwicklung einen stationären Drehstrom führt, das heißt, die Strangströme sind sinusförmig und um 120° phasenverschoben, wird im Luftspalt ein magnetisches Drehfeld erzeugt, das mit der Netzfrequenz umläuft. Das Ständerdrehfeld und das elektrische Drehstromnetz verhalten sich somit **synchron**. Damit die Synchronmaschine ein konstantes Drehmoment erzeugt, müssen das Ständerdrehfeld, erzeugt vom Ankerstrom, und das Läuferdrehfeld, das durch die umlaufende Erregerwicklung verursacht wird, dieselbe Winkelgeschwindigkeit besitzen. Folglich muß auch der Läufer mit synchroner Winkelgeschwindigkeit umlaufen.

Die Anzahl der Pole wird von der mechanischen Geschwindigkeit des Läufers und der elektrischen Frequenz des Ankerstroms bestimmt. Die synchrone Läuferdrehzahl berechnet sich aus der Formel

$$n = \frac{120 \cdot f}{p_f} \tag{11.1}$$

Die Drehzahl $n$ wird in $[min^{-1}]$ angegeben und die Frequenz $f$ in $[Hz]$. $p_f$ steht für die **Anzahl der Pole**. Der Begriff der Polpaarzahl ist ebenfalls weit verbreitet. Eine achtpolige Maschine hat z.B. die Polpaarzahl vier.

Abhängig von der Drehzahl werden zwei Bauformen für den Läufer bevorzugt. Wasserturbinen arbeiten bei sehr niedrigen Drehzahlen. Folglich ist eine hohe Polpaarzahl zur Erzeugung der Nennfrequenz nötig. Wenn viele Pole auf dem Umfang des Läufers untergebracht werden müssen, ist eine Ausführung als Schenkelpolläufer günstig. Ein **Schenkelpolläufer**, wie in Abbildung 11.1 gezeigt, hat ausgeprägte Pole und konzentrierte Windungen. Häufig verfügt er

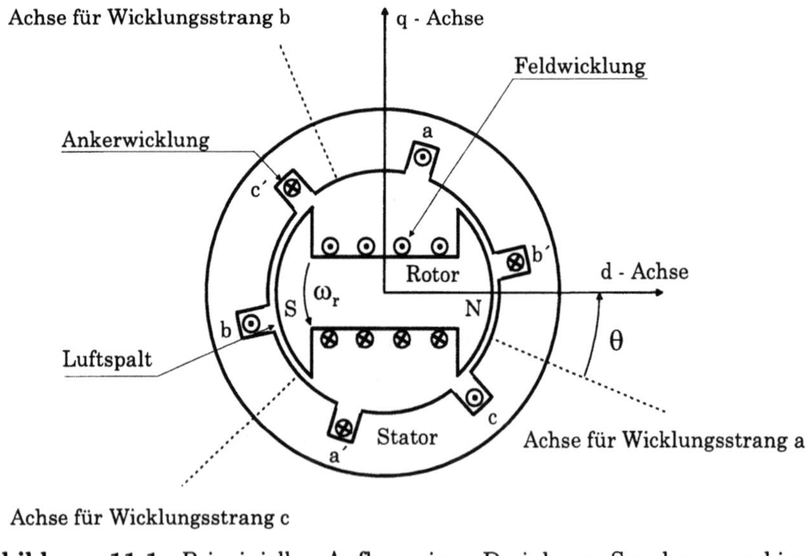


**Abbildung 11.1.** Prinzipieller Aufbau einer Dreiphasen-Synchronmaschine als Schenkelpolmaschine in Innenpolausführung

über eine Dämpferwicklung in Form von Kupfer- oder Messingstäben, die in die Polschuhe eingelassen sind und deren Stirnseiten über einen Ring kurzgeschlossen sind. Diese Bauform wird als **Dämpferkäfig** bezeichnet und dient im Betrieb zur Dämpfung von Drehzahlpendelungen und zur Vermeidung elektrischer Oberschwingungen. Zur Reduktion von Wirbelstromverlusten an der Oberfläche werden die Polschuhe im allgemeinen geblecht.

Dampf- und Gasturbinen erreichen im Gegensatz zur Wasserturbine ihren maximalen Wirkungsgrad bei sehr hohen Drehzahlen. Hohen Drehzahlen werden aber nur Generatoren mit einem **Turboläufer**, auch Vollpolläufer genannt, gerecht (Abbildung 11.2). Turbogeneratoren besitzen in der Regel ein Polpaar, selten zwei. Somit sind im 50-Hz-Netz Drehzahlen bis zu $3000 min^{-1}$ möglich.

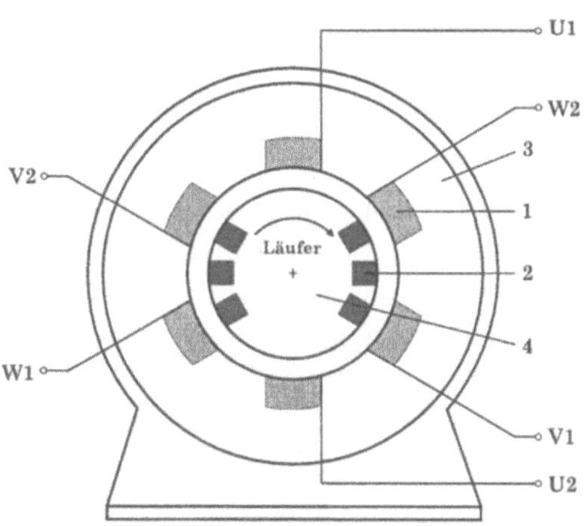


**Abbildung 11.2.** Prinzipieller Aufbau eines Dreiphasen-Turbogenerators

Ein Turboläufer besteht aus einer massiven Walze mit Nuten, Leiterstäben und Nutverschlußkeilen für die Erregerwicklung, um die Wicklung bei den hohen Umfangsgeschwindigkeiten gegen die Fliehkräfte halten zu können. In den meisten Fällen verfügt der Turboläufer über keine Dämpferwicklung, die massive Stahlwalze bietet jedoch Strompfade für Wirbelströme, die den gleichen Effekt wie eine Dämpferwicklung haben.

Im stationären Betrieb fließt im Läufer nur ein Gleichstrom in der Erregerwicklung. Unter dynamischen Bedingungen müssen darüber hinaus die Dämpferströme und die Wirbelströme im Läufer berücksichtigt werden.

### 11.1.2 Mehrpolige Maschinen

Maschinen mit mehr als einem Polpaar haben eine Ankerwicklung mit mehreren äquivalenten Polpaaren. Zum Zwecke der mathematischen Beschreibung ist es sinnvoll, nur ein Polpaar zu betrachten. Die anderen, nicht berücksichtigten Polpaare verhalten sich in der gleichen Weise. Deshalb werden Winkel im allgemeinen in elektrischen Winkeln angegeben. Der Winkel, der von einem Polpaar überstrichen wird, beträgt $2\pi$ bzw. 360° (elektrisch). Die Beziehung zwischen elektrischem Winkel $\theta$ und mechanischem Winkel $\theta_m$ lautet:

$$\theta = \frac{p_f}{2} \cdot \theta_m \tag{11.2}$$

Daraus folgt der Zusammenhang zwischen der elektrischen Winkelgeschwindigkeit $\omega_r$ und der mechanischen Winkelgeschwindigkeit des Rotors $\omega_m$.

$$\omega_r = \frac{p_f}{2} \cdot \omega_m \tag{11.3}$$

## 11.2 Mathematische Beschreibung

Die Herleitung des mathematischen Modells erfolgt unter den folgenden Annahmen:

1. Es wird nur die Grundwellenverkettung berücksichtigt. Weil es technisch nicht möglich ist, im Luftspalt eine rein sinusförmige Durchflutungswelle zu erzeugen, entstehen neben der Durchflutungsgrundwelle auch Durchflutungsoberwellen, die zur exakten Berechnung der Maschine auch berücksichtigt werden müßten, was aber zu einem nicht vertretbaren Rechenaufwand führt. Erfahrungsgemäß läßt sich das Verhalten der Maschine hinreichend genau beschreiben, wenn die Oberwellenverkettung vernachlässigt wird.
2. Die magnetische Hysterese des Eisens wird vernachlässigt.
3. Die magnetische Sättigung des Eisens wird vernachlässigt.

Die Vereinbarungen in Punkt 1 und 2 sind zulässig, ohne daß größere Fehler in Kauf genommen werden müssen. Punkt 3 dagegen ist nur in Sonderfällen erfüllt. Mit Berücksichtigung der Eisensättigung ist die Linearität des Systems nicht mehr gegeben, und der Überlagerungssatz kann folglich nicht angewendet werden. Deshalb werden im folgenden zuerst die Gleichungen für die lineare Synchronmaschine abgeleitet. In Abschnitt 11.2.4 wird dann das lineare Modell in der Art modifiziert, um auch die Berücksichtigung der Eisensättigung zu ermöglichen.

In Abbildung 11.3 ist die Wicklungsanordnung einer Synchronmaschine schematisch wiedergegeben. In dieser Darstellungsweise wird der Rotor als Bezugssystem festgehalten, die Ankerwicklung verändert folglich bezüglich der feststehenden Rotorwicklung ihre Position. Als Maß für die Rotation wird der Winkel $\theta$ eingeführt. Er beschreibt den Winkel zwischen der $d-$Achse des Läufers und der $a-$Achse des Ankers. Die Winkelgeschwindigkeit des Läufers berechnet sich aus Gleichung (11.4).

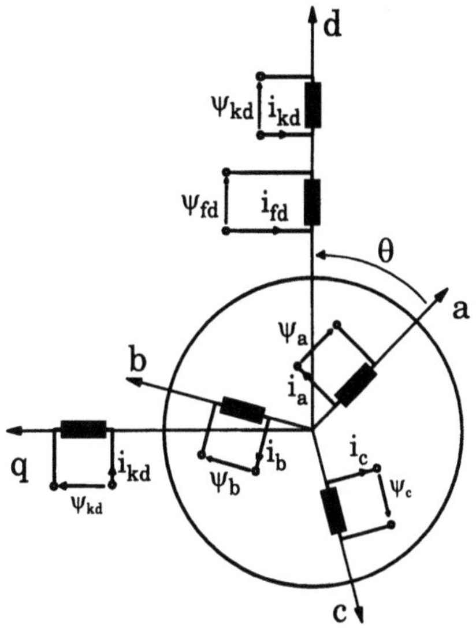


**Abbildung 11.3.** Schematischer Wicklungsaufbau der Synchronmaschine

$$\omega_r = \frac{d\theta}{dt} \tag{11.4}$$

Die Ankerwicklung ist eine Drehstromwicklung mit den Strängen $a, b$ und $c$, die von einem zeitlich veränderlichen Strom $(i_a, i_b, i_c)$ durchflossen wird. Auf dem Läufer befinden sich die Erreger- und die Dämpferwicklung. Der Erregerkreis $(fd)$ ist an eine Gleichspannungsquelle angeschlossen. Die Dämpferwicklung ist eine Kurzschlußwicklung und wird zum Zwecke der analytischen Betrachtung in eine $d$–Komponente $(kd)$ und eine $q$–Komponente $(kq)$ aufgeteilt. Der magnetische Fluß der $d$–Komponente zeigt in Richtung des Erregerflusses. Die Wicklungsachse der $q$–Komponente ist dagegen orthogonal zur Wicklungsachse der Erregerwicklung. Zur genauen Beschreibung des elektrischen Verhaltens von Dämpferwicklungen ist eine große Zahl von Ersatzdämpferkreisen notwendig, um den Eigenschaften der verschiedenen Dämpferbauformen gerecht zu werden (z.B. Dämpferkäfig, Turbogenerator). In der Netzwerkanalyse ist in der Regel nur das Klemmenverhalten des Ankers und des Erregers von Interesse. Zur Beschreibung desselben genügen meist zwei bis drei Ersatzdämpferkreise pro Achse. Oft werden noch weniger Ersatzdämpferkreise nachgebildet, weil es sehr aufwendig ist, die Induktivität und den ohmschen Widerstand für jeden Ersatzdämpferkreis zu bestimmen. Typisch ist:

**Schenkelpolmaschine:** eine $d$–Komponente und eine $q$–Komponente
**Vollpolmaschine:** eine $d$-Komponente und zwei $q$–Komponenten

In Abbildung 11.3 wird zur Vereinfachung nur ein Ersatzdämpferkreis pro Achse betrachtet. Es ist ein leichtes, die folgenden Berechnungen auf beliebig viele Ersatzdämpferkreise zu erweitern. Mit dem Index $k$ werden die Dämpferkreise entsprechend durchnumeriert.

### 11.2.1 Park-Transformation ($dq0$–Transformation)

Die Modellierung rotierender Drehstrommaschinen wird dadurch erschwert, daß Anker und Läufer ständig ihre Position relativ zueinander verändern; Abbildung 11.3 verdeutlicht dies. Damit sind auch die magnetischen Flußverkettungen und die induzierten Spannungen winkelabhängig, und die Berechnung der zeitabhängigen Parameter der Synchronmaschine (z.B. Gegeninduktivitäten) wird sehr aufwendig. Sie vereinfacht sich stark, wenn sich alle Wicklungen auf dasselbe Koordinatensystem beziehen. Deshalb ist man bestrebt, die Ankergrößen in das Läuferbezugssystem zu transformieren. Das Läuferkoordinatensystem besitzt als Basis die $d$–Achse, auch Längsachse genannt, und die ihr orthogonale $q$–Achse, die auch oft unter dem Begriff Querachse zu finden ist. Die Transformation wird mit dem Ziel durchgeführt, die magnetisierende Wirkung der Ankerströme $i_a, i_b$ und $i_c$ durch die Ströme $i_d$ und $i_q$, die auf der Längs- und der Querachse des Läufers liegen, zu ersetzen. Somit ändert sich am Luftspaltfeld nichts, da die magnetischen Felder aufgrund der Linearität überlagert werden können und der Ursprung des Feldes nur von zweitrangiger Bedeutung ist. Die Ströme $i_d$ und $i_q$ erzeugen demnach ein äquivalentes Luftspaltfeld.

Die mathematische Vorschrift zur Berechnung dieser Ströme lautet wie folgt:

$$\begin{pmatrix} i_d \\ i_q \\ i_0 \end{pmatrix} = \underbrace{\frac{2}{3} \cdot \begin{pmatrix} \cos\theta & \cos\left(\theta - \frac{2\pi}{3}\right) & \cos\left(\theta + \frac{2\pi}{3}\right) \\ -\sin\theta & -\sin\left(\theta - \frac{2\pi}{3}\right) & -\sin\left(\theta + \frac{2\pi}{3}\right) \\ \frac{1}{2} & \frac{1}{2} & \frac{1}{2} \end{pmatrix}}_{\mathbf{C}} \begin{pmatrix} i_a \\ i_b \\ i_c \end{pmatrix} \tag{11.5}$$

Damit auch unsymmetrische Ströme berücksichtigt werden können, wird ein Nullstrom $i_0$ eingeführt. Im Gegensatz zu den Strömen $i_d$ und $i_q$ trägt die Nullkomponente des Stroms nicht zum Luftspaltfeld bei. Bei symmetrischer Belastung oder freiem Sternpunkt gilt: $i_0 = 0$.

Der Stromvektor $(i_a, i_b, i_c)^T$ läßt sich aus dem Vektor $(i_d, i_q, i_0)^T$ über die invertierte Transformationsmatrix $\mathbf{C}^{-1}$ berechnen.

$$\begin{pmatrix} i_a \\ i_b \\ i_c \end{pmatrix} = \underbrace{\begin{pmatrix} \cos\theta & -\sin\theta & 1 \\ \cos\left(\theta - \frac{2\pi}{3}\right) & -\sin\left(\theta - \frac{2\pi}{3}\right) & 1 \\ \cos\left(\theta + \frac{3\pi}{2}\right) & -\sin\left(\theta + \frac{2\pi}{3}\right) & 1 \end{pmatrix}}_{\mathbf{C}^{-1}} \begin{pmatrix} i_d \\ i_q \\ i_0 \end{pmatrix} \tag{11.6}$$

Im Läuferbezugssystem läßt sich eine Synchronmaschine mit je einem Ersatzdämpferkreis auf der Längs- und auf der Querachse, wie in Abbildung 11.4 gezeigt, darstellen. Die Ankerinduktivitäten der Stränge $a, b$ und $c$ werden durch die transformierten Induktivitäten der Achsen $d$ und $q$, die

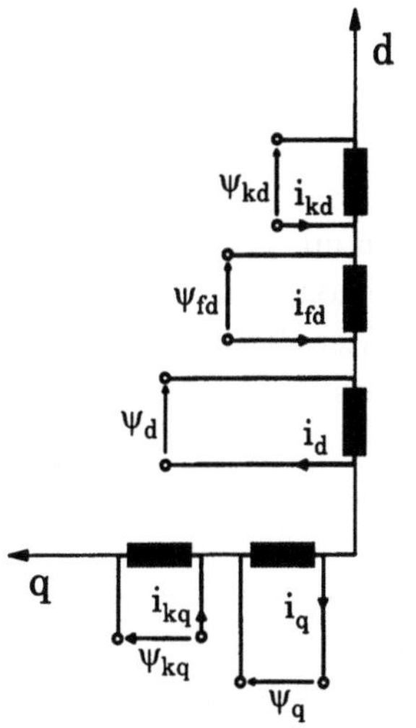


**Abbildung 11.4.** Schematischer Wicklungsaufbau der Synchronmaschine im Läuferbezugssystem

mit der Läuferkreisfrequenz rotieren, ersetzt. Die Ankerströme werden laut Vorschrift (11.5) in das Läuferbezugssystem transformiert. Damit befinden sich auf der Längsachse drei magnetisch gekoppelte Induktivitäten, Anker-, Erreger- und Dämpferlängsinduktivität. Auf der Querachse sind dagegen nur zwei Induktivitäten magnetisch gekoppelt, Anker und Dämpferquerinduktivität. Man bezeichnet diese Transformation als Park-Transformation oder auch als $dq0-$Transformation.

**Ankerflußverkettungen in $dq0-$Komponenten**

Die Ankerflußverkettungsgleichungen lassen sich direkt aus Abbildung 11.4 ableiten. Nach Einführung der Ankereigeninduktivitäten $L_d, L_q$ und $L_0$ und der Koppelinduktivitäten $L_{afd}, L_{akd}$ und $L_{akq}$ ergibt sich für die Ankerflußverkettung unter Berücksichtigung der Definition der Ströme:

$$\psi_d = L_{afd} i_{fd} + L_{akd} i_{kd} - L_d i_d \tag{11.7}$$

$$\psi_q = L_{akq} i_{kq} - L_q i_q \tag{11.8}$$

$$\psi_0 = -L_0 i_0 \tag{11.9}$$

Dabei werden mit dem Index $k$ die Dämpferkreise entsprechend durchnumeriert. In den Gleichungen (11.7) bis (11.9) zeigt sich der große Vorteil der Park-Tranformation: die $dq0-$Komponenten der Ankerflüsse sind mit den Anker- und Läuferströmen über konstante, d.h. nicht mehr von der relativen Lage zu Anker und Läufer abhängige Induktivitäten verkettet.

**Läuferflußverkettungen in $dq0-$Komponenten**

Die Flußverkettungen der Läuferstränge berechnen sich wie folgt:

$$\psi_{fd} = L_{ffd} i_{fd} + L_{fkd} i_{kd} - \frac{3}{2} \cdot L_{afd} i_d \tag{11.10}$$

$$\psi_{kd} = L_{fkd} i_{fd} + L_{kkd} i_{kd} - \frac{3}{2} \cdot L_{akd} i_d \tag{11.11}$$

$$\psi_{kq} = L_{fkq} i_{kq} - \frac{3}{2} \cdot L_{akq} i_q \tag{11.12}$$

Auch die Läuferflüsse sind über konstante Induktivitäten mit den Anker- und Läuferströmen verkettet, wenn lineare Bauelemente angenommen werden, die Sättigung also vernachlässigt wird. Wie die Kopplung unter Berücksichtigung der Eisensättigung mathematisch erfaßt werden kann, wird im Laufe dieses Kapitels gesondert betrachtet.

Man erkennt in den Gleichungen (11.10) bis (11.12), daß die Koppelinduktivitäten zwischen dem Anker und dem Läufer nicht symmetrisch sind. Dies läßt sich einfach am Beispiel der Kopplung Anker-Erreger erklären: Der Ankerfluß $\psi_d$ ist mit dem Erregerstrom $i_{fd}$ über $L_{afd}$ verkettet, während der Erregerfluß $\psi_{fd}$ mit dem Ständerstrom $i_d$ über $\frac{3}{2}L_{afd}$ verkettet ist. Der Faktor $\frac{3}{2}$ tritt dann auf, wenn eine dreisträngige Wicklung in eine äquivalente zweisträngige Wicklung umgewandelt wird, wie es bei der Park-Transformation geschieht. Durch die Einführung bezogener Größen, wie in Kapitel 11.2.2 erläutert, läßt sich die unsymmetrische Flußverkettungsmatrix beseitigen.

Man sieht auch, daß keine Nullkomponenten in den Läuferflußverkettungen erscheinen. Wie bereits in Kapitel 11.2.1 erwähnt, bestätigt sich dadurch die Aussage, daß die Nullkomponente keinen Beitrag zum Luftspaltfeld liefert.

**Ankerspannungsgleichungen in $dq0-$Komponenten**

Die Spannung über einem Wicklungsstrang besitzt einen ohmschen Anteil $u_R = R \cdot i$ und einen induktiven Anteil $u_i = \frac{d\psi}{dt}$. Bezeichnet man den Ankerwiderstand aller drei Stränge mit $R_a$, so lassen sich die Ankerspannungsgleichungen wie folgt formulieren:

$$u_a = \frac{d\psi_a}{dt} - R_a i_a \tag{11.13}$$

$$u_b = \frac{d\psi_b}{dt} - R_a i_b \tag{11.14}$$

$$u_c = \frac{d\psi_c}{dt} - R_a i_c \tag{11.15}$$

Zur besseren Übersicht wird ein Differentialoperator $p = \frac{d}{dt}$ eingeführt. Die Spannungsgleichungen vereinfachen sich damit zu:

$$u_a = p\psi_a - R_a i_a \tag{11.16}$$

$$u_b = p\psi_b - R_a i_b \tag{11.17}$$

$$u_c = p\psi_c - R_a i_c \tag{11.18}$$

Unter Anwendung der $dq0-$Transformation auf die Ständerspannungen (11.16), (11.17) und (11.18) erhält man folgendes Ergebnis:

$$\begin{pmatrix} u_d \\ u_q \\ u_0 \end{pmatrix} = \mathbf{C} \begin{pmatrix} u_a \\ u_b \\ u_c \end{pmatrix} = \mathbf{C} \cdot p \begin{pmatrix} \psi_a \\ \psi_b \\ \psi_c \end{pmatrix} - R_a \mathbf{C} \begin{pmatrix} i_a \\ i_b \\ i_c \end{pmatrix}$$

$$\begin{pmatrix} u_d \\ u_q \\ u_0 \end{pmatrix} = \mathbf{C} \cdot p \left[ \mathbf{C}^{-1} \begin{pmatrix} \psi_d \\ \psi_q \\ \psi_0 \end{pmatrix} \right] - R_a \begin{pmatrix} i_d \\ i_q \\ i_0 \end{pmatrix}$$

$$\begin{pmatrix} u_d \\ u_q \\ u_0 \end{pmatrix} = \underbrace{p \begin{pmatrix} \psi_d \\ \psi_q \\ \psi_0 \end{pmatrix}}_{u_{trans}} + \underbrace{\begin{pmatrix} -p\theta\psi_q \\ p\theta\psi_d \\ 0 \end{pmatrix}}_{u_{rot}} \underbrace{- R_a \begin{pmatrix} i_d \\ i_q \\ i_0 \end{pmatrix}}_{u_R} \tag{11.19}$$

Der Winkel $\theta$ ist, wie bereits in Abbildung 11.3 dargestellt, der Winkel zwischen der $a-$Achse des Ständers und der $d-$Achse des Läufers. Der Ausdruck $p\theta$ entspricht der Kreisfrequenz $\omega_r$ des Läufers. Im stationären Zustand gilt somit für ein 50-Hz-Netz $p\theta = \omega_r = 2 \cdot \pi \cdot 50[Hz] = 100\pi[Hz]$.

Die Spannungsgleichung (11.19) besitzt neben dem ohmschen Spannungsanteil $u_R$ und der transformatorischen Spannung $u_{trans}$ die sogenannte rotatorische Spannung $u_{rot}$, deren Berechnung in Längsrichtung mit $-p\theta\psi_q$ und auf der Querachse mit $p\theta\psi_d$ erfolgt. Die rotatorische Spannung tritt immer dann in Erscheinung, wenn ein Bezugssystemwechsel von einem statischen in ein rotierendes Bezugssystem durchgeführt wird, wie es bei der Park-Transformation der Fall ist. Sie erfaßt den Anteil der Spannung, den die rotierende Durchflutungswelle im Luftspalt in der feststehenden Ankerwicklung induziert.

Der Anteil der rotatorischen Spannung überwiegt in der Regel die beiden anderen Spannungsanteile, die transformatorische Spannung und den ohmschen Spannungsabfall. Im stationären Betrieb sind die transformatorischen Spannungen $p\psi_d$ und $p\psi_q$ identisch null. Weiterhin können in vielen transienten Untersuchungen die transformatorischen Spannungen zur Vereinfachung vernachlässigt werden, ohne relevante Fehler zur Folge zu haben. In einigen Fällen (zum Beispiel Stoßkurzschluß) ist diese Näherung jedoch nicht erlaubt.

### Läuferspannungsgleichungen in $dq0-$Komponenten

Auch die Läuferspannungen setzten sich aus einem induktiven Anteil und einem ohmschen Anteil zusammen. Sie lauten

$$u_{fd} = p\psi_{fd} + R_{fd}i_{fd} \tag{11.20}$$

$$u_{kd} = 0 = p\psi_{kd} + R_{kd}i_{kd} \tag{11.21}$$

$$u_{kq} = 0 = p\psi_{kq} + R_{kq}i_{kq} \tag{11.22}$$

Die Läuferspannungen besitzen im Gegensatz zu den Ankerspannungen keinen rotatorischen Anteil, da man sich hier schon im Läuferkoordinatensystem befindet, also keine Transformation mehr notwendig ist. Die Dämpferwicklung ist eine Kurzschlußwicklung, deshalb gilt: $u_{kd} = u_{kq} = 0$.

**Elektrische Leistung und Luftspaltmoment(inneres Moment)**
Eine Synchronmaschine mit der Klemmenspannung $(u_a, u_b, u_c)^T$ und dem Klemmenstrom $(i_a, i_b, i_c)^T$ gibt die elektrische Leistung

$$P_e = u_a i_a + u_b i_b + u_c i_c \tag{11.23}$$

an das Netz ab. Wenn die Größen durch ihre $dq0$–Komponenten gemäß Gleichung (11.6) ersetzt werden, ergibt sich für die elektrische Leistung der folgenden Ausdruck.

$$P_e = \frac{3}{2} \cdot \left(u_d i_d + u_q i_q + 2u_0 i_0\right) \tag{11.24}$$

Im symmetrischen Betrieb sind $u_0$ und $i_0$ gleich Null.

$$P_e = \frac{3}{2} \cdot \left(u_d i_d + u_q i_q\right) \tag{11.25}$$

Mit obiger Gleichung läßt sich auch die Leistung einer Maschine berechnen, deren Ankerwicklung einen freiem Sternpunkt besitzt, da dort ebenfalls $i_0 = 0$ gilt. In den meisten Fällen sind Generatoren mit einem freiem Sternpunkt ausgeführt, somit gilt Gleichung (11.25).

Zur Berechnung des Drehmoments gibt es verschiedene Verfahren. Zum Beispiel kann die Berechnung über die Kraft **F**, die auf einen Leiter mit dem Abstandsvektor **r** wirkt, erfolgen ($\mathbf{M} = \mathbf{r} \times \mathbf{F}$). Der hier gewählte Weg führt jedoch über die Leistung, die über den Luftspalt vom Läufer auf den Anker übertragen wird. Gleichung (11.19) in (11.24) eingesetzt ergibt:

$$\begin{aligned} P_e = \frac{3}{2} \cdot & \Big[ (i_d p\psi_d + i_q p\psi_q + 2i_0 p\psi_0) \\ + & \ (\psi_d i_q - \psi_q i_d)\omega_r \\ - & \ (i_d^2 + i_q^2 + 2i_0^2) R_a \Big] \end{aligned} \tag{11.26}$$

Die erste Zeile beschreibt die Änderung der in der Ankerwicklung gespeicherten magnetischen Energie, die zweite Zeile steht für die Leistung, die über das Luftspaltfeld übertragen wird. In der letzten Zeile wird die Verlustleistung des Ankers abgezogen.

Das innere Moment berechnet sich aus dem Quotienten der über den Luftspalt übertragenen Leistung und der mechanischen Winkelgeschwindigkeit des Läufers.

$$M_i = \frac{3}{2} \cdot \left(\psi_d i_q - \psi_q i_d\right) \cdot \frac{\omega_r}{\omega_m} \tag{11.27}$$

Gleichung (11.3) eingesetzt ergibt:

$$M_i = \frac{3}{2} \cdot \left(\psi_d i_q - \psi_q i_d\right) \cdot \frac{p_f}{2} \tag{11.28}$$

Mit den Flußverkettungsgleichungen (11.7) bis (11.12), den Spannungsgleichungen (11.19) bis (11.22) und der Drehmomentgleichung (11.28) ist folglich ein Gleichungssystem für die Drehstromsynchronmaschine in $dq0$–Komponenten gegeben, welches das Verhalten einer linearen Maschine sowohl auf elektrischer als auch auf mechanischer Seite beschreibt.

**Physikalische Deutung der $dq0$–Transformation**
Wie bereits am Anfang dieses Kapitels erwähnt, wird die magnetisierende Wirkung der Ströme $i_a, i_b$ und $i_c$ durch die der rotierenden Ströme $i_d$ und $i_q$ ersetzt. Die Ankerwicklung erzeugt, wenn sie mit einem Drehstrom gespeist wird, eine sinusförmige Durchflutungswelle im Luftspalt. Jede Sinusfunktion läßt sich aber durch die Addition zweier um 90° phasenverschobener Sinusfunktionen mit derselben Frequenz darstellen. Die Superposition zweier um 90° phasenverschobener Durchflutungsgrundwellen resultiert demzufolge in der Durchflutungswelle, die das Ständerdrehfeld beschreibt. Es kann also mit zwei rotierenden Spulen, die im 90°-Winkel angeordnet sind, ein magnetisches Feld im Luftspalt erzeugt werden, das dem Ständerdrehfeld, verursacht durch einen Drehstrom in einer Drehstromwicklung, identisch ist. Diesen Sachverhalt nutzt die $dq0$–Transformation aus, indem die $d$- und die $q$–Achse eingeführt werden, auf der sich die Windungen mit der Induktivität $L_d$ und $L_q$ befinden, in denen die Ströme $i_d$ und $i_q$ fließen.

In dem folgenden Beispiel soll die Wirkung der Park-Transformation auf ein symmetrisches Drehstromsystem erläutert werden. Der Drehstrom hat die Amplitude $\hat{I}$, die Kreisfrequenz $\omega_s$ und den Phasenwinkel $\varphi$. Das Drehstromsystem lautet wie folgt:

$$i_a = \hat{I} \sin\left(\omega_s t + \varphi\right) \tag{11.29}$$

$$i_b = \hat{I} \sin\left(\omega_s t + \varphi - \frac{2\pi}{3}\right) \tag{11.30}$$

$$i_c = \hat{I} \sin\left(\omega_s t + \varphi + \frac{2\pi}{3}\right) \tag{11.31}$$

Unter Anwendung der $dq0$–Transformation (11.5) berechnen sich nach mehreren Zwischenschritten die Ströme im Läuferbezugssystem zu:

$$i_d = \hat{I} \sin\left(\omega_s t + \varphi - \theta\right) \tag{11.32}$$

$$i_q = -\hat{I} \cos\left(\omega_s t + \varphi - \theta\right) \tag{11.33}$$

$$i_0 = 0 \tag{11.34}$$

Unter der Annahme, daß die Maschine synchron läuft, drehen sich Ankerdrehfeld und Läuferdrehfeld mit derselben Winkelgeschwindigkeit. Formal ausgedrückt heißt das:

$$\theta = \omega_s t$$

Damit berechnet man aus Gleichung (11.32) und (11.33) die Ströme $i_d$ und $i_q$:

$$i_d = \hat{I} \sin \varphi \tag{11.35}$$

$$i_q = -\hat{I} \cos \varphi \tag{11.36}$$

Im stationären Fall sind also die transformierten Ströme konstant, das Drehstromsystem $(i_a, i_b, i_c)^T$ erscheint im rotierenden Bezugssystem also als ein Gleichstromsystem $(i_d, i_q)^T$.

### 11.2.2 Einführung bezogener Größen

In der Energietechnik ist es allgemein üblich, die physikalischen Größen durch bezogene Größen zu ersetzen. Das hat den Vorteil, daß physikalische Dimensionen in der Rechnung nicht mehr berücksichtigt werden müssen. Eine geschickte Wahl des Bezugsystems ermöglicht es unter anderem, den Rechenaufwand zu verkleinern und das Gleichungssystem zu vereinfachen.

Zur Berechnung einer beliebigen bezogenen Größe $g^*$ wird die physikalische Größe $g$ durch die Bezugsgröße $g_0$ dividiert.

$$g^* = \frac{g}{g_0}$$

Obwohl die Bezugsgrößen im allgemeinen willkürlich gewählt werden können, ist es aber günstiger, wenn nur ein Teil der Bezugsgrößen frei gewählt wird und die anderen aus ihnen abgeleitet werden. Üblicherweise werden als Bezugsgrößen die Nenngrößen gewählt. Wenn ein Transformator zum Beispiel an Nennspannung liegt, ergibt sich seine bezogene Spannung zu eins. Die Auswertung der Rechenergebnisse und der Vergleich mit anderen Ergebnissen wird dadurch erheblich erleichtert.

Im Fall der Synchronmaschine läßt sich mit der Anwendung bezogenener Größen erreichen, daß die Flußverkettungsmatrix symmetriert wird und damit die Darstellung des elektrischen Verhaltens der Maschine in einem elektrischen Ersatzschaltbild möglich ist. Die Nenndaten der Synchronmaschine dienen als Bezugssystem. Eine Maschine mit der Bemessungsspannung $U_b$ (der Index $b$ bedeutet hier Bemessung und nicht bezogen) und dem Nennstrom $I_n$ besitzt folgende Basis:

$$U_{a0} = \sqrt{2} \cdot \frac{U_b}{\sqrt{3}} \quad \text{Scheitelwert der Leiter-Erde-Bemessungsspannung}$$

$$I_{a0} = \sqrt{2} \cdot I_n \quad \text{Scheitelwert des Nennstroms}$$

$$f_0 = f_n \quad \text{Nennfrequenz}$$

Daraus lassen sich weitere Bezugsgrößen ableiten.

| | |
|---|---|
| $\omega_0 = 2\pi f_0$ | elektrische Kreisfrequenz |
| $\omega_{m0} = \dfrac{2\omega_0}{p_f}$ | mechanische Kreisfrequenz |
| $Z_{a0} = \dfrac{U_{a0}}{I_{a0}}$ | Bezugsimpedanz |
| $L_{a0} = \dfrac{Z_{a0}}{\omega_0}$ | Bezugsinduktivität |
| $\Psi_{a0} = \dfrac{U_{a0}}{\omega_0}$ | Bezugsankerflußverkettung |
| $S_0 = \dfrac{3}{2} \cdot U_{a0} I_{a0}$ | Bezugsscheinleistung |
| $M_0 = \dfrac{S_0}{\omega_{m0}}$ | Bezugsmoment |

Oft wird auch für die Zeit eine Bezugsgröße eingeführt:

$$T_0 = \frac{1}{\omega_0}$$

Damit erhält man für die bezogene Zeit

$$t^* = \frac{t}{T_0} = \omega_0 t$$

und für den bezogenen Differentialoperator

$$p^* = \frac{d}{dt^*} = \frac{1}{\omega_0} \cdot p$$

Zur Formulierung der Flußverkettungs- und Spannungsgleichungen ist es sinnvoll, auch für den Läufer ein Bezugssystem zu definieren:

| | |
|---|---|
| $\Psi_{fd0}$ | Bezugserregerflußverkettung |
| $U_{fd0} = \omega_0 \Psi_{fd0}$ | Bezugserregerspannung |
| $I_{fd0}$ | Bezugserregerstrom |
| $\Psi_{kd0}$ | Bezugsdämpferflußverkettung, längs |
| $U_{kd0} = \omega_0 \Psi_{kd0}$ | Bezugsdämpferspannung, längs |
| $I_{kd0}$ | Bezugsdämpferstrom, längs |
| $\Psi_{kq0}$ | Bezugsdämpferflußverkettung, quer |
| $U_{kq0} = \omega_0 \Psi_{kq0}$ | Bezugsdämpferspannung, quer |
| $I_{kq0}$ | Bezugsdämpferstrom, quer |

Auf die Wahl der Läuferbezugsgrößen wird später in einem gesonderten Abschnitt eingegangen.

**Bezogene Ankerspannungsgleichungen**

Die bezogene Spannung $u_d^*$ wird durch Einsetzen der Bezugsgrößen in Gleichung (11.19) berechnet:

$$\begin{aligned} u_d^* = \frac{u_d}{U_{a0}} &= \frac{\omega_0}{U_{a0}} \frac{p}{\omega_0} \psi_d - \frac{\omega_0}{U_{a0}} \frac{p}{\omega_0} \theta \psi_q - R_a \frac{I_{a0}}{U_{a0}} \frac{i_d}{I_{a0}} \\ &= p^* \frac{\psi_d}{\Psi_{a0}} - p^* \theta \frac{\psi_q}{\Psi_{a0}} - \frac{R_a}{Z_{a0}} \frac{i_d}{I_{a0}} \\ &= p^* \psi_d^* - p^* \theta \psi_q^* - r i_d^* \end{aligned} \tag{11.37}$$

Die Bestimmung von $u_q^*$ und $u_0^*$ erfolgt analog:

$$u_q^* = p^* \psi_q^* + p^* \theta \psi_d^* - r i_q^* \tag{11.38}$$

$$u_0^* = p^* \psi_0^* - r i_0^* \tag{11.39}$$

Nach Einführung des bezogenen Ankerwiderstands $r = \frac{R_a}{Z_{a0}}$ ergibt sich für die bezogene Spannungsgleichung die gleiche Gestalt wie die unbezogene Spannungsgleichung.

**Bezogene Spannungen des Polsystems**

Die bezogenen Läuferspannungen lassen sich berechnen, indem die Spannungsgleichungen des Läufers (11.20) bis (11.22) durch die Bezugsläuferspannungen $U_{fd0}$, $U_{kd0}$ und $U_{kq0}$ dividiert werden. Es ist dazu nötig, die bezogenen Läuferwiderstände einzuführen:

$$\begin{aligned} r_{fd} &= R_{fd} \cdot \frac{I_{fd0}}{U_{fd0}} \\ r_{kd} &= R_{kd} \cdot \frac{I_{kd0}}{U_{kd0}} \\ r_{kq} &= R_{kq} \cdot \frac{I_{kq0}}{U_{kq0}} \end{aligned}$$

Die bezogenen Läuferspannungen lauten demzufolge:

$$u_{fd}^* = \frac{u_{fd}}{U_{fd0}} = p^* \psi_{fd}^* + r_{fd} i_{fd}^* \tag{11.40}$$

$$u_{kd}^* = \frac{u_{kd}}{U_{kd0}} = 0 = p^* \psi_{kd}^* + r_{kd} i_{kd}^* \tag{11.41}$$

$$u_{kq}^* = \frac{u_{kq}}{U_{kd0}} = 0 = p^* \psi_{kq}^* + r_{kq} i_{kq}^* \tag{11.42}$$

**Bezogene Ankerflußverkettungsgleichungen**

Bezieht man die Ankerflußverkettungsgleichungen (11.7) bis (11.9) auf die Bezugsankerflußverkettung $\Psi_{a0}$, dann erhält man unter Einführung der bezogenen Induktivität $x$ folgendes Gleichungssystem für die bezogenen Ankerflußverkettungen:

$$\psi_d^* = x_{akd} i_{kd}^* + x_{afd} i_{fd}^* - x_d i_d^* \tag{11.43}$$

$$\psi_q^* = x_{akq} i_{kq}^* - x_q i_q^* \tag{11.44}$$

$$\psi_0^* = -x_0 i_0^* \tag{11.45}$$

Die bezogenen Induktivitäten werden laut Definition wie folgt berechnet:

$$x_d = L_d \cdot \frac{I_{a0}}{\Psi_{a0}} \tag{11.46}$$

$$x_q = L_q \cdot \frac{I_{a0}}{\Psi_{a0}} \tag{11.47}$$

$$x_{afd} = L_{afd} \cdot \frac{I_{fd0}}{\Psi_{a0}} \tag{11.48}$$

$$x_{akd} = L_{akd} \cdot \frac{I_{kd0}}{\Psi_{a0}} \tag{11.49}$$

$$x_{akq} = L_{akq} \cdot \frac{I_{kq0}}{\Psi_{a0}} \tag{11.50}$$

Der Variablenname $x$ ist eigentlich für die bezogene Reaktanz reserviert. Er wird hier aber trotzdem auch für die bezogene Induktivität verwendet, was in der Literatur nicht ungewöhnlich ist (siehe /MUET/). Bei Nennfrequenz sind bezogene Induktivität und bezogene Reaktanz identisch.

$$x = \frac{X}{Z_{a0}} = \frac{\omega L}{\omega_{a0} L_{a0}} = \left.\frac{L}{L_{a0}}\right|_{\omega=\omega_{a0}}$$

**Bezogene Läuferflußverkettungsgleichungen**

Wenn die Läuferflußverkettungsgleichungen (11.10) bis (11.12) auf die Bezugsläuferflußverkettungen $\Psi_{fd0}$, $\Psi_{kd0}$ und $\Psi_{kq0}$ bezogen werden, läßt sich folgendes für die bezogenen Läuferflußverkettungen ableiten:

$$\psi_{fd}^* = x_{ffd} i_{fd}^* + x_{fkd} i_{kd}^* - x_{fad} i_d^* \tag{11.51}$$

$$\psi_{kd}^* = x_{kfd} i_{fd}^* + x_{kkd} i_{kd}^* - x_{kad} i_d^* \tag{11.52}$$

$$\psi_{kq}^* = x_{kkq} i_{kq}^* - x_{kaq} i_q^* \tag{11.53}$$

mit den bezogenen Läuferinduktivitäten:

$$x_{fad} = \frac{3}{2} \cdot L_{afd} \cdot \frac{I_{a0}}{\Psi_{fd0}} \tag{11.54}$$

$$x_{fkd} = L_{fkd} \cdot \frac{I_{kd0}}{\Psi_{fd0}} \tag{11.55}$$

$$x_{kad} = \frac{3}{2} \cdot L_{akd} \cdot \frac{I_{a0}}{\Psi_{kd0}} \tag{11.56}$$

$$x_{kfd} = L_{fkd} \cdot \frac{I_{fd0}}{\Psi_{kd0}} \tag{11.57}$$

$$x_{kaq} = \frac{3}{2} \cdot L_{akq} \cdot \frac{I_{a0}}{\Psi_{kq0}} \tag{11.58}$$

$$x_{kkd} = L_{kkd} \cdot \frac{I_{kd0}}{\Psi_{kd0}} \tag{11.59}$$

$$x_{kkq} = L_{kkq} \cdot \frac{I_{kq0}}{\Psi_{kq0}} \tag{11.60}$$

$$x_{ffd} = L_{ffd} \cdot \frac{I_{fd0}}{\Psi_{fd0}} \tag{11.61}$$

Da der Faktor $\frac{3}{2}$ in die bezogenen Reaktanzen aufgenommen wurde, erscheint er nicht mehr in den Flußverkettungsmatrizen, die dadurch an Übersichtlichkeit gewinnen.

**Bezugsgrößen des Läufers**

Weitere Vereinfachungen sind möglich, indem die Läuferbezugsgrößen nach einer definierten Vorschrift gewählt werden. Es ist möglich, die Flußverkettungsgleichungen zu vereinfachen und ein elektrisches Ersatzschaltbild für die Längs- und die Querachse abzuleiten. Dazu muß gewährleistet sein, daß die Flußverkettungsmatrizen für Längs- und Querachse symmetrisch und die Anker-Erreger- und Anker-Dämpfer-Koppelinduktivitäten identisch sind.

Die bezogenen Flußverkettungsgleichungen lauten in Matrixdarstellung wie folgt:

$d$ – Achse

$$\begin{pmatrix} \psi_d^* \\ \psi_{kd}^* \\ \psi_{fd}^* \end{pmatrix} = \begin{pmatrix} x_d & x_{akd} & x_{afd} \\ x_{kad} & x_{kkd} & x_{kfd} \\ x_{fad} & x_{fkd} & x_{ffd} \end{pmatrix} \begin{pmatrix} -i_d^* \\ i_{kd}^* \\ i_{fd}^* \end{pmatrix}$$

$q$ – Achse

$$\begin{pmatrix} \psi_q^* \\ \psi_{kq}^* \end{pmatrix} = \begin{pmatrix} x_q & x_{akq} \\ x_{kaq} & x_{kkq} \end{pmatrix} \begin{pmatrix} -i_q^* \\ i_{kq}^* \end{pmatrix}$$

$0$ – Achse

$$\psi_0^* = -x_0 i_0^*$$

Die Flußverkettungsmatrizen sind symmetrisch, wenn gilt:

$$x_{afd} = x_{fad} \tag{11.62}$$

$$x_{akd} = x_{kad} \tag{11.63}$$

$$x_{kfd} = x_{fkd} \tag{11.64}$$

$$x_{akq} = x_{kaq} \tag{11.65}$$

Werden Gleichungen (11.48), (11.49), (11.50) und (11.54) bis (11.58) in obige Bedingungen eingesetzt, dann gilt für die Läuferbasis:

$$U_{fd0}I_{fd0} = \frac{3}{2} \cdot U_{a0}I_{a0} = S_0 \qquad (11.66)$$

$$U_{kd0}I_{kd0} = \frac{3}{2} \cdot U_{a0}I_{a0} = S_0 \qquad (11.67)$$

$$U_{kd0}I_{kd0} = U_{fd0}I_{fd0} \qquad (11.68)$$

$$U_{kq0}I_{kq0} = \frac{3}{2} \cdot U_{a0}I_{a0} = S_0 \qquad (11.69)$$

Wenn also die Bezugsleistungen auf Anker- und Läuferseite identisch sind, dann sind auch die Flußverkettungsmatrizen der $d-$Achse und der $q-$Achse symmetrisch.

Damit ein elektrisches Ersatzschaltbild abgeleitet werden kann, muß noch eine weitere Bedingung gelten: Die Koppelinduktivität zwischen der Anker- und Erregerwicklung und die Koppelinduktivität zwischen Anker- und Dämpferwicklung müssen gleich sein. Formal ausgedrückt lautet diese Forderung:

$$x_{akd} = x_{afd} \qquad (11.70)$$

Die bezogenen Induktivitäten in Gleichung (11.70) stehen im Sinne der Berechnung magnetischer Flüsse für eine Hauptinduktivität. Bezieht man die Hauptinduktivität $L_{hd}$ auf die Bezugsinduktivität $L_{a0}$, so läßt sich aus

$$x_{hd} = \frac{L_{hd}}{L_{a0}} = x_{afd} = L_{afd} \cdot \frac{I_{fd0}}{\Psi_{a0}} = x_{akd} = L_{akd} \cdot \frac{I_{kd0}}{\Psi_{a0}}$$

auf folgende Forderungen für die Bezugsläuferströme schließen:

$$I_{fd0} = \frac{L_{hd}}{L_{afd}} \cdot I_{a0} \qquad (11.71)$$

$$I_{kd0} = \frac{L_{hd}}{L_{akd}} \cdot I_{a0} \qquad (11.72)$$

Der Ankerfluß ist mit dem Ankerstrom über seine Eigeninduktivität $x_d$ bzw. $x_q$ verkettet. Die Eigeninduktivität ist größer als die Hauptinduktivität. Die Differenz $(x_d - x_{hd})$ bzw. $(x_q - x_{hq})$ ist die Streuinduktivität, die ein Maß für den Streufluß bereitstellt, der sich über den Luftweg schließt, ohne eine induzierende Wirkung im Eisen hervorzurufen. Folglich gilt für die Ankerstränge:

$$x_d = x_{hd} + x_\sigma \qquad (11.73)$$

$$x_q = x_{hq} + x_\sigma \qquad (11.74)$$

Die Koppelinduktivität zwischen der Erreger- und Dämpferwicklung ist ebenfalls größer als die Hauptinduktivität, weil die Erreger- und die Dämpferwicklung über die Streuwege eine zusätzliche Kopplung erfahren. Für die Koppelinduktivität $x_{kfd}$ läßt sich unter Einführung der bezogenen Induktivität $x_{\sigma kf}$ folglich schreiben:

$$x_{kfd} = x_{hd} + x_{\sigma kf} \qquad (11.75)$$

Wenn man auch die Eigeninduktivitäten der Läuferwicklung aus einer Hauptinduktivität und einer Streuinduktivität gemäß

$$x_{ffd} = x_{hd} + x_{\sigma fd} \tag{11.76}$$

$$x_{kkd} = x_{hd} + x_{\sigma kd} \tag{11.77}$$

$$x_{kkq} = x_{hq} + x_{\sigma kq} \tag{11.78}$$

zusammensetzt, dann hat die Flußverkettungsmatrix folgende Darstellung:

$$\begin{pmatrix} \psi_d^* \\ \psi_{kd}^* \\ \psi_{fd}^* \end{pmatrix} = \begin{pmatrix} x_{hd} + x_\sigma & x_{hd} & x_{hd} \\ x_{hd} & x_{hd} + x_{\sigma kd} & x_{hd} + x_{\sigma kf} \\ x_{hd} & x_{hd} + x_{\sigma kf} & x_{hd} + x_{\sigma fd} \end{pmatrix} \begin{pmatrix} -i_d^* \\ i_{kd}^* \\ i_{fd}^* \end{pmatrix} \tag{11.79}$$

$$\begin{pmatrix} \psi_q^* \\ \psi_{kq}^* \end{pmatrix} = \begin{pmatrix} x_{hq} + x_\sigma & x_{hq} \\ x_{hq} & x_{hq} + x_{\sigma kq} \end{pmatrix} \begin{pmatrix} -i_q^* \\ i_{kq}^* \end{pmatrix} \tag{11.80}$$

**Bezogene Leistung und Drehmoment**
Bezieht man die elektrische Leistung in Gleichung (11.24) auf ihre Nennscheinleistung, dann gilt für die bezogene Leistung:

$$P_e^* = \frac{P_e}{S_0} = \left(u_d^* i_d^* + u_q^* i_q^* + 2u_0^* i_0^*\right) \tag{11.81}$$

In der gleichen Weise gilt für das bezogene Drehmoment:

$$M_i^* = \frac{M_i}{M_0} = \left(\psi_d^* i_q^* - \psi_q^* i_d^*\right) \tag{11.82}$$

### 11.2.3 Ersatzschaltbild für die *d*– und *q*–Achse

Im letzten Abschnitt ist ein Gleichungssystem hergeleitet worden, welches das Verhalten der linearen Synchronmaschine mathematisch beschreibt. Es fällt jedoch schwer, sich an Hand eines Gleichungssystems vorzustellen, wie die Synchronmaschine zum Beispiel auf einen Kurzschluß reagiert. Deshalb leitet man ein elektrisches Ersatzschaltbild für die $d-$ und $q-$Achse aus den bezogenen Flußverkettungsgleichungen (11.79) und (11.80) und den bezogenen Spannungsgleichungen (11.37) bis (11.42) ab.

Im folgenden werden nur noch bezogene Größen verwendet. Um die Anschauung zu erleichtern, werden von nun an die **bezogenen Größen ohne *** dargestellt. Wenn in den Beispielen unbezogene Größen in die Rechnung einfließen, wird darauf explizit hingewiesen.

In Abbildung 11.5 ist das Ersatzschaltbild der $d-$Achse mit *einer* Ersatzdämpferwicklung ($k = 1$) gegeben. Die Anker- und Läuferwicklung sind über die Hauptinduktivität $x_{hd}$ gekoppelt. Die Kopplung der Läuferwicklungen untereinander erfolgt über die Induktivität $x_{hd}+x_{\sigma 1f}$ (siehe Gleichung (11.79)).

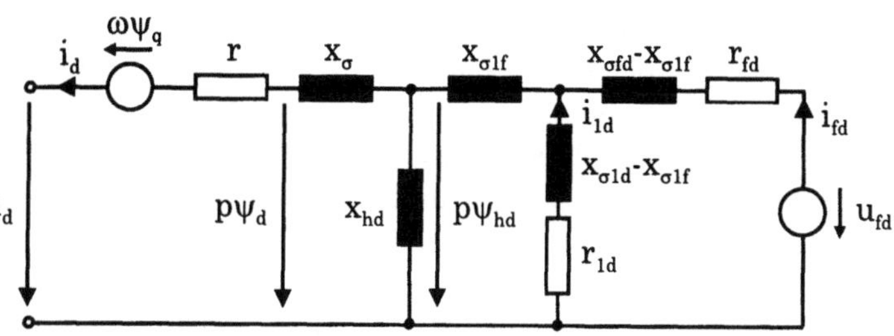


**Abbildung 11.5.** Ersatzschaltbild der $d$–Achse

$x_{\sigma 1f}$ beschreibt die Kopplung unter den Läuferwicklungen, also Erreger- und Dämpferwicklung, über die Streufelder der Ankerwicklung. Diese Induktivität kann in der Praxis sehr oft vernachlässigt werden, weil die Läuferflußverkettung über die Streufelder sehr klein im Vergleich zur Hauptinduktivität ist. Die Berücksichtigung der Induktivität $x_{\sigma 1f}$ ist nur dann unerläßlich, wenn transiente Vorgänge auf Erregerseite berücksichtigt werden sollen. In diesem Fall ist der Einfluß dieser Induktivität nicht mehr vernachlässigbar. Da sich aber die meisten Untersuchungen, vor allem in der Stabilitätsrechnung, auf das Klemmenverhalten der Synchronmaschine beschränken, ist die genaue Nachbildung des Erregerkreises von untergeordneter Bedeutung, und die Vernachlässigung ist zulässig.

Um die Flußverkettungsgleichungen der $d$–Achse (11.79) zu erfüllen, muß weiterhin in jedem Kreis eine Streuinduktivität $x_\sigma$, $x_{\sigma 1d}$ und $x_{\sigma fd}$ eingezeichnet werden. Die Spannungsgleichungen (11.37), (11.40) und (11.41) erfordern darüber hinaus in jedem Kreis den bezogenen ohmschen Widerstand $r$, $r_{1d}$ und $r_{fd}$ und die rotatorische Spannung $\omega\psi_q$.

Das Ersatzschaltbild der Querachse wird auf die gleiche Weise aus den Flußverkettungsgleichungen (11.80) und den Spannungsgleichungen (11.38) und (11.42) gebildet. Abbildung 11.6 zeigt das Ersatzschaltbild der $q$–Achse einer Synchronmaschine, deren Dämpferwicklung durch *zwei* Ersatzdämpferkreise in der $q$–Achse nachgebildet ist. Wie in Kapitel 11.2 erläutert, wird diese Modellierung oft für Turbogeneratoren benutzt. Die Dämpferkreise sind mit den Indices 1 und 2 durchnumeriert.

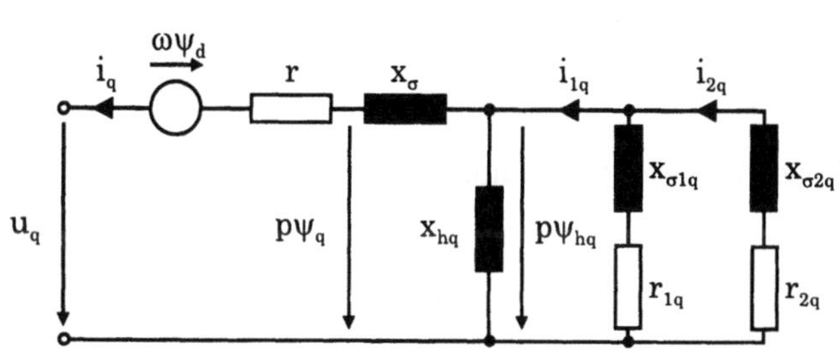


**Abbildung 11.6.** Ersatzschaltbild der $q$–Achse

Ersatzdämpferkreis 2 berücksichtigt die subtransienten Vorgänge in der Dämpferwicklung, Ersatzdämpferkreis 1 läßt die Auswirkungen von Wirbelströmen im Läufer, der aus massivem Stahl besteht, in die Rechnung einfließen. Die Kopplung der Kreise erfolgt über die Koppelinduktivität $x_{hq}$. Sie folgt, ebenso wie die Streuinduktivitäten $x_\sigma$, $x_{\sigma 1q}$ und $x_{\sigma 2q}$, aus der Flußverkettungsgleichung (11.80), lediglich auf zwei Ersatzdämpferkreise angewendet. Die Spannungsgleichungen (11.38) und (11.42) erfordern, wenn auch hier die Wirkung eines zweiten Ersatzdämpferkreises ergänzt wird, die Berücksichtigung der ohmschen Widerstände $r$, $r_{1q}$ und $r_{2q}$ und die rotatorische Spannung $\omega\psi_d$.

Neben den bezogenen Spannungen und Strömen sind in Ersatzschaltbild 11.5 und 11.6 die bezogenen zeitlichen Ableitungen der Ankerflußverkettungen eingezeichnet.

### 11.2.4 Berücksichtigung der magnetischen Sättigung

Das Modell der Synchronmaschine ist bis zu diesem Zeitpunkt unter der Bedingung entwickelt worden, daß die Sättigung vernachlässigbar ist. Dies bietet die Möglichkeit, das Superpositionsprinzip auf das Gleichungssystem anzuwenden. Die Erfahrung zeigt aber, daß Drehstromsynchronmaschinen sowohl im linearen als auch im gesättigten Bereich betrieben werden können. Zur Berücksichtigung der magnetischen Sättigung ist eine Modifizierung des linearen Gleichungssystems nötig.

Ausgangspunkt der Betrachtung ist das Verhalten der Synchronmaschine im Leerlauf.

**Leerlaufverhalten der Synchronmaschine**

Das Verhalten des magnetischen Hauptkreises wird durch die Leerlaufkennlinie beschrieben.

Im Leerlauf sind die Ankerströme identisch null, damit werden auch laut Gleichung (11.44) die Ankerflußverkettung der Querachse und gemäß Gleichung (11.37) die Ankerlängsspannung zu null. Es gilt also:

$$i_d = i_q = \psi_q = u_d = 0 \tag{11.83}$$

Aus Gleichung (11.79) folgt:

$$\psi_d = x_{hd} i_{fd}$$

Für die bezogene Ankerquerspannung läßt sich schreiben:

$$u_q = \psi_d = x_{hd} i_{fd} \tag{11.84}$$

Weil $u_d$ identisch null ist, ist $u_q$ gleich der Spannung $u_l$, die an den Ankerklemmen gemessen wird, der **Leerlaufspannung**. Zeichnet man $u_q$ über

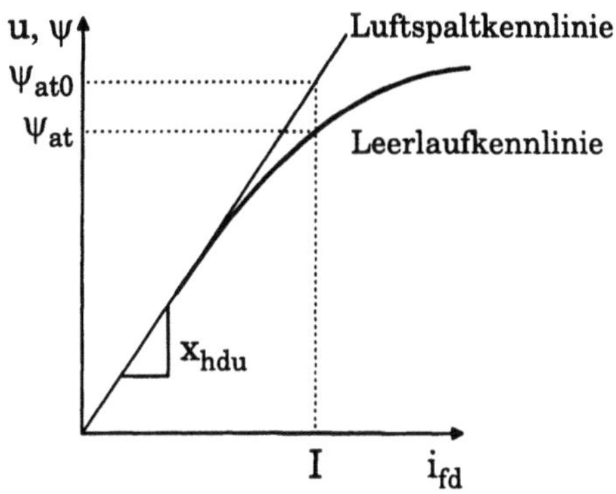


**Abbildung 11.7.** Leerlaufkennlinie einer Synchronmaschine

dem Erregerstrom $i_{fd}$ auf, so erhält man die **Leerlaufkennlinie** gemäß Abbildung 11.7, die das magnetische Verhalten der $d$-Achse beschreibt.

Die Tangente an der Leerlaufkennlinie im Bereich kleiner Spannungen ist die sogenannte **Luftspaltgerade**. Sie beschreibt das Verhalten der ungesättigten Maschine. Die Geradengleichung lautet:

$$u_l = x_{hdu} i_{fd}$$

Die ungesättigte Hauptreaktanz $x_{hdu}$ ist die Steigung der Luftspaltgeraden. Die Abweichung von Leerlaufkennlinie und Luftspaltgerader charakterisiert den Grad der Eisensättigung.

Wie aus den Ersatzschaltbildern leicht zu ersehen ist, ist im Leerlauf die Ankerflußverkettung gleich der Hauptflußverkettung, da kein Ankerstrom fließt und somit kein Ankerstreufeld aufgebaut wird. Weil im stationären Fall auch keine Dämpferströme fließen, dient der gesamte Erregerstrom der Magnetisierung der Hauptinduktivität. Die Leerlaufkennlinie ist somit gleich der Magnetisierungskennlinie der Hauptlängsinduktivität.

**Berücksichtigung der Eisensättigung in der Stabilitätsrechnung**

Ausgangspunkt für die Betrachtung der gesättigten Synchronmaschine sind die Ersatzschaltbilder in Abbildung 11.5 und Abbildung 11.6. Die Streuinduktivitäten sind linear, weil die Streuwege hauptsächlich in Luft verlaufen. Es muß also nur die Nichtlinearität der Hauptinduktivitäten $x_{hd}$ und $x_{hq}$ in die Rechnung einbezogen werden.

Ein Maß für die Sättigung ist der Sättigungsfaktor $K_s$. Für die Hauptinduktivitäten gilt:

$$x_{hd} = K_{sd} x_{hdu} \tag{11.85}$$

$$x_{hq} = K_{sq} x_{hqu} \tag{11.86}$$

wobei $x_{hdu}$ und $x_{hqu}$ die ungesättigten bezogenen Induktivitäten der Längs- und Querachse sind.

Wegen den ausgeprägten Polen ist es bei der **Schenkelpolmaschine** zulässig, die Nichtlinearität der Querachse zu vernachlässigen. Es gilt also

$$x_{hd} = K_s x_{hdu} \tag{11.87}$$

$$x_{hq} = x_{hqu} \tag{11.88}$$

$$K_s = f(\psi_{at}) \tag{11.89}$$

$$\psi_{at} = \psi_{hd} \tag{11.90}$$

Es ist also nur die $d-$Komponente des Sättigungsfaktors aus dem Hauptfluß und der Magnetisierungskennlinie zu bestimmen.

Die runde Bauweise von **Turboläufern** erfordert es, bei Turbogeneratoren auch die Nichtlinearität der Querkomponente der Hauptinduktivität zu betrachten. Aufgrund der Symmetrie kann zur Vereinfachung $K_{sd} = K_{sq} = K_s$ angenommen werden.

$$x_{hd} = K_s x_{hdu} \tag{11.91}$$

$$x_{hq} = K_s x_{hqu} \tag{11.92}$$

$$K_s = f(\psi_{at}) \tag{11.93}$$

$$\psi_{at} = \sqrt{\psi_{hd^2} + \psi_{hq^2}} \tag{11.94}$$

Man sieht, daß im Gegensatz zur Schenkelpolmaschine, wo nur die Sättigung der Längsinduktivität interessiert, beim Turbogenerator auch die Sättigung der Querinduktivität relevant ist. Der Sättigungsfaktor $K_s$ ist eine Funktion des *gesamten* Luftspaltflusses $\psi_{at}$ und wird aus der geometrischen Addition der Flußvektoren $\psi_{hd}$ und $\psi_{hq}$ berechnet.

Der Faktor $K_s$ wird aus der Magnetisierungskennlinie der $d-$Komponente der Hauptinduktivitäten ermittelt. Dazu muß zuerst die Hauptflußverkettung berechnet werden. Mit den Ersatzschaltbildern 11.5 und 11.6 gilt:

$$\psi_{hd} = \psi_d + x_\sigma i_d \tag{11.95}$$

$$\psi_{hq} = \psi_q + x_\sigma i_q \tag{11.96}$$

Aus der Abbildung 11.7 läßt sich zur gesättigten Luftspaltflußverkettung $\psi_{at}$ auf der Luftspaltgeraden die entsprechende ungesättigte Luftspaltflußverkettung $\psi_{at0}$ ablesen. Der Quotient

$$K_s = \frac{\psi_{at}}{\psi_{at0}}$$

ist der Sättigungsfaktor. Damit sind die gesättigten Hauptinduktivitäten laut Gleichung (11.87) und (11.88) für einen Schenkelpolgenerator, nach Gleichung (11.91) und (11.92) für einen Turbogenerator bestimmt.

Die analytische Berechnung der gesättigten Maschine scheitert in der Regel an der Komplexität dieses mathematischen Modells. Numerisch ist dieses Modell jedoch sehr gut umzusetzen. Weit verbreitet ist die *Fixed Parameter*

*Method*, die in /SUMR/ ausführlich erklärt ist. Sie ermöglicht es, das lineare Modell der Synchronmaschine iterativ anzuwenden, um das nichtlineare Modell zu berechnen. In jedem Iterationsschritt wird die Luftspaltflußverkettung $\psi_{at}$ berechnet. Aus der Leerlaufkennlinie werden, wie oben beschrieben, die Sättigungsfaktoren und damit die gesättigten Hauptinduktivitäten ermittelt, die für die folgenden Iterationsschritte als **konstant** angenommen werden. Deshalb ist die Anwendung der linearen Gleichungen zur Beschreibung der Synchronmaschine in jedem Iterationsschritt zulässig. Die in diesem Iterationsschritt gewonnene Luftspaltflußverkettung dient als Grundlage für die Bestimmung einer gesättigten Hauptinduktivität, die für einen folgenden Iterationsschritt verwendet wird. Nach endlich vielen Durchläufen ist die Iterationsschranke erreicht, die Iteration wird abgebrochen.

Die Beschreibung der Sättigung, wie sie oben erläutert wurde, erweist sich als hinreichend genau in der Stabilitätsrechnung und liefert bei transienten Vorgängen Ergebnisse, die aus Messungen bestätigt werden können. Im stationären Betrieb liefert dieses Modell jedoch nur ungenaue Ergebnisse, weil im stationären Betrieb die Ankerstreuung größer als im Leerlauf ist. Man führt deshalb die sogenannte **Poitier-Reaktanz** $x_p$ ein, die anstelle der Ankerstreureaktanz $x_\sigma$ verwendet wird. Es hat sich aber gezeigt, daß unter transienten Bedingungen die Poitier-Reaktanz zu unrealistischen Ergebnissen führt. Deshalb wird dieser Weg im Rahmen dieses Buches nicht weiter verfolgt werden. Der interessierte Leser sei auf /KUN/ und /BOED/ verwiesen.

### 11.2.5 Zusammenfassung

In diesem Kapitel ist ein mathematisches Modell der Synchronmaschine auf Basis der Grundwellenverkettung hergeleitet worden. Der Problematik rotierender Maschinen trat man mit der Park-Transformation entgegen, die alle Größen in ein rotierendes Bezugssystem transformiert. Schließlich war es noch möglich, durch die Einführung bezogener Größen jeweils ein elektrisches Ersatzschaltbild für die Längs- und Querachse herzuleiten und dabei die magnetische Sättigung des Eisens zu berücksichtigen.

Die Komplexität des Differentialgleichungssystems schließt die analytische Lösung, abgesehen von wenigen Sonderfällen, aus. Dagegen bietet sich die numerische Lösung des Gleichungssystems an. Zahlreiche Simulationsprogramme verwenden deshalb dieses Modell zur Berechnung transienter Vorgänge von Synchronmaschinen.

## 11.3 Berechnung der Modellparameter

Um das Synchronmaschinenmodell auf Basis der Grundwellenverkettung, wie es im vorigen Abschnitt eingeführt wurde, anwenden zu können, müssen alle bezogenen Induktivitäten und Widerstände ($x_{hd}$, $x_{hq}$, $x_{\sigma}$, $x_{\sigma fd}$, $x_{\sigma kd}$, $x_{\sigma kq}$, $x_{\sigma kf}$, $r_{fd}$, $r_{kd}$, $r_{kq}$) der Anker- und Läuferkreise bekannt sein. Im folgenden werden diese in den Ersatzschaltbildern enthaltenen Elemente als **interne Parameter** bezeichnet. Aus den Herstellerdaten sind die internen Parameter nicht ersichtlich, sie müssen zuerst berechnet werden, was Gegenstand dieses Kapitels ist.

Hersteller von Synchronmaschinen geben üblicherweise nur Klemmendaten an, die an der Anker- und Erregerklemme gemessen werden können. Daher wird zuvor eine Darstellungsform zur Beschreibung der Maschinencharakteristik abgeleitet, die nur Klemmenströme und -spannungen enthält. Man wählt dazu eine Formulierung über *Operatoren.*

### 11.3.1 Operatorschreibweise

Mit der Operatorschreibweise ist es möglich, das dynamische Verhalten der Synchronmaschine anhand von Klemmengrößen anzugeben. Die von den Klemmen nicht zugänglichen Dämpferströme ($i_{1d}$, $i_{1q}$ und $i_{2q}$) werden eliminiert, die Läuferflußverkettungen ebenfalls. Ziel dieses Abschnitts ist es, die elektrische Dynamik der Synchronmaschine durch die beiden folgenden Gleichungen vollständig zu beschreiben:

$$\begin{aligned}\Delta\psi_d &= G(s)\Delta u_{fd}(s) - x_d(s)\Delta i_d(s)\\ \Delta\psi_q &= -x_q(s)\Delta i_q(s)\end{aligned}$$

Dieses Kapitel beschränkt sich darauf, die Operatorschreibweise für die Ersatzschaltbilder 11.5 und 11.6 unter Vernachlässigung der Induktivität $x_{\sigma 1f}$ abzuleiten, da diese Annahmen in den meisten Fällen hinreichend genau sind. Man nimmt also einen Ersatzdämpferkreis in der $d-$Achse und zwei in der $q-$Achse an. Sollen mehr Ersatzdämpferkreise berücksichtigt werden, erfolgt die Berechnung analog, der Rechenaufwand steigt aber deutlich.

Die Formulierung der Operatoren erfolgt im Bildbereich der Laplace-Transformation. In Kapitel 2.4 sind die Eigenschaften und Gesetzmäßigkeiten der Laplace-Transformation eingehend behandelt worden. Wie bereits in den vorangehenden Kapiteln zur Modellierung der Synchronmaschine erfolgt die Berechnung mit **bezogenen Größen**. Daher werden diese weiterhin klein geschrieben, obwohl dies bei transformierten Größen sonst nicht der Fall ist.

**Operatorschreibweise der *d*-Achse**

Die bezogenen Flußverkettungsgleichungen der $d-$Achse (11.79) lassen sich mit Gleichung (11.73), (11.76) und (11.77):

$$\begin{aligned}x_d &= x_{hd} + x_{\sigma}\\ x_{ffd} &= x_{hd} + x_{\sigma fd}\\ x_{11d} &= x_{hd} + x_{\sigma 1d}\end{aligned}$$

in folgender Form angeben:

$$\begin{pmatrix} \psi_d \\ \psi_{1d} \\ \psi_{fd} \end{pmatrix} = \begin{pmatrix} x_d & x_{hd} & x_{hd} \\ x_{hd} & x_{11d} & x_{hd} \\ x_{hd} & x_{hd} & x_{ffd} \end{pmatrix} \begin{pmatrix} -i_d \\ i_{1d} \\ i_{fd} \end{pmatrix} \tag{11.97}$$

Wendet man den Differentiationssatz der Laplace-Transformation auf die bezogene Erregerspannung (11.40) und Dämpferspannung (11.41) an, erhält man:

$$u_{fd}(s) = s\psi_{fd}(s) - \psi_{fd}(0) + r_{fd}i_{fd}(s) \tag{11.98}$$

$$0 = s\psi_{1d}(s) - \psi_{1d}(0) + r_{1d}i_{1d}(s) \tag{11.99}$$

$\psi_{fd}(0)$ und $\psi_{1d}(0)$ bezeichnen die Anfangswerte der Läuferflußverkettungen. Betrachtet man nur die Änderung der Spannungen $\Delta u = u_2 - u_1$, dann verschwinden wegen der Subtraktion die Anfangswerte in Gleichung (11.98) und (11.99).

$$\Delta u_{fd}(s) = s\Delta\psi_{fd}(s) + r_{fd}\Delta i_{fd}(s) \tag{11.100}$$

$$0 = s\Delta\psi_{1d}(s) + r_{1d}\Delta i_{1d}(s) \tag{11.101}$$

Werden die Läuferflußverkettungen aus (11.97) in die Läuferspannungsgleichungen eingesetzt, so ergibt sich:

$$\begin{aligned}\Delta u_{fd}(s) = &-sx_{hd}\Delta i_d(s) + \left(r_{fd} + sx_{ffd}\right)\Delta i_{fd}(s) \\ &+sx_{hd}\Delta i_{1d}(s)\end{aligned} \tag{11.102}$$

$$\begin{aligned}0 = &-sx_{hd}\Delta i_d(s) + sx_{hd}\Delta i_{fd}(s) \\ &+\left(r_{1d} + sx_{11d}\right)\Delta i_{1d}(s)\end{aligned} \tag{11.103}$$

Isoliert man die Änderung des Erregerstroms $\Delta i_{fd}(s)$ und Dämpferstroms $\Delta i_{1d}(s)$ aus den Gleichungen (11.102) und (11.103) und setzt diese in die erste Zeile der Flußverkettungsgleichung (11.97) ein, so läßt sich für die Änderung der Ankerflußverkettung folgendes berechnen:

$$\Delta\psi_d = G(s)\Delta u_{fd}(s) - x_d(s)\Delta i_d(s) \tag{11.104}$$

Der **Operator** $G(s)$ ist ein Maß für die Übertragung der Erregerspannung auf die Ankerflußverkettung bzw. die Ankerspannung. $x_d(s)$ ist der **Reaktanzoperator**. Die Operatoren berechnen sich wie folgt:

$$G(s) = G_0 \cdot \frac{1 + sT_{kd}}{1 + (T_1 + T_2)s + T_1T_3s^2} \tag{11.105}$$

$$x_d(s) = x_d \cdot \frac{1 + (T_4 + T_5)s + T_4T_6s^2}{1 + (T_1 + T_2)s + T_1T_3s^2} \tag{11.106}$$

wobei gilt:

$$G_0 = \frac{x_{hd}}{r_{fd}} \tag{11.107}$$

$$T_{kd} = \frac{x_{\sigma 1d}}{r_{1d}} \tag{11.108}$$

$$T_1 = \frac{x_{hd} + x_{\sigma fd}}{r_{fd}} \tag{11.109}$$

$$T_2 = \frac{x_{hd} + x_{\sigma 1d}}{r_{1d}} \tag{11.110}$$

$$T_3 = \frac{1}{r_{1d}} \left( x_{\sigma 1d} + \frac{x_{hd} x_{\sigma fd}}{x_{hd} + x_{\sigma fd}} \right) \tag{11.111}$$

$$T_4 = \frac{1}{r_{fd}} \left( x_{\sigma fd} + \frac{x_{hd} x_{\sigma}}{x_{hd} + x_{\sigma}} \right) \tag{11.112}$$

$$T_5 = \frac{1}{r_{1d}} \left( x_{\sigma 1d} + \frac{x_{hd} x_{\sigma}}{x_{hd} + x_{\sigma}} \right) \tag{11.113}$$

$$T_6 = \frac{1}{r_{1d}} \left( x_{\sigma 1d} + \frac{x_{hd} x_{\sigma fd} x_{\sigma}}{x_{hd} x_{\sigma} + x_{hd} x_{\sigma fd} + x_{\sigma fd} x_{\sigma}} \right) \tag{11.114}$$

Die Gleichungen (11.105) und (11.106) lassen sich auch in faktorisierter Form angegeben. Sie lauten dann:

$$G(s) = G_0 \cdot \frac{1 + sT_{kd}}{(1 + T'_{d0}s)(1 + T''_{d0}s)} \tag{11.115}$$

$$x_d(s) = x_d \cdot \frac{(1 + T'_d s)(1 + T''_d s)}{(1 + T'_{d0}s)(1 + T''_{d0}s)} \tag{11.116}$$

Der mathematische Zusammenhang zwischen $T'_d$, $T''_d$, $T'_{d0}$, $T''_{d0}$ und $T_1$ bis $T_6$ wird in Kapitel 11.3.2 erläutert.

**Operatorschreibweise der $q$-Achse**

Wie die $d-$Achse läßt sich auch die $q-$Achse in der folgenden Form darstellen:

$$\Delta\psi_q = -x_q(s)\Delta i_q(s)$$

Die Erregerwicklung besitzt keine $q-$Komponente, deshalb ist kein Übertragungsoperator $G_q(s)$ zur Beschreibung des Verhaltens der $q-$Achse notwendig. Die Herleitung der Operatoren erfolgt analog zur $d-$Richtung. Lediglich die Indices müssen ersetzt werden. In faktorisierter Form berechnet sich somit der Reaktanzoperator zu:

$$x_q(s) = x_q \cdot \frac{(1+T_q's)(1+T_q''s)}{(1+T_{q0}'s)(1+T_{q0}''s)} \tag{11.117}$$

### 11.3.2 Berechnung der internen Parameter unter Auswertung der Operatoren

Tritt an den Klemmen einer Synchronmaschine eine Störung auf, findet ein Ausgleichsvorgang statt. In den Rotorwicklungen werden Ströme induziert, die mit unterschiedlichen Zeitkonstanten abklingen. Das dynamische Verhalten der Synchronmaschine wird durch drei Zustände charakterisiert. Sofort nach Fehlereintritt ist die Synchronmaschine im **subtransienten** Zustand, der am schnellsten abklingt. Sind die subtransienten Vorgänge abgeklungen, ist die Synchronmaschine im **transienten** Bereich. Die transienten Zeitkonstanten sind erheblich größer als die subtransienten. Sind alle Ausgleichsvorgänge abgeklungen, dann läuft die Maschine im **stationären** Betrieb. In Kapitel 11.4.2 wird darauf noch näher eingegangen (siehe auch Abbildung 11.14). Entsprechend lassen sich für eine Synchronmaschine subtransiente, transiente und synchrone Reaktanzen und subtransiente und transiente Zeitkonstanten bestimmen.

Vor der Inbetriebnahme wird mit einer Reihe von Messungen (z.B. Leerlaufmessung, Dauer- und Stoßkurzschlußversuch) das Klemmenverhalten der Maschine charakterisiert. Aus den Messungen lassen sich folgende Angaben gewinnen, die im folgenden als **externe Parameter** bezeichnet werden:

- $x_d$: Synchrone Reaktanz der Längsachse
- $x_q$: Synchrone Reaktanz der Querachse
- $x_d'$: Transiente Reaktanz der Längsachse
- $x_q'$: Transiente Reaktanz der Querachse
- $x_d''$: Subtransiente Reaktanz der Längsachse
- $x_q''$: Subtransiente Reaktanz der Querachse
- $T_d'$: Transiente Kurzschlußzeitkonstante der Längsachse
- $T_q'$: Transiente Kurzschlußzeitkonstante der Querachse
- $T_d''$: Subtransiente Kurzschlußzeitkonstante der Längsachse
- $T_q''$: Subtransiente Kurzschlußzeitkonstante der Querachse
- $R_a$: Ankerwiderstand
- und die Leerlaufkennlinie $u_l(i_{fd})$

Die Daten für die Querachse sind nicht immer gegeben, da weitere Prüfungen nötig sind, um die Parameter zu bestimmen. Aus Erfahrungswerten lassen sich aber die Daten der Querachse hinreichend genau schätzen (siehe /KUN/, /BOED/).

Neben den Kurzschlußzeitkonstanten muß der Begriff der Leerlaufzeitkonstanten eingeführt werden. Die Leerlaufzeitkonstanten können gemessen oder aus den oben genannten Parametern berechnet werden. Die Rechenvorschrift zur Berechnung der Leerlaufzeitkonstanten aus den externen Parametern folgt im Laufe dieses Kapitels (Gleichung (11.126) und (11.127)).

- $T'_{d0}$: Transiente Leerlaufzeitkonstante der Längsachse
- $T'_{q0}$: Transiente Leerlaufzeitkonstante der Querachse
- $T''_{d0}$: Subtransiente Leerlaufzeitkonstante der Längsachse
- $T''_{q0}$: Subtransiente Leerlaufzeitkonstante der Querachse

Aus den *gemessenen* externen Parametern sollen nun die internen Parameter *berechnet* werden. Setzt man die Zähler- und Nennerpolynome von Gleichung (11.106) und (11.116) gleich, dann läßt sich bereits eine erste Aussage über den Zusammenhang der externen und internen Parameter treffen.

$$(1 + T'_{d0}s)(1 + T''_{d0}s) = 1 + (T_1 + T_2)s + T_1T_3s^2 \tag{11.118}$$

$$(1 + T'_{d}s)(1 + T''_{d}s) = 1 + (T_4 + T_5)s + T_4T_6s^2 \tag{11.119}$$

Mit anderen Worten: *Die Kurzschlußzeitkonstanten sind die Nullstellen und die Leerlaufzeitkonstanten die Polstellen des Reaktanzoperators.* Der Reaktanzoperator

$$x_d(s) = x_d \cdot \frac{1 + (T_4 + T_5)s + T_4T_6s^2}{1 + (T_1 + T_2)s + T_1T_3s^2}$$

hat demnach die Polstellen

$$T'_{d0} = T_1 + T_2 \tag{11.120}$$

$$T''_{d0} = \frac{T_1T_3}{T_1 + T_2} \tag{11.121}$$

und die Nullstellen

$$T'_{d} = T_4 + T_5 \tag{11.122}$$

$$T''_{d} = \frac{T_4T_6}{T_4 + T_5} \tag{11.123}$$

Die Berechnung der Reaktanzen erfolgt durch einen Grenzübergang. Für $t \to \infty$ mißt man an der Ankerklemme die synchrone Reaktanz $x_d$. Unter Anwendung des Grenzwertsatzes für die Laplace-Transformation folgt für einen Sprung des Ankerstroms um den Wert $I_0$:

$$\Delta i_d = \sigma(t)I_0$$

$$\Delta\psi_d(s) = x_d(s) \cdot \frac{1}{s}I_0$$

Nach dem Grenzwertsatz gilt

$$\lim_{t\to\infty} \psi_d(t) = \lim_{s\to 0} s \cdot \psi_d(s) = \lim_{s\to 0} s \cdot x_d(s) \cdot \frac{1}{s} \cdot I_0 = x_d(0) \cdot I_0$$

$$x_d = \frac{1}{I_0} \left.\psi_d(t)\right|_{t\to\infty}$$

Es folgt

$$x_d(0) = x_d \tag{11.124}$$

Wie oben erwähnt, gelten die subtransienten Parameter unmittelbar nach Eintritt der Störung. Es muß also gelten:

$$x_d'' = \lim_{t\to 0} x_d(t) \tag{11.125}$$

Wendet man auch hier den Grenzwertsatz an, erhält man:

$$x_d'' = \lim_{s\to\infty} x_d(s) = x_d \cdot \frac{T_d' T_d''}{T_{d0}' T_{d0}''} \tag{11.126}$$

Zur Berechnung der transienten Reaktanz nimmt man an, die Synchronmaschine habe keine Dämpferwicklung. Der Grenzübergang $t \to 0$ resultiert dann in der transienten Reaktanz $x_d'$.

$$x_d' = \lim_{s\to\infty} x_d(s) = x_d \cdot \frac{T_d'}{T_{d0}'} \tag{11.127}$$

Mit Gleichung (11.126) und (11.127) lassen sich somit die Leerlaufzeitkonstanten aus den subtransienten und transienten Reaktanzen und Kurzschlußzeitkonstanten berechnen.

Gleichung (11.126) und (11.127) lassen sich in eine andere Form bringen, indem die Gleichungen (11.120) bis (11.123) eingesetzt werden:

$$x_d' = x_d \cdot \frac{T_4 + T_5}{T_1 + T_2} \tag{11.128}$$

$$x_d'' = x_d \cdot \frac{T_4 T_6}{T_1 T_3} \tag{11.129}$$

Somit ist es möglich, durch Lösen des Gleichungssystems (11.120) bis (11.123), (11.128) und (11.129) aus den externen Parametern die internen zu berechnen. Die $q$–Achse berechnet sich auf dieselbe Weise wie die $d$–Achse. Es müssen nur die Indices geändert werden. In Tabelle 11.1 ist das Gleichungssystem nochmals übersichtlich dargestellt und dem Gleichungssystem eines klassischen Berechnungsverfahrens gegenübergestellt.

Es erweist sich im allgemeinen als schwierig, die internen Parameter zu berechnen, weil das Gleichungssystem hochgradig nichtlinear ist und eine Lösung quasi nur mit Hilfe eines Rechners ermittelt werden kann. Deshalb wird im folgenden Abschnitt eine Vereinfachung getroffen.

**Vereinfachte Darstellung der externen Parameter mit der "Klassischen Methode"**

Bei der Betrachtung der Komplexität des Gleichungssystems zur Berechnung der internen Parameter stellt sich die Frage, ob nicht durch Näherungen eine einfachere Form abgeleitet werden kann. In der Tat läßt sich für Gleichung (11.118) und (11.119) folgende Näherung anwenden:

$$(1+sT'_{d0})(1+sT''_{d0}) \approx (1+sT_1)(1+sT_3) \tag{11.130}$$

$$(1+sT'_{d})(1+sT''_{d}) \approx (1+sT_4)(1+sT_6) \tag{11.131}$$

Obige Gleichungen gelten nur unter den folgenden Bedingungen:

$$T_2, T_3 \ll T_1 \qquad T_5, T_6 \ll T_4 \qquad r_{fd} \ll r_{1d}$$

Die Berechnung der Zeitkonstanten wird dadurch stark vereinfacht:

$$T'_{d0} \approx T_1 \tag{11.132}$$

$$T''_{d0} \approx T_3 \tag{11.133}$$

$$T'_{d} \approx T_4 \tag{11.134}$$

$$T''_{d} \approx T_6 \tag{11.135}$$

Für die subtransiente und transiente Längsreaktanz ergibt sich damit laut Gleichung (11.126) und (11.127):

$$x'_d = x_d \cdot \frac{T_4}{T_1} \tag{11.136}$$

$$x''_d = x_d \cdot \frac{T_4 T_6}{T_1 T_3} \tag{11.137}$$

Greift man auf die Definition der Variablen $T_1$ bis $T_6$ in (11.109) bis (11.114) zurück, läßt sich für die Reaktanzen auch schreiben:

$$x'_d = x_\sigma + \frac{x_{hd} x_{\sigma fd}}{x_{hd} + x_{\sigma fd}} \tag{11.138}$$

$$x''_d = x_\sigma + \frac{x_{hd} x_{\sigma fd} x_{\sigma 1d}}{x_{hd} x_{\sigma fd} + x_{hd} x_{\sigma 1d} + x_{\sigma fd} x_{\sigma 1d}} \tag{11.139}$$

Weiterhin gilt für die synchrone Reaktanz

$$x_d = x_\sigma + x_{hd}$$

Es ist leicht zu erkennen, daß die transiente Reaktanz identisch mit der Eingangsreaktanz von Ersatzschaltbild 11.8 (links) ist und daß die subtransiente Reaktanz mit der Eingangsreaktanz der Schaltung 11.8 (rechts) übereinstimmt.

Die klassische Methode liefert also eine wesentlich einfachere Möglichkeit, um die internen Parameter aus den externen zu berechnen. Da es möglich ist, die

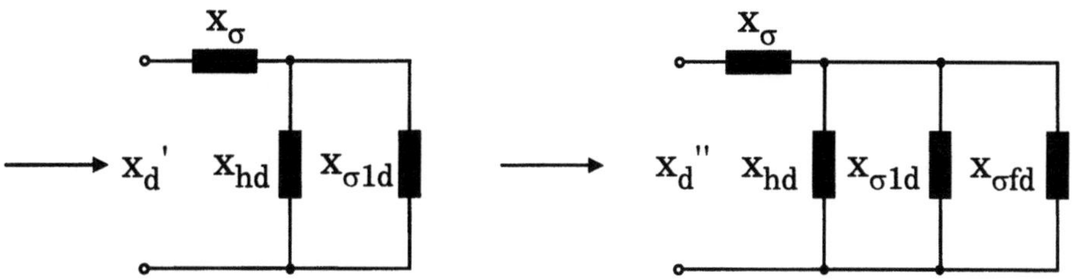


**Abbildung 11.8.** Ersatzschaltbild für den transienten Fall (links) und den subtransienten Fall (rechts)

Reaktanzen über die Ersatzreaktanzen zu formulieren, ist diese Methode auch sehr anschaulich.

Um die internen Parameter der $q$–Achse zu berechnen, wird derselbe Weg verfolgt wie bei den $d$–Komponenten. Folgendes Gleichungssystem muß schließlich nach den internen Parametern $x_{hq}$, $x_{\sigma 1q}$, $x_{\sigma 2q}$, $r_{\sigma 1q}$ und $r_{\sigma 2q}$ aufgelöst werden:

$$T'_{q0} = \frac{x_{hq} + x_{\sigma 1q}}{r_{1q}} \tag{11.140}$$

$$T''_{q0} = \frac{1}{r_{2q}} \left( x_{2q} + \frac{x_{hq} x_{\sigma 1q}}{x_{hq} + x_{\sigma 1q}} \right) \tag{11.141}$$

$$x'_q = x_\sigma + \frac{x_{hq} x_{\sigma 1q}}{x_{hq} + x_{\sigma 1q}} \tag{11.142}$$

$$x''_q = x_\sigma + \frac{x_{hq} x_{\sigma 1q} x_{\sigma 2q}}{x_{hq} x_{\sigma 1q} + x_{hq} x_{\sigma 2q} + x_{\sigma 1q} x_{\sigma 2q}} \tag{11.143}$$

$$x_q = x_\sigma + x_{hq}$$

In den meisten Fällen ist es erlaubt, die internen Parameter nach der klassischen Methode zu berechnen. Da aber angenommen wird, daß im subtransienten Fall $r_{fd} = r_{1q} = 0$ und im transienten Fall $r_{1d} \to \infty$ und $r_{2q} \to \infty$ gilt, sollte geprüft werden, ob diese Näherung erlaubt ist, weil es unter Umständen zu großen Unterschieden zwischen der exakten und der klassischen Berechnung kommen kann.

In Tabelle 11.1[1] sind die exakte und die klassische Berechnung vergleichend gegenübergestellt.

### Anwendung der Klassischen Methode unter Berücksichtigung der Induktivität $x_{\sigma 1f}$

In den vorangehenden Abschnitten ist immer davon ausgegangen worden, daß alle magnetischen Kreise auf der $d$–Achse über dieselbe bezogene Reaktanz gekoppelt sind. Es ist also die Kopplung der Läuferkreise über die Streufelder $x_{\sigma 1f}$ vernachlässigt worden. Dies führt zu hinreichend genauen Lösungen,

[1] entnommen aus /KUN/

**Tabelle 11.1.** Übersicht über die exakte und klassische Berechnung der internen Parameter

| Parameter | klassische Berechnung | exakte Berechnung |
|---|---|---|
| $T'_{d0}$ | $T_1$ | $T_1 + T_2$ |
| $T'_d$ | $T_4$ | $T_4 + T_5$ |
| $T''_{d0}$ | $T_3$ | $\dfrac{T_1 T_3}{T_1 + T_2}$ |
| $T''_d$ | $T_6$ | $\dfrac{T_4 T_6}{T_4 + T_5}$ |
| $x'_d$ | $x_d \cdot \dfrac{T_4}{T_1}$ | $x_d \cdot \dfrac{T_4 + T_5}{T_1 + T_2}$ |
| $x''_d$ | $x_d \cdot \dfrac{T_4 T_6}{T_1 T_3}$ | $x_d \cdot \dfrac{T_4 T_6}{T_1 T_3}$ |

$$T_1 = \frac{x_{hd} + x_{\sigma fd}}{r_{fd}}$$

$$T_2 = \frac{x_{hd} + x_{\sigma 1d}}{r_{1d}}$$

$$T_3 = \frac{1}{r_{1d}} \left( x_{\sigma 1d} + \frac{x_{hd} x_{\sigma fd}}{x_{hd} + x_{\sigma fd}} \right)$$

$$T_4 = \frac{1}{r_{fd}} \left( x_{\sigma fd} + \frac{x_{hd} x_{\sigma d}}{x_{hd} + x_{\sigma d}} \right)$$

$$T_5 = \frac{1}{r_{1d}} \left( x_{\sigma 1d} + \frac{x_{hd} x_{\sigma d}}{x_{hd} + x_{\sigma d}} \right)$$

$$T_6 = \frac{1}{r_{1d}} \left( x_{\sigma 1d} + \frac{x_{hd} x_{\sigma fd} x_{\sigma d}}{x_{hd} x_{\sigma d} + x_{hd} x_{\sigma fd} + x_{\sigma fd} x_{\sigma d}} \right)$$

wenn nur die Ankergrößen von Interesse sind. Diese Näherung kann bei der Berechnung des Erregerstroms zu Fehlern führen, die nicht mehr vernachlässigbar sind.

Die bezogene Koppelinduktivität der Läuferwicklungen (Gleichung (11.75)) mit $k = 1$

$$x_{1fd} = x_{hd} + x_{\sigma 1f}$$

ist folglich größer als die Hauptinduktivität.

Die Berechnung der Simulationsparameter erfolgt hier mit der klassischen Methode auf Grundlage von Ersatzschaltbild 11.5. Es werden weiterhin folgende Größen definiert:

$$x_{1d} := x_{\sigma 1d} - x_{\sigma 1f} \tag{11.144}$$

$$x_{fd} := x_{\sigma fd} - x_{\sigma 1f} \tag{11.145}$$

Das Ersatzschaltbild der $d$–Achse (Abbildung 11.9) gewinnt damit an Übersichtlichkeit. Es dient als Grundlage zur Berechnung der subtransienten und transienten Reaktanzen und der Zeitkonstanten.

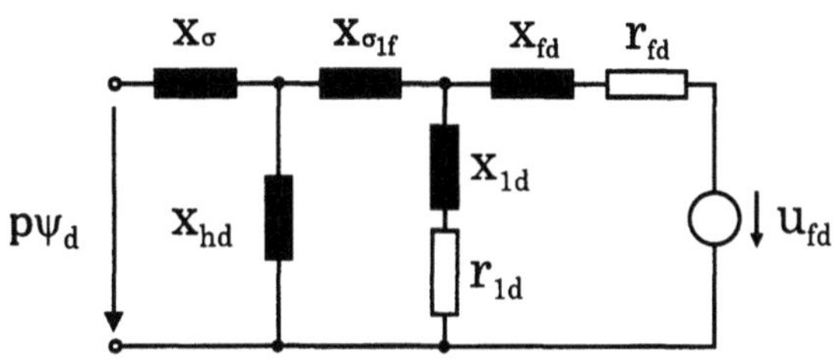


**Abbildung 11.9.** Ersatzschaltbild der $d$–Achse unter Berücksichtigung von $x_{\sigma 1f}$

Die Berechnung der Reaktanzen erfolgt nach der klassischen Methode, das heißt, die subtransiente Reaktanz $x_d''$ ist die Eingangsreaktanz des Kreises 11.9, und die transiente Reaktanz $x_d'$ berechnet sich aus der Eingangsreaktanz des Kreises unter der Annahme, daß $r_{1d} \to \infty$ gilt.

$$x_d = x_\sigma + x_{hd}$$

$$x_d' = x_\sigma + \frac{x_{hd}\left(x_{hd} + x_{\sigma 1f}\right)}{x_{hd} + x_{fd} + x_{\sigma 1f}} \tag{11.146}$$

$$x_d'' = x_\sigma + \frac{x_{1d}x_{fd}x_{hd} + x_{1d}x_{\sigma 1f}x_{hd} + x_{hd}x_{fd}x_{\sigma 1f}}{x_{hd}x_{fd} + x_{hd}x_{1d} + x_{1d}x_{fd} + x_{1d}x_{\sigma 1f} + x_{fd}x_{\sigma 1f}} \tag{11.147}$$

$$T_{d0}' = \frac{x_{hd} + x_{fd} + x_{\sigma 1f}}{r_{fd}} \tag{11.148}$$

$$T_{d0}'' = \frac{1}{r_{1d}}\left(x_{1d} + \frac{x_{fd}\left(x_{hd} + x_{\sigma 1f}\right)}{x_{\sigma 1f} + x_{fd} + x_{hd}}\right) \tag{11.149}$$

$$T_d' = \frac{1}{r_{fd}}\left(x_{fd} + x_{\sigma 1f} + \frac{x_{hd}x_\sigma}{x_{hd} + x_\sigma}\right) \tag{11.150}$$

$$T_d'' = \frac{1}{r_{1d}}\left(x_{1d} + \frac{x_{hd}x_{\sigma 1d}x_{fd} + x_\sigma x_{fd}x_{hd} + x_\sigma x_{fd}x_{\sigma 1f}}{x_{fd}x_{hd} + x_{fd}x_\sigma + x_{\sigma 1d}x_{hd} + x_{\sigma 1d}x_\sigma + x_{hd}x_\sigma}\right) \tag{11.151}$$

Die subtransienten Zeitkonstanten berechnen sich aus den Zeitkonstanten, mit denen sich der Dämpferkreis über den Dämpferwiderstand $r_{1d}$ bei Klemmenkurzschluß (Kurzschlußzeitkonstante) und Klemmenleerlauf (Leerlaufzeitkonstante) entlädt, die transienten Zeitkonstanten sind die Entladezeitkonstanten des Erregerkreises über $r_{fd}$ bei Klemmenkurzschluß und -leerlauf.

Durch Lösung dieses Gleichungssystems lassen sich wiederum die internen Parameter aus den externen gewinnen.

Die Parameter für die $q-$Achse berechnen sich auf die gleiche Weise wie im vorigen Abschnitt (Gleichung (11.140) bis (11.143)), da die beiden Ersatzdämpferwicklungen nicht zusätzlich über die Streufelder gekoppelt sind.

**Anwendung der Klassischen Methode auf die Schenkelpolmaschine**
Bei Schenkelpolmaschinen genügt es, wie anfangs erwähnt, die Dämpferwicklung in der $q-$Achse durch *einen* Ersatzdämpferkreis nachzubilden. Die Reaktanzen und Zeitkonstanten für die Querachse vereinfachen sich damit zu:

$$x_q = x_\sigma + x_{hq} \tag{11.152}$$

$$x_q'' = x_\sigma + \frac{x_{hq} x_{\sigma 1q}}{x_{hq} + x_{\sigma 1q}} \tag{11.153}$$

$$T_{q0}'' = \frac{x_{hq} x_{\sigma 1q}}{r_{1q}} \tag{11.154}$$

Transiente Parameter für die Querachse gibt es demnach bei der Schenkelpolmaschine nicht, da sie nur mit einem Ersatzdämpferkreis nachgebildet wird.

Die $d-$Achse wird in der klassischen Methode, wie oben erwähnt, entweder mit oder ohne Berücksichtigung der Kopplung der Läuferkreise über die Streuwege behandelt.

### 11.3.3 Zusammenfassung

In diesem Kapitel wurden nach der Einführung der Operatorschreibweise, die allein die Klemmengrößen in Beziehung setzt, die Zusammenhänge zwischen den meßbaren externen Parametern und den internen Parametern hergestellt. In der Regel genügen die hier aufgezählten Verfahren, um das mathematische Modell zu parametrisieren und die numerische Berechnung durchzuführen. Sind vom Hersteller nicht alle Daten gegeben, dann muß auf Erfahrungswerte zurückgegriffen werden. Einige Erfahrungswerte werden in der Literatur /KUN/ und /BOED/ erläutert. Diese sind oft zur Vervollständigung des externen Parametersatzes hilfreich.

Viele Bücher erwähnen nur die klassische Methode, um einen Zusammenhang zwischen externen und internen Parametern herzustellen. In den meisten Fällen ist diese auch ausreichend. Auf der sicheren Seite liegt man allerdings nur mit der exakten Berechnung der Modellparameter. Das Beispiel in Kapitel 11.4 verwendet deshalb die exakte Methode zur Berechnung der internen Parameter. Die Berechnung erfolgt numerisch, da eine analytische Lösung des inhomogenen Gleichungssystems zu aufwendig ist.

## 11.4 Anwendung des mathematischen Modells

Die Anwendung des Synchronmaschinenmodells soll hier anhand einiger Beispiele verdeutlicht werden.

Anhand des stationären Zustands wird das in der Energietechnik geläufige Zeigerdiagramm abgeleitet. Anschließend wird das Verhalten einer Synchronmaschine bei einem Stoßkurzschluß analytisch berechnet. Da bei der Untersuchung der transienten Stabilität in Netzen die subtransienten Vorgänge nicht berücksichtigt werden müssen, wird der Spezialfall, daß die subtransienten Vorgänge bereits abgeklungen sind, berechnet. Schließlich wird das Ergebnis einer Simulation von zwei parallel arbeitenden Schwungmasse-Synchrongeneratoren vorgestellt. Bei dieser Rechnung können keine Vereinfachungen getroffen werden, die Auswertung erfolgt numerisch.

### 11.4.1 Sonderfall des stationären Betriebs

Im stationären Betrieb läuft die Synchronmaschine am symmetrischen Netz. Der Läufer rotiert mit der synchronen Drehzahl, und alle Ausgleichsvorgänge sind abgeklungen. Die zeitlichen Ableitungen der Flußverkettungen sind folglich identisch null, ebenso die Dämpferströme. Die Erregerspannung $u_{fd}$ ist im stationären Betriebsfall konstant. Demnach gilt:

$$\begin{aligned} \omega_r &= p\theta = 1 \\ u_{fd} &= \text{const} \\ p\psi &= 0, \end{aligned}$$

Die bezogenen Ankerspannungen in Gleichung (11.37) und (11.38) vereinfachen sich somit zu:

$$u_d = -\psi_q - ri_d \tag{11.155}$$

$$u_q = \psi_d - ri_q \tag{11.156}$$

Für die bezogene Erregerspannung (11.40) gilt:

$$u_{fd} = r_{fd} i_{fd} \tag{11.157}$$

Da im stationären Betrieb kein Dämpferstrom fließt, vereinfachen sich die Ankerflußverkettungsgleichungen (11.79) zu:

$$\psi_d = x_{hd} i_{fd} - x_d i_d \tag{11.158}$$

$$\psi_q = -x_q i_q \tag{11.159}$$

Setzt man obige Ankerflußverkettungsgleichungen in die Spannungsgleichungen (11.155) und (11.156) ein, erhält man folgendes Ergebnis:

$$u_d = x_q i_q - r i_d \tag{11.160}$$
$$u_q = x_{hd} i_{fd} - x_d i_d - r i_q \tag{11.161}$$

mit $\quad i_{fd} = \dfrac{u_{fd}}{r_{fd}}$

**Darstellung des synchronen Verhaltens im Zeigerdiagramm**

Es soll nun aus den Spannungsgleichungen (11.160) und (11.161) das Zeigerdiagramm abgeleitet werden.

Die Ankerspannung ist eine symmetrische Drehspannung mit den Phasenspannungen:

$$u_a = \hat{U} \cos(\omega_s t + \varphi_u)$$
$$u_b = \hat{U} \cos\left(\omega_s t - \frac{2\pi}{3} + \varphi_u\right)$$
$$u_c = \hat{U} \cos\left(\omega_s t + \frac{2\pi}{3} + \varphi_u\right)$$

$\hat{U}$ sei der Scheitelwert der Netzspannung, bezogen auf die Ankerbezugsspannung, $\varphi_u$ ist die Phase der Spannung zum Zeitpunkt $t = 0$.

Unter Anwendung der Park-Transformation auf obige Drehspannung ergeben sich folgende $dq0-$Komponenten:

$$u_d = \hat{U} \cos(\omega_s t + \varphi_u - \theta) \tag{11.162}$$
$$u_q = \hat{U} \sin(\omega_s t + \varphi_u - \theta) \tag{11.163}$$
$$u_0 = 0 \tag{11.164}$$

Die Nullspannung ist beim symmetrischen Drehspannungssystem identisch null, die Nullkomponenten werden deshalb im folgenden nicht mehr berücksichtigt.

Der Positionswinkel $\theta$ berechnet sich bei konstanter Rotorkreisfrequenz $\omega_r$ zu

$$\theta = \omega_r t + \theta_0,$$

wobei $\theta_0$ für den Rotorwinkel zum Zeitpunkt $t = 0$ steht. Da im synchronen Betrieb $\omega_r = \omega_s$ gilt, berechnen sich die $dq0-$transformierten Ankerspannungen zu:

$$u_d = \hat{U} \cos(\varphi_u - \theta_0) \tag{11.165}$$
$$u_q = \hat{U} \sin(\varphi_u - \theta_0) \tag{11.166}$$

Definiert man nun einen *Spannungszeiger*

$$\underline{u}_t = \hat{U} e^{j(\varphi_u - \theta_0)},$$

$j$ ist die imaginäre Einheit, dann läßt sich der Spannungszeiger nach dem *Eulerschen Satz* (siehe /BRON/)

$$e^{jx} = \cos x + j \sin x$$

auch in der folgenden Form angeben:

$$\underline{u}_t = \hat{U} \cos(\varphi_u - \theta_0) + j\hat{U} \sin(\varphi_u - \theta_0)$$

Der Vergleich mit (11.165) und (11.165) zeigt, daß der Spannungszeiger von der $dq0-$transformierten Ankerspannung abhängig ist:

$$\underline{u}_t = u_d + ju_q = \underline{u}_d + \underline{u}_q \tag{11.167}$$

Der Zeiger $\underline{u}_t$ läßt sich also aus der geometrischen Addition der zueinander senkrechten Zeiger $\underline{u}_d$ und $\underline{u}_q$ berechnen. In Abbildung 11.10 sind unter anderem die Spannungszeiger eingezeichnet.

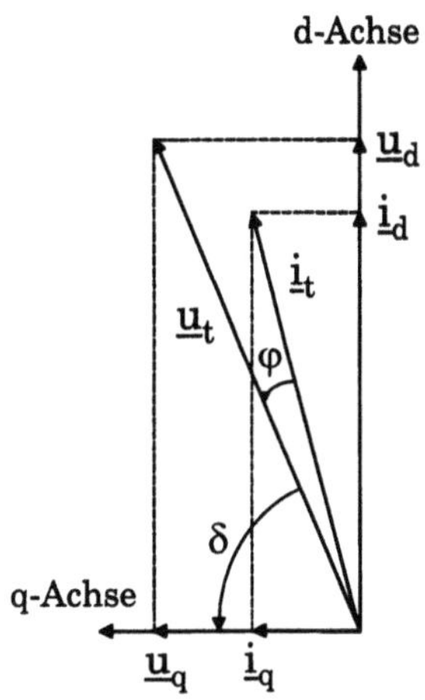


**Abbildung 11.10.** Darstellung von Spannung und Strom im Zeigerdiagramm

Der Winkel zwischen $\underline{u}_q$ und $\underline{u}_t$ ist definitionsgemäß der **Polradwinkel** $\delta$. Es gilt also:

$$u_d = \hat{U} \sin \delta \tag{11.168}$$

$$u_q = \hat{U} \cos \delta \tag{11.169}$$

Gleichermaßen läßt sich auch der Strom in Zeigerdarstellung angeben. In Abbildung 11.10 sind die Stromzeiger $\underline{i}_d$ und $\underline{i}_q$ eingezeichnet, die sich wie folgt berechnen:

$$\underline{i}_d = \hat{I} \sin(\delta + \varphi) \tag{11.170}$$

$$\underline{i}_q = j\hat{I} \cos(\delta + \varphi) \tag{11.171}$$

$\varphi$ ist die Phasenverschiebung zwischen Spannung und Strom.

Auch hier bietet sich die Darstellung

$$\underline{i}_t = i_d + ji_q = \underline{i}_d + \underline{i}_q \tag{11.172}$$

an. $\underline{i}_d$ und $\underline{i}_q$ sind die Stromzeiger in der $d-$ und $q-$Achse.

Der Spannungszeiger $\underline{u}_t$ berechnet sich mit Gleichung (11.160) und (11.161) folgendermaßen:

$$\begin{aligned} \underline{u}_t &= u_d + ju_q \\ &= x_q i_q - ri_d + j(x_{hd}i_{fd} - x_d i_d - ri_q) \end{aligned}$$

Da $j^2 = -1$ gilt, läßt sich für obige Gleichung auch schreiben:

$$\underline{u}_t = jx_{hd}i_{fd} - jx_d i_d - jx_q ji_q - r(i_d + ji_q) \tag{11.173}$$

Für den Ausdruck $jx_{hd}i_{fd} = jx_{hd}\frac{u_{fd}}{r_{fd}}$ führt man den Begriff der **Polradspannung** $\underline{u}_p$ ein. Da weiterhin gilt: $\underline{i}_q = ji_q$ und $\underline{i}_t = i_d + ji_q$, vereinfacht sich Gleichung (11.173) zu:

$$\underline{u}_t = \underline{u}_p - jx_d\underline{i}_d - jx_q\underline{i}_q - r\underline{i}_t \tag{11.174}$$

In Abbildung 11.11 ist das Zeigerdiagramm für eine Schenkelpolmaschine am Beispiel einer ohmsch-induktiven Belastung gegeben. Das Zeigerdiagramm verdeutlicht die geometrische Addition der Zeiger in Gleichung (11.174).

Weil $\underline{u}_p$ und $\underline{u}_q$ parallel sind, ist der Polradwinkel $\delta$, der laut Definition den Winkel zwischen $\underline{u}_q$ und $\underline{u}_t$ beschreibt, gleichzeitig der Winkel zwischen der Polradspannung $\underline{u}_p$ und der Ankerspannung $\underline{u}_t$.

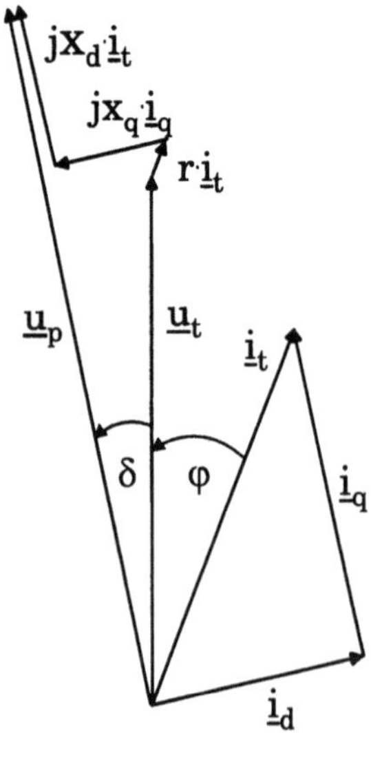


**Abbildung 11.11.** Zeigerdiagramm eines Schenkelpolgenerators bei ohmsch-induktiver Last

Das Zeigerdiagramm in Abbildung 11.11 ist die in der Energietechnik geläufigste Darstellung zur Beschreibung des stationären Verhaltens der Synchronmaschine.

**Synchrones Ersatzschaltbild einer Synchronmaschine mit Turboläufer**

Für einen Turbogenerator läßt sich aus Gleichung (11.174) ein elektrisches Ersatzschaltbild ableiten, wenn die Besonderheiten des Turboläufers berücksichtigt werden.

Bei Turboläufern sind Längs- und Querreaktanz betragsmäßig gleich. Damit vereinfacht sich die Spannungsgleichung zu:

$$\begin{aligned} \underline{u}_t &= \underline{u}_p - jx_d(\underline{i}_d + \underline{i}_q) - r\underline{i}_t \\ \underline{u}_t &= \underline{u}_p - (r + jx_d)\underline{i}_t \end{aligned} \tag{11.175}$$

Diese Gleichung läßt sich anhand des elektrischen Ersatzschaltbildes in Abbildung 11.12/links und des Zeigerdiagramms in Abbildung 11.12/rechts veranschaulichen.

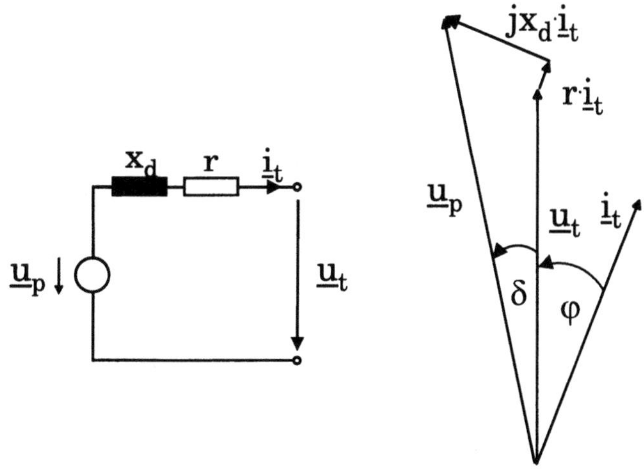


**Abbildung 11.12.** Ersatzschaltbild (links) und Zeigerdiagramm (rechts) eines Turbogenerators

## 11.4.2 Dreipoliger Stoßkurzschluß

Von den Grundlagen der Synchronmaschine, zum Beispiel /BOED/, ist bekannt, daß eine Synchronmaschine, wenn sie an allen drei Klemmen aus dem Leerlauf kurzgeschlossen wird, ein spezielles transientes Verhalten aufweist,

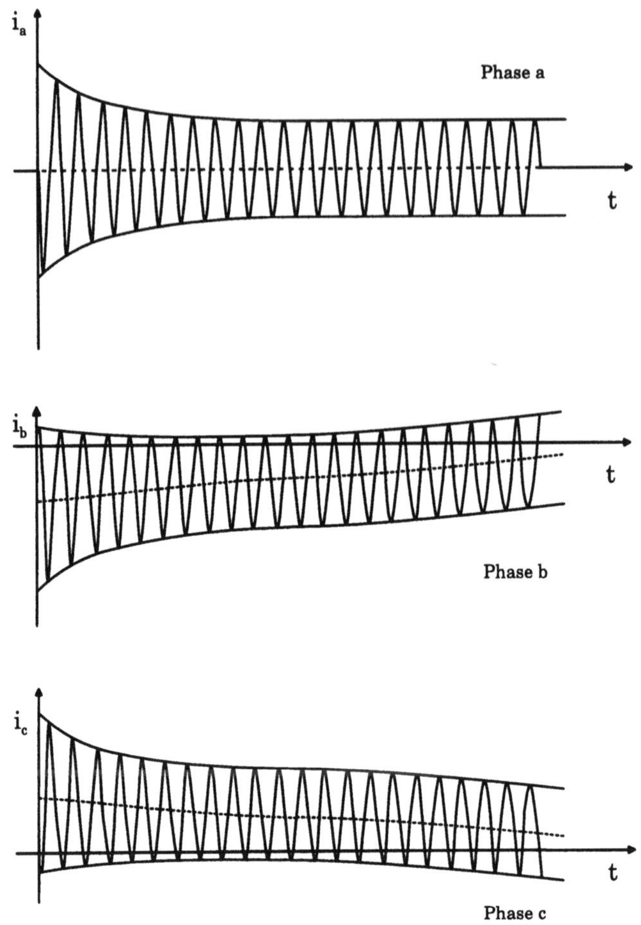


**Abbildung 11.13.** Kurzschlußströme der Phasen $a, b$ und $c$ beim dreipoligen Klemmenkurzschluß

dessen zeitabhängigen Verlauf Abbildung 11.13 zeigt. Dargestellt sind hier die Ströme der drei Phasen $a, b$ und $c$ im Falle eines Klemmenkurzschlusses. Wie in Kapitel 5.2 erläutert wurde, antwortet ein System auf eine Zustandsänderung mit einem Ausgleichsstrom, der dem stationären Strom überlagert ist. Er trägt dafür Sorge, daß die Übergangsbedingungen für eine Zustandsänderung nicht verletzt werden. Weil es sich bei den Wicklungen der Synchronmaschine um magnetische Energiespeicher handelt, lautet die Übergangsbedingung, daß der Strom im Kurzschlußeintritt nicht springen darf.

Der Kurzschlußstrom setzt sich deshalb aus zwei Anteilen zusammen:

- Der **Kurzschlußwechselstrom** ist ein netzfrequenter Wechselstrom, dessen Amplitude im Laufe der Zeit gegen einen definierten Wert abnimmt. In Abbildung 11.14 ist der Kurzschlußstrom am Beispiel der Phase $a$ gezeigt. Die *subtransienten*, *transienten* und *stationären* Abschnitte sind gekennzeichnet.
- Der **Gleichstromanteil** hat den Verlauf einer Exponentialfunktion, deren Zeitkonstante von den subtransienten Reaktanzen und dem Ankerwiderstand abhängig ist. Der Gleichstromanteil berechnet sich unter der Bedingung, daß bei Kurzschlußeintritt alle Phasenströme null sein müssen.

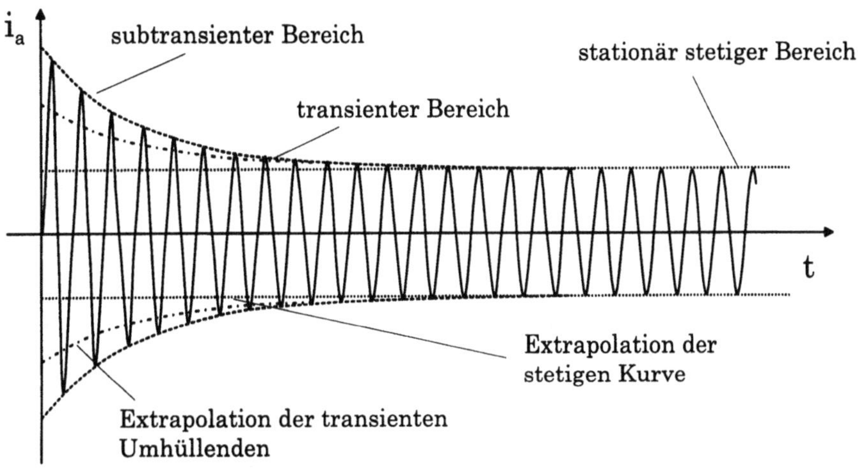


**Abbildung 11.14.** Kurzschlußwechselstrom der Phase $a$ beim dreipoligen Klemmenkurzschluß

In diesem Beispiel soll nun der Kurzschlußwechselstrom laut Abbildung 11.14 analytisch mit dem mathematischen Modell der Synchronmaschine berechnet werden. Die Berechnung findet im Bildbereich der Laplace-Transformation statt, und das Ergebnis wird zum Schluß in den Zeitbereich rücktransformiert. Die bezogenen Spannungsgleichungen (11.37) und (11.38) lauten bei konstanter Rotorkreisfrequenz $\omega_r$:

$$u_d = p\psi_d - \omega_r \psi_q - r i_d$$
$$u_q = p\psi_q + \omega_r \psi_d - r i_q$$

Die transformatorischen Spannungen $p\psi_d$ und $p\psi_q$ sind diejenigen Spannungen, die bei einer Änderung der magnetischen Flußverkettung in den Wicklungen induziert werden. Durch die Induktion einer Gegenspannung ist es möglich, daß der magnetische Fluß und damit der Strom in der Wicklung nicht springt. Die transformatorischen Spannungen haben damit nur auf den Gleichstromanteil, nicht aber auf den Kurzschlußwechselstrom Einfluß.

Zusätzlich kann angenommen werden, daß der ohmsche Spannungsverlust gegen die rotatorische Spannung vernachlässigbar klein ist. Um den Kurzschlußwechselstrom zu berechnen, müssen also nur die rotatorischen Spannungen in die Rechnung einbezogen werden. Es gilt:

$$u_d = -\omega_r \psi_q$$
$$u_q = \omega_r \psi_d$$

In Differenzenschreibweise lauten die Spannungsgleichungen

$$\Delta u_d(t) = u_d(t) - u_d(0) = -\omega_r \Delta\psi_q(t)$$
$$\Delta u_q(t) = u_q(t) - u_q(0) = \omega_r \Delta\psi_d(t)$$

Die Anfangswerte für die Spannung $u_d(0)$ und $u_q(0)$ lassen sich leicht aus Gleichung (11.160) und (11.161) berechnen. Vor dem Kurzschluß läuft die Synchronmaschine im stationären Betrieb mit offenen Klemmen, die Ankerströme $i_d$ und $i_q$ betragen demnach beide null. Für die Anfangswerte gilt:

$$u_d(0) = 0$$
$$u_q(0) = x_{hd} i_{fd} = \hat{U}_p$$

Die Ankerquerspannung ist also vor Kurzschlußeintritt die auf die Ankerbezugsspannung bezogene Polradspannung.
Schließt man die Klemmen kurz, dann gilt:

$$u_d(t) = 0$$
$$u_q(t) = 0$$

Folglich ergibt sich für die Änderung der Spannungen:

$$\Delta u_d(t) = 0 = -\omega_r \Delta\psi_q(t) \tag{11.176}$$
$$\Delta u_q(t) = -\hat{U}_p \sigma(t) = \omega_r \Delta\psi_d(t) \tag{11.177}$$

mit der Einheitssprungfunktion $\sigma(t)$.
Wendet man die Laplace-Transformation auf die Spannungsgleichungen an, ergibt sich:

$$\Delta u_d(s) = 0 = -\omega_r \Delta\psi_q(s) \tag{11.178}$$
$$\Delta u_q(s) = -\frac{1}{s} \cdot \hat{U}_p = \omega_r \Delta\psi_d(s) \tag{11.179}$$

Gleichung (11.178) liefert keine Aussage über den Ankerstrom und wird zur Berechnung des Ankerstromes nicht benötigt. Im folgenden wird nur noch auf Gleichung (11.179) eingegangen. Setzt man voraus, daß der Läufer mit synchroner Drehzahl rotiert, erhält man folgende Spannungsgleichung, die untersucht werden muß:

$$-\frac{1}{s} \cdot \hat{U}_p = \Delta\psi_d(s) \tag{11.180}$$

In Abschnitt 11.3.1 ist unter der Verwendung von Operatoren folgender Ausdruck für die Ankerlängsflußverkettung abgeleitet worden:

$$\Delta\psi_d = G(s)\Delta u_{fd}(s) - x_d(s)\Delta i_d(s)$$

Hier wird nun der Fall behandelt, daß die Erregerspannung konstant ist: $\Delta u_{fd} = 0$. Setzt man unter dieser Voraussetzung die Flußverkettungsänderung in Gleichung (11.180) ein und löst sie nach $\Delta i_d(s)$ auf, so erhält man folgenden Term:

$$\Delta i_d(s) = \hat{U}_p \cdot \frac{1}{s x_d(s)} \tag{11.181}$$

Für den Reaktanzoperator $x_d(s)$ gilt Gleichung (11.116):

$$x_d(s) = x_d \cdot \frac{(1 + T'_d s)(1 + T''_d s)}{(1 + T'_{d0} s)(1 + T''_{d0} s)}$$

Dieser Ausdruck, in Gleichung (11.181) eingesetzt, ergibt die Lösung für die Änderung des Ankerlängsstroms im Bildbereich der Laplace-Transformation:

$$\Delta i_d(s) = \hat{U}_p \cdot \frac{(1 + T'_{d0} s)(1 + T''_{d0} s)}{s(1 + T'_d s)(1 + T''_d s)} \tag{11.182}$$

Schließlich gilt es noch, den Ankerlängsstrom in den Zeitbereich rückzutransformieren. Die genaue Vorgehensweise bei der Laplace-Rücktransformation ist in Kapitel 2.4 und in /FOEL/ beschrieben. Mit einer Partialbruchzerlegung und unter Ausnutzung von Gleichung (11.126) und (11.127)

$$x''_d = x_d \cdot \frac{T'_d T''_d}{T'_{d0} T''_{d0}} \qquad x'_d = x_d \cdot \frac{T'_d}{T'_{d0}}$$

läßt sich Gleichung (11.182) auch folgendermaßen formulieren:

$$\Delta i_d(s) = \hat{U}_p \left[ \frac{1}{x_d} \frac{1}{s} + \left( \frac{1}{x'_d} - \frac{1}{x_d} \right) \frac{1}{s + \frac{1}{T'_d}} + \left( \frac{1}{x''_d} - \frac{1}{x'_d} \right) \frac{1}{s + \frac{1}{T''_d}} \right]$$

Mit Tabelle 2.4 läßt sie sich in den Zeitbereich zurücktransformieren.

$$\Delta i_d(t) = \hat{U}_p \left[ \frac{1}{x_d} + \left( \frac{1}{x'_d} - \frac{1}{x_d} \right) e^{-\frac{t}{T'_d}} + \left( \frac{1}{x''_d} - \frac{1}{x'_d} \right) e^{-\frac{t}{T''_d}} \right] \tag{11.183}$$

Es gilt:

$$\Delta i_d(t) = i_d(t) - i_d(0)$$

Vor dem Kurzschluß ist der Ankerstrom null (Leerlauf), deshalb sind Stromänderung und absoluter Strom identisch: $\Delta i_d(t) = i_d(t)$. Aus der Gleichung (11.176) geht hervor, daß $\Delta\psi_q$ gleich null ist, damit ist auch der Ankerquerstrom $i_q$ gleich Null. Die $dq0$-Rücktransformation des Ankerstroms mit der Transformationsmatrix $\mathbf{C}^{-1}$ aus Gleichung (11.6) wird damit sehr einfach. Die Lösung für den Strom der Phase $a$ im Zeitbereich lautet:

$$i_a(t) = \hat{U}_p \left[ \frac{1}{x_d} + \left( \frac{1}{x_d'} - \frac{1}{x_d} \right) e^{-\frac{t}{T_d'}} + \left( \frac{1}{x_d''} - \frac{1}{x_d'} \right) e^{-\frac{t}{T_d''}} \right] \cos\theta \tag{11.184}$$

Der Positionswinkel $\theta$ berechnet sich für $\omega_r = 1$ zu:

$$\theta = t + \theta_0$$

Der Kurzschlußwechselstrom besteht laut Gleichung (11.184) aus der Überlagerung

- des **subtransienten** Anteils, der mit der subtransienten Kurzschlußzeitkonstante $T_d''$ abklingt
- des **transienten** Anteils, der mit der transienten Kurzschlußzeitkonstante $T_d'$ abklingt
- und dem **stationären** Anteil.

Der **subtransiente Kurzschlußwechselstrom**, auch als **Anfangs-** oder **Stoßkurzschlußwechselstrom** bezeichnet, läßt sich durch den Grenzübergang $t \to 0$ berechnen:

$$i_k'' = \lim_{t\to 0} i_a(t) = \frac{\hat{U}_p}{x_d''} \cos(t + \theta_0) \tag{11.185}$$

Der **transiente Kurzschlußwechselstrom** wird ebenfalls mit dem Grenzübergang $t \to 0$ berechnet, allerdings unter Nichtberücksichtigung der subtransienten Anteile:

$$i_k' = \lim_{t\to 0} i_a(t) = \frac{\hat{U}_p}{x_d'} \cos(t + \theta_0) \tag{11.186}$$

Der **Dauerkurzschlußstrom** schließlich errechnet sich beim Grenzübergang $t \to \infty$

$$i_k = \lim_{t\to\infty} i_a(t) = \frac{\hat{U}_p}{x_d} \cos(t + \theta_0) \tag{11.187}$$

Vergleichbar mit dem stationären Fall im vorigen Kapitel läßt sich auch das Verhalten der Synchronmaschine bei einem Stoßkurzschluß über Ersatzschaltbilder veranschaulichen. Aus Gleichung (11.185) ist ersichtlich, daß der subtransiente Kurzschlußwechselstrom durch eine Spannungsquelle, die eine Wechselspannung der Form $u_p''(t) = \hat{U}_p \cos(t + \theta_0)$ liefert, und eine Längsreaktanz $x_d''$ beschrieben werden kann. Wird zusätzlich der Ankerwiderstand $r$ berücksichtigt, so führt dies auf das Ersatzschaltbild 11.15.

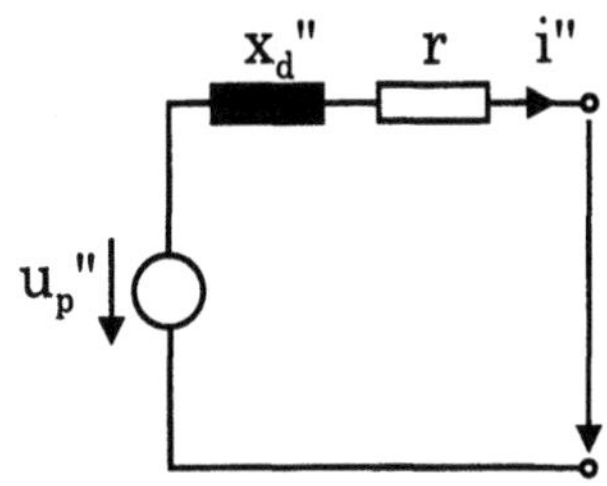


**Abbildung 11.15.** Subtransientes Ersatzschaltbild einer Synchronmaschine

Das **subtransiente Ersatzschaltbild** 11.15 findet nicht nur bei der Berechnung von Kurzschlußströmen Verwendung; es wird immer dann eingesetzt, wenn sehr schnelle Ausgleichsvorgänge, allen voran elektromagnetische Ausgleichsvorgänge (siehe Kapitel 5), berechnet werden sollen. Die Wechselspannung $u_p''$ berechnet sich aus dem stationären Zustand vor Fehlereintritt.

$$\underline{\mathbf{u}}_p'' = (r + jx_d'')\underline{\mathbf{i}}_d'' \tag{11.188}$$

In derselben Weise läßt sich auch das **transiente Ersatzschaltbild** in Abbildung 11.16 angeben.

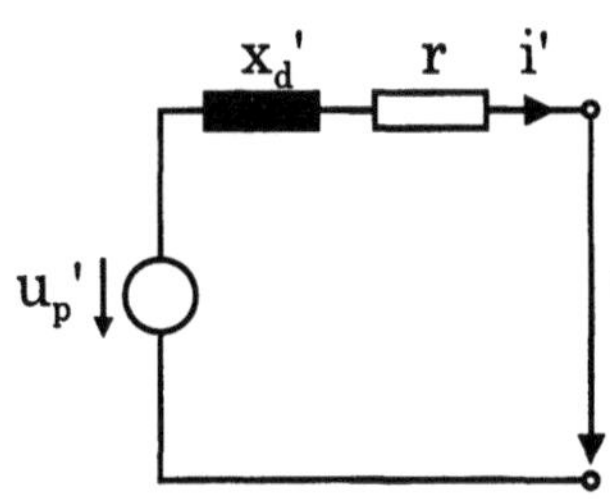


**Abbildung 11.16.** Transientes Ersatzschaltbild einer Synchronmaschine

Das transiente Ersatzschaltbild findet neben der Berechnung des transienten Kurzschlußwechselstroms breite Anwendung in der Stabilitätsrechnung, da es wesentlich einfacher als das komplette Modell ist und in vielen Fällen ausreichend genaue Ergebnisse liefert. Die transiente Spannung $u_p'$ wird wie auch die subtransiente Spannung aus den stationären Daten vor Fehlereintritt ermittelt.

$$\underline{\mathbf{u}}_p' = (r + jx_d')\underline{\mathbf{i}}_d' \tag{11.189}$$

Für den Dauerkurzschluß ergibt sich das gewohnte stationäre Ersatzschaltbild 11.12. Die einphasigen elektrischen Ersatzschaltbilder 11.12, 11.15 und 11.16 sind alle über ihre Herleitung mit bezogenen Größen definiert. In der Praxis werden sie jedoch meistens mit absoluten Größen benutzt. Eine Zusammenfassung aller drei Ersatzschaltbilder zeigt die Darstellung in Abbildung 11.17.

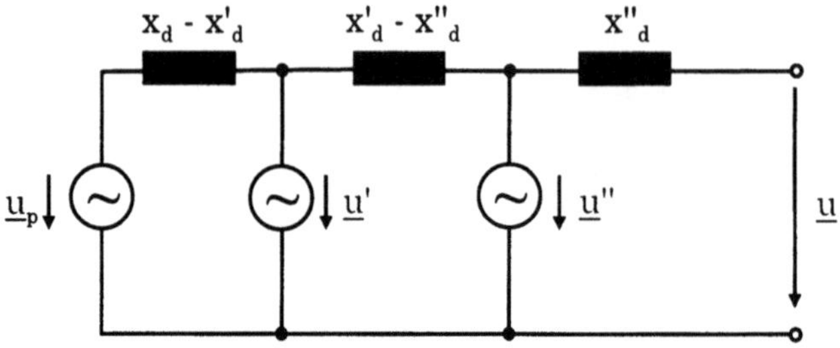


**Abbildung 11.17.** Ersatzschaltbild einer Synchronmaschine während eines Ausgleichsvorgangs (subtransienter, transienter und stationärer Fall)

Während des zeitlichen Ablaufs eines Ausgleichsvorgangs ändert sich die treibende Spannung. Für den subtransienten Vorgang ist der rechte Zweig des Ersatzschaltbildes anzuwenden, dabei ist nur die Spannungsquelle $\underline{u}''$ wirksam, während die anderen beiden Quellen nicht vorhanden sind. Setzt der transiente Vorgang ein, so ist lediglich $\underline{u}'$ wirksam und für den stationären Fall $\underline{u}_p$, wobei jeweils die anderen beiden Quellen nicht vorhanden sind und sich die Reaktanzen entsprechend der Fälle aufaddieren.

### 11.4.3 Numerische Berechnung eines vollständigen mathematischen Modells: Parallelschaltung zweier Schwungmasse-Synchrongeneratoren

Alle bisherigen Berechnungen sind für spezielle Fälle durchgeführt worden. Eine analytische Lösung konnte nur mit Annahmen ermittelt werden, die eine allgemeine Lösung ausschließen. Bereits anhand des Stoßkurzschlusses konnte verdeutlicht werden, daß auch relativ einfache Problemstellungen sehr schnell zu aufwendigen Lösungen führen, die nur mit Näherungen bestimmt werden können.

In diesem Beispiel soll anhand der Parallelschaltung von zwei Schwungmasse-Synchrongeneratoren demonstriert werden, wie mit Hilfe von Simulationsprogrammen eine Lösung ohne einschränkende Annahmen auf Basis des in Kapitel 11.2 und 11.3 abgeleiteten mathematischen Modells der Synchronmaschine ermittelt werden kann. /LAD/

**Problemstellung**
Schwungmasse-Synchrongeneratoren werden immer dann eingesetzt, wenn über einen kurzen Zeitraum eine sehr hohe Leistung abgegeben werden muß, zum Beispiel in Prüffeldern oder Kernfusionsexperimenten. Die Energie, die über einen langen Zeitraum aus dem öffentlichen Netz entnommen werden muß, wird in der rotierenden Masse gespeichert und in sehr kurzer Zeit an die elektrische Last abgegeben. Die Drehzahl des Schwungrades sinkt dabei ab, folglich wird auch die Frequenz im Belastungskreis kleiner. Die hohe Energiedichte rotierender Massen ermöglicht die Speicherung großer Mengen an kinetischer Energie, die in einem sehr kurzen Zeitraum mit hoher Leistung an das elektrische Inselnetz abgegeben werden. Abbildung 11.18 zeigt einen Schwungmasse-Generator der Firma Siemens, der im Max-Planck-Institut für Plasmaphysik in Garching bei München installiert ist.

**Abbildung 11.18.** Schwungmasse-Synchrongenerator (Siemens): Stoßleistung 150 MVA, nutzbare Energie: 1450 MJ, Masse des Schwungrades: 230 t

Speisen mehrere Maschinen auf eine Sammelschiene, so kann das zu Problemen führen. Da die Rotordrehzahl nicht konstant ist, besteht die Gefahr, daß die synchronisierenden Momente, das sind diejenigen Momente, die zwischen den Maschinen zum Erhalt des Synchronismus ausgetauscht werden, sehr groß werden. Deshalb fließt bei einem Lastwechsel ein hoher Ausgleichsstrom zwischen den Maschinen. Schwungmasse-Generatoren werden deshalb in den meisten Fällen im Einmaschinensystem betrieben. Das Einmaschinensystem hat aber den entscheidenden Nachteil, daß das Netz *einer* Synchronmaschine sehr *weich* ist und, wenn mehrere Maschinen parallel arbeiten, vor jedem Lastpuls die Last mittels Schaltern und Kreuzschienenverteilern auf die Maschinen mechanisch verteilt werden muß. In diesem Abschnitt wird deshalb erörtert, unter welchen Rahmenbedingungen eine Parallelschaltung von zwei Schwungmasse-Synchrongeneratoren möglich ist und ob der synchrone Betrieb gewährleistet ist.

**Ziel dieses Kapitels**

Das Ziel ist, anhand dieses Beispiels die Ausarbeitung eines Konzepts für die Parallelschaltung von zwei Synchronmaschinen darzulegen und nachvollziehbar zu machen. Die externen Parameter der Synchrongeneratoren sind in der Tabelle 11.2 angegebenen.

**Tabelle 11.2.** Externe Parameter der untersuchten Schwungmasse-Generatoren

| Maschine 1 | | | Maschine 2 | | |
|---|---|---|---|---|---|
| $x_d$ | = | 4.5 | $x_d$ | = | 4.12 |
| $x_q$ | = | 3.1 | $x_q$ | = | 2.5 |
| $x_d^{'}$ | = | 0.68 | $x_d^{'}$ | = | 0.328 |
| $x_d^{''}$ | = | 0.186 | $x_d^{''}$ | = | 0.175 |
| $x_q^{''}$ | = | 0.19 | $x_q^{''}$ | = | 0.21 |
| $T_d^{'}$ | = | 0.55 s | $T_d^{'}$ | = | 0.204 s |
| $T_d^{''}$ | = | 0.03 s | $T_d^{''}$ | = | 0.0213 s |
| $T_q^{''}$ | = | 0.03 s | $T_q^{''}$ | = | 0.0213 s |
| $J$ | = | 90400 kgm$^2$ | $J$ | = | 120300 kgm$^2$ |
| $R_a$ | = | 5.6$m\Omega$ | $R_a$ | = | 2.68$m\Omega$ |

Beide Synchronmaschinen haben eine Bemessungsspannung von 10.5 kV und eine Netzfrequenz von 100 Hz. Maschine 1 hat die Nennstoßleistung $S_{n1}$ = 144 MVA, Maschine 2 $S_{n2}$ = 220 MVA. Beide Maschinen besitzen vier Polpaare. Bei einer Netzfrequenz von 100 Hz ergibt sich damit eine Nenndrehzahl von 1500 min$^{-1}$. Die wesentlichen Komponenten, die die Parallelschaltung besitzen muß, sind in Abbildung 11.19 eingezeichnet.

Unter anderem müssen die folgenden Einrichtungen vorgesehen werden:

1. Synchronmaschine 1 und Synchronmaschine 2
2. Spannungsregelung jeder Maschine
3. Synchronisationseinrichtung
4. Zeitlich veränderliche Last.

Eine technische Realisierung verlangt natürlich eine wesentlich aufwendigere Struktur, da die Maschinen noch vor Überspannungen, Überströmen usw. geschützt werden müssen. Zur Modellbildung aber ist die vereinfachte Struktur nach Abbildung 11.19 zulässig.

Im folgenden wird auf die Punkte 1 bis 4 im Simulationsmodell eingegangen.

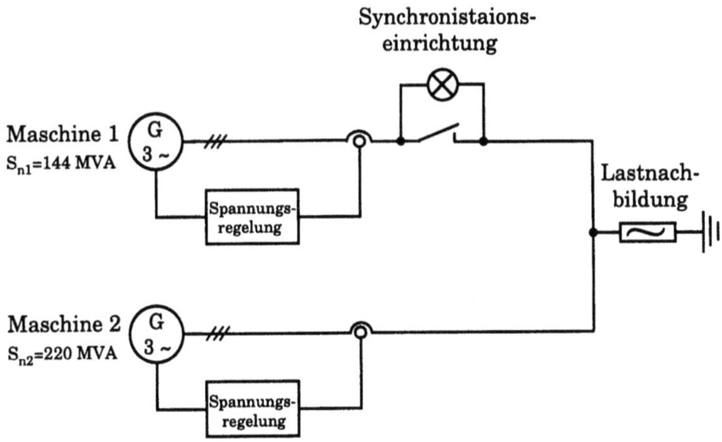


**Abbildung 11.19.** Vereinfachte Struktur der Parallelschaltung von zwei Schwungmasse-Synchrongeneratoren

**1. Nachbildung der Synchronmaschinen**

Die Berechnung der Synchronmaschinen erfolgt mit dem mathematischen Modell, das in Kapitel 11.2 abgeleitet worden ist. Es kommt nur dieses Modell in Frage, da keine vereinfachenden Annahmen für dieses Problem getroffen werden können; die Erregerspannung wird geregelt, die Drehzahl ändert sich in einem weiten Bereich, und die abgegebene Scheinleistung weist ebenfalls eine große Zeitabhängigkeit auf.

Die **bezogenen** Differentialgleichungen, die das Ersatzschaltbild 11.5 und 11.6 beschreiben, müssen in ein Simulationsprogramm, in diesem Fall *Simplorer* /SIMP/, implementiert werden, das die numerische Lösung der Ankergrößen ermittelt. Das hier gewählte Simulationsprogramm verwendet als Integrationsalgorithmus die *Trapezregel* (siehe Kapitel 3.4.1) und zur Berechnung der Nichtlinearitäten den Newton-Raphson-Algorithmus (siehe /BRON/).

Die Anbindung an das Netzwerkmodell wird erleichtert, indem die bezogenen Klemmengrößen in absolute Größen umgerechnet werden. Weiterhin läuft die Berechnung unter Vernachlässigung der Reaktanz $x_{1\sigma f}$ im Ersatzschaltbild 11.5 ab. Die Leerlaufkennlinie der Maschinen ist ebenfalls gegeben und wird mittels einer Zuordnungstabelle an den Simulatorkern übergeben.

Die Berechnung der internen Parameter erfolgt gemäß Kapitel 11.3.2 mit der *exakten Berechnungsmethode* für eine Maschine mit *einem* Ersatzdämpferkreis auf der $q-$Achse.

Beide Synchronmaschinen sind mit einem Dämpferkäfig versehen. Für einen Läufer mit Dämpferkäfig ist die Annahme $x_{1d} = x_{1q}$ erlaubt. Wenn man die Gleichungen in Tabelle 11.1 nach den internen Parametern auflöst, erhält man für die internen Parameter die bezogenen Größen aus Tabelle 11.3.

Damit ist das mathematische Modell vollständig parametrisiert. Sowohl Erregerseite als auch Ankerseite sind von außen zugänglich. Der Anker kann

**Tabelle 11.3.** Interne Parameter der beiden Synchronmaschinen

| Maschine 1 | | | Maschine 2 | | |
|---|---|---|---|---|---|
| $x_{hd}$ | = | 4.37 | $x_{hd}$ | = | 4.03 |
| $x_{hq}$ | = | 2.97 | $x_{hq}$ | = | 2.41 |
| $x_\sigma$ | = | 0.127 | $x_\sigma$ | = | 0.088 |
| $x_{\sigma 1d}$ | = | 0.063 | $x_{\sigma 1d}$ | = | 0.129 |
| $x_{\sigma 1q}$ | = | 0.063 | $x_{\sigma 1q}$ | = | 0.129 |
| $x_{\sigma fd}$ | = | 0.829 | $x_{\sigma fd}$ | = | 0.289 |
| $r$ | = | $7.3 \cdot 10^{-3}$ | $r$ | = | $5.35 \cdot 10^{-3}$ |
| $r_{1d}$ | = | 0.0085 | $r_{1d}$ | = | 0.0126 |
| $r_{1q}$ | = | 0.0099 | $r_{1q}$ | = | 0.0159 |
| $r_{fd}$ | = | 0.0029 | $r_{fd}$ | = | 0.0034 |

somit an die gemeinsame Sammelschiene, sprich das elektrische Netzwerk, geschaltet werden. Die Erregerseite wird mit einer gesteuerten Spannungsquelle versorgt, die vom Spannungsregler angesteuert wird.

Das mechanische System wird durch die Bewegungsgleichung (11.190) beschrieben, die hier zum besseren Verständnis **unbezogen** angegeben wird.

$$J\frac{d\omega}{dt} = M_a - M_i \tag{11.190}$$

$M_a$ ist das mechanische Antriebsmoment der Welle. Weil Schwungmasse-Synchronmaschinen keine Antriebmaschine besitzen, gilt $M_a = 0$.

Mit Gleichung (11.28)

$$M_i = \frac{3}{2}(\psi_d i_q - \psi_q i_d)\frac{p_f}{2}$$

ist der Zusammenhang von mechanischen und elektrischen Größen gegeben. Um die mechanische Gleichung in das Synchronmaschinenmodell zu implementieren, müssen auch die Bewegungsgleichungen in bezogener Form angegeben werden.

**2. Entwurf des Spannungsreglers**

Bei elektrisch erregten Synchronmaschinen können die abgegebene Wirkleistung, die Blindleistung, die Klemmenspannung und die Netzfrequenz über folgende Stellgrößen geregelt werden:

- **Antriebsmoment** $M_a$
  Regelung von Inselnetzfrequenz und Wirkleistung
- **Erregerspannung** $U_{fd}$
  Regelung von Blindleistung und Klemmenspannung

Wie bereits erwähnt, verfügen Schwungmasse-Synchrongeneratoren über keine Antriebsmaschine, deshalb lassen sich Netzfrequenz und abgegebene Wirkleistung nicht beeinflussen. Die elektrische Wirkleistung gewinnt man aus dem Drehzahlabfall, was zu einer nicht konstanten Frequenz an der Last führt. Eine Korrektur derselben ist nicht möglich.

Anders sieht das bei der Klemmenspannung und der Blindleistung aus: Sie können über die Erregerspannung beeinflußt werden. Die Erregerspannung wird bei Schwungradgeneratoren meistens mittels ***statischer Thyristorerregung*** bereitgestellt. Die Drehspannung des elektrischen Versorgungsnetzes wird hierbei mittels Thyristorstromrichtern gleichgerichtet und mit Bürsten auf das Polrad übertragen. Die statische Erregung ist diejenige Erregung, die das schnellste Regelverhalten aufweist.

Als problematisch erweist sich, daß mit *einer* Stellgröße, nämlich der Erregerspannung, *zwei* Regelgrößen geregelt werden müssen, die Blindleistung und die Spannung. Dies läßt sich nur dann realisieren, wenn ein funktionaler Zusammenhang zwischen der Klemmenspannung und der Blindleistung, zum Beispiel in Form einer Kennlinie gemäß Abbildung 11.20, dem Spannungsregler vorgegeben wird.

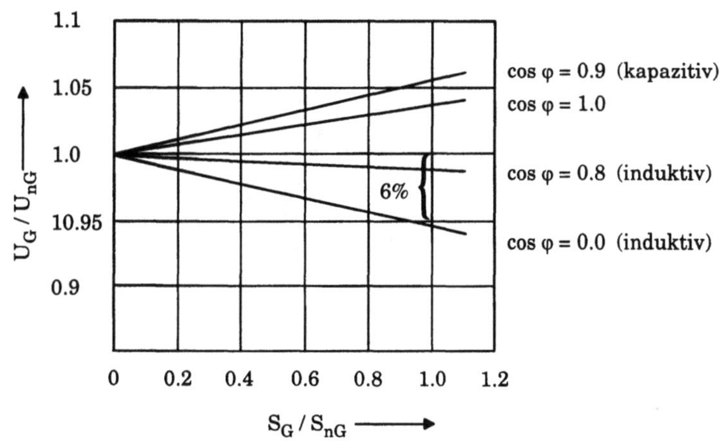


**Abbildung 11.20.** Spannungs-Leistungskennlinie bei 6% Statik

Abhängig von der ***abgegebenen Leistung*** und dem ***Leistungsfaktor*** regelt demnach der Spannungsregler die Klemmenspannung auf unterschiedliche Sollwerte, die auf der Kennlinie abgelesen werden können. Die Differenz zwischen der Spannung des leerlaufenden Generators und der Spannung des mit seiner Nennscheinleistung $S_{nG}$ belasteten Generators bei $\cos\varphi = 0.0_i$ wird als **Statik** bezeichnet und in % angegeben. Die Kennlinie 11.20 hat beispielsweise eine Statik von 6%. Haben alle Synchronmaschinen im Verbund die gleiche Statik, dann werden sie auf denselben Betriebspunkt geregelt. Die parallel arbeitenden Maschinen geben also, bezogen auf ihre Nennscheinleistung, die gleiche Leistung ab. Weitere Details und die schaltungstechnische Realisierung einer Spannungs-Leistungskennlinie können /HAPO/ entnommen werden.

Es ist also mit dem Kennlinienregler möglich, über die Erregerspannung die geforderte Blindleistung gleichmäßig auf die Synchronmaschinen zu verteilen und die Spannung annähernd konstant zu halten.

In vielen Fällen kann eine Spannungsabweichung aber nicht geduldet werden. Abhilfe schafft eine Reglerstruktur entsprechend Abbildung 11.21. Jede Maschine bekommt einen Kennlinienregler als *inneren Regler*, der über eine hohe Dynamik verfügt. Es bieten sich zum Beispiel ein PD-Regler oder ein P-Regler an (siehe /FOER/). Den beiden Kennlinienreglern wird ein langsamer PI-Regler überlagert, der die Abweichung der Klemmenspannung vom Sollwert (z.B. 1.1-fache Nennspannung) ausregelt.

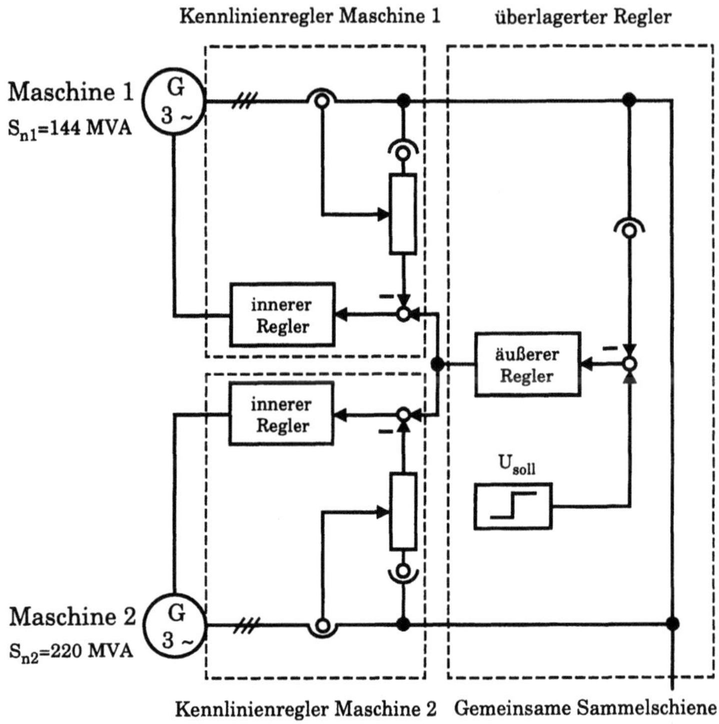


**Abbildung 11.21.** Zweischleifige Reglerstruktur zur Realisierung einer Kennlinienregelung ohne stationäre Spannungsabsenkung für die Parallelschaltung von zwei Synchronmaschinen

Diese Vorgehensweise findet man auch bei der Leistungs-Frequenzregelung von Synchronmaschinen im Verbundnetz, siehe /HAPO/, wo über eine Leistungs-Frequenz-Kennlinie beide Größen geregelt werden können.

In diesem Beispiel wird für den inneren Regler ein realer PD-Regler gewählt, wobei die Einstellgrenzen der Erregerstromrichter berücksichtigt werden müssen. Der überlagerte Regler ist als PI-Regler ausgeführt. Mit Hilfe des Frequenzkennlinienverfahrens lassen sich die Reglerparameter ermitteln. In /FO-

ER/ und /HAPO/ sind die wichtigsten Entwurfsverfahren und Eigenschaften von Regelgliedern ausführlich beschrieben.

**3. Synchronisationseinrichtung**

Wenn eine Synchronmaschine auf Nenndrehzahl hochgefahren und erregt ist, muß sie, um auf ein starres Netz geschaltet werden zu können, mit dem Netz synchronisiert werden. Zu diesem Zweck werden Synchronisationseinrichtungen eingesetzt. Das unsynchronisierte Aufschalten einer Synchronmaschine auf ein Netz führt in der Ankerwicklung zu einem hohen Ausgleichsstrom, der die Maschine überlasten und zerstören kann. Obwohl in dem betrachteten Fall kein starres Netz vorhanden ist, ist eine Synchronisierung erforderlich, um die beiden Schwungradgeneratoren parallelzuschalten. Zur Synchronisierung der beiden Maschinen werden sie auf unterschiedliche Drehzahlen beschleunigt.

Als Beispiel wird angenommen, Maschine 1 besitzt eine Frequenz von 100 Hz und Maschine 2 von 101 Hz. Am Schalter der Synchronisationslampe liegt eine Spannung, die eine Schwebung mit 1 Hz beschreibt. Sobald die Lampe erlischt, liegt zwischen den Schalterklemmen keine Spannung an, die Generatoren können gefahrlos zusammengeschaltet werden. Heutzutage erfolgt die Synchronisation natürlich vollautomatisch.

Dies ist nur ein Beispiel für eine Synchronisationsschaltung. Weitere Möglichkeiten können /BOED/ entnommen werden.

**4. Zeitlich veränderliche Last**

Die Lastnachbildung im Modell erfolgt durch gesteuerte Stromquellen. Bei vorgegebenem zeitlichem Verlauf der Wirk- und Blindleistung wird der Drehstrom berechnet und an die gesteuerte Stromquelle übergeben. Die Lastnachbildung darf jedoch nicht von konstanter Spannung und konstanter Frequenz ausgehen, da dies bei geregelten Schwungradgeneratoren nicht vorausgesetzt werden kann.

**Simulationsergebnisse mittels Rechner**

Zwei Simulationen, durchgeführt an der Parallelschaltung zweier Schwungmasse-Synchrongeneratoren unter Verwendung des hergeleiteten mathematischen Modells ohne Näherungen, sollen schließlich das Verhalten der Synchrongeneratoren bei folgenden Belastungen demonstrieren:

A. Zeitlich versetzter rampenförmiger Lastanstieg

B. Starke Wirkleistungspendelung

### A. Zeitlich versetzter rampenförmiger Lastanstieg

Dieses Beispiel zeigt das prinzipielle Verhalten des Systems auf Wirk- und Blindleistungsänderungen der Last gemäß Abbildung 11.22.

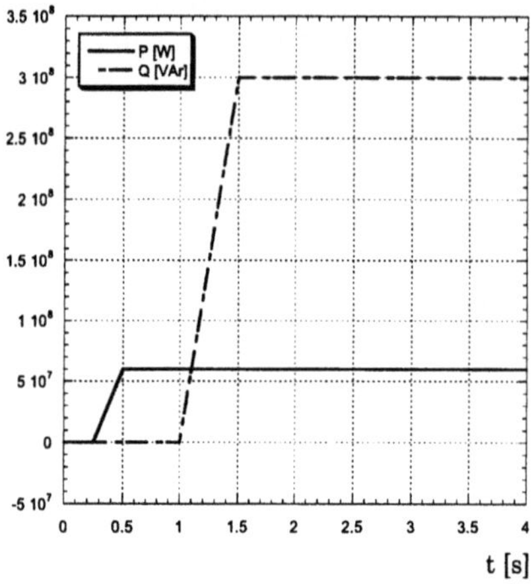


**Abbildung 11.22.** Leistungsvorgabe für zeitlich versetzten rampenförmigen Lastanstieg

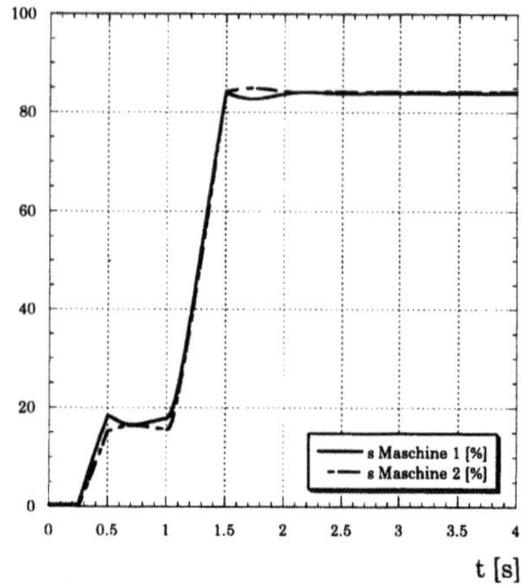


**Abbildung 11.23.** Auslastung der Maschinen für zeitlich versetzten rampenförmigen Lastanstieg

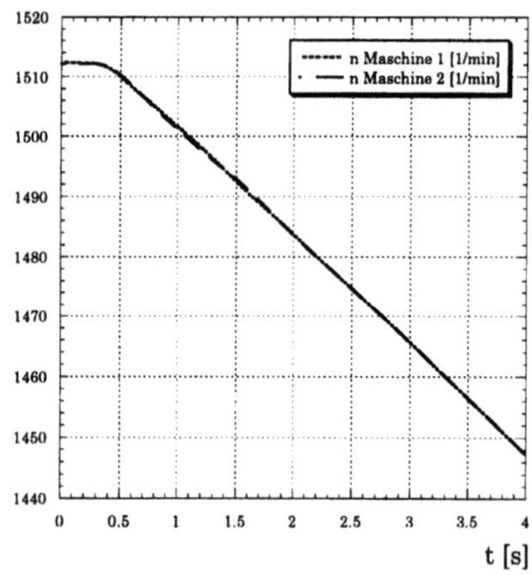


**Abbildung 11.24.** Drehzahlen der Maschinen für zeitlich versetzten rampenförmigen Lastanstieg

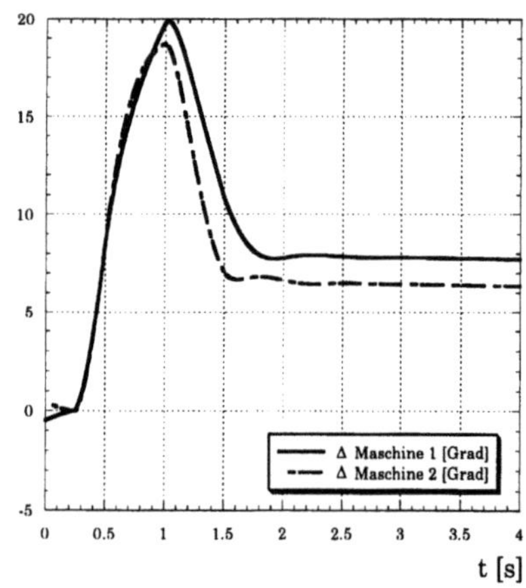


**Abbildung 11.25.** Polradwinkel der Maschinen für zeitlich versetzten rampenförmigen Lastanstieg

Die Wirkleistung der Last steigt nach 0.25 s innerhalb einer viertel Sekunde auf 60 MW an. Eine halbe Sekunde später steigt die Blindleistung der Last im Zeitraum einer halben Sekunde auf 300 MVAr.

Dank der Kennlinienregelung wird die Last sehr gleichmäßig auf die beiden Synchronmaschinen verteilt, wie aus Abbildung 11.23 zu erkennen ist.

Aus den Drehzahlen in Abbildung 11.24 wird ersichtlich, daß sich die Läufer beider Maschinen gleich schnell drehen, mit anderen Worten, sie laufen **synchron**. Damit ist die Stabilität gewahrt.

Die Polradwinkel beider Generatoren unterscheiden sich um weniger als 5° (Abbildung 11.25). Wie im Kapitel 12 noch genauer erläutert wird, ist in diesem Fall die Stabilität nicht gefährdet.

**B. Last mit Wirkleistungspendelung**

Anhand des Lastverlaufs in Abbildung 11.26 soll demonstriert werden, wie das Zweimaschinensystem auf schnelle Laständerungen reagiert.

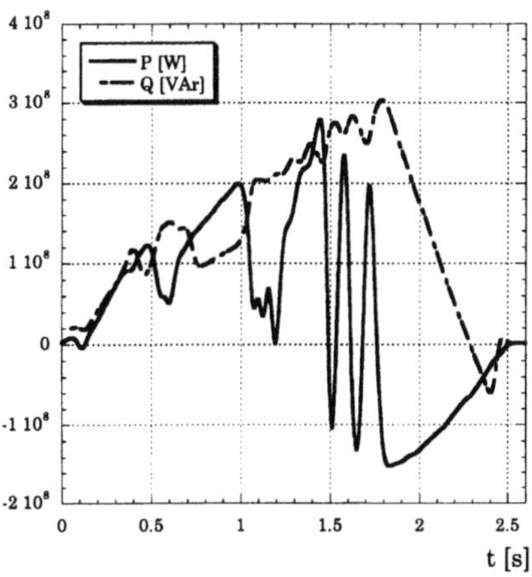


**Abbildung 11.26.** Wirk- und Blindleistung mit großen Lastwechseln

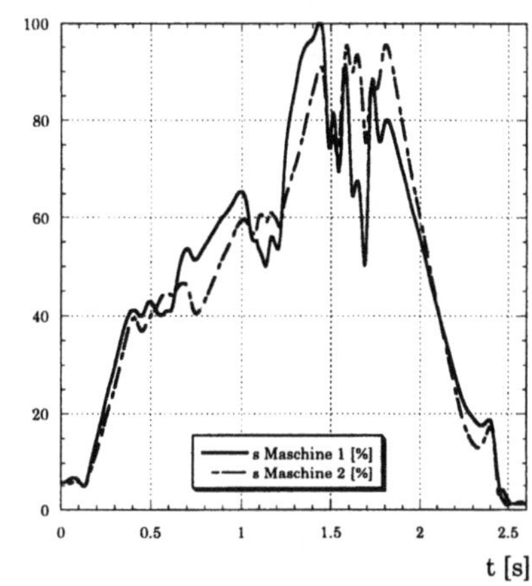


**Abbildung 11.27.** Auslastung der Maschinen bei großen Lastwechseln

Wie in Kapitel 12.5 noch gezeigt wird, können zwei Maschinen bei schnellen Lastwechseln *außer Tritt* fallen, das heißt sie laufen nicht mehr synchron. Wie sich die Schwungradgeneratoren auf schnelle Lastwechsel verhalten und ob sie ihren Synchronismus beibehalten, wird in diesem Beispiel untersucht.

Vorgegeben sind die Wirk- und Blindleistungsverläufe in Abbildung 11.26 mit großen Wirkleistungspendelungen. Innerhalb von 100 ms ändert sich die Wirkleistung um 300 MW. Zeitweise kommt die Wirkleistung in den negativen Bereich, was bedeutet, daß Leistung an die Maschinen zurückgespeist wird. Demzufolge ist zu erwarten, daß in dieser Phase die Maschinen beschleunigt werden.

Wie Abbildung 11.27 zeigt, sind die beiden Maschinen auch bei sehr schnellen Lastwechseln verhältnismäßig gleich ausgelastet, was jedoch eine detaillierte Reglersynthese, wie oben erläutert, erfordert.

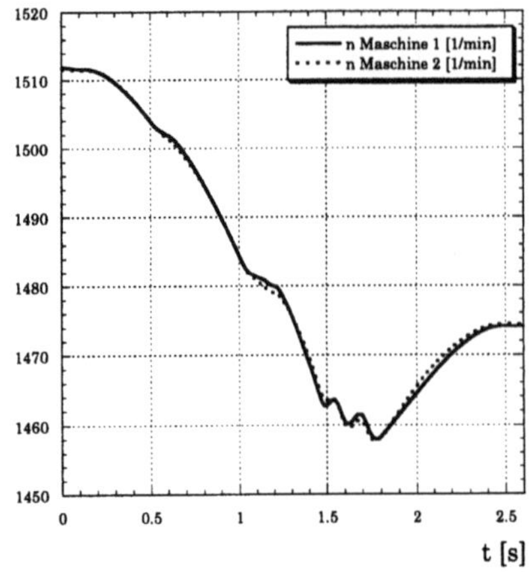


**Abbildung 11.28.** Drehzahlen der Maschinen bei großen Lastwechseln

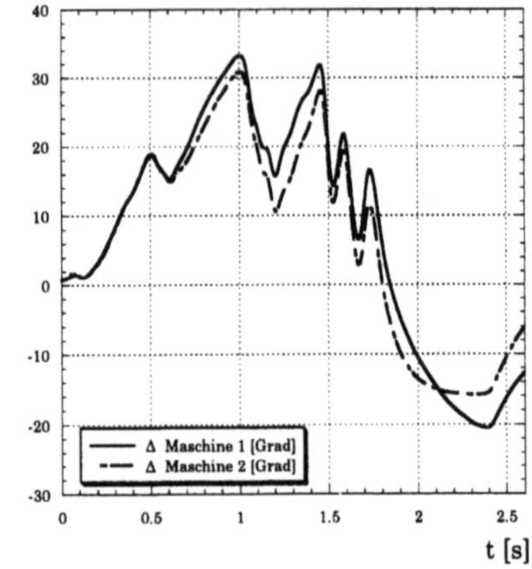


**Abbildung 11.29.** Polradwinkel der Maschinen bei großen Lastwechseln

An der Drehzahl in Diagramm 11.28 ist abzulesen, daß die Maschinen selbst bei schnellen Lastwechseln ihren Synchronismus wahren. Wie erwartet, werden sie in der Phase, in der Leistung an die Maschinen zurückgespeist wird, beschleunigt. In Abbildung 11.29 sind ferner die Polradwinkel der beiden Maschinen gegeben.

### 11.4.4 Zusammenfassung

In diesem Kapitel ist anhand einiger Beispiele die Handhabung des relativ komplexen Modells der Synchronmaschine aus Kapitel 11.2 demonstriert worden. Es ist außerdem ersichtlich, daß dieses Modell einen großen Einsatzbereich aufweist, da sowohl der stationäre Zustand als auch Ausgleichsvorgänge berechnet werden können. Die bekannten Ersatzschaltbilder und Zeigerdiagramme lassen sich dabei aus dem mathematischen Modell ableiten.

Schließlich lassen sich auch komplette Anlagen berechnen, wie das letzte Beispiel zeigt. Dabei sind zeitabhängige Lasten sowie eine Spannungsregelung und Drehzahlen berücksichtigt und in die Modellierung implementiert worden. Eine Lösung praxisrelevanter Problemstellungen ist durch Simulationen ermittelt worden.

# 12. Stabilität in Elektroenergiesystemen

## 12.1 Einführung

Unter einem **Gleichgewichtszustand** versteht man, daß alle physikalischen Größen, die das System beschreiben, im betrachteten Zeitraum als konstant angesehen werden können. Dies setzt voraus, daß zu jedem Zeitpunkt die produzierte elektrische Leistung der Generatoren genauso groß ist wie die von den Lasten verbrauchte Leistung. Streng gesehen befindet sich ein Netz allerdings nie in einem Gleichgewichtszustand, da Laständerungen ständig stattfinden, die eine ständige Schwankung der erzeugten Leistung zur Folge haben.

Der **stabile Betriebszustand** eines Elektroenergiesystems kann allgemein dadurch definiert werden, daß das System in einem Gleichgewichtszustand unter normalen Bedingungen arbeitet und nach dem Einfluß einer oder mehrerer Störungen in einen Gleichgewichtszustand zurückkehrt. Ein Netz, das sich dauerhaft in einem stabilen Betriebszustand befindet, wird als *stabiles Elektroenergiesystem* bezeichnet. Im Verlauf dieses Kapitels wird gezeigt, in welcher Weise eine Abweichung von diesem stabilen Betriebszustand auftreten kann; man spricht dann vom **Verlust der Stabilität** oder **Instabilität**. Dabei werden verschiedene Ursachen vorgestellt und klassifiziert, die zum Verlust der Stabilität führen können.

Seit Beginn der zwanziger Jahre des vergangenen Jahrhunderts wird das Rotieren aller in ein Netzwerk einspeisender Synchronmaschinen mit gleicher elektrischer Winkelgeschwindigkeit als stabiler Betriebszustand bezeichnet. Man legt fest, daß sich eine Synchronmaschine im sogenannten **synchronen Betrieb** mit einem Netz oder mit einer anderen Maschine befindet, wenn ihre elektrische Winkelgeschwindigkeit gleich der Winkelgeschwindigkeit der elektrischen Spannung im System ist. Die **synchrone Geschwindigkeit** bezeichnet daher in den folgenden Unterkapiteln die Winkelgeschwindigkeit der elektrischen Spannung im System.

Die Berechnung des stabilen Betriebszustandes ist die Voraussetzung für alle Stabilitätsuntersuchungen. Beispielsweise kann, verursacht durch einen Kurzschluß an einer Freileitung, der Verlust des stabilen Betriebszustandes eintreten. Für eine rechnerische Untersuchung dieses Fehlerszenarios bildet die Kenntnis des stabilen Zustands den Ausgangspunkt. Es ist daher notwendig, daß dieser im Rahmen einer Stabilitätsuntersuchung bekannt ist. Eine Berechnung des stabilen Betriebszustandes benötigt alle von den Maschinen in das Netz eingespeisten Leistungen und die von den Lasten aufgenommenen Leistungen. Die Methode der sogenannten *Leistungsflußberechnung* wird daher in Kapitel 12.2 vorgestellt.

Ein Elektroenergiesystem ist ein dynamisches System, das durch eine große Anzahl nichtlinearer physikalischer Vorgänge charakterisiert ist, die aufgrund der komplexen Vernetzung miteinander zusammenhängen. Ein nichtlineares System entsteht durch die Zusammensetzung vieler Betriebsmittel, die ihrerseits nichtlineares Verhalten aufweisen. Als Beispiel seien hier Lasten genannt, deren aufgenommene Wirkleistungen eine nichtlineare Frequenzabhängigkeit oder Spannungsabhängigkeit aufweisen.

Für eine exakte Stabilitätsuntersuchung ist die Kenntnis des nichtlinearen Verhaltens eines jeden Betriebsmittels des Gesamtsystems notwendig. Dazu wird das Verhalten der Betriebsmittel mathematisch beschrieben und somit *modelliert.* Die Vorgehensweise bei der Modellierung der Betriebsmittel und des gesamten Netzwerks für eine sogenannte *transiente Stabilitätsuntersuchung* wird in Kapitel 12.4 vorgestellt und diskutiert.

Die Einteilung verschiedener Szenarien, die zu einem Verlust des stabilen Betriebszustandes führen können, beschreibt Kapitel 12.3.1. Dort wird auch ausführlich auf den Verlust der Stabilität infolge einer *großen Störung* eingegangen, die beispielsweise durch einen Kurzschluß an einer Freileitung oder einen großen Lastabfall verursacht werden kann. Man bezeichnet eine solche Störung als **transiente Störung**. In diesem Fall werden die Maschinen aus ihrem stabilen Zustand infolge eines Fehlers beschleunigt oder abgebremst; die Maschinen rotieren also nicht mehr mit synchroner Geschwindigkeit. Die Ursache für die Beschleunigung der Maschinen liegt in einem Ungleichgewicht zwischen der mechanisch über die Turbinenwelle eingespeisten mechanischen Leistung und der Verminderung der elektrisch in das Netz abgegebenen Wirkleistung.

Verschiedene Methoden, Stabilitätsuntersuchungen in Elektroenergiesystemen durchzuführen, werden am Beispiel der *transienten Stabilität* präsentiert. Sowohl die klassische graphische Methode des *Flächensatzes* als auch die *Direkte Methode* mittels Energiefunktionen werden neben der *Numerischen Methode* dazu in Kapitel 12.5 vorgestellt.

## 12.2 Leistungsflußberechnung

Ausgangspunkt für Stabilitätsuntersuchungen sind Leistungsflußberechnungen. Sie dienen zur Bestimmung des stabilen Betriebszustandes und sind ein wesentlicher Bestandteil beim Betrieb, in der Steuerung und in der Konzeptionsphase eines Elektroenergiesystems. Eine Leistungsflußuntersuchung ermöglicht die Berechnung der eingespeisten Wirk- und Blindleistung sowie der Spannungen an jeder Sammelschiene des Netzes.

Die theoretischen Grundlagen einer Leistungsflußuntersuchung sind einfach; die praktische Durchführung ist jedoch bei realen Systemen aufgrund der hohen Anzahl von Sammelschienen nur numerisch mit einem Digitalrechner möglich. Die erforderlichen numerischen Berechnungen lassen sich systematisch durch eine iterative Prozedur programmieren. Bevor auf die Anwendung dieser numerischen Verfahren eingegangen wird, wird das Konzept an einer verlustlosen kurzen Übertragungsleitung vorgestellt.

### 12.2.1 Leistungsfluß an einer kurzen Übertragungsleitung

Die Gleichungen, die zur Durchführung einer Leistungsflußberechnung in vermaschten Netzen benötigt werden, können am Beispiel einer Übertragung elektrischer Leistung über eine elektrisch kurze Leitung hergeleitet werden. Die erhaltenen Ergebnisse lassen sich einfach auf große vermaschte Netze erweitern.

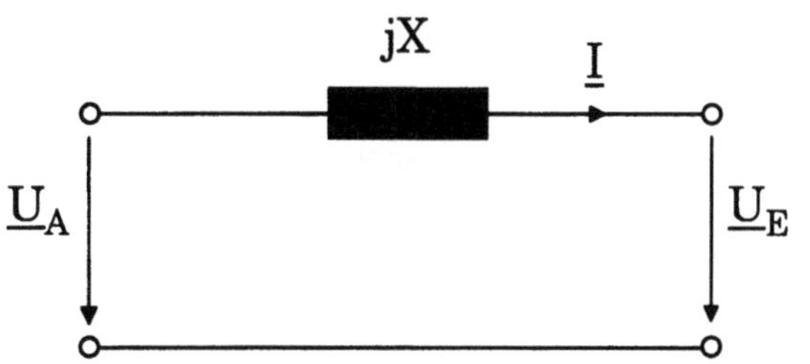


**Abbildung 12.1.** Einphasiges Ersatzschaltbild einer elektrisch kurzen Leitung

Die kurze Übertragungsleitung ist in Abbildung 12.1 als einphasiges Ersatzschaltbild dargestellt. Sie hat einen vernachlässigbaren ohmschen Widerstand und eine Reaktanz von $jX$ pro Phase. Die Phasenspannung am Anfang der Leitung ist $\underline{U}_A$, die Phasenspannung am Ende der Leitung ist $\underline{U}_E$. Unter der Bedingung, daß die Spannung $\underline{U}_A$ der Spannung $\underline{U}_E$ um den Winkel $\delta$ vorauseilt, sind die übertragene Wirk- und Blindleistung jeweils am Anfang und am Ende der Leitung gesucht.

Die komplexe Scheinleistung $\underline{S}$, die in einer Phase der Leitung übertragen wird, berechnet sich abweichend von der üblichen dreiphasigen Betrachtung ($\underline{S}_{3\sim} = 3 \cdot \underline{U} \cdot \underline{I}^*$) im folgenden:

$$\underline{S} = P + jQ = \underline{U} \cdot \underline{I}^* \tag{12.1}$$

wobei $\underline{I}^*$ der konjugiert komplexe Strom ist. Die komplexe Scheinleistung, die am Anfang der Leitung pro Phase hineinfließt, ist demnach

$$\underline{S}_A = P_A + jQ_A = \underline{U}_A \cdot \underline{I}^* \tag{12.2}$$

Aus Abbildung 12.1 berechnet sich der Strom $\underline{I}$ zu

$$\underline{I} = \frac{1}{jX}(\underline{U}_A - \underline{U}_E)$$

und damit folgt für den konjugiert komplexen Strom

$$\underline{I}^* = \frac{1}{-jX}(\underline{U}_A^* - \underline{U}_E^*) \tag{12.3}$$

Einsetzen von (12.3) in (12.2) führt auf

$$\underline{S}_A = \frac{\underline{U}_A}{-jX}(\underline{U}_A^* - \underline{U}_E^*) \tag{12.4}$$

Aus dem Zeigerdiagramm in Abbildung 12.2 lassen sich allgemein die Phasenspannungen bestimmen: $\underline{U}_A = U_A \cdot e^{j\delta}$ und $\underline{U}_E = U_E \cdot e^{j0°}$
Für die komplexe Scheinleistung ergibt sich damit folgende Formulierung

$$\begin{aligned}\underline{S}_A &= \frac{U_A^2 - U_A \cdot U_E \cdot e^{j\delta}}{-jX} \\ &= \frac{U_A \cdot U_E}{X} \cdot \sin\delta + j\frac{1}{X} \cdot (U_A^2 - U_A \cdot U_E \cdot \cos\delta)\end{aligned}$$

Durch eine Aufteilung in den Real- und Imaginärteil folgt nun für die Wirk- und Blindleistung, die am *Anfang der Leitung* eingespeist wird,

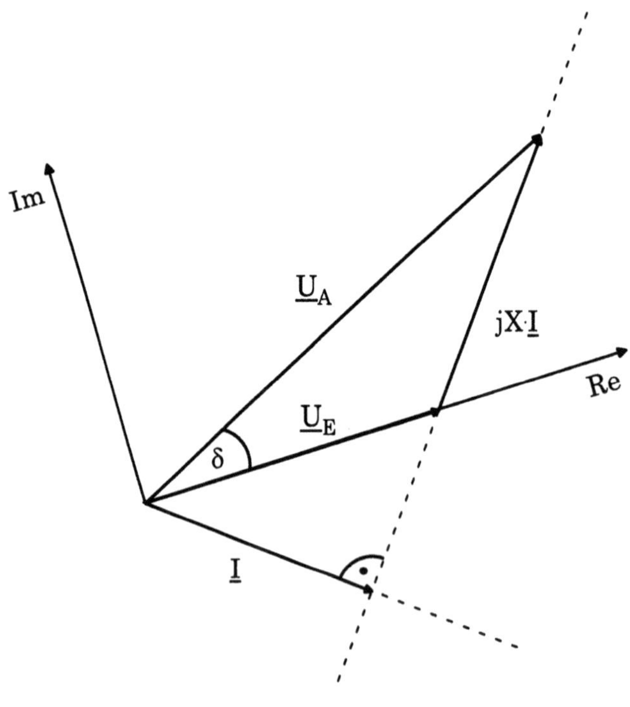


**Abbildung 12.2.** Zeigerdiagramm des einphasigen Ersatzschaltbildes einer elektrisch kurzen Leitung

$$P_A = \frac{1}{X} \cdot (U_A \cdot U_E \cdot \sin\delta) \tag{12.5}$$

$$Q_A = \frac{1}{X} \cdot (U_A^2 - U_A \cdot U_E \cdot \cos\delta) \tag{12.6}$$

In analoger Vorgehensweise kann man auch die Wirk- und Blindleistung *am Ende der Leitung* berechnen

$$P_E = \frac{1}{X} \cdot (U_A \cdot U_E \cdot \sin\delta) \tag{12.7}$$

$$Q_E = \frac{1}{X} \cdot (U_A \cdot U_E \cdot \cos\delta - U_E^2) \tag{12.8}$$

Das Beispiel zeigt einige wichtige Zusammenhänge, die sich auch auf komplex vermaschte Netze übertragen lassen. Die Menge der übertragenen Wirkleistung hängt vom Winkel $\delta$ zwischen den Spannungen am Anfang und am Ende der Leitung ab und nicht von der Amplitudendifferenz der Spannungen, wie das bei einer Gleichstromübertragung der Fall ist. Weiterhin hängt die übertragene Wirkleistung ungefähr vom Quadrat der Übertragungsspannung ab. Die maximal übertragbare Leistung tritt bei einem Phasenwinkel von $\delta = 90°$ auf und ist

$$P_{A(max)} = P_{E(max)} = \frac{U_A \cdot U_E}{X} \tag{12.9}$$

Aus der Gleichung (12.6) erkennt man, daß die Blindleistung in Richtung der kleineren Spannung transportiert wird. Für die gemittelte übertragene Blindleistung gilt:

$$Q = \frac{1}{2}(Q_A + Q_E) = \frac{1}{2X} \cdot (U_A^2 - U_E^2) \tag{12.10}$$

Diese Gleichung zeigt, daß ein Zusammenhang zwischen der übertragenen Blindleistung und den Spannungsamplituden am Anfang und am Ende der Leitung besteht.

Bisher ist eine verlustlose Leitung betrachtet worden, in den folgenden Berechnungen soll sie durch eine verlustbehaftete Leitung ersetzt werden. Zur Abschätzung der Verluste nimmt man an, daß an der Leitung eine mittlere Spannung $\underline{U}$ anliegt.

Für eine *verlustbehaftete Leitung* mit dem Phasenwiderstand $R$ kann man den Leitungsverlust berechnen zu:

$$P_{verlust} = I^2 \cdot R \tag{12.11}$$

Aus Gleichung (12.2) ergibt sich

$$\underline{I}^* = \frac{P + jQ}{\underline{U}} \tag{12.12}$$

und nach Einsetzen in Gleichung (12.11) kann man für die Verlustleistung pro Phase schreiben

$$P_{verlust} = \frac{(P^2 + Q^2) \cdot R}{U^2} \tag{12.13}$$

Die Höhe der Leitungsverluste ist demnach sowohl durch die übertragene Wirkleistung als auch durch die Blindleistung bestimmt. Wie in Gleichung (12.13) ersichtlich, ist zur Reduzierung der Leitungsverluste die Blindleistung so klein wie möglich zu halten, da die Verluste proportional zum Quadrat der Scheinleistung sind. Die übertragene Blindleistung hängt von der Differenz der Spannungsamplituden zwischen Anfang und Ende der Leitung ab. Die übertragene Wirkleistung hängt in nichtlinearer Weise von der Winkeldifferenz der Spannungszeiger zwischen Anfang und Ende der Leitung ab.

### 12.2.2 Iterativer Algorithmus zur Leistungsflußberechnung

Zur Berechnung der Spannungsverteilung und des Leistungsflusses in großen Netzen eignet sich ein *iterativer* Lösungsalgorithmus. Abbildung 12.3 zeigt einen einphasigen Netzausschnitt, bestehend aus den zwei Sammelschienen SS1 und SS2 und einer Übertragungsleitung mit der Impedanz $\underline{Z}_l$ pro Phase. Die Gleichungen, die das System beschreiben, lauten

$$\begin{aligned} \underline{S}_2 &= \underline{U}_2 \cdot \underline{I}^* \\ \underline{U}_1 &= \underline{U}_2 + \underline{Z}_l \cdot \underline{I} \end{aligned}$$

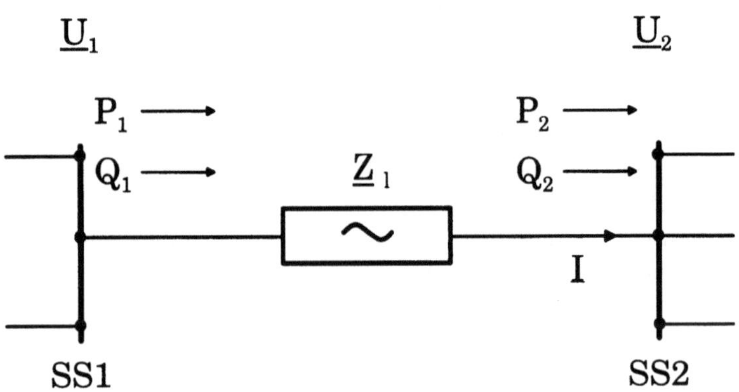


**Abbildung 12.3.** Einphasiger Netzausschnitt bestehend aus einer Übertragungsleitung zwischen zwei Sammelschienen

Nach Elimination des Stromes ergibt sich aus beiden Gleichungen

$$\underline{U}_2 = \underline{U}_1 - \underline{Z}_l \cdot \frac{\underline{S}_2^*}{\underline{U}_2^*} \tag{12.14}$$

Um die Gleichung (12.14) iterativ zu berechnen, geht man zunächst von einem Startwert für $\underline{U}_2$ aus und bezeichnet diesen mit $\underline{U}_2^{(0)}$. Liegen keine Informationen über diesen Startwert vor, z.B. durch vorangegangene Leistungsflußberechnungen, so setzt man als Startwert die Nennspannung der Phase ein. Setzt man den Startwert $\underline{U}_2^{(0)}$ nun auf der rechten Seite der Gleichung (12.14) ein, erhält man auf der linken Seite der Gleichung den ersten Iterationswert für die Spannung $\underline{U}_2$, er wird mit $\underline{U}_2^{(1)}$ bezeichnet. Nach Einsetzen des ersten Iterationswertes $\underline{U}_2^{(1)}$ auf der rechten Seite erhält man den zweiten Iterationswert $\underline{U}_2^{(2)}$ auf der linken Seite.

Dieses Berechnungsschema wird nun solange ausgeführt, bis eine gewünschte Genauigkeit erhalten wird. Dieser iterative Algorithmus wird als **Gauß-Methode** bezeichnet. Diese wichtige Methode wird bei iterativen Berechnungen von Spannungen an Netzsammelschienen angewendet. Man beachte, daß bei dieser Vorgehensweise mit komplexen elektrischen Größen gerechnet wird. Die Berechnung erfolgt durch folgende komplexe Formulierung:

$$\underline{U}_2^{(k)} = \underline{U}_1 - \underline{Z}_l \cdot \frac{\underline{S}_2^*}{\underline{U}_2^{*(k-1)}} \tag{12.15}$$

Die Formulierung für diesen speziellen Netzausschnitt kann einfach auf ein allgemeines Netz erweitert werden, wie es im folgenden Kapitel vorgestellt wird.

### 12.2.3 Die Leistungsflußgleichungen

Um eine Leistungsflußberechnung in einem komplex vermaschten Netz durchzuführen, d.h. die Knotenpotentiale an allen Sammelschienen zu berechnen, müssen die elektrischen Verbindungen zwischen den Sammelschienen bekannt sein und in die Berechnung eingehen. Man bedient sich daher der sogenannten Knotenadmittanzmatrix $\underline{Y}$ /KUEPF/, welche für einen geeigneten Ansatz zur Berechnung des Leistungsflußproblems benötigt wird. Anschließend erfolgt eine Einteilung der Sammelschienen, die bei einer Leistungsflußberechnung auch allgemein als Knoten bezeichnet werden, gemäß ihrer zu berechnenden und bekannten Größen:

1. Ein *Lastknoten* ist eine Sammelschiene, bei der die entnommene Wirkleistung $P$ und die Blindleistung $Q$ bekannt sind. Die Spannung $U$ und der Spannungswinkel $\delta$ sind gesucht.

2. Ein *Einspeiseknoten* ist ein Knoten, bei dem die Amplitude der eingespeisten Phasenspannung $U$ und die eingespeiste Wirkleistung $P$ bekannt sind. Die Blindleistung $Q$ und der Spannungswinkel $\delta$ sind zu berechnen.
3. Ein *Slack-Knoten* ist ein Bilanzknoten, bei dem der Betrag der Spannung $U$ und der Spannungswinkel $\delta$ vorgegeben werden; Wirk- und Blindleistung sind zu berechnen.

Für einen an einer Sammelschiene $k$ entnommenen Strom aus einem Netz mit $N$ Sammelschienen kann man allgemein schreiben:

$$\underline{I}_k = \sum_{n=1}^{N} \underline{Y}_{kn}\underline{U}_n \tag{12.16}$$

oder auch

$$\underline{I}_k = \underline{Y}_{kk}\underline{U}_k + \sum_{\substack{n=1\\n\neq k}}^{N} \underline{Y}_{kn}\underline{U}_n \tag{12.17}$$

Der Strom läßt sich mit Hilfe der Beziehung

$$\underline{I}_k = \frac{P_k - jQ_k}{\underline{U}_k^*} \tag{12.18}$$

aus der Gleichung (12.17) eliminieren, und man erhält für die Spannung am Knoten $k$:

$$\underline{U}_k = \frac{1}{\underline{Y}_{kk}} \left( \frac{P_k - jQ_k}{\underline{U}_k^*} - \sum_{\substack{n=1\\n\neq k}}^{N} \underline{Y}_{kn}\underline{U}_n \right) \tag{12.19}$$

Aus diesen $N$ Gleichungen des Netzes setzt sich das System der Leistungsflußgleichungen zusammen, die zur iterativen Berechnung aller Sammelschienenpotentiale benötigt werden. Diese iterative Berechnung erfolgt mit Hilfe numerischer Verfahren, wie z.B. der **Gauß-Methode** oder der **Gauß-Seidel-Methode**, die im nun folgenden Kapitel vorgestellt werden.

### 12.2.4 Die Gauß- und die Gauß-Seidel-Methode

Die Gauß- und die Gauß-Seidel-Methode sind iterative Vorgehensweisen, um gekoppelte, nichtlineare Gleichungen zu lösen. Diese Methoden eignen sich gut, um das gekoppelte Gleichungssystem (12.19), das zur Leistungsflußberechnung benutzt wird, numerisch zu lösen. Die Gauß-Methode wird an einem kleinen mathematischen Beispiel vorgestellt:

**Beispiel:**
Gesucht sind Näherungslösungen für $x$ und $y$ des folgenden Gleichungssystems:

$$y - 2x + 1 = 0$$
$$y + 0,2x^2 - 1 = 0$$

Um dieses Gleichungssystem mit der Gauß-Methode zu lösen, wird das Gleichungssystem zunächst umgeschrieben:

$$x = \frac{y}{2} + 0,5 \tag{12.20}$$
$$y = 1 - 0,2x^2 \tag{12.21}$$

Als Anfangswert für den Iterationsalgorithmus werden nun $x_0 = 2$ und $y_0 = 1$ angenommen. Anschließend wird der erste Iterationsschritt durchgeführt: $x_1$ wird mit Gleichung (12.20) berechnet, indem $y_0$ eingesetzt wird. Zur Berechnung von $y_1$ setzt man $x_0$ in Gleichung (12.21) ein. Die Rechenvorschriften für diese und alle weiteren Iterationen lauten zur Berechnung des $(n+1)$-ten Iterationspaares:

$$x_{n+1} = \frac{y_n}{2} + 0,5 \tag{12.22}$$
$$y_{n+1} = 1 - 0,2x_n^2 \tag{12.23}$$

Nach einigen Schritten konvergieren die Lösungen zu $x = 0,9161$ und $y = 0,8322$. Die Konvergenzgeschwindigkeit ist in Abbildung 12.4 dargestellt. Ausgehend von den Startwerten $x_0 = 2$ und $y_0 = 1$ sind die Wertepaare während der einzelnen Iterationsschritte dargestellt. Die Konvergenz des Gaußschen Algorithmus hängt stark von der Wahl der Anfangswerte ab, ein Anfangswertepaar, das weit von der Lösung entfernt ist, kann zu einem Divergieren der Lösung führen.

Bei Verwendung des Gauß-Seidel Algorithmus wird zur Berechnung von $x_{n+1}$ Gleichung (12.22) verwendet, diese Lösung wird dann anstelle von $x_n$ zur Berechnung von $y_{n+1}$ eingesetzt. Die Gleichungen lauten dann

$$x_{n+1} = \frac{y_n}{2} + 0,5 \tag{12.24}$$
$$y_{n+1} = 1 - 0,2x_{n+1}^2 \tag{12.25}$$

Die Anwendung der in diesem Beispiel erarbeiteten Ergebnisse auf die Leistungsflußgleichungen (12.19) führt zu folgender Berechnungsvorschrift:

$$\underline{U}_k^{(i+1)} = \frac{1}{\underline{Y}_{kk}} \left( \frac{P_k - jQ_k}{(\underline{U}_k^{(i)})^*} - \sum_{\substack{n=1 \\ n \neq k}}^{N} \underline{Y}_{kn} \underline{U}_n^{(i)} \right) \tag{12.26}$$

Die sogenannten Leistungsflußgleichungen ermöglichen zunächst eine Berechnung der Spannungsverteilung. Die Spannung $\underline{U}_1$ an der Sammelschiene SS1 in Gleichung (12.26) ist bekannt. Es handelt sich um die Generatorknotenspannung, die als einzige in der Leistungsflußberechnung vorgegeben wird. Es gibt in jedem Netz nur einen einzigen Slack-Knoten, an dem die Spannung vorgegeben wird. Man beginnt also die Berechnung der unbekannten Spannungen mit Sammelschiene 2 und geht weiter zu allen anderen Sammelschienen. Als Anfangsschätzwerte werden normalerweise die an den Sammelschienen anliegenden Nennspannungen verwendet. Diese Methode ermöglicht eine iterative Berechnung der Spannungsverteilung im Netz.

Die bekannte Spannungsverteilung ermöglicht anschließend die Berechnung der Wirkleistung $P$ und der Blindleistung $Q$, die von einer Sammelschiene zu einer anderen Sammelschiene übertragen werden. Man erhält somit den Leistungsfluß in einem Netz, an dem eine statische oder transiente Stabilitätsuntersuchung durchgeführt werden kann. In der Praxis verwendet man in der Regel nicht die beiden zuvor beschriebenen Methoden, sondern die sogenannte **Newton-Raphson** Methode. Dieser Algorithmus ist wesentlich schneller und weist bei großen Netzen bessere Konvergenzeigenschaften auf. Eine gute Beschreibung dazu findet sich in /NAS/ und /ANFO/.

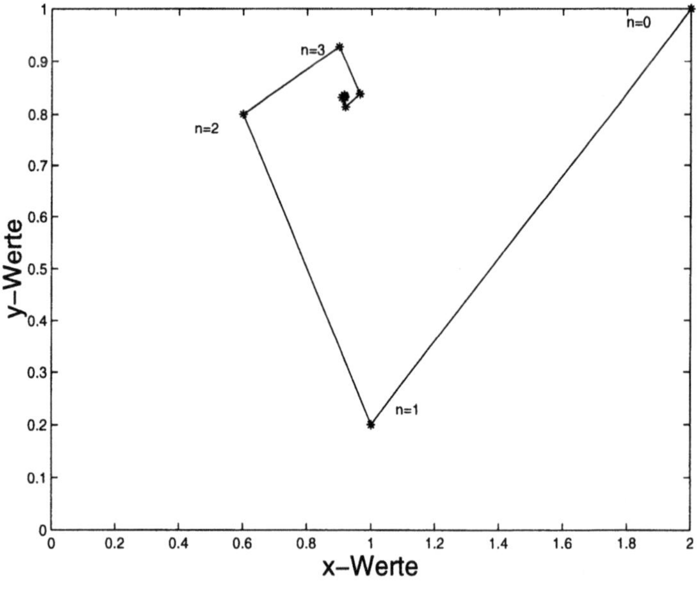


**Abbildung 12.4.** Visualisierung der Konvergenzgeschwindigkeit

## 12.3 Klassifizierung von Stabilität

Unter der **Stabilität eines Elektroenergiesystems** versteht man, daß das System in einem akzeptablen Betriebszustand arbeitet und nach dem Einfluß einer oder mehrerer Störungen wieder in einen akzeptablen Gleichgewichtszustand zurückfinden kann. Falls das Elektroenergiesystem den stabilen Zustand verlassen hat, spricht man dagegen von einem **instabilen Elektroenergiesystem**. Instabilität kann in Elektroenergiesystemen in zahlreichen verschiedenen Formen auftreten.

Die Rotation aller in das Netz einspeisenden Maschinen mit synchroner Geschwindigkeit galt lange als ein Kriterium für ein stabiles Elektroenergiesystem. Instabilität kann allerdings auch auftreten, ohne daß der Synchronismus verloren geht. So kann beispielsweise ein System, bestehend aus einer Synchronmaschine, die über eine Übertragungsleitung eine Asynchronmaschine mit Energie versorgt, einen instabilen Zustand erreichen, indem die Betriebsspannung an der Last stark abfällt. Synchronismus spielt dann keine Rolle, dagegen liegt die Problematik der Stabilität in der Regelung der Betriebsspannung.

### 12.3.1 Was ist Stabilität?

In Abbildung 12.5 ist eine mögliche Klassifizierung /KUN/ von Stabilität in Elektroenergiesystemen vorgestellt, welche die wesentlichen Erscheinungsformen beinhaltet. Es sind darin verschiedene mögliche Ursachen aufgeführt, die zu instabilen Zuständen führen können.

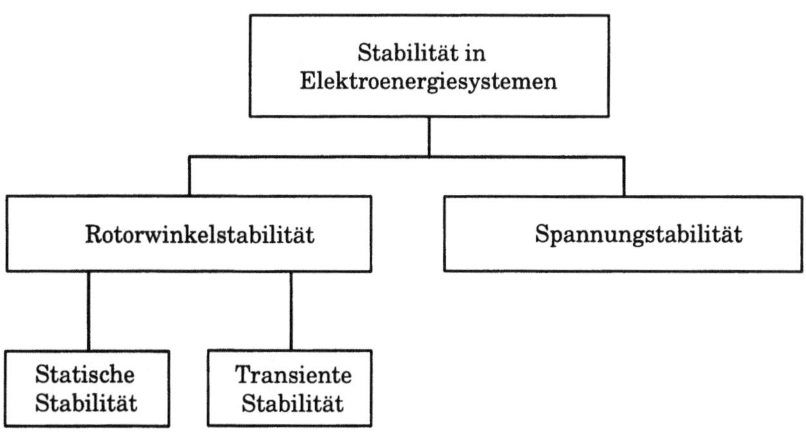


**Abbildung 12.5.** Klassifizierung von Stabilität

Stabilität ist allgemein der Zustand des Gleichgewichts zwischen entgegengesetzten Kräften. Bei einer Vernetzung mehrerer Synchrongeneratoren erfolgt die Erhaltung eines stabilen Zustandes in der Weise, daß alle Maschinen

Kräfte aufbringen, die auf eine Maschine wirken, die relativ zu den anderen beschleunigt oder abgebremst wird. Falls beispielsweise ein Generator kurzzeitig schneller als die übrigen rotiert, führt dies zu einer relativen Änderung seines Polradwinkels zu einem gemeinsamen, mit Netzfrequenz rotierenden Bezugssystem. Diese relative Winkeländerung führt wiederum zu einem momentanen Anstieg seiner abgegebenen Wirkleistung, was schließlich zu einer Abbremsung des Rotors führt. Wie später am Beispiel eines Zweimaschinennetzes gezeigt wird, ist der Zusammenhang zwischen der Änderung der abgegebenen Wirkleistung und der Polradwinkeländerung in hohem Maße nichtlinear, siehe Abbildung 12.13.

Sobald ein bestimmter Wert überschritten ist, führt eine weitere Winkeländerung nicht mehr zu einem weiteren Anstieg der abgegebenen Wirkleistung, sondern zu einem plötzlichen Abfall. Die Maschine wird also nicht weiter abgebremst, sondern im Gegenteil weiter beschleunigt, gerät relativ zu den anderen Maschinen außer Tritt. Dies führt zu einem instabilen System. Die Stabilität eines Elektroenergiesystem hängt also in hohem Maße davon ab, ob die relative Winkeländerung einer einzelnen Maschine zu einem genügend großen Gegenmoment der anderen Maschinen führt. Man bezeichnet diese Form der Stabilität auch als **Rotorwinkelstabilität**. Sie läßt sich sinnvoll in die folgenden zwei Kategorien einteilen:

**Statische Stabilität**

Unter statischer Stabilität versteht man die Fähigkeit eines Elektroenergiesystems, den synchronen Betriebszustand unter dem Einfluß kleiner Störungen beizubehalten. Solch kleine Störungen treten in Form von Laständerungen und Schwankungen der eingespeisten Leistung im Netz ständig auf. Die Störungen sind allerdings so klein, daß in der Analyse eine Linearisierung der nichtlinearen Systemgleichungen zulässig ist. Die Reaktion eines Elektroenergiesystems auf solch kleine Störungen wird von vielen Faktoren beeinflußt, z.B. vom momentanen Betriebszustand, der Übertragungskapazität des gesamten Netzwerks, den Dämpfungseigenschaften des Netzes oder den Generatorreglern.

Instabilität infolge kleiner Störungen hat in der Regel eine der beiden Erscheinungsformen:

1. Kontinuierliches Ansteigen des Rotorwinkels, weil das erzeugte Gegenmoment durch eine zusätzliche Abgabe von Wirkleistung nicht ausreicht. Abbildung 12.6 zeigt einen solchen zeitliche Verlauf des Rotorwinkels.
2. Aufgrund einer unzureichenden Dämpfung verstärken sich die Amplituden des Rotorwinkels infolge kleiner Störungen, wie in Abbildung 12.7 dargestellt. Dabei können folgende Arten von Oszillationen auftreten:

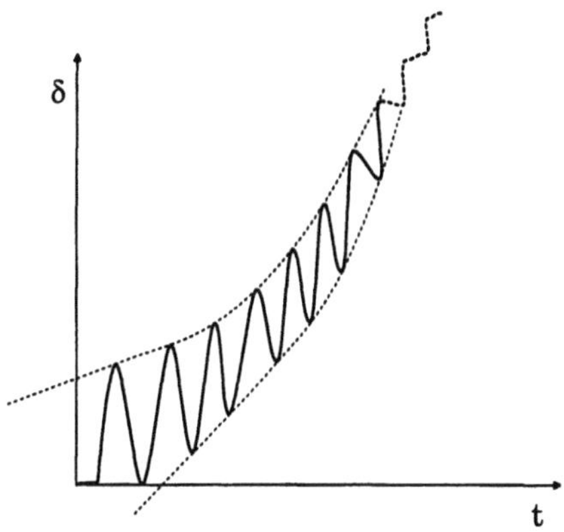


**Abbildung 12.6.** Instabilität durch unzureichendes Gegenmoment

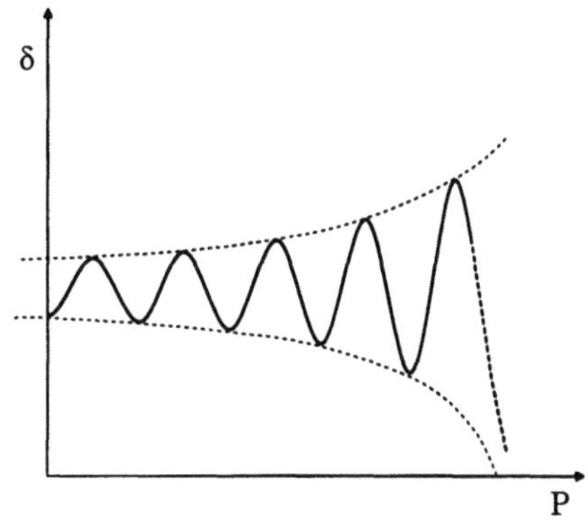


**Abbildung 12.7.** Instabilität infolge unzureichender Dämpfung

- Eine einzelne Synchronmaschine oder mehrere Synchronmaschinen *eines* einspeisenden Kraftwerks schwingen gegenüber den anderen Maschinen des Systems. Man spricht dann von lokalen Oszillationen.
- Mehrere Gruppen einspeisender Generatoren schwingen gegeneinander. Dieser Fall tritt auf, wenn eng gekoppelte Maschinengruppen mit anderen Maschinengruppen durch schwach ausgelegte Übertragungsleitungen mit hohen Impedanzen verbunden sind.
- Und es können sogenannte torsionale Schwingungen auftreten. Dabei handelt es sich um eine Verdrillung der rotierenden Welle zwischen Turbine und Generator mit allen anliegenden rotierenden Schwungmassen.

**Transiente Stabilität**

Im Gegensatz zur statischen Stabilität ist ein System transient stabil, wenn es in der Lage ist, nach einer großen *transienten Störung* einen synchronen Betrieb beizubehalten bzw. wiederzuerlangen. Während einer anliegenden großen Störung, z.B. einem Kurzschluß an einer Übertragungsleitung, ändern sich die Polradwinkel der Synchrongeneratoren aufgrund starker Leistungsflußänderungen. Die Bewegungen werden dabei vom nichtlinearen Zusammenhang zwischen erzeugter Wirkleistung und der relativen Lage der Polradwinkel zueinander beeinflußt.

Ob sich das System nach dem Abschalten der Störung transient stabil oder transient instabil verhält, hängt vom Betriebszustand *vor* Anliegen der Störung und der Schwere der Störung (Kurzschlußort, Kurzschlußdauer, Art des Kurzschlusses) ab. In der Regel ist das System *nach* der Störung gegenüber dem System *vor* der Störung verändert, da die Netzwerktopologie beispielsweise durch das Abschalten eines Betriebsmittels verändert wurde. Dies führt

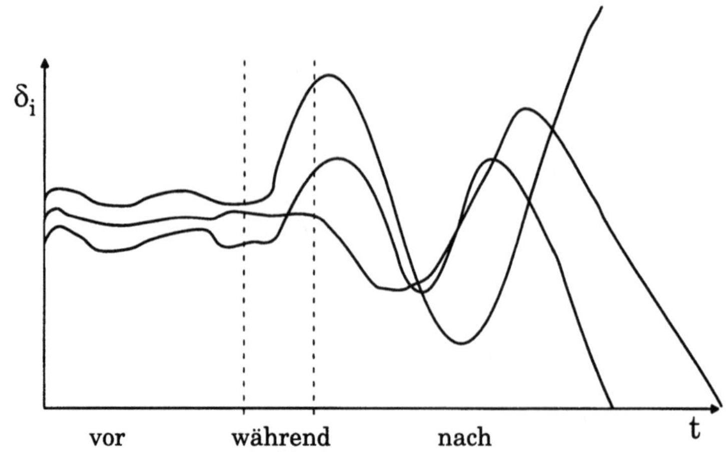


**Abbildung 12.8.** Polradwinkelverlauf für drei unterschiedliche Generatoren eines **transient instabilen** Systems *vor*, *während* und *nach* einer Störung

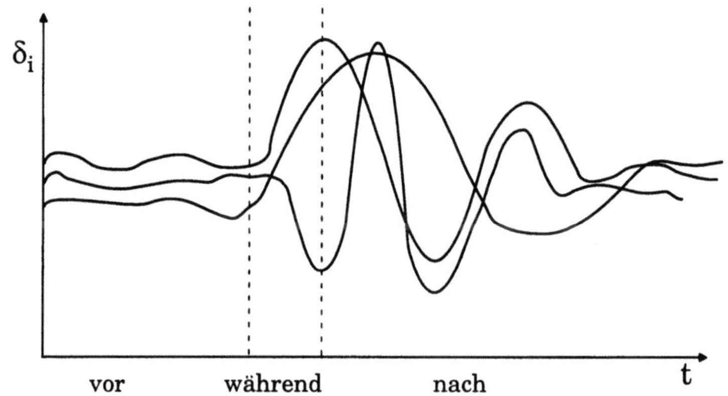


**Abbildung 12.9.** Polradwinkelverlauf für drei unterschiedliche Generatoren eines **transient stabilen** Systems *vor*, *während* und *nach* einer Störung

zu einem unterschiedlichen Leistungsfluß vor und nach einer anliegenden Störung.

### 12.3.2 Rotorwinkelstabilität

Unter Rotorwinkelstabilität versteht man, daß mehrere Synchronmaschinen, die durch ein elektrisches Netzwerk verbunden sind, in der Lage sind, im Mittel mit synchroner Geschwindigkeit zu rotieren und diesen Betriebszustand zu erhalten. Ein wesentlicher Aspekt dieser Art der Stabilität besteht darin, wie die abgegebenen elektrischen Wirkleistungen einzelner Maschinen sich verändern, wenn deren Polradwinkelgeschwindigkeiten sich verändern. Der Zusammenhang zwischen der abgegebenen elektrischen Wirkleistung und der

Position des Polradwinkels relativ zu einem synchron rotierenden Bezugssystem ist in hohem Maße nichtlinear.

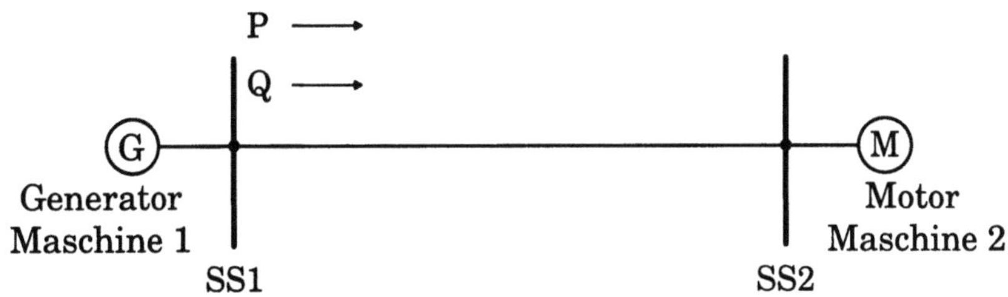


**Abbildung 12.10.** Übertragung elektrischer Leistung von einem Generator zu einem Motor über eine Leitung

Diese Nichtlinearität wird an dem einfachen **Beispiel** in Abbildung 12.10 demonstriert. Es besteht aus zwei Synchronmaschinen, die durch eine verlustlose Übertragungsleitung verbunden sind. Die Leitung hat eine Betriebsreaktanz $X_L$. Maschine 1 erzeugt elektrische Leistung, die über die Leitung Maschine 2 antreibt. Die übertragene Wirkleistung ist abhängig vom Winkel $\delta$, der Differenz zwischen den beiden Polradwinkeln der Maschinen.

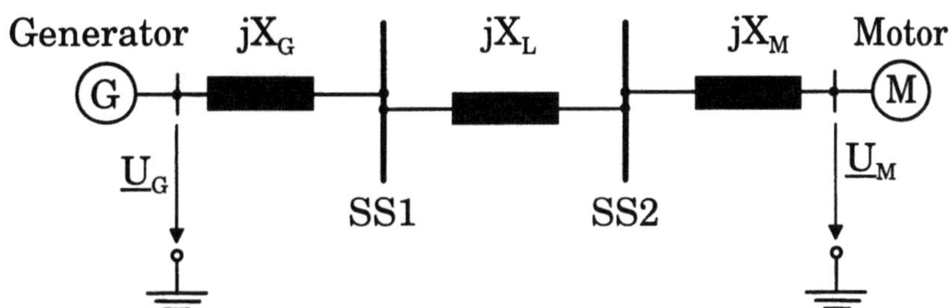


**Abbildung 12.11.** Modellierung des Übertragungssystems, einphasige Betrachtung

Abbildung 12.11 zeigt ein einfaches einphasiges Modell des Systems, das es ermöglicht, den Zusammenhang zwischen übertragener Wirkleistung und Polradwinkeldifferenz zu bestimmen. Dabei ist ein einfaches Synchronmaschinenmodell verwendet worden, bestehend aus der Polradspannung hinter der Reaktanz der Maschine (hergeleitet in Kapitel 11.4.2). Der Wert dieser Reaktanz hängt von der Art der Untersuchung ab, die durchgeführt wird. Bei einer stationären Untersuchung, also im eingeschwungenen Zustand, muß die synchrone Reaktanz $X_d$ der Maschine verwendet werden. In Kapitel 12.4 wird noch eine genauere Vorgehensweise bei der Modellierung vorgestellt.

Das einphasige Zeigerdiagramm, das die Zusammenhänge der Spannungen von Generator und Motor beschreibt, ist in Abbildung 12.12 zu sehen. Die

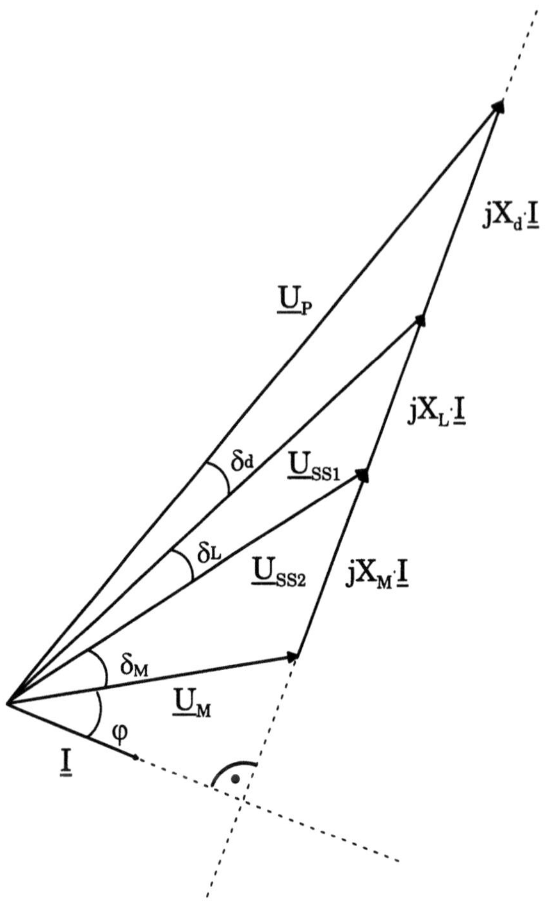


**Abbildung 12.12.** Zeigerdiagramm des Systems (einphasige Betrachtung) bestehend aus einer Leitung und zwei Maschinen

Wirkleistung pro Phase, die vom Generator zum Motor transportiert wird, berechnet sich zu:

$$P = \frac{U_P \cdot U_M}{X_T} \cdot \sin \delta_{ges} \tag{12.27}$$

Dabei ist $X_T$ die resultierende Reaktanz zwischen der Polradspannung des Synchrongenerators und der Polradspannung des Synchronmotors.

$$X_T = X_d + X_L + X_M$$

Die Winkeldifferenz zwischen der Polradspannung des Synchrongenerators und der Polradspannung des Synchronmotors wird mit $\delta$ bezeichnet. Diese Winkeldifferenz setzt sich aus drei Anteilen zusammen, wie im Zeigerdiagramm 12.12 dargestellt:

$$\delta_{ges} = \delta_d + \delta_L + \delta_M$$

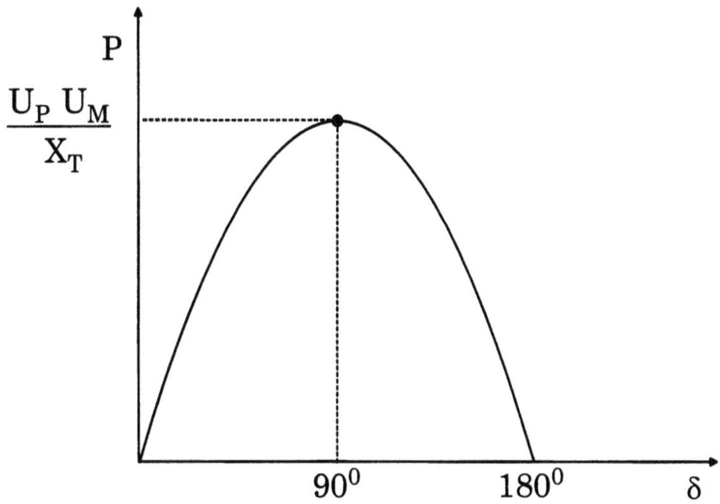


**Abbildung 12.13.** Übertragene Wirkleistung pro Phase in Abhängigkeit von der Polradwinkeldifferenz beider Maschinen

Der Zusammenhang zwischen übertragener Wirkleistung $P$ und der Polradwinkeldifferenz $\delta_{ges}$ ist in Abbildung 12.13 graphisch dargestellt. Diese Winkeldifferenz besteht aus drei Anteilen, dem internen Generatorwinkel $\delta_G$, dem Phasenunterschied zwischen der Klemmenspannung des Generators und der Klemmenspannung des Motors $\delta_L$ und dem internen Winkel des Motors $\delta_M$.

Man sieht aus Gleichung (12.27), daß die übertragene elektrische Wirkleistung einen sinusförmigen Verlauf annimmt. Der Zusammenhang der beiden Größen ist also nichtlinear. Falls die Polradwinkeldifferenz null ist, wird keine Leistung übertragen. Wenn der Winkel vergrößert wird, steigt die übertragene Wirkleistung an, bis sie bei einem Winkel von 90° ein Maximum erreicht. Bei weiterem Ansteigen des Polradwinkels nimmt die übertragene Leistung wiederum ab, bis sie schließlich bei einer Polradwinkeldifferenz von 180° wieder null wird.

Die Amplitude der maximal übertragbaren Wirkleistung bei einem Winkel von 90° ist direkt proportional zum Produkt der Amplituden der internen Spannungen der Maschinen und umgekehrt proportional zur resultierenden Reaktanz $X_T$ zwischen diesen Spannungen, siehe Gleichung (12.27).

**Stabilitätskriterium für eine Synchronmaschine**

In Abbildung 12.14 ist die von der Synchronmaschine abgegebene und über die Leitung übertragene elektrische Wirkleistung pro Phase in Abhängigkeit vom Polradwinkel aufgetragen. Weiterhin ist die konstante mechanische Leistung $P_m$, welche die Synchronmaschine aufnimmt, aufgetragen.

Die Schnittpunkte beider Kurven ergeben die möglichen Arbeitspunkte zur Übertragung elektrischer Wirkleistung. Produziert der Generator eine be-

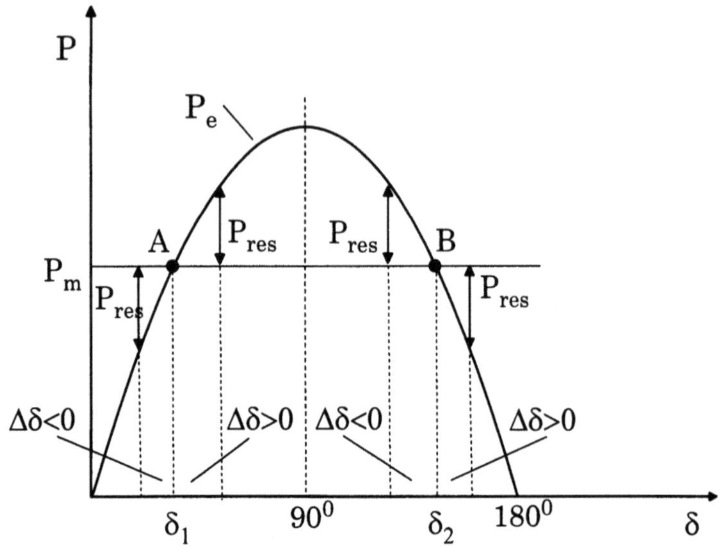


**Abbildung 12.14.** Graphische Deutung stabiler und instabiler Gleichgewichtspunkte der Leistungskennlinie

stimmte elektrische Leistung, die kleiner als die maximal übertragbare elektrische Wirkleistung ist, sind zwei mögliche Arbeitspunkte denkbar, einer kleiner als 90° und einer größer als 90°. Die erzeugte elektrische Wirkleistung entspricht der mechanisch in den Generator eingespeisten Leistung abzüglich der Verlustleistung. Es ist nun zu untersuchen, ob es sich bei den zwei Arbeitspunkten um stabile oder instabile Betriebspunkte handelt.

Dazu wird ein Arbeitspunkt betrachtet, der durch den Schnittpunkt der mechanisch eingespeisten Leistung mit der elektrisch abgegebenen und über die Leitung übertragenen Wirkleistung, bestimmt ist. Der Schnittpunkt kennzeichnet somit einen Gleichgewichtspunkt. Wenn eine kleine Änderung des Polradwinkels um $\Delta\delta$ im Gleichgewichtspunkt eine resultierende, der angenommenen Winkeländerung entgegengerichtete Leistungsänderung hervorruft, so ist dieses Gleichgewicht stabil. Die resultierende Leistung wird der Polradwinkeländerung entgegenwirken.

Es handelt sich dagegen um einen sogenannten instabilen Gleichgewichtspunkt, falls durch die Winkeländerung $\Delta\delta$ eine resultierende Leistung entsteht, die der Polradwinkeländerung gleichgerichtet ist. Damit wird die entstehende Polradwinkeländerung vergrößert.

Die resultierende Leistung $P_{res}$ ergibt sich aus der Differenz der mechanisch von der Synchronmaschine aufgenommenen Leistung $P_m$ und der elektrisch abgegebenen Wirkleistung $P_e$, siehe Abbildung 12.14:

$$P_{res} = P_m - P_e \tag{12.28}$$

Eine Taylorreihenentwicklung in einem Gleichgewichtspunkt $\delta_0$ liefert für $P_{res}$ folgendes Ergebnis:

$$P_{res}(\delta_0 + \Delta\delta) = -\left[\frac{dP_e(\delta)}{d\delta}\right]_{\delta=\delta_0} \cdot \Delta\delta \tag{12.29}$$

Für einen stabilen Gleichgewichtspunkt muß gelten, daß die resultierende Leistung einer Winkeländerung $\Delta\delta$ entgegenwirkt. Das bedeutet:

$$\left[\frac{dP_e(\delta)}{d\delta}\right]_{\delta=\delta_0} > 0 \tag{12.30}$$

Bei einem instabilen Gleichgewichtspunkt gilt dagegen:

$$\left[\frac{dP_e(\delta)}{d\delta}\right]_{\delta=\delta_0} < 0 \tag{12.31}$$

Zunächst wird der linke Gleichgewichtspunkt $A$ für den Polradwinkel $\delta_1$ in Abbildung 12.14 betrachtet. Falls aufgrund einer minimalen Schwankung im Verbrauch der Zustand eintritt, daß die elektrisch abgegebene Wirkleistung kleiner ist als die mechanisch in den Generator eingespeiste Leistung, so hat dies zur Folge, daß der Rotor des Generators durch dieses Leistungsungleichgewicht beschleunigt wird, $\delta$ also ansteigt und sich der Arbeitspunkt auf der Kurve nach rechts bewegt. Dadurch steigt die abgegebene Wirkleistung wieder an, bis sich das Gleichgewicht zwischen eingespeister mechanischer und elektrisch übertragener Wirkleistung wieder einstellt.

Betrachtet man anschließend den rechten Arbeitspunkt $B$ für den Polradwinkel $\delta_2$, so stellt man fest, daß es sich hierbei ebenfalls um einen Gleichgewichtspunkt handelt, da die mechanisch eingespeiste Leistung der elektrisch abgegebenen Wirkleistung entspricht. Falls nun aber durch eine Verbrauchsänderung die elektrisch übertragene Wirkleistung verkleinert wird, so führt dies dazu, daß der Rotor des Generators ebenfalls beschleunigt wird, was zu einem ansteigenden $\delta$ führt. Es kann sich aber kein neuer Gleichgewichtspunkt einstellen, da die elektrisch abgegebene Wirkleistung durch die Rotorbeschleunigung immer weiter absinkt. Der Generator fällt außer Tritt.

Das Stabilitätskriterium ist in Abbildung 12.14 für verschiedene Polradwinkeländerungen $\Delta\delta$ dargestellt.

Zusammenfassend läßt sich feststellen, daß alle möglichen **stabilen Gleichgewichtspunkte** auf der linken Hälfte ($\delta < 90°$) der Kurve liegen. Die Menge aller **instabilen Gleichgewichtspunkte** liegt dagegen auf der rechten Seite der Kurve ($\delta > 90°$).

Bei mehreren in ein Netz einspeisenden Maschinen hängt die Menge eingespeister Wirkleistung auch von der relativen Lage der Polradwinkel der einzelnen Maschinen zueinander ab. Die maximal übertragbare Wirkleistung sowie die Abhängigkeit der eingespeisten Leistung von der Lage der Polradwinkel sind jedoch abhängig von der Netzkonfiguration und der Lastverteilung. Eine Winkelseparation von 90° zwischen zwei beliebigen Maschinen hat im Mehrmaschinensystem jedoch nicht die Bedeutung maximal übertragbarer Wirkleistung wie beim *Spezialfall des Zweimaschinensystems.* Dies liegt daran, daß sich die Leistungsflüsse auf ein vernetztes System mehrerer Generatoren und Lasten verteilen.

### 12.3.3 Spannungsstabilität

Aus wirtschaftlichen Gründen ist es wünschenswert, die Netze nahe an der Grenze ihrer Übertragungskapazität zu betreiben. Das bedeutet, daß die größtmögliche Menge elektrischer Leistung an einzelnen Übertragungsleitungen oder in einzelnen Netzabschnitten übertragen wird. **Spannungsstabilität** bedeutet, daß an jeder Sammelschiene im gesamten Netz im normalen Betriebszustand die vorgesehene Betriebsspannung innerhalb eines bestimmten Toleranzbereichs anliegt.

Der Zustand der **Spannungsinstabilität** tritt dagegen ein, falls eine Störung, ein ansteigender Lastbedarf oder eine Änderung im Netz dazu führen, daß unkontrollierbare Spannungsabfälle an einzelnen Netzsammelschienen auftreten. Unter einem **Spannungskollaps** versteht man, daß Spannungsabfälle in ganzen Netzbezirken auftreten, so daß ein Abschalten erforderlich wird und keine Versorgung mit elektrischer Energie mehr stattfinden kann.

Die Hauptursache für Spannungsinstabilität und Spannungskollaps liegt darin, daß durch die Überschreitung der Übertragungskapazität eine ausreichende Versorgung der Lasten mit Blindleistung nicht mehr gegeben ist. Spannungsstabilitätsprobleme treten normalerweise in stark belasteten Netzen auf. Die Störung, welche zur Spannungsinstabilität führt, kann zwar verschiedene Ursachen haben, die Ursache für den Verlust der Spannungsstabilität liegt jedoch immer in einer Überschreitung der Übertragungskapazität und somit in einer zu schwachen Auslegung eines Netzes.

Ein Kriterium für Spannungsstabilität läßt sich einfach aufstellen: Ausgehend von einem bestimmten Betriebszustand darf bei einer Erhöhung des Blindleistungsbedarfs einer oder mehrerer Lasten keine Spannungsabsenkung an den Sammelschienen auftreten. Ein System wird spannungsinstabil, falls bei einer Erhöhung des Blindleistungsbedarfs unzulässige Spannungsabfälle auftreten. Man spricht dabei von der sogenannten Spannungs-Blindleistungsempfindlichkeit eines Netzes.

Die Untersuchung der Spannungsstabilität eines Netzes spielt in der Erweiterung und im Betrieb eines Elektroenergiesystems eine wichtige Rolle. Insbesondere im deregulierten Energiemarkt ist eine Kenntnis der physikalischen Übertragungsgrenzen von Wirk- und Blindleistung wesentlich. Spannungsinstabilität und Spannungskollaps sind die Ursachen für große Netzausfälle, die sogenannten *Blackouts*.

Im Gegensatz zur transienten Instabilität, die sich im Zeitraum weniger Sekunden abspielt, ist Spannungsinstabilität ein Phänomen, welches sich beispielsweise durch einen langsamen Anstieg im Lastbedarf in einem Zeitraum von mehreren zehn Minuten bis zu einigen Stunden abspielt. Man bezeichnet Spannungsstabilität daher auch als **Langzeitstabilität**. Weiterhin sind in der Untersuchung der Spannungsstabilität auch die physikalischen Eigenschaften anderer Betriebsmittel involviert, die bei transienten Stabilitätsuntersuchungen aufgrund ihrer großen Zeitkonstanten vernachlässigt werden. Insbesondere Stufentransformatoren und Begrenzer des Erregerstroms in Synchronmaschinen haben Zeitkonstanten von mehreren zehn Sekunden und müssen in diesen Untersuchungen berücksichtigt werden.

Weiterhin muß annähernd bekannt sein, in welcher Weise die Lasten auf Spannungsänderungen an den Sammelschienen reagieren. Es kann einfach gezeigt werden, daß die Modellierung als konstante Impedanz, wie es bei transienten Stabilitätsuntersuchungen legitim ist, für große Zeiträume unzulässig ist. Lasten sind komplexe und zeitveränderliche Zusammensetzungen unterschiedlichster elektrischer Geräte. Es ist nicht möglich, jedes von einem Verbraucher an ein Netz angeschlossene Gerät in seinen Eigenschaften korrekt zu modellieren. Außerdem sind je nach Nennspannung des Geräts zwischen einer Sammelschiene und dem Anschluß weitere Betriebsmittel wie Laststufenschalter, zuschaltbare Kapazitäten und Schalter zum Lastabwurf (Undervoltage Load Shedding) zwischengeschaltet. Als eine Möglichkeit der Modellierung werden Lasten als Kombination aus konstanter Impedanz, konstanter Stromentnahme und konstanter Leistung modelliert, wobei eine unterschiedliche Gewichtung dieser Anteile für verschieden Lastbezirke stattfindet (Industrie, Wohngebiete, etc.).

Eine Untersuchung der Spannungsstabilität erfolgt nach einer Modellierung des Elektroenergiesystems durch eine Analyse des Leistungsflußergebnisses in Kombination mit den Eigenwerten der sogenannten Jakobimatrix des Systems (Modalanalyse). Es läßt sich dadurch die Spannungs-Blindleistungsempfindlichkeit im Arbeitspunkt feststellen. Außerdem können Schwachpunkte im Netz identifiziert werden. Eine andere Möglichkeit liegt in der Durchführung von Simulationen im Zeitbereich. Hierbei ist eine exakte Modellierung aller Betriebsmittel notwendig. Numerische Simulationen ermöglichen einen tieferen Einblick in die dynamischen physikalischen Vorgänge, die zur Spannungsinstabilität führen, und bieten dadurch mehr Erkenntnisse als die obengenannten statischen Untersuchungen.

## 12.4 Modellbildung zur statischen und transienten Stabilitätsuntersuchung

Stabilitätsuntersuchungen stellen aufgrund der Ausdehnung eines Elektroenergiesystems, seiner starken Vermaschung und der technischen Eigenschaften aller im Netz vorhandenen Betriebsmittel ein komplexes Problem dar. Der Nutzen digitaler Computer für numerische Stabilitätsuntersuchungen wurde schon früh erkannt; Programme zur Untersuchung verschiedener Stabilitätsuntersuchungen wurden entwickelt. Das erste Computerprogramm für diesen Zweck wurde bereits um 1950 entwickelt. Heute stehen sehr leistungsfähige Programme zur Leistungsflußberechung, zur numerischen Untersuchung der transienten Stabilität sowie der Spannungsstabilität zur Verfügung /EMTP/ /NETO/.

Es ist offensichtlich, daß die Qualität aller Programme von der Exaktheit und Tiefe der Modellierung der Betriebsmittel sowie der richtigen physikalischen Interpretation des Stabilitätsbegriffs abhängt. Ein Programm, das beispielsweise alle Verbraucher als konstante Impedanzen modelliert, wird nicht in der Lage sein, Langzeitstabilität bzw. Langzeitinstabilität eines Systems korrekt zu prognostizieren. Im Gegensatz dazu wird die transiente Stabilität bzw. Instabilität nach einer Störung bereits während der ersten Schwingung des Polradwinkels entschieden. Die Periodendauer solch einer Schwingung beträgt nur ca. $2 - 5\ s$. In diesem Zeitraum dürfen die Lasten normalerweise als konstante Impedanzen betrachtet werden.

Es zeigt sich also, daß je nach Art der Stabilitätsuntersuchung eine unterschiedliche mathematische Beschreibung des Systems zulässig ist und unterschiedliche *Modellierungstiefen* notwendig sind.

Im folgenden werden die Modelle wichtiger Betriebsmittel für statische und transiente Untersuchungen vorgestellt. Resultierend aus der Modellierung der einzelnen Komponenten erfolgt die mathematische Beschreibung des gesamten Systems. Es wird ein Differentialgleichungssystem aufgestellt, das die Zustandsgrößen beschreibt, deren Untersuchung zur Bestimmung der transienten Stabilitätsgrenzen notwendig ist. Eine Reduzierung des Differentialgleichungssystems auf die Ordnung $n$, wobei $n$ die Anzahl der einspeisenden Generatoren ist, wird vorgestellt. Im Kapitel 12.5 werden dann verschiedene Methoden zur transienten Stabilitätsuntersuchung vorgestellt und angewendet.

### 12.4.1 Synchronmaschinenmodell

Die in Kapitel 11.2 hergeleiteten Ersatzschaltbilder beschreiben das elektrisch dynamische Verhalten der Synchronmaschine unter den getroffenen Annahmen physikalisch korrekt. Leider ist es aufgrund ihrer Komplexität mit Ausnahme sehr kleiner Netze nicht möglich, diese Ersatzschaltbilder in dieser Form in Stabilitätsstudien einzusetzen. Die in diesem Modell enthaltene Datenmenge muß aus Gründen des Rechenaufwands in Simulationen mit einer großen Anzahl von Maschinen deutlich reduziert werden. Es hat sich jedoch gezeigt, daß selbst vereinfachte Modelle sehr gute Ergebnisse in transienten Stabilitätsuntersuchungen liefern, da der betrachtete Zeitraum sehr kurz ist.

Für eine Untersuchung der Langzeitstabilität dagegen, besonders im Hinblick auf Spannungsstabilitätsprobleme, ist eine dynamische Modellierung unabdingbar. Ihr dynamisches Verhalten wird in einem Zeitraum von mehreren zehn Minuten untersucht, d.h. auch die Mechanismen ihrer Regeleinrichtungen müssen genau analysiert und modelliert werden.

Aufgrund des kurzen Zeitraumes von wenigen Sekunden, der bei einer transienten Stabilitätsuntersuchung zu betrachten ist, ist man in der glücklichen Lage, das in Kapitel 11.2 hergeleitete Modell stark zu vereinfachen. Es ist in /KRON/ gezeigt worden, daß sowohl die Spannungen $p\Psi_d$ und $p\Psi_q$, die durch Ausgleichsvorgänge in den Statorwicklungen hervorgerufen werden, als auch die Drehzahlveränderungen der Maschinenwelle während eines Zeitraums von wenigen Sekunden vernachlässigt werden dürfen. Eine weitere Vereinfachung ist die Vernachlässigung der Dämpferwicklungen auf beiden Achsen und die Annahme, daß die transienten Reaktanzen der d-Achse und der q-Achse gleich groß sind. Bei einem Maschinenmodell, das diese Annahmen erfüllt, spricht man von der sogenannten **klassischen Modellierung der Synchronmaschine**.

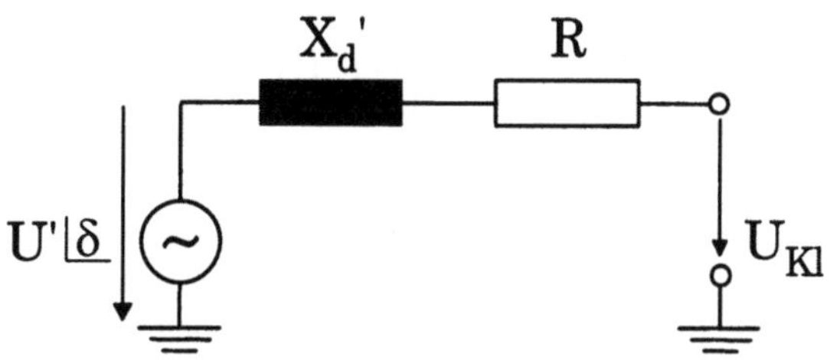


**Abbildung 12.15.** Ersatzschaltbild einer Synchronmaschine in transienten Stabilitätsuntersuchungen

Die Anwendung aller oben beschriebenen Vereinfachungen auf das in Kapitel 11.2 hergeleitete elektromechanische Modell führt zum Modell einer Synchronmaschine, das keine zeitabhängigen Größen mehr enthält, Abbildung 12.15. Die Generatoren werden dargestellt durch eine ideale Spannungsquelle in Serie zu einer konstanten Impedanz, bestehend aus der transienten Reaktanz $X_d'$ und dem ohmschen Statorwicklungswiderstand $R$ /ANFO/.

Diese Spannung $\underline{U}_i = U_i \cdot e^{j\delta_i}$ einer Maschine mit dem Zählindex $i$ wird als **Polradspannung** oder *interne Spannung* der Maschine bezeichnet. Am elektrischen Anschluß an das Netz liegt die sogenannte Klemmenspannung $\underline{U}_{Kl,i}$ an. Die konstante Spannungsquelle $\underline{U}_i$ wird aus den Anfangsbedingungen berechnet, d.h. aus dem eingeschwungenen Zustand *vor* einer transienten Störung. Während des Ausgleichsvorgangs, der durch eine transiente Störung hervorgerufen wird, bleibt die Amplitude $U_i$ konstant.

Für eine Synchronmaschine mit der Polpaarzahl 1 entspricht bei dieser Modellierung eine Änderung des elektrischen Polradwinkels auch einer Änderung des mechanischen Polradwinkels um den gleichen Betrag. Ein Verlust des synchronen Betriebs kann daher sowohl durch Beobachtung der elektrischen

Polradwinkel als auch durch eine Betrachtung der Rotorwinkel festgestellt werden. Das dynamische Verhalten der Welle und somit auch des Polradwinkels kann durch eine Differentialgleichung beschrieben werden, siehe Kapitel 12.4.2.

Spannungen werden in Netzberechnungen oft in normierter Form angegeben (p.u.-Notation). Die normierte Polradspannung einer Maschine $i$ berechnet sich damit zu $\underline{U}_i = U_i \cdot e^{j\delta_i}$; dabei wird der Betrag der Polradwinkel mit $U_i$ bezeichnet, $\delta_i$ ist der Winkel zwischen dem Zeiger der Polradspannung und einem Referenzzeiger, der mit der sogenannten *synchronen Geschwindigkeit* rotiert. Man nennt $\delta_i$ daher den auf den Referenzzeiger bezogenen Polradwinkel der Maschine.

### 12.4.2 Die Schwingungsdifferentialgleichung einer Synchronmaschine

Der Polradwinkel einer Maschine, bezogen auf den mit synchroner Winkelgeschwindigkeit rotierenden Referenzzeiger, kann in einer transienten Stabilitätsuntersuchung als Kriterium für den Zustand des Systems verwendet werden. Falls die Unterschiede der Polradwinkel der Maschinen infolge einer Störung stetig anwachsen, geraten die Maschinen außer Tritt; das System kann sich nach Abschalten der Störung transient stabil oder transient instabil verhalten, siehe Abbildung 12.8 und 12.9.

Die mathematische Beschreibung der Rotorwinkelbewegung erfolgt durch eine Schwingungsdifferentialgleichung. Man betrachtet zunächst eine Synchronmaschine im Generatorbetrieb: Bei der rotierenden Bewegung des Läufers wird die rotierende Masse durch erhöhte Zufuhr mechanischer Leistung beschleunigt, bei stärkerer Abgabe elektrischer Leistung abgebremst. Die Welle einer Synchronmaschine nimmt auf der Antriebsseite mechanische Leistung von der Turbine auf. Die Umwandlung mechanischer Energie in elektrische Energie erfolgt im Luftspalt des Synchrongenerators.

Man bezeichnet die von der Turbine aufgenommene mechanische Leistung als $P_m$, die abgegebene mechanische Leistung, die in elektrische Leistung umgewandelt wird, als $P_e$. Für die Bewegung der Turbinenwelle läßt sich im stationären Zustand ein Leistungsgleichgewicht an der Turbinenwelle feststellen: $P_m - P_e = 0$.

Bei einer verlustlosen Synchronmaschine wird die Wirkleistung $P_e$ vollständig an das Netz abgegeben. Falls also die mechanisch von der Turbine eingespeiste Leistung gleich der elektrisch in das Netz abgegebenen Leistung ist, wird die Welle der Maschine weder beschleunigt noch abgebremst.

Bei einem Ungleichgewicht beider Leistungen erfolgt Beschleunigung ($P_m > P_e$) bzw. Abbremsung ($P_m < P_e$) der Maschine. Die Schwingungsgleichung einer Maschine $i$ lautet in bezogenen Größen

$$J_i\ddot{\delta}_i + d_i\dot{\delta}_i = P_{mi} - P_{ei} \qquad (12.32)$$

$P_{mi}$ ist die von der Turbine in die Synchronmaschine $i$ eingespeiste mechanische Leistung, $P_{ei}$ ist die von der Maschine $i$ in das Netzwerk abgegebene elektrische Leistung. $J_i$ ist die bezogene Trägheitskonstante der Maschine $i$, $d_i$ ist die bezogene Dämpfungskonstante der Maschine. Die Umrechnung der physikalischen Größen auf die entsprechenden bezogenen dimensionslosen (p.u. = per unit) Größen erfordert die Bereitstellung eines einheitlichen Bezugssystems. Dieses Bezugssystem besteht aus den Werten, auf die die Größen bezogen werden, hier bietet sich die Verwendung der Nenngrößen an. Die Berechnung der bezogenen Größen aus den absoluten Größen wird in /KUN/ und /EMTP/ beschrieben und stellt keine große Schwierigkeit dar.

### 12.4.3 Modellierung der Übertragungsleitungen und der Lasten

Eine Untersuchung transienter Stabilität wird normalerweise auf der höchsten Spannungsebene eines Netzes durchgeführt. In dieses Netz speisen nahezu alle Synchronmaschinen über jeweils einen Maschinentransformator elektrische Energie ein. Alle untergeordneten Netze entnehmen diesem Transportnetz elektrische Leistung. Da in diesen Subnetzen nahezu keine elektrische Energie horizontal mit anderen Subnetzen ausgetauscht wird, können diese Netze vereinfacht als lokale Lastentnahmen aus dem Transportnetz angesehen werden. Der Leistungsaustausch zwischen den einspeisenden Generatoren findet also nur im Transportnetz statt.

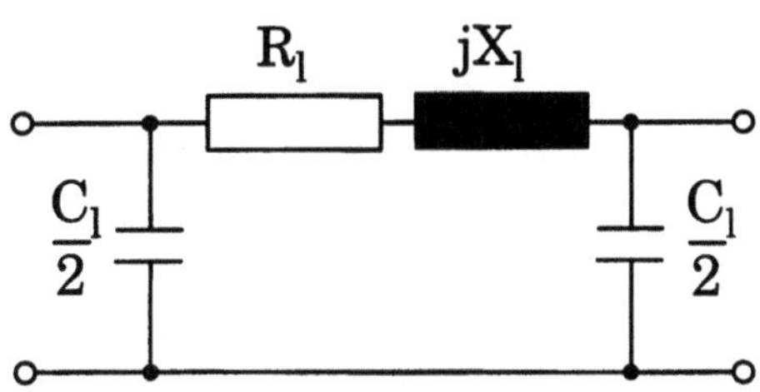


**Abbildung 12.16.** Ersatzschaltbild einer Leitung in transienten Stabilitätsuntersuchungen

Die Leitungen des Transportnetzes werden in Stabilitätsuntersuchungen - sofern sie kürzer als 500 km sind - durch $\pi$-Ersatzschaltbilder modelliert. Dieses besteht, wie in /STEV/ angegeben, aus einer Längsimpedanz $(R_l + jX_l)$ und am Anfang und Ende der Leitung aus Querkapazitäten mit dem Wert $\frac{C_l}{2}$, siehe Abbildung 12.16. Dieses Ersatzschaltbild wird für Leitungen in Stabilitätsstudien zugrundegelegt. Meist werden zusätzlich noch die Querkapazitäten der Leitungen vernachlässigt, da die Ströme in Längsrichtung viel größer als die kapazitiven Querströme sind.

Nachdem mittels einer Leistungsflußberechnung vor Eintritt des Fehlers die Wirk- und Blindleistung in allen Orten des Netzes berechnet worden ist, werden die Lastentnahmen an den jeweiligen Sammelschienen des Transportnetzes zusammengefaßt. Die so entstehenden resultierenden Lasten an den Sammelschienen des Transportnetzes können während der Dauer der transienten Störung als konstant angenommen werden. Sie werden während der transienten Stabilitätsstudie als konstante Impedanzen dargestellt, deren Wert sich aus der vorangegangenen Leistungsflußberechnung ergibt.

Die Verwendung von Admittanzen in der Knotenmatrix des Systems führt dazu, daß die Lasten oft in ihrer Admittanzform dargestellt werden. Sie bestehen dann aus der Parallelschaltung von $G_L$ und $jB_L$. Das Ersatzschaltbild ist in Abbildung 12.17 dargestellt.

Dieses Ersatzschaltbild unter der Annahme einer konstanten Impedanz darf keinesfalls bei Untersuchungen der Langzeitstabilität eingesetzt werden, da die Impedanz der Lasten in hohem Maße z.B. von der an der Sammelschiene anliegenden Spannung abhängt und sich damit zeitlich stark verändern kann.

### 12.4.4 Modellierung des Gesamtnetzwerkes

Nachdem in den vorigen Kapiteln die Modellierungen der einzelnen Betriebsmittel beschrieben wurden, soll nun auf die Modellierung des gesamten Systems eingegangen werden. Die Annahmen, die zur Vereinfachung der transienten Stabilitätsstudie getroffen werden können, sind hier noch einmal zusammengefaßt:

- Die in die jeweiligen Synchronmaschinen eingespeiste mechanische Leistung ist während des gesamten Zeitraumes konstant.
- Die Dämpfung wird vernachlässigt.
- Die Synchrongeneratoren werden durch konstante Spannungsquellen in Serie mit ihren transienten Reaktanzen modelliert.

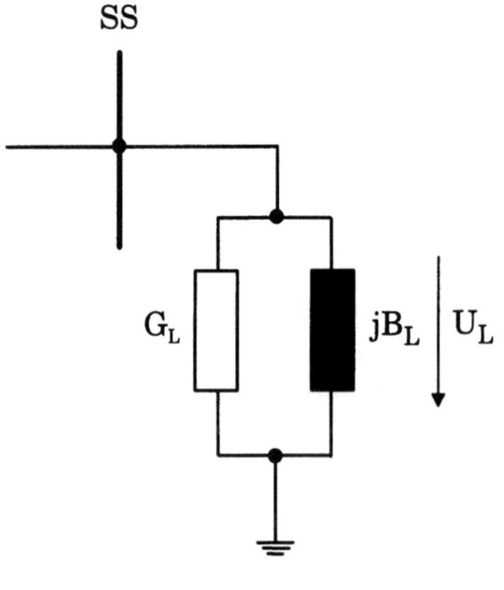


**Abbildung 12.17.** Ersatzschaltbild einer Last in transienten Stabilitätsuntersuchungen

- Der mechanische Rotorwinkel stimmt mit dem Polradwinkel der elektrischen Spannungsquelle überein.
- Die Lasten werden durch passive konstante Impedanzen bzw. Admittanzen repräsentiert.

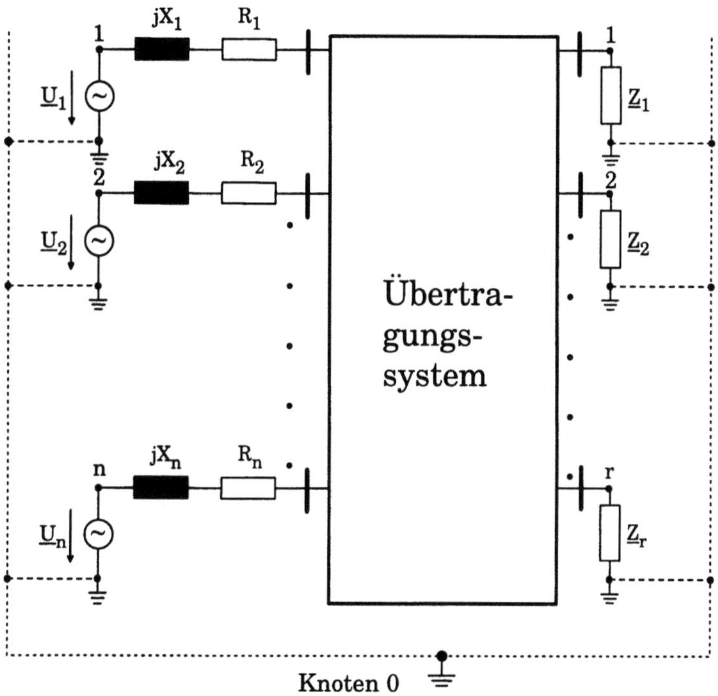


**Abbildung 12.18.** Einphasiges Ersatzschaltbild des Gesamtnetzwerkes in transienten Stabilitätsuntersuchungen /ANFO/

Das einphasige Netzwerk eines Elektroenergiesystems mit $n$ einspeisenden Synchrongeneratoren und $r$ Sammelschienen, an denen Leistung entnommen wird, ist in Abbildung 12.18 dargestellt. Die Knoten $1, 2, \ldots, n$ sind die internen Generatorknoten bzw. die Knoten, an denen die Polradspannungen hinter den transienten Reaktanzen anliegen. Knoten 0 ist der Referenzknoten (Bezugsknoten). Die Anfangswerte der Polradspannungen $\underline{U}_1, \underline{U}_2, \ldots, \underline{U}_n$ werden wie beim Einmaschinensystem aus der Leistungsflußberechnung vor einer transienten Störung berechnet, siehe Kapitel 12.2. Passive Impedanzen stellen die Leitungen dar, die die einzelnen Sammelschienen verbinden. Die Lasten werden ebenfalls durch passive Impedanzen dargestellt, diese verbinden den Referenzknoten mit den entsprechenden Lastsammelschienen.

Um eine Stabilitätsuntersuchung durchzuführen, werden Netzwerkparameter benötigt, die teilweise noch aus dem Leistungsflußdatensatz berechnet werden müssen:

1. Betrag und Phase aller Polradspannungen werden aus einer Leistungsflußberechnung des Systems *vor* Eintritt eines Fehlers im Netzwerk bestimmt. Ebenso werden aus dem Ergebnis die Werte der konstanten Lastimpedanzen berechnet.
2. Die transienten Reaktanzen und Trägheitskonstanten der Generatoren und die Netzwerkimpedanzen müssen bekannt sein. Daraus werden die bezogenen Größen berechnet.
3. Aus den Netzimpedanzen und dem Verlauf des zu untersuchenden Fehlers werden die *Netzadmittanzmatrizen vor* Eintritt eines Fehlers, *während* des Fehlers und *nach* Abschalten des Fehlers berechnet. Diese Admittanzmatrizen werden mit dem in Kapitel 12.4.6 vorgestellten Algorithmus auf die Ordnung $n \times n$ reduziert.
4. Die Art des anliegenden Fehlers (z.B. dreipoliger Kurzschluß in der Mitte der Leitung $x$) muß bekannt sein.

### 12.4.5 Aufstellen des Differentialgleichungssystems eines Mehrmaschinennetzwerkes

In der Analyse von Elektroenergiesystemen ist es üblich, alle absoluten Systemgrößen zunächst mit Hilfe eines Bezugssystems zu normieren. Dabei entstehen dimensionslose Größen. Verglichen mit der Verwendung physikalischer Größen (Ohm, Henry, Farad, ...) bieten die bezogenen Größen einen geringeren Berechnungsaufwand mit dem Computer. Die Überführung absoluter physikalischer Größen in einheitenfreie Werte erfolgt allgemein nach der folgenden Formel:

$$\text{Wert in p.u.} = \frac{\text{Absolutwert}}{\text{Bezugswert}} \tag{12.33}$$

Ein gut gewähltes Bezugssystem führt zu einer Verringerung des Berechnungsaufwandes mit dem Computer, vereinfacht die Auswertung und erleichtert dem Ingenieur das Verständnis für die Vorgänge. Es bietet sich normalerweise an, die Bezugsgrößen so zu wählen, daß die zu untersuchenden normierten Variablen im Nennbetrieb gleich eins sind. Die Vorgehensweise wird in Kapitel 11.2.2 detailliert vorgestellt.

Nach der erfolgten Normierung der elektrischen Größen (Spannungen, Leistungen, Ströme) und der Betriebsmittelparameter (Leitungsimpedanzen, Maschinenreaktanzen, Transformatorimpedanzen) werden nun die Differentialgleichungssysteme aufgestellt, die die Bewegung der Polradwinkel *vor*, *während* und *nach* einer Störung beschreiben.

Die Berechnung der konstanten Lastimpedanzen $\underline{Z}_L$ bzw. Lastadmittanzen $\underline{Y}_L$ erfolgt mit Hilfe der entnommenen Wirk- und Blindleistung $P_L + jQ_L$ sowie der am Lastknoten anliegenden Spannung $\underline{U}_L$. Diese Größen sind aus der durchgeführten Leistungsflußberechnung bekannt. Die einphasige Leistung, die eine Last dem Netz entnimmt, berechnet sich zu

$$P_L + jQ_L = \underline{U}_L \underline{I}_L^* = \underline{U}_L \cdot [\underline{U}_L^*(G_L - jB_L)] = U_L^2 \cdot (G_L - jB_L) \quad (12.34)$$

Das Lastersatzschaltbild ist in Abbildung 12.17 dargestellt. Damit ergibt sich die Lastadmittanz zu

$$\underline{Y}_L = \frac{P_L}{U_L^2} - j \cdot \frac{Q_L}{U_L^2} \quad (12.35)$$

Die internen Generatorspannungen (Polradspannungen) $U_i \cdot e^{j\delta_i}$ werden ebenfalls aus dem Ergebnis des Leistungsflußdatensatzes berechnet. Die Klemmenspannung $U_{Kl,i} \cdot e^{j\alpha_i}$ steht daraus zur Verfügung. Aus der Beziehung $P + jQ = \underline{U}\ \underline{I}^*$ kann der in das Netz eingespeiste Strom berechnet werden:

$$\underline{I} = \frac{P - jQ}{\underline{U}^*} \quad (12.36)$$

Die Polradspannung berechnet sich damit zu

$$U \cdot e^{j\delta'} = \underline{U}_{Kl} + j \cdot x_d' \underline{I} = \underline{U}_{Kl} + \frac{x_d' \cdot Q}{U_{Kl}} + j \cdot \frac{x_d' \cdot P}{U_{Kl}} \quad (12.37)$$

$\delta'$ ist der Winkel zwischen dem Zeiger der Klemmenspannung und der Polradspannung. Um den Polradwinkel auf den synchronen Referenzzeiger zu beziehen, muß der Klemmenspannungswinkel $\alpha$ noch addiert werden /ANFO/.

$$\delta = \delta' + \alpha \quad (12.38)$$

### 12.4.6 Knotenadmittanzmatrix und Netzwerkreduzierung

In Stabilitätsuntersuchungen ist es notwendig, Kenntnisse über die Leistungsflüsse zwischen allen Generatoren und Lasten des Netzes zu gewinnen. Diese Leistungsflüsse werden durch die Transferwiderstände zwischen den Generatoren und Lasten beeinflußt. Die sogenannte Knotenadmittanzmatrix berücksichtigt diese Übergangswiderstände. Die Ordnung dieser Matrix hängt von der Anzahl der Sammelschienen im Netz ab. Es ist möglich, die Ordnung der Matrix zu verkleinern. Dies geschieht durch Eliminierung aller passiven Sammelschienen, d.h. derjenigen Sammelschienen, an denen weder elektrische Energie eingespeist noch entnommen wird. Im Falle der transienten Stabilität werden Lasten durch konstante Admittanzen modelliert. In diesem Spezialfall können auch die Lastsammelschienen mit den anliegenden Admittanzen aus der Matrix eliminiert werden.

Während einer transienten Stabilitätsuntersuchung spielen mehrere zeitliche Abschnitte eine Rolle, denen jeweils unterschiedliche Admittanzmatrizen zugeordnet sind.

Man unterscheidet folgende Zeitabschnitte:

1. Vor Eintritt eines Fehlers (*pre-fault*)
2. Während des anliegenden Fehlers (*fault-on*)
3. Nach Abschalten des Fehlers (*post-fault*)

Diese drei Zustände weisen jeweils eine andere Netzkonfiguration auf. Die resultierenden Impedanzen zwischen den Generatoren müssen für alle drei Zustände berechnet werden. Zur Unterscheidung der Zustände werden im folgenden die Indizes *pre* für das System vor Eintritt des Fehlers, *on* für das System bei anliegendem Fehler und *post* für das System nach Abschalten des Fehlers verwendet.

Zunächst wird die zur Analyse notwendige Knotenadmittanzmatrix $\underline{\Upsilon}$ für alle drei Fälle aufgestellt. Bei der Matrix $\underline{\Upsilon}$ handelt es sich um die noch nicht reduzierte Systemmatrix, die die Admittanzen zwischen allen Sammelschienen des Netzes enthält. Diese Matrix hat die Ordnung $(n+r)$. Dabei bezeichnet $n$ die Anzahl der Sammelschienen, an denen Generatoren elektrische Leistung einspeisen, $r$ ist die Anzahl aller verbleibenden passiven Sammelschienen. In einem zweiten Schritt erfolgt die Reduzierung der Systemmatrix auf die Ordnung $n$, also auf die Anzahl der einspeisenden Generatoren. Um diese reduzierte Admittanzmatrix $\underline{Y}$ zu bestimmen, sind die folgenden Schritte notwendig:

1. Die konstanten Lastimpedanzen $\underline{Z}_{Li}$ werden berechnet und in Admittanzen umgewandelt. Diese werden, wie in Abbildung 12.18 dargestellt, zwischen der Lastsammelschiene und dem Referenzknoten eingesetzt. Die Generatorersatzschaltungen werden bestimmt und zwischen den Netzeinspeiseknoten und dem Referenzknoten eingesetzt. Es werden zusätzliche Knoten zwischen den internen Generatorspannungsquellen und den transienten Reaktanzen eingefügt.
2. Alle Impedanzen im Netz (Leitungen, Transformatoren, ...) werden in Admittanzen umgewandelt und die Admittanzmatrizen $\underline{\Upsilon}^{pre}$, $\underline{\Upsilon}^{on}$ und $\underline{\Upsilon}^{post}$ werden aufgestellt. Die Elemente der Matrix sind folgendermaßen zu bestimmen:

   a) $\underline{\Upsilon}_{ii}$ ist die Summe aller mit dem Knoten $i$ verbundenen Admittanzen.
   b) $\underline{\Upsilon}_{ij}$ ist die negative Admittanz zwischen Knoten $i$ und Knoten $j$.

   Schließlich wird das Netzwerk in der Weise reduziert, daß nur noch die internen Knoten der Synchronmaschinen übrigbleiben. Alle übrigen Knoten werden eliminiert. Man erhält dadurch die reduzierte Systemmatrix $\underline{Y}$. Bei der Reduzierung macht man sich die Tatsache zunutze, daß die eingeprägten Ströme in allen Knoten, mit Ausnahme der internen Maschinenknoten, gleich null sind. Wegen dieser Eigenschaft können folgende Matrixoperationen angewendet werden:

Es gilt $\underline{I} = \underline{\Upsilon}\,\underline{U}$, mit $\underline{\mathrm{I}} = \begin{pmatrix} \underline{I}_n \\ 0 \end{pmatrix}$.

Jetzt werden die Matrix $\Upsilon$ und der Vektor $U$ aufgeteilt, und man erhält

$$\begin{pmatrix} \underline{I}_n \\ 0 \end{pmatrix} = \begin{pmatrix} \underline{\Upsilon}_{nn} & \underline{\Upsilon}_{nr} \\ \underline{\Upsilon}_{rn} & \underline{\Upsilon}_{rr} \end{pmatrix} \begin{pmatrix} \underline{U}_n \\ \underline{U}_r \end{pmatrix} \tag{12.39}$$

Der Index $n$ steht hier für die internen Knoten der Synchronmaschine, der Index $r$ für alle übrigen Knoten. Für das Netzwerk in Abbildung 12.18 hat $\underline{U}_n$ die Dimension $(n \times 1)$, $\underline{U}_r$ hat die Dimension $(r \times 1)$. Wenn man das Gleichungssystem (12.39) ausschreibt

$$\underline{I}_n = \underline{\Upsilon}_{nn}\underline{U}_n + \underline{\Upsilon}_{nr}\underline{U}_r \qquad 0 = \underline{\Upsilon}_{rn}\underline{U}_n + \underline{\Upsilon}_{rr}\underline{U}_r$$

und $\underline{U}_r$ eliminiert, erhält man einen direkten Zusammenhang zwischen $\underline{I}_n$ und $\underline{U}_n$:

$$\underline{I}_n = (\underline{\Upsilon}_{nn} - \underline{\Upsilon}_{nr}\underline{\Upsilon}_{rr}^{-1}\underline{\Upsilon}_{rn})\underline{U}_n \tag{12.40}$$

Die Matrix $\underline{Y} = \underline{\Upsilon}_{nn} - \underline{\Upsilon}_{nr}\underline{\Upsilon}_{rr}^{-1}\underline{\Upsilon}_{rn}$ ist die reduzierte Netzwerkmatrix, die die internen Knoten der Generatoren direkt miteinander verknüpft. $\underline{Y}$ hat die Dimension $(n \times n)$, $n$ ist die Anzahl der einspeisenden Synchrongeneratoren.

Diese Netzwerkvereinfachung läßt sich so nur bei einer Lastmodellierung durch konstante Admittanzen anwenden. Um nun das Differentialgleichungssystem aufzustellen, das die Bewegung aller Polradwinkel vollständig beschreibt und auch elektrische Größen beinhaltet, greift man auf die in Kapitel 12.4.2 hergeleitete Schwingungsdifferentialgleichung (12.32) zurück.

$$J_i\ddot{\delta}_i + d_i\dot{\delta}_i = P_{mi} - P_{ei} \qquad \text{mit} \qquad i = 1, 2, \ldots, n$$

Die mechanische Leistung der Turbine ändert sich im betrachteten Zeitraum von wenigen Sekunden der anliegenden Störung nicht, so daß die Änderung der aufgenommenen mechanischen Leistung $P_{mi}$ der Synchrongeneratoren vernachlässigt werden kann. Es ist also nur noch die elektrisch abgegebene Wirkleistung $P_{ei}$ eines Generators $i$ zu berechnen.

Nach der mathematischen Reduzierung besteht das Netzwerk nur noch aus $n$ Knoten, an denen die Polradspannungen anliegen. Die Admittanzen $\underline{Y}_{ii}$ und $\underline{Y}_{ij}$ zwischen den Polradspannungen der verschiedenen Generatoren sind bekannt. Die Polradspannung der Maschine $i$ ist $\underline{U}_i = U_i\angle\delta_i$. Damit kann man für die abgegebene elektrische Wirkleistung des Generators $i$ schreiben:

$$P_{ei} = Re\left\{\underline{U}_i \cdot \underline{I}_i^*\right\} = Re\left\{\underline{U}_i \cdot \sum_{j=1}^{n} \underline{Y}_{ij}^*\underline{U}_j^*\right\}$$

$$= Re\left\{U_i \cdot \sum_{j=1}^{n}(G_{ij} - jB_{ij}) \cdot U_j \cdot e^{j(\delta_i - \delta_j)}\right\}$$

$$= Re\left\{\sum_{j=1}^{n} U_i U_j \cdot (G_{ij} - jB_{ij}) \cdot (\cos\delta_{ij} + j\sin\delta_{ij})\right\}$$

$$= \sum_{j=1}^{n} U_i U_j \cdot (G_{ij}\cos\delta_{ij} + B_{ij}\sin\delta_{ij})$$

Die hier verwendete Abkürzung $\delta_{ij}$ steht für die Differenz der Polradwinkel zwischen Maschine $i$ und Maschine $j$. $G_{ij}$ und $B_{ij}$ sind die Real- bzw. Imaginärteile der Elemente der Admittanzmatrix $\underline{Y}$. Zieht man noch die Elemente $ii$ der Diagonalen heraus, ergibt sich für die elektrisch abgegebene Wirkleistung der Maschine $i$:

$$P_{ei} = U_i^2 G_{ii} + \sum_{\substack{j=1 \\ i\neq j}}^{n} U_i U_j \cdot (G_{ij}\cos\delta_{ij} + B_{ij}\sin\delta_{ij}) \tag{12.41}$$

Die Schwingungsdifferentialgleichung (12.32) für transiente Stabilitätsuntersuchungen, basierend auf der sogenannten *klassischen Modellierung* für eine wenige Sekunden anliegende Störung, lautet somit:

$$J_i\ddot{\delta}_i + d_i\dot{\delta}_i = P_{mi} - U_i^2 G_{ii} - \sum_{\substack{j=1 \\ i\neq j}}^{n} U_i U_j \cdot (G_{ij}\cos\delta_{ij} + B_{ij}\sin\delta_{ij}) \tag{12.42}$$

Man erkennt, daß die Bewegung eines Polradwinkels $\delta_i$ vom Zustand aller anderen Polradwinkel abhängt, da diese über die elektrisch abgegebene Leistung zusammenhängen. Falls irgendeine Leistungsänderung stattfindet, entsteht ein Ungleichgewicht zwischen eingespeister und konsumierter Leistung, was zu einem Ausgleichsvorgang führt, der durch dieses Differentialgleichungssystem beschrieben wird.

Weiterhin erkennt man, daß der Zusammenhang zwischen der Differenz zweier Polradwinkel und der übertragenen Wirkleistung nichtlinear ist. Wegen der hohen Anzahl $n$ der in ein Netz einspeisenden Synchrongeneratoren handelt es sich also um ein nichtlineares, gekoppeltes Differentialgleichungssystem hoher Ordnung, von dem man bei einer transienten Stabilitätsuntersuchung ausgehen muß.

### 12.4.7 Gültigkeitsbereich der hier verwendeten Modellierung

Die Stabilität des Gesamtsystems hängt vom charakteristischen Verhalten aller Betriebsmittel im Netz ab. Dieses beinhaltet das dynamische Verhalten der Generatorregler, die Dynamik der Lasten und die Lage und Charakteristik der Schutzeinrichtungen im Netz. Der Ausgleichsvorgang der Rotorbewegung einer Maschine als Antwort auf eine Störung hat einen oszillierenden Verlauf. Die Dauer der Ausgleichsvorgänge lag früher in der Größenordnung einer Sekunde, heute dauern diese Vorgänge aufgrund höherer Trägheitsmomente und Übertragungsleitungen, die näher an der Grenze ihrer Übertragungskapazität betrieben werden, wesentlich länger. Im Gegensatz dazu sind die Generatorregeleinrichtungen wesentlich schneller. Die Dynamik der Regler wird jedoch in der klassischen Modellierung nicht berücksichtigt, d.h. für detailliertere Langzeitstudien ist dieses Modell noch zu modifizieren.

## 12.5 Transiente Stabilitätsuntersuchungen

### 12.5.1 Einleitung

Wenn man von einem System ausgeht, welches sich vor dem Auftreten einer Störung in einem Gleichgewichtszustand befindet, kann nach einer Störung einer der beiden folgenden Fälle auftreten:

- Die Zustandsgrößen des Systems konvergieren nach einem Fehler wieder auf einen Gleichgewichtspunkt. Dieser Gleichgewichtspunkt ist entweder identisch mit dem Gleichgewichtspunkt vor dem Fehler oder befindet sich mehr oder weniger in seiner Nähe. Man spricht in diesem Fall von einem stabilen System.
- Die Zustandsgrößen divergieren nach Abschalten des Fehlers, d.h. es stellt sich kein neuer Gleichgewichtszustand ein. Das System verhält sich also instabil.

Diese anschauliche Vorstellung von Stabilität kann auch auf Elektroenergiesysteme angewendet werden. Vor dem Auftreten einer Störung zum Zeitpunkt $t = t_0$ rotieren alle Generatoren mit synchroner Winkelgeschwindigkeit, d.h. das Netz befindet sich im sogenannten synchronen Betriebszustand, und die Zeiger aller Polradwinkel haben einen konstanten Winkel $\delta_i$ zu einem Referenzzeiger, welcher sich ebenfalls mit synchroner Geschwindigkeit $\omega_0$ dreht.

Physikalisch bedeutet dieser Sachverhalt, daß die von den Generatoren in das Netz eingespeiste Leistung identisch der Summe der von den Lasten entnommenen Leistung und der Verlustleistung im Netzwerk ist.

Sobald zur Zeit $t = t_0$ eine große Störung auftritt, wie beispielsweise ein Kurzschluß, der Ausfall einer Übertragungsleitung oder ein starker Lastabfall, wird das *vor* Eintritt des Fehlers vorhandene Leistungsgleichgewicht empfindlich gestört. Die Unterbrechung einer Übertragungsleitung beispielsweise blockiert den Transport elektrischer Leistung von einigen Generatoren zu den Lasten. Es entsteht ein Leistungsüberschuß, der eine Beschleunigung der Generatoren bewirkt.

Da die in die Maschinen eingespeiste mechanische Leistung nach Eintritt des Fehlers zunächst aufgrund der Trägheit ihrer Regler konstant bleibt, ergibt sich ein *Defizit*, bzw. ein *Überschuß* der mechanischen Leistung im Verhältnis zur abgegebenen elektrischen Leistung. Die Läufer der Maschinen werden demzufolge entweder beschleunigt oder abgebremst. Die Polradwinkel $\delta_i$ nehmen also bei anliegendem Fehler ab oder zu.

Nach Klärung des Fehlers, was z.B. durch Abschalten der fehlerbehafteten Übertragungsleitung erfolgt, kann sich erneut ein Leistungsgleichgewicht einstellen. Dazu ist es allerdings notwendig, daß sich die während des Fehlers angesammelte überschüssige kinetische Energie so auf das System umverteilen kann, daß sich nach Abschalten des Fehlers wiederum ein Gleichgewichtszustand einstellt.

Falls das System in der Lage ist, die überschüssige Energie komplett zu absorbieren, wird es als **transient stabil** bezeichnet. Die Netzfrequenz kann sich entweder auf die des Systems vor dem Fehler oder auf eine neue konstante Frequenz einstellen. Abbildung 12.9 zeigt einen möglichen stabilen Verlauf der Polradwinkel. Falls das System dagegen nach Abschalten des Fehlers nicht in der Lage ist, die überschüssige Energie umzuverteilen, ist es nicht mehr möglich, alle Synchrongeneratoren synchron zu betreiben. Das System verhält sich dann **transient instabil**. Ein möglicher transient instabiler Verlauf der Polradwinkel ist in Abbildung 12.8 dargestellt.

Ob sich ein System nach dem Abschalten einer Störung transient stabil oder transient instabil verhält, hängt außer von der Art oder vom Ort des Fehlers natürlich auch davon ab, wie lange der Fehler am Betriebsmittel anliegt. Es ist daher sinnvoll, die **kritische Fehlerklärungszeit** $t_{Kr}$ einzuführen.

Falls ein Fehler am Betriebsmittel kürzer als $t_{Kr}$ anliegt, bevor Schutzeinrichtungen das gestörte Betriebsmittel vom Netz isolieren, bleibt das Elektroenergiesystem transient stabil. Falls der Fehler jedoch länger als $t_{Kr}$ anliegt, kann das Netz die überschüssige Energie nach der Fehlerbehebung nicht mehr absorbieren. Das System wird dann transient instabil, und es kann sich kein Gleichgewichtszustand mehr einstellen. Eine Bestimmung der kritischen Fehlerklärungszeit für verschiedene *Fehlerszenarien* ist insbesondere bei der Planung sowie bei der Umstrukturierung eines Netzes notwendig, um Schutzeinrichtungen effektiv zu plazieren.

Bedingt durch die Ausdehnung und Komplexität eines Elektroenergiesystems ist eine Vielzahl von Fehlerszenarien vorstellbar, die es in diesem Zusammenhang mit **numerischen Methoden** zu untersuchen gilt. Für jeden zu untersuchenden Einzelfall müssen selbst bei einer vereinfachten Modellierung des Systems eine große Anzahl von Polradwinkeln und Winkelgeschwindigkeiten in ihrem zeitlichen Verlauf untersucht werden, um resultierende Stabilität oder Instabilität zu bestimmen. Viele Wiederholungen mit variierten Fehlerdauern sind für *jeden einzelnen* Fehlerort notwendig, um die *kritische Fehlerklärungszeit* $t_{Kr}$ näherungsweise zu bestimmen.

Trotz starker Rechenleistung und effizienter Simulationsalgorithmen ist dies ein sehr zeitintensiver Prozeß, der von erfahrenen Netzplanungsingenieuren durchgeführt werden muß. Wie in Kapitel 12.4 gezeigt wird, wird ein Elektroenergiesystem durch ein nichtlineares, gekoppeltes Differentialgleichungssystem hoher Ordnung beschrieben. Da aufgrund der hohen Auslenkungen der Polradwinkel bei einer Störung eine Linearisierung der Gleichungen nicht möglich ist, können auch keine Stabilitätskriterien für *lineare Differentialgleichungssysteme* wie die Untersuchung der Hurrwitz-Determinanten oder das Verfahren von Nyquist /BRON/, /FOEL/ angewandt werden.

Es besteht allerdings die Möglichkeit, diejenige Energie, welche das System nach Abschalten des Fehlers maximal absorbieren kann, zu berechnen. Durch einen Vergleich dieser Energie mit der kinetischen Energie, die bei anliegendem Fehler die Rotoren der Maschinen beschleunigt, kann die kritische Fehlerklärungszeit $t_{Kr}$ *direkt*, d.h. ohne Kenntnis des zeitlichen Verlaufs der Zustandsgrößen, berechnet werden. Diese Energie, die während des Fehlers stark zunimmt, wird als **transiente Energie** bezeichnet. **A. M. Lyapunov** veröffentlichte 1892 erstmals eine Theorie über die Untersuchung der dynamischen Stabilität in *nichtlinearen Systemen* mittels sogenannter *Energiefunktionen.* Seine Arbeit, die sich allerdings mit der Mechanik der Himmelskörper befaßte, ist die Grundlage aller **Direkten Methoden** zur Stabilitätsuntersuchung nichtlinearer Systeme.

### 12.5.2 Transiente Stabilitätsuntersuchung an einem Einmaschinensystem

In diesem Kapitel werden verschiedene Methoden, transiente Stabilitätsuntersuchungen durchzuführen, an einfachen Elektroenergiesystemen demonstriert. Neben einer graphischen Methode (Flächensatz) werden die Vorgehensweise bei der numerischen Methode und die direkte Methode nach Lyapunov behandelt.

**Antwort des Systems auf eine plötzliche Änderung von $P_{el}$**
Betrachtet wird zunächst das in Abbildung 12.19 dargestellte Netz, bestehend aus einer Synchronmaschine mit Transformator, die über zwei parallele

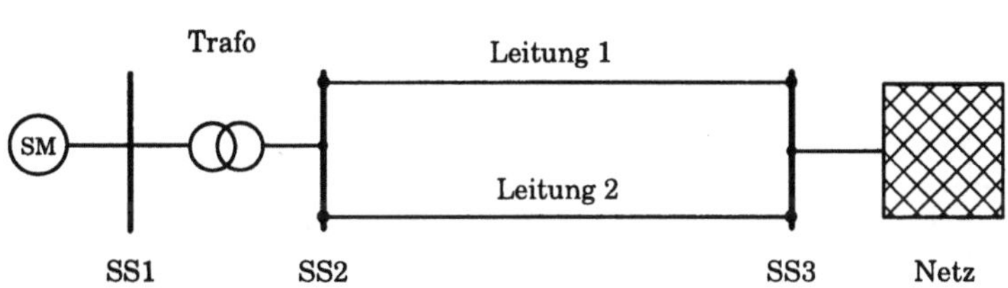


**Abbildung 12.19.** Synchronmaschine, die Leistung über eine Doppelleitung in ein Netz einspeist

Übertragungsleitungen elektrische Leistung in ein großes Verbundnetz einspeist.

Das Verbundnetz wird im Rahmen einer transienten Stabilitätsuntersuchung einphasig durch eine starre Spannungsquelle modelliert. Diese Spannungsquelle habe eine konstante Amplitude $U_N$ und eine konstante Frequenz. Dieser Knoten wird hier als Bezugsknoten gewählt. Das Argument der Knotenspannung ist definitionsgemäß gleich null, d.h. die Phasenspannung des Netzes ergibt sich zu $\underline{U}_N = U_N \angle 0°$ mit $U_N = \frac{U_n}{\sqrt{3}}$.

Der Generator wird durch die klassische Modellierung dargestellt, d.h. er besteht aus einer Polradspannungsquelle hinter der transienten Reaktanz. Der Transformator und das Übertragungsnetzwerk werden durch ihre Betriebsimpedanzen pro Phase dargestellt. Dabei werden alle Verluste des Systems vernachlässigt. Das einphasige Ersatzschaltbild des zu untersuchenden Netzwerkes im ungestörten Zustand ist in Abbildung 12.20 dargestellt.

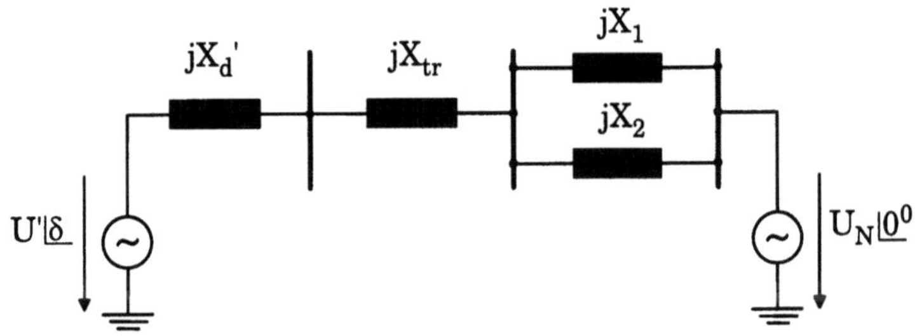


**Abbildung 12.20.** Einphasiges Ersatzschaltbild der Anordnung

Die Polradspannung hinter der transienten Reaktanz $X_d'$ wird hier als $\underline{U}'$ bezeichnet. Der Rotorwinkel $\delta$ gibt die Phasendifferenz an, um welche $\underline{U}'$ $\underline{U}_N$ vorauseilt. Falls das System z.B. durch einen Kurzschluß gestört wird, kann die Amplitude der Polradspannung $\underline{U}'$ im untersuchten Zeitraum als konstant angenommen werden, und der Polradwinkel $\delta$ ändert sich. Die Winkelgeschwindigkeit des Läufers weicht dabei von der Winkelgeschwindigkeit vor Fehlereintritt ab.

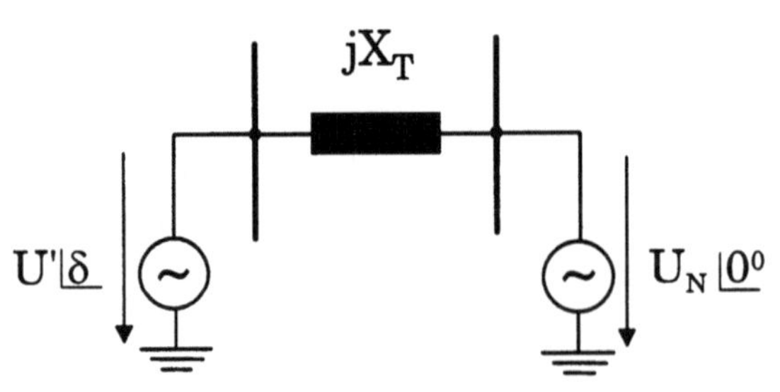


**Abbildung 12.21.** Reduziertes einphasiges Ersatzschaltbild der Anordnung

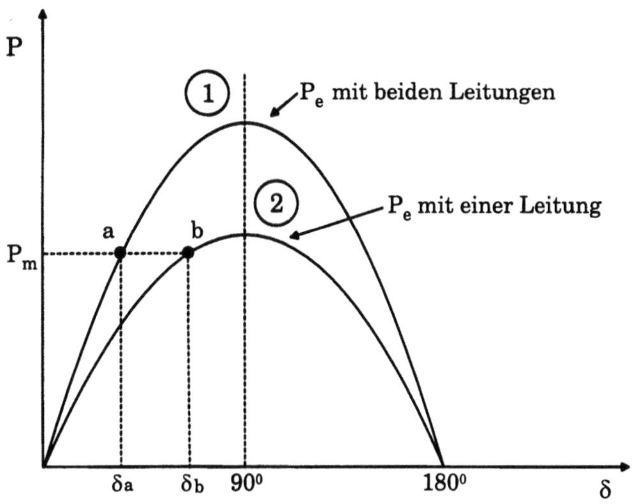


**Abbildung 12.22.** Übertragene Wirkleistung pro Phase

Das Netzwerk aus Abbildung 12.20 kann nun auf die in Abbildung 12.21 dargestellte Form reduziert werden. Die vom Generator abgegebene Wirkleistung pro Phase berechnet sich bekanntermaßen zu

$$P_e = \frac{U' \cdot U_N}{X_T} \cdot \sin \delta \tag{12.43}$$

Bei einer verlustlosen Maschine sind die mechanisch über die Welle in den Generator eingespeiste und die elektrisch in das Netz abgegebene Leistung, wie bereits erwähnt, gleich groß. Der Zusammenhang zwischen Polradwinkel $\delta$ und der übertragenen Wirkleistung über *beide* Übertragungsleitungen ist in Abbildung 12.22 als Kurve 1 graphisch dargestellt.

Vor einer Störung des Systems, d.h. im stationären Zustand, ist $P_e$ gleich der mechanischen Leistung $P_{mech}$ bezogen auf eine Phase. Dieser Betriebszustand entspricht dem Arbeitspunkt $a$ mit dem Rotorwinkel $\delta_a$, Abbildung 12.22.

Falls eine der beiden Leitungen ausfällt, d.h. vom Netz isoliert wird, steigt die effektive Reaktanz $X_T$ an. Der Zusammenhang zwischen der übertragenen Wirkleistung und der Winkeldifferenz für diesen Fall ist hier als Kurve 2 dargestellt, die sich aus Gleichung (12.27) ergibt. Durch die höhere Übertragungsreaktanz $X_T$ ist die maximal übertragbare Leistung $P_{max}$ gesunken.

Bei konstanter mechanisch eingespeister Leistung $P_{mech}$ ist der neue Polradwinkel $\delta_b$, dies entspricht dem Arbeitspunkt $b$ auf der Kurve 2. Bei einer größeren Netzreaktanz ist also der Rotorwinkel, der sich zur Übertragung einer bestimmten Wirkleistung einstellt, größer als bei einer kleineren Netzreaktanz.

Als Reaktion auf die plötzliche Veränderung der Netzreaktanz $X_T$ wird der synchronen Geschwindigkeit $\omega_0$ der Einschwingvorgang des Rotorwinkels $\delta$ auf seinen neuen Wert überlagert. Die dabei entstehende kurzzeitige Geschwindigkeitsänderung $\Delta\omega_r = \frac{\partial\delta}{\partial t}$ ist jedoch sehr viel kleiner als $\omega_0$. Die Rotorgeschwindigkeit kann also als nahezu konstant angenommen werden.

Dies hat zur Folge, daß die mechanisch eingespeiste Leistung, die sich als Produkt aus Momentandrehzahl und konstantem Drehmoment an der Welle berechnet, ebenfalls für die Dauer des transienten Vorgangs als konstant angenommen werden kann. **Bezogenes Drehmoment** und **bezogene mechanische Leistung** können also in der mechanischen Bewegungsdifferentialgleichung der Synchronmaschine austauschbar verwendet werden.

Die Schwingungsdifferentialgleichung einer Synchronmaschine $i$ lautet bekanntlich nach Gleichung (12.32)

$$J_i\ddot{\delta}_i + d_i\dot{\delta}_i = P_{mi} - P_{ei} \tag{12.44}$$

Nach Einsetzen der abgegebenen elektrischen Leistung, Gleichung (12.43), ergibt sich die Bewegungsdifferentialgleichung für die Synchronmaschine in Abbildung 12.19:

$$J\ddot{\delta} + d\dot{\delta} = P_m - P_{max}\sin\delta \tag{12.45}$$

Der zeitliche Verlauf des Polradwinkels infolge einer plötzlichen Änderung der elektrisch abgegebenen Wirkleistung resultiert in einer gedämpften sinusförmigen Schwingung um den neuen stationären Wert $\delta_b$. Solch ein zeitlicher Verlauf wird ausführlich im Zusammenhang mit dem Flächensatz in Kapitel 12.5.3 vorgestellt.

**Antwort des Systems auf eine plötzliche Änderung von $P_m$**

Es wird nun das transiente Verhalten des Systems mit beiden Übertragungsleitungen untersucht, falls es einer plötzlichen Zunahme mechanisch eingespeister Leistung von einem Anfangswert $P_{m0}$ auf einen Endwert $P_{m1}$ unterworfen wird. Diese Änderung der mechanischen Leistung ist in Abbildung 12.23 dargestellt. Vor der Leistungsänderung wird die Leistung $P_{m0}$ bei einem Polradwinkel $\delta_0$ über die Leitungen übertragen. Dieser Betriebszustand entspricht dem Arbeitspunkt $a$.

Aufgrund der Trägheit der Rotorwelle kann sich der Rotorwinkel $\delta$ nicht plötzlich vom Anfangswert $\delta_0$ auf den Endwert $\delta_1$ ändern. Dieser Endwert $\delta_1$ entspricht dem stationären Zustand *nach* Abklingen des Ausgleichsvorgangs und ist in Abbildung 12.23 mit $b$ bezeichnet. Die mechanisch eingespeiste Leistung im Punkt $a$ ist größer als die elektrisch abgegebene Wirkleistung. Das resultierende Drehmoment verursacht eine Beschleunigung des Rotors vom Anfangswert $\delta_0$ auf den neuen stationären Endwert $\delta_1$. Die Beschleunigung wird durch die Schwingungsdifferentialgleichung (12.32) mathematisch beschrieben.

Die Differenz zwischen $P_{m1}$ und $P_{e1}$ bestimmt zu jedem Augenblick die Beschleunigungsleistung. Sobald der Punkt $b$ erreicht ist, ist die Beschleunigungsleistung $P_{m1} - P_{e1}$ gleich null, die Rotorgeschwindigkeit ist jedoch hö-

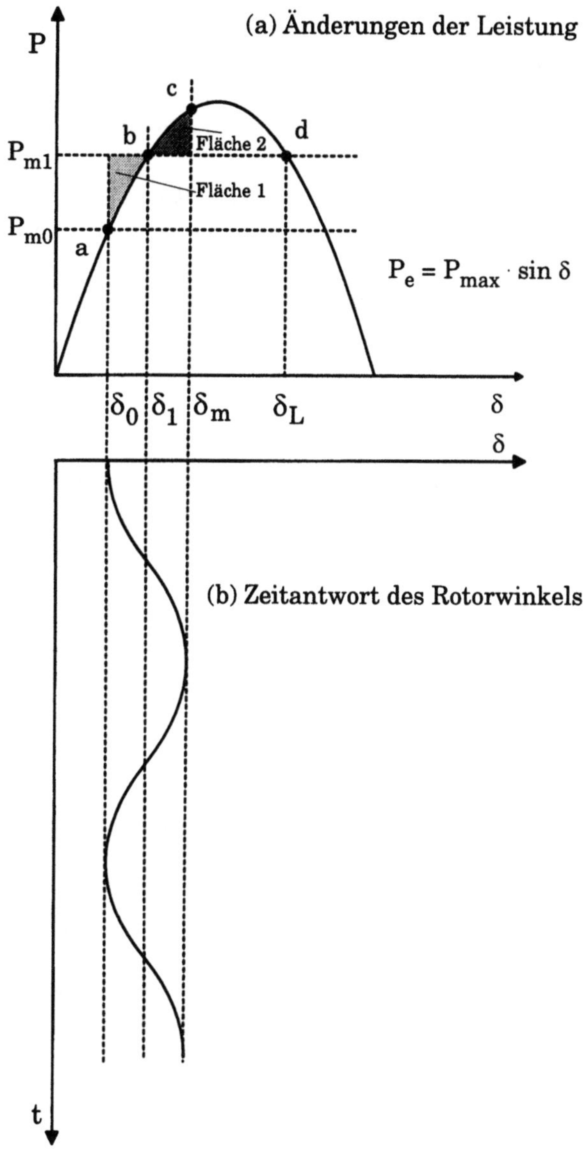


**Abbildung 12.23.** Änderung der mechanisch eingespeisten Leistung und zeitlicher Verlauf des Rotorwinkels /KUN/

her als die synchrone Geschwindigkeit $\omega_0$, die von der Winkelgeschwindigkeit der starren Netzspannung vorgegeben wird.

Bedingt durch die Massenträgheit führt dies zu einem weiteren Anstieg des Rotorwinkels. Für Werte von $\delta$ größer als $\delta_1$ ist jedoch $P_{m1} - P_{e1}$ kleiner null, was zu einer Abbremsung des Rotors führt. Bei einem Maximalwert $\delta_m$ sind die Rotorfrequenz und die Netzfrequenz wieder synchron, jedoch ist $P_{e1}$ dann größer als $P_{m1}$.

Dies führt dazu, daß der Rotor dann weiter abgebremst wird und die Winkelgeschwindigkeit dann wieder unter $\omega_0$ fällt. Der Betriebspunkt pendelt also zwischen den Punkten $a$ und $c$ um den Punkt $b$. Der Polradwinkel oszilliert im ungedämpften System mit konstanter Amplitude, wie in Abbildung 12.23 dargestellt.

In dieser Modellierung eines Elektroenergiesystems sind alle Verluste und die Dämpfung vernachlässigt. Dies führt theoretisch zu unendlich lang andauernden elektromechanischen Oszillationen. Die in der Praxis vorhandenen Verluste führen jedoch zu einem mehr oder weniger schnellen Abklingen solcher Schwingungen.

### 12.5.3 Der Flächensatz

Für das oben untersuchte Modell ist eine formale Lösung der Schwingungsdifferentialgleichung nicht notwendig, um zu bestimmen, ob der Polradwinkel nach einer Laständerung beliebig ansteigt oder um einen stabilen Arbeitspunkt pendelt. Information über die maximale Winkelabweichung $\delta_m$ und die Stabilitätsgrenze kann graphisch gewonnen werden, indem das in Abbildung 12.23 gezeigte Wirkleistungs-Winkeldiagramm untersucht wird. Obwohl die graphisch vorgestellte Methode nur bei einem System mit einer Maschine und einem starren Netz praktisch sinnvoll anwendbar ist, hilft sie jedoch, die wesentlichen Faktoren, welche transiente Stabilität beeinflussen, zu verstehen.

In der Gleichung (12.32) ist die Beziehung zwischen der Beschleunigungsleistung und dem Rotorwinkel folgendermaßen beschrieben:

$$\frac{\partial^2 \delta}{\partial t^2} = \frac{1}{J}(P_m - P_e) \tag{12.46}$$

Da die elektrische Wirkleistung nichtlinear mit dem Rotorwinkel $\delta$ zusammenhängt, kann diese Gleichung nicht direkt gelöst werden. Nach einer Multiplikation der Gleichung mit $2 \cdot \frac{\partial \delta}{\partial t}$ und anschließender Integration folgt:

$$\left[\frac{\partial \delta}{\partial t}\right]^2 = \int_{\delta_0}^{\delta} \frac{2}{J} \cdot (P_m - P_e)\partial \delta \tag{12.47}$$

Vor dem Anliegen einer Störung ist die Rotationsgeschwindigkeit konstant, d.h. der Polradwinkel ändert sich nicht ($\frac{\partial \delta}{\partial t} = 0$). Während einer auftretenden Störung weicht der Polradwinkel vom synchronen Betriebszustand ab. Um ein stabiles Elektroenergiesystem zu erhalten, muß die Abweichung des Winkels $\delta$ begrenzt sein, der Polradwinkel muß einen Maximalwert erreichen und anschließend seine Richtung ändern.

Dies macht einen Nulldurchgang von $\frac{\partial \delta}{\partial t}$ einige Zeit nach der Störung erforderlich. Diese Bedingung ermöglicht es, aus der Gleichung (12.47) ein Stabilitätskriterium folgendermaßen abzuleiten:

$$\int_{\delta_0}^{\delta_m} \frac{2}{J} \cdot (P_m - P_e)\partial\delta = 0 \tag{12.48}$$

Hier sind $\delta_0$ der Anfangsrotorwinkel (Punkt $a$) und $\delta_m$ der maximale Rotorwinkel (Punkt $c$), wie in Abbildung 12.23 dargestellt. Infolgedessen muß die Fläche unter der Funktion $(P_m - P_e)$ gleich null sein, um ein stabiles System zu gewährleisten. Dies bedeutet, daß die Fläche $A_1$ genauso groß wie die Fläche $A_2$ sein muß. Das System gewinnt kinetische Energie während der Rotorbeschleunigung, wenn sich der Winkel von $\delta_0$ nach $\delta_1$ bewegt. Die gewonnene Energie entspricht der Fläche $A_1$ und berechnet sich zu

$$A_1 = \int_{\delta_0}^{\delta_1} \frac{2}{J} \cdot (P_m - P_e)\partial\delta \tag{12.49}$$

Die abgegebene Energie während des Abbremsens des Rotors dagegen bei der transienten Bewegung des Winkels von $\delta_1$ nach $\delta_m$ entspricht der Fläche $A_2$:

$$A_2 = \int_{\delta_1}^{\delta_m} \frac{2}{J} \cdot (P_e - P_m)\partial\delta \tag{12.50}$$

Im stabilen, dämpfungsfreien und verlustlosen Netzwerk darf die gewonnene Energie maximal gleich der abgegebenen Energie sein, d.h. die Fläche $A_1$ darf nicht größer als die Fläche $A_2$ werden. Dieser Zusammenhang bildet die Grundlage des **Flächensatzes**, eines graphischen Stabilitätskriteriums für Elektroenergiesysteme mit mehreren einspeisenden Generatoren. Dieses Kriterium ermöglicht eine Bestimmung der maximalen Auslenkung von $\delta$ und somit eine Berechnung der Stabilitätsgrenze, ohne den zeitlichen Verlauf des Winkels explizit zu berechnen.

Dieses Kriterium kann somit benutzt werden, um die maximal zulässige Änderung der mechanisch eingespeisten Leistung in einem Elektroenergiesystem nach Abbildung 12.19 zu berechnen. Stabilität kann nur gewährleistet sein, wenn die Fläche $A_2$ mindestens so groß wie die Fläche $A_1$ in Abbildung 12.23 ist. Sobald $A_1$ größer als $A_2$ wird, ist $\delta_m$ größer als das Stabilitätslimit $\delta_L$, und die Stabilität geht verloren.

Im weiteren wird nun der Mechanismus untersucht, der zur transienten Instabilität führt, und zwar als Folge eines Kurzschlusses im elektrischen Übertragungssystem. Dies ist die häufigste Fehlerursache, die zu einem transient instabilen System führt.

**Antwort des Systems auf einen Kurzschluß im Übertragungssystem**

Es wird nun das Verhalten des Systems untersucht, das in Abbildung 12.24 dargestellt ist. An der Übertragungsleitung 2 des Netzes tritt ein dreipoliger Kurzschluß auf, der Fehlerort F liegt in der Mitte der Leitung. Das dazugehörige Ersatzschaltbild unter Verwendung der klassischen Modellierung des Generators und des Übertragungsnetzwerkes zeigt Abbildung 12.25. Der Fehler soll nach seiner Erkennung beseitigt werden, indem Leistungsschalter an beiden Enden der fehlerbehafteten Leitung diese vom Netz isolieren. Die Fehlerklärungszeit hängt von der Ansprechdauer der Schutzeinrichtungen und der Schaltzeit der Schalter ab.

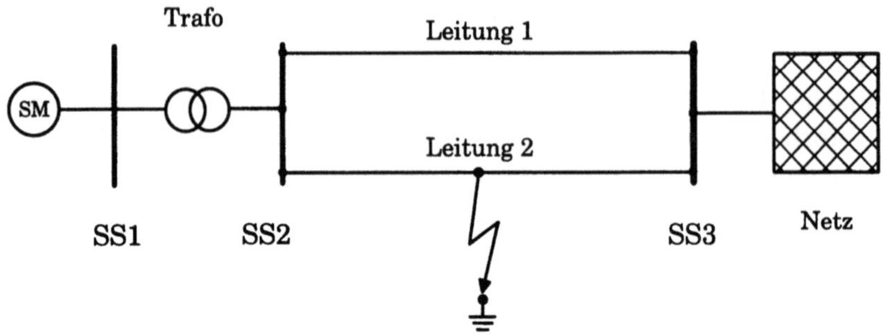


**Abbildung 12.24.** Netz mit einem Kurzschluß an der unteren Übertragungsleitung

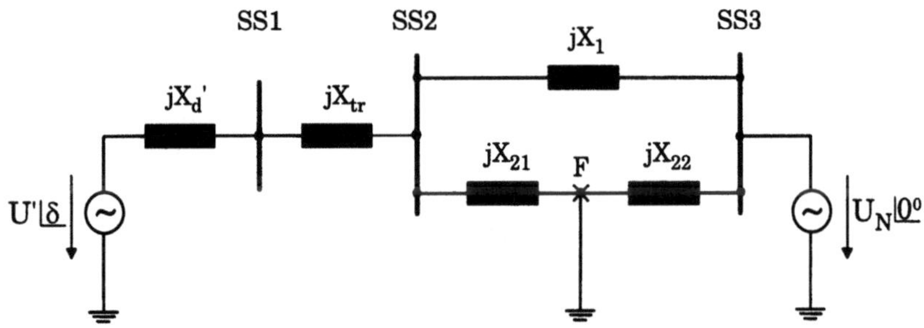


**Abbildung 12.25.** Einphasiges Ersatzschaltbild des Netzes mit Kurzschluß an der unteren Übertragungsleitung

Falls sich der Fehlerort sehr nahe an der Sammelschiene SS2 befindet, wird im Fehlerfall keine Wirkleistung in das starre Netz geliefert. Der Weg des Kurzschlusses besteht nur aus Induktivitäten. Demzufolge wird dem Generator nur Blindleistung entnommen. Folglich sind die abgegebene Wirkleistung des Generators und sein Gegendrehmoment während des Fehlers gleich null. Falls der Fehlerort jedoch in einiger Entfernung von der einspeisenden Sammelschiene ist, wie das im Netz nach Abbildung 12.24 der Fall ist, wird bei anliegendem Fehler über die Übertragungsleitung 1 auch elektrische Wirkleistung $P_e$ in das starre Netz übertragen. Die Abbildungen 12.26 und 12.27 zeigen $P_e - \delta$-Diagramme für die folgenden drei Netzwerkzustände:

1. *Vor* Eintritt eines Fehlers, beide Übertragungsleitungen sind in Betrieb.
2. Bei anliegendem dreiphasigen Kurzschluß an der Übertragungsleitung 2, Fehlerort F.

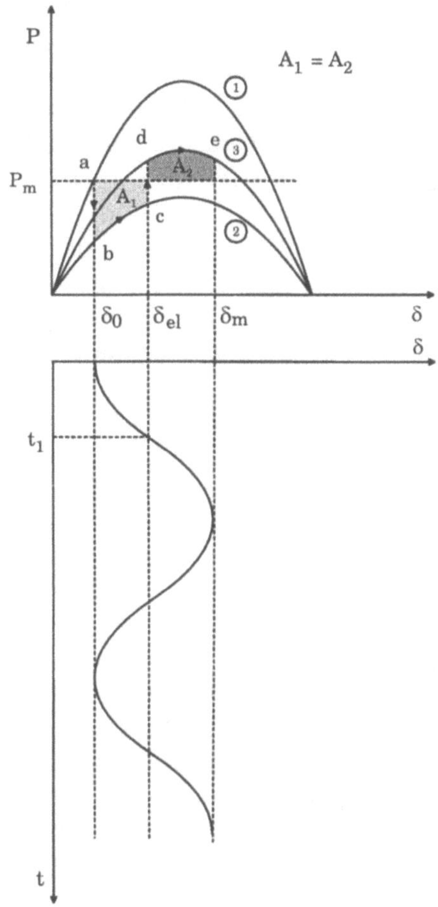


**Abbildung 12.26.** Anwendung des Flächensatzes; *transient stabiles* System /KUN/

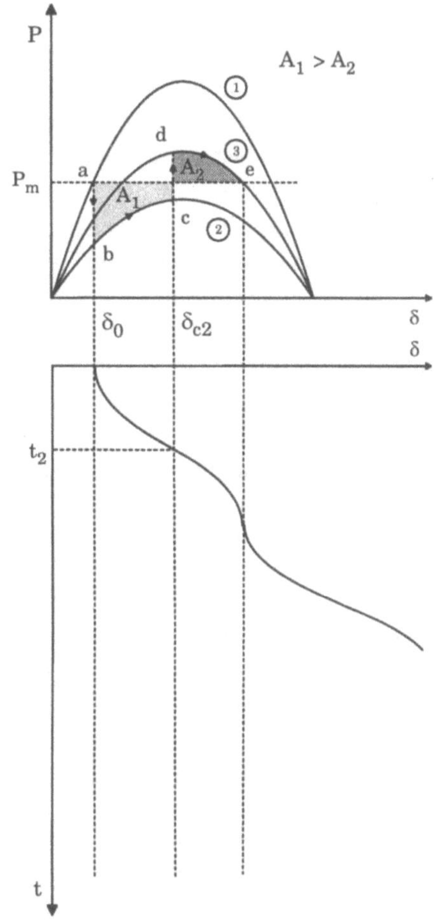


**Abbildung 12.27.** Anwendung des Flächensatzes; *transient instabiles* System /KUN/

3. *Nach* Abschalten des Fehlers, nur noch Übertragungsleitung 1 in Betrieb.

Abbildung 12.26 stellt das Systemverhalten bei einer Fehlerklärungszeit $t_1$ dar, die unterhalb der kritischen Fehlerklärungszeit liegt; das System wird sich nach Abschalten der Leitung 2 transient stabil verhalten.

Abbildung 12.27 geht dagegen von einem Fehler aus, der länger als die kritische Fehlerklärungszeit an der Übertragungsleitung anliegt, die Fehlerklärungszeit ist hier $t_2$, das System verhält sich hier transient instabil.

Der Arbeitspunkt des Generators liegt vor Fehlereintritt, wie in Abbildung 12.26 dargestellt, im Punkt $a$. Die elektrische Leistung $P_e$ ist gleich der mechanischen Leistung $P_m$, der Polradwinkel ist $\delta_0$. Bei Eintritt des Fehlers ändert sich die elektrische Wirkleistung plötzlich, der Arbeitspunkt wechselt sofort zu $b$. Aufgrund der Trägheit kann sich der Winkel $\delta$ nicht plötzlich ändern. Da $P_m$ jetzt größer als $P_e$ ist, wird der Rotor beschleunigt, bis er den Punkt $c$ erreicht, in dem die Beseitigung des Fehlers durch das Abschalten der Übertragungsleitung 2 erfolgt. Jetzt wechselt der Arbeitspunkt sofort von $c$ nach $d$ auf die Leistungskurve, die das Netz nach Fehlerabschalten beschreibt.

Da $P_e$ jetzt größer als $P_m$ ist, wird der Läufer abgebremst. Die Rotorgeschwindigkeit im Punkt $d$ ist größer als die zur Netzfrequenz synchrone Geschwindigkeit $\omega_0$, was zu einer weiteren Vergrößerung von $\delta$ führt, und zwar so lange, bis die im Fehlerfall gewonnene kinetische Energie (Fläche $A_1$) vollständig vom System in potentielle Energie umgewandelt ist. Der Betriebspunkt bewegt sich in dieser Phase von $d$ nach $e$, bis die Fläche $A_2$ und die Fläche $A_1$ gleich groß sind.

Im Punkt $e$ ist die Rotorgeschwindigkeit wieder gleich $\omega_0$, und der Winkel $\delta$ hat seinen Maximalwert $\delta_m$ erreicht. $P_e$ ist jedoch noch größer als $P_m$, der Rotor wird also noch langsamer, seine Rotationsgeschwindigkeit fällt noch unter $\omega_0$. Der Rotorwinkel $\delta$ nimmt wieder ab, der Betriebspunkt wandert von $e$ nach $d$ und weiter entlang der Kennlinie für das System *nach* Abschalten des Fehlers. Im verlustlosen System pendelt der Rotorwinkel dann um den neuen Betriebspunkt mit konstanter Amplitude.

Bei einer späteren Fehlerbeseitigung, wie in Abbildung 12.27 dargestellt, ist die Fläche $A_2$ über $P_m$ kleiner als $A_1$. Sobald also der Betriebspunkt den Punkt $e$ erreicht, ist die kinetische Energie, die während des Fehlers gewonnen wurde, noch nicht komplett in potentielle Energie umgewandelt worden. Als Konsequenz ist die Rotorgeschwindigkeit größer als $\omega_0$, und $\delta$ wird kleiner. Bei Erreichen des Punktes $e$ wird $P_e$ kleiner als $P_m$; der Rotor wird wieder beschleunigt. Rotorgeschwindigkeit und -winkel wachsen kontinuierlich und führen zu einem Verlust des Synchronismus.

Bei einer Maschine, die über ein Übertragungsnetzwerk Leistung in ein starres Netz einspeist, ist es also nicht unbedingt notwendig, die Schwingungsdifferentialgleichung numerisch zu lösen, um zu entscheiden, ob das System infolge einer Störung transient stabil oder transient instabil wird. Die vorgestellte einfache graphische Methode ermöglicht es, an solchen Systemen eine transiente Stabilitätsuntersuchung durchzuführen, ohne daß die Berechnung der zeitlichen Verläufe der Polradwinkel mit einer Auswertung notwendig ist. Diese Methode heißt der **Flächensatz**. Sie ist anwendbar auf das hier vorgestellte Einmaschinen-Starres-Netz-System, aber auch auf Systeme bestehend aus zwei Maschinen, die durch ein Netzwerk verbunden sind.

Es ist weiterhin möglich, mehrere Maschinen in einem bestimmten Gebiet des Netzes zusammenzufassen und zu einer äquivalenten Maschine umzuwandeln. Durch diese Methode lassen sich Mehrmaschinensysteme auf Zweimaschinensysteme reduzieren, um eine Anwendung des Flächensatzes wiederum zu ermöglichen. Die dazu notwendige Einteilung der Maschinen in zwei Gruppen erfolgt nach dem Verhalten ihrer Polradwinkel während einer transienten

Störung. Es werden zunächst diejenigen Maschinen identifiziert, die bei einer Störung zur Instabilität tendieren. Diese werden in eine äquivalente Maschine umgewandelt, ebenso wird mit der Gruppe der übrigen Maschinen verfahren, die nicht zur Instabilität neigen. Diese zwei resultierenden Maschinengruppen werden nun in ein System bestehend aus einer Ersatzmaschine und einem starren Netz umgewandelt, so daß die Anwendung des Flächensatzes möglich wird. Die kritische Fehlerklärungszeit kann somit bestimmt werden.

Die Problematik in der Anwendung des Flächensatzes auf Mehrmaschinensysteme liegt in der richtigen Identifizierung der kritischen Maschinen, die zur Instabilität neigen. Zu diesem Thema werden mehrere Methoden in /PAV/ vorgestellt.

### 12.5.4 Die numerische Methode

Neben der Methode des Flächensatzes besteht natürlich auch die Möglichkeit, die Lösung des Differentialgleichungssystems durch numerische Berechnungen zu bestimmen. Als Lösung werden dabei die zeitlichen Verläufe aller Rotorwinkel während der Störung und nach Abschalten der Störung berechnet. Diese Methode erfordert eine Diskretisierung im Zeitbereich. In den sehr kleinen Zeitintervallen werden die Beschleunigungsleistung und die Beschleunigung als konstant angenommen; nach zweimaliger Integration können dann die zeitlichen Verläufe der Rotorwinkel berechnet werden. Die numerische Bestimmung der Lösung des Schwingungsdifferentialgleichungssystems wird beispielsweise unter Verwendung der Runge-Kutta-Methode (Kapitel 3.6.4) durchgeführt.

Eine Untersuchung der Rotorschwingungen ermöglicht dann eine Aussage über die Stabilität des Systems infolge einer Störung. Diese **numerische Methode** zur Berechnung ist jedoch sehr zeitaufwendig, da viele Simulationen mit unterschiedlichen Fehlerdauern durchgeführt werden müssen, um die kritische Fehlerklärungszeit genau zu bestimmen. In dieser Methode wird zunächst eine bestimmte Störung im Netz vorgegeben, wobei in der ersten Simulation eine bestimmte Fehlerdauer $t_1$ angenommen wird. Das Resultat der Simulation (die Polradwinkelschwingungen) wird nun verwendet, um einen neuen Schätzwert für die Fehlerdauer anzunehmen. Hat sich das System nach Abschalten des Fehlers bei der ersten angenommenen Fehlerdauer $t_1$ transient stabil verhalten, so ist die kritische Fehlerklärungszeit größer, andernfalls kleiner als diese Zeit $t_1$. Eine Eingrenzung der kritischen Fehlerklärungszeit $t_{Kr}$ kann nach Durchführung einer hohen Anzahl von Simulationen so mit beliebiger Genauigkeit erfolgen.

Eine Entscheidung auf Stabilität wird getroffen, falls die Polradwinkel nach dem ersten Polradwinkelmaximum deutlich konvergieren. Ein eventuelles Divergieren nach mehreren Sekunden wird ignoriert, da die klassische Modellierung des Systems sowieso nach wenigen Sekunden ihre Gültigkeit verliert. In der Realität greifen nämlich Regeleinrichtungen ein, die in der Modellierung nicht berücksichtigt sind. Daß eine solche Entscheidung dennoch nicht schwierig ist, zeigen die Abbildungen 12.28 und 12.29, die den zeitlichen Verlauf der Polradwinkel eines Dreimaschinensystems für eine Fehlerdauer von 130 ms, bzw. 134 ms zeigen. Da sich das System im ersten Fall stabil verhält, im zweiten jedoch instabil, liegt die kritische Fehlerklärungszeit im Bereich $132 \pm 2$ ms.

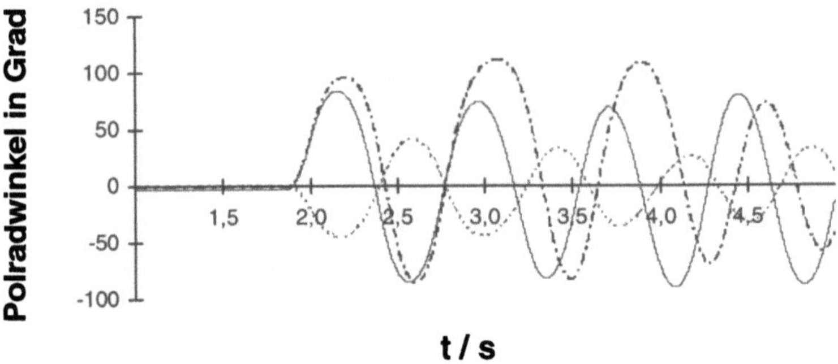


**Abbildung 12.28.** Zeitlicher Verlauf der Polradwinkel eines Dreimaschinensystems bei einer Fehlerdauer von 130 ms

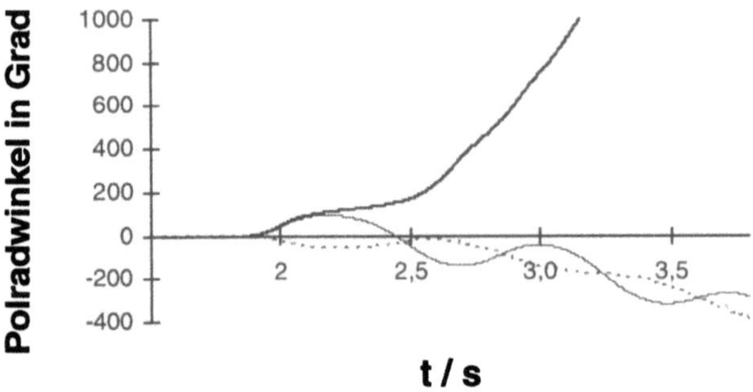


**Abbildung 12.29.** Zeitlicher Verlauf der Polradwinkel eines Dreimaschinensystems bei einer Fehlerdauer von 134 ms

Die numerische Methode zur Bestimmung der transienten Stabilitätsgrenzen ermöglicht eine sehr genaue Eingrenzung der kritischen Fehlerklärungszeit der Leistungsschalter bei Störungen und eine zweifelsfreie Aussage, ob das System nach dem Abschalten einer Störung transient stabil bleibt oder nicht. Weiterhin ist eine beliebig genaue Modellierung aller Betriebsmittel möglich. Die Modellbildung kann gewöhnlich durch die offenen Schnittstellen der entsprechenden Software den neuesten wissenschaftlichen Erkenntnissen angepaßt werden. Die Ergebnisse sind also sehr realistisch.

Der Nachteil der numerischen Methode liegt darin, daß, abhängig von der Größe und Komplexität des Systems sowie der gewünschten Modellierungstiefe, ein sehr großer Rechenaufwand notwendig wird. Weiterhin ermöglicht dieses Verfahren nur wenig Einblick in die physikalischen Vorgänge, die zur Instabilität führen.

### 12.5.5 Die Methode nach Lyapunov

Es besteht zur Bestimmung der kritischen Fehlerklärungszeit auch die Möglichkeit, diejenige Energie, die ein Netzwerk nach Abschalten eines Fehlers maximal absorbieren kann, zu berechnen. Durch einen Vergleich dieser Energie mit der Energie, die bei anliegendem Fehler die Läufer der Synchronmaschinen beschleunigt, kann die kritische Fehlerklärungszeit **direkt**, d.h. ohne Kenntnis des zeitlichen Verlaufs der Zustandsgrößen, berechnet werden. Diese Energie, die das elektrische System während des Fehlers gewinnt, wird als **transiente** Energie bezeichnet. Ein großer Vorteil dieser **Direkten Methode** liegt darin, daß die Differentialgleichungen nur während des Fehlerzeitraums numerisch integriert werden müssen. Die mehrfachen zeitaufwendigen Integrationen für das Netzwerk nach Abschalten des Fehlers sowie die Auswertung der Polradwinkelschwingungen entfallen vollständig. Folglich entfällt der größte Teil des numerischen Berechnungsaufwands. Weiterhin können mittels dieser Methode Schwachstellen im Netz identifiziert werden, da die physikalischen Vorgänge bei weitem transparenter als bei der numerischen Methode sind.

**A. M. Lyapunov** veröffentlichte 1892 erstmals eine Theorie über die Untersuchung der dynamischen Stabilität in nichtlinearen Systemen mittels sogenannter Energiefunktionen. Seine Arbeit, die sich mit der Dynamik der Himmelskörper beschäftigt, bildet die Grundlage aller **Direkten Methoden** zur Stabilitätsuntersuchung. Zu diesem Verfahren wird im Rahmen der transienten Stabilitätsuntersuchung bei Elektroenergiesystemen seit etwa 1960 geforscht.

Um Stabilitätskriterien für ein nichtlineares Differentialgleichungssystem aufzustellen, ist es notwendig, einige Definitionen um den Stabilitätsbegriff zusammenzustellen. $\mathbf{x}$ ist der Vektor, der in seinen Elementen die Zustandsgrößen des Systems enthält. Man bezeichnet ihn daher auch als *Zustandsvektor*. Die Methodik, ein Elektroenergiesystem durch Zustandsgrößen zu beschreiben, und eine Erklärung der Zustandsraumdarstellung findet sich in /SAPA/.

Definition 1: Ein System heißt stabil gemäß Lyapunov, falls es für jede reelle Zahl $\epsilon > 0$ zu einem Zeitpunkt $t > 0$ eine reelle Zahl $\delta > 0$ gibt, welche von $\epsilon$ abhängt, so daß für alle Anfangsbedingungen, welche die Ungleichung $|\mathbf{x}_0| < \delta$ erfüllen, die Bewegung die Ungleichung $|\mathbf{x}(t)| < \epsilon \forall t > t_0$ erfüllt. Siehe Abbildung 12.30.

Definition 2: Ein System heißt asymptotisch stabil, falls es stabil ist und für jede Bewegung, die ausreichend nah am Ursprung beginnt, für $t \to \infty$ gegen den Ursprung konvergiert. Siehe Abbildung 12.31.

Definition 3: Ein System heißt global asymptotisch stabil, falls es asymptotisch stabil ist und jede Bewegung, die irgendwo im Raum beginnt, für $t \to \infty$ gegen den Ursprung konvergiert. Siehe Abbildung 12.32.

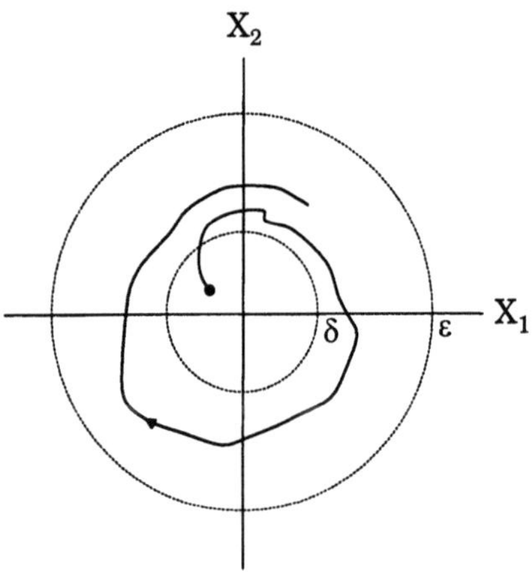


**Abbildung 12.30.** Stabiles System, zweidimensionaler Zustandsvektor **x**

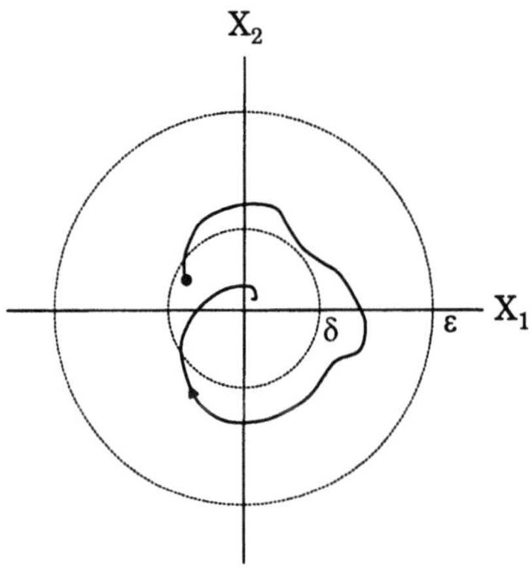


**Abbildung 12.31.** Asymptotisch stabiles System, zweidimensionaler Zustandsvektor **x**

Lyapunov entwickelte zwei Methoden, die Stabilitätsaussagen über ein nichtlineares Differentialgleichungssystem ermöglichen. Die erste benötigt die komplette Lösung des Differentialgleichungssystems, die zweite Methode dagegen ermöglicht eine Aussage über die Stabilität, *ohne* die Lösung des Systems vollständig zu kennen.

Die zweite oder **Direkte Methode** von Lyapunov geht von einem mathematischen System aus, in welchem die Systemgleichungen des Elektroenergiesystems in diese Zustandsraumdarstellung gebracht wurden:

$$\dot{\mathbf{x}} = f(\mathbf{x}) \tag{12.51}$$

Der Ursprung des Zustandsraumes sollte so gewählt werden, daß

$$f(\mathbf{0}) = \mathbf{0} \tag{12.52}$$

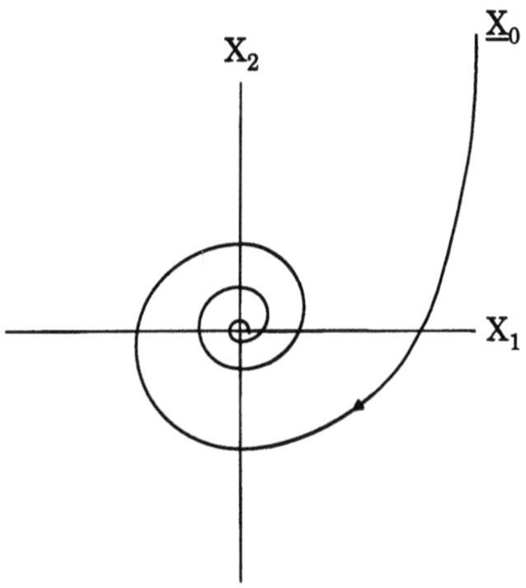


**Abbildung 12.32.** Global stabiles System, zweidimensionaler Zustandsvektor $\mathbf{x}$

gilt und die Elemente des Zustandsvektors die Abweichungen aus diesem Gleichgewichtspunkt, der im Ursprung liegt, repräsentieren. Eine hinreichende Bedingung, daß dieser Gleichgewichtspunkt im Ursprung innerhalb einer Umgebung R asymptotisch stabil ist, ist gegeben, falls eine skalare Funktion $L(\mathbf{x})$ existiert, welche die folgenden Bedingungen erfüllt.

1. $L(\mathbf{x})$ ist stetig und partiell differenzierbar in R und ist in der Umgebung R positiv definit.
2. Die Umgebung R wird durch eine Äquipotentiallinie $L(\mathbf{x}) = const.$ begrenzt.
3. In R ist $\Delta L(\mathbf{x}) \neq 0$, außer im Ursprung und an der Begrenzung von R.
4. $\frac{dL(\mathbf{x})}{dt}$ ist in einem Gebiet um den Ursprung negativ definit.

Diese Funktion $L$ wird im Rahmen einer transienten Stabilitätsuntersuchung bestimmt und ermöglicht eine Aussage über die Stabilitätsgrenzen des Netzes. Man bezeichnet $L$ als **Lyapunovfunktion**.

### 12.5.6 Anwendung der Methode nach Lyapunov zur transienten Stabilitätsuntersuchung bei Elektroenergiesystemen

Während des transienten Vorgangs aufgrund einer transienten Störung bzw. der Folge mehrerer transienter Störungen an einem Mehrmaschinensystem durchläuft das System mehrere Zustände. Ausgehend vom eingeschwungenen Zustand des stabilen Systems (*pre-fault*) wird bei Auftreten eines Fehlers (*fault-on*) das vorhandene Leistungsgleichgewicht gestört. Nach Abschalten des Fehlers (*post-fault*) kann das System wieder in einen stabilen Zustand

(Gleichgewichtszustand) kommen, falls es in der Lage ist, die während des Fehlers angesammelte überschüssige Energie zu absorbieren.

Das dynamische Verhalten des Systems wird in allen drei Phasen durch das Differentialgleichungssystem (12.32) beschrieben, wobei sich die Netzwerkparameter in den drei Zuständen aufgrund der unterschiedlichen Konfigurationen in eben diesen drei Zuständen unterscheiden. Diese unterschiedlichen Netzkonfigurationen vor dem Eintritt des Fehlers, bei anliegendem Kurzschluß und nach Abschalten des gestörten Betriebsmittels führen zu unterschiedlichen Admittanzmatrizen für die drei Fälle.

Die Zustandsgrößen ändern sich bei einem Wechsel der Netzkonfiguration aufgrund des nicht mehr vorhandenen Gleichgewichtszustandes. In /PAV/ ist gezeigt, daß der Zustandsgrößenvektor des Differentialgleichungssystems (12.32) nur die Polradwinkel $\delta_i$ und die Polradwinkelgeschwindigkeiten $\omega_i$ enthält. Die Anfangswerte für das *fault-on*-Differentialgleichungssystem ergeben sich aus dem eingeschwungenen Zustand vor Eintritt des Fehlers. Die Anfangswerte für das *post-fault*-System entsprechen den Momentanwerten des *fault-on*-Systems zum Zeitpunkt des Fehlerabschaltens. Es werden jeweils die momentanen Polradwinkel und Polradwinkelgeschwindigkeiten des Systems in den darauffolgenden Zustand übergeben.

Die wichtigsten Schritte zur Anwendung der **Direkten Methode von Lyapunov** sind das Aufstellen einer geeigneten skalaren Funktion $L$, die als **Lyapunovfunktion** bezeichnet wird, und das Ermitteln des Gebiets R, in dem asymptotische Stabilität vorliegt. Das Aufstellen einer Lyapunovfunktion für ein bestimmtes, nichtlineares physikalisches System ist ein Prozeß, für den es keine analytische Methode gibt. Es gibt allerdings verschiedene Ansätze, die in einigen Fällen zum Erfolg führen. Einige Ansätze sind in /ELAN/, /PLS/, /GLE/ und /LUE/ zusammengestellt.

Zu einem bestimmten physikalischen Problem existiert keine eindeutige Lyapunovfunktion. Im nächsten Kapitel wird demonstriert, daß der skalare Momentanwert, der sich durch die Lyapunovfunktion berechnen läßt, vergleichbar mit einem gesamten Energieinhalt des Systems ist. Falls das System verlustbehaftet ist oder beispielsweise Maschinen im Elektroenergiesystem gekoppelt sind, treten Energieterme auf, die sehr schwierig mathematisch in Form einer Lyapunovfunktion zu beschreiben sind. Im folgenden Kapitel werden die physikalischen Grundlagen vorgestellt, die der *Direkten Methode* zugrundeliegen.

### 12.5.7 Beschreibung der transienten Energiefunktionsmethode

Die Idee, die hinter der Methode der transienten Energiefunktionen steckt, kann man am besten durch die Analogie mit einem rollenden Ball in einer Schüssel erklären. Die Oberfläche innerhalb der Schüssel repräsentiert das stabile Gebiet, die Umgebung außerhalb des Schüsselrandes das instabile Gebiet. Die Begrenzung der Schüssel ist unregelmäßig, so daß die Punkte auf der Linie, die den Schüsselrand beschreibt, eine unterschiedliche Höhe haben. Diese Analogie des rollenden Balls in der Schüssel ist in Abbildung 12.33 dargestellt.

Der Ball stellt sozusagen den Zustandsgrößenvektor dar. Zu Beginn, d.h. *vor* dem Eintritt einer Störung, befindet sich der Ball am tiefsten Punkt in der Schüssel; dieser Zustand wird als der stabile Gleichgewichtszustand bezeichnet. Sobald ein Fehler eintritt, wird dem Ball kinetische Energie zugeführt. Der Ball fängt an, sich zu bewegen, und rollt auf der inneren Oberfläche der Schüssel hoch, wobei der Pfad der Bewegung durch die Menge und Richtung der zugeführten Energie bestimmt wird.

Der Punkt, an dem der Ball anhalten wird, hängt von der Menge der zugeführten kinetischen Energie ab. Falls der Ball die gesamte kinetische Energie in potentielle Energie umgewandelt hat, *bevor* er den Rand der Schüssel erreicht hat, wird er zurückrollen und nach einiger Zeit am Ende der Ausrollbewegung wieder an der tiefsten Stelle der Schüssel zum Liegen kommen. Falls die anfangs zugeführte Energie jedoch groß genug war, um den Ball über den Schüsselrand zu bringen, wird dieser das instabile Gebiet erreichen und nicht mehr in der Lage sein, zum stabilen Gleichgewichtspunkt zurückzukehren.

Um zu bestimmen, wann der Ball das instabile System erreicht, also ob das System nach einer Störung in der Lage ist, den stabilen Zustand zu erhalten oder nicht, werden also prinzipiell zwei Größen benötigt:

- Die kinetische Energie, die dem Ball zu Beginn zugeführt wird.
- Die Höhe des Schüsselrands an der Stelle, an der der Ball den Rand überquert.

### 12.5.8 Anwendung auf Elektroenergiesysteme

Das Prinzip zur Anwendung der transienten Energiefunktionsmethode bei der Analyse der transienten Stabilität in Elektroenergiesystemen gleicht dem des rollenden Balls in der Schüssel. Zu Beginn befinden sich die Zustandsgrößen

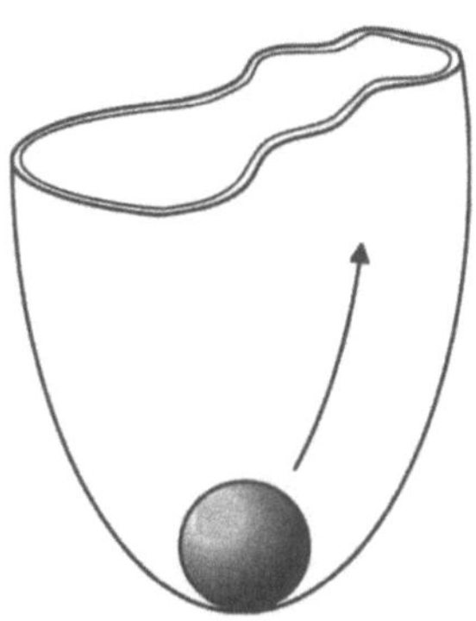

**Abbildung 12.33.** Rollender Ball in einer Schüssel /KUN/

des Systems in einem stabilen Arbeitspunkt. Sobald eine transiente Störung auftritt, wird der Gleichgewichtszustand gestört, und die Synchronmaschinen werden beschleunigt. Die Läufer der Synchronmaschinen gewinnen bei anliegendem Fehler kinetische und potentielle Energie; das System bewegt sich vom Arbeitspunkt weg.

Die einzelnen Faktoren, die dabei eine Rolle spielen, werden später quantitativ erfaßt. Nach Beseitigung des Fehlers wird die überschüssige kinetische Energie in potentielle Energie umgewandelt. Um Instabilität zu vermeiden, muß das System in der Lage sein, die im Fehlerfall gewonnene kinetische Energie zu absorbieren. Für eine bestimmte Netzkonfiguration nach Abschalten des Fehlers existiert eine maximale oder **kritische Menge** transienter Energie, die das System absorbieren kann.

Eine Entscheidung über zu erwartende Stabilität bzw. Instabilität eines Elektroenergiesystems infolge einer transienten Störung benötigt daher Funktionen, die eine Berechnung der transienten Energie ermöglichen. Dabei müssen alle Energieterme, die bei einem entstehenden Leistungsungleichgewicht auftreten können, berücksichtigt sein. Weiterhin muß eine Möglichkeit gegeben sein, diejenige **kritische Energie** zu bestimmen, die benötigt wird, um eine oder mehrere Maschinen vom Verbund bzw. voneinander zu separieren.

Für ein System, in dem ein Synchrongenerator über ein Übertragungssystem Leistung in ein starres Netz einspeist, existiert genau eine bestimmte Menge Energie, die das System in potentielle Energie umwandeln kann.

Diese Energie, die das System maximal absorbieren kann, wird als die kritische Energie $L_{Kr}$ bezeichnet. Die kinetische Energie $L_{kin}$, die während des Fehlers dem System zugeführt wird, wird zum Anteil potentieller Energie $L_{pot}$ für die entsprechende Winkelposition addiert; die Summe aus diesen beiden Anteilen kann nun mit der kritischen Energie verglichen werden, um auf Stabilität oder Instabilität zu entscheiden.

Für die Netzkonfiguration *nach* Abschalten des Fehlers existiert normalerweise ein stabiler Gleichgewichtspunkt. Die Frage ist nur, ob die Zustandsgrößen, die während der Störung ja einer starken Auslenkung aus ihrem Gleichgewichtspunkt *vor* dem Eintritt der Störung unterworfen wurden, zu diesem neuen stabilen Gleichgewichtspunkt gelangen können. Es bietet sich an, ein Gebiet zu definieren, innerhalb dessen die Zustandsgrößen nach einer Auslenkung wieder zum stabilen Gleichgewichtspunkt gelangen können. Natürlich befindet sich dieser Punkt innerhalb des Gebiets zumeist in zentraler Position. Dieses Gebiet wird als sogenannte **Konvergenzregion** (region of attraction) bezeichnet.

Falls die Zustandsgrößen des Systems im Moment des Fehlerabschaltens $\mathbf{x}(t_{aus})$ sich innerhalb dieses Gebiets befinden, konvergieren sie nach einer gewissen Zeit zum stabilen Gleichgewichtspunkt; man spricht dann von einem transient stabilen System. Falls jedoch die Zustandsgrößen $\mathbf{x}(t_{aus})$ im Schaltmoment außerhalb dieses Gebiets liegen, ist das Erreichen eines neuen stabilen Gleichgewichtspunktes *nicht* mehr möglich, d.h. das System wird transient instabil.

Nachdem eine Lyapunovfunktion $L(\mathbf{x})$ bestimmt wurde, kann zu jedem Moment der anliegenden Störung die momentane Energie berechnet werden. Dazu müssen die Rotorwinkel und die Rotorwinkelgeschwindigkeiten, die ja den Zustandsvektor $\mathbf{x}$ bilden, bekannt sein. Die Energie zum Zeitpunkt des Fehlerabschaltens $L(\mathbf{x}(t_{aus}))$ kann also berechnet werden. Ein Vergleich der kritischen Energie, die das System maximal absorbieren kann, mit der berechneten Energie zum Zeitpunkt des Abschalten des Fehlers ermöglicht also eine Aussage über die transiente Stabilität des Systems. Das System wird stabil bleiben, falls $L_{Kr}$ kleiner als $L(\mathbf{x}(t_{aus}))$ ist. Die Größe $L_{Kr} - L(\mathbf{x}(t_{aus}))$ liefert ein gutes Maß dafür, wie weit sich ein System von der Stabilitätsgrenze entfernt befindet. Die Größe $L(\mathbf{x}(t_{aus}))$ beschreibt sozusagen die Menge an transienter Energie, die dem System im Fehlerfall injiziert wird; die kritische Energie $L_{Kr}$ dagegen ist ein Maß für die Fähigkeit, transiente Energie zu absorbieren.

Wie in /PAV/ gezeigt wird, bleibt ein System bestehend aus einer Synchronmaschine, die in ein starres Netz Leistung einspeist, stabil, falls der Polradwinkel des Synchrongenerators innerhalb des Intervalls $\delta_{u1}$ und $\delta_{u2}$ schwingt. $\delta_{u1}$ und $\delta_{u2}$ sind die beiden existierenden instabilen Gleichgewichtpunkte, also muß die Polradwinkeländerung während des Fehlers innerhalb der beiden instabilen Gleichgewichtspunkte verbleiben. Bei einem Überschreiten dieser Grenzen wird das Netz transient instabil. Diese beiden Begrenzungspunkte $\delta_{u1}$ und $\delta_{u2}$ liegen auf lokalen Maxima der Energiefunktion. Dies gilt auch bei Systemen mit einer großen Anzahl von Maschinen. Das Stabilitätsgebiet läßt sich im allgemeinen nicht exakt berechnen; dagegen ist eine Berechnung aller lokalen Maxima möglich.

Das Stabilitätsgebiet wird daher approximiert, indem zunächst in allen lokalen Maxima der jeweilige Wert des potentiellen Anteils $L_{pot}$ der Energiefunktion $L$ berechnet wird. Es wird dann angenommen, daß der niedrigste Wert der ***kritischen Energie*** $L_{Kr}$ entspricht. Die Begrenzung des Stabilitätsgebietes wird dann durch eine Äquipotentiallinie der Energiefunktion $L(\mathbf{x}) = const.$ approximiert, wobei die Äquipotentiallinie die Höhe $L_{Kr}$ hat. Es ist eine Eigenschaft einer Lyapunovfunktion, daß die Maxima des potentiellen Anteils der Energiefunktion $L_{pot}$ immer an den Polradwinkeln auftreten, wo das System instabile Gleichgewichtspunkte aufweist.

Bei der Berechnung des stabilen und aller instabilen Gleichgewichtspunkte eines Mehrmaschinensystems kann folgendermaßen verfahren werden:

Das Differentialgleichungssystem kann zunächst umgeschrieben werden zu

$$J_i\ddot{\delta}_i + d_i\dot{\delta}_i + [f_i(\delta_1, \delta_2, \ldots, \delta_n)] = P_{mi} \tag{12.53}$$

Dabei wird die folgende Abkürzung verwendet

$$f_i(\delta_1, \delta_2, \ldots, \delta_n) = U_i^2 G_{ii} + \sum_{\substack{j=1 \\ i \neq j}}^{n} U_i U_j \cdot (G_{ij} \cos \delta_{ij} + B_{ij} \sin \delta_{ij})$$

Da die mechanisch in die Maschinen eingespeiste Wirkleistung $P_m$ als konstant angenommen wird und sich die Maschinenparameter sowieso nicht ändern, ist nur $f_i$ für die drei Zustände unterschiedlich und wird, wie vorher beschrieben, durch die Indizes *pre*, *on* und *post* dem jeweiligen Zustand zugeordnet.

Für eine transiente Stabilitätsuntersuchung ist es von wesentlicher Bedeutung, ob das *post-fault*-System überhaupt einen stabilen Betriebszustand besitzt. Ein stabiler Betriebszustand ist durch konstante Zustandsgrößen charakterisiert, d.h. es gilt: $\ddot{\delta} = \dot{\delta} = 0$. Falls diese Bedingung erfüllt ist, spricht man von einem *Gleichgewichtszustand des Systems*, für welchen gilt:

$$f_i^{post}(\delta_1, \delta_2, \ldots, \delta_n) = P_{mi} \quad , \quad i = 1, 2, \ldots, n \tag{12.54}$$

Dieser Gleichgewichtspunkt muß nun auf Stabilität untersucht werden, und anschließend muß das Gebiet $R$ um diesen Gleichgewichtspunkt bestimmt werden, für den das System asymptotisch stabil ist. Das Vorgehen, um die Stabilitätsregion $R$ zu bestimmen und die kritische Fehlerklärungszeit $t_{Kr}$ zu berechnen, läßt sich in die folgenden Schritte unterteilen:

1. Durchführung einer Leistungsflußberechnung vor dem Fehlereintritt und daraus die Berechnung der Polradspannungen und Winkel des Gleichgewichtspunktes.
2. Berechnung der Übertragungsadmittanzen zwischen den Polradspannungen der Maschinen für das *fault-on*-System und das *post-fault*-System.
3. Numerische Berechnung des stabilen und aller instabilen Gleichgewichtspunkte des *post-fault*-Systems.
4. Berechnung des potentiellen Anteils der Energie im System in allen instabilen Gleichgewichtspunkten. Die kleinste Energie in einem dieser Punkte wird als die *kritische Energie* bezeichnet.
5. Schrittweise Integration des *fault-on*-Systems und Vergleich des Momentanwerts der Gesamtenergie $L(t)$ mit der kritischen Energie $L_{Kr}$. Bei Überschreiten der kritischen Energie ist die kritische Fehlerklärungszeit erreicht.

Wie gezeigt werden kann, besitzt ein System mit $n$ Generatoren maximal einen stabilen und $(2^{n-1} - 1)$ instabile Gleichgewichtspunkte. Diese Gleichgewichtspunkte sind Lösungsvektoren des Gleichungssystems

$$f_i(\delta_1, \delta_2, \ldots, \delta_n) - P_{mi} = 0 \quad ; \quad i = 1, 2, \ldots, n \tag{12.55}$$

Die Berechnung der mehrdimensionalen Nullstellen des nichtlinearen Gleichungssystems (12.55) erfordert komplizierte und rechenzeitintensive Algorithmen. Man verwendet daher eine Hilfsfunktion $\Phi$, die die Problematik der Nullstellensuche auf ein mehrdimensionales Minimierungsproblem reduziert.

Quadrieren und anschließende Summation von (12.55) für alle $i$ ergibt die Hilfsfunktion $\Phi$:

$$\Phi = \frac{1}{2}\sum_{i=1}^{n}(f_i - P_{mi})^2 \tag{12.56}$$

Diese neue Funktion hat an jeder Nullstelle von (12.55) ein Minimum und ebenfalls eine Nullstelle. Mit der **Methode des steilsten Gradienten**, siehe /PLS/, kann für jeden beliebigen vorgegebenen **Startvektor** $\delta = [\delta_1, \delta_2, \ldots, \delta_n]^T$ ein in der Nähe liegendes Minimum gefunden werden. Da der stabile Gleichgewichtspunkt des *post-fault*-Systems in der Regel aufgrund der ähnlichen Netzkonfiguration in der Nähe des Gleichgewichtspunktes des *pre-fault*-Systems liegt, bietet es sich an, diesen als Startvektor zur Nullstellensuche zu verwenden. Die erhaltene Lösung kann dann auf Stabilität untersucht werden, indem man zeigt, daß für alle partiellen Ableitungen im Gleichgewichtspunkt gilt:

$$\frac{\partial f_i}{\partial \delta_i} \geq 0 \qquad \forall i \tag{12.57}$$

Die instabilen Gleichgewichtspunkte werden mit derselben Methodik berechnet wie der stabile Gleichgewichtspunkt. Es müssen allerdings verschiedene Startvektoren vorgegeben werden. In /LUE/ ist ein Algorithmus vorgestellt, der Startvektoren für alle $(2^{n-1} - 1)$ instabilen Gleichgewichtspunkte vorgibt.

Falls jedoch die Startvektoren zur exakten Bestimmung der instabilen Gleichgewichtspunkte für ein Dreimaschinensystem gesucht sind, nimmt man an, daß jeweils der Polradwinkel einer Maschine sich von den anderen separiert und die Polradwinkel der verbleibenden Maschinen nicht voneinander divergieren. Man kann also für jeweils zwei Maschinen die Polradwinkel Null, für die verbleibende Maschine den Winkel $\pi$ im Startvektor vorgeben.

Diese einfache Methodik führt zum stabilen Gleichgewichtspunkt $\delta^{(stabil)}$ und zu allen instabilen Gleichgewichtspunkten $\delta_i^{(instabil)}$ des Netzes. Eine Lyapunovfunktion für ein Mehrmaschinensystem enthält einen potentiellen Anteil, aus dem sich die *kritische Energie* berechnen läßt, und mehrere Terme, die die zunehmende transiente Energie im Fehlerfall beschreiben. Zur Berechnung der *kritischen Energie* werden die Polradwinkel in den instabilen Gleichgewichtspunkten in den potentiellen Anteil der Lyapunovfunktion $L_{pot}$ eingesetzt, die in Abbildung 12.34 für ein Dreimaschinensystem dargestellt ist. Der kleinste Wert wird als die kritische Energie bezeichnet.

In /LUE/ wird eine Lyapunovfunktion für ein Mehrmaschinensystem vorgestellt. Diese berücksichtigt auch Verluste im Netz und hat folgende Form:

$$L\ (\ \delta_1, \delta_2, \ldots, \delta_n, \omega_1, \omega_2, \ldots, \omega_n) =$$

$$\sum_{k=1}^{n}\left[\frac{1}{2}J_k\omega_k^2 + (U_k^2 G_{kk} - P_{mk})(\delta_k - \delta_k^s)\right]$$
$$+\sum_{k=1}^{n-1}\sum_{j=k+1}^{n} \underline{U}_k\underline{U}_j \times B_{kj}\cdot[\cos(\delta_k^s - \delta_j^s) - \cos(\delta_k - \delta_j)]$$
$$+ G_{kj}\cdot[\sin(\delta_k^s - \delta_j^s) - \sin(\delta_k - \delta_j)] \qquad (12.58)$$

Die in der Lyapunovfunktion (12.58) auftretenden Energieterme können physikalisch folgendermaßen interpretiert werden:

- $\sum_{k=1}^{n}\frac{1}{2}J_k\omega_k^2$
  Dieser Term repräsentiert die gesamte Änderung der kinetischen Energie aller Generatorwellen bezogen auf den Referenzzeiger. Da in der Regel der gemeinsame Schwerpunkt aller Maschinen die Lage des rotierenden Referenzzeigers bestimmt, auf den sich alle Polradwinkel beziehen, erfaßt dieser Term nur die Änderungen der kinetischen Energie, die aus den Abweichungen vom Schwerpunkt erfolgen, nicht aber die Änderung der kinetischen Energie, die durch eine Beschleunigung des gemeinsamen Schwerpunktes resultiert.
- $\sum_{k=1}^{n}(U_k^2 G_{kk} - P_{mk})(\delta_k - \delta_k^s)$

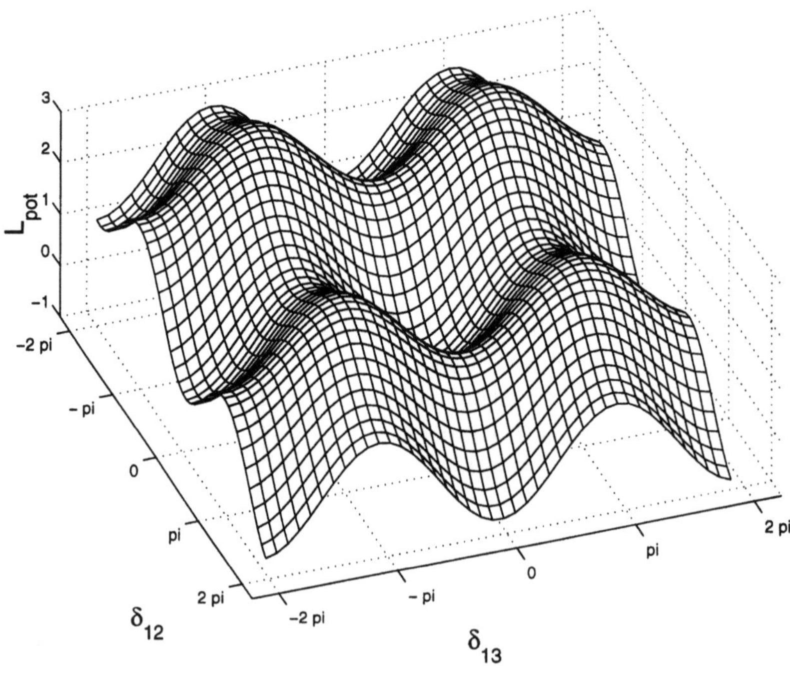


**Abbildung 12.34.** Potentieller Anteil der Lyapunovfunktion eines Dreimaschinensystems

Dieser Term beschreibt die Änderung der potentiellen Energie der Rotoren relativ zum Referenzzeiger.

- $\sum_{k=1}^{n-1} \sum_{j=k+1}^{n} \underline{U}_k \underline{U}_j \times B_{kj} \cdot [\cos(\delta_k^s - \delta_j^s) - \cos(\delta_k - \delta_j)]$
Durch diesen Term wird die elektromagnetische Energie, die sich im Netzwerk zwischen den jeweiligen Knoten $k$ und $j$ befindet, beschrieben.
- $\sum_{k=1}^{n-1} \sum_{j=k+1}^{n} G_{kj} \cdot [\sin(\delta_k^s - \delta_j^s) - \sin(\delta_k - \delta_j)]$
Dieser Term ermöglicht eine *Abschätzung*, aber keine exakte Berechnung der Verluste, die im Netzwerk zwischen den Knoten $k$ und $j$ auftreten. Siehe dazu eine Diskussion in /PAV/.

Das Netzwerk geht in die Lyapunovfunktion durch die Übergangsmatrix zwischen den Polradspannungen ein. Die Elemente der Matrix enthalten die resultierenden Übergangsadmittanzen, deren Berechnung in Kapitel 12.4.6 vorgestellt ist ($\underline{Y}_{jk} = G_{jk} + jB_{jk}$). Die Polradwinkel des stabilen Gleichgewichtspunktes des *post-fault*-Systems werden mit $\delta_i^s$ bezeichnet.

Diese Lyapunovfunktion erfüllt die an sie gestellten Bedingungen, um das Stabilitätsgebiet $R$ zu berechnen. Das Stabilitätsgebiet $R$ wird durch eine Äquipotentiallinie $L_{pot}(\underline{x}) = const$ begrenzt. In dem von /PAV/ vorgeschlagenen Verfahren wird die Höhe der Äquipotentiallinie durch Einsetzen der instabilen Gleichgewichtspunkte bestimmt. Die bezogenen Winkelgeschwindigkeiten werden dabei zu null angenommen, da bei Bestimmung der kritischen Energie nur der potentielle Anteil der Energiefunktion benötigt wird; der kinetische Anteil in den instabilen Gleichgewichtspunkten ist null.

Für ein Dreimaschinensystem ist der potentielle Anteil der Lyapunovfunktion (12.58) in Abbildung 12.34 dargestellt. Einer der Polradwinkel ist in dieser Darstellung festgehalten. Die Funktion Wert von $L_{pot}$ ist in Abhängigkeit von den beiden verbleibenden Winkeln dargestellt.

Man erkennt eine Senke, die das Konvergenzgebiet des *post-fault*-Systems darstellt, sowie die Punkte mit waagerechter Tangente, die in der Mitte der Senke den stabilen, andernfalls die instabilen Gleichgewichtspunkte repräsentieren. Der Wert von $L_{pot}$ am stabilen Gleichgewichtspunkt, der an der tiefsten Stelle der Senke liegt, ist null. Man erkennt auch eine Periodizität von $L_{pot}$ mit $2\pi$, da natürlich bei der vollen Umdrehung einer Generatorwelle die Zusammenhänge, die den Wert der potentiellen Energie bestimmen, ebenso gelten.

Der niedrigste Wert, der bei einem der instabilen Gleichgewichtspunkte vorliegt, bestimmt die kritische Energie. Es handelt sich bei der Bestimmung des Konvergenzgebietes $R$ nach dieser Methode allerdings um ein Verfahren, von dem sehr konservative Ergebnisse erwartet werden müssen, da letztendlich bei einer Schüssel mit dem verschieden hohen Rand der niedrigste Punkt den Übergang in das instabile Gebiet vorgibt. Falls die Trajektorie des Balls, bzw. die der Zustandsgrößen des Elektroenergiesystems, einen Weg nimmt, der diesen niedrigen Begrenzungspunkt zwar in der Höhe übertrifft, aber den *Schüsselrand* dort dennoch nicht überschreiten kann, bleibt das System transient stabil. Es wird jedoch nach dieser Methode transiente Instabilität prognostiziert.

Die Fehlertrajektorie kann in jedem Zeitpunkt durch die numerische Lösung des *fault-on*-Differentialgleichungssystems bestimmt werden. Zu jedem Integrationsschritt ist es dann möglich, mittels dieser Lösung den Wert der transienten Energie durch Einsetzen der Zustandsgrößen in Gleichung (12.58) zu berechnen.

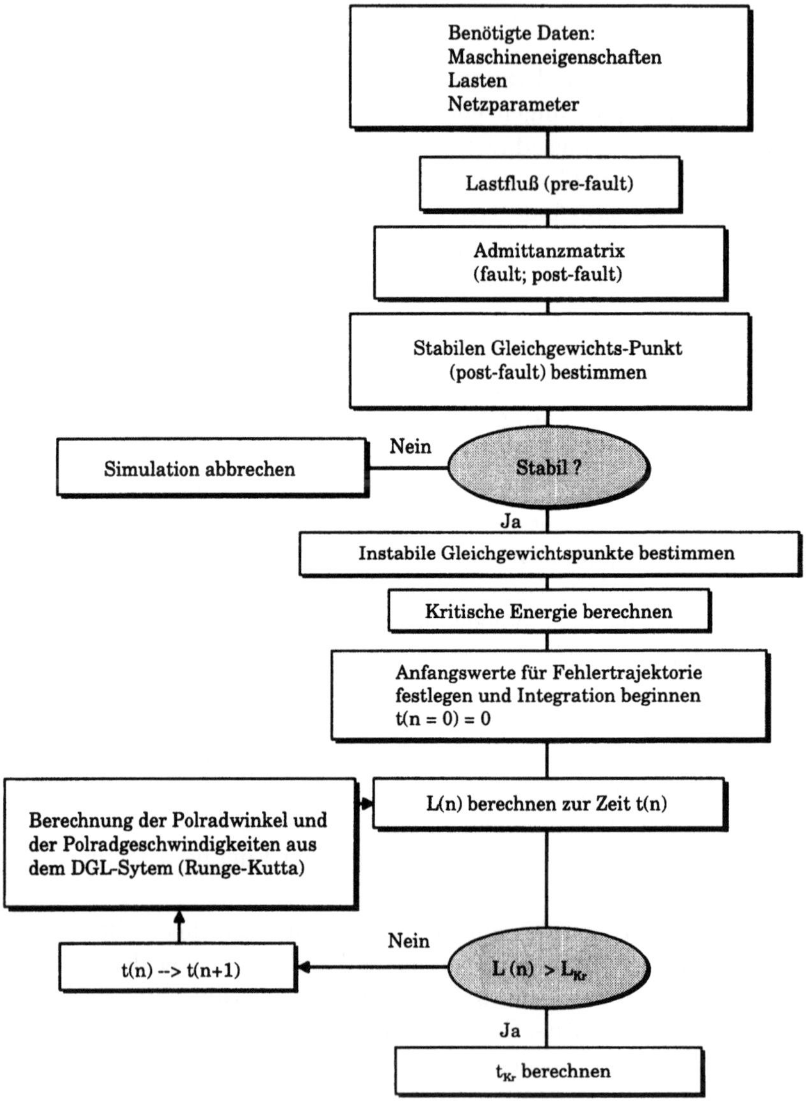


**Abbildung 12.35.** Flußdiagramm zur Vorgehensweise bei der Anwendung des Verfahrens von Lyapunov auf ein Mehrmaschinensystem

Sobald die zu jedem Zeitschritt berechnete transiente Energie die zuvor berechnete kritische Energie überschreitet, wird die numerische Simulation abgebrochen, da die gesuchte *kritische Fehlerklärungszeit* jetzt erreicht ist. Eine Berechnung zahlreicher Fehlerszenarien und anschließende Auswertung der Polradwinkelschwingungen ist also bei Verwendung der Methode nach Lyapunov nicht notwendig. Das Vorgehen zur Bestimmung der *kritischen Fehlerklärungszeit* $t_{Kr}$ ist in einem Flußdiagramm in Abbildung 12.35 dargestellt.

**Beispiel: Anwendung der Direkten Methode von Lyapunov auf ein verlustloses Zweimaschinensystem** angelehnt an /KUN/

Es soll die transiente Stabilität eines verlustlosen Systems untersucht werden. Die kritische Fehlerklärungszeit soll mit der Direkten Methode bestimmt und mit der numerisch bestimmten Lösung verglichen werden. Das Netz besteht aus einer Synchronmaschine, die elektrische Leistung über eine Doppelleitung in ein Verbundnetz einspeist. Der Generator hat eine Nennspannung von 24 kV und eine Nennleistung von 660 MVA. Das System ist in Abbildung 12.36 dargestellt.

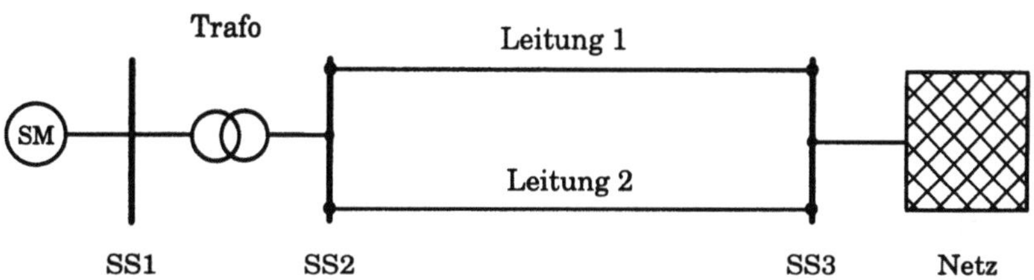


**Abbildung 12.36.** Ein Generator, der über eine Doppelleitung in ein starres Netz einspeist

Es gelten folgende bezogene Größen:

| | |
|---|---|
| $X_1 = 0,5$ p.u. | bezogene Reaktanz der Übertragungsleitung L1 |
| $X_2 = 0.93$ p.u. | bezogene Reaktanz der Übertragungsleitung L2 |
| $X_T = 0,15$ p.u. | bezogene Reaktanz des Transformators |

Die bezogenen Größen sind auf einer 660 MVA, 24 kV-Basis angegeben. Aus der Leistungsflußberechnung liegen die folgenden Anfangsbedingungen vor:

$$P = 0,9 \qquad Q = 0,202 \qquad U_i = 1,0e^{-j25,3^\circ} \qquad U_N = 1,0$$

Der Generator wird mit der klassischen Modellierung, wie in transienten Stabilitätsuntersuchungen üblich, modelliert. Der Generator hat eine bezogene transiente Reaktanz von $X_d' = 0,3$ p.u., eine bezogene mechanische Trägheitskonstante von $J = 7s$ und ist praktisch ungedämpft, d.h. $d = 0$. Es ergibt sich damit das in Abbildung 12.37 dargestellte Ersatzschaltbild vor Eintritt einer Störung.

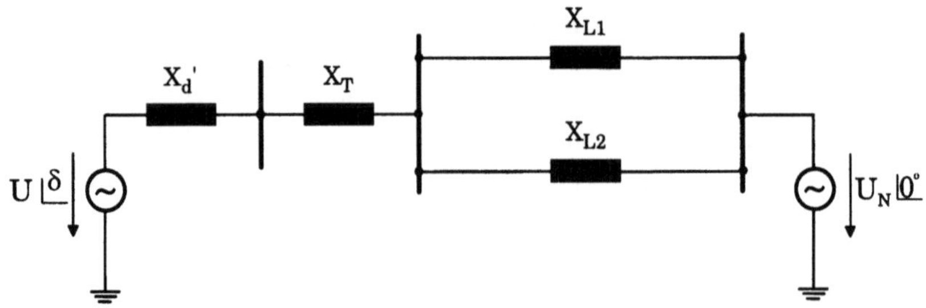


**Abbildung 12.37.** Ersatzschaltbild des untersuchten Netzes

Die Polradspannung berechnet sich aus der aus der Leistungsflußberechnung bekannten Klemmenspannung $U_{Kl}$ und der abgegebenen Leistung zu $U = 1,094 \cdot e^{j \cdot 39,57^\circ}$. Im eingeschwungenen Zustand tritt nun ein dreipoliger Kurzschluß auf der unteren der beiden Übertragungsleitungen auf, der durch das Abschalten der kompletten unteren Leitung vom Netz beseitigt wird.

Die Schwingungsdifferentialgleichung (12.32) für die Synchronmaschine im Fehlerfall lautet für die Anfangsbedingung ($\delta^{pre} = 39,57^\circ$), die sich aus der Leistungsflußberechnung ergibt, folgendermaßen:

$$\frac{\partial^2 \delta(t)}{\partial t^2} = \frac{360^\circ \cdot 50\text{Hz}}{2 \cdot 3,5s} \cdot (0,9 - 0 \cdot \sin\delta) \quad \Leftrightarrow \quad \frac{\partial^2 \delta(t)}{\partial t^2} = 2314,3 \frac{1}{\text{s}^2}$$

$$\Rightarrow \quad \frac{\partial \delta(t)}{dt} = 2314,3 \cdot \frac{t}{\text{s}^2} + \underbrace{\dot{\delta}^{pre}}_{=0} \quad \Rightarrow \quad \delta(t) = 2314,3 \cdot \frac{1}{\text{s}^2} \cdot \frac{1}{2} t^2 + \delta^{pre}$$

Zweimalige Integration liefert also die Bewegungsgleichung des Polradwinkels im Fehlerfall, die eine quadratische Abhängigkeit von der Zeit besitzt:

$$\delta(t) = 2314,3 \frac{1}{s^2} \cdot \frac{1}{2} t^2 + 39,6^\circ$$

Um das Gebiet $R$ zu bestimmen, das der Zustandsgrößenvektor im Fehlerfall nicht verlassen darf, damit das System *nach* Abschalten des Fehlers transient stabil bleibt, müssen nun die instabilen und der stabile Gleichgewichtspunkt des *post-fault*-Systems berechnet werden. Es existieren bei einem System mit einer Maschine ($n = 1$) genau ein stabiler und ein instabiler Gleichgewichtspunkt. Im Gleichgewichtspunkt sind die zeitlichen Änderungen des Polradwinkels gleich null. Nach Einsetzen dieser Bedingung in die Schwingungsdifferentialgleichung folgt:

$$\frac{1,0943 \cdot 1,0000}{0,95} \cdot \sin\delta = 0,9 \quad \Longleftrightarrow \quad \sin\delta = 0,78102$$

Damit ergibt sich:

$$\delta^{post}_{stabil} = 51,35^\circ \quad \text{und} \quad \delta^{post}_{instabil} = 128,65^\circ$$

Die Lyapunovfunktion nach /ELAN/ lautet für dieses verlustlose System mit den eingesetzten Werten:

$$L(\delta) = 3,5 \cdot 2\pi \cdot 50Hz \cdot \omega^2 - 0,9(\delta - \delta_{stabil}^{post}) - 1,152(\cos\delta - \cos\delta_{stabil}^{post})$$

Die **kritische Energie**, die das System nach Abschalten des Fehlers maximal absorbieren kann, berechnet sich durch Einsetzen des instabilen Gleichgewichtspunktes im Bogenmaß in den *potentiellen Anteil* der Lyapunovfunktion $L_{pot}$. Der kinetische Anteil der Lyapunovfunktion ist null, d.h. $\omega = 0$.

$$\begin{aligned} L_{Kr} &= L(\delta = \delta_{instabil}^{post}) \\ &= -0,9(2,2453 - 0,8963) - 1,1518(\cos 2,2453 - \cos 0,8963) \\ &= 0,2245 \end{aligned}$$

Die Bewegung des Polradwinkels $\delta(t)$ bei anliegendem Fehler ist in Abhängigkeit von der Zeit in Abbildung 12.38 dargestellt.

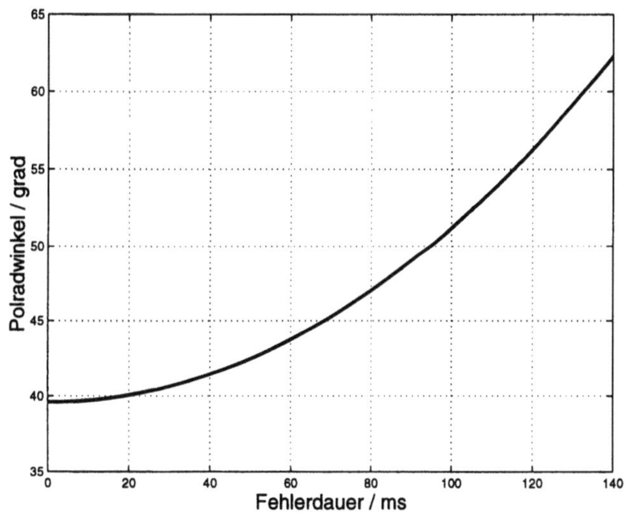


**Abbildung 12.38.** Zeitlicher Verlauf des Polradwinkels bei anliegendem Fehler

Der **potentielle Anteil der Lyapunovfunktion** ist in Abbildung 12.39 in Abhängigkeit vom Polradwinkel dargestellt. Man erkennt eine Senke, in der sich der stabile Gleichgewichtspunkt befindet ($\delta = 51,35°$), sowie die Stabilitätsgrenze ($\delta = 128,65°$), an der der instabile Gleichgewichtspunkt liegt. Der Wert der kritischen Energie beträgt dort $L_{Kr} = 0,2245$, wie eben berechnet wurde.

Im nächsten Schritt wird diejenige Energie, die das System bei anliegendem Fehler hinzugewinnt, berechnet. Das Einsetzen des Polradwinkels zu jedem Zeitschritt liefert den aktuellen Wert der Lyapunovfunktion in Abhängigkeit

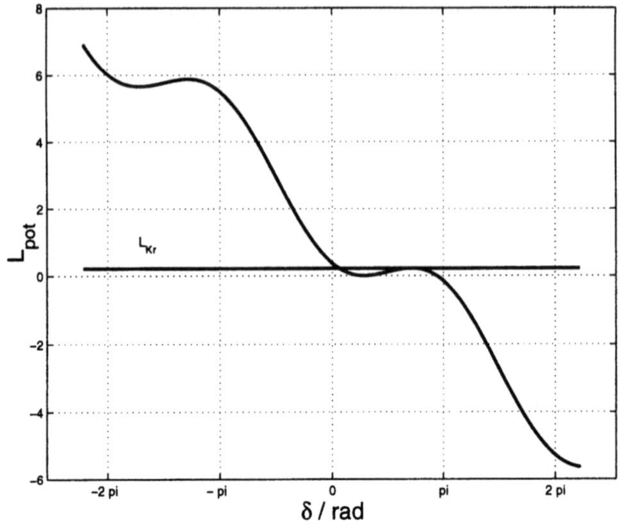


**Abbildung 12.39.** Potentieller Anteil der Lyapunovfunktion L

von der Fehlerdauer. Dieser Wert ist in Abbildung 12.40 über der Fehlerdauer aufgetragen.

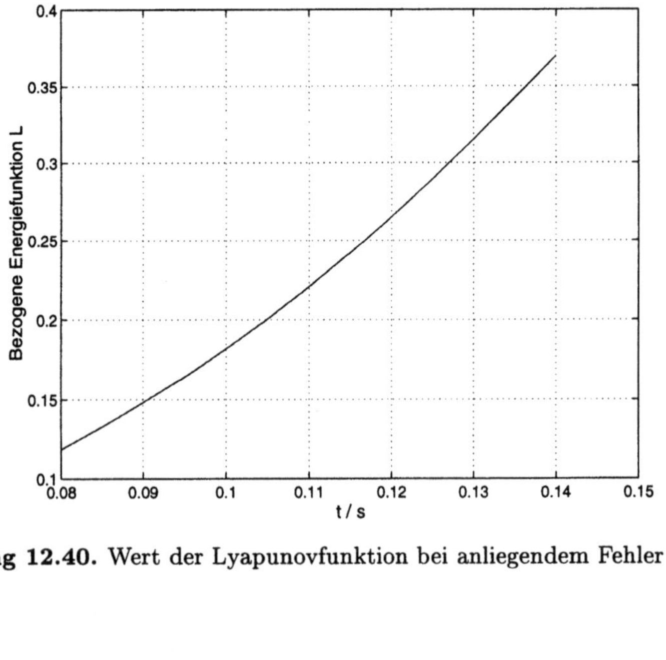


**Abbildung 12.40.** Wert der Lyapunovfunktion bei anliegendem Fehler

Man erkennt, daß der Wert der kritischen Energie $L_{Kr} = 0,2245$ nach $110ms$ überschritten wird. Dies entspricht der **kritischen Fehlerklärungszeit** $t_{Kr}$, die nach dem Verfahren von Lyapunov berechnet wurde.

Vergleichend wurde eine numerische Integration der Schwingungsdifferentialgleichungen für dieses Netz bei gleicher Fehlerkonfiguration durchgeführt. Bei dieser numerischen Methode wurden verschiedene Fehlerzeiten angenommen und durch eine Analyse der Polradwinkel nach Abschalten des Fehlers Stabilität oder Instabilität festgestellt.

Die Fehlerdauer wurde verändert, und in mehreren Durchläufen konnte die kritische Fehlerklärungszeit mit der numerischen Methode zu $114 \pm 1ms$ bestimmt werden.

Es wurde in zahlreichen Arbeiten demonstriert, daß auch bei Berücksichtigung der Dämpfung und der Netzverluste eine genaue Bestimmung der kritischen Fehlerklärungszeit möglich ist. Die Lyapunovfunktionen werden bei ihrer Berücksichtigung komplizierter, da zusätzliche Energieterme auftreten. Selbstverständlich ist diese Methode auch zur Untersuchung großer Netze mit einer Vielzahl einspeisender Generatoren geeignet /PAV/. Die Methode der Energiefunktionen wird seit vielen Jahren untersucht und wird auch in der Praxis in der Planung und im Betrieb von Elektroenergiesystemen erfolgreich eingesetzt. Detailliertere Modellierungen der Generatoren und Lasten sowie die Implementierung von Reglern, Stufentransformatoren und anderen Betriebsmitteln in die Energiefunktionen führten zu weiteren Verbesserung dieser Methode.

# Abbildungsverzeichnis

# Tabellenverzeichnis

# Literaturverzeichnis


[AMB] AMBROZIE C. (1972), Berechnung der Ersatzkapazität einer Scheibenspule von einer Normalscheibenspulen-Transformatorwicklung, ETZ-Archiv, Band 93, Heft 8, 1972

[AMT] AMBROZIE C. (1972), Teilkapazitäten und grundlegende Kapazitäten in Scheibenspulentransformatorwicklungen, Elektrotechnik und Maschinenbau, 89. Jahrgang, Heft 9, 1972

[ANFO] ANDERSON P.M., FOUAD A.A. (1993), Power System Control and Stability, IEEE Press

[BAA] BAATZ H. (1956), Überspannungen in Energieversorgungsnetzen, Springer-Verlag, Berlin Göttingen Heidelberg

[BDHN] BECKER J., DREYER H.-J., HAACKE W., NABERT R. (1985), Numerische Mathematik für Ingenieure, B.G. Teubner, Stuttgart

[BMR] BICKFORD J.P., MULLINEUX N., REED J.R. (1980), Computation of Power-System Transients, Peter Peregrinus Ltd.,Stevenage, UK and New York

[BJDA] BJÖRCK Å., DAHLQUIST G. (1972), Numerische Methoden, R. Oldenbourg Verlag, München Wien

[BOED] BÖDEFELD, SEQUENZ (1971), Elektrische Maschinen, 8. Auflage, Springer-Verlag

[BOEN] BÖNING W. (1992), Einführung in die Berechnung elektrischer Schaltvorgänge, VDE-Verlag GmbH, Berlin Offenburg

[BRON] BRONSTEIN I. N., SEMENDJAJEW K. A., Taschenbuch der Mathematik, Verlag Harri Deutsch Thun und Frankfurt/Main

[CAR] CARTER G.W. (1944), The Simple Calculation of Electrical Transients, Cambridge University Press, New York

[COD] COLLATZ L. (1990), Differentialgleichungen, B.G. Teubner Stuttgart

[CON] COLLATZ L. (1960), The Numerical Treatment of Differential Equations, Springer-Verlag, Berlin Göttingen Heidelberg

[DENZ] DENZEL P. (1966), Grundlagen der Übertragung elektrischer Energie, Springer-Verlag, Berlin Heidelberg New York

[DIR] DIRSCHMID H.J. (1986), Mathematische Grundlagen der Elektrotechnik, Friedr. Vieweg & Sohn Verlagsgesellschaft mbH, Braunschweig/Wiesbaden

[DOR] DORSCH H. (1981), Überspannungen und Isolationsbemessung bei Drehstrom-Hochspannungsanlagen, Siemens, München

[ELAN] EL-ABIAD A., NAGAPPAN K. (1966), Transient Stability Regions of Multimachine Power Systems, IEEE Trans. on Power Apparatus and Systems, 1966, Vol PAS-85, No.2, 169-179

[ELEK] MIRI A.M., KÜHNER A., RIEGEL N. (1999), Modellbildung zur Untersuchung der transienten elektrischen Vorgänge im Wicklungssystem von Hochspannungsleistungstransformatoren, Elektrie, Wissenschaftlich-technische Zeitschrift der Elektrotechnik, 7-8/99 53.Jahrgang, Seite 246-255, Berlin 1999

[ELG] ELGERD O.I. (1982), Electric Energy Systems Theory, McGraw-Hill, Inc. New York

[EMAS] (1991), MSC/EMAS User's Manual, Version 2, The MacNeal-Schwendler Corporation

[EMTP] EMTP (1994), Electromagnetic Transients Program

[ERN] ENGELN-MÜLLGES G., REUTTER F. (1985), Numerische Mathematik für Ingenieure, B.I.-Wissenschaftsverlag, Bibliographisches Institut Mannheim/Wien/Zürich

[ERF] ENGELN-MÜLLGES G., REUTTER F. (1984), Formelsammlung zur Numerischen Mathematik mit Standard-FORTRAN-Programmen, B.I.-Wissenschaftsverlag, Bibliographisches Institut Mannheim/Wien/Zürich

[FLHI] FLOSDORFF R., HILGARTH G. (1994), Elektrische Energieverteilung, B.G. Teubner, Stuttgart

[FOEL] FÖLLINGER O. (1990), Laplace- und Fourier-Transformation, Hüthig Buch Verlag Heidelberg

[FOER] FÖLLINGER O. (1992), Regelungstechnik, Hüthig Buch Verlag Heidelberg

[FRVA] FRICKE H., VASKE P. (1982), Grundlagen der Elektrotechnik Teil 1, Elektrische Netzwerke, B.G. Teubner, Stuttgart

[FUR3] FURLAN P. (1996), Das gelbe Rechenbuch, Band 3, Dortmund

[GES] GESTER H. (1981), Starkstromleitungen und Netze, VEB Verlag Technik, Berlin

[GLE] GLESS G. E. (1966), Direct Method of Lyapunov Applied to Transient Power System Stability, IEEE Trans. on Power Apparatus and Systems, 19666, Vol. PAS-85, 159-168

[GRE] GREENWOOD A. (1982), Electric Transients in Power Systems, John Wilney & Sons, Inc. New York

[HAEH] HÄMERLIN G., HOFFMANN K.-H. (1994), Numerische Mathematik 2, Springer-Verlag, Berlin Heidelberg New York

[HAPO] H. HAPPOLDT, D. OEDING (1978), Elektrische Kraftwerke und Netze, 5. Auflage, Springer-Verlag

[HER] HEROLD G. (1997), Grundlagen der elektrischen Energieversorgung, B.G. Teubner, Stuttgart

[HEUD] HEUCK K., DETTMANN K.-D. (1991), Elektrische Energieversorgung, Vieweg & Sohn Verlagsgesellschaft mbH, Braunschweig

[HKK] HOY CH., KIOETTNITZ H., KOSTENKO M.V. (1988), Wanderwellenvorgänge auf Hochspannungsfreileitungen, VEB-Verlag Technik, Berlin

[HUET] HÜTTE (1974), Taschenbücher der Technik, Mathematik, Springer-Verlag, Berlin Heidelberg New York

[JIN] JIANMING JIN (1993), The Finite Element Method in Electromagnetics, John Wiley & sons

[KAD] KADEN H. (1959), Wirbelströme und Schirmung in der Nachrichtentechnik, Springer-Verlag, Berlin Heidelberg

[KAL] KALANAROV P.L., Berechnung von Induktivitäten, Editura Technica Verlag, Bukarest

[KE] KEGREIS A. (1993), Aufstellen von Transformatormodellen zur Untersuchung ihres Hochfrequenzverhaltens, Diplomarbeit, IEH, Universität Karlsruhe

[KIE] KIENCKE U. (1998), Signale und Systeme, R. Oldenbourg Verlag, München Wien

[KL] KLINK H.W. (1998), Simulation der gasdynamischen Vorgänge in der Löschkammer eines $SF_6$-Blaskolben-Leistungsschalters, Dissertation, Universität Karlsruhe, Logos Verlag Berlin

[KNE] KNESCHKE A. (1960), Differentialgleichungen und Randwertprobleme, Band 2, VEB Verlag Technik Berlin

[KOET] KOETTNITZ H., PUNDT H. (1968), Band I Berechnung elektrischer Energieversorgungsnetze, Mathematische Grundlagen und Netzparameter, VEB Deutscher Verlag für Grundstoffindustrie, Leipzig

[KRON] KRON G. (1933), Discussion of a Paper by R. H. Park: Two-Reaction Theory of Synchronous Machines - Part II, AIEE Trans., Vol. 52, pp. 352-355, June 1933

[KUECH] KÜCHLER A. (1996), Hochspannungstechnik, VDI Verlag GmbH, Düsseldorf

[KUEHN] KÜHNER A. (1999), Dreidimensionale FEM-Modellierung von Hochspannungsleistungstransformatoren zur Untersuchung ihres transienten Verhaltens, Dissertation, Universität Karlsruhe, Logos Verlag Berlin

[KUEPF] KÜPFMÜLLER K. (1990), Einführung in die theoretische Elektrotechnik, Springer-Verlag Berlin Heidelberg New York

[KUN] KUNDUR P. (1994), Power System Stability and Control, McGraw-Hill, Inc. New York

[LAS] LANDENBERGER V.R. (1998), Modellierung von Betriebsmitteln und Untersuchung ihres transienten elektromagnetischen und elektromechanischen Verhaltens, Studienarbeit, IEH, Universität Karlsruhe, Oktober 1998, unveröffentlicht

[LAD] LANDENBERGER V.R. (1999), Statische und transiente Stabilität zweier parallel geschalteter Schwungmasse-Synchrongeneratoren zur Erzeugung hoher Stoßleistungen, Diplomarbeit, IEH, Universität Karlsruhe, Juni 1999, unveröffentlicht

[LOE] LÖHR H.J. (1979), Beispiele und Aufgaben zur Laplace-Transformation, Friedr. Vieweg & Sohn, Braunschweig / Wiesbaden

[LEOH] LEOHOLD J. (1984), Untersuchung des Resonanzverhaltens von Transformatorwicklungen, Dissertation, Universität Hannover

[LUE] LÜDERS G. A. (1971), Transient Stability of Multimachine Power Systems via the Direct Method of Lyapunov, IEEE Trans. on Power Apparatus and Systems, 1971, Vol. PAS-90, 23-36

[MBC] MACNEAL B.E., BRAUER J.R., COPPOLINO R.N. (1990), A general finite element vector potential formulation of electromagnetics using a time-integrated scalar potential, IEEE Trans. on Magnetics, 26:1768–1770, September 1990

[MEI] MEINECKE C. (1996), FE Modellierung der ITER TF Spule zur Untersuchung ihres transienten Verhaltens bei Schnellentladung unter Berücksichtigung des Skin- und Proximity-Effekts, Studienarbeit, IEH, Universität Karlsruhe, August 1995, unveröffentlicht

[MEL] MELIOPOULOS A.P.S. (1988), Power System Grounding and Transients, Marcel Dekker Inc., New York

[MEY] MEYBERG K., VACHENAUER P. (1997), Höhere Mathematik 2, Springer-Verlag, Berlin Heidelberg

[MIRI] MIRI A.M. (1997), Different methods for modelling the transient behaviour of three-phase high voltage power transformers and deviations in the results, IPST International Conference on Power Systems Transients, S. 111-116, Seattle Juni 1997

[MKR] MIRI A.M., KÜHNER A., RIEGEL N. (2000), Comprehensive Three-dimensional FEM Modeling of a 115/22 kV High-Voltage Power Transformer for the Investigation of its Transient Behaviour, OPTIM, Proceedings of the 7th International Conference on Optimization of Electric and Electronic Equipment, Brasov Mai 2000

[MN] MIRI A.M., NOTHAFT M.A. (1993), High-Voltage Transformer Modeling Based on High-Frequency Response Analysis and Corresponding Numerical Simulation, Paper 75.08, 8th ISH, Yokohama 1993

[MNB] MIRI A.M., NOTHAFT M.A., BRAESS P. (1995), Methods for Considering the Eddy Current Losses in the Detailed Model of a High-Voltage Transformer, IPST International Conference on Power Systems Transients, S. 119-124, Lissabon, September 1995

[MR] MIRI A.M., RIEGEL N. (1995), Transient potential and field distribution within the winding system of a three phase high voltage power transformer, MSC Electromagnetics European Users' Conference, München 1995

[MSN] MIRI A.M., SCHWAB A.J., NOTHAFT M.A. (1991), High-Frequency Simulation of a High-Voltage Transformer, Paper 83.10, 7th ISH, Dresden 1991

[MUEG] MÜLLER G. (1994), Grundlagen elektrischer Maschinen, VCH Verlagsgesellschaft, Weinheim

[MUET] MÜLLER G. (1995), Theorie elektrischer Maschinen, VCH Verlagsgesellschaft, Weinheim

[NAS] NASAR S.A. (1990), Electric Power Systems, Schaum's Outlines, McGraw-Hill

[NELT] NELLES D., TUTTAS Ch. (1998), Elektrische Energietechnik, B.G. Teubner, Stuttgart

[NETO] Siemens AG (1998/99), NETOMAC Network Torsion Machine Control

[NOTH] NOTHAFT M. (1994), Untersuchung der Resonanzvorgänge in Wicklungen von Hochspannungsleistungstransformatoren mittels eines detaillierten Modells, Dissertation, Universität Karlsruhe, VDI Verlag GmbH, Düsseldorf

[OPW] OPPENHEIM A.V., WILLSKY A.S. (1989), Signale und Systeme, VCH Verlagsgesellschaft

[PLS] PAI M.A., LAUFFENBERG M., SAUER P.W. (1994), Some Clarifications in the Transient Energy Function Method, Electrical Power and Energy Systems, Vol. 18, No.1, 65-72

[PAP1] PAPULA L. (1997), Mathematik für Ingenieure und Naturwissenschaftler, Band 1, Friedrich Vieweg & Sohn Verlagsgesellschaft mbH, Braunschweig/Wiesbaden

[PAP2] PAPULA L. (1997), Mathematik für Ingenieure und Naturwissenschaftler, Band 2, Friedrich Vieweg & Sohn Verlagsgesellschaft mbH, Braunschweig/Wiesbaden

[PAV] PAVELLA M., MURTHY P.G. (1994), Transient Stability of Power Systems, John Wiley and Sons

[RACH] RAVINDRANATH B., CHANDER M. (1977), Power System Protection and Switchgear, Wiley Eastern Limited, New Dehli Bangalore Bombay Calcutta

[RIED] RIEGEL N. (1995), Transiente dreidimensionale Potential- und Feldverteilung im Wicklungssystem eines 420-kV Maschinentransformators mit FEM bei impulsförmiger Anregung, Diplomarbeit, IEH, Universität Karlsruhe, August 1995, unveröffentlicht

[RIEDR] RIEGEL N. (1999), FEM- und Netzwerksimulationen des transienten Verhaltens großer supraleitender Spulen und ihrer metallischen Umgebung, Dissertation, Universität Karlsruhe, Logos Verlag Berlin

[RUEDS] RÜDENBERG R. (1953), Elektrische Schaltvorgänge, Springer-Verlag, Berlin Göttingen Heidelberg

[RUEDW] RÜDENBERG R. (1953), Elektrische Wanderwellen, Springer-Verlag, Berlin Göttingen Heidelberg

[SAPA] SAUER P.W., PAI M.A. (1990),
Power system steady state stability and the load-flow Jakobian, IEEE Trans. on Power Systems, 1990, 5(4), 1374-1383

[SASZ1] SAUER R., SZABÓ I. (1967), Mathematisches Hilfsmittel des Ingenieurs, Teil I, Springer-Verlag, Berlin Heidelberg New York

[SASZ2] SAUER R., SZABÓ I. (1967), Mathematisches Hilfsmittel des Ingenieurs, Teil II, Springer-Verlag, Berlin Heidelberg New York

[SCHWE] SCHABACK R., WERNER H. (1993), Numerische Mathematik, Springer-Verlag, Berlin Heidelberg New York

[SCHUL] SCHULTHEISS F., WESSNIGK K.-D. (1971), Band II Berechnung elektrischer Energieversorgungsnetze, Übertragungsberechnung, VEB Deutscher Verlag für Grundstoffindustrie, Leipzig

[SCHU] SCHUNK H. (1974), Stromverdrängung, Dr. Alfred Hüthig Verlag, Heidelberg

[SCHWAE] SCHWAB A.J. (1991), Elektromagnetische Verträglichkeit, Springer-Verlag, Berlin Heidelberg

[SCHWAF] SCHWAB A.J. (1993), Begriffswelt der Feldtheorie, Springer-Verlag, Berlin Heidelberg New York

[SCHWZF] SCHWARZ H.R. (1981), FORTRAN-Programme zur Methode der finiten Elemente, B.G. Teubner, Stuttgart

[SCHWZN] SCHWARZ H.R. (1997), Numerische Mathematik, B.G. Teubner, Stuttgart

[SEL] SELDER H. (1973), Einführung in die Numerische Mathematik für Ingenieure, Carl Hanser Verlag München

[SIL] SILVESTER P.P., FERRARI R.L. (1983), Finite Elements for Electrical Engineers, Cambridge University Press, Cambridge London New York

[SIM] SIMONYI K. (1989), Theoretische Elektrotechnik, VEB Verlag Berlin

[SIMP] SIMPLORER 4.0 (1998), Reference Manual, SIMEC GmbH & Co KG

[SL] SLAMECKA E. (1966), Ausgleichsvorgänge beim Ausschalten von kurzgeschlossenen und beim Ein- und Ausschalten von offenen elektrischen Leitungen, ETZ Elektrotechnische Zeitschrift, Ausgabe A, 87. Jahrgang, Organ des Verbandes Deutscher Elektrotechniker (VDE)

[STEL] STAGG G.W., EL-ABIAD A.H. (1968), Computer Methods in Power System Analysis, International Student Edition, McGraw-Hill Kogakusha, Ltd., Tokyo Auckland Beirut

[STEV] STEVENSON W.D. (1982), Elements of Power System Analysis, International Student Edition, McGraw-Hill Book Co Singapore

[STOE1] STOER J. (1994), Numerische Mathematik 1, Springer-Verlag, Berlin Heidelberg New York

[STOE2] STOER J., BULISCH F.L. (1990), Numerische Mathematik 2, Springer-Verlag, Berlin Heidelberg New York

[STRAS] STRASSACKER G. (1986), Rotation, Divergenz und das Drumherum, B.G. Teubner, Stuttgart

[SUMR] Summercourse on Rotating machines

[TUEV] BOHN T. (Hrsg.) (1987), Band 4 Handbuchreihe Energie, Elektrische Energietechnik, Verlag TÜV Rheinland GmbH, Köln

[VAE] VAESSEN P.T.M. (1988), Transformer Model for High Frequencies IEEE Transaction on Power Delivery, Vol. 3, No. 4, October 1988

[WEH] WEH H. (1968), Elektrische Netzwerke und Maschinen in Matrizendarstellung, B.I. Hochschultaschenbücher / Bilbliographisches Institut, Mannheim/Zürich

[WO] WOLF H. (1971), Lineare Systeme und Netzwerke, Springer-Verlag, Berlin Heidelberg

[ZIE] ZIENKIEWICZ O.C. (1984), Methode der Finiten Elemente, Carl Hanser Verlag

# Index

Druck: Saladruck, Berlin
Verarbeitung: Buchbinderei Lüderitz & Bauer, Berlin

MIX
Papier aus verantwortungsvollen Quellen
Paper from responsible sources
FSC® C105338

If you have any concerns about our products,
you can contact us on
**ProductSafety@springernature.com**

In case Publisher is established outside the EU,
the EU authorized representative is:
**Springer Nature Customer Service Center GmbH**
**Europaplatz 3, 69115 Heidelberg, Germany**

Printed by Libri Plureos GmbH
in Hamburg, Germany